Adam (Guido H.) Hangartner OSB

Waldethik

Guido H. Hangartner

Waldethik

Theologisch-ethische Überlegungen zu Wald und Forstwirtschaft – Eine wissenschaftliche Arbeit im Bereich der Umwelt- und Sozialethik

2., unveränderte Auflage

Herbert Utz Verlag · München

Ethik

Bibliografische Information der Deutschen Nationalbibliothek:
Die Deutsche Nationalbibliothek verzeichnet diese Publikation in der Deutschen Nationalbibliografie; detaillierte bibliografische Daten sind im Internet über http://dnb.d-nb.de abrufbar.

Titelabbildung: »NSG 63302 Urwald Sababurg: Eichenveteran« von Ökologix (https://de.wikipedia.org/wiki/Datei:Urwald_Sababurg_4-05.06.08.JPG vom 8.6.2015; lizenziert unter der Creative-Commons-Lizenz CC-by-sa: https://creativecommons.org/licenses/by-sa/3.0/deed.de)

frühere Ausgabe: ISBN 978-3-8316-0207-0

ISBN 978-3-8316-8090-0

Printed in EU
Herbert Utz Verlag GmbH, München
www.utzverlag.de

der lieben Gnadenmutter vom Forst

VORWORT VON PRÄLAT EM. O. UNIV.-PROF. DDR. RUDOLF WEILER

Vorwort zur Waldethik HANGARTNERS

Der Autor der "Waldethik" hat beim Verfasser dieses Vorworts, Univ. Prof. Prälat DDr. RUDOLF WEILER, emeritierter Ordinarius für Ethik und Sozialwissenschaften an der Kath.-Theol. Fakultät der Universität Wien, neben seiner jahrelangen Forschungstätigkeit ein spezielles Seminar besucht. HANGARTNER schenkte dabei während seiner Studienarbeit Lehren und Tradition des klassischen Naturrechts und dessen dynamischer Fortentwicklung im Sinne der letzten Päpste, insbes. jetzt JOHANNES PAUL II., im Geiste des grossen Werkes meines Vorgängers am Wiener Lehrstuhl, des heiligmässigen Priesters und Wissenschafters JOHANNES MESSNER, gebührende Aufmerksamkeit. Damit liegt seine Arbeit ganz im Sinne einer modernen naturrechtlichen und dynamischen ökologischen sozialethischen Studie. Seine volle Beachtung galt dem traditionellen christlichen sittlichen Naturgesetz. Er tritt jedoch ebenso zeitgenössischen Forderungen völliger Autonomie der menschlichen Person in der sittlichen Entscheidung entgegen, auf rein utilitaristische Güterabwägung setzende Moral zum Vorteil individualistischer subjektiver Vorteilsregeln des Menschen in der zunehmend säkularisierten, sittliche Wertfreiheit proklamierenden Konsumgesellschaft heute.

HANGARTNERS Studie erhebt zu recht den Anspruch einer *sozialethischen* Arbeit. Sie verweist gleichzeitig auf das - ebenso *ethisch* und *theologisch* verstandene - *Prinzip des Abgeordnet-Seins des Menschen* gegenüber der irdischen Wirklichkeit. Dies erlaubt die Sicht auf den Schöpfungsgedanken, damit auf den Ursprung des Seins in einer „natürlichen Metaphysik" des menschlichen Geistes (HENRI BERGSON), daher ebenso auf den *religiösen Gedanken* im Menschenleben.

Der Wald auf dieser Erde ist, in der Schöpfung Gottes schon mit menschlichem Auge betrachtet und noch viel mehr im Blick der biblischen göttlichen Offenbarung, Zeuge von Gottes Wirken in der Welt, von Artenvielfalt und Bestimmung der Schöpfung in der menschlichen Geschichte. In der Heils- und Erlösungsgeschichte steht er dann in besonderer Verbindung zum Schicksal des individuellen und kollektiven Lebens der Menschen und ist damit auch Zeichen und Mahnung der sittlichen Verantwortung jedes Menschen und aller Menschen gegenüber Wald und Baum als Geschöpf und Zeichen Gottes für Zeit und Ewigkeit.

Von seiner Abstammung aus einer Handwerker-, Obst- und Waldbauernfamilie hat HANGARTNER zum Wald eine besondere forstwirtliche Beziehung mitgebracht. Von seiner persönlichen priesterlichen Berufung als Theologe versteht er sich weiter als Diener und Hüter der göttlichen Geheimnisse in der Verkündigung wie hier durch sein literarisches Wort. Hinter dieser Studie merkt der Leser sehr unmittelbar, dass es ihm mit der "Waldethik" letztlich um Verkündigung zur Ehre des göttlichen Schöpfers und des Erlösers geht!

Wald und Baum, Zeichen des Schöpfers und Erlösers, sind auch Zeichen gelungenen Menschenlebens im Umgang mit diesem irdischen Gut im gelingenden Dienste des Menschen und der Menschheit insgesamt nach den Gesichtspunkten der Ökologie. Diese richten sich zunächst unmittelbar auf ökologische Richtigkeit und ebenso auf sittlich Gutes im Verhalten des Menschen nach und in der ethischen Ordnung. Die Orientierung an dieser Ordnung verlangt die persönliche Gewissensentscheidung nach einer letztlich universell gültig verstandenen Norm als Gewissensgesetz. Dafür stehen als Wissenschaften besonders Ethik und Sozialethik als die Lehren von der Differenz zwischen gut und böse im einzelmenschlichen und gesellschaftlichen Leben und dessen Kultur.

"Waldethik" ist nicht als Hilfswissenschaft verstanden mit dem Kriterium ökologischer Richtigkeit mit Betonung auf dem Wald in seiner biologischen Eigenart. Es tritt ja der Mensch dem Wald als Mitbetroffener gegenüber. Er schliesst ihn in seine Umwelt ein! Damit ist er als Mensch zum sittlichen Umgang mit dem Wald im ganzen Verlauf seiner geschichtlichen Wirklichkeit herausgefordert, zum persönlichen und sozialen Umgang namens der ganzen Menschheit. Erst zuletzt in der Geschichte tritt dabei die Menschheit als geschlossener, politisch global wirksamer Akteur im Weltverband, z.B. der UNO, dem Wald gegenüber hervor. Der Mensch und gesellschaftliche Gruppen im Verlauf der Kulturgeschichte, ganze Völkerschaften, einzelne Fürsten oder auch Unternehmer an ihrer Spitze sind schon früher oft mit guter oder schlechter Einwirkung zum Wald hervorgetreten.

Nicht der Wald selbst hat Ethos erwiesen. Er hat Bios gezeigt, seine Lebenskraft entwickelt, seine biologische Eigenart und Natürlichkeit. Ethik aber ist die Wissenschaft vom Guten in der Differenz zum Bösen und bezieht diese Differenz auf menschliches Verhalten dem Wald und seiner Natur gegenüber. Hier steht dann die Frage, wer ist dieser Mensch, wie verhält er sich, ob gut oder böse zum Wald und seiner Wirklichkeit? Er muss zunächst die Wirklichkeit des Waldes selbst zu erkennen suchen, um sein Handeln mit dessen Folgen für den Wald sittlich verantworten zu können. Dann aber, nach der Bemühung um richtiges Wissen steht sein Handeln in Wahrnehmung seiner demgemässen Verantwortung auf dem Prüfstand seines Gewissens. Im Urteil seines Gewissens stellen sich die entscheidenden ethischen oder moralischen Fragen der Erlaubtheit seines ökologisch richtigen Verhaltens *nach gut und böse*.

Menschlich sittliches Verhalten, das "dem Wald gemäss" ist, bezieht seine Beurteilung zunächst aus forstwirtschaftlicher Kenntnis. Wissen um die Natur des Waldes ist Voraussetzung und Verpflichtung als Richtigkeit für ethisch gutes Verhalten, das vom Gewissen dann anzuwenden ist nach dem sittlichen Kriterium, das aus der *Natur des Menschen* kommt. In so ferne ist jeder Mensch und ebenso jedes menschliche Kollektiv nicht nur als Abgeordneter seines Eigennutzens und seiner utilitaristischen Abwägung in und mit seiner Umwelt tätig.

Es gibt gegenwärtig viele ethische Ansätze oder Theorien, um menschliches Verhalten zu prüfen und zuzulassen, die ebenso kollektiv objektiviert wie subjektiv individuell begründet werden können. Diesen fehlt der Gedanke der Objektivität in Wahrheit und zugleich der universellen Gültigkeit der Norm für den Menschen. Ursache ist der Verzicht auf die innere Einsicht in die Kraft der menschlich logischen und sittlichen Vernunft und damit auf Wahrheit. Erinnert sei an die päpstlichen Enzykliken der letzten Jahre: Veritatis splendor und Fides et ratio. Viele ethische Richtungen und Strömungen der Gegenwart suchen nur vorläufige Orientierungen unter Verzicht auf endgültige sittliche Wahrheitssuche oder unter Ausschau nur nach brauchbaren Hypothesen, beschränkt rein auf Empirie, offen für trial and error. Sie beschränken sich dabei oft auf ethischen Skeptizismus, den sie mit anthropologischen Zweifeln an der Lebenswirklichkeit des Menschen als Kulturwesen mit Geist, Seele und Leib verbinden.

Wie in einer solchen kulturgeschichtlich tiefgehenden krisenhaften Situation oder Menschheit blosser Diskurs der Wissenschaften über Sachfragen ohne Suche nach Wahrheit, selbst unter Ausschluss eines geisteswissenschaftlichen ethischen Fundaments, in der Anthropologie über ökologische und andere Sachfragen in Überlebens- und Entscheidungsfragen des Menschseins gelingen kann, ist das Problem!

Der Schreiber dieses Vorwortes hält an einem naturrechtlichen Fundament zur und um die Gewinnung des Sittengesetzes aus der menschlichen Vernunft im Verständnis der klassischen und christlichen Naturrechtlehre gegen die Zeitirrtümer über den Menschen und die Schöpfung fest. Er betont es hier gerne, im Sinne der "Waldethik" auch mit HANGARTNER. Er verweist besonders an die Erfahrung des Menschen und der Gesellschaft im Umgang mit der natürlichen und kulturellen Umwelt in ihrer Wirklichkeit. Gibt es nicht die Erfahrung der Gegenwart im Bewusstsein des Menschen heute immer neu durch Verstand und Gewissen über Wirklichkeit und Gesetzmässigkeit seines *richtigen und sittlichen* Umgangs mit dem natürlichen Gut des Waldes?

Hier ist der Punkt besonders zu erkennen, warum im Werk HANGARTNERS das *Prinzip des "Abgeordnet-Seins" des Menschen* so klar herausgestellt wird. Die "Waldethik" ist zuerst Ethik und dann Naturwissenschaft vom Forst. Dem *Logos* der Richtigkeit im Menschenleben entspricht in der Wirklichkeit dieses Lebens *Ethos und Nomos* der

Sittlichkeit. Das ergibt sich aus dem Menschsein und fordert Antworten auf die Fragen, wer bin ich, wohin gehen ich, letztlich auf Sinnfragen jedes Menschenlebens! Die Antwort steht nicht im Wald, sie findet sich im Menschen, in seinem Leben gemäss Sein und Bewusstsein, Darauf antworten Ethik und Sozialethik, die als Wissenschaften von Seinsgründen, von der Wirklichkeit ausgehen und nicht nur von empirischen Erscheinungen und von zugrunde gelegten Hypothesen.

Waldethik soll nicht – wie heute öfter im Vergleich betrachtet die Bio-ethik etwa – *vom Bios der "Bäume" her, sondern im sittlichen Urteil erschlossen werden, von dem aus der Vernunft des Menschen gewonnenen Kriterium der Sittlichkeit für gut und böse* abgeleitet werden . (Vgl. RUDOLF WEILER, Prinzipienethik und Bindestrichethiken, in: Egon Kapellari, Herbert Schambeck (Hg.), Diplomatie im Dienste der Seelsorge. Graz 2002, 400-408). Die forstwirtschaftlichen und naturwissenschaftlichen Erkenntnisse über den Wald sind aber wie die in der Wirklichkeit der menschlichen Kultur gewonnenen Erfahrungen Ausgangspunkt für die immer bessere Kenntnis des Menschen in Bezug auf die Natur des Waldes, die gemäss der "Natur der Sache" in die *sachrichtige und menschenwürdige* und daher nachhaltige Nutzung des Waldes durch den Menschen eingehen müsse.

Dies ergibt des Näheren die Grundzüge der ökologischen traditionellen Sozialethik, mit dem Begriff von Ökologie, der von der Haushaltung des Menschen auf dieser Erde kommt. Damit ergibt sich die Frage nach dem rechten Mass und nach den folglichen Tugenden, also von Tugenden für den und vom Menschen in seinem Sein her gesehen. Darauf antwortet das allgemeine Kriterium der Sittlichkeit in der Tradition der klassischen Ethik, für die der Erneuerer der Naturrechtsethik im 20. Jahrhundert, der eingangs genannte Wiener katholische Ethiker und Sozialwissenschafter JOHANNES MESSNER den Begriff von den "existentiellen Zwecken" des Menschen als Kriterium der Sittlichkeit heraus gearbeitet hat. Auf ihn kann sich auch der Verfasser dieser "Waldethik" mit gutem Grund unter Einbeziehung der ökologischen Richtigkeit berufen. Den von HANGARTNER in seinem Werk ebenso beispielhaft herangezogenen sogenannten "autonomen" Moraltheologen und Ethikern hält er jedoch sehr klar entgegen, dass allein mit ökologischen Vorzugsregelungen nicht das Auslangen bei ethischen Umweltentscheidungen gefunden werden kann.

Der Rückzug auf theologische Argumentation unter Verzicht auf Ethik dafür ist in säkularisierten Gesellschaften kein Ersatz für den aufrichtigen *Dialog der Wissenschaften.* In diesen Dialog ist freilich die Theologie ebenso wie die Ethik und Philosophie einzubeziehen, anders als im engen Verständnis eines wissenschaftlichen Diskurses unter den Ansprüchen des Verzichtes auf Wahrheit im Gefolge eines empiristischen Szientismus.

Nur aus der Natur des Menschen ist im Streben nach Wahrheit - also aus dem Naturrecht, vom Menschen her gesehen, letztlich auch vom Schöpfer - von Gott her, die Orientierung für die Kultur des Menschen - hier im Umgang mit dem Wald als Umwelt - zu finden. Das gilt insbesondere für die Ausweitung der Ethik in der Sozialethik und ihrer Prinzipien im Ausgang vom Gemeinwohlprinzip. Denn utilitaristische Güterabwägung und Biozentrismus allein verstellen den Blick des menschlichen Gewissens für die Suche nach einem letzten Kriterium für Umweltfragen. Die naturrechtliche Lösung unter Berufung auf die sittliche Vernunft und die universelle Gewissensnorm bildet die Grenzziehung für verantwortliche ökologische Forschung und Technologie, angesichts der Abschätzung letztlich auch der Risiken und Gefahren im Umgang mit der Umwelt ganz allgemein. Besonders im Umgang mit dem Wald ist die Politik von ihrem Gemeinwohlzweck her dann gefordert, den Lebensraum des Waldes für die menschliche Kultur vor ideellen Experimenten wie ethischen utilitaristischen Strömungen ebenso zu schützen wie vor technologischen Unbekümmertheiten.

HANGARTNERS "Waldethik" bietet daher grundsätzlich wie ebenso im Besonderen bei politischer Anwendung der vorgelegten Prinzipien wertvolle Hilfen. Es soll darum dem Leser mit dieser Empfehlung einleitend noch des Näheren eine kurze Übersicht über Aufbau und Verlauf dieses Werkes geboten werden.

Eingangs befasst sich HANGARTNER mit dem Thema "Der Mensch und die Schöpfung Wald". Dabei geht es vor allem um die biologische Geschichte des Waldes selbst. Darauf wird der Wald in die Geschichte des Menschen hineingestellt. So wird die Evolution des Waldes mit der Entwicklung des Lebensraumes des Menschen in Beziehung gesetzt. Es folgt die Darstellung des Waldes als Kulturraum in Verbindung mit der Geschichte des Waldes vom frühen Mittelalter bis in die Industriegesellschaft hinauf. In seiner Artenvielfalt unterliegt der Wald bereits der menschlichen Beeinflussung, besonders durch die ökonomische Nutzung des Forstes, mit vor allem für die Umwelt negativen Folgen. Es folgen Themen der Forstwirtschaft in bezug auf die Soziale Frage. Besonders wird die sozialwirtschaftliche Eigentumsproblematik unter den Gesichtspunkt "Forst als Wert" behandelt.

Das zweite Kapitel kommt nun zum entscheidenden Grundthema "Der Schöpfer und die Schöpfung Wald". Unter der Überschrift "Kultur" tritt der Mensch in seiner Verantwortung gegenüber dem Wald ins Auge. Dabei kommen Fragen zur Sprache, die über die Grenzen menschlicher forstwirtschaftlicher Erfahrung hinausgehen, dennoch aber den Wald in Beziehung zur Lebensform des Menschen im Laufe der Entwicklung des Waldes setzen. In so ferne trifft der Untertitel "Kulturgeschichtliche Aspekte um den Wald" zu.

Der Mensch aber erkennt den Wert des Waldes nicht nur wirtschaftlich, es gehört ebenso mit der kulturellen Sicht die religiöse dazu. So setzt der Verfasser das Kapitel mit den Unterpunkten "Gott und seine Schöpfung" und "Der Mensch und seine Schöpfung" zurecht fort. Dies gibt ihm Anlass, die religiöse Sicht des Waldes aus der besonderen Stellung des Menschen und seiner Verantwortung für das Gute auch aus der Sicht der anderen Religionen der Menschheit zu verfolgen. Der Abschnitt "Der Wald im Christentum und in der Kirche" bietet dem Verfasser Gelegenheit zu einer speziellen Zusammenstellung aller Bibelstellen im Alten und Neuen Testament zum Thema Wald, die in dieser Form und Dichte bisher so noch nicht in der Literatur vorgekommen sein dürfte. Die angefügten kirchlichen Aussagen und Dokumente zu Wald und Umwelt stellen hinwieder eine wertvolle Sammlung einschlägiger Texte dar.

Die folgenden Überlegungen zum Gewissen als Mitwissen mit der Schöpfung zeigen sehr treffend die Bedeutung von Gewissensbildung und ständiger Weiterbildung desselben in der Menschheit durch Bezug des Menschen auf Gott, den Schöpfer auch des Waldes. Konkreten Handlungsmaximen für eine ökosoziale Marktwirtschaft fasst der Verfasser dann auf den Seiten 347-356 zusammen.

Die Überlegungen HANGARTNERS zur Humanökologie sind besonders zum Unterschied zu heute auch in theologischen Kreisen (in Wien, a.o. Univ. Prof. Dr. MARSCHÜTZ) angestellten soziologistischen Überlegungen zu sehen. Sie beziehen sich auf ein Zitat dieses Begriffes aus der Enzyklika Centesimus annus (vgl. Seite 307) und führen nach HANGARTNER zum richtigen Verständnis der Sprache Papst JOHANNES PAULS II. in dieser Enzyklika, auch mit Hinweis auf weitere Papstzitate. Damit ist zu sehen, wie dieser zunächst soziologischen Sprechweise die natürliche menschliche Umwelt unter dem Schöpfungsgedanken zugrunde liegt. Sachliche Richtigkeit und Wahrheit sind in der Ethik mit der Ebene des Glaubens vom Papst in Verbindung gesetzt. So schlägt der Papst mit dem Terminus technicus der Ökosoziologie "gleichsam eine Brücke zwischen den beiden 'Umwelten', die beide dem Menschen von Gott selbst geschenkt sind" (Seite 307). Damit ist die wirtschaftliche Nutzung des Waldes nicht zu trennen von der Schöpfungsverantwortung des Menschen. Humanökologie berechtigt nicht zu einer Umweltethik ohne Rücksicht auf die prinzipielle Sicht der Nutzung des Waldes gemäss der Sozialethik, damit eben auch gemäss der Natur der Sache im Bezug auf den Menschen und der ihm gebotenen Sittlichkeit.

Schliesslich wird der Versuch unternommen, aus dem "Abgeordnet-Sein" des Menschen ethische Schlussfolgerungen zu ziehen, wobei das "Abgeordnet-Sein" für die Forstwirtschaft nun zum ethischen Prinzip erhoben wird. Der Mensch ist Abgeordneter der Natur und damit Hüter der Welt und insbesondere auch des Waldes. HANGARTNER geht ausführlich dem Begriff "Mandat" innerhalb der schöpfungs- und berufstheologischen Texte nach. Sein Sinn gilt der Vollmacht oder dem Auftrag der *Verwaltung*. Damit stellt HANGARTNER die Prinzipien der Soziallehre der Kirche in der üblichen sozialethischen Fassung der katholischen Soziallehre dar, darunter dabei besonders das Gemeinwohlprinzip und das Subsidiaritätsprinzip.

Er hebt danach für die Umweltethik die Beachtung des Prinzips des "Abgeordnet-Seins" hervor, dass nämlich der Mensch "nicht nur ein Recht auf Grundnotwendigkeiten hat, sondern auch die Pflicht, dafür zu sorgen, dass nebst dem Menschen auch der aussermenschlichen Natur die Grundnotwendigkeiten nicht abgehen, zumal diese sonst letztlich dadurch auch dem Menschen wiederum fehlen würden" (Seite 397). Dies bietet ihm Gelegenheit, klassische Ziele der katholischen Soziallehre im Sinne der Gerechtigkeit und letztlich der sozialen Liebe in Verbindung mit der Erhaltung und Pflege des Waldes umweltethisch ins Licht zu setzen.

Die wirklich sehr gut leserliche Arbeit ist angereichert mit Tabellen, Skizzen und Bildern. Ein ausführliches Verzeichnis von Zeitschriften und Artikeln über Primär- und Sekundärliteratur ist vorhanden. Abschliessend findet sich eine Übersicht von "Waldstellen" in der Bibel mit dem jeweils genauen Abschnitt im Wortlaut. Unter besonderem Hinweis auf die gelungene Klärung der Bedeutung des Begriffes "Sozialökologie" bei Papst JOHANNES PAUL II. und die Herausarbeitung des Ansatzes der Umweltethik für die Forstwirtschaft beim *Ökosozialen Prinzip* als *Mandat des Menschen für die Umwelt* im Sinne der *traditionellen christlichen Sozialethik* und der *katholischen Soziallehre* ist hier ein für umfassende ökologische Bildung grundlegendes Werk entstanden, das allseits und besonders auch aus pastoraler Sicht zur Beachtung empfohlen wird.

Wien, 22. Oktober 2002 — em. o. Univ.-Prof. Prälat DDr. Rudolf Weiler.

ABSTRACT

Dieses Werk ist in drei grosse Abschnitte gegliedert. Nach dem Vorwort und der Einleitung wird das erste Kapitel den Menschen besonders berücksichtigen. Dabei gibt es verschiedene Schwerpunkte wie die Bewahrung der Schöpfung, die Nutzung des Forstes in der nachhaltigen Bewirtschaftung, die Gentechnik im Forstwesen und wirtschaftliche Faktoren. Ebenfalls hat das erste Kapitel den arbeitenden Menschen in der Forstwirtschaft im Auge. Dabei kommt die soziale Frage, die Arbeiterfrage und die Eigentumsfrage (staatliche und private Forste) zur Sprache. Das zweite Kapitel behandelt das Verhältnis Gottes zur Schöpfung - im Konkreten zum Wald. Als solche ist sowohl der Wald wie der Forst Lebensraum und Kulturgut, der Forst aber zudem Kulturträger des Menschen. Das dritte Kapitel stellt schliesslich die ethische Schlussfolgerung dessen dar, wie der Mensch mit dem Wald aus theologischer Sicht umzugehen hat. Aus der Analyse dessen, was bereits gegeben ist, führt dieses Kapitel aufgrund des in diesem Werk neu begründeten Prinzips des Abgeordnet-Seins hin zum "was soll in der Zukunft sein", zu dem, was wünschenswert und ethisch vertretbar ist.

Inhaltsverzeichnis

WIDMUNG & DANKSAGUNGEN

Dieses wissenschaftliche Werk widmet der Autor "der lieben Gnadenmutter vom Forst", zu deren Ehren in seiner Heimatstadt Altstätten die Forstkapelle besteht.

Gnadenmutter vom Forst[1]

Liebe Gnadenmutter vom Forst, seit Jahrhunderten haben dich unsere Vorfahren verehrt und in ihren Nöten und Sorgen angerufen. Du hast dich immer hilfreich und barmherzig erwiesen. Wir empfehlen dir auch unsere Sorgen: Sei Vorbild unserer Jugend und mache sie standhaft in den Gefahren der Welt, sei Schützerin unserer Familien und einige sie in Liebe und Eintracht, sei Fürbitterin aller Forstleute und erhalte sie im Glauben und in der Treue zu Gott, sei Mutter und Beschützerin unserer Wälder sowie der ganzen Christenheit und schenke uns den Frieden!

[1] Bild: Keller, Kurt. – Das Gnadenbild vom Forst (Forstkapelle Altstätten) um 1500.

Der Autor bedankt sich nebst bei der Patronin dieser Arbeit, der dieses Werk gewidmet ist, bei Prälat emer. O. Univ.-Prof. DDr. Rudolf Weiler und bei der ARGE Schöpfungsverantwortung - namentlich bei Baronin Isolde von Schönstein - für ihre hilfreiche Unterstützung, bei den Hartmannschwestern von Ober St. Veit in Wien für ihre Gastfreundschaft währen dreier Jahre, beim emeritierten Abt von Einsiedeln Dr. iur. can. Georg Holzherr, dem amtierenden Abt von Einsiedeln Lic. psych. Martin Werlen und dem Novizenmeister von Einsiedeln Dr. phil., Lic. theol. Gregor Jäggi für die Möglichkeit des zu Ende Führens dieses wissenschaftlichen Werkes durch ihr Verständnis und das zur Verfügung stellen der nötigen Zeit, bei Ing. Stefan Makovec für so manchen hilfreichen Bibliotheksdienst, bei seiner Nichte Steffi Graf für das Korrekturlesen und bei den vielen Vertretern diverser Wissenschaftszweige für die jeweils fachkompetente Beratung in interdisziplinären Fragen. Nicht zuletzt gilt der Dank Herrn Kurt Keller für die freundliche Bereitstellung seiner Grafiken und der Katholischen Bibelanstalt GmbH Stuttgart für die Erlaubnis Bibeltexte aus der Einheitsübersetzung abzudrucken.

Aller Fortschritt ist Derer,
die sittlich ganz sind im Lebenswege,
die gehen in der Lehre Gottes;

aller Fortschritt Derer,
die seine Zeugnisse bewahren,
mit ganzem Herzen ihn suchen;

auch wo diese nur ein Unrecht nicht getan haben,
sind sie in seinen Wegen gegangen.

Danken will ich dir mit Herzensgeradheit,
wenn ich die Ordnung deines Rechtes lerne,
deine Gesetze will ich hüten,
verlass mich nicht zu sehr![2]
(Ps 119,1-3.7-8)

[2] Hirsch, Samson Raphael (1988); 213-218.

Kapitel 0

Prolog

Schon seit seiner Kindheit befasst sich der Autor dieses Werkes mit verschiedensten Fragen innerhalb des Forstwesens. Dadurch, dass seine Familie seit fast fünf Dekaden[3] aktiv in der Forstverwaltung der Holzrhode Stadt und Vorstadt[4] Altstätten (SG - Schweiz) tätig ist,[5] konnte er bereits als Kind auf diversen Waldbegehungen Einblicke in das Wesen der Forstwirtschaft gewinnen. Ein rein subjektiver Grund mag auch sein, dass sein eigener erster Vorname GUIDO[6] Wald und sein zweiter Vorname HAROLD[7] Heereswalter bedeutet; daraus ergibt sich fast zwangsläufig ein "Wald-Heereswalter" bzw. ein "Heereswalter für den Wald". Zudem bedeutet sein Klostername ADAM[8] Mensch, der von der Erde genommene. Gerade der Lebensbereich der Forstwirtschaft dürfte einer der Bereiche sein, der die Menschen im 21. Jahrhundert am meisten betreffen wird,[9] da der "ökologische Krieg"[10] auf unserem Planeten bereits begonnen hat. Eine Einschränkung des Themenbereiches auf die deutschsprachigen Alpenländer, vorwiegend auf Österreich, erscheint sinnvoll, kann doch gerade diese Region auf die am längsten bestehenden Erfahrungswerte, ohne nennenswerte Unterbrechung, zurückblicken. Somit ist auch der Druck der Weltöffentlichkeit auf diese Region als Vorbild zu agieren entsprechend gross.

---

[3] Seit 1954

[4] Die Holzrhode Stadt und Vorstadt ist eine "Forstgenossenschaft".

[5] Sein Vater ROBERT HANGARTNER war von 1954 bis 1965 Aktuar (11 Jahre - übernommen von Herrn WALTER DIETRICH), von 1965 bis 1994 Kassier (29 Jahre - übernommen von Herrn HANS HASLER), also insgesamt 40 Jahre in der Forstverwaltung. Von 1994 bis heute (8 Jahre - übernommen vom Vater ROBERT HANGARTNER) hat sein Bruder PHILIPP HANGARTNER das Kassiersamt inne.

[6] GUIDO ist die verromanisierte Form des althochdeutschen WIDO bzw. WITU, was so viel bedeutet wie WALD. – Vgl. Duden T 4; 98, 215, 219; Guido, Wido, Wito, Witold. – Patron: hl. GUIDO VON ANDERLECHT, Pilger; † 12. September 1012 in Anderlecht; Patron der Küster, Glöckner, Pilger, Bauern, Knechte und Kaufleute; des Viehs; gegen Viehseuchen und Ruhr.

[7] HAROLD ist die niederdeutsche Entsprechung vom althochdeutschen HERWALD bzw. HEROLD, was so viel bedeutet wie "der im Heer waltet/herrscht". – Vgl. Duden T 4; 103; Harold. – Patron: hl. HARALD BLAATTAND (BLAUZAHN); † (?) 01. November 986 in Dänemark.

[8] ADAM ist ein aus der Bibel übernommene männliche Vorname hebräischen Ursprungs und bedeutet "Mensch - der von der Erde genommene". – Vgl. Duden T 4; 27; Adam. – Patron: hl. ADAM, Stammvater der Menschheit; † (?); Namenstag ist der 24. Dezember.

[9] Vgl. das Werk: United Nations (Hg.) (1992a).

[10] Vgl. Lipietz, Alain (1993); 77ff.

Das Thema wurde aus verschiedenen Gründen gewählt. Einige sollen hier erwähnt werden:

a) Der Autor hat das Wesen der Forstverwaltung seit seiner Kindheit miterlebt[11] und schliesslich als gelernter Möbeltischler auch Teile der Holz verarbeitenden Industrie kennengelernt. Dieses Faktum ist deshalb wichtig, da es einen Bezug zwischen Theorie und Praxis herstellt.

b) Der Fama die Kirche widme sich zu wenig den aktuellen Problemen der Zeit soll entgegengewirkt werden.[12]

c) Die Kirche ist in der von der Arbeit betroffenen Region eine der grössten privaten Waldbesitzerinnen und daher vom Thema selbst unmittelbar betroffen.

d) Das Vatikanum II fordert, dass die wirtschaftliche Tätigkeit so auszuüben ist, dass sie dem entspricht, was Gott mit dem Menschen vorhat.[13]

e) Die kirchliche Auseinandersetzung mit der Wirtschaft[14] und der Schöpfung[15] gehört zu den wesentlichen Bestandteilen der theologischen Wissenschaften.

f) Eine Aufgabe dieser Arbeit ist es, vom Blickpunkt der christlichen Sozialethik aus (mit Schwerpunkt der katholischen Tradition) verantwortungsvolle Argumente zu liefern, damit wir fähiger werden zukunftsweisende Konzepte, verbunden mit der sozialrealistischen Sicht der Dinge, zu entwickeln. Wie WOLFGANG TRILLHAAS richtig sagt: "Wenn die Dinge ans Licht der sozialen Wirklichkeit treten, dann ist es immer schon zu spät."[16]

Es ist einzugestehen, dass sich das Gebiet wie es beim Vordringen auf Neuland oft der Fall ist - und diese Arbeit betritt Neuland - im Laufe der Arbeit an diesem Werk ganz ungeahnt geweitet hat. Trotz des Umfangs der vorliegenden Arbeit herrscht das Bewusstsein vor, dass das vorliegende Werk über Grundzüge nicht hinausgeht. Da diese Arbeit, wie gerade erwähnt, Neuland betritt, muss selbstredend gesagt werden, dass nicht alle Beiträge zur christlichen Umweltethik berücksichtigt werden können, zu gross ist

---

[11] Vgl. oben.

[12] Die Tatsache, dass die Kirche bereits in der Arbeiterfrage und in den Fragen des sozialen Lebens erst 43 Jahre nach Erscheinen des "Kommunistischen Manifests" eindeutig mit der Erscheinung der Enzyklika "Rerum novarum" "reagiert" hat kann sich nicht wiederholen, da die Kirche seit Jahrzehnten zahlreiche Schreiben zu Umweltfragen veröffentlichte wie diese Arbeit deutlich zeigt.

[13] Vgl. GS 64.

[14] Vgl. KKK 2426.

[15] Vgl. KKK 282.

[16] Trillhaas, Wolfgang (^{3}1970); 30.

ihre Zahl. Vielmehr tut eine Beschränkung auf Positionen und Aussagen, die eine umfangreiche Wirkung hinsichtlich des Waldes und der Forstwirtschaft erfahren haben not. Dies ist zwar kein eindeutiges Kriterium, reicht jedoch aus die Diskussion im Bereich einer Waldethik in Gang zu bringen und einen Überblick zu gewinnen. Das Grundziel dieser Arbeit ist erreicht, wenn eine fruchtbringende Diskussion bezüglich einer Waldethik begründet bzw. dort, wo eine solche in Ansätzen bereits besteht, neu belebt wird.[17] Aufgrund der verschiedenen Fachdisziplinen (Forstwirtschaft und Theologie) galt es sich zu bemühen mit einem Mindestmass an Fachausdrücken auszukommen und so diese Arbeit beiden Wissenschaftsgebieten gleichsam zugänglich zu halten.[18] Alleine aus diesen Gründen kann nicht einfach das Schlusskapitel als "alleinige Schlussfolgerung" gesehen werden, wenngleich ethische Schlussfolgerungen gezogen werden. Alle Kapitel sind gleichgewichtig und im Kontext zu den jeweils anderen Kapiteln zu sehen. Dies mag mit sich bringen, dass dieses Werk durchaus als ein anspruchsvolles Werk gesehen werden muss und daher am fruchtbarsten sein wird, wenn die Leserschaft es nach dem ersten Durcharbeiten vermehrt liest und im Sinne einer "lecture et relecture" für sich umsetzt. Wichtig wird deshalb gerade die sinnenhafte Wahrnehmung der Inhalte, besonders der biblischen Texte, sein.

---

[17] Vgl. dazu auch: Irrgang, Bernhard (1992); 20, 120.

[18] Vgl. dazu auch: Messner, Johannes (^{2}1954/^{3}2001); Vorwort.

0. Einleitungskapitel

0.1. Einleitung

Jahrhunderte lang war eine der grössten Sorge der Menschen in unseren Breiten, wie man der Natur fruchtbares Ackerland und bebaubare Wohnflächen abringen konnte. In dieser Zeit versuchten die Menschen dem Urwald ihre Nutzflächen abzuringen. Jedermann fällte ohne Bedenken Bäume. Dies hatte noch den angenehmen Nebeneffekt, dass dabei auch Nutzholz anfiel. Mit der Zeit wurde die Rodung des Waldes systematisiert. Vielerorts entstanden so z.B. Rodgenossenschaften und andere "Grössen" zur Bewirtschaftung des Waldes. Der Wald bekam somit einen hohen Stellenwert für die Entwicklung der menschlichen Gesellschaft. Er wurde Jagdgebiet, Weideland, Holzproduktion und Feindschutz.[19] Der Wald wurde sozusagen den Bedürfnissen der Menschen angepasst. Trotz der geringen technischen Mittel führten diese Bedürfnisbefriedigungen dem bestehenden Urwald grosse Schäden zu. Erst im vorletzten Jahrhundert wurde wirklich erkannt, dass der Wald schützenswert ist. Mit grossem finanziellen Einsatz wurde versucht Schäden zu beseitigen, dabei aber die Wirtschaftlichkeit zu steigern. So gründete FRIEDRICH WILHELM LEOPOLD PFEIL,[20] Forstwissenschafter, 1830 die Forstakademie im deutschen Neustadt-Eberswalde.[21] In Wien wurde im Jahre 1875 das Forststudium von der k. u. k. Forstakademie in Mariabrunn - mit den Bereichen forstliche Produktion, Technik und Wirtschaft - an die Universität für Bodenkultur (BOKU) übergeführt.[22]

Das Forstwesen hat in der Vergangenheit auf verschiedenste Arten gewirtschaftet, angefangen bei der einfachen Acker- und Wohnflächengewinnung, über den gewinnorientierten[23] Kahlschlag von Wäldern, bis zum echten ökologischen Wirtschaften. In all diesen Stadien wurden aber die Fragen nach dem Menschen und die Gottesfrage vom Menschen selbst vernachlässigt. Auch ein ökologisches Bewusstsein suchte man nahezu vergebens. Ethik war kein Thema. Auch heute wird in der Ausbildung der Forstleute nur wenig Gewicht auf den Ausbildungsbereich Ethik gelegt. So wird die Vorlesung Umweltethik an der BOKU in Wien erst im Aufbaustudium, im Bereich Technischer Umweltschutz, angeboten.[24] Eine Diplomarbeit im Bereich der

---

[19] Vgl. Scherzinger, Wolfgang (1996); 11.

[20] PFEIL, FRIEDRICH WILHELM LEOPOLD * Rammselburg am Harz 28. 3. 1783, † Warmbrunn 4. 9. 1859, Professor und Oberforstrat in Berlin.

[21] Vgl. Bertelsmann; Pfeil.

[22] Vgl. Zentrale Verwaltung - Universitätsdirektion der Universität für Bodenkultur (Hg.) (1996); 8.

[23] Gewinnorientiert hinsichtlich aller Möglichkeiten des Gewinnes.

[24] Vgl. Zentrale Verwaltung - Universitätsdirektion der Universität für Bodenkultur (Hg.) (1996); 156.

Umweltethik ist leider nicht möglich.[25] Das heisst aber nicht, dass es im Forstwesen keine Werte gibt. Diese sind jedoch weniger durch gezieltes Studium, sondern über einen sehr langen Zeitraum empirisch erkannt worden. Daraus ergibt sich folgende Arbeitsthese: "Empirische Normen entspringen der 'Not', religiöse Normen der 'Ehrfurcht vor dem Lebendigen' - Normen aus der 'Not' kommen oft zu spät, Normen aus dem 'Glauben' selten zu früh, da sie auf den Erkenntnissen des 'Abgeordnet-Seins'[26] des Menschen beruhen."

0.1.1. Einschränkung auf die deutschsprachige alpine Region Europas, besonders Österreich

Zweifellos ist die Veränderung des Waldes einer der wichtigsten Indikatoren für die Veränderung der Gesellschaft. Das gilt nicht nur für die deutschsprachige alpine Region Europas, sondern für jedes Land der Erde. Der deutschsprachigen alpinen Region Europas, speziell Österreich, kommt aber eine ganz besondere Rolle zu. Gerade dieser Kontinentalteil ist es, der auf die längsten wissenschaftlich untersuchten Erfahrungswerte zurückblicken kann. Besonders jetzt, in der Folgezeit des Waldsterbens und der Zeit des Klimawandels, schaut die Welt hoffnungsvoll auf Europa, da diesem Kontinent eine besondere Verantwortung zukommt.[27] Seine Erfahrungen in der Forstwirtschaft sind gefragt - Ethik ist gefragt. Aus diesem Grund ist diese Arbeit auf diese Region beschränkt. Sie soll eine Hilfe sein, die vorhandene empirische Ethik der Forstwirtschaft durch die theologische Ethik zu unterstützen und dem, was in Rio de Janeiro[28] 1992 begonnen hat Nachdruck verleihen.

0.1.2. Aufbau und Vorgehensweise (Methodik) sowie Voraussetzungen des Werkes

Der ganzen Arbeit liegt die neue Rechtschreibung Schweizer Typus zugrunde. Die Bibelzitate der Einheitsübersetzung folgen der neue Rechtschreibung Deutschen Typus.

Der Aufbau des Werkes wird einer wissenschaftlichen Arbeit entsprechend in drei grosse Abschnitte gegliedert sein, denn er behandelt die Gliederung (Struktur) des

[25] Vgl. Zentrale Verwaltung - Universitätsdirektion der Universität für Bodenkultur (Hg.) (1996); 154.

[26] Zu "Abgeordnet-Sein" des Menschen vgl. die Kapitel zwei und drei dieser Arbeit.

[27] Vgl. Lipietz, Alain (1993); 110.

[28] Vgl. das Werk: United Nations (Hg.) (1992a). – Vgl. das Werk: United Nations (Hg.) (1992b).

Argumentationsganges. Wenngleich die methodologische Frage nicht überschätzt werden soll,[29] so soll ihr hier doch etwas Raum geboten werden.

- Nach dem Vorwort und der Einleitung wird das erste Kapitel den Menschen - im Konkreten die Forstwirtschaft, als die "Verwalterin" (ökologisch wie ökonomisch) der Schöpfung (des Waldes) und die Forstwirtschaft als soziale Grösse (Arbeiter- und Sozialfrage / soziale Frage) - besonders berücksichtigen. Dabei gibt es verschiedene Schwerpunkte; wie die Bewahrung der Schöpfung, die Nutzung des Forstes in der nachhaltigen Bewirtschaftung, die Gentechnik im Forstwesen und wirtschaftliche Faktoren. Ebenfalls hat das erste Kapitel den arbeitenden Menschen in der Forstwirtschaft im Auge. Dabei kommt die soziale Frage, die Arbeiterfrage und die Eigentumsfrage (staatliche und private Forste) zur Sprache.

- Das zweite Kapitel behandelt das Verhältnis Gottes zur Schöpfung - im Konkreten zum Wald. Als solche ist sowohl der Wald wie der Forst Lebensraum und Kulturgut, der Forst aber zudem Kulturträger des Menschen. Diese Vorarbeit ist Voraussetzung um später besser in der Lage zu sein das ethische Prinzip des "Abgeordnet-Seins" zu begründen.

- Das dritte Kapitel soll schliesslich die ethische Schlussfolgerung dessen sein, wie die Verwalterin mit dem zu Verwaltenden aus theologischer Sicht umzugehen hat. Aus der Analyse dessen, was bereits gegeben ist führt dieses Kapitel aufgrund des nun neu begründeten Prinzips des Abgeordnet-Seins hin zum "<u>was soll in der Zukunft sein</u>", zu dem was wünschenswert und ethisch vertretbar ist.

Die Arbeit erhält ihre Struktur durch die Methode. Diese ist das formale Element wissenschaftlicher Arbeit, während das System eine funktionale Einheit von Einheiten ist, wobei sich sowohl die Einzelheiten untereinander als auch Einzelheiten gegenseitig bedingen.[30] Die Methode bezeichnet den Weg zu etwas hin, den Weg auf dem die Einheit aufgebaut und erworben wird. Allgemein gesprochen: das einen bestimmten Weg aufzeichnende Verfahren um ein vorgesetztes Ziel zu erreichen.[31] Die Ausführungen

---

[29] Vgl. Trillhaas, Wolfgang (^{3}1970); 29.

[30] Vgl. Kleines Philosophisches Wörterbuch; 269; System.

[31] Vgl. Kleines Philosophisches Wörterbuch; 174; Methode. – Wissenschaftliche Methode sei die Bindung an den Vorwegentwurf einer Gegenstandsregion, der aus der konkreten Bedeutungsfülle der Gegenstände nur ganz bestimmte Seins- und Verhaltenseigenschaften als interessierende und zu untersuchende ausgrenzt. Damit seien auch die Grundbegriffe der jeweiligen Wissenschaft definiert und die Gesamtheit der Verfahrensvorschriften. Der Entwurf müsse sich in der Erfahrung (= dem Zusammenhang der Phänomene des Gegenstandbereiches) bewähren. Unterschieden werde allgemein nach Induktion (analytische [zerlegende] Methode), Deduktion (synthetische [aufbauende] Methode); in naturwissenschaftliche, geisteswissenschaftliche, mathematische usw. Methoden. Da die einzelne Methode die Totalität eines Gegenstandes in den Blick nehmen könne und jede Wissenschaft nach der für sie allein gültigen Methode verfahren müsse, führe der Versuch die Vielfalt der

innerhalb dieser Arbeit gehen in verschiedene Richtungen. Es wird nicht nur eine Methode isoliert verwendet, sondern verschiedene Sichtweisen werden sich im Sinne einer Konvergenzargumentation ergänzen (Methodenmix),[32] mit dem Schwerpunkt eine "ökologisch richtige Methode" neu zu schaffen,[33] deren Grundlage nicht zuletzt das Prinzip des Abgeordnet-Seins darstellt. Dabei soll unterschieden werden zwischen ökonomisch richtig und ökologisch richtig, wobei letztlich (langfristig gedacht, in Zeiträumen von Generationen) nur ökonomisch richtig sein kann, was auch ökologisch richtig ist. Durch den "Methodenmix" wird verhindert, dass die Arbeit eingeengt ist. Sie gibt so mehreren Ansätzen in gleicher Weise Raum.

Für Kapitel 1 ist die *historisch-deskriptive Methode* in Verbindung mir der *empirischen Methode*, im Sinne der immanenten Ethik, gewählt worden. Im Aufzeigen der geschichtlichen Hintergründe wird eingeführt in die Prozesse der Vergangenheit. Die heutige Situation ist bereits vorbedingt durch historische Begebenheiten und beinhaltet somit einen "Geschehnischarakter[34]". Das deskriptive Element meint die Beschreibung der geschichtlichen Gegebenheit oder einer Tendenz nach der sich das Geschehen (Prozess) gerichtet hat. Der Blick in die Geschichte eines Sachverhaltes zur Beurteilung einer Situation, eines dynamischen Prozesses oder einer Realität ist unumgänglich.[35] Ethische Aussagen ohne empirische Grundlagen, gerade im Bereich dieser Arbeit, sind nicht zielführend. Es ist deshalb besonders wichtig mit der Forstwirtschaft (speziell: Ökonomie, Ökologie und Humanökologie) im Dialog zu stehen.[36] *Die empirische Methode* kann jedoch <u>nicht</u> in Verbindung mit dem Prinzip der Nützlichkeit gesehen werden, denn dies ergäbe eine utilitaristische Sicht.[37]

Kapitel 2 ist *an Themen orientiert induktiv* (analytisch - zerlegend) aufgebaut. Einzelne Sachgegenstände werden, durchaus im Kontext mit Randthemen, den Schwerpunkt dieses Kapitels ausmachen. Biblische und kirchliche Aussagen werden unter Berücksichtigung der *hermeneutischen Methode*[38] beleuchtet. Es wird auch das "Sein" des Waldes angesprochen. Dies ist alleine schon daher wichtig, da über ein Drittel des

---

Methoden auf eine einzige massgebliche zu reduzieren (Methodenmonismus, Wissenschaftsmonismus) nicht zur Erweiterung, sondern zur Verengung der Erkenntnismöglichkeiten.

[32] Vgl. Leisch, Walter (1990); 500.

[33] Vgl. dazu: Weiler, Rudolf (Hg.) (1996); 565-572. – "Die menschliche Arbeit als Kriterium für den ökologischen richtigen Einsatz des Produktionsfaktors Arbeit."

[34] Kleines Philosophisches Wörterbuch; 98; Geschichte.

[35] Vgl. Virt, Günter (Hg.) (1993); 7.

[36] Vgl. Leisch, Walter (1990); 497-498.

[37] Vgl. Lexikon der Ethik; 285-287; Utilitarismus.

[38] Vgl. Leisch, Walter (1990); 500. – Für die theologische Ethik liege eine besondere Aufgabe darin, ethische Einsichten in einem christlichen Sinnhorizont zu reflektieren und die Übergänge vom biblischen Ethos zu christlich gelebten Überzeugung methodisch zu begleiten.

Lebensraumes in Österreich von Wald bedeckt ist.[39] Kapitel eins und zwei verdeutlichen zudem die *interdisziplinäre Sichtung* des zu behandelnden Themas.

Das Kapitel 3 ist *synthetisch-präskriptiv* (deduktiv - [aufbauend]) aufgebaut. Was in den vorangegangenen Kapiteln formuliert wurde gilt es nun präskriptiv zu synthetisieren. Präskriptiv deshalb, weil - im Gegensatz zum deskriptiven Element der Beschreibung der geschichtlichen Gegebenheit oder einer Tendenz nach der sich das Geschehen (Prozess) gerichtet hat - nun vor allem Normen gefolgt wird und neue Normen gesetzt werden. Ein Ziel dieses Vorgehens ist es, eine neue "*ökologisch richtige Methode*" vorzubereiten (Leitsätze zum richtigen Umgang mit dem Wald und dem Forst aufzuzeigen). In dieser Arbeit wird jedoch hauptsächlich der Versuch unternommen, das Prinzip des "Abgeordnet-Seins" anhand besonderer Einzelfälle und zahlreicher aufgeworfener Fragen, die teils bewusst offengelassen werden, zu induzieren, um eine neue Ansatz- und Bewertungsmöglichkeit zur Kriterienaufschlüsselung und -findung sowie den Haltungen des Menschen zu ermöglichen, welche über eine Option für die Umwelt - und somit auch für den Wald - hinausgeht und dadurch ein tiefgreifenderes und verbindlicheres Erarbeiten und Umsetzen gegebener und neuer Kriterien und damit verbundener Haltungen bietet, zumal teilweise bereits in den vorangegangenen Kapiteln Hinweise im Sinne der Kriterienaufschlüsselung und -findung sowie den Haltungen des Menschen gegeben wurden.

Zusammenfassend ist zu sagen, dass der Zugang wesentlich über die "Natur der Sache" nach JOHANNES MESSNER gefunden wird. Es gilt Ethiker zu sein und die Empirie speziell mit einzuschliessen, so dass ein Kriterium der Sittlichkeit vorhanden ist, damit sich nicht lediglich eine Umweltideologie ergibt. Auch eine biologistische Ethik ist nicht zielführend, da der Mensch eine Verantwortung für den Wald hat. Demselben - ebenso den Tieren (und der "toten Materie") - ist er nicht gleichgestellt,[40] sondern er ist dessen "Abgeordneter". Sittliches Handeln verlangt nicht wie im Utilitarismus nur ein "Gefühl (gewöhnliche sittliche Überzeugung)".[41]

Dies soll durch die verwendeten Theorieansätze und gewonnenen Prämissen verdeutlicht werden. Als Ansatz- und Ausgangspunkt für die folgenden Ausführungen lässt sich hier formulieren, dass die Forstwirtschaft eine grosse Verantwortung für die Umwelt hat. Diese Verantwortung betrifft nicht nur den Wald, sondern durchaus auch den Menschen, der in diesem Wirtschaftssegment tätig ist. Für diese Arbeit wurden folgende Ansätze ausgewählt.

---

[39] Vgl. Statistisches Jahrbuch für die Republik Österreich - 1996; 14, 228.

[40] Vgl. dazu auch das Werk: Singer, Peter (1994).

[41] Vgl. Lexikon der Ethik; 285-286; Utilitarismus.

Der theologische Ansatzpunkt des biblischen Schöpfungsverständnisses (unter gewisser Berücksichtigung des anthropozentrischen bzw. des anthropologischen Ansatzes[42] und Aspekten des biozentrischen Ansatzes),[43] der *anthropo-relationale Ansatz*,[44] ist der erste gewählte Ansatz. Von diesem her bestimmen sich die Grundlagen der umweltethischen Orientierungsmöglichkeiten der christlichen Ethik. Das biblische Schöpfungsverständnis unterscheidet klar zwischen Schöpfer und Geschöpf. Die Mitgeschöpflichkeit des Menschen mit dem anderen Erschaffenen ist eine Grundlage einer schöpfungsethischen Umweltethik. Im Kreise der Mitgeschöpfe kommt dem Menschen von seiner Natur her eine Sonderstellung zu - seine Gottebenbildlichkeit.[45] Der Mensch steht einerseits in der Natur, in die er durch seine Leiblichkeit eingebunden ist, andererseits kommt diese in ihm gleichsam zu sich selbst. Der Mensch ist aufgrund seiner Geistbegabung verantwortungsfähig und dadurch zur Verantwortung verpflichtet. Er steht als Verantwortungssubjekt zwar im Zentrum, bleibt aber rational streng auf die schöpfungsethischen Massstäbe der anderen genannten Ansätze bezogen. Auf dieser Grundlage steht der allgemeine umweltethischer (sittlicher) Imperativ,[46] den HANS-JÜRGEN MÜNK wie folgt formulierte:

---

[42] Vgl. Sozialhirtenbrief der katholischen Bischöfe Österreichs; 9, 12. – Der anthropologische Ansatz steht im Zentrum der christlichen Soziallehre.

[43] Vgl. Umwelt. Lexikon ökologisches Grundwissen; Ökologische Ethik. – Der anthropozentrische [subjektorientiert & objektorientiert] Ansatz begründe den Schutz der Natur mit deren Wert für die gegenwärtige und zukünftige Menschheit. Letzter Verweisgrund sei hier demzufolge also nicht die Natur selbst, sondern der Mensch. Der Wert der Natur für den Menschen beziehe sich dabei z.B. auf ökonomische, kulturhistorische, ästhetische und wissenschaftliche Aspekte. Die anthropozentrische Ethik gelte als charakteristisch für die philosophische Tradition des Abendlandes. ... Der biozentrische Ansatz gehe vom eigenständigen Wert aller Lebewesen, d.h. Pflanzen, Tieren und Menschen, aus. Neben dem Leben selbst gehe es ihm dabei um Werte wie Schönheit, Ordnung und Vielfalt der Lebewesen. Bekanntester Vertreter dieser Richtung in Deutschland sei sicherlich ALBERT SCHWEITZER, der eine "Ehrfurcht vor dem Leben" forderte.

[44] Vgl. Münk, Hans-Jürgen (1990); 812.

[45] Vgl. Gen 1,26 "Dann sprach Gott: Lasst uns Menschen machen als unser Abbild, uns ähnlich. Sie sollen herrschen über die Fische des Meeres, über die Vögel des Himmels, über das Vieh, über die ganze Erde und über alle Kriechtiere auf dem Land." – Vgl. Gen 1,27 "Gott schuf also den Menschen als sein Abbild; als Abbild Gottes schuf er ihn. Als Mann und Frau schuf er sie."

[46] Vgl. dazu: Kleines Philosophisches Wörterbuch; 140; kategorische Imperativ. – Der kategorische Imperativ und deren Grundlagen zum Vergleich: Kategorischer Imperativ, in KANTS Ethik das rein formale, durch keinen empirischen Inhalt bestimmte und deshalb unbedingte, sich als Faktum der reinen Vernunft darstellende innere Pflichtgebot bzw. dessen satzhafte Formulierung(en). Die bekannteste übertragene Formulierung: "Handle so, dass die Maxime deines Willens jederzeit zugleich als Prinzip einer allgemeinen Gesetzgebung gelten könne". (Kritik der praktischen Vernunft [1788] 1.T., 1B., 1. Hauptstück § 7). Die wörtlichere Formulierung des kategorischen Imperativs lautet: "Handle nur nach derjenigen Maxime, durch die du zugleich wollen kannst, dass sie ein allgemeines Gesetz werde." (IKWP; Bd. 4; 421.) In Ergänzung dazu steht der praktische Imperativ: "Handle so, dass du die Menschheit sowohl in deiner Person als in der Person eines jeden andern jederzeit zugleich als Zweck, niemals bloss als Mittel brauchst." (IKWP; Bd. 4; 429.)

"Handle so, dass die Wirkung deiner Handlungen die angemessene Lebensfähigkeit und Integrität [Unverletzlichkeit] der Menschheit und der nichtmenschlichen Natur nicht zerstören![47]"

Vom *sozialethischen Ansatz* her müssen auf Gesetzes- und Verordnungsebene die für den Umweltschutz notwendigen Vernetzungen der gesellschaftlichen Teilsysteme und das Handeln von Gruppen und Einzelnen (Individuen) geregelt werden. So kann sich eine effiziente Umweltpolitik nicht alleine auf die Selbstregulierung des Marktes verlassen. Mit verschiedenen Mitteln (z.B. Auflagen,[48] Abgaben[49] und Zertifikaten[50]) sind Regulative herzustellen, mit deren Hilfe Umweltziele zu erreichen sind. Ein wesentliches Mittel zur Erreichung der Umweltziele sind Umweltabgaben, auf die man nicht verzichten werden kann. Mit dieser Hilfe muss der Bestrebung zur Förderung umweltgerechter Techniken und Güter sowie einem verantwortungsbewussten Umgang mit erneuerbaren Ressourcen Ausdruck verliehen werden. Weil Umweltschutz - besonders hinsichtlich des Waldes und der Forstwirtschaft - aufgrund seiner grenzüberschreitenden Problemdimensionen (z.B. Luftreinhaltung und Klimaveränderung) zu einer internationalen Gemeinwohlaufgabe geworden ist, sind strukturelle Massnahmen der Staaten zur Abhilfe gefordert (internationale Umweltpolitik). Es sind jedoch nicht nur Staaten gefordert, sondern auch kleinere Gruppen (im personal-zwischenmenschlichen Bereich). Diese sollten im Geiste der Subsidiarität beurteilt werden und im Bewusstsein der Inhalte des Prinzips des Abgeordnet-Seins. Am Beispiel der einzelnen Forstwirtschaftsbetriebe sei stichworthaft hingewiesen auf die Möglichkeiten umweltgerechter Ausstattung und Nutzung ihrer Betriebe. Ein wesentliches Gewicht fällt auf die umweltbezogene Ausbildung der Mitarbeiter.[51] Letztlich ist jeder (Individualethik) zu einem Wandel seiner Handlungs- und Denkweise gefordert. Die Durchsetzung umweltrechtlicher Bestimmungen ist nur dann wirksam, wenn in möglichst vielen Menschen die der Materie zu Grunde liegenden ethischen Werte verankert sind. Mit entsprechender - nicht isolierten, sondern in der Gesamtheit der ethischen Leitgedanken - Wertorientierung und Motivation ist der Schritt vom Umweltwissen zum Umweltgewissen (Mitwissen mit der Natur) und Umwelthandeln zu tun. Die theologischen Grundlagen der Umweltethik sind in das Ganze des Glaubensvollzuges eines Christen zu integrieren. Schöpfungsverbundenheit kann, was die tugendethischen Gesichtspunkte anlangt, als Zentraltugend bezeichnet

---

[47] Münk, Hans-Jürgen (1990); 812.

[48] Vgl. dazu: Drabarczyk, Liselotte (1997e); 1875.

[49] Vgl. dazu: Drabarczyk, Liselotte (1997a); 1858. – Am Weinstephaner Forsttag wurde über eine ökologisch-soziale Marktwirtschaft diskutiert.

[50] Vgl. dazu: Schrader, Jürgen (1998b); 633. – Vgl. Schrader, Jürgen (1998a); 633, 634.

[51] Vgl. dazu: Klose, Alfred (1988); 69-77.

werden. Die Kardinaltugenden können daher umweltethisch - durch die Tugend des Masses und der Besonnenheit im Sinne umweltgerechter Selbstbegrenzung, Selbstbescheidung und Verzichtleistung - aktualisiert werden.[52] Auf diesem Weg sind sie einzubringen in die theologischen Tugenden (Glaube, Hoffnung und Liebe), das heisst in den christlichen Lebensvollzug.[53] Eine solche Synthese entspricht der Zusammengehörigkeit von Schöpfungs- und Erlösungsordnung und gehört zum Kern einer christlichen Spiritualität,[54] einer echter Schöpfungsspiritualität.

---

[52] Vgl. Münk, Hans-Jürgen (1990); 814-815.

[53] Vgl. dazu: Ratzinger, Josef (1975); besonders 50-59. – RATZINGER führt drei Beispiele für das Zueinander von Glaube und Ethos auf: "a) Der Dekalog, b) Der Name Christi, c) Die apostolische Meinung".

[54] Vgl. dazu: Kreppold, Guido (1986); 17-20. – Vgl. Karrer, Otto (1975); 519. – Diese Spiritualität findet wohl eine ihrer schönsten Ausdrucksformen im Sonnengesang des hl. FRANZ VON ASSISI. Im Folgenden wird der Sonnengesang in Anlehnung an die Übersetzung von OTTO KARRER angeführt: Du höchster, mächtigster, guter Herr, dir sind die Lieder des Lobes, Ruhm und Ehre und jeglicher Dank geweiht; nur dir gebühren sie, Höchster, und keiner der Menschen ist würdig, dich nur zu nennen. - Gelobt seist du, Herr, mit allen Wesen, die du geschaffen hast, vor allem dem edlen Herrn, Bruder Sonne, der uns den Tag heraufführt und Licht mit seinen Strahlen, der Schöne, spendet; gar prächtig in mächtigem Glanze; dein Gleichnis ist er, Erhabener. - Gelobt seist du, Herr, durch Schwester Mond und die Sterne. Durch dich sie funkeln am Himmelsbogen und leuchten köstlich und schön. - Gelobt seist du, Herr, durch Bruder Wind und Luft und Wolke und Wetter, die sanft oder streng, nach deinem Willen, die Wesen leiten, die durch dich sind. - Gelobt seist du, Herr, durch Schwester Quelle; Wie ist sie nütze in ihrer Demut, wie köstlich und keusch! - Gelobt seist du, Herr, durch Bruder Feuer, durch den du zur Nacht uns leuchtest. Schön und freundlich ist er am wohligen Herde, mächtig als lodernder Brand. - Gelobt seist du, Herr, durch unsere Schwester, die Mutter Erde, die gütig und stark uns trägt und mancherlei Frucht uns bietet mit farbigen Blumen und Matten. - Gelobt seist du, Herr, durch die, so vergeben um deiner Liebe willen und Pein und Trübsal geduldig tragen. Selig, die's überwinden im Frieden; du, Höchster, wirst sie belohnen. - Gelobt seist du, Herr, durch unsere Schwester, den leiblichen Tod; ihm kann kein lebender Mensch entrinnen. Wehe denen, die sterben in schweren Sünden! Selig, die er in deinem heiligsten Willen findet! Denn sie versehrt nicht der zweite Tod. - Lobet und preiset den Herrn. Danket und dient ihm in grosser Demut!

0.2. Definitionen

In diesem Unterkapitel werden einige Begriffe, die für dieses Werk wichtig sind, ganz kurz erläutert. Es ist die Absicht dieser Definitionen einen straffen Überblick über das Verständnis der Bedeutung der Wortinhalte zu geben und nicht die Begriffe bis ins kleinste Detail zu ergründen. Dazu halte man sich an die jeweils angegebene Literatur.

0.2.1. Ethik

Ethik[55] weist sowohl auf ἔθος (Gewöhnung) wie auf ἦθος (Charakter, gewohnte Art zu handeln) hin. Der Umgang mit dem Begriff "Ethos" ist nicht nur deskriptiv (beschreibend), sondern auch normativ zu pflegen, d.h. es ist nach dem richtigen Handeln[56] zu fragen.[57] Ethik befasst sich, als Teil der Philosophie mit menschlicher Praxis, mit dem "Ist" und dem "Soll"; gehört demzufolge zur praktischen Philosophie[58] und nicht zur theoretischen Philosophie, die sich mit dem "Erkennen" und dem "Sein" beschäftigt.[59] Dies lässt sich aber nicht in allen Fällen strikt trennen. Das ethische und das theoretische Urteil können nicht immer getrennt werden.[60] Es geht in der Ethik zum einen um die nähere Eingrenzung, Bestimmung und Explizierung des eigenen Gegenstandes, nach der Frage des obersten Prinzips (Was soll ich tun? Was ist letztlich moralisch gut?). Zum andern um die letztmögliche Begründung der Frage des "Warum des Sollens" (Warum soll ich etwas tun? Warum soll ich überhaupt? Warum ist letztlich eine Handlung richtig, gut?).[61] Ethik ist auf das Ethos als ihre eigene, unersetzbare empirische Ausgangsbasis verwiesen.[62] Dies gibt jedoch keinen Anlass die Ethik von der Ebene normativen Denkens zu deskriptiv-empirischen oder historischen Untersuchungen herabzustufen. Von Bedeutung ist die einander ausschliessend, aber zugleich eine Einheit bewirkende (disjunktive) Unterscheidung der beiden Typen - teleologischer

---

[55] Vgl. Taschenbuch theologischer Fremdwörter; 47; Ethik. – Ethik [vom griechischen "Ethos" "Brauch, Sitte"], die "Sittenlehre", ist die sittlichen Grundsätze (Normen) betreffende Abhandlung und wissenschaftliche Disziplin.

[56] Vgl. Honecker, Martin (1993); 249-251.

[57] Vgl. Wolbert, Werner (1990b); 165. – Vgl. Wolbert, Werner (1990a); 159.

[58] Ethik fragt also nach dem zu verändernden Sollen.

[59] Vgl. Wolbert, Werner (1990a); 158.

[60] Vgl. dazu: Messner, Johannes (^{7}1984); 92.

[61] Vgl. Juros, H. (^{2}1980); 590-598.

[62] Vgl. Juros, H. (^{2}1980); 593. – Ethik sei auf das Ethos als ihre eigene, unersetzbare empirische Ausgangsbasis verwiesen, gehe von der Erfahrung des sittlich Gesollten aus und setzte ihre Aufgabe in der Bestimmung und Explizierung, Erklärung und Begründung sittlicher Erfahrung an, die sich als objektiv Gegebenes und Unmittelbargewordenseins evident aufdränge.

(durch den Zweck bestimmter) und deontologischer (durch die Pflicht bestimmter) Typ - normativer Ethik.[63] In der Ethik oder der Moralphilosophie geht es um die Erklärung des Phänomens der Sittlichkeit. Unter Moral[64] ist einerseits gelebte Sittlichkeit zu verstehen als auch ein Lehrsystem vom Sittlichen.[65]

Es soll nicht der Eindruck entstehen dieses Werk nur aus dem Blickwinkel eines Fragmentes der ganzen Bandbreite der Ethik (vom ethischen Skeptizismus/Relativismus über die Pflichtethik bis zur Persönlichkeitsethik[66]) angehen zu können. Themen der Ethik sind ja u.a. Fragen wie die Unterscheidung von Richtig und Falsch, die Frage nach Ziel und Sinn, nach dem "guten" Leben, dem Glück, der Freiheit, der Autonomie, des Gewissens u.a.m., die sich aus verschiedensten Perspektiven angehen lassen.[67] Genauso kann sich diese Arbeit nicht im strengen Sinn nur an der "theologischen Ethik"[68] orientieren, der Entsprechung oder Nichtentsprechung des Handelns dem Willen Gottes gegenüber.[69] Gott kann jedoch nicht ausser Acht gelassen werden. Würde das geschehen, befände man sich bald auf dem Pfad der biologistischen Ethik, des Utilitarismus, wo sittliches Handeln ein "Gefühl (gewöhnliche sittliche Überzeugung)" verlangt.[70] Ein wesentliches Fundament der "Einbeziehung Gottes" ist das Naturgesetz. Der Ethik kann es daher nicht schlechterdings um eine wertfreie Darstellung von Sachverhalten gehen, sondern darüber hinaus um deren Auswertung (Evaluierung).

---

[63] Vgl. Juros, H. (^{2}1980); 596-597.

[64] Vgl. Taschenbuch theologischer Fremdwörter; 94; Moral. – Moral (von lateinischen moris = die Sitten betreffend), 1) die Gesamtheit der Verhaltens- und Wertnormen in einer Gesellschaft bzw. Epoche; gegenüber dem Begriff der Ethik jedoch nicht klar abgegrenzt; 2) die sittliche Handlung eines Einzelnen oder einer Gruppe; 3) eine sittliche Lehre im Sinne einer Nutzanwendung. ... Moraltheologie, Bezeichnung einer systematischen katholischen Lehre des sittlichen Verhaltens bezüglich des in die göttliche Heilsordnung hinein gestellten Menschen.

[65] Vgl. Virt, Günter (1990); 522-535 (hier 531). – Gegenstand der Moraltheologie seien die *freie menschliche Handlung (actus humanus)* und die *Haltung*, aus der die Handlung entspringe *(habitus operativus)*. Damit scheide als Gegenstand der Moraltheologie alles bloss reflexhafte Verhalten genauso aus wie schicksalhaft vorgegebene Ereignisse, die über den Menschen kommen. Als sittlich könne nur gelten wozu der Mensch sich selbst in Freiheit bestimme.

[66] Vgl. Coreth, E. (1959); 1126-1129.

[67] Vgl. Honecker, Martin (1993); 249-251.

[68] Vgl. Lexikon der Ethik; 274-275; Theologische Ethik. – Vgl. auch: Honecker, Martin (1993); 255-257.

[69] Vgl. Lexikon der Ethik; 274-275; Theologische Ethik.

[70] Vgl. Lexikon der Ethik; 285-287; Utilitarismus. – Vgl. dazu auch das Werk: Singer, Peter (1994).

Diese Arbeit stützt sich wesentlich auf die katholische Tradition mit Schwerpunkt Naturrecht,[71] mit der Frage nach "richtig und falsch", wobei die moderne Frage nach "gut und böse" nicht unberücksichtigt gelassen werden soll.

0.2.2. Ökologie

Das Wort Ökologie kommt vom griechischen Begriff "οἶκος - Haus, λόγος - Wort" und meint "Hauswirtschaftslehre". Gemeint ist die Lehre vom Haushalt der Natur[73] in der Beziehung der Lebewesen zueinander und zu ihrer Umwelt.[74]

Ernst Haeckel[72]

Als wissenschaftlichen Begriff gibt es das Wort "Ökologie" schon seit dem vorletzten Jahrhundert. Der Biologe ERNST HAECKEL (16.02.1834 - 09.08.1919) definierte ihn wie folgt:

> "Unter Oecologie verstehen wir die gesamte Wissenschaft von den Beziehungen des Organismus zur umgebenden Aussenwelt, wohin wir im weiteren Sinne alle <Existenz-Bedingungen> rechnen können. Diese sind theils organischer, theils anorganischer Natur...[75]"

HAECKEL grenzt 1870 die Ökologie noch weiter von der Zoologie ab, in dem er aufzeigte, dass die Ökologie alle diejenigen verwickelten Wechselbeziehungen meine, welche CHARLES ROBERT DARWIN (12.02.1809 - 19.04.1882) als die Bedingung des Kampfes um das Dasein bezeichnete.[76]

Ökologie ist eine aus der Biologie hervorgegangene Wissenschaft,[77] die sich mit den Wechselbeziehungen/Wechselwirkungen zwischen den Organismen und der unbelebten

---

[71] Vgl. Messner, Johannes (^{7}1984). – Den Begriff "Naturrecht" hat auch das Vatikanum II. in IM 14 und in GS 74 aufgenommen.

[72] Bild: Keller, Kurt.

[73] Vgl. Definition des Wortes "Natur"

[74] Vgl. Definition der Wörter "Umwelt / Mitwelt" – Vgl. auch: Umwelt. Lexikon ökologisches Grundwissen; Ökologie.

[75] Haeckel, Ernst (1866^{11}); 286.

[76] Vgl. Weish, Peter (1995); 1.

[77] Vgl. Umwelt. Lexikon ökologisches Grundwissen; Ökologie. – Obwohl der Einfluss der Menschen auf die Natur in den wissenschaftlichen Definitionen des Begriffs Ökologie mit einbezogen sei, würden zunächst die technischen- und Humanwissenschaften bei der Bearbeitung ökologischer Probleme fast völlig vernachlässigt. Es sei daher nicht verwunderlich, dass die Ökologen bei Akutwerden der Umweltprobleme (Ende der sechziger Jahre des 20. Jahrhunderts) nicht in der Lage waren, die brennenden Fragen z.B. über die möglichen Folgen der

(abiotische Faktoren wie Klima und Boden) bzw. der belebten Umwelt *(biotische Faktoren)* befasst.[78] In diesem Sinn spricht man von Ökosystemen. Ökosysteme kann man nach der Art ihrer wichtigsten Ökofaktoren (z.B. Klima, Pflanzen), nach dem Einwirkungsgrad des Menschen und nach der Energieversorgung unterscheiden:

1. *Natürliche und naturnahe Ökosysteme (ihr Haushalt ist primär von der Sonnenenergie abhängig).*
1.1. *Gewässer- oder aquatische Ökosysteme.*
1.1.1. *Marine Ökosysteme (Meeresökosysteme wie z.B. Ozean, Korallenriff).*
1.1.2. *Limnische Ökosysteme (Süsswasserökosysteme wie z.B. Seen, Tümpel, Flüsse).*
1.2. *Land- oder terrestrische Ökosysteme.*
1.2.1. *Halbterrestrische Ökosysteme (z.B. Moore).*
1.2.2. *Rein terrestrische Ökosysteme (wie z.B. Wälder, Gebüsche, Tundra).*
2. *Urban-industrielle Ökosysteme (städtisch-industrielle Ökosysteme; ihr Haushalt sei in erster Linie von zusätzlichen, erschöpflichen Energiequellen abhängig).*[79]

Auf die Umweltwahrnehmung und das Umweltbewusstsein haben die ökologisch-ethischen Wertvorstellungen Einfluss und bestimmen massgeblich die Umweltpolitik. Auf umweltethische Wertvorstellungen wird durch Umwelterziehung seitens der Umweltpolitik wiederum versucht Einfluss zu nehmen.[80]

Das "Ökologie" als wissenschaftlicher Begriff existiert heisst aber noch nicht, dass sich die Disziplin Ökologie an den Universitäten rasch durchsetzte. Seit HAECKEL kam es zwar zu einer ansehnlichen Anhäufung von Detailerkenntnissen, die Ökologie als wissenschaftliche Disziplin wurde jedoch lediglich von wenigen betrieben. Erst in den 50er Jahren des 20. Jahrhunderts wurde Ökologie an Universitäten gelehrt und es erschienen die ersten Lehrbücher.[81] Seit den 60er Jahren des 20. Jahrhunderts stieg die

---

industriellen Umwelteinwirkungen zu beantworten. – Vgl. dazu auch: Umwelt. Lexikon ökologisches Grundwissen; Wissenschaft. – Im Zusammenhang mit der Notwendigkeit Gegengutachten gegen Atomkraftwerke zu erstellen, sei innerhalb der Ökologiebewegung so etwas wie eine kritische ökologische Wissenschaftlerbewegung entstanden . Im Jahre 1977 wurde in Freiburg das Institut für Angewandte Ökologie (kurz "Öko-Institut" genannt) gegründet. Es sei seitdem eine Anlaufstelle für viele Bürgerinitiativen im Bereich des Umweltschutzes gewesen. Mittlerweile hätten sich etwa 80 ökologische Forschungsinstitute in der 1980 gegründeten Arbeitsgemeinschaft Ökologischer Forschungsinstitute (AGÖF) zusammengefunden. Häufig seien diese Institute sehr klein und ohne ausreichende Mittel.

[78] Vgl. LROM[1]; Ökologie.

[79] Vgl. Umwelt. Lexikon ökologisches Grundwissen; Ökosystem.

[80] Vgl. Umwelt. Lexikon ökologisches Grundwissen; Ökologische Ethik.

[81] Ein Beispiel ist das Standardwerk von HEINRICH WALTER: "Die Vegetation der Erde in ökophysiologischer Betrachtung" aus dem Jahre 1961.

Aktualität der Ökologie, besonders durch RACHEL CARSON,[82] die auf die Folgen zivilisatorischer Eingriffe in die Ökosysteme hinwies. Dadurch wandelte sich die Ökologie von einer biologischen Teildisziplin zur wissenschaftlichen Basis des Umweltschutzes.[83] AUGUST THIENMANN teilte die komplexen Inhalte der Ökologie - als Anpassungslehre - in "Autökologie (Behandlung des Einzelindividuums, als Repräsentant seiner Art und seine Umweltbeziehung)" und "Synökologie (Behandlung der zwischenartlichen Beziehungen)". F. SCHWERDTFEGER fügte die "Demökologie (Behandlung der Struktur und Dynamik von Populationen)" hinzu.[84] Die Ökologie - als Haushaltslehre - unterscheidet quantitative und qualitative Energieströme und biogeochemische Stoffkreisläufe in Ökosystemen. Ökologie ist eine Naturwissenschaft, da sie in der Biologie wurzelt und doch ist sie es nicht, da sie sich immer mehr mit den Sozial- und Geisteswissenschaften verbindet.[85]

0.2.2.1. Humanökologie (Mensch - Umwelt)

"Humanökologie" ist ein Teilgebiet der Ökologie auf dem man die Beziehungen zwischen Mensch und Umwelt untersucht.[86] Nach HELMUT KNÖTIG[87] soll unter Humanökologie die Ökologie der Spezies Homo sapiens verstanden werden.[88]

Eine "Humanökologie" wurde zum ersten Mal von Soziologen vertreten und wird heute besonders von der "International Organisation for Human Ecology (I.O.H.E.)" gefördert.[89]

Das Arbeitsgebiet der Humanökologie[90] ist die spezielle Umweltbiologie des Menschen im natürlichen Lebensraum und im Zivilisationsmilieu. Humanökologie kann

---

[82] RACHEL CARSON schrieb 1962 das Werk: Carson, Rachel (1968).

[83] Vgl. Knötig, Helmut (^{2}1980); 1139-1140. – HELMUT KNÖTIG schlägt statt "Umweltschutz" den Begriff "Umweltgestaltung" vor. Dieser Begrifflichkeit soll in dieser Arbeit jedoch nicht gefolgt werden, da sie nicht adäquat genug erscheint.

[84] Vgl. dazu auch: Knötig, Helmut (^{2}1980); 1133-1134.

[85] Vgl. Weish, Peter (1995); 1-6.

[86] Vgl. LROM[1]; Humanökologie.

[87] HELMUT KNÖTIG: Generalsekretär der "International Organisation for Human Ecology (I.O.H.E.)" Wien.

[88] Vgl. Knötig, Helmut (^{2}1980); 1131.

[89] Vgl. Knötig, Helmut (^{2}1980); 1131-1134.

[90] Vgl. Umwelt. Lexikon ökologisches Grundwissen; Ökologie. – Angesichts der zunehmenden Umweltzerstörung und einer breiten Ökologiebewegung habe sich inzwischen ein erweitertes Ökologieverständnis entwickelt: Ökologie als eine neue Herangehensweise an die Erforschung der Naturzusammenhänge sowie des Verhältnisses zwischen Mensch und Natur, die sich die verschiedenen Natur- und Sozialwissenschaften zu eigen machten (Humanökologie). Eine solche neue Herangehensweise bringe das folgende öko-ethische Leitprinzip zum Ausdruck: Ziel der Ökologie sei die eigenständige Entfaltung heutiger

sinnvollerweise in zwei Teilbereiche unterteilt werden, die "Stadtökologie" und die "Politische Ökologie". Die Stadtökologie behandelt die menschengerechte Wohn- und Siedlungsgestaltung. Neuerdings beschäftigt sie sich auch mit der Verringerung der globalen Umweltbelastung und der gleichzeitigen Verbesserung der urbanen Lebensqualität. Die Politische Ökologie ist laut PETER WEISH die Leitwissenschaft der Postmoderne im Fachbereich der Ökologie.[91] Die Politische Ökologie ist sowohl empirisch als auch normativ, sowohl diagnostisch als auch therapeutisch orientiert. Ein wichtiger Bereich ist daher die Festsetzung von Grenzwerten verschiedenster Art. Schliesslich stellt gerade die normativ-therapeutische Dimension der Politischen Ökologie den Bezug zur Ethik her.[92] Erwähnt sei hier die Ethik des Überlebens, die Bezug nimmt auf Leitbegriffe wie "Ehrfurcht vor dem Leben (ALBERT SCHWEITZER)[93]", "Frieden mit der Natur" oder "Ökologischer Humanismus".[94]

Humanökologie ist, wie oben bereits gesagt, ein Teilgebiet der Ökologie, das jedoch weitgehend fachübergreifend arbeitet und andere Wissenschaftszweige integriert (Humanökologie als "integrative" Wissenschaft). Sie muss die soziale Dimension für den Menschen erfassen, das Mit-Sein der Person mit den Anderen. Aus menschlicher Sicht ist dies nur möglich im Bezug zu den "Sachen"[95] und Sachgesetzen des menschlichen Lebens, um die "existentiellen Zwecke"[96] des Menschen zu verwirklichen. Zum Normbegriff im Mitmenschlichen gehört daher auch die Dimension des Mitgeschöpflichen in den sozialen Beziehungen, auch normativ ausgedrückt im umfassenden Gemeinwohl und folglicher Beachtung der Sozialprinzipien als Rechts- und Sozialprinzipien.[97] Die Humanökologie hat demzufolge auch die Aufgabe nicht nur

---

und zukünftiger Teilglieder des ökologischen Gemeinwesens in Partnerschaft und unter haushälterischem Umgang mit allen Ressourcen (Natur).

[91] Vgl. Weish, Peter (1995); 4-6.

[92] Vgl. Weish, Peter (1995); 4-6.

[93] Münk, Hans-Jürgen (1990); 815.

[94] Vgl. Weish, Peter (1995); 5-6. – Aus ökologischen Einsichten sei eine neue Begründung der uralten menschlichen Werte von Bescheidenheit, Mitte, Mass und Nächstenliebe möglich.

[95] Vgl. Definition des Wortes "Natur"

[96] Vgl. Definition des Wortes "Natur"

[97] Vgl. dazu: Wagner, Friedrich (^{2}1969); 340-341. – Hier tue sich auf weltweiter Basis ein unabsehbares Feld auf für Möglichkeiten der Soziologie wie der Biologie und der Ökologie als verbindender Wissenschaft, auf dem eine 'Wissenschaft' denkbar werde, die wirklich frei und wirklicher Selbstzweck bleibe, weil sie nicht mit Interessen des Staates oder der Wirtschaft gekoppelt sei. Die *Selbstgefährdung des Menschen durch seine Forschung* mache eine Wissenschaft möglich und nötig, die *Teil eines höheren Ganzen bleibe* und dessen *Sinn* und *Gesetz* unterstehe. Denn gerade die Menschheitsgefährdung durch Atomenergie mache heute den *Menschen* als höchster *Wert*, als *Grenze* und *Mass*, als *Ausgang* und *Ziel* der Wissenschaft wieder sichtbar... . Auch das *Leben* als Grundlage menschlichen Daseins trete heute in seiner Gefährdung durch den Atomkrieg und durch die Atomenergie als *Ziel* und *Sinn*, als *Grenze* und *Mass* der Forschung und der Erfindung des Menschen hervor. - Es versteht sich wohl von selbst, dass die Aussagen über den Umgang mit der Atomenergie analog auch auf den Umgang mit dem Wald angewendet werden können. – Vgl. dazu auch: Knötig, Helmut (^{2}1980); 1136. – ...Darum sehe die I.O.H.E. als unabdingbare Voraussetzung für eine wissenschaftlich

umfassende Systemanalysen der Umweltkrise zu leisten und Lösungsansätze zu beschreiben, sondern auch die Strategie zur gesellschaftlichen Umsetzung dieser Ergebnisse zu entwickeln.[98]

0.2.2.1.1. Die Mitkreatürlichkeit des Menschen - Er beeinflusst die Umwelt

An dieser Stelle ist auf einen Aspekt der Beziehung zwischen Mensch und Umwelt hinzuweisen. Es ist das, was mit dem Begriff der "Mitkreatürlichkeit" bezeichnet sein soll. Der Mensch hat den speziellen österlichen Auftrag Jesu:[99]

> "Gehet hin in alle Welt und verkündet das Evangelium aller Kreatur[100]"

Ein anderes Wort, das den Christen ermahnt die österliche Botschaft zu leben ist:

> "Denn das ängstliche Harren der Kreatur duldet darauf, dass die Kinder Gottes offenbar werden.[101]"

Unter "Mitkreatürlichkeit" wird also alles Geschaffene verstanden, aus der Sicht des Menschen. Auch dieser Bereich ist in zwei Untergruppen aufzuteilen. Zum einen in den Bereich der "Umwelt (Flora und Fauna sowie die "tote" Schöpfung)" und zum anderen in den Bereich der "Mitwelt (Mit-Mensch und Gesellschaft)". Unter "Umwelt" wird daher alles Geschaffene ausserhalb der Spezies Mensch verstanden.[102] Konkret: Flora und

---

einwandfreie Humanökologie, die zwar nicht als Naturwissenschaft, wohl aber als "exakte Wissenschaft" verstanden werden solle, den Aufbau einer befriedigenden, logisch korrekten *Verbindung zwischen Natur- und Sozialwissenschaften* an, wobei Resultate und Methoden aus diesen Bereichen prinzipiell gleichberechtigt in diese Integrationsbemühung einzubeziehen seien." – Vgl. dazu auch: Schnarrer, Johannes Michael (1999a); 49, 157, 172, 212-213.

[98] Vgl. Weish, Peter (1995); 6. – Vgl. dazu auch: Knötig, Helmut (^{2}1980); 1131-1140; hier: 1132-1133. – HELMUT KNÖTIG argumentiert hier wie folgt: ...Unter Ökologie verstehen sie die gesamte Wissenschaft von Beziehungen des Organismus zur umgebenden Aussenwelt. Hieraus leite sich ganz klar ab, dass es Humanökologie *nicht* mit dem Menschen selbst und *nicht* mit dessen umgebender Aussenwelt ("Umwelt im *Haeckel*schen Sinne") zu tun habe, sondern mit den (Wechsel-) *Beziehungen* ("System S 1") zwischen diesen beiden, die von der Terminologiekommission der I.O.H.E. auch als "System S 2" und "System S 3" bezeichnet würden. – Vgl. auch: Marschütz, Gerhard (2000); 5-96.

[99] Vgl. Evangelium in der Messe am Samstag der Osteroktav (Mk 16,9-15).

[100] Mk 16,15bc (Eigene Übersetzung) - [Πορευθέντες εἰς τὸν κόσμον ἅπαντα κηρύξατε τὸ εὐαγγέλιον πάσῃ τῇ κτίσει.]

[101] Röm 8,19 (Eigene Übersetzung) - [ἡ γὰρ ἀποκαραδοκία τῆς κτίσεως τὴν ἀποκάλυψιν τῶν υἱῶν τοῦ θεοῦ ἀπεκδέχεται.]

[102] Vgl. Auer, Alfons (1984); 16. – ALFONS AUER versteht unter Natur das "Gesamt unserer Lebensbedingungen", nebst der "urwüchsigen Natur" auch der "vom Menschen gestaltete Lebensraum".

Fauna, aber auch alles Geschaffene "ohne Leben".[103] Unter "Mitwelt" wird der Mensch im Hinblick auf die Menschheit und ihre Erscheinungsformen verstanden. Konkret: den Mitmenschen und die Gesellschaft/en.[104] Der Mitmensch kann durchaus im Sinne des Nächsten, wie ihn das Gleichnis des barmherzigen Samariters sieht, verstanden werden.[105]

0.2.2.2. Natur

Der Begriff "Natur"[106] hat wohl eine der breit gefächertsten Definitionsmöglichkeiten, die ein Wort haben kann.[107] Da wären zum einen die philosophische und formaltheologische sowie die materialtheologische Definition im theologischen Bereich.[108] Zum anderen sind

---

[103] Vgl. dazu auch: Umwelt. Lexikon ökologisches Grundwissen; Umwelt. – Der Umweltbegriff solle nie eng auf einen Bereich bezogen werden. Nur im Zusammenwirken biologischer, physikalischer, technischer, sozialer und kultureller Aspekte, nur innerhalb eines komplexen Beziehungsgefüges lasse sich eine wirksame Umweltpolitik ansetzen.

[104] Vgl. dazu auch: Umwelt. Lexikon ökologisches Grundwissen; Umwelt.

[105] Lk 10,25-37 (Das Beispiel vom barmherzigen Samariter) – "Da stand ein Gesetzeslehrer auf, und um Jesus auf die Probe zu stellen, fragte er ihn: Meister, was muss ich tun, um das ewige Leben zu gewinnen? Jesus sagte zu ihm: Was steht im Gesetz? Was liest du dort? Er antwortete: Du sollst den Herrn, deinen Gott, lieben mit ganzem Herzen und ganzer Seele, mit all deiner Kraft und all deinen Gedanken, und: Deinen Nächsten sollst du lieben wie dich selbst. Jesus sagte zu ihm: Du hast richtig geantwortet. Handle danach und du wirst leben. Der Gesetzeslehrer wollte seine Frage rechtfertigen und sagte zu Jesus: Und wer ist mein Nächster? Darauf antwortete ihm Jesus: Ein Mann ging von Jerusalem nach Jericho hinab und wurde von Räubern überfallen. Sie plünderten ihn aus und schlugen ihn nieder; dann gingen sie weg und ließen ihn halb tot liegen. Zufällig kam ein Priester denselben Weg herab; er sah ihn und ging weiter. Auch ein Levit kam zu der Stelle; er sah ihn und ging weiter. Dann kam ein Mann aus Samarien, der auf der Reise war. Als er ihn sah, hatte er Mitleid, ging zu ihm hin, goss Öl und Wein auf seine Wunden und verband sie. Dann hob er ihn auf sein Reittier, brachte ihn zu einer Herberge und sorgte für ihn. Am andern Morgen holte er zwei Denare hervor, gab sie dem Wirt und sagte: Sorge für ihn, und wenn du mehr für ihn brauchst, werde ich es dir bezahlen, wenn ich wiederkomme. Was meinst du: Wer von diesen dreien hat sich als der Nächste dessen erwiesen, der von den Räubern überfallen wurde? Der Gesetzeslehrer antwortete: Der, der barmherzig an ihm gehandelt hat. Da sagte Jesus zu ihm: Dann geh und handle genauso!"

[106] Vgl. Wörterbuch Latein; nascor. – nascor natus sum, nasci (aus gnascor) I. eigentlich 1. geschaffen, erzeugt, geboren werden, aufwachsen: a) von Person b) von Tieren c) von leblosen Dingen wachsen, entstehen, vorkommen, sich finden 2) in weiterem Sinne = entspringen, abstammen; II. übertragen seinen Anfang nehmen, entstehen, entspringen, ausgehen, herrühren, sich zeigen, natus, a, um I. adjektivisch 1. geboren, erzeugt, geschaffen, entstanden, aufgewachsen, entsprungen, entstammt u.a.m.; 2. spezifisch a) angeboren b) übertragen geschaffen, bestimmt, geeignet für oder zu; c) (von Natur) beschaffen; d) alt; II. substantivisch natus Sohn oder nata Tochter (P); nati = "Kinder", auch klassisch in Verbindung mit parentes; (P) = Junge. – bzw. natura: natura ae, f I. 1. Geburt; 2. (männlich oder weiblich) Zeugungsglied; II. natürliche Beschaffenheit 1. von Leblos.: Wesen, Beschaffenheit, Lage, "Natur"; spezifisch (N. Kl.) gute Beschaffenheit, Schönheit; 2. von Lebendem.: a) physische Beschaffenheit, "Natur"; b) = natürliches Bedürfnis, Gefühl, Naturtrieb; c) = angeborene geistige und sittliche Anlage, Beschaffenheit, Naturell, Individualität; d) Wesen, wirkende Kraft; III. Einrichtung und Organismus der Welt, das Wesen der Dinge; der natürliche Lauf der Dinge; das Vernünftige, planvoll waltende Naturgesetz, Weltordnung; IV. "Natur" 1. als die schaffende Kraft; 2. als das Geschaffene; a) = d. Weltall, d. Sinnenwelt; b) = d. einzelne Geschaffene; Geschöpf, Kreatur, Wesen, Ding, Element, körperliches Organ.

[107] Vgl. dazu: Schnarrer, Johannes Michael (1999a); 78-82.

[108] Vgl. Metz, J. B. (1962); 805-808.

da die Definitionen im ökologischen Bereich. Diese haben aufgrund des Sachverhaltes dieses Werkes eine gewisse Priorität.[109]

Der Deutsche Sprachraum verwendet "Natur / natürlich" in drei verschiedenen Bedeutungen: eine umgangssprachliche (umgangssprachlich meint "Natur" die aussermenschliche, vorab biologische Wirklichkeit[110]), eine statistische (statistisch meint "natürlich" ein häufiges Verhalten[111]) und eine philosophische (philosophisch meint "Natur" die Wesensstruktur[112] eines Seienden und umschreibt jene Eigenheiten, ohne die etwas nicht mehr wäre, was es ist; meist auf den Menschen bezogen ist mit "Natur" dann vor allem dessen Körperlichkeit, Geistigkeit und Soziabilität gemeint[113]).[114] Setzt man den Begriff "Natur" mit dem Schöpfungsursprung und der Schöpfungsordnung in Beziehung, so stellt sich die Natur als die allen Dingen (Sachen) innewohnende Wesensart und Wirkkraft, als die Eigentümlichkeit konkreter Ausprägungen des Seins dar. Die "Natur der Sache" - ein Begriff aus der Rechtsphilosophie, der den bestimmenden Grund einer Gegebenheit mit Relevanz für die Rechtsnorm bedeutet - umfasst Personen und Sachen in gleicher Weise. Die Natur kennzeichnet die Wesens- und Wirkeinheit eines Seienden und damit auch die Entwicklungsmöglichkeit einer Gegebenheit.[115]

Das Wesen des Menschen (MARTIN HEIDEGGER nennt es das "In-der-Welt-Sein[116]") ist ihm gegeben, damit er stets an der Vervollkommnung[117] seiner Fähigkeiten arbeiten soll

---

[109] Vgl. Umwelt. Lexikon ökologisches Grundwissen; Natur. – Was sei Natur? Zunächst einmal bleibe festzustellen, dass sich die Bedeutung des Begriffes Natur im Verlauf der Geschichte gewandelt habe und dass er in verschiedenen Kulturen unterschiedlich verwendet würde. Natur, von lateinisch "natura", umfasse die ganze Welt, den Kosmos mit all seinen Stoffen, Kräften und Veränderungen. Natur sei, kurz gesagt, alles, was es gebe und was sich nach ihr innewohnenden Gesetzen entwickle und bewege. Die Gesamtheit aller Atome und Moleküle, die sich im Raum vorfänden und in der Zeit verändern, bildeten die Wirklichkeit der Natur. Sie sei zunächst ohne das menschliche Zutun einfach vorhanden. Der Mensch, wie die Tiere, Pflanzen und Gesteine selbst Teil der Natur, trete dieser als Einzelwesen und als Gesellschaft gegenüber. Der Mensch gehe ein Naturverhältnis ein. Dieses Naturverhältnis äussere sich dann z.B. in der Technik. Der Umgang mit der Natur, ob er sich ausbeuterisch oder friedlich und harmonisch vollziehe, sei eine Schlüsselfrage zur Entstehung und Behebung von Umweltproblemen (Umweltbewusstsein).

[110] Vgl. Lexikon der Ethik; 194-195; Natur.

[111] Vgl. Furger, Franz (1990); 543.

[112] Vgl. Kerber, Walter (^{2}1980); 1882-1887.

[113] Vgl. Kleines Philosophisches Wörterbuch; 180-181; Natur.

[114] Vgl. Furger, Franz (1990); 542-543.

[115] Vgl. Kerber, Walter; (^{2}1980); 1887-1890.

[116] Hirschberger, Johannes (^{13}1988); 642-643.

[117] Vgl. dazu: KKT; 391. – Gott habe von Anfang an den geschaffenen Wesen das Verlangen nach dem eigenen Wohle eingepflanzt, so dass sie vermöge einer gewissen natürlichen Neigung ihren Endzweck suchen und begehren, von welchem sie niemals, ausser wenn ein Hindernis von aussen her entgegentrete, abweichen. ... Während aber diese ihnen von Natur aus eingeborene Liebe die übrigen vernunftlosen Wesen bewahrt hätten, ... so habe das armselige Menschengeschlecht den Lauf nicht eingehalten, ... sondern es habe auch den dem Geist eingepflanzten Trieb zur Tugend verdunkelt.

(tugendhaft werden);[118] der Mensch ist zudem ein "religiöses Wesen[119]". Er soll an der Vervollkommnung darum arbeiten, weil der Mensch nach THOMAS VON AQUIN nicht vollkommen ist. THOMAS VON AQUIN bezeichnet den Menschen sogar als "Mangelwesen".[120] Der Mensch[121] lässt immer eine gewisse Vollkommenheit[122] vermissen, hat aber durch seine Fähigkeit zu denken die Möglichkeit dies teilweise auszugleichen,[123] mit anderen Worten "sittlich" zu sein.[124] Letztlich bleibt sich der Mensch selbst "eine Frage und ein tiefes Geheimnis[125]".

Eine der bedeutendsten Persönlichkeiten, welche "Natur" - gerade im Bezug auf den Menschen und das Wesen der Sittlichkeit - definiert hat, ist zweifellos JOHANNES MESSNER. Er tat dies in seinem Werk "Das Naturrecht".[126] Die Natur ist für ihn das Fundament seiner Erwägungen. MESSNER spricht dem Natürlichen Sein zu bzw. was nicht ist, ist nicht Natur.[127] Anders gesagt: Natur bedeutet "Leben" und Nicht-Natur bedeutet "Nicht-Leben". Wie oben bereits aufgezeigt, ist der Mensch gehalten an der Vervollkommnung seiner Fähigkeiten zu arbeiten. Mit anderen Worten: das Sein in Verbindung mit seiner Sittlichkeit zu erkennen. Nach JOHANNES MESSNER besteht die

[118] Vgl. KKK 409. bzw. GS 37. – Der Mensch muss sich stets bemühen, dem Guten anzuhangen.

[119] KKK 28.

[120] Vgl. dazu: Aquin, Thomas von (^{3}1985); 393-394.

[121] Vgl. Schnarrer, Johannes Michael (1996a); 20-21. – JOHANNES MICHAEL SCHNARRER definiert den Menschen folgendermassen: "Der Mensch ist ein denkendes, fragendes, Christen sagen gottgewolltes, sich selbst transzendierendes, reflektierendes und vollziehendes, nach Sinn suchendes, mit den Gaben des Verstandes, der Vernunft und der Einsicht ausgestattetes, permanent Erfahrung machendes, in Raum und Zeit (durch Vergangenheit, Gegenwart und Zukunft geprägtes) lebendes, auf Communio und Kommunikation angewiesenes, tätiges und bis zu einem gewissen Grade sich selbst versorgendes, innerhalb eines Systems sowohl eigenständiges als auch interdependentes Wesen." – Vgl. dazu ebenfalls: MM 219. – "Nach dem obersten Grundsatz dieser Lehre [der kirchlichen Soziallehre] muss der Mensch der Träger, Schöpfer und das Ziel aller gesellschaftlichen Einrichtungen sein. Und zwar der Mensch, sofern er von Natur aus auf Mit-Sein angelegt und zugleich zu einer höheren Ordnung berufen ist, die die Natur übersteigt und diese zugleich überwindet."

[122] Vgl. dazu: Mt 5,48 – Christus ruft die Menschen zur Vollkommenheit auf: "Ihr sollt also vollkommen sein, wie es auch euer himmlischer Vater ist."

[123] Vgl. dazu: Skirbekk, Gunnar (^{5}1989); 480, Fn 19. – ... Natur selbst sei nicht transzendental, aber Natur fungiere insofern als transzendentale Bedingung, als sie *in menschlichen Handlungen eine Rolle spiele*. Das sei deshalb so, weil transzendentale Bedingungen "notwendig für ..." etwas seien, nämlich "für" die Vermeidung von *Sinnlosigkeit*, und Sinn sei immer sozialer Sinn. ...

[124] Vgl. dazu auch: 1Kor 13,2 – Nur die Kraft des Geistes reicht nicht aus, es bedarf auch der Liebe: "Und wenn ich prophetisch reden könnte / und alle Geheimnisse wüsste / und alle Erkenntnis hätte; / wenn ich alle Glaubenskraft besäße / und Berge damit versetzen könnte, / hätte aber die Liebe nicht, / wäre ich nichts."

[125] Katholischer Erwachsenenkatechismus - Das Glaubensbekenntnis der Kirche; 14.

[126] Vgl. Messner, Johannes (^{2}1980); 1890. – Naturrecht bedeute einen Bestand von Rechten, die dem Menschen kraft seiner Natur zukommen, zweitens die Naturrechtslehre als Wissenschaft.

[127] Vgl. Messner, Johannes (^{7}1984); 39-55.

Sittlichkeit in der Naturrichtigkeit. Er führt den Terminus "existentielle Zwecke"[128] ein. Die wichtigsten Zwecke sind[129] die Selbsterhaltung, die Selbstvervollkommnung des Menschen, die Ausweitung der Erfahrung, die wohlwollende Anteilnahme an der Wohlfahrt der Mitmenschen, die gesellschaftliche Verbindung zur Förderung des allgemeinen Nutzens und die Kenntnis und Verehrung Gottes und die Vereinigung mit ihm.[130] ALFONS AUER sieht das Verhältnis zwischen Mensch und Natur im Bezug auf das Sittliche etwas differenzierter; er baut auf MESSNER auf und führt ihn weiter.[131] AUER will die ethischen Kategorien nicht auf den Menschen einengen.[132]

0.2.2.2.1. Wald

Der Wald ist als solcher Teil der Natur und unserer Umwelt. Das Wort "Wald" kommt vom althochdeutschen Wort "Walt" (Wald) und ist verwandt mit dem althochdeutschen Wort "wildi" (wild). Beide Wörter bedeuteten das "nicht bebaute Land[133]". Der Wald ist die natürliche Lebensgemeinschaft und das Ökosystem von dicht stehenden Bäumen mit spezieller Tier- und Pflanzenwelt sowie mit besonderen Klima- und Bodenbedingungen. Hinsichtlich der Entstehung des Waldes unterscheidet man zwischen dem ohne

---

[128] Vgl. Weiler, Rudolf (Hg.) (1996); 81. – RUDOLF WEILER hält fest, dass JOHANNES MESSNER in letzterer Zeit anstelle "existentieller Zwecke" meist von "Wirkweisen" der menschlichen Natur spricht. – Vgl. dazu auch: Schnarrer, Johannes Michael (1999a); 113-144.

[129] Vgl. dazu: KKK; Prolog: – "VATER, ... das ist das ewige Leben: dich, den einzigen wahren Gott, zu erkennen und Jesus Christus, den du gesandt hast (Joh 17,3)." Gott, unser Retter, "will, dass alle Menschen gerettet werden und zur Erkenntnis der Wahrheit gelangen (1Tim 2,3-4)." Es "ist uns Menschen kein anderer Name unter dem Himmel gegeben, durch den wir gerettet werden sollen (Apg 4,12)", als der Name JESUS. – Vgl. dazu auch: Katholischer Katechismus - Ehedem herausgegeben für das Bistum Basel (1947); 5. – "1. Wozu sind wir auf der Erde? Wir sind auf der Erde, um Gott zu erkennen, ihm zu dienen, ihn zu lieben und einst in den Himmel zu kommen. - Alles, was es gibt, hat Gott für sich erschaffen. Die ganze Schöpfung ist da zu Gottes Lob und Ehre. Die Menschen hat Gott nicht für die Erde, sondern für den Himmel erschaffen. - Unser Leben soll also eine Reise zum Himmel sein. 'Wir haben hier keine bleibende Stätte, sondern wir suchen die zukünftige (Hebr 13,14)' 'Du hast uns für dich erschaffen, o Gott, und unser Herz ist unruhig, bis es ruht in dir (AUGUSTINUS, AURELIUS)'."

[130] Vgl. Messner, Johannes (^{7}1984); 42.

[131] Vgl. Auer, Alfons (^{2}1995); 12. – ... Wenn das Sittliche mit der Entfaltung menschlicher Freiheit und Würde zu tun habe, müsse es kommunikabel sein. Es sei tatsächlich kommunikabel, weil es in der menschlichen Vernunft begründet sei. Aus eben diesem Grund müsse die Reflexion über ethische Fragen autonom ansetzen, ... Die Autonomie des Sittlichen ... sei der einzig sinnvolle Ansatz.

[132] Vgl. Auer, Alfons (1984); 51. – Wenn der Mensch den Anspruch vernehmen soll, der aus seinem "Aufenthaltsort", d.h. aus dem Gesamt seiner Lebenswirklichkeit auf ihn zukomme, bedürfe es einer radikalen Änderung jener Grundeinstellung, durch welche die gegenwärtige ökologische Krise heraufgeführt worden sei, nämlich der dualistischen Gegenüberstellung von Mensch und Natur als Subjekt und Objekt. Dieser Dualismus habe in der Tat dazu geführt, dass die Anwendung der ethischen Kategorien auf den Menschen eingeengt wurde, während die Natur aus dem Bereich der ethischen Verantwortlichkeit ausgeschlossen und damit der willkürlichen Verfügung des Menschen ausgeliefert worden sei.

[133] Duden 7; 798, 813; Wald, wild.

menschliches Zutun gewachsenen "Urwald" (natürlicher Wald) und "Primärwald" (250 Jahre ohne Strukturveränderung), dem nach menschlichen Eingriffen natürlich nachwachsenden "Wald" (Sekundärwald) und dem vom Menschen angelegten "Forst" (Wirtschaftswald).[134] Der Wald in jeder Form lässt sich grob in drei Gruppen unterteilen: Die "borealen (nordischen) Wälder", die Wälder der "gemässigten Zonen" und die "tropischen Wälder".[135] In dieser Arbeit wird, aufgrund der Einschränkung auf den deutschsprachigen Raum und besonders auf Österreich, vorwiegend vom Wald der gemässigten Zone gesprochen. Im Bezug auf unser Gebirge werden auch die borealen Wälder partiell einbezogen. Die tropischen Wälder werden nicht behandelt, da sie im von dieser Arbeit betroffenen Gebiet nicht vorkommen.[136]

0.2.2.2.2. Forst

Das Wort "Forst" ist ein althochdeutsches Wort und meint den dem König zur Jagd, Holznutzung und Rodung vorbehaltenen Bannwald, im Gegensatz zum bäuerlichen Markwald.[137] Heute ist mit dem Wort "Forst" ausschliesslich der Wirtschaftswald gemeint.[138]

Der "Forst" ist wesentlicher Punkt dieser Arbeit. Unter "Forst" versteht sich in dieser Arbeit, wie oben bereits kurz vermerkt, der Wirtschaftswald. Dieser wird innerhalb dieses Werkes der Einfachheit halber in mehrere Kategorien gegliedert: den Kahlschlagwald (Raubbauwald), die Rodung (Gewinnung von Landwirtschafts- oder Siedlungsland), den Plantagenwald (kurzfristiger Nachhaltigkeitswald), den Erntewald (langfristiger Nachhaltigkeitswald), den Hegewald (Einzelbaumentnahme) und den Bannwald (geschützter Wald).

---

[134] Vgl. LROM[1]; Wald.

[135] Vgl. LUP; Waldzonen der Erde.

[136] Die "Wälder" tropischer Prägung in botanischen Gärten werden nicht berücksichtigt.

[137] Vgl. Duden 7; 201; Forst.

[138] Vgl. Brockhaus; Bd. 7; 1988; 472-473; Forst.

Kahlschlag (Raubbau)	Mit "Kahlschlag" wird die Forstform, in der alle Bäume des betroffenen Gebietes ausnahmslos aus wirtschaftlichen Interessen geschlagen werden gemeint. Das Land wird danach sich selbst bzw. der Erosion überlassen. Das betroffene Land wird sozusagen ausgeraubt, es wird Raubbau betrieben.
Rodung	"Rodung" meint die Forstform, in der alle Bäume des betroffenen Gebietes ausnahmslos geschlagen werden. Die Verwertung des Holzes geschieht nicht nur aus wirtschaftlichen Interessen. Das Land wird anschliessend für landwirtschaftliche oder siedlungstechnische Nutzung gebraucht.
Plantagenwald (kurzfristiger Nachhaltigkeitswald)	"Plantagenwald" bezeichnet die Forstform, in der alle Bäume des betroffenen Gebietes ausnahmslos aus wirtschaftlichen Interessen geschlagen werden. Das Land wird danach wieder aufgeforstet, um es erneut in gleicher Weise zu nutzen. Das betroffene Land wird radikal, aber "nachhaltig" bewirtschaftet. Die Nachhaltigkeit ist aufgrund der starken Beanspruchung der Nährstoffe im Boden jedoch nicht von langer Dauer. Die Fruchtbarkeit des Bodens ist schnell erschöpft.
Erntewald (multifunktionale Waldwirtschaft)	Mit "Erntewald" ist die Forstform gemeint, in der lediglich bestimmte Bäume des betroffenen Gebietes aus wirtschaftlichen Interessen geschlagen werden. Die entstandenen Lücken werden durch die natürliche Verjüngung wieder geschlossen oder es wird wieder aufgeforstet, um diese später erneut in gleicher Weise zu nutzen. Das betroffene Land wird sanft und langfristig nachhaltig bewirtschaftet.
Hegewald (Einzelbaumentnahme)	Der "Hegewald" ist die Forstform, in der lediglich wenige und meist geschädigte Bäume des betroffenen Gebietes, jedoch aus wirtschaftlichen Interessen, geschlagen werden. Die entstandenen Lücken werden durch die natürliche Verjüngung wieder geschlossen. So können sie erneut in gleicher Weise genutzt werden. Das betroffene Land wird äusserst schonend und nachhaltig bewirtschaftet.
Bannwald	Der Bannwald ist ein vor Schlägerung geschützter Wald.

Innerhalb dieser Gliederung wird selbstverständlich auch die herkömmliche Unterscheidung zwischen "Monokultur" (Reinbestand), "Mischwald" und "Plenterwald" mit einbezogen. Innerhalb der Monokultur ist lediglich eine Baumart zu finden. Im Mischwald sind wenigstens zwei Baumarten vorhanden. Im Plenterwald sind alle Altersstufen gemischt, wobei nicht gesagt ist, ob fast alle Baumarten (Mischwald) der Region vertreten sind oder nur eine Baumart (Monokultur).[139]

0.2.2.2.3. Forstwirtschaft

Die Forstwirtschaft[140] ist ein Wirtschaftszweig, in dem sich die Ökonomie[141] und die Ökologie zwangsläufig eng verbinden.[142] Die Forstwirtschaft[143] wird oft als Zweig der Landwirtschaft gesehen, der sich mit der wirtschaftlichen Nutzung und Pflege sowie dem Anbau des Waldes zum Zweck verschiedener Nutzungen beschäftigt.[144] Eine der Nutzungen ist auch eine soziale: als Erholungs- und Schutzwald. Besondere Kennzeichen der Forstwirtschaft sind, im Vergleich zur Landwirtschaft, die sehr langfristigen Planungen, Massnahmen und Auswirkungen. Zwischen der Saat, der Pflanzung und der Ernte liegen oft mehr als 100 Jahre.[145] Das Ziel der Forstwirtschaft ist es, den Wald für den Menschen nützlich zu machen. Der Mensch greift in der Forstwirtschaft bewusst in die Natur ein und beeinflusst die Entwicklung von Wald-Ökosystemen.[146] Der Umgang mit dem Forst verlangt ein kybernetisch korrektes Verhalten. Auftrag des Menschen, gerade in der Forstwirtschaft, kann es jedoch nur sein, gemäss Gen 2,15 zu handeln:

---

[139] Vgl. das Werk: LUP.

[140] Vgl. Abetz, Karl; (1965); 64-98. – Die Forstwirtschaft kann primär in drei Teilstücke gegliedert werden: I Grundlagen der Forstwirtschaft, II Forstpolitik und III Forstbetrieb.

[141] Vgl. Lexikon der Ethik; 307-310; Wirtschaftsethik. – Das Wort "Ökonomie" kommt vom griechischen οἰκονομία "οἶκος - Haus, νόμος - Gesetz" und behandelt die Wirtschaftswissenschaft und die Wirtschaftlichkeit.

[142] Vgl. Brockhaus; Bd. 7; 1988; 475; Forstwirtschaft.

[143] Vgl. dazu: Zsifkovits, Valentin; (1990b); 865-866. – Sinn und Ziel der Wirtschaft lägen im Menschen. Genauer in der dauernden und gesicherten Schaffung der materiellen Voraussetzungen, die eine menschenwürdige Entfaltung ermöglichten, jedem Einzelnen und der Gemeinschaft. – Vgl. auch: GS 63. – "Auch im Wirtschaftsleben sind die Würde der menschlichen Person und ihre ungeschmälerte Berufung wie auch das Wohl der gesamten Gesellschaft zu achten und zu fördern, ist doch der Mensch Urheber, Mittelpunkt und Ziel aller Wirtschaft."

[144] Vgl. LUP; Forstwirtschaft. – Vgl. auch: LROM[1]; Forstwirtschaft.

[145] Vgl. Brockhaus; Bd. 7; 1988; 475; Forstwirtschaft.

[146] Vgl. Steinlin, Hansjürg (^{7}1989); 866-867.

"Und Gott, der Herr, nahm den Menschen und stellte ihn in den Garten Eden, ihn zu bebauen und ihn zu bewahren.[147]"

0.3. Schluss des Einleitungskapitels

Auf diesen Seiten wurde die Grundlage bereitet mit der an das Werk herangegangen wird. Diese Grundlagen dienen dem richtigen Vorverständnis des nun folgenden Gegenstandes. Dadurch sollen die Erwartungen, die an dieses Werk gestellt werden können, ein Format bekommen, um sich dadurch in einem Sachverhalt zu finden, welcher der Thematik gerecht wird.

---

[147] Gen 2,15 (Eigene Übersetzung) - [בְגַן־עֵדֶן לְעָבְדָהּ וּלְשָׁמְרָהּ׃ וַיִּקַּח יְהוָה אֱלֹהִים אֶת־הָאָדָם וַיַּנִּחֵהוּ]

Kapitel 1

DER MENSCH UND DIE SCHÖPFUNG WALD

1. Der Mensch und die Schöpfung Wald – Die Geschichte des Menschen mit dem und im Wald/Forst - Ein Überblick

In diesem Kapitel wird die Frage des Menschen - im Konkreten die Forstwirtschaft, als die Verwalterin der Schöpfung (des Waldes) und die Forstwirtschaft als soziale Grösse (Arbeiter- und Soziale Frage) - aufgeworfen. Dabei gibt es verschiedene Schwerpunkte wie die Bewahrung der Schöpfung,[148] die Nutzung des Forstes in der nachhaltigen Bewirtschaftung, die Gentechnik im Forstwesen und verschiedene wirtschaftliche Faktoren.[149] Ebenfalls hat dieses Kapitel den arbeitenden Menschen in der Forstwirtschaft im Auge.[150] Dabei kommt die Soziale Frage, die Arbeiterfrage und die Eigentumsfrage (staatliche - und private Forste) zur Sprache.

---

[148] Ökologischer Aspekt.

[149] Ökonomischer Aspekt.

[150] Ökosozialer Aspekt.

1.1. Die Geschichte des Waldes/Forstes im betroffenen Gebiet

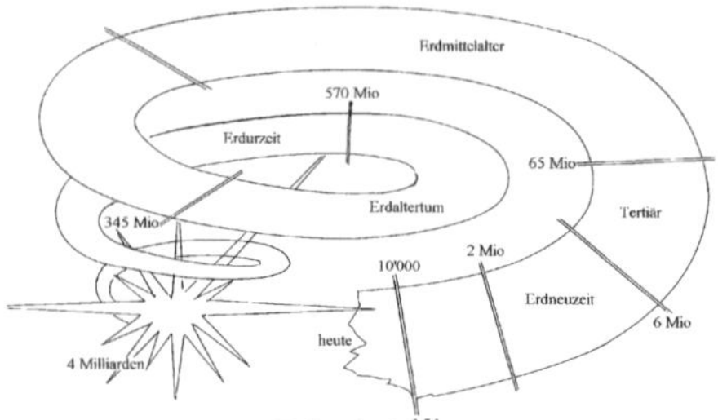

Zeitspirale[151]

Vor den Menschen waren die Wälder da. Die ersten entstanden vor etwa 345 Mio. Jahren im Karbon-Zeitalter, dem Erdmittelalter. Nur natürliche Einflüsse wirkten auf sie ein. In diesem Zeitalter treten die ersten Vögel und Säugetiere auf. Die Saurier sterben am Ende dieses Zeitalters, vor ca. 65 Mio. Jahren - vor Beginn des Tertiär - bereits aus.[152] Vor ca. 50 Mio. Jahren war fast die ganze Erde mit Wald bedeckt.

Die Wälder sind die natürliche Pflanzendecke der Erde. Sie sind dort lebensfähig, wo es nicht zu kalt und nicht zu trocken ist.

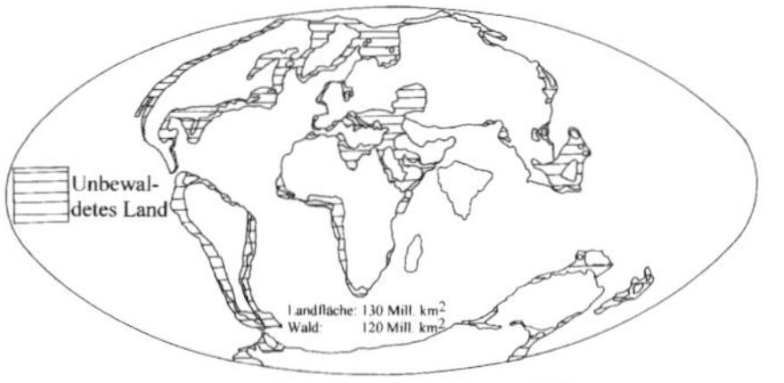

Vor 50 Millionen Jahren[153]

Vor ca. 10'000 Jahren, also nach der letzten Eiszeit, der Würmeiszeit,[155] waren von den ca. 130 Mio. km^2 der Landfläche der Erde ca. 62 Mio. km^2 mit Wald bedeckt.[156]

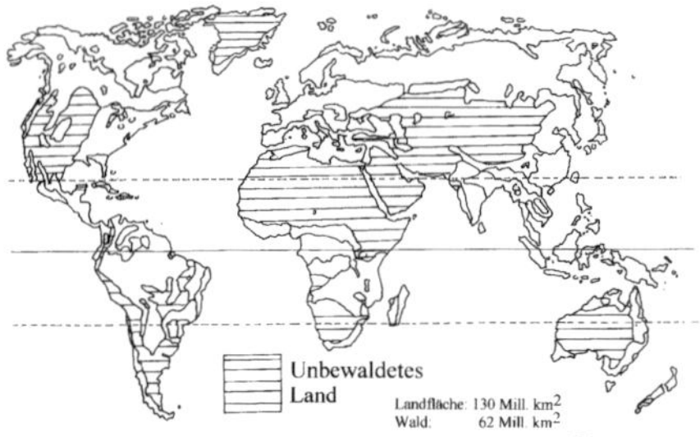

Waldfläche nach der letzten Eiszeit[154]

[151] Bild: Keller, Kurt. – Vgl. dazu das Werk: LUP.

[152] Vgl. LUP; Waldzonen der Erde: Entwicklung 1/1.

[153] Bild: Keller, Kurt. – Vgl. dazu das Werk: LUP.

[154] Bild: Keller, Kurt. – Vgl. dazu das Werk: LUP.

[155] Für den alpinen Bereich der deutschsprachigen Region Europas lassen sich vier Eiszeiten unterscheiden, benannt nach Nebenflüssen der Donau und Isar: Günz-, Mindel-, Riss- und Würmeiszeit.

[156] Vgl. LUP; Waldzonen der Erde: Verbreitung 1/3.

Heute sind lediglich noch ca. 41 Mio. km^2 der ca. 130 Mio. km^2 von Wald bedeckt.[158] Die jetzigen Wälder Europas entstanden nach der Würmeiszeit. Daher ist eine detailliertere Betrachtung der Geschichte vor dieser Zeit nicht sehr sinnvoll und in dieser Arbeit nur als Überblick gegeben.

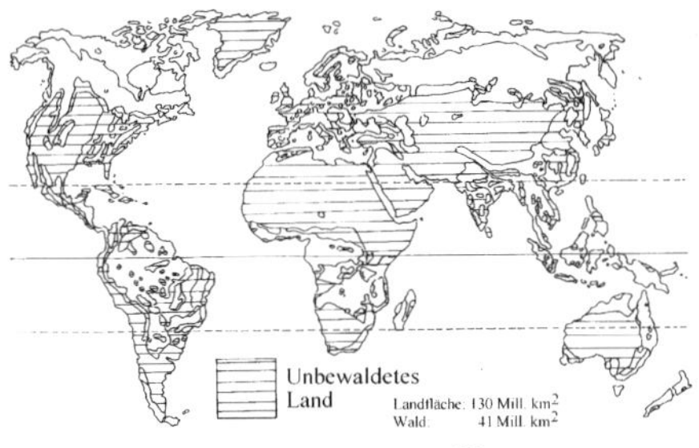

Walddichte heute[157]

Aus dem Süden und Südosten "wanderten" als erstes Birken und Kiefern ein. Die gleiche Vegetation finden wir heute noch an den arktischen Waldgrenzen.[159]

1.1.1. Die Evolution des Waldes

Die Entstehung der ersten Wälder vor ca. 350 Mio. Jahren hat an sich schon wieder eine Vorgeschichte. Die faszinierende Vielfalt der Lebensformen ist das Ergebnis einer vier Milliarden Jahre alten Evolution, einer "biologischen Wertschöpfung[160]". So wird heute allgemein angenommen, dass vor ca. drei Milliarden Jahren die ersten einzelligen Organismen entstanden. Sie befanden sich in den Urmeeren. Aus diesen entwickelten sich Pflanzen und Tiere. Vor ca. 570 Mio. Jahren "eroberten" die ersten Pflanzen und Tiere das Festland. Mit dieser "Eroberung" beginnt bereits die eigentliche Evolution des Waldes. Mit anderen Worten: Was der Mensch heute an Holz nutzt, hat eine "biotechnische Entwicklungszeit" von mindestens 570 Mio. (570'000'000) Jahren hinter sich.[161] Zur Erforschung der Waldgeschichte gibt es zwei wesentliche Untersuchungsmethoden. Bis zu Beginn des 20. Jahrhunderts war man auf Grossrest-Funde in Mooren angewiesen. Es wurden Holz, Zapfen, Früchte und Samen gefunden. Seit 1916 gibt es die Pollenanalyse. In der tertiären Braunkohle sind bis zu 60 Mio. Jahre alte Pollen zu finden.[162] Das Alter der einzelnen Funde wird heute meist mit der von WILLARD FRANK LIBBY entdeckten Radiokarbonmethode, auch C-14-Methode genannt, festgestellt.[163]

---

157 Bild: Keller, Kurt. – Vgl. dazu das Werk: LUP.

158 Vgl. LUP; Waldzonen der Erde: Verbreitung 2/3: Heutige Waldverteilung.

159 Vgl. LUP; Gemässigte Wälder: Entwicklung 6/23.

160 Weish, Peter (1995); 106.

161 Vgl. Grafik: Zeitspirale.

162 Vgl. Karl, Friedrich Karl, Friedrich (^{2}1994b); 15.

163 Vgl. Karl, Friedrich (^{2}1994b); 18. – Vgl. auch: Mantel, Kurt (1990); 46.

1.1.1.1. Der Wald und die Artenvielfalt

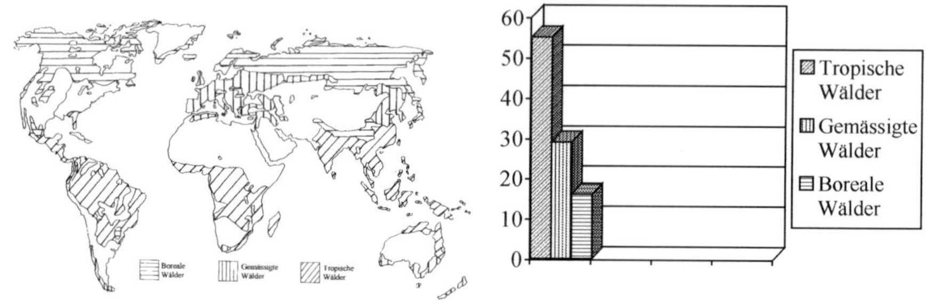

Waldzonen und deren Vorratsanteile[164]

Die Wälder lassen sich mit folgenden Waldanteilen primär in drei Zonen einteilen: Tropische Wälder (61,3%), nordische (boreale) Wälder (33,2%) und gemässigte Wälder (5,4%).[165] Dagegen haben die Tropischen Wälder einen Holznutzungsanteil bzw. Vorratsanteil von 55%, die Gemässigten Wälder von 29% und die Borealen Wälder von 16%.[166] Die Artenvielfalt des Waldes ist enorm. So lassen sich allein in den tropischen Wäldern pro Hektar bis zu 150 Baumarten finden. In der gemässigten Zone sind es mindestens 10 Baumarten.[167] In der borealen Zone finden sich vorwiegend 6 Baumarten: Birken, Pappeln, Tannen, Lärchen, Kiefern und Fichten.[168]

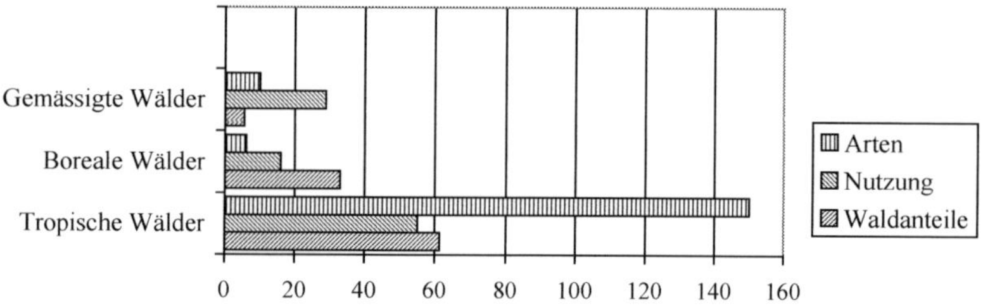

Vergleichsdiagramm anhand der oben aufgeführten Zahlen[169]

---

[164] Bild: Keller, Kurt / Hangartner, Guido. – Vgl. dazu das Werk: LUP.

[165] Vgl. LUP; Waldzonen der Erde: Waldtypen 2/2.

[166] Vgl. LUP; Waldzonen der Erde: Nutzung: Holz 1/3.

[167] Vgl. Weish, Peter (1995); 106.

[168] Vgl. LUP; Nordische Wälder: Entwicklung 3/4.

[169] Bild: Hangartner, Guido.

1.1.1.2. Der Wald als Naturlandschaft

Betrachten wir die Artenvielfalt des Waldes in Österreich, so ergibt sich eine interessante Entwicklung der Naturlandschaft. Vor ca. 17'000 Jahren[170] gab es keine Waldflächen im Land, lediglich Steppentundra und Rohbodenvegetation. Vor ca. 7'000 Jahren[171] beherrschte vorwiegend die Eiche, aber auch die Fichte das Landschaftsbild. Zudem waren regional Tannen und Buchen zu finden. Heute[172] sind primär Fichten (56%) zu sehen. Das Bild des Waldes wird jedoch durch Kiefer (16%), Buche (9%), Lärche (8%), Tanne (5%), Eiche (1%) und andere Baumarten (5%) stark aufgelockert. Trotzdem herrschen die Nadelbäume (85%) gegenüber den Laubbäumen (15%) deutlich vor.[173] All diese Baumarten sind seit der Würmeiszeit "wieder eingewandert" und gestalteten die Eislandschaft in eine Ur-Waldlandschaft um.[174] Bevor der Mensch in diese Naturlandschaft eingriff betrug die bewaldete Fläche Mitteleuropas ca. 90%.[175]

---

[170] Älteste Trias.

[171] Atlantikum.

[172] Jüngeres Subatlantikum.

[173] Vgl. Karl, Friedrich (^{2}1994b); 27, 31.

[174] Mantel, Kurt (1990); 46-52.

[175] Vgl. Karl, Friedrich (^{2}1994b); 30. – Vgl. LUP; Gemässigte Wälder: Entwicklung 10/23. – Vgl. auch Punkt 1.1.

1.2. Die Geschichte des Menschen innerhalb der Thematik Wald/Forst im betroffenen Gebiet

Entstanden die ersten Wälder vor ca. 345 Mio. Jahren, so kann die menschliche Entwicklung der Gattung "Homo" lediglich auf ca. 2 Mio. Jahre zurückblicken.[176] Der Mensch ist somit annähernd 170 mal jünger als der Wald.

1.2.1. Die Evolution des Menschen

Die Entwicklung des Menschen begann freilich bereits vor dem Auftreten der Australopithecinen vor ca. 4,5 - 1 Mio. Jahren.[177] Die Anfänge menschlicher Entwicklung - der Hominiden[178] - dürfte vor ca. 6 Mio. Jahren begonnen haben.[179] Wie oben bereits kurz aufgezeigt war vor dem Auftreten des Menschen fast die ganze Welt mit Wald bedeckt. Die Entwicklung des Menschen vom Australopithecus über den Homo erectus bis zum Homo sapiens sapiens ist somit zwangsläufig mit dem Wald verbunden. Am Ende der Würmeiszeit folgt die Bewaldung den zurückweichenden Eismassen. Gleichzeitig folgen die Tiere und mit ihnen der Mensch als Jäger und Sammler.[180] Bis zu diesem Zeitpunkt sind sämtliche Wälder, die es im von dieser Arbeit betroffenen Gebiet gibt, Urwälder, da der Mensch vorwiegend totes Holz nutzte, z.B. als Brennholz. Lebendes Holz benutzte er meist nur zur Herstellung von Waffen.[181]

1.2.1.1. Der Wald/Forst als Lebensraum des Menschen

Der Wald ist die stärkste Pflanzengesellschaft und stellt das extremste und dauerhafteste Ökosystem in der Biosphäre dar. Infolge der ökologischen Sukzession nimmt der Wald als Endergebnis - wenn menschliche Entwicklungen ausbleiben - alle ihm zusagenden Lebensräume in Anspruch. Natürliche Entwicklungen wie Brände, Stürme und Überschwemmungen können die Vorherrschaft des Waldes nur vorübergehend aufhalten,[182] sind gegebenenfalls zum Überleben desselben sogar nötig.[183] In solchen

[176] Vgl. Schönbrunner Tiergarten (Hg.) (1998); 10.

[177] Vgl. Schönbrunner Tiergarten (Hg.) (1998); 8.

[178] Vormenschen.

[179] Vgl. Hasenmayer, Herbert (1988); 6-7. – Vgl. LUP; Waldzonen der Erde: Entwicklung 1/1.

[180] Vgl. LUP; Gemässigte Wälder: Entwicklung 6/23. – Vgl. Hasenmayer, Herbert (1988); 8-10.

[181] Vgl. das Werk: Spiegel TV / Universität Innsbruck (Hg.) (1998).

[182] Vgl. Mantel, Kurt (1990); 52.

[183] Vgl. LUP; Nordische Wälder: Ökosystem: Feuer 1-6/6.

Waldgebieten in Afrika dürften die Hominiden entstanden sein. Durch Pollenanalyse weiss man, dass diese "ersten Menschen" in Wäldern lebten. Man nimmt an, dass sie trotz ihrem aufrechten Gang auf Bäume kletterten um in diesen zu übernachten und dort auch nach Nahrung zu suchen.[184]

Australopithecinen-Frau auf einem Baum[185]

Bei der Nahrungssuche sind sie sicherlich auch in die Savanne oder den Flussläufen und Seeufern entlang gegangen.[186] Ein markanter Einschnitt in das Leben der Hominiden waren die Eiszeiten, gab es doch im Zeitraum von vor 2 Mio. bis vor 12'000 Jahren 12 bis 15 Eis- und Zwischeneiszeiten.[187]

Eiszeitalter[188]	**Die wichtigsten Eiszeiten**	
Beginn vor etwa:[189]		
(in 1000 Jahren)	**nördliches Alpenvorland**	**Nordwesteuropa**
		Norddeutschland
70/115	Würmeiszeit	Weichseleiszeit
130	Riss-Würm-Interglazial	Eem-Interglazial
195	Risseiszeit	Saale-Eiszeit
230	Mindel-Riss-Interglazial	Holstein-Interglazial
300	Mindeleiszeit	Elstereiszeit
350	Günz-Mindel-Interglazial	Cromer-Interglazial
750	Günzeiszeit	Menapeiszeit
900	Donau-Günz-Warmzeit	Waal-Warmzeit
	Präglazial (erste Eisvorstösse)	
1300-2500	Donau- u. Biber-Kaltzeit	Eburon- u. Brüggen-Kaltzeit

[184] Vgl. Aiello, Leslie (1998); 80.

[185] Bild: Keller, Kurt.

[186] Vgl. Schönbrunner Tiergarten (Hg.) (1998); 9.

[187] Vgl. LUP; Glossar: 36/221.

[188] Vgl. LROM[1]; Eiszeit.

[189] Die Datierungen differieren je nach Quelle. – Vgl. dazu auch die Tabelle "Vorgeschichtliche Zeiträume Mitteleuropas".

Diese Eiszeiten verlangten von den Hominiden aufgrund des sich verändernden Nahrungsmittelangebotes eine Neuanpassung an die veränderte Lebenssituation. Die Waldflächen wurden kleiner und Savannen-Landschaften nahmen zu. Eine "Gruppe" von Hominiden entwickelte Steinwerkzeuge. Mit diesen wurde es möglich die Jagd zu intensivieren. Die wiederum vermehrte Aufnahme von Fleisch war die Voraussetzung des nun einsetzenden Gehirnwachstums. Aus den Werkzeug herstellenden Hominiden entstand die Gattung "Homo", die nunmehr vorwiegend in der Savanne lebte. Diese Menschen (Homo habilis) bauten bereits aus Zweigen Hütten mit einem Stützpfosten in der Mitte. In jeder Hütte gab es eine Feuerstelle.[191] Aufgrund der obigen Angaben ist anzunehmen, dass zu dieser Zeit die erste wirtschaftliche Nutzung von Holz und somit des Waldes entstand. Freilich kann diese Nutzung noch nicht im eigentlichen Sinn als Forstwirtschaft bezeichnet werden.

Homo habilis in der Savanne[190]

Vor ungefähr einer Mio. Jahren, zur Donau- und Biber-Kaltzeit, dürften die ersten Menschen - aus der Gattung "Homo erectus" - den Weg nach Europa gefunden haben. Der berühmteste unserer "Vorfahren" ist wohl der Homo sapiens neanderthalensis. Er wäre von einem heutigen Menschen fast nicht zu unterscheiden. Er bevölkerte das von dieser Arbeit betroffene Gebiet in einer überaus rauen Zeit, zur Risseiszeit vor ca. 200'000 Jahren. Doch war es nicht diese Zeit, die ihn aussterben liess. Der so genannte Neandertaler bearbeitete Holz zu hervorragenden Alltagsgegenständen und Waffen.

---

[190] Bild: Keller, Kurt.

[191] Vgl. Schönbrunner Tiergarten (Hg.) (1998); 10-12.

Homo sapiens neanderthalensis[192]

Der Homo sapiens neanderthalensis wurde höchstwahrscheinlich vor ca. 40'000 Jahren, während der Würmeiszeit, vom Homo sapiens sapiens (dem Cro Magnon Menschen) verdrängt und starb aus. Der neuzeitliche Mensch perfektionierte die Verarbeitung des Holzes und begann mit seinen auch aus Holz hergestellten Gegenständen Handel zu treiben. Dieser Schritt kann durchaus als Beginn einer eigentlichen "Forstwirtschaft" angesehen werden.

Homo sapiens sapiens vor ca. 40'000 Jahren (Cro Magnon-Mensch)[193]

Im nachfolgenden Hauptpunkt dieses Kapitels wird dieser Tatsache etwas mehr Gestalt geben.

Homo sapiens sapiens heute (als Kontrast)[194]

Der Homo sapiens sapiens ist die Gattung Mensch, der auch wir angehören. Wir hausen jedoch nicht mehr in Höhlen, sondern im Wohlstand wie das nebenstehende Bild als Kontrast zeigt.[195]

[192] Bild: Keller, Kurt.

[193] Bild: Keller, Kurt.

[194] Bild: Keller, Kurt.

[195] Vgl. Aiello, Leslie (1998); 84. – Vgl. dazu auch: Ausstellung "4 Millionen Jahre Mensch" in Wien vom 30. Mai bis zum 27. September 1998 in der Orangerie im Schloss Schönbrunn, veranstaltet vom Tiergarten Schönbrunn.

Vorgeschichtliche Zeiträume Mitteleuropas[196]				
Haupt-perioden	**Unterstufen**	**Klima**	**Zeit v.Chr.**	**wichtige Erscheinungen**
Steinzeit	Altsteinzeit (Paläolithikum)	Donau- u. Biber-Kaltzeit	1'000'000	Auftreten des Frühmenschen (Homo erectus); Gebrauch von Geröllgeräten, Nutzung des Feuers
		Günzeiszeit	600'000	Auftreten des Heidelbergmenschen; Entwicklung des Faustkeils
		Mindeleiszeit Risseiszeit Würmeiszeit	300'000 200'000 60'000	Auftreten des Altmenschen (Neandertaler, Steinheimmensch); vielfältige Steingeräte
		Würmeiszeit	40'000	Auftreten des Jetzt-Menschen (Homo sapiens sapiens); höher entwickelte Jägerkulturen
	Mittelsteinzeit (Mesolithikum)	Atlantikum (ab ca. 10'000)	8'000	nacheiszeitliche Klimaveränderung
	Jungsteinzeit (Neolithikum)		5'000	Sesshaftwerdung des Menschen; Ackerbau und Viehzucht; Errichtung von Grosssteinbauten (Megalithkulturen)
Bronzezeit	Frühe Bronzezeit		1'800	Aufkommen streng gegliederter Gemeinwesen mit hohem Spezialisierungsgrad
	Mittlere Bronzezeit		1'500	Totenbestattung v. a. in Hügelgräbern
	Jüngere Bronzezeit		1'200	Totenbestattung v. a. in Urnen (Urnenfelderkulturen)
Eisenzeit	Hallstattzeit		700	Beginn der Eisengewinnung und -verarbeitung
	La-Tène-Zeit		500	Entstehung erster stadtartiger Siedlungen in Mitteleuropa, v. a. im keltischen Kulturbereich

Die wohl interessanteste Feststellung des oben ganz kurz aufgezeigten Entwicklungsprozesses des Menschen ist, dass jeder nennenswerte Fortschritt in seiner Evolution verbunden war mit einer Kälteperiode bzw. Eiszeit und jeder technische Fortschritt mit einer Wärmeperiode.

[196] Vgl. LROM[1]; Vorgeschichte.

1.3. Der Wald/Forst und der Mensch im betroffenen Gebiet - ein historischer Einblick

Vor rund 10'000 Jahren fand das Leben in die hochalpinen Täler und Almen zurück. Das ging mit der allmählichen Bildung einer neuen Vegetationsdecke einher, die alle Mühe hatte in der öden von Moränenschutt geprägten Landschaft erneut Fuss zu fassen. Die nun einsetzende und lang anhaltende milde und feuchte Klimaströmung des Atlantikums bewirkte eine üppige Vegetationsbildung, die auch das hochalpine Gebiet erfasste und sogar die heutige Baumgrenze überstieg. Mit den Bäumen kamen die Tiere zurück und mit ihnen auch der Mensch. Für ihre Niederlassungen bevorzugten die damaligen Menschen den Bereich der Baumgrenze, also zwischen 1'700 m und 2'200 m, an geschützten Orten.[197] Der Mensch trat sozusagen aus seinem "Höhlenbewohnerdasein" heraus in die ersten lichtfreundlicheren Unterstände aus Holz.[198]

Aus dem ursprünglichen Wald, dem Urwald im eigentlichen Sinn, entstand durch die wiederholten Eingriffe des Menschen ein Waldgefüge, welches dauernd unter dem "Dualismus[199]" der Gesetzmässigkeit der Natur einerseits und der willkürlichen, wenn auch zweckgebundenen, menschlichen Einwirkung andererseits steht. Die Einwirkungen des Menschen auf den Wald waren im Laufe der Jahrhunderte örtlich nach Vorgang, Intensität, Zeitpunkt und Dauer verschieden. Der Rohstoff Holz ist wohl seit langem das wichtigste und unmittelbare Wirtschaftsgut. Die Funktion der Wälder als Bewahrer der Fruchtbarkeit ist jedoch eine der mittelbaren Grundlagen der menschlichen Existenz. Die Art der Behandlung des Waldes veränderte mit der Zeit den ursprünglichen Charakter der Landschaft.[200]

Die ersten grossen Eingriffe in den Wald erfolgten in Form von Brandrodungen bereits in der Hallstattzeit (700 bis 600 v. Chr.).[201] Von der vielseitigen Nutzung des reichlich zur Verfügung stehenden Holzes zeugen u.a. die Funde hölzerner Grabhäuser aus der Zeit von 1'000 bis 400 v. Chr. Holz war die Grundlage der menschlichen Wirtschaft,[202] die Grundlage des Salinenbetriebs, der Erzverhüttung und -verarbeitung und somit das wichtigste Betriebsmittel der damaligen Zeit. Die hauptsächliche Nutzung lag dabei in

---

[197] Vgl. Aiello, Leslie (1998); 3.[11]-3.[18].

[198] Vgl. Kalchhauser, Wolfgang (1997); 19-22.

[199] Johann, Elisabeth ([2]1994a); 81. – Die Autorin definiert mit dem Ausdruck "Dualismus" die Wechselbeziehung zwischen natürlichem und menschlichem Einwirken.

[200] Vgl. Johann, Elisabeth ([2]1994a); 81.

[201] Hallstattkultur, nach dem Gräberfeld oberhalb von Hallstatt benannt. Im Allgemeinen werden die jüngeren Stufen 'Hallstatt C' (ab um 700 v. Chr. und 'Hallstatt D' - ab um 600 v. Chr. bis zum Beginn der La-Tène-Zeit) als Hallstattzeit bezeichnet, die älteren Stufen 'Hallstatt A' und 'Hallstatt B' als Urnenfelderzeit.

[202] Vgl. Johann, Elisabeth ([2]1994a); 82.

der Verwendung von Brennholz oder auch - in den Hüttenbetrieben speziell zugeordneten Forsten - der Gewinnung von Holzkohle.[203] Diese früheren Kulturen kannten noch keine Dauersiedlungen und keinen Ackerbau. Somit griffen sie lediglich lokal in den Wald ein zur Gewinnung von Brennholz, Waffenholz und anderen Alltagsgegenständen. Von der Jungsteinzeit an, etwa vor 6'000 Jahren, kam es in Verbindung mit der Sesshaftigkeit (Bauernkulturen) zu stärkeren Eingriffen, auch zu Waldverwüstungen in der Umgebung der Siedlungen.[204] Mit den Bauernkulturen nahm auch die Nutzung des Waldes zu. Nun wurde das Holz "wirtschaftlich" genutzt. Obgleich die Nutzung des Urwaldes zunahm wurde demselben noch kein nennenswerter Schaden zugefügt.[205] Mässige, aber doch entscheidende Rodungen sind erst in der germanisch-römischen Zeit durch den Bau des Limes zu verzeichnen. Dies gilt selbstverständlich lediglich für das von dieser Arbeit betroffene Gebiet. In den Mittelmeerländern begann die Ausbeutung des Waldes wesentlich früher.[206] Die eigentlichen Eingriffe in die Urwälder Mitteleuropas fanden erst im Mittelalter statt. Man spricht von zwei Rodungsperioden. Die Erste erfolgte im 6. und 7. Jahrhundert, die Zweite im 12. und 13. Jahrhundert. In dieser Zeit nahm die Bevölkerung fast um das Vierfache zu. In den Zeitraum dieser beiden Rodungsperioden fällt das Entstehen der ersten bäuerlichen Rodgenossenschaften und der herrschaftlich-bäuerlichen Rodungen.[207]

1.3.1. Ein historischer Aufriss

1.3.1.1. Wovon lebt der Mensch (750 - 800)

Das Verhältnis von Saatgut und Ernteertrag war unvorstellbar niedrig. Das "dreifache Korn" bedeutete schon eine reiche Ernte. So wird das biblische Gleichnis vom Sämann,[208] der hundertfache Frucht gewinnt, erst aus dieser Sicht der Dinge verständlich. Mitunter erntete der Bauer gerade so viel, wie er in den Boden gesteckt hatte und es ist so verständlich, dass Hungersnöte an der Tagesordnung waren.[209] Für gewöhnlich waren die Äcker und Felder klein, die Düngung eher mangelhaft und die Gerätschaften einfach und vornehmlich aus Holz. Alles in allem konnte der Mensch nicht von der Landwirtschaft alleine leben. Eine Alternative dazu boten der Wald, das stehende

---

[203] Vgl. Johann, Elisabeth (^{2}1994a); 95.

[204] Vgl. Karl, Friedrich (^{2}1994b); 30.

[205] Vgl. Kalchhauser, Wolfgang (1997); 23-67.

[206] Vgl. Mantel, Kurt (1990); 56-58.

[207] Vgl. Mantel, Kurt (1990); 58-61.

[208] Vgl. Mt 13,1-9; Mk 7,1-9; Lk 8,4-8.

[209] Vgl. Wolfram, Herwig (1995); 357.

Gewässer und die Bäche um das Nahrungsmittelangebot und den Energiebedarf zu decken.[210]

1.3.1.2. Wald und Wasser

Wald und Wildnis waren "Unland" und unterstanden der Herrschaft der Könige und Fürsten. In der Nachfolge der römischen Imperatoren übten sie das *ius (h)eremi*[211] aus und nutzten die *causa regis in (h)eremo.*[212] Wenn sie sich dieses Recht vorbehalten wollten, erklärten sie den Raum, der ausserhalb der allgemeinen Besiedlung lag, zum "Bannwald", zur *forestis* oder auch *silva defensa.*[213] Die ältesten Forste der Bayernherzoge wurden um 730 und vor 748 erwähnt.[214] Diese "forestrierten" Waldgebiete dienten den Herrschern als ausgedehnte Jagdgebiete.[215] Die Jagd zählte zu den Vergnügungen der damaligen Zeit[216] und war nur dem König und jenen, denen der Herrscher Forstrecht und Wildbann verliehen hatte vorbehalten. Dies reichte sogar so weit, dass aus dem Wald ein Tiergarten, "ein mit Mauern umgebener Brühl", gemacht wurde. Das positive Forstrecht kam dem Naturrecht all derer in die Quere, die aus und vom Wald lebten, ja sogar so sehr darauf angewiesen waren, dass sie ohne ihn nicht überleben konnten.[217]

Die "grossen Herren" nutzten den Wald auch für die eigene Wirtschaft. Das Wichtigste, was der nutzbare Wald lieferte, war das Futter für die Schweine. So ordnete KARL DER GROSSE an, die Schweine in den Wald zu treiben und verlangte selbst von den eigenen Meiern und Verwaltern Schweinezins zu zahlen, wenn sie ihr eigenes Vieh in den Königswald trieben.[218] Die Grösse eines Waldes wurde oft nach der Menge der Schweine bestimmt, die man darin von Eicheln und Bucheckern ernähren wollte.

Der Wald lieferte auch wichtige Rohstoffe wie Harz, Pech und natürlich den am leichtesten zu bearbeitenden Baustoff, das Holz selbst. Riesige Mengen davon wurden gebraucht um Häuser, Befestigungsanlagen und selbst Burgen zu bauen. Ein kleiner Vergleich um die Dimensionen zu veranschaulichen: Bereits für ein mittelgrosses Haus

---

[210] Vgl. Wolfram, Herwig (1995); 359, 360

[211] Das Recht über die "Wildnis".

[212] Die Angelegenheit des Königs in der "Wildnis".

[213] Bannwald ("verteidigter Wald")

[214] Vgl. Wolfram, Herwig (1995); 360.

[215] Vgl. Mantel, Kurt (1990); 81,84,153.

[216] Vgl. Mantel, Kurt (1990); 82.

[217] Vgl. Wolfram, Herwig (1995); 361.

[218] Vgl. Wolfram, Herwig (1995); 362.

benötigte man ein Dutzend Eichen, für den Bau eines jütländischen Wikingerlagers stieg der Bedarf auf 8'000 grosser Bäume.[219] Trotz des grossen Materialaufwandes stand der Bedarf an Bauholz in keinerlei Verhältnis zu den enormen Mengen, die für den Hausbrand benötigt wurden. So benötigte das Kloster Prüm jährlich nur 96 Fuhren Bauholz gegenüber ungefähr 15'000 Fuhren Brennholz.[220]

Zum Jäger, Hirten und Fischer trat schon in der Frühzeit des Menschen der Zeidler[221] als Berufsgruppe auf, der die im Wald lebenden Wildbienen nutzte und ihnen Wildhonig und Wachs abnahm. Der Bienenhonig war bis nach der Entdeckung Amerikas der einzige Süssstoff, den man kannte[222] und ein Grundstoff für Getränke wie Met.[223] Die Zeidlerei leistete Jahrhunderte lang einen wesentlichen Beitrag zur Volksernährung und Kultur der Gesellschaft. Dementsprechend wertvoll und kostbar galt dieses Gut, welches selbst als Zahlungsmittel für Zinszahlungen entgegengenommen wurde.[224] Abweichend von Vorlage und traditioneller Form wird in der Pertinenzformel der Ostarrichi-Urkunde von den *zidalweidun*, den "Bienenweiden", gesprochen.[225] Die Waldimkerei war ursprünglich frei und galt als Teil der Allmendennutzung, wurde aber im laufe der Zeit zu einem königlichen Regal und später gar von den Landesherren beansprucht. Private Nutzung wurde von einer Genehmigung abhängig gemacht und war abgabenpflichtig. Dies war eine nicht unbeträchtliche Einnahmequelle für den Forstherren, mitunter durch den Export von Honig bis in die Niederlande.[226] In den durch Zeidelweiden genutzten Wäldern ergaben sich schädliche Einwirkungen in zweierlei Hinsicht. Zum einen entstanden die Schäden durch den Abbrand der Bodendecke um das Heideaufkommen zu fördern, im Streben nach einer Auflichtung des Waldes, zum anderen durch die ausgedehnte Anlage von Kunst-Beutebäumen.[227]

Zur Verleihung des Rechtes am Wald gehört auch die Übertragung der Wasser-[228] und Mühlrechte.[229] Die Formel *cum aquis aquarumve decursibus*[230] zählt zum festen

---

[219] Vgl. Wolfram, Herwig (1995); 362.

[220] Vgl. Wolfram, Herwig (1995); 362.

[221] Imkerei (Bienenhaltung, Bienenzucht, Zeidelwesen). Die Zeidlerei ist eine alte Ausdrucksweise für die Haltung und Zucht von Honigbienen und zur Gewinnung von Honig und Wachs.

[222] Vgl. Mantel, Kurt (1990); 85.

[223] Met (Honigwein), ist ein alkoholhaltiges (bis ca. 15%) Getränk aus vergorenem Honigwasser und Würzstoffen (Salbei, Lavendel, Lorbeer).

[224] Vgl. Wolfram, Herwig (1995); 362.

[225] Vgl. Wolfram, Herwig (1995); 362.

[226] Vgl. Mantel, Kurt (1990); 87.

[227] Vgl. Mantel, Kurt (1990); 87. – Kunst-Beutebäume sind künstlich angelegte Nistbäume für die Bienen - ausgehöhlt, gewipfelt und aufgeastet - um schwärmende Bienen anzulocken. Dies verursacht einen frühzeitigen Eingang der Bäume.

[228] Das Wasser der Wälder ist mitunter reiner als Regenwasser. - Vgl. dazu: Pitterle, Alfred (1993): 135.

Formenbestand vieler Arten von Urkunden. Dies gründet wahrscheinlich aus der spätantiken Tradition, welche die Bewässerung der Äcker, Wiesen und Felder vorsah. Sollte das Mühlrecht genutzt werden, waren bestimmte Vorarbeiten zu leisten, die tief in den natürlichen Verlauf der Bäche eingriffen.[231]

1.3.1.3. Forstregal und Bannwald

Nach römischem Recht galt jeder Grundbesitz, der nicht zu Haus und Hof gehörte als öffentliches Gut. Als Nachfolger der römischen Imperatoren betrachteten auch die fränkischen Könige den ungepflügten Boden, meist war es Wald, als Königsgut, über das sie frei verfügen konnten. Wurde nun ein solcher Wald mit bestimmten Verboten belegt wie etwa Jagd-, Rodungs- oder Holzschlägerungsverboten, so entstand daraus der Forst- oder Wildbann.[232] Bannforste wurden erstmalig von den merowingischen Königen errichtet. Hatten sie ursprünglich noch militärischen Charakter, gewissermassen Militärgrenzen gleich,[233] wandelten sie sich mit der Zeit gleichsam zu einem "Gesetz" für den Schutz der Jagd. Die strenge Strafe des Königsbanns, die einen Frevler bei Missachtung dieser Gesetze traf, mag anfänglich noch aus Grenzschutzrücksichten gehandhabt worden sein, ehe sie sich auf den Schutz der Jagd beschränkten. Das Wort "Forst" bezeichnete damals somit einen Bannwald, der Holzung oder Rodung entzogen und ausschliesslich der Nutzung durch die Jagd vorbehalten war.[234] Mit der allmählichen Abnahme der Königsmacht verschwand der Begriff des Jagd- und Wildbannes, an dessen Stelle nun der Begriff des Forst-, Berg- und Allmendregals[235] trat. Der Begriff der Regalien (Hoheitsrechte)[236] stammt aus der Zeit des Investiturstreites im 11. und 12. Jahrhundert und betrifft die vom Kaiser an geistliche Fürsten verliehenen weltlichen

---

[229] Vgl. dazu auch: Gohl, Heinrich (1973); 145-148.

[230] Mit Wasser und Mühlrechten.

[231] Vgl. Wolfram, Herwig (1995); 362-363.

[232] Bannforsten (Bannwald) sind Waldgebiete, die dem ausschliesslichen Jagdrecht des Königs oder einem von ihm Privilegierten unterstanden.

[233] Vgl. Johann, Elisabeth (^{2}1994d); 54.

[234] Vgl. Johann, Elisabeth (^{2}1994d); 54.

[235] Allmende [mittelhochdeutsch: '*was allen gemeinsam gehört*'] (in Österreich Agrargemeinschaft), Ländereien, meist aus Weide, Wald oder Ödland bestehend, die den Mitgliedern einer Gemeinde zur gemeinschaftlichen Nutzung zustehen; heute noch in der Schweiz und in Süd-Deutschland verbreitet.

[236] Regalien [lat.], im ausgehenden 11. Jahrhundert geprägte Bezeichnung für die vom König stammenden Rechte (Hoheitsrechte). Die Regaliendefinition des Ronkalischen Reichstags (1158) umfasste die Verfügung über die hohen Ämter, über das Reichsgut, Herrschaftsrechte und finanziell nutzbare Rechte (z.B. Zölle, Steuern). Die Regalien konnten vom König zur Nutzung vergeben werden (vor allem die 'niederen' Regalien im späteren Mittelalter, die zur wirtschaftlichen Nutzung verliehen wurden). Der Inhaber der Regalien hatte aber auch die mit ihrer Verleihung sich ergebenden Pflichten wahrzunehmen (z.B. bezog das Münzrecht die Sorge um vollwertige Münze ein).

Rechte. Auf dem Reichstag zu Roncaglia in der Lombardei im Jahre 1158 wurden unter Kaiser FRIEDRICH I. (BARBAROSSA) die kaiserlichen Hoheitsrechte festgestellt. Darunter befanden sich unter anderem auch das Berg-, Forst-, Fischerei- und Jagdregal. Regalien im engeren Sinn waren Rechte des Fiskus, die er sich entweder in grundherrlicher Eigenschaft auf seinen eigenen Domänen oder auf Privatgründen anmasste und sie - grundherrlich - durch Veräusserung der Domäne als "Zugehör" mitverlieh oder - landesherrlich - durch Privilegien zur Ausübung gestattete. Durch Kaiser FRIEDRICH I. wurde den Markgrafen von Österreich bereits im Jahre 1156 das Forstregal, sowohl in den damals schon besessenen als auch in den noch zukünftig zu erwerbenden Ländern verliehen und in den Jahren 1228, 1245, und 1442 erneuert und durch Privilegien und Schenkungen bestätigt. So hiess es denn auch in dem Salzburger Ehehaft- und Landtäding von 1400,[237] dass dem Landesherren alle Schwarzwälder und aller Wildbann, abgesehen von nachweisbarem Recht anderer, gehörte. Auf dieses Ehehaft- und Landtäding berief sich auch Fürstbischof MATTHÄUS LANG von Salzburg,[238] als er in der ersten Waldordnung von 1524 die Klärung der forstlichen Besitzverhältnisse unter der Berücksichtigung des dem Landesfürsten vom König übertragenem Regals forderte. In der Waldordnung aus dem Jahre 1550 betonte der Salzburger Erzbischof die Wichtigkeit der Erhaltung der fürstlichen Regalien an den Hoch- und Schwarzwäldern für den Betrieb der Bergwerke und Salzsiederein zu Hallein.[239] Unter Kaiser MAXIMILIAN I. kam es zu ersten Reformen des Jagd- und Forstwesens. Ziel war es einerseits, die Wahrung des Jagdrechtes, andererseits aber auch die zunehmende Ausbeutung der Forste zu verhindern, welches er durch ein für alle Hoch- und Schwarzwälder[240] geltendes, unmittelbares und ohne Bewilligung durch den Kaiser nicht veräusserbares Regal, welches er für sich in Anspruch nahm, zu realisieren vermochte. Ausgenommen davon waren ausschliesslich die Landesfürsten oder seine Lehensträger, denen darin der Forst- und Wildbann gestattet war. Insbesondere zielte MAXIMILIAN I. damit auf die im Salzkammergut und bei Eisenerz gelegenen Wälder, die dem wachsenden Holzbedarf nicht mehr länger standhielten.[241]

---

237 Vgl. Johann, Elisabeth (^{2}1994d); 55.

238 Vgl. Heider, Placidus (^{3}1997); 638-639.

239 Vgl. Johann, Elisabeth (^{2}1994d); 55.

240 Vgl. Johann, Elisabeth (^{2}1994c); 157. – Es wird unterschieden zwischen dem "Bannwald", der in herrschaftlichem oder kirchlichem Besitz war, manchmal auch "Schwarzwald" oder in dem Bergbau vorbehaltenen Gebieten "Hoch- und Schwarzwald" genannt und dem "Gemainholz". – Vgl. dazu auch: Lauterwasser, Erwin (1986); 35. – LAUTERWASSER bezeichnet zudem den Mittelgebirgswald als Schwarzwald. Generell versteht er jedoch die "Region Schwarzwald" als Schwarzwald.

241 Vgl. Johann, Elisabeth (^{2}1994d); 55.

1.3.1.4. Das Waldreservat

Unter dem Begriff Waldreservat wurde die Berechtigung des Landesfürsten verstanden administrative und forstpolizeiliche Einschränkungen des Waldeigentümers zu verfügen, sich aber zugleich wirtschaftliche Vorrechte dem Waldeigentümer gegenüber vorzubehalten.[242]

Die ersten lokalen und regionalen Ordnungen, welche die Waldnutzung regelten, waren die Weistümer und Waldordnungen. Weistümer reichen in ihrem gewohnheitsrechtlichem Ursprung weit in das Mittelalter zurück; Waldordnungen finden sich vom Spätmittelalter an.[243] Die Regelung der Waldnutzung nach den Weistümern der Dörfer und den Berg- und Waldordnungen hatte wohl in erster Linie die Sicherung des Bedarfes des damals bedeutendsten Energieträgers im Auge.[244] Die Weistümer wurden ursprünglich mündlich überliefert, später aber in schriftlicher Form festgehalten. In geistlichen Grundherrschaften erfolgten die Niederschriften bereits im 11. Jahrhundert; die Mehrzahl geht schliesslich auf das 14., 15. und 16. Jahrhundert zurück. Sie regelten mitunter auch andere, nämlich die ländliche Nutzung betreffenden Belange und ähneln damit auch Hof- und Güterordnungen.[245] Die Waldordnungen sind im Allgemeinen später als die Weistümer, mit wenigen Ausnahmen im 15. und 16. Jahrhundert, entstanden und sind herrschaftliche Ordnungen. Besonderes Verdienst um die Schaffung solcher erster wertvollen Ordnungen ist den Klöstern und anderen geistlichen Herrschaften zuzuschreiben.[246] Besonderes Augenmerk der lokalen Waldordnungen lag auf der Erhaltung des Waldes und einer schonenden Waldbehandlung. Schlagweise Nutzung für Brennholzgewinnung und stammweise Abgabe von Bauholz, Regulierung der Viehweide, insbesondere der Schweinemast, sind als vorbildlich zu betrachten. Im 16. Jahrhundert finden sich bereits Waldordnungen mit umfangreichem waldbaulichem Inhalt.[247] Selbst das Reichsforstgesetz von 1852, das für eine Anpassung und Vereinheitlichung der verschiedenen Reichsteile stand, sieht als Gesetzesanlass die Sicherstellung der in alle Lebensverhältnisse eingreifenden Holzbedürfnisse. Diesen Regelungen verdanken wir die Erhaltung der Schutz- und Wohlfahrtsregelungen, wenngleich sie auch als "Nebenprodukt" bezeichnet werden müssen.[248] Entscheidend für die Durchführung der Waldordnungen war eine funktionierende Forstorganisation. In Wien geht die älteste bekannte Dienstinstruktion für das Forstpersonal des Wienerwaldes

---

[242] Vgl. Johann, Elisabeth (^{2}1994d); 56.

[243] Vgl. Mantel, Kurt (1990); 156.

[244] Vgl. Tersch, Fritz (^{2}1994); 138.

[245] Vgl. Mantel, Kurt (1990); 157.

[246] Vgl. Mantel, Kurt (1990); 157.

[247] Vgl. Mantel, Kurt (1990); 158.

[248] Vgl. Tersch, Fritz (^{2}1994); 138.

auf das 12. Jahrhundert zurück. Im 13. Jh. wurden k. u. k. Waldämter eingerichtet. Für das 14. Jh. wird die erste Bergordnung (Waldordnung) verzeichnet. 1718-1723 fand eine Waldbestandesaufnahme für den Wienerwald (18 Forstämter mit rund 46'000 ha) statt. 1937 wurde das "Amt für Forstwesen" geschaffen und unterteilt in das Stadtforstamt und die Quellschutzforste.[249]

1.3.1.5. Die Forstvereine (1770-...)

Das steigende öffentliche Interesse am Wald und der Wunsch der Forstleute nach einer verbesserten Bewirtschaftung führte im 18. und 19. Jahrhundert zur Gründung von Fachverbänden. Die Vorgeschichte dieser Fachverbände führt mit wenigen Ausnahmen in die während der Regierungszeit MARIA THERESIAS gegründeten Gesellschaften für Landeskultur zurück. So kam es in Kärnten und der Steiermark bereits im Jahre 1765 zur Gründung einer Ackerbaugesellschaft, die sich unter anderem intensiv mit forstlichen Belangen beschäftigte. Aus dieser Vereinigung löste sich im Mai 1852 der Österreichische Reichsforstverein heraus.[250]

---

[249] Vgl. Fischer, Franz (1994); 55.

[250] Vgl. Johann, Elisabeth (^{2}1994b); 417-419.

1.3.2. Der Wald als Kulturraum

Kultur-periode	**Kultur-form**	**Klima-periode**	**Klima-form**	**Waldphase**[251]
Steinzeit	Menschen als Sammler und Jäger	ausgehende Eisenzeit 20'000 - 8'000	arktisch-kontinentales Klima	Nordische Tundra mit Zwergsträuchern (Weiden, Birken) Dryas, später lichte Birke, Kiefer
Mittel-Steinzeit	Jäger, Übergang zur Landw.schaft	Wärmezeit 8'000 - 6'600	subarktisches Landklima	Kiefer-, Birkenzeit (Nordischer Nadelwald)
Mittel-Steinzeit	Jäger, Übergang zur Landwirtschaft	frühe Wärmezeit 6'600 - 5'400	trocken-warmes, kontinentales Klima	Hasel, Kiefer, Eichenmischwald (Fichte im Gebirge)
Jung-Steinzeit	feste Ansiedlung der Indogermanen, Landwirtschaft	mittlere Wärmezeit 5'400 - 2'500	mediterranes Klima, Temperaturmaximum	Eichenmischwald (Fichte im Gebirge weiter vorwiegend) Buche, Tanne wandern in Süddeutschland ein
Bronzezeit	kulturelle Entwicklung der Germanen und Kelten	späte Wärmezeit 2'500 - 400	feucht-warmes Seeklima	Eichenmischwald (geht zurück) Buche, Tanne und Fichte dringen vor
	Geschichtliche Zeit	Temperatursturz (um 700)		
Eisenzeit	kulturelle Entwicklung der Germanen und Kelten	Nachwärmezeit ab 400	feucht-kühles Seeklima	Buchen-Tannen-Fichten-zeit (verdrängt Eichenmischwald)

In der oben angeführten Grafik lassen sich die Kulturphasen des Waldes bis zum Ende der Römerzeit nochmals verdeutlichen. Spätestens ab dieser Zeit, wenn nicht schon seit der Steinzeit, wird der Wald selbst zum Kulturraum. Man muss sich die Tatsache vor Augen halten, dass die Menschen der damaligen Zeit nicht in einer Waldlandschaft wie wir sie kennen lebten, sondern in einer Urwaldlandschaft. Diese wurde aber von den damaligen Bewohnern durchaus nicht als romantisch empfunden, sondern als gefährlich, ja bedrohlich. Wie jede den Menschen natürlich scheinende stete Bedrohung, brachte auch diese Urwaldlandschaft viele geheimnisvolle und mystische Gedanken zum Tragen.[252] - In die "schrecklichen" Wälder wurden im Mittelalter die mit der Reichsacht belegten verjagt. Diese bezeichnete man allgemein als Waldgänger. Ein Waldgänger war rechtlos, konnte jedoch wegen seiner erneuten Übeltaten auch nicht mehr verfolgt werden. Anfangs war keiner verpflichtet einen Waldgänger zu töten. Erst zu Beginn der Neuzeit ging von Dänemark aus die Praxis Waldgänger zu ergreifen und hinzurichten. Von Waldgängern gezeugte Kinder waren zudem nicht erbberechtigt. Die Tatsache, dass ein Waldgänger im Mittelalter nicht hingerichtet wurde zeigt auf, wie gross die Angst der Menschen vor dem Wald und seinen Geistern gewesen sein muss. Offenbar wurde das Urteil Waldgänger sein zu müssen als mindestens so schlimm betrachtet wie ein

[251] Vgl. LUP; Gemässigte Wälder: Entwicklung 6.7.8./23.

[252] Vgl. Mantel, Kurt (1990); 113-114. – Vgl. Kalchhauser, Wolfgang (1997); 104-107.

Todesurteil. (Ein christlicher Einsiedler in einem Wald teilte also wie Christus am Kreuz das Schicksal eines Verbrechers.)[253] - Auch heute noch kann man eine gewisse Erfahrung der "Bedrohung" erleben. Man braucht sich nur im Herbst, wenn der Nebel die Landschaft verhüllt, in ein Waldgebiet wie die Donau Auen oder das Helenental bei Baden zu begeben. In einer solchen Umgebung werden Zweige plötzlich zu Armen und Astgabelungen zu Gesichtern. Hört man schliesslich noch das Rauschen der Blätter, meint man Stimmen zu hören. Wenn jetzt noch ein Tier in einiger Entfernung vorbei huscht, ist man nahe daran an Geister zu glauben. Wohlverstanden, es ist von einem heutigen Menschen die Rede, durchaus mit genügender Bildung und naturwissenschaftlicher Kenntnis. Ein Mensch aus dem Altertum bis hinein ins Mittelalter wird diese Ereignisse zweifellos noch deutlicher empfunden haben, zumal er nicht nach ein paar Stunden Waldaufenthalt in eine von elektrischem Licht hell erleuchtete Wohnung zurückkehren konnte, sondern auch da wieder in einen dunklen Raum, der höchstens etwas erhellt von einem russenden Talglicht war, eintreten musste. In der Nacht blieben die Tiere den Siedlungen nicht fern wie heute unseren Grossstädten. Vor seiner Hütte heulte gegebenenfalls ein Wolfsrudel und mitunter kratzte gar ein hungriger Bär an seiner Hütte. Dieser Mensch lebte im Urwald oder an seinem Rand und war ihm und seinen wilden Tieren sozusagen auf Gedeih und Verderben ausgeliefert. Wenn wir heute schon nach ein paar Stunden Waldaufenthalt beinahe an Gespenster glauben, so braucht es nicht viel Phantasie um zu erkennen, dass dieser Mensch einen ganz anderen Bezug, einen mystischen von Brauchtum und Volksglauben geprägten, zu Baum und Wald haben musste und er daher auch manchen Kultplatz im Wald errichtete. Dieser Bezug prägte über die Jahrhunderte zweifellos den Menschen und machte den Wald nicht nur zum Lebens-, sondern zum Kult(ur)raum.[254]

1.3.2.1. Mittelalterliches Wirtschaftswachstum (900-1350)

1.3.2.1.1. Konturen der Kultur

1.3.2.1.1.1. Wälder und Lichtungen

Mit dem Zerfall des Römischen Reiches war auch ein starker Rückgang der Besiedlungsdichte zu beobachten.[255] Die Äcker und Kulturflächen hatten seit der Römerzeit abgenommen. In manchen Regionen sind wieder weitgehend geschlossene Waldgebiete entstanden. Die Wälder waren weit und die Übergänge zu den wenigen

---

253 Vgl. Strauch, D. (1998); 1111-1113.

254 Vgl. Mantel, Kurt (1990); 113-114. – Vgl. Kalchhauser, Wolfgang (1997); 104-107.

255 Vgl. Kral, Friedrich (^{2}1994a); 44.

Lichtungen unscharf. Man unterschied nun den ungepflegten Urwald[256] "*silva*" und den gehegten Forst[257] "*forestum*".

Die Viehwirtschaft stand im Vordergrund einer Mischökonomie, bei der nicht nur Viehzucht und Pflanzenbau, sondern auch Waldnutzung, Sammelwirtschaft und die Herstellung von Gebrauchsgegenständen eng miteinander verknüpft waren. Die Ambivalenz zwischen Wildnis und Kultur galt für Wiesen wie Obstbäume, für Schweine wie Bienen. Der Wald barg viel Gefährliches, bot aber auch viel Verwertbares wie Brennholz, Wild, Honig und Wachs, Nüsse, Pech und Pottasche.[258] Durch Abbrennen und Beweiden, Laubrechen und Schneiteln,[259] Streusammeln und Abgraben von Walderde erfolgte ein Energie- und Nährstofftransfer vom Wald aufs Feld, ohne den die Landwirtschaft nicht hätte auskommen können.[260]

Schriftliche Quellen und Ortsnamen,[261] pollenanalytische Untersuchungen und Überreste im Gelände geben Hinweise auf grosse Rodungs- und Siedlungstätigkeiten, die 950 einsetzten und bis ins späte 13. Jahrhundert - in Tirol und Vorarlberg sogar bis ins 14. Jahrhundert - andauerten.[262] Die moderne pollenanalytische Untersuchung lässt eine relativ genaue Zustandsdiagnose des Waldbestandes um die erste Jahrtausendwende zu, mit jenem Resultat, dass das Ausmass der Eichen- und des gesamten Laubwaldes erheblich überschätzt wurde, da die ältere Forschung nur von schriftlichen und namenkundlichen Quellen ausgehen konnte. Zur generellen Reduzierung der Waldbestände kam zusätzlich der Rückgang der Population der Laubwälder, insbesonders der langsam wüchsigen Eichenbestände, der wiederum einer relativen Zunahme[263] der Nadelwälder, vor allem der Fichten- aber auch der Kiefer- und Lärchenkulturen, gegenüberstanden. Allerdings lässt der derzeitige Forschungsstand

---

[256] Sandgruber, Roman (1995); 15. – SANDGRUBER, ROMAN gibt dem Wort "Urwald" in seinem Werk den lateinischen Begriff "silva".

[257] Sandgruber, Roman (1995); 15. – SANDGRUBER, ROMAN gibt dem Wort "Forst" in seinem Werk den lateinischen Begriff "forestum".

[258] Pottasche ist eine ältere Bezeichnung für Kaliumcarbonat (K_2CO_3).

[259] Von überflüssigen Ästen und Trieben befreien.

[260] Vgl. Sandgruber, Roman (1995); 15.

[261] Vgl. Sandgruber, Roman (1995); 17. – In älterem Ortsnamensgut ist der Hinweis auf Rodung eher selten zu finden, dafür spielen in der jüngeren Schicht der Siedlungen Rodungsnamen auf Riet, Brand oder Schlag, Seng und Schwand eine wichtige Rolle.

[262] Vgl. Sandgruber, Roman (1995); 17.

[263] Vgl. Sandgruber, Roman (1995); 18. – Baumanteile des Waldes um 1000 n. Chr. und in der Gegenwart, heutiges (1990) österreichisches Bundesgebiet (in Prozenten der Waldfläche): Fichte: 38 / 58; Tanne: 28 / 5; Lärche 2 / 8; Kiefer: 4 / 18; Nadelhölzer insgesamt: 68 / 85; Buche: 20 / 9; Eiche: 8 / 1; sonstige Laubbäume: 4 / 5; Laubhölzer insgesamt: 32 / 15.

noch keine nähere und detailliertere zeitliche Aufgliederung dieser sich über tausend Jahre erstreckenden Entwicklung zu.[264]

1.3.2.1.2. Die frühneuzeitliche Expansion (1350-1600)

1.3.2.1.2.1. Waldverwüstung und Emissionsschäden

Arsenikgewinnung und Blaufarberzeugung (mit langem, mehrfach abgewinkeltem "Giftgang"), nach einem Ölgemälde, Salzburg, letztes Drittel 18. Jahrhundert.[265]

Dem Wald stellten sich aufgrund des immer weiter expandierenden Berg- und Hüttenwesens alsbald ökologische Grenzen entgegen. Er geriet immer mehr ins Spannungsfeld konkurrierender Nutzungsinteressen von Bauern und Bergbauunternehmern, deren "ökologisches" Argument oftmals nicht ganz uneigennützig war. Der Holzmangel wurde vorgeschützt um Privilegien behaupten und unliebsame Konkurrenz ausschalten zu können.[266] Die Ansprüche waren unterschiedlichster Natur: Die Bauern plädierten für mehr Ackerland und die Erhaltung ihrer Streusammel-, Weide- und Holzbezugsrechte, Städter und Gewerbetreibende brauchten Brennholz und der Adel sah seine Jagdgebiete in Gefahr. Die nach Macht strebenden Landesherren erkannten darin ihre Chance den Schutz des Waldes als Machtmittel einzusetzen.[267] Die zentrale Bedeutung des Waldes für Salinen- und Montanindustrie veranlasste die Landesfürsten zur Einrichtung von Waldwidmungsbezirken, die mit dem vom Bergregal abgeleiteten Waldregal begründet wurden. In der Steiermark legte die Waldordnung von 1539 fest, dass die im Einzugsgebiet von Bergbauen gelegenen

[264] Vgl. Sandgruber, Roman (1995); 18.

[265] Bild: Keller, Kurt.

[266] Vgl. Sandgruber, Roman (1995); 81.

[267] Vgl. Sandgruber, Roman (1995); 81.

Waldgebiete für die allgemeine Holzentnahme gesperrt und der alleinigen Nutzung der Bergbaue zugeführt wurden.[268]

Anfang des 16. Jahrhunderts waren die Wälder um Salinen-, Hütten- und Bergwerksorte bereits stark angegriffen und fast völlig vernichtet, wobei auf die Salinen der grösste Anteil des Holzbedarfes fiel. Die Abholzung förderte in zunehmendem Masse die Gefahr von Überschwemmung, Lawinen- und Murenabgängen. Es war nur den schneearmen Wintern anfangs des 16. Jahrhunderts zu verdanken, dass es zu keinen Katastrophen kam.[269] Mitte des 16. Jahrhunderts wurden die Winter rauer und es kam vermehrt zu Lawinen- und Murenabgängen, denen nur noch durch sich bis ins 18. Jahrhundert hinziehende, aufwändige Wiederaufforstungen und künstliche Lawinenverbauungen entgegengewirkt werden konnte. Nicht nur der Brennholzbedarf setzte dem Waldbestand zu. Die drastische Reduzierung des Eibenbestandes ist auf den massiven Handel mit Eibenholz für Bögen und Armbrüste zurückzuführen. Dieses im 16. Jahrhundert zum Monopol erklärte Handwerk veranlasste die landesfürstlichen Forstbeamten in den 1550er Jahren sogar gegen die drohende Ausrottung des Eibenbestandes aufzutreten.[270]

Zur Übernutzung der Wälder ist zusätzlich noch die emissionsbedingte Schädigung durch die in den Wäldern stationierten Silber-, Kupfer-, Arsen- und Vitriolhütten zu zählen. Schon 1495 wurde in einer Salzburger Beschwerdeschrift die Verlegung der Hütten in unbewohnte und ungenutzte Gegenden verlangt und es wurde Anspruch auf Entschädigung erhoben. Obwohl seit 1463 in der Rattenberger Bergordnung und seit 1477 in der Salzburger Bergordnung das Verursacherprinzip zumindest theoretisch verankert war, stiessen geschädigte Personen auf grundsätzliche Zahlungsunwilligkeit. Die Krankheiten wurden jeweils dem unerforschlichen Ratschluss Gottes zugeschrieben.[271] Bei den Verhüttungsprozessen entstand Arsentrioxid[272] - vor allem in der Umgebung der Arsenhütten - das im Volksmund "Hüttrauch" oder auch "Hittrach" genannt wurde. Dieser Stoff rief beträchtliche Gesundheits- und Vegetationsschäden hervor. So ist in den Auflagen solcher Hütten - im Volksmund "Gifthütten" genannt - nachzulesen, dass der Betrieb derselben nur gestattet ist, wenn die umliegende

---

[268] Vgl. Sandgruber, Roman (1995); 81.

[269] Vgl. Sandgruber, Roman (1995); 82.

[270] Vgl. Sandgruber, Roman (1995); 82.

[271] Vgl. Sandgruber, Roman (1995); 82. – Vgl. auch: Butscheck, Felix (1985); 134.

[272] Arsen [griechisch], chemisches Symbol As, ein chemisches Element aus der 5. Hauptgruppe des Periodensystems der chemischen Elemente; Ordnungszahl 33, relative Atommasse 74,92. Beständigste Form ist die *graue*, metallische, kristalline Modifikation (Dichte 5,72 g/cm^3, Schmelzpunkt 817°C unter 28 Bar Druck, Sublimation bei 613°C). Daneben gibt es eine unbeständige *gelbe*, nichtmetallische und eine *schwarze*, amorphe Modifikation; Arsen findet sich in Form von Sulfiden, Oxiden und Metallarseniden. Arsen verbrennt an der Luft zu Arsentrioxid, As_2O_3; Arsen ist ein schweres Blut- und Lebergift.

Vegetation durch eine entsprechende Schneedecke geschützt war.[273] Hier zeigen sich zumindest erste Grundgedanken des Umweltschutzes, auch wenn diese in letzter Konsequenz keine tatsächliche Wirkung erbrachten.

1.3.2.1.3. Wald und Forst in der Kulturgeschichte

1.3.2.1.3.1. *Geschichte der Forstverfassung, Forstordnung und des Waldeigentums*

1.3.2.1.3.1.1. DIE ZEIT DER LOKALEN FORSTVERWALTUNG

Nach Abschluss der Völkerwanderung[274] haben sich während des frühen Mittelalters mit der Bildung fester Niederlassungen germanischer Stämme die ersten dauernden Beziehungen zwischen Wald und Mensch ergeben. Ursprünglich stand die vergleichsweise geringe Anzahl an Menschen einer ungleich grossen Fläche an Wald gegenüber, deren freie Nutzung naturgemäss die Folge war. Mit zunehmender Siedlungsdichte musste die Siedlergemeinschaft der Nutzung durch Fremde Einhalt gebieten, um ihre eigene Nutzung zu sichern. Aus dem "freien Wald" wurde der "gemeine Wald". Jedes Mitglied einer Siedlergemeinschaft konnte in dem meist siedlungsnahen Allmendwald nur noch im Rahmen der von der Gemeinschaft gegebenen Ordnung sein Vieh in den Wald treiben, roden oder vorübergehend Brandkultur entnehmen.[275] Wo der gemeine Wald der ständigen Nutzung ausgesetzt war erkannten die Siedler alsbald die drohende Gefahr einer Holznot und die Notwendigkeit die Ausbeute in einer waldunschädlichen Weise zu beschränken. Die grossen abgelegenen Waldungen wurden in der fränkischen Zeit durch Einforstung, als königliche und herrschaftliche Forste, der allgemeinen Nutzung ganz oder teilweise entzogen. Die Forestikation ging zunächst vom Königsrecht der MEROWINGER und der KAROLINGER aus. Dieses stützte sich hinsichtlich des Waldes auf ein königliches Boden-Verfügungsrecht über alles herrenlose Land, wozu insbesondere der Wald gezählt wurde, auf ein - vorwiegend auf dem germanischen Recht basierendes - königliches Schutzbannrecht, das noch auf das fränkische und das römische Provinzialrecht zurückgriff.[276] Mit der Entwicklung des Lehnswesens im Laufe des Mittelalters wurden die Forste der Könige immer weiter auf den hohen Adel und die Träger der Reichskirche (Bischöfe, Klöster) und schliesslich

[273] Vgl. Sandgruber, Roman (1995); 83.

[274] Völkerwanderung ist die Bezeichnung für Wanderungen germanischer Stämme im 2.-6. Jahrhundert, die im Zusammenhang mit Krise und Untergang des Weströmischen Reiches sowie dem Übergang zum mittelalterlichen Europa gesehen werden. Zur 1. Völkerwanderung kam es im 2./3. Jh. (Germanen). Das entscheidende Stadium (2. Völkerwanderung) wurde erst mit dem Einbruch der Hunnen in Europa erreicht (375 Unterwerfung der Ostgoten).

[275] Vgl. Mantel, Kurt (1990); 151.

[276] Vgl. Mantel, Kurt (1990); 153.

durch Weiterverleihung an andere Lehensträger (niederen Adel und Inhaber von Grundherrschaften) übertragen.

1.3.2.1.3.1.2. Die grossgewerbliche Wirtschaft und ihre Holzversorgung

An dieser Stelle sei ein kleiner Überblick über die damalige wirtschaftliche Bedeutung des Waldes im Allgemeinen und die Beziehung zwischen Wald und (Gross-) Gewerbebetrieben geben. Dies soll nicht in der Tiefe und Genauigkeit einer wirtschaftsgeschichtlichen und rechtswissenschaftlichen Abhandlung dieses Themenbereiches geschehen, sondern einen kurzen und prägnanten geschichtlichen Überblick über das Entstehen, das Wachstum und die wirtschaftlichen Bedeutung der aufkommenden Industrialisierung geben, um im Weiteren die Zusammenhänge der später daraus gewonnenen Ansätze einer Regelung der Nutzung und nachhaltiges Wirtschaften mit dem Wald aufzuzeigen.

Gegen Ende des Mittelalters ergab sich unter den geistigen Strömungen des Humanismus, der Renaissance und aus den wirtschaftspolitischen Auswirkungen des Frühkapitalismus sowie seiner gelenkten Wirtschaftsform des Merkantilismus[277] eine wesentliche Umstellungen in der Wirtschaft, insbesondere in der Wirtschaftsgesinnung und der Wirtschaftsform.[278] Während die landwirtschaftliche Urproduktion nicht zum Bereich der grossgewerblichen Betriebe gehört, stellt die Waldwirtschaft in ihrer Doppelstellung einen Sonderfall dar. Zum einen durch die mit dem Boden verbundene Urproduktion und zum anderen als Produzentin eines gewerblich verwendeten Rohstoffes. Sie ist mit der Entwicklung der Grossgewerbe in enge räumliche, wirtschaftliche und oft auch betriebliche Verbindung geraten. Dass diese jahrhundertelange Wirtschaftsgemeinschaft für den Wald meist zu einer existenzgefährdenden Schicksalsgemeinschaft wurde, werden die weiteren Ausführungen aufzeigen.[279] Im Folgenden wird vereinfacht von Grossgewerbebetrieben gesprochen, auch dann, wenn es sich um die Gesamtgruppe der wirtschaftlichen Gewerbebetriebe in den hier aufgeführten Wirtschaftsbereichen - einschliesslich der kleineren Betriebe - handelt. Für den Begriff Grossgewerbe spielt die Betriebsgrösse eine wesentliche Rolle. Bezüglich ihrer Grösse sind es zumeist Betriebe oder Unternehmungen, die nach ihrem Kapital- und Arbeitseinsatz sowie hinsichtlich ihrer Produktion für den Markt einzustufen sind. Dazu gehören insbesondere die

---

[277] Wirtschaftspolitik in der Zeit des Absolutismus.

[278] Vgl. Mantel, Kurt (1990); 209.

[279] Vgl. Mantel, Kurt (1990); 210.

Montanindustrie und die Salinen, aber auch manche Betriebe wie Glashütten und Betriebe zur Herstellung von Pottasche, Pech und Teer. Streng genommen gehörten manche dieser aufgeführten Produktionszweige zu den kleineren Betrieben zugezählt, aber aufgrund ihrer beachtlichen Produktion und ihrer Stellung im überörtlichen Markt (Export) haben sie eine entsprechende wirtschaftliche Bedeutung. Daher können auch kleinere Betriebe dieser Wirtschaftszweige zu den grossen Wirtschaftsbetrieben gezählt und im weitesten Sinne mit ihnen aufgeführt werden.[280]

Durch die Entstehung des Welthandels und die Zunahme der politischen und wirtschaftlichen Macht der Fürsten ergab sich im Laufe der Neuzeit immer mehr die Verlagerung der grossen wirtschaftlichen Betätigung in die Hände des Landesherren bzw. des Staates. Der Merkantilismus, der die Wirtschaftsform des Frühkapitalismus darstellte, wollte insbesondere die Edelmetalle gewinnen, den geldbringenden Aussenhandel fördern und grossbetriebliche Unternehmungen führen. Auf der Rechtsgrundlage der fürstlichen Regale ergaben sich dabei in den gewerblichen Bereichen wirtschaftliche Monopolansprüche oder wohlstandspolizeiliche Regelungen.[281]

1.3.2.1.3.1.3. Holzverkohlung

In den ursprünglichen Formen geht die Köhlerei auf sehr frühe Zeiten zurück.[282] Im Mittelalter gab es neben den selbstständigen Köhlern auch Köhler als beauftragte Hörige der Herrschaften oder im Dienste örtlicher Genossenschaften, oftmals war die Köhlerei auch Nebenerwerbszweig bäuerlicher Wirtschaften. Mit der vermehrten Erzverhüttung, Vergrösserung der Salinen und den Glashüttenbetrieben stieg der Bedarf an Holzkohle sprunghaft an. Häufig beschäftigten grossgewerbliche Wirtschaften eigene Köhler oder es erledigte, wie im Beispiel der Glashütten, der Glasbläser auch zuweilen das Verkohlen. Das Verkohlungsverfahren reichte von der primitiven Verkohlung in Erdgruben über kunstvoll errichtete, kegelförmige, stehende Meiler[283] bis zu gemauerten Meileröfen.[284] Die spätere technische Holzverkohlung zur Gewinnung kleinerer Mengen

[280] Vgl. Mantel, Kurt (1990); 210.

[281] Vgl. Mantel, Kurt (1990); 212, 213.

[282] Vgl. Hachenberg, Friedrich (1992): 85-88.

[283] Mit Erde, Rasenstücken und Anderem abgedeckter Stapel von Holzscheiten zur Gewinnung von Holzkohle in der Köhlerei.

[284] Vgl. Mantel, Kurt (1990); 215.

an reiner Kohle (Kohlenstoff) und den flüssigen Produkten (Essigsäure und Methylalkohol) führte schliesslich zum Behälter- und Retortenverfahren.[285]

Das Verhältnis von Waldholz zu Holzkohle (Ausbeute) war je nach angewendetem Verfahren verschieden. In gut stehenden Meilern lieferten 5-6 Raummeter[286] Buchenscheit- und Knüppelholz etwa 400 kg Holzkohle, was einem Verhältnis von ca. 10:1 entspricht.[287] Die Durchführung der gesamten Holzverkohlung war durch zahlreiche Vorschriften in den Weistümern, Wald- und Forstordnungen geregelt. Am wichtigsten hierbei war die Bereitstellung des Kohlholzes, da diese für die vom Holz abhängige Wirtschaft von allergrösster Bedeutung war und daher in der landesherrlichen Zeit besonderer Gegenstand fürstlicher Sorge und sorgfältiger Regelung war. Insbesondere war damit die Regelung der Abgabe des Kohlzinses und der Stockmiete für meist 3 Jahre - die Fristsetzung für das Fällen (1-2 Jahre), das Verkohlen und die Abfuhr des Kohlholzes - gemeint.[288]

Die Waldköhlerei hatte bis zum 19. Jahrhundert Bedeutung, doch mit Bereitstellung der Steinkohle für Industrie und Hausbrand sowie der Einführung der Steinkohleverkokung[289] für die Eisenerzverhüttung fand sie bald ein Ende. Diese Entwicklung fällt zeitlich mit dem Bau der Eisenbahn in industriefernen Gebieten zusammen, womit der Transport von Steinkohle anstelle von Holz als Brennmaterialersatz zu den Industriestandorten möglich war und somit eine Entkopplung von Industrie und Wald als Rohstofflieferant stattfand.[290]

1.3.2.1.3.1.4. Das Holz im Berg- und Hüttenwesen

Die Gewinnung von Bodenschätzen war in der Geschichte des mitteleuropäischen Raumes schon sehr früh gegeben. Die Verwendung von Metallerzen hat die vorgeschichtliche Periode der Steinzeit abgelöst und die erste Stufe der Metallzeit - die Bronzezeit (etwa 1'800-800 vor Christus[291]) - eingeleitet.[292] Das Montangewerbe begann

[285] Destillationsverfahren - Behälter-(Retorten-)verkohlung. (siehe auch im Abschnitt: "Holz-Ofenverkohlung für Kienöl, Teer, Pech und Russgewinnung").

[286] 1 Raummeter = 1 Kubikmeter geschichtetes Holz.

[287] Vgl. Mantel, Kurt (1990); 215.

[288] Vgl. Mantel, Kurt (1990); 216.

[289] Verkokung ist die thermische Zersetzung von Kohle, Holz, Torf und Ähnlichem unter Luftabschluss.

[290] Vgl. Mantel, Kurt (1990); 216.

[291] Anhand der Funde beim "Mann aus dem Eis (Ötzi)" muss diese Zeit wohl um bis zu 1'500 Jahre zurückgesetzt werden.

mit oberflächlichem Schürfbetrieb, dem Einsatz von Handarbeit mit primitiven Vorrichtungen. Es wuchs schliesslich zu Tiefbaubetrieben mit Kapital, Technik und Arbeitskräften stark ausgestatteten Grossbetrieben aus.[293] Neben dem Vorkommen der Bodenschätze war die Verfügung über das notwendige Holz eine weitere Voraussetzung für die Berg- und Hüttenwerke. Dies findet in einem alten Harzer[294] Bergmannsspruch wie folgt Ausdruck: "*Es grüne die Tanne, es wachse das Erz...*[295]" So lagen die Standorte in der Regel in grossen Waldgebirgen, wo Holz- und Erzvorkommen gleichsam vorkamen. Das Erzvorkommen war oftmals von längerem Bestand als das Holzvorkommen, und man versuchte durch Flössen oder Herbeischaffen mittels Führwerken den Engpass zu überbrücken.[296] Die Bedeutung der Edelmetalle gab dem Berg- und Hüttenwesen schon früh eine besondere Bedeutung. Die Landesherren haben bald aufgrund ihres Bergregals, das ursprünglich dem König, später den Kurfürsten (1356) und dann den Landesherren zustand, eine Ordnung des Bergwesens und des damit verbundenen Hüttenwesens vorgenommen.[297] Der soziale Aufbau dieser Unternehmen stand im krassen Gegensatz zu den mehr familienhaft und zunftmässig geführten Handwerksbetrieben. Bei den Berg- und Hüttenwerken herrschte eine strenge Trennung zwischen Besitzern (Berg- und Hüttenherren), der technischen Betriebsleitung (dem "Hüttengaffer"[298]) und der grossen Schar an Lohnarbeitern. In der Zeit des Frühkapitalismus wurden mehr und mehr die Kapitalbesitzer die eigentlichen Herren der Montanindustrie. Grund dafür war die Vergrösserung der Betriebe mit gleichzeitiger Vertiefung der Schächte und Stollen, was wiederum mit der Anschaffung der erforderlichen Anlagen verbunden war.[299]

1.3.2.1.3.1.5. Holzverwendung für die Salinen

Das Salz, das aus den Salzbergwerken gewonnen oder aus Salzquellen durch Sieden als Solsalz bereitgestellt wurde, ist seit Urzeiten ein unentbehrlicher Bestandteil der

[292] Vgl. dazu oben: Kapitel "Der Wald/Forst als Lebensraum des Menschen" die Tabelle "Vorgeschichtliche Zeiträume Mitteleuropas".

[293] Vgl. Mantel, Kurt (1990); 218.

[294] Harz ist das nördlichste deutsche Mittelgebirge, etwa 90 km lang, 30 km breit und im Brocken 1142 m hoch. Es ist gegliedert in das Ober-, Mittel- und Unterharz. Für die Besiedlung war der Bergbau auf Silber, Blei, Zink, Schwerspat unter anderem entscheidend. Im 16. Jh. entstanden die Freien Bergstädte wie Grund, Wildemann, Clausthal.

[295] Mantel, Kurt (1990); 218.

[296] Vgl. Mantel, Kurt (1990); 218.

[297] Vgl. Mantel, Kurt (1990); 219.

[298] Bergmeister.

[299] Vgl. Mantel, Kurt (1990); 220.

menschlichen Ernährung. Seine spätere umfangreiche Gewinnung in grossen Salinen stellte eine wesentliche Einnahmequelle für die Träger des Bergrechtes oder anderer Salzgewinnungsrechte dar. Das Salzgewinnungsrecht stand zunächst zum grossen Teil der Grundherrschaft zu und ging dann allmählich in das Kämmereigut der Landesherren über. Auch Genossenschaften wurden zu Trägern des Salinenrechtes. Die Form der landesherrlichen Regiebetriebe war besonders in Österreich unter der Herrschaft der Habsburger vertreten, wie z.B. Salinen in Aussee, Hallstatt und Hall in Tirol.[300]

Die Salinen legten einen sehr grossen und in einigen Waldgebieten sehr konzentrierten Holzbedarf an den Tag. Es galt der Spruch: "Ohne Holz kein Sud."[301] - Holz (Kohlholz) zeigte sich als unentbehrlich für das Schmelzen und das Eindampfen der Sole, aber auch für die Gerätschaften, die für die Produktion von Nöten waren. Dazu kamen noch beträchtliche Holzmengen für Triftanlagen, Solleitungen, Salzschiffe u.s.w. Das benötigte Holz wurde anfangs in der Umgebung der meisten Bergwerke und Salinen gewonnen und in Form von Holzkohle zu den Schmelzöfen gebracht. Wenn sich diese Vorräte erschöpften, gab es zwei Möglichkeiten die Produktion aufrecht zu erhalten. Zum einen das Holz aus grösserer Entfernung durch Triften[302] zur Saline zu bringen oder die Salzsole des Bergwerkes durch hölzerne Solleitungen zu den entfernter gelegenen Wäldern mit dort vorhandenen Sudeinrichtungen zu leiten. Eine alte Solleitung bei Hallstatt im Salzkammergut mass vor mehr als 300 Jahren schon 40 km Länge.[303]

Die Bereitstellung der von den Salinen benötigten Holzmengen nahm die Landesherren als oberstes Bestreben in die Pflicht. Landesherrliche Salinenordnungen, Wald- und Forstordnungen regelten seit dem Mittelalter die Holzversorgung, und es ergaben sich schon frühzeitig Auswirkungen auf die Holznutzung und die Waldbewirtschaftung.[304]

1.3.2.1.3.1.6. HOLZVERWENDUNG IN DEN GLASHÜTTEN

Mit dem Wachsen der kulturellen Ansprüche stieg auch der Bedarf an Glas für Fenster und Gebrauchsgegenstände. Die Glashütten, die vom 15. bis ins 18. Jahrhundert hinein eine bedeutsame Rolle spielten, benötigten bei der Glasproduktion wesentliche Holzmengen[305] zur Pottaschegewinnung und natürlich als Brennstoff für die

[300] Vgl. Mantel, Kurt (1990); 224.

[301] Mantel, Kurt (1990); 225.

[302] Flössen.

[303] Vgl. Mantel, Kurt (1990); 225.

[304] Vgl. Mantel, Kurt (1990); 225.

[305] Vgl. Mantel, Kurt (1990); 226. – Die seinerzeit noch kleine Glashütte des MICHAEL VON POSCHINGER in Frauenau im Bayer Wald verbrauchte 1'761'585 Klafter Brennholz (1 Klafter = 1,8965 m, also 3'340'845,9 m

Glasschmelze. Der Bau solcher Hütten geschah in abgelegenen und unerschlossenen Waldgebieten mit dem Ziel, an die mangels Transportmöglichkeit nicht für anderweitige Zwecke nutzbaren Holzbestände zu gelangen. Bevorzugt hierfür waren besonders Buchen- und Eichenaltholzbestände, was zur Folge hatte, dass eine starke Zunahme der schnellwüchsigen Holzarten eintrat. Die Standorte solcher Glashütten wanderten meistens wenn die Bestände der bevorzugten Holzart aufgebraucht waren ab. Die von Glashütten ausgehenden Schäden erforderten alsbald eine starke Einschränkung der Anlage und des Betriebs von Glashütten. Nicht selten deutet das Auftreten von Nadelholz in Buchenwaldbeständen auf frühen Glashüttenbetrieb hin.[306]

1.3.2.1.3.1.7. ASCHBRENNEN

Bereits bei den Glashütten ist eine chemische Verwendung des Holzes in Form von Pottasche festgestellt worden, welche mit ansteigender Entwicklung der Glasherstellung immer weiter stieg. Auch andere Gewerbezweige waren von Pottasche abhängig, wie die Seifensiederei, die Tuchhersteller, die Färberei, die Bleicherei und die Töpferei, um nur einige zu nennen. Die Herstellung setzte die Gewinnung von Waldasche durch Verbrennen von gewaltigen Mengen an Holz voraus. Diese Waldasche wurde ausgelaugt, die Lösung eingedampft und durch Glühen der Rückstände schlussendlich die Pottasche gewonnen. Im Gegensatz zur bäuerlich genutzten Waldasche aus Bodenbezug und Dürrholz wurde für die gewerbliche Produktion geschlagenes Holz, aufgrund des höheren Kaliumgehaltes bevorzugt Rotbuche, verwendet. Ein zahlenmässiger Vergleich soll hier die Dimensionen veranschaulichen: Für die Herstellung eines Kilogramms Pottasche[307] im Wald (Buchasche) wurden etwa 2 m^3 (Kubikmeter) Buchenholz benötigt, dies entspricht grob einem Verhältnis von 1:1'000. Nach JÄGERSCHMID[308] lieferten 4'000 Pfund Nadelholz 17 Pfund Rohasche und 1 Pfund gereinigte Pottasche. Laubholz ergab infolge seines höheren Kaliumgehaltes bis fünf Mal mehr Pottasche als Nadelholz und somit eine höhere Ausbeute.

(3'340,8459 km) Brennholz), dazu 1'300 Klafter Aschholz. Pottasche musste noch zugekauft werden. Für einen Weinkelch rechnete man mit einem Verbrauch von 3 Rm (Raummeter) Holz, den kleineren Teil für die Schmelze, den grösseren für die Pottaschegewinnung. – Für Klafter gibt es allerdings verschiedene Grössen. Hier wird jedoch Bezug genommen auf die Grössenangaben im Werk: Bautabellen - Ein Handbuch für Planung.

306 Vgl. Mantel, Kurt (1990); 226.

307 Vgl. Hachenberg, Friedrich (1992); 84-85.

308 Vgl. Jägerschmid, K.F.V. (1800); 137.

1.3.2.1.3.1.8. Holz-Ofenverkohlung für Kienöl, Teer, Pech und Russgewinnung

Kiefer- und andere Nadelhölzer waren seit jeher wegen ihres hohen Gehaltes an Kienöl[309] ein wertvolles Mittel zum Feueranmachen und zur Beleuchtung. In späteren Zeiten hat die Teerschwelerei in so genannten "Theeröfen", die von den "Theerschwelern" betrieben wurden, bis ins 19. Jahrhundert hinein aus Kiefernholz Teer und Kienöl produziert.[310] So wie die Ofenverkohlung war auch die Behälter-(Retorten-)verkohlung bereits im Mittelalter bekannt, mit deren Hilfe Essigsäure und Methylalkohol hergestellt wurden. In einem besonderen Verfahren, dem Russschwelen, gewann man aus harzreichen Kiefernwurzelstöcken Russ (fein verteilten Kohlenstoff).[311]

1.3.2.1.3.1.9. Harznutzung

Die Harznutzung im Wald reicht sehr weit zurück. Lange Zeit betrieb man die primitive Scharrharzgewinnung aus der Fichte, bei der aus dem stehenden Stamm Rindenstreifen entfernt wurden: das so genannte Lohen oder Lachtenverfahren. Mit der Entwicklung der Chemie trat die Bedeutung der Baumharznutzung zurück und wurde schlussendlich im 19. Jahrhundert fast gänzlich aufgegeben.[312]

1.3.2.1.4. Ökologische Probleme im kulturellen Wandel

Das Augenmerk der folgenden Ausführungen gilt zum einen der Frage, welche praktischen Erfahrungen und Praxisinteressen in das Naturverständnis[313] eingegangen sind und zum anderen dem Problem, inwieweit sich aus der Waldwirtschaft und Holzökonomie eine Art von ökologischem Bewusstsein zu entwickeln vermochte.

Man darf die Aufmerksamkeit nicht nur auf den Begriff "Natur" fixieren. Eine Art von ökologischem Bewusstsein - in welcher Art auch immer artikuliert - könnte man überall dort erkennen, wo es Bemühungen darum gab, das Wirtschaftsleben in einem

---

[309] Kienholz (Kien), stark verharztes Kiefernholz; Späne davon (Kienspäne) dienten früher als Fackeln.

[310] Ofenverkohlung

[311] Russ, bei der unvollständigen Verbrennung oder thermischen Zersetzung von Kohlenwasserstoffen entstehende, aus feinverteiltem Kohlenstoff und wechselnden Mengen wasserstoff- und sauerstoffhaltiger Kohlenstoffverbindungen bestehende Produkte. Russ wird als Füllstoff von Kautschuk, als Schwarzpigment sowie für Kohleelektroden und Trockenbatterien verwendet.

[312] Vgl. Mantel, Kurt (1990); 229.

[313] Vgl. Weiter oben, wo eingehend auf den Begriff und die Definition des Begriffes "Natur" eingegangen wird.

langfristigen Gleichgewicht mit den Waldressourcen zu halten und die Regeneration des Waldes zu sichern.[314] Von solchem "ökologischem Bewusstsein" kann dort gesprochen werden, wo die Wahrnehmung von Umweltschädigung bereits zu einer gewissen Einsicht in die Gleichgewichtsbedingungen der Umwelt, in innere Gesetzmässigkeiten der Natur führt; wo also die Natur in ihrer Eigenart begriffen wird, auch wenn es letztlich um die Natur für den Menschen geht.[315] *An solchen Bemühungen war kein Mangel, wenn auch in der Regel das Waldschutz-Motiv mit anderen Motiven eng verstrickt war. Waldschutz und Holzmangel waren als Argument für viele Zwecke zu gebrauchen.*[316] Unmittelbare Beeinträchtigungen der Umwelt durch Gewerbebetriebe waren schon in der vorindustriellen Zeit festzustellen; aber das blieb - von einigen Bergbauregionen abgesehen - ein lokal auftretendes Problem, aus dem sich kein allgemeines Bewusstsein und Verhalten entwickeln konnte.[317] Bei alledem war das späte 18. und frühe 19. Jahrhundert ganz unverkennbar die Zeit der Wende und des Umdenkens. In den 1790er Jahren kulminierten die Alarmrufe einer bevorstehenden katastrophalen Holznot. Wie eine Antwort darauf begannen Aufforstungsbestrebungen auf breiter Front vorzudringen. Die Forstgesetzgebung und die Aufforstungsbewegung gelten, ob zu Recht oder zu Unrecht, als die frühesten Formen bewusster Umweltpolitik.[318]

An dieser Stelle sollen einige Gedankenströmungen der damaligen Zeit aufgezeigt werden, die schlussendlich in ihrer Summe zu einem Umdenkprozess geführt haben.

Gelegentlich findet man sogar frontale Angriffe auf die "Natur" wie den aus der Feder des deutschen Forstadministrators und Forstschriftstellers, des bayrischen Forstkommissars JOSEPH HAZZI, eines streitbaren Parteigängers des Wirtschaftsliberalismus. Er schmähte den damaligen Zustand der Wälder mit der Behauptung, von einigen Ausnahmen abgesehen sei "alles bloss wilder und durch Misshandlungen aller Art meist verödeter Naturzustand"; die Wälder seien noch "jenes Chaos, aus dem die Kultur wie eine neue Schöpfung hervorging" und die Kultur stehe "daher auf einer umso höheren Stufe, je weniger von diesem Chaos noch übrig ist[319]". HAZZI zog die Debatte um den Holzmangel ins Lächerliche - als keineswegs neues, sondern schon jahrhundertelange auftretendes Wehklagen, hinter dem er nur Jagdinteressen witterte.[320] Seine Position stand im Gegensatz zu der überwiegenden Meinung der Forstleute und ist für seine Zeit keineswegs repräsentativ, jedoch für den

[314] Vgl. Radkau, Joachim (1986); 55.

[315] Vgl. Radkau, Joachim (1986); 53.

[316] Vgl. Radkau, Joachim (1986); 55.

[317] Vgl. Radkau, Joachim (1986); 53.

[318] Vgl. Radkau, Joachim (1986); 54.

[319] Radkau, Joachim (1986); 61.

[320] Vgl. Radkau, Joachim (1986); 61.

Meinungsspiegel der damaligen Zeit durchwegs interessant. In diesem Zusammenhang ist eine weitere Theorie, die sich auf die Aussagen von WOLF LEPENIES stützen sehr interessant. Hiermit kann man den Gedankengang von JOSEPH HAZZI und eine der damaligen Zeit entsprechenden Geisteshaltung etwas verständlicher machen. LEPENIES glaubt, es habe im 18. Jahrhundert und noch weiter darüber hinaus prinzipielle, tief in der Geistes- und Glaubensgeschichte wurzelnde Gründe gegeben, die schon die blosse Vorstellung einer Naturzerstörung durch den Menschen undenkbar machten. Die christlich-theologische Auffassung, dass die Natur als ein Werk Gottes unzerstörbar sei, habe noch bis in die neuzeitliche Naturwissenschaft hineingewirkt.[321]

In Frankreich gab es jedoch zu Anfang des 19. Jahrhunderts erstmals ein Werk, das auf eindrucksvolle Weise den Naturbegriff als Inbegriff einer harmonischen Ordnung und als "Nährmutter aller Wesen[322]" sieht: Eine leidenschaftliche, mit universellen Perspektiven ausgestattete Anklageschrift gegen die Naturzerstörung durch den Menschen, und zwar in erster Linie des Waldes, ein Plädoyer für Wiederaufforstung und überhaupt der Wiedereingliederung des Menschen in die Harmonien der Natur. Das Werk des Ingenieurs F.A. RAUCH[323] fand international und in regierenden Kreisen grosse Resonanz, die erkennen lässt, dass die Zeit für solche Gedanken reif geworden war. Für RAUCH ist der Wald mehr als alles andere das Reich der Natur: Eine Vorstellung die im 18. Jahrhundert noch kaum zu finden ist. Er startet für jene Zeit einen höchst ungewöhnlichen Angriff gegen den allgemeinen Kult der Landwirtschaft, verweist auf die Anfälligkeit des Ackerbaus und will vorrechnen, dass die Bevölkerung desto besser leben könne, je grösser die bewaldeten Flächen seien. Bemerkenswert ist die Art seiner Argumentation: "Gerade weil von der Natur aus eine universale, nach allen Richtungen hin ausbalancierte Harmonie besteht, muss der Eingriff des Menschen zwangsläufig eine Kette von destruktiven Veränderungen nach sich ziehen. Weil die Natur vollkommen ist, kann der Mensch nichts daran ändern, ohne ihre Vollkommenheit zu mindern.[324]"

Die 1820 von ERNST MORITZ ARNDT herausgegebene Schrift "Ein Wort über die Pflegung und Erhaltung der Forsten und der Bauern im Sinne einer höheren d.h. menschlichen Gesetzgebung"[325] befasst sich mit dem engen Wechselspiel Mensch-Natur. ARNDT erkennt die Gefahr, dass die Erde "unmenschlich gemacht[326]" wird: "Der Mensch und die Natur machen einander gegenseitig[327]". Den aktuellen Grund des Übels erkennt

---

[321] Vgl. Radkau, Joachim (1986); 69.

[322] Rauch, F.A. (1818[1]); Introduction. – Vgl. auch: Radkau, Joachim (1986); 63.

[323] Rauch, F.A. (1818[1]); Introduction. – Vgl. auch: Radkau, Joachim (1986); 63.

[324] Rauch, F.A. (1818[1]); Introduction. – Vgl. auch: Radkau, Joachim (1986); 63.

[325] Vgl. das Werk: Arndt, Ernst Moritz (1820).

[326] Arndt, Ernst Moritz (1820); 31.

[327] Arndt, Ernst Moritz (1820); 31.

er in der aufkommenden Wachstumswirtschaft, dem "künstlichen Anlegen von Menschenpflanzungen und Fabriken[328]". Die Axt, die nun an den Baum gelegt werde, drohe zu einer Axt zu werden, "die an das ganze Volk gelegt wird", denn "nächst den Sternen...haben wir Menschen keine freundlicheren Boten, die gleichsam zwischen Himmel und Erde hin und her wanken, als die Bäume[329]". Er hofft nicht auf moderne Forstlehren, sondern auf die Wiederbelebung der Weisheit naturverbundener Zeiten, wo der Mensch aus intimer Einfühlung in die Natur gewusst habe, "wo er die Wälder niederhauen und wo er sie schonen und pflegen...sollte[330]". "Mir däucht, es wäre dem Menschen möglich, aus Erfahrungen vergangener Jahrtausende und aus Winken und Zeichen, die ihm alle Tage gegeben werden, endlich ungefähr inne zu werden, wie er mit seiner Erde umgehen und wie er sie verwalten müsse, damit sie ihm eine freundliche, schöne und fruchtbare Mutter bleibe...[331]".

ARNDTS kleine Schrift war nur ein literarischer Erguss ohne wissenschaftlichen und unmittelbar praktischen Anspruch und doch die ersten Grundgedanken einer ökologischen Betrachtungsweise, die auch heute noch Gültigkeit besitzen.

1.3.2.1.4.1. Der Wald in der Religions- und Kirchengeschichte - eine punktuelle Darstellung

Über 500 Jahre alte Ölbäume im Garten Getsemani[332]

Mit der Errungenschaft des Ackerbaus entwickelte sich das "Mutterrecht". Die Bäume und Pflanzen symbolisieren die Fähigkeit des Kosmos zu immer wieder erneuerter Regeneration und der "kosmische Baum", der "Lebensbaum", wird ein Symbol für das Leben. Der Mensch ist sozusagen auf Ordnungssuche.[333] Der Kult um die Bäume und den Wald war in der Geschichte stets ein Teil der Verehrung von Naturgegenständen. Dieser Kult war

[328] Arndt, Ernst Moritz (1820); 61.

[329] Arndt, Ernst Moritz (1820); 49.

[330] Arndt, Ernst Moritz (1820); 41.

[331] Arndt, Ernst Moritz (1820); 35-36.

[332] Bild: Keller, Kurt.

[333] Vgl. Lanczkowski, G. (^{3}1962); 549-550.

eine über den blossen Nutzwert der Bäume und des Waldes weit hinausgehende Hochschätzung. Die älteste Form der Verehrung von Bäumen hängt mit deren Wesen zusammen. So sind sie im Gegensatz zu einem Menschen übermächtig gross[334] und werden zum Teil tausende von Jahren alt.[335] Dadurch, dass die Bäume jeden Herbst zu sterben und jeden Frühling neu zum Leben zu erwachen scheinen, sind sie zum Sinnbild des Lebens geworden. So entstand der Ausdruck des Lebensbaumes bzw. des Weltenbaums.[336] Einer der religionsgeschichtlich wohl interessantesten Bäume ist als Weltenbaum der "ewige Ashvattha", der mit seinen Ästen nach unten und mit seinen Wurzeln nach oben (arbor inversa) zeigt.[337] Er verkörpert den Nicht-Tod, in dem alle Welten ruhen. Die Bhagavad-gita beschreibt ihn im 15. Kapitel Vers 1-4 wie folgt:

> *15:1 Die Höchste Persönlichkeit Gottes hat gesprochen: Es wird gesagt, dass es einen unzerstörbaren Banyanbaum[338] gibt, dessen Wurzeln nach oben und dessen Äste nach unten gerichtet sind und dessen Blätter die vedischen Hymnen sind. Wer dessen Blätter kennt, kennt die Veden. 15:2 Die Äste des Baumes, der durch die drei Erscheinungsweisen der materiellen Natur genährt wird, strecken sich nach oben und nach unten aus. Die Zweige sind die Objekte der Sinne. Der Baum hat auch nach unten weisende Wurzeln, diese sind an die fruchtbringende Tätigkeit der menschlichen Gesellschaft gebunden. 15:3-4 Die wirkliche Form dieses Baumes kann nicht in dieser Welt wahrgenommen werden. Niemand kann nachvollziehen, wo dieser endet, wo er beginnt und wo sein Ursprung liegt. Mit Entschlossenheit muss man diesen fest verwurzelten Baum mit der Waffe der Loslösung fällen. Dann muss man den Ort suchen, von dem man, wenn man ihn erreicht, nie wieder zurückkehrt. Dort muss man sich der höchsten Persönlichkeit Gottes ergeben, dem Anfang von allem, von dem alles seit unvordenklichen Zeiten ausgeht.*[339]

Mit dem Fällen ist die Loslösung vom Irdischen gemeint. Wenn man die Höchste Persönlichkeit Gottes erreicht hat, gilt es dort zu bleiben. Damit man nicht wieder an

---

[334] Vgl. Lehmann, F.R. (^{3}1957); 842-843.

[335] Vgl. Jerusalem IA; Der Garten Getsemani 1/2. – Die Olivenbäume im Garten Getsemani werden auf ein Alter von weit über 500 Jahre geschätzt. – Vgl. Weidinger, Hermann - Josef (1997); 108, 391. – Im Schweizer Jura stehen sogar tausendjährige Eiben und im hochalpinen Gebirge Kaliforniens wurde bei Jahrring-Messungen an einer Grannen-Kiefer ein Alter von 4'700 Jahren festgestellt.

[336] Vgl. Edsman, C.-M. (^{3}1962); 1629-1630.

[337] Vgl. Edsman, C.-M. (^{3}1962); 1629-1630.

[338] Südasiatischer Feigenbaum.

[339] Vgl. Prabhupada, A. C. Bhaktivedanta Swami (Hg.) (1987); 663, 665, 667-668.

diesem gespiegelten Baum ins Materielle zurückkehrt, muss man eben den Baum fällen, der in der Höchsten Persönlichkeit Gottes wurzelt.[340]

In den meisten Religionen stösst der "Lebensbaum" jedoch mit seiner Spitze in den Himmel. Er verbindet die drei kosmischen Zonen (Himmel, Erde und Unterwelt) und steht im Zentrum der Welt (Nabel der Welt). Er ist als "imago mundi" Symbol der ständigen Erneuerung der Sakralität und als solches der Unsterblichkeit. Der Lebensbaum enthält weiterentwickelte religiöse Wertmomente des Weltenbaummythos.[341]

1.3.2.1.4.1.1. MYTHOLOGIE

In vielen Gegenden der Erde - speziell in Indien und im Iran - glaub(t)en die Menschen daran, dass "der erste Mensch" sich von den Früchten des Lebensbaumes ernährte oder bei ihm Unsterblichkeit erhielt. In dieser Verbindung wird in der persischen Kultur das Paradies (Tiergarten[342]) gesehen, in dem der Mensch mit Fauna und Flora in einem harmonisch gestalteten Garten zusammenlebt.[343] Die wohl interessantesten Mythen entstanden um den Weltenbaum bzw. Lebensbaum. Dieser kommt sowohl im alten vorderen Orient unter dem Namen "Kiškanu" als auch in der keltisch-germanischen Religion unter der Bezeichnung "Yggdrasil" vor. Im "Zohar" (Kabbala[344]) ist der Lebensbaum sogar Mittelpunkt der Schöpfung von dem die Seelen der Menschen stammen.[345] In der Jenseitsvorstellung der Ojibwa-Indios führt der Weg ins Paradies über einen geschälten glitschigen Baumstamm. Nur der Tote, der tapfer gelebt hat, gleitet darauf nicht aus und fällt nicht in den Totenfluss.[346]

In erster Linie soll hier jedoch kurz die keltisch-germanische Mythologie in Betracht gezogen werden. Diese zeigt auf, dass dem Baum und somit dem Wald bereits früher eine transzendente Bedeutung mit immanenten Folgen zukam und somit in dem von

---

[340] Vgl. Prabhupada, A. C. Bhaktivedanta Swami (Hg.) (1987); 668-669.

[341] Vgl. Dinkler v. Schubert, Erika (^{3}1960); 250-252.

[342] Taschenbuch theologischer Fremdwörter; 103; Paradies.

[343] Eine Frucht dieser Paradiesvorstellung schlägt sich heute noch in der Gartentradition der persischen Häuser nieder.

[344] Taschenbuch theologischer Fremdwörter; 70; Kabbala. – Kabbala (hbr.) "Überlieferung"; seit dem 13. Jh. Bezeichnung für eine mystische Richtung des Judentums, die von Spanien ausging; das schriftliche Hauptwerk ist die "Zohar"; die Lehre der Kabbala ist eine Mischung aus neuplatonischen und gnostischen Elementen; wichtigste Themen sind die Unerkennbarkeit der Gottheit und die Herkunft des Bösen; das kabbalistische System wird von Zahlen- und Buchstabenspielereien überwuchert und trägt den Charakter einer Geheimlehre.

[345] Vgl. Dinkler v. Schubert, Erika (^{3}1960); 250-251.

[346] Vgl. Gfeller, Nicolas (1986); 10.

dieser Arbeit betroffenen Gebiet schon zur Zeit der Ahnen in gewisser Weise eine "immanente Ethik" bestand.

In der germanischen Mythologie ist der bedeutendste, schönste und heiligste Baum die Weltesche Yggdrasil. Die Esche (Fraxinus excelsior) gehört zu den grössten und mächtigsten Bäumen Europas und gilt als Sinnbild der besonnenen Einsicht. Die Esche wird zu den Ölbaumgewächsen gezählt.[347]

Die Weltesche wurzelt in der Unterwelt (Totenreich) und hält diese mit ihrem mächtigen Wurzelwerk gleichsam fest. Mit ihrer Krone trägt sie den Himmel (die Götterwelt). Der Stamm verbindet die Erde (Menschenwelt) mit der Unterwelt (Wurzeln) und dem Himmel (Krone). Die Weltesche (Weltenbaum) ist zugleich auch Lebens- und Schicksalsbaum. Das Leben der Menschen und der Götter hängt wesentlich von ihr ab. Lebt bzw. grünt sie, gedeiht auch das Götter- und Menschengeschlecht. Verdorrt sie, sei es durch ihre Feinde, die u.a. an den Wurzeln nagen oder aus anderen Gründen, verkündet sie damit die Götterdämmerung und den Weltuntergang. Zwischen Baum und Leben besteht daher ein schicksalhafter, sympathetischer Zusammenhang.[348] Nun wird auch verständlich warum die keltisch-germanischen Völker am meisten Angst davor hatten, dass ihnen "der Himmel auf den Kopf fallen könnte". Wenn die Esche Trägerin des Himmels ist, ist ihr Schutz und Erhalt auch Selbstzweck. Gehen die Eschen - sie sind Indikatoren der Weltesche - zu Grunde, wird der Himmel nicht mehr gehalten, folglich muss er den Menschen auf den Kopf fallen. Dies bedeutet wiederum den "Tod" für die Götterwelt, und der Tod der Götterwelt bringt unweigerlich den Untergang der Welt mit sich. – Aus Ethos entsteht "Ethik". Der Schutz der Eschen beinhaltet zwangsläufig mehr als nur "Ethos". Die Menschen der damaligen Zeit und der keltisch-germanischen Religion und Kultur, besonders die Druiden, setzten sich ihrer Zeit entsprechend wissenschaftlich mit der Normenfindung / Normenschaffung und deren Notwendigkeit bezüglich ihrer Sittenlehre - zumindest was die Eschen und andere ihnen heilige Bäume wie die Eichen[349] und die darauf wachsenden Misteln, die den Druiden besonders heilig waren, anbelangt - auseinander; sie sind wenigstens in diesem Bereich "Ethiker", da sie jede Esche mit Yggdrasil[350] in Zusammenhang bringen und infolgedessen mit ihrer

[347] Vgl. Weidinger, Hermann - Josef (1997); 232-241.

[348] Vgl. Mantel, Kurt (1990); 114-115.

[349] Erinnert sei hier ganz speziell an die Donar-Eiche von Geismar, die Gott Donar geweiht war und welche der heilige BONIFATIUS anno 724 fällte. Selbst BONIFATIUS soll der Überlieferung nach diese Eiche geachtet haben, denn er verbrannte sie nicht einfach, sondern baute aus ihr, die als Götzenheiligtum diente, eine Kapelle, welche er dem heiligen Petrus weihte. – Vgl. dazu: Klein, Diethard H. (Hg.) (^{6}1990); 255-258. – Eichen galten auch als die liebsten Orakelbäume Odins. Das Fällen der heiligen Bäume und Haine war somit ein wirksames Mittel zur Überwindung des Heidentums. – Vgl. dazu: Mantel, Kurt (1990); 115.

[350] Nicht alle Völker haben den gleichen Baum als Weltenbaum. Bei einigen sibirischen Völkern, wie den Burjäten, ist der Weltenbaum nicht die Esche, sondern die Birke. Der Grund dafür ist recht einfach - es gibt in diesen nördlichen Gegenden keine Eschen. – Vgl. dazu: Eliade, M. (^{3}1961); 1387-1388.

Sittenlehre. Die Druiden kann man durchaus als Wissenschaftler - sowohl Theologe, als auch Naturwissenschaftler - bezeichnen. Der Drui[351] (der Eichen-Wisser) ist ein Mann, der etwas aus gelerntem Wissen heraus beantworten kann.[352]

Eng mit der Vorstellung vom Baum als Lebensbaum verknüpft ist die Auffassung, dass der Mensch aus dem Baum entstanden ist. Nach der germanischen-anthropologischen Vorstellung entstammt der Mann aus der Esche und die Frau aus der Ulme. In der Genealogie werden nicht umsonst heute noch die Begriffe wie "abstammen", "Stammvater" und "Stammbaum" verwendet.[353] Es existiert auch die Vorstellung, dass der Mann aus der Esche und die Frau aus der Erle entstand. Entsprechend wird das erste Paar in germanischer Mythologie Ask (Esche) und Embla (Erle) genannt.[354]

Vielerorts wurde nach der Geburt eines Kindes ein Geburts- oder Lebensbaum gepflanzt. Das Kind wurde auf die Erde gelegt, damit ihm Gesundheit erhalten bleibe und die Nachgeburt in der Erde versteckt, damit sie nicht von Zauberern gegen das Kind verwendet werden konnte; zuweilen wurde die Nabelschnur als Talisman erhalten.[355] Die Kelten entwickelten einen "Baumkreis", dem Tier- bzw. Sternkreis (Sternkreiszeichen: z.B. Zwilling 21. Mai - 21. Juni ≙ Rosskastanie 15.5.-24.5, Esche 25.5.-3.6., Hainbuche 14.6.-13.6. und Feigenbaum 16.6.-23.6) durchaus analog zu verstehen. Dem Baum vertrauten die Kelten ihre Sorgen und Nöte an und erhofften von ihm neue Kraft, Sieg und Heil. Der Baumkreis setzt sich aus 21 Lebensbäumen zusammen:

Apfelbaum 23.12 - 01.01. / 25.06. - 04.07; Tanne 02.01. - 11.01. / 05.07. - 14.07; Ulme 12.01.- 24.01. / 15.07. - 25.07.; Zypresse 25.01. - 03.02. / 26.07. - 04.08.; Pappel 04.02. - 08.02. / 01.05. - 14.05. / 05.8. - 13.08.; Zeder 09.02. - 18.02. / 14.08. - 23.08.; Kiefer 19.02. - 29.02. / 24.08. - 02.09.; Weide 01.03. - 10.03. / 03.09. - 12.09.; Linde 11.03. - 20.03. / 13.09. - 22.09.; Eiche 21.03.; Ölbaum 23.09.; Hasel 22.03. - 31.03. / 24.09. - 03.10.; Eberesche 01.04. - 10.04. / 04.10. - 13.10.; Ahorn 11.04. - 20.04. / 14.10. - 23.10.; Wallnussbaum 21.04. - 30.04. / 24.10. - 11.11.; Rosskastanie 15.05. - 24.05. / 12.11. - 21.11.; Esche[(356)] 25.05. - 03.06. / 22.11. - 01.12.; Hainbuche 04.06. - 13.06. / 02.12. - 11.12.; Feigenbaum 14.06. - 23.06. / 12.12. - 21.12.; Birke 24.06. / 22.12.; Buche 22.12.

---

[351] Druide kann auch vom griechischen δρῦς = Eiche / Baum abgeleitet werden.

[352] Vgl. Hertz, R. (^{3}1959); 1240.

[353] Vgl. Mantel, Kurt (1990); 114-115.

[354] Vgl. Weidinger, Hermann - Josef (1997); 236.

[355] Vgl. Hultkranz, A. (^{3}1958); 1240.

[356] Die Esche ist nach dem keltischen Baumkreis der Lebensbaum des Autors dieses Werkes, da er an einem 29.05. geboren wurde.

Jedem Baum im Baumkreis werden verschiedenste Eigenschaften zugesprochen, die auch auf den Menschen einwirken, der in den entsprechenden Tagen geboren wird. Fast jeder Baum wurde aus einem mythischen Blickwinkel betrachtet. Manches Baum- oder Waldheiligtum ist im Verlauf der Geschichte einer christlichen Kultstätte gewichen wie das Ahorn-Heiligtum (Ahornica) der Wallfahrtskirche "Unserer lieben Frau" in Maria Laach am Jauerlingberg.[357]

Nebst einzelnen Bäumen wurden ganze Haine und Wälder für heilig erklärt, ja sogar als Sitz von Göttern und anderen höheren Wesen - wie der Herr des Waldes[358] - angesehen. Im germanischen Sprachgebrauch wird Hain oder Wald oftmals mit heilig gleichgesetzt. Noch heute erinnern Namen wie Heiligenforst und Heiligenloh an die frühere Heiligkeit der Wälder.[359] In diesen religiös geweihten Bezirken galten besondere Verhaltensregeln. Es durfte kein Baum gefällt, kein Zweig gebrochen und kein Tier erlegt werden. Freilich wurden in diesen Bezirken auch Götzendienste gehalten. Heute sind solche Wälder oftmals Bannwälder[360] oder beherbergen Kirchen bzw. Kapellen.[361] Für die Forstwirtschaft (und eine Ethik im Umgang mit dem Wald) interessant ist, dass, wenn auch auf religiösen Hintergründen aufgebaut, doch jeweils ein "Naturschutzgebiet" errichtet wurde.

1.3.2.1.4.1.2. Brauchtum und Volksglaube

Im Brauchtum tritt weniger der Wald, als der Baum - dieser dafür in zahlreichen Formen - in Erscheinung. Alleine schon die verschiedenen "Maien[362]" wie Frühjahrs- (Fasnacht- und Maibaum), Sommer-, Ernte-, Winter-, Weihnachts-, Richt- und Brautmaien lassen erahnen wie vielfältig das Brauchtum um den Baum ist. Das Verwenden und Aufstellen von Zweigen im Jahresablauf stellt primär Freude und sekundär Dankbarkeit über das Wachstum und die Ernte bzw. Hoffnung auf künftige Fruchtbarkeit dar . Der Wald und speziell einzelne Bäume wurden jedoch auch - sogar in christlicher Zeit - als Heimstätte von Dämonen, ja gar vom Teufel selbst gesehen.[363]

[357] Vgl. Weidinger, Hermann - Josef (1997); 21, 61, 292-323. – Vgl. dazu: ORF-Nachlese (1998).

[358] Der Herr des Waldes ist wie der Herr der Tiere ein Misch- oder Fabelwesen, als Riese oder Zwerg und kann anthropomorph bis zoomorph verstanden werden. – Vgl. dazu: Haekel, J. (^{3}1959); 270-271.

[359] Vgl. Vries, J. de (^{3}1959); 30-31.

[360] Vgl. Mantel, Kurt (1990); 115-117.

[361] Vgl. HKG; Bd. II/1; 215, 342.

[362] Maien sind Bäume, die zu verschiedenen, auch kultischen Gelegenheiten aufgestellt werden. Am bekanntesten ist sicherlich der Maibaum am 1. Mai.

[363] Vgl. Mantel, Kurt (1990); 117-139.

Besonders ausgeprägt sind einige Bräuche um die Weihnachtszeit wie Bräuche um den Adventskranz, das Tannengrün, die Barbarazweige und den Christbaum. Vom Adventskranz kursieren die verschiedensten Deutungen. Der Brauch selber ist relativ jung. Erst ab dem 20. Jahrhundert ist der Kranz unter der Bevölkerung auf breiter Ebene bekannt und beliebt geworden. Die Kerzen sind Symbol des Glaubens und Zeichen des Lichtes, welche die Finsternis erleuchten. Eingeführt in das christliche Brauchtum wurde der Adventskranz 1833 durch den sozial engagierten, evangelischen Hamburger Theologen JOHANN HINRICH WICHERN (1808-1881). Der erste "Adventskranz" bestand nur aus einem Kreuz, an dessen Enden vier Wachskerzen befestigt waren. WICHERN entzündete diese Kerzen im "Rauhen Haus", einem Asyl für verwahrloste junge Menschen vor den Toren der Hansestadt. In den Jahren danach begannen er und seine Mitarbeiter die farbigen Kerzen kranzförmig aufzustellen, um die freudige Stimmung vor dem Weihnachtsfest bildhaft darzustellen. Das Tannengrün kam später hinzu. Wie bei vielen anderen Bräuchen sind auch hier christliche und vorchristliche Elemente vermischt worden. Immergrüne Zweige galten schon lange als Symbol für Leben, für Unsterblichkeit und für Sieg. Der Kreis bedeutet Vollkommenheit und ewiges Leben. Die Farbe der Bänder hat auch eine symbolische Bedeutung: rot ist die Farbe der Liebe (Jesus ist für alle gekommen) und violett ist die Farbe der Busse bzw. der Umkehr (Jesus fordert zu einem anderen Leben auf). Heute gehört er zu den verbreitetsten Adventszeichen der katholischen wie der protestantischen Kirche. Zu Beginn des Advents wird mit Tannzweigen ein Reif umflochten und der grüne Kranz mit roten Bändern und vier Kerzen geschmückt. In Kirchen, Wohnungen, Schulzimmern und selbst in Restaurants wird er aufgehängt oder an gut sichtbarem Ort aufgelegt. - Die Symbolik zu deuten ist nicht ganz einfach. Die einen meinen es handle sich um den alten magisch-heidnischen Ring, der um die Behausung des Menschen gezogen wurde um alles Böse und Widerwärtige wie durch eine unsichtbare Mauer abzuhalten. Andere sehen im Adventskranz ein ausschliesslich christliches Symbol des Lebens und der Hoffnung. Ob man nun diesen Kranz mit vorchristlichen Bräuchen in Beziehung bringen kann oder muss bleibe dahingestellt. - Der Adventskranz kann aber durchaus auch mit dem Adventskalender in eine nähere Beziehung gesetzt werden. "Misst" der Kalender die Zeit, so weist der Kranz eher über die Zeit hinaus. Das Leben der Natur, des Menschen und der Menschheitsgeschichte insgesamt verläuft wohl in messbaren Jahresringen. Man könnte also der Meinung sein der Kranz weise auf das neu begonnene Kirchenjahr hin. Die Zeit hat jedoch für unser Erleben auch eine andere Seite: sie kommt uns wegen ihrer ungeheuren Ausdehnung "unendlich", als ein Ring ohne Anfang und Ende, als ein geschlossenes Ganzes vor. Diese mit dem Ring symbolisierte ganze Geschichte der Schöpfung und des Menschen ist jetzt schon durch die Ankunft Jesu Christi erleuchtet. Die Adventsliturgie spricht - vor allem am ersten Sonntag - in drängenden Bildern von der Vollendung der Geschichte durch die Wiederkunft des Menschensohnes. Erst dann wird jedermann offenbar, wer der wirkliche Herr der Geschichte und der Zeiten - Anfang und Ende, Alpha und Omega - schon immer war.

Der Glaubende kann darum im grünen Kranz des Advents und in den Kerzen Lebenssymbolgehalte erblicken. Er darf im Adventskranz aber auch ein ebenso tiefes Symbol für die endzeitliche Wiederkunft Jesu Christi und die Vollendung der Zeitgeschichte erkennen. – In den Tagen des Advents scheint das Jahr zu verwelken. Das Tannengrün erinnert an das schlummernde Leben, das nach dem Winterschlaf neu aufwachen wird. Dass das Tannengrün des Adventskranzes und des Christbaumes in unseren Gegenden in die Wohnungen hereingeholt wird, ist darum leicht zu verstehen. Die grünen Tannzweige werden als "handgreiflicher Beweis" gesehen, dass das Leben auch diese sonnenarme, dunkle Zeit überdauern wird. Ebenso bringen die Menschen in keiner anderen Zeit so viel Sinn für das lebendige Licht brennender Kerzen auf wie im Advent. Der Grund der adventlichen Freude, die Freudenquelle des Advents, ist Jesu Kommen.[364] Der gläubige Erwachsene erblickt im Kerzenlicht des Adventskranzes nicht bloss ein Symbol für unsere natürliche Sonne, sondern er sieht durch das Licht der Kerze hindurch den, der sich als "Licht der Welt" bezeichnet hat. Und wenn die Menschen das hoffnungsfrohe Tannengrün in ihre Wohnungen holen, dann betreiben sie keinen naturreligiösen Fruchtbarkeitskult, sondern sie erinnern sich an ihn, der von sich selbst sagte: "Ich bin das Leben![365]"

Barbarazweige: Eigentlich ist das Einstellen eines Zweiges (Kirschbaum, Schlehdorn) am St. Barbaratag kein Adventsbrauch, sondern einfach ein winterlicher Losbrauch: dem, dessen Zweig als erster blüht, dem ist Glück verheissen. Aus dem Reichtum der Blüten "kann" auch auf den Segen des kommenden Jahres geschlossen werden. Der Brauch geht zurück auf die Legende von der heiligen Barbara: Barbaras Vater liess seine Tochter ins Gefängnis werfen. Auf dem Wege dorthin verfing sich ein Kirschzweig in ihrem Kleid. Den stellte Barbara in einen kleinen Becher mit Wasser. An dem Tage, an dem der Zweig aufblühte, wurde sie zum Tode verurteilt. "Du schienst wie tot", sagte Barbara zu dem Zweig. "Aber du bist aufgeblüht zu schönerem Leben. So wird es auch mit meinem Tode sein. Er wird zu neuem, ewigem Leben aufblühen."[366]

Der Brauch des Christbaums kam vermutlich aus dem Norden. Belegt ist er bereits 1509 auf einem Kupferstich von CRANACH D. Ä. Der geschmückte Baum mit den brennenden Kerzen hat eine starke Wirkung, weil verschiedene Symbole zu einer Einheit zusammengefasst werden: der immergrüne Baum, das Licht, die glitzernden Kugeln, der symbolische Schmuck. So sagt er aus: Jesus lebt immer, ist das Licht der Welt in Macht

---

[364] Der volle Name für diese Zeit lautet: Adventus Domini nostri Jesu Christi - Ankunft unseres Herrn Jesus Christus.

[365] Joh 11,25-26ab "Jesus erwiderte ihr: Ich bin die Auferstehung und das Leben. Wer an mich glaubt, wird leben, auch wenn er stirbt, und jeder, der lebt und an mich glaubt, wird auf ewig nicht sterben." – Joh 14,6 "Jesus sagte zu ihm: Ich bin der Weg und die Wahrheit und das Leben; niemand kommt zum Vater außer durch mich."

[366] Diese Worte sind in dieser und anderer Form in vielen Legenden erhalten. Bezeugt sind sie nicht. Doch auch als Legende enthalten sie die Weisheit des Geschehens.

und Herrlichkeit. Ursprünglich dürfte der Christbaum ebenfalls als Symbol des Lebensbaumes verstanden worden sein. Seine Zweige wurden mit Äpfeln geschmückt (nunmehr Glaskugeln) - Symbol für die Frucht der Versuchung im Paradies - über den Ästen lag eine "Girlande" (gegenwärtig glitzernde Fäden oder Wolle mit dem Namen "Engelshaar") - Zeichen für die Schlange der Versuchung - dazwischen hingen Backoblaten (heute ersetzt durch brennende Kerzen) - Sinnbild für die Hostie und somit Christus, der den Tod am Holz überwand und das ewige Leben brachte. Er ist somit der neue Lebensbaum.[367]

Eine weitere erwähnenswerte Verwendung von Zweigen ist sicherlich die Weihe von "Palmzweigen". Dem christlichen Brauchtum liegt Gen 8,10-11 und Joh 12,12-15 zu Grunde.

> "Dann wartete er noch weitere sieben Tage und ließ wieder die Taube aus der Arche. Gegen Abend kam die Taube zu ihm zurück, und siehe da: In ihrem Schnabel hatte sie einen frischen Olivenzweig. Jetzt wusste Noach, dass nur noch wenig Wasser auf der Erde stand.[368]"
> "Am Tag darauf hörte die Volksmenge, die sich zum Fest eingefunden hatte, Jesus komme nach Jerusalem. Da nahmen sie Palmzweige, zogen hinaus, um ihn zu empfangen und riefen: *Hosanna! / Gesegnet sei er, der kommt im Namen des Herrn, /* der König Israels! Jesus fand einen jungen Esel und setzte sich darauf - wie es in der Schrift heißt: *Fürchte dich nicht, Tochter Zion! Siehe, dein König kommt; er sitzt auf dem Fohlen einer Eselin.*[369]"

Die Gläubigen ziehen am Palmsonntag mit Zweigen in den Händen in feierlicher Prozession in die Kirche ein. Dieser Brauch geht auf die Kirche in Jerusalem zurück und ist dort seit dem 3. Jahrhundert nachgewiesen. Die "Palmweihe" selber ist seit dem 7. Jahrhundert nachgewiesen. In den Ländern, in denen keine Palmen wachsen verwenden die Menschen andere Zweige von Bäumen. Heute noch flechten an manchen Orten, wie in Schweizer Gemeinden, die Gläubigen meterhohe Gestecke aus Baumzweigen. Diese

[367] Der ganze bisherige Abschnitt Brauchtum und Volksglaube stützt sich auf den gemeinsamen Vortrag von Thomas Gottschall und dem Autor dieses Werkes über das Thema: "Advents- und Weihnachtszeit" vom 07.12.1995, 19:30 Uhr, im kath. Pfarreisääli Trimmis/Says. – Vgl. dazu auch das Werk: Gweder, Edwin (^{2}1984). – Vgl. dazu ebenfalls das Werk: Küster, Jürgen (1986).

[368] Gen 8,10-11

[369] Joh 12,12-15

Integration von "Palmzweigen" in den Gottesdienst steht von alters her für den Sieg Christi über den Tod bzw. für das Leben.[370]

1.3.2.1.4.1.3. Sanktionen gegen kultisch bedingte Baum- und Waldfrevel

Die ältesten Strafbestimmungen bei Waldfrevel wurden nicht zum Schutz wirtschaftlicher Interessen erlassen. Sie haben ihren Ursprung in dem Mythos der vorgeschichtlichen Zeit, dass der Baum von einem Baumgeist bewohnt sei und bei Verletzung leide wie jedes lebende Wesen. So wurde für das Fällen eines Baumes mitunter der Täter geköpft. Der Baum wurde dem Menschen gleichgestellt.[371] Eines der ersten Verbote "betreffend das Abhacken des Weihnachtsgrüns" erging in Salzburg im Jahre 1525. Aufgrund der grossen Wildverbisse durch die höfische Jagd und der Bevölkerungszunahme wurde das Gesetz von 1525 am Fr. 27. 05. 1729 erneuert und auch in die Forstordnung von 1755 übernommen. Erst 1802 entstand in Weimar ein Gesetz, das den "kontrollierten" Handel mit überflüssigen oder verkümmerten Nadelhölzern gestattete.[372]

1.3.2.1.4.2. Der Wald in der Industriegesellschaft

Der Wald hatte und hat in der Industriegesellschaft - besonders seit der "industriellen Revolution"[373] - freilich einen ganz anderen Stellenwert, als in Religion und Brauchtum. Bereits im Vorfeld der industriellen Revolution war der Umgang mit dem Wald nicht unproblematisch. Nach Alfred Pitterle hat jede Wirtschaftsordnung drei grundlegende Probleme zu bewältigen: **"'Was' soll 'wie', 'für wen' erzeugt werden?**[374]**"** In der Zeit

[370] Vgl. Küster, Jürgen (1986); 66-70.

[371] Dies erinnert stark an eine "Dreiteilung der Seele": "Anima vegetativa, Anima sensitiva und Anima intellectiva", wonach man den Pflanzen eine vegetative Seele, den Tieren eine sensitive Seele [die ihrerseits die vorangegangene Seele einschliesst] und dem Menschen eine Vernunftseele [die ihrerseits die beiden vorangegangenen Seelen einschliesst] zuordnen könnte. – Vgl. dazu: Ott, Ludwig ([10]1981); 116-118. – Die vorangegangene Aussage selbstverständlich verstanden nach den Aussagen des 4. Konzils von Konstantinopel vom 5. Okt. 869 bis 28. Feb. 870. – Vgl. DH 657-658.

[372] Vgl. Mantel, Kurt (1990); 120, 122, 125-126.

[373] Vgl. LROM[1]; industrielle Revolution. – Der Beginn der industriellen Revolution wird um ca. 1850 angesetzt. Zu den wichtigsten Resultaten der industriellen Revolution in Europa kann die Beseitigung der Massenarmut, die sprunghafte Vergrösserung des realen Sozialprodukts insgesamt und pro Kopf, die Entstehung neuer, aus dem industriell-kapitalistischen Produktionsprozess folgender Klassengegensätze, die Zerstörung traditioneller Wert- und Gesellschaftssysteme, langfristig schliesslich die Verfestigung der ungleichmässigen Entwicklung industrieller Sektoren sowie der Industrieländer und der Entwicklungsländer gezählt werden.

[374] Pitterle, Alfred (1993); 60.

des Merkantilismus des 16. bis 18. Jahrhunderts waren diese Probleme, den Wald betreffend, konträr. Erzeugt wurde vorwiegend, was dem Landesherren für seine Staatsfinanzen und zur Erstarkung des Landes nützlich erschien. So gingen die Rodungen in der Zeit des Dreissigjährigen Krieges (1618-1648) aufgrund des Rückganges der Bevölkerung drastisch zurück. Die erneute Bevölkerungszunahme in der zweiten Hälfte des 17. und im 18. Jahrhundert gab neuen Anreiz zu Rodungen.[375] Tatsache ist jedoch, dass die Rodungen nicht mehr wie im Mittelalter von Königen, Herrschaften und Genossenschaften veranlasst wurden, sondern fast ausschliesslich vom Landesherren. Rodungen wurden vorwiegend von Eisenhütten durchgeführt und die fürstlichen Gesetzgebungen erliessen regional Rodungsverbote zum Schutz dieses Wirtschaftszweiges.[376] Allgemein galten im 18. Jahrhundert die Naturvorräte als nahezu unbegrenzt.[377] Die Wälder waren jedoch übernutzt und die Böden ausgenutzt. Lediglich die klimatischen Bedingungen bewahrten den deutschsprachigen Raum vor dem Schicksal des Mittelmeerraumes.[378]

Um 1800 fand die letzte grosse "Rodungswelle" statt. Der Staat verkaufte im grossen Stil Wald und gab diesen zur Rodung frei. Nach Kurt Mantel ist ein Hauptgrund für dieses Verhalten der, dass durch die Verkäufe die leeren Staats- und Kriegskassen gefüllt werden konnten und die Grundsteuereinnahmen durch die laufenden Zahlungen der neuen Besitzer stiegen. Veräussert wurden auch säkularisierte Kirchen- und Klosterwälder sowie Gemeinde-, Allmend-, Genossenschafts- und Markenwälder.[379] Es gab sogar offenbar Stimmen, die nahezu eine Ausrottung des Waldes forderten.[380] Der Wald galt als eine Grösse, die es zu bezwingen galt. Selbst heute haben manche Landwirte dem Wald gegenüber eine feindliche Haltung, haben sie doch bis zur Erfindung der Dampfmaschine (vor ca. 200-250 Jahren[381] = 8-10 Generationen) mit eigener Kraft die Wälder "beherrschen" müssen.[382]

---

[375] Vgl. Hachenberg, Friedrich (1992): 71-72. – Vgl. dazu auch: Mantel, Kurt (1990); 65.

[376] Vgl. Mantel, Kurt (1990); 66.

[377] Vgl. Pitterle, Alfred (1993); 61.

[378] Vgl. LUP; Waldzonen der Erde: gemässigte Wälder: Entwicklung 5/5.

[379] Mark bezeichnet ein Grenzland. Folglich sind Wälder an den Grenzen gemeint.

[380] Vgl. Mantel, Kurt (1990); 67-68.

[381] Vgl. LROM[1]; Dampfmaschine. – Der Gedanke Dampfenergie zur Bewegung eines Kolbens auszunutzen wurde erstmals 1690 von D. Papin technisch verwirklicht. J. Watt erhielt sein berühmtes erstes Patent für eine Dampfmaschine 1769. Noch vor 1800 wurde die erste Dampfmaschine im Ruhrgebiet in Betrieb genommen.

[382] Vgl. Pitterle, Alfred (1993); 108.

1.3.2.1.4.2.1. WIE NATÜRLICH IST DER HEUTIGE WALD

Die Unesco hat im Waldforschungsprojekt "Hemerobie[383] österreichischer Waldsysteme - wie naturnah ist Österreichs Wald" festgestellt, dass in Österreich 25% der Wälder als "natürlich" bzw. "naturnah" einzustufen sind. 41% sind als "mässig verändert" zu bezeichnen. Bemerkenswert an dieser Studie ist nicht nur das Ergebnis an sich, sondern auch, dass Österreich das erste Land weltweit mit einer flächendeckenden Studie dieser Art ist. Von der Gesamtfläche mit ca. 3,88 Mio. ha Wald sind ca. 970'000 ha als naturnah bzw. natürlich eingestuft. "Natürlich" bedeutet vom Menschen unbeeinflusst. Auch wenn historische Einflüsse gegeben waren, so sind diese heute nicht mehr erkennbar. Diese Waldbestände befinden sich vor allem in den inneralpinen Gebieten. Der Anteil der naturnahen Flächen umfasst schwach genutzte Wälder mit einer natürlichen Baumartenkombination und geringer menschlicher Beeinflussung auf die Bodenvegetation und den Waldbau. Den grössten Anteil mit ca. 1,6 Mio. ha nehmen mässig veränderte Wälder ein. Diese Wälder sind durchwegs forstwirtschaftlicher Nutzung unterworfen. Trotzdem ist die "potenziell natürliche Vegetation" zumindest noch teilweise vorhanden. Das heisst, die Bestandesstrukturen wie Schichtung oder Alter sind durch Nutzung stark verändert. Mit ca. 1,3 Mio. ha schlagen die stark veränderten oder künstlich angelegten Wälder ins Gewicht. Auf diesen Flächen findet eine intensive Nutzung statt und die Baumartzusammensetzung entspricht nicht den natürlichen Ausgangsbedingungen. In diesen Wäldern kommen auch fremdländische Hölzer dominant vor.[384]

[383] Hemerobie stammt aus dem Griechischen und bezeichnet so viel wie: Beeinflussung durch die menschliche Kultur.

[384] Vgl. Drabarczyk, Liselotte (1996); 2447.

Seit der "industriellen Revolution" werden im wirtschaftlichen Bereich Marktnischen und Nischenprodukte zusehends gesuchter. Eine dieser Nischen bildet die forstliche Nebennutzung der natürlichen Baumharze. Wer geglaubt hat, die natürliche Baumharznutzung hätte mit der Erfindung der Kunstharze ausgedient, liegt falsch. Natürliche Harze können sowohl von manchen gymnospermen[387] als auch von angiospermen[388] Blütenpflanzen und somit sowohl von manchen Nadelholzarten als auch von gewissen Laubholzarten geerntet werden. Wirtschaftlich interessant sind heute im deutschen Sprachraum zwei Nadelholzarten: die Fichte und die gemeine Kiefer (und die Bernsteinkiefer - fossiles Harz). Früher wurden noch die Kalabrische Kiefer, die Aleppokiefer, die Panzerkiefer, die Schwarzkiefer und die Balkankiefer geharzt.[389] Ist die Harznutzung vielleicht sogar die kleinste "Nische" in der Waldwirtschaft, so kann man bei den energetischen Nutzungen nicht mehr von "Nischen" sprechen. Diese Nutzungsform von Holz ist heute eine wirtschaftlich interessante Alternative zu den konventionellen fossilen Energieträgern. Ökologisch stellt der regenerative CO_2-neutrale Energieträger Holz einen wichtigen Beitrag zum Klimaschutz dar. Mehr zu dieser Thematik weiter unten.

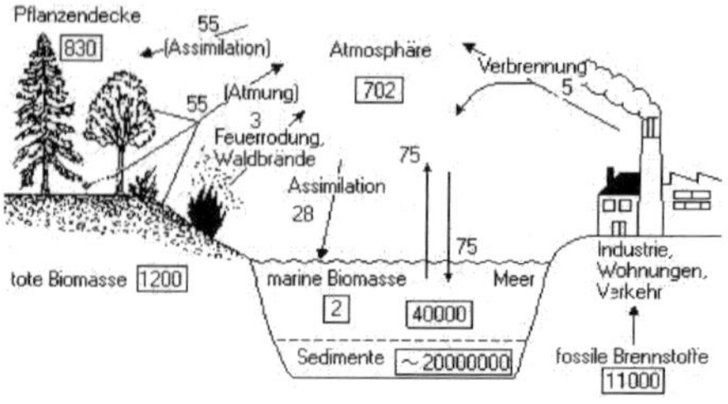

Kohlendioxid: Kohlenstoffkreislauf in der belebten und unbelebten Natur. Die Zahlenangaben in den Kästen geben die Kohlenstoffreservoire, die Zahlenangaben an den Pfeilen die jährlichen Umsätze in Billionen t Kohlenstoff an.

Kohlendioxid[385]

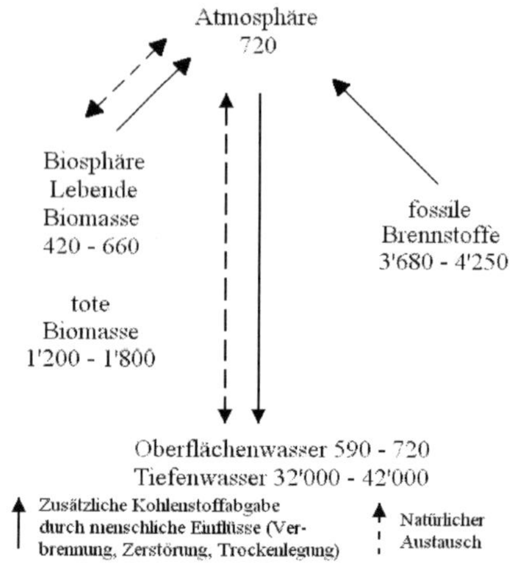

Globaler Kohlenstoffhaushalt in Milliarden Tonnen pro Jahr[386]

---

385 Bild: Vgl. LROM[1]; Kohlendioxid.

386 Bild: Hangartner, Guido. – Vgl. dazu das Werk: LUP. – Vgl. dazu besonders: LUP; Waldzonen der Erde / Ökosystem / Funktionen 2/4 / Klima 2/2.

387 Nacktsamige Pflanze deren Samen nicht von einem Fruchtknoten umschlossen sind.

388 Bedecktsamige Blütenpflanzen, Blütenpflanzen mit Fruchtknoten.

389 Vgl. Lange, Werner; (1996); 2462.

Eine Nutzungsform, die keinesfalls ausser Acht gelassen werden darf ist die des Waldes als Bannwald. Speziell in Bergregionen gibt es zahlreiche Wälder, die "wirtschaftlich" nur dem Zweck dienen vor Lawinen und Erdrutschen zu schützen. Diese Wälder bringen keinen direkten, wohl aber einen indirekten forstwirtschaftlichen Nutzen, indem sie den Förstern als Genbank dienen können. Diese Wälder bringen jedoch einen enormen volkswirtschaftlichen Nutzen, indem bereits ihre Gegenwart enorme Investitionseinsparungen für künstliche Schutzbauten erwirken. Folgekosten für verhinderte Naturkatastrophen wie Lawinen, Bergrutsche und dergleichen sind ebenfalls ein beachtlicher Teil dieses volkswirtschaftlichen Nutzens.[390]

1.3.2.1.4.2.2.1. AUFFORSTUNG LANDWIRTSCHAFTLICHER FLÄCHEN

Aufgrund der Industrialisierung im 19. Jahrhundert, auch in der Landwirtschaft, wurden die Anbaumethoden wesentlich verändert. Bisheriges Brachland konnte nun ohne zeitlichen Mehraufwand bewirtschaftet werden und wurde meist mit Futtergut bepflanzt. Dies hatte zur Folge, dass die Stallfütterung immer mehr Gewicht bekam.[391] Bisherige Weideflächen wurden somit frei. Durch den wachsenden Überseehandel stiegen zudem Importe von Wolle, Baumwolle und Getreide. Folglich nahm die Anbaufläche für Getreide massiv ab. Ebenso wurden die Weideflächen für Schafe (Wollproduktion) immer kleiner, da die einheimische Wolle nur schwer konkurrenzfähig war und daraufhin die Schafherden fast gänzlich verschwanden. Die Industrialisierung hatte jedoch auch zur Folge, dass viele Klein- und Bergbauern nicht mehr konkurrieren konnten und somit ihre kleinen Höfe verkaufen mussten. Zur Aufforstung geeignete und von der Landwirtschaft abgestossene Flächen wurden zumeist vom Staat oder von finanzkräftigen Privatpersonen, vor allem aus der Industrie, aufgekauft und aufgeforstet. Steigende Holzpreise taten zu dieser Entwicklung ein Ihriges.[392] Die Zunahme der Waldfläche verläuft allerdings nicht kongruent zur Abnahme der landwirtschaftlichen Flächen. Durch die Zahlen lässt sich jedoch belegen, dass so mancher Acker zu Wald wurde. Im Deutschen Reich hat die Landwirtschaft von 1883 bis 1913 rund 800'000 ha (8'000 km^2) eingebüsst, von 1913 bis 1935 ca. 1'000'000 ha (10'000 km^2); total also 18'000 km^2. Der Waldzuwachs betrug von 1883-1913 gegen 300'000 ha (3'000 km^2), von 1913-1935 ca. 250'000 ha (2'500 km^2); total 5'500 km^2. Die verbleibenden 12'500 km^2 verteilen sich schwerpunktmässig auf Wohn- und Gewerbebauten, Industrie- und Verkehrsanlagen sowie öffentliche Zwecke.[393] Dies darf gleichwohl nicht darüber

[390] Vgl. Drabarczyk, Liselotte (1999f); 1241.

[391] Vgl. Strittmatter, Werner (1986); 85-86.

[392] Vgl. Hachenberg, Friedrich (1992); 148-154.

[393] Vgl. Mantel, Kurt (1937); 263.

hinwegtäuschen, dass in manchen Gegenden ganze Dörfer aufgrund der Waldknappheit verarmten. In Altpreussen und Preussen galt mit dem preussischen Landeskulturedikt von 1811 - das über 100 Jahre bestand - Rodefreiheit.[394] In dem neu zu Preussen gekommenen Hessen-Nassau wurden die bestehenden Gesetze von 1816 beibehalten. Diese Gesetze beinhalteten bereits den Anspruch der "**Nachhaltswirtschaft**", was sich sehr positiv auf die Landschaft auswirkte. Viele ehemalige Heide- und Weideflächen auf dem Westerwald erfuhren eine Bestückung mit ertragreichen wüchsigen Nadelwaldbeständen. Ähnlich sah die Situation am Niederrhein aus. 1814 wurde dort ein Forstregulativ erlassen, welches die Sicherstellung eines "**nachhaltigen Forstbetriebes**" vorsieht.[395] Nachhaltigkeit schliesst Wachstum nicht aus. Die Idee der "Nachhaltigkeit"[396] brachte HEINRICH VON COTTA,[397] Direktor der ersten Forstakademie der Welt im sächsischen Tharandt auf, nämlich stets mehr Bäume zu pflanzen, als gefällt werden. Es ist die bewusst beginnende "Nachhaltigkeitsrevolution",[398] - die wohl bedeutendste Revolution nach denjenigen der Landwirtschaft (4'000 - 6'000 v. Chr.) und der Industrie (1800 [n. Chr.]) entsteht aus Visionen, Einsichten, Empfindungen, Versuchen und Handlungen vieler Menschen - mit systemverändernden Charakteristika: zum einen neue bzw. neuartige Informationen, zum andern Überwindung der grundsätzlich systemimmanenten Widerstände gegenüber Veränderungen zum aktuellen Zustand.[399] Eine Ausdrucksform davon sind die Gesetzgebungen. In Österreich brachte das Forstgesetz[400] vom Fr. 3. Dezember 1852, welches am Sa. 1. Januar 1853 in Kraft trat, eine wesentliche Änderung. Allerdings bedurfte es einer Durchführungsvorschrift bis das Gesetz seine Wirkung erzielte. Diese Durchführungsvorschrift wurde am Do. 3. Juli 1873 vom Ackerbauministerium im Einvernehmen mit dem Ministerium des Innern erlassen.[401] Heute beginnt sich das Prinzip der Nachhaltigkeit auch in den Tropen zu etablieren.[402] Die jüngere Forstwirtschaft mit ihren Gesetzen kann jedoch nicht einfach als Gegenreaktion auf den Holzmangel vergangener Zeiten gesehen werden. Es ging nicht so sehr darum dem Wald eine alte "natürliche" Ordnung wieder zu geben, sondern die Vorstellung der Menschen auszumerzen, der Wald sei ein Geschenk der Natur, das

---

394 Vgl. Hausrath, Hans (1911); 145.

395 Vgl. Hachenberg, Friedrich (1992); 117, 120.

396 Der Begriff stammt jedoch aus dem Jahre 1713 von HANS CARL VON CARLOWITZ, * Oberrabenstein (= Sachsen) 14. 12. 1645, † Freiberg (= Sachsen) 3. 3. 1714. – Vgl. KWFL; 137; Carlowitz.

397 HEINRICH VON COTTA, Forstmann, * 30. 10. 1763 in Klein-Zillbach bei Meiningen, † 25. 10. 1844 Tharandt; einer der Begründer der Forstwissenschaft.

398 Vgl. Meadows, Donella H. (^{7}1993); 265-271.

399 Vgl. Pitterle, Alfred (1993); 62.

400 Vgl. dazu auch: Bobek, Hans Peter (1995); 111-113.

401 Vgl. Bobek, Hans Peter (^{2}1994); 190-192.

402 Vgl. Müller, Frank B. (1996); 2426-2427.

allen und daher eigentlich unentgeltlich zur Verfügung stehe.[403] Die Vorstellung des Allgemeingutes wollte zu Gunsten eines Eigentümerdenkens verdrängt werden.[404] Diesem Bestreben kam im Zeitalter der Industrialisierung ein den Wald durch bevorzugte Verwendung entlastender Energieträger, die Kohle entgegen. Die neu erfundenen Dampfmaschinen und Hochöfen brauchten Energie. Die Wälder hätten diesen erhöhten Energieverbrauch schlicht nicht abdecken können, die Kohle konnte es. - Indirekt deckten sehr wohl die Wälder diesen Bedarf ab. Bildlich gesprochen könnte man sagen, dass die Steinkohle (das ist in der Urzeit untergegangener Wald) den Wald vor völliger Ausplünderung bewahrt und damit gerettet hat. - Wurde im Jahre 1800 an der Ruhr 170'000 Tonnen Kohle zu Tage gebracht, so waren es 1914 bereits 130'000'000 Tonnen, also das 765fache. Für die neuen Industrien hatte die Holzkohle gegenüber der Steinkohle zudem einen zu niedrigen Heizwert.[405]

---

[403] Vgl. dazu weiter unten die Abschnitte über das Eigentum.

[404] Vgl. Radkau, Joachim (1986); 57.

[405] Vgl. Strittmatter, Werner (1986); 82-83.

1.4. Der Wald und die Artenvielfalt - künstliche Artenarmut

Nahezu alles, was dem Menschen an Nahrung dient stammt letztlich aus weniger als einem Dutzend Gebieten extremer genetischer Vielfalt, den so genannten Wawilowschen[406] Zentren. Die wichtigsten Zentren sind der Mittelmeerraum, der nahe Osten, Afghanistan, Nordindien/Himalaja, Malaysia/Java, China, Guatemala/Mexiko, die peruanischen Anden und Äthiopien. Mit Ausnahme eines schmalen Streifens rund um das Mittelmeer ist die industrialisierte Welt von diesen Zentren genetischer Vielfalt ausgeschlossen. Der Grund dieser botanischen Armut ist in der letzten Eiszeit zu suchen. In den gemässigten Zonen erfroren die meisten Pflanzen und ihre Arten starben hier zu Lande aus. In den tropischen Gegenden entwickelte sich eine ausserordentliche Vielfalt. 95% aller unserer Nahrungsmittel stammen von nicht mehr als 30 Pflanzenarten. Der prähistorische Mensch ernährte sich von mehr als 1500 Wildpflanzenarten; die alten Ackerbaukulturen kannten mindestens 500 Hauptnahrungspflanzen. Heute werden nur noch ca. 20 Gemüsearten im Feldanbau gezogen. Wir sind alleine schon zur Sicherung unserer Ernährung auf die Genvorkommen der dritten Welt angewiesen.[407] Arten und Ökosysteme als biotopische Ressourcen sind nicht erneuerbar, ihr Verlust ist irreversibel. Genetische Vielfalt ist nicht nur bei den Nahrungsmitteln sinnvoll, sondern auch bei den Waldbeständen. Vor einigen Jahren machte im Süden der USA die Blattfleckenkrankheit beim Mais Schlagzeilen. Ganze Landstriche Maisplantagen mussten vernichtet werden. Es gibt nur eine einzige wirksame Gegenmassnahme - Fruchtwechsel. Das heisst: Pflanzen mit einer anderen Genstruktur anbauen. Dies ist jedoch nur möglich, wenn eine solche "Ausweichpflanze" erhältlich ist. Die Moderne Wissenschaft versucht durch die Gentechnik immer mehr "perfektere" Pflanzen zu entwickeln. Jede Pflanze gibt ihre Gene möglichst effizient weiter. Wird eine solche "Überpflanze" nun weltweit angebaut besteht die dringende Gefahr, dass dieselbe alle anderen Rassen ihrer Art verdrängt.[408] Wird nun ausgerechnet diese neue "Überpflanze" von einer nicht vorhersehbaren Krankheit befallen, führt dies mitunter zur globalen Katastrophe.[409] Die Wälder sind ein wahrer Schatz an genetischer Vielfalt. Anhand des Beispieles borealer Wälder, die in den alpinen Gegenden unserer Breite heimisch sind, soll der Sachverhalt kurz verdeutlicht werden. Unter den gegebenen, harten Bedingungen überlebt die Art am besten, wenn die Individuen die Gegebenheiten eines Standortes möglichst unterschiedlich nutzen. Statt

[406] WAWILOW war ein grosser russischer Botaniker der zwanziger Jahre des 20. Jahrhunderts.

[407] Vgl. Weish, Peter (1995); 115.

[408] An dieser Stelle sei an die "HeLa-Zellen" in der Krebsforschung erinnert, die weltweit - trotz grösster Vorsichtsmassnahmen - alle namhaften Forschungslabors kontaminierten. HeLa-Zellen sind Krebszellen und stammen vom Gebärmutterhals der 1951 verstorbenen 31jährigen afroamerikanerin HELENE LANG. Aus nicht hundertprozentig wissenschaftlich erkennbaren Gründen vermehren sich HeLa-Zellen unter Labor-Bedingungen besser als andere menschliche Zell-Linien.

[409] Vgl. Weish, Peter (1995); 115-119.

durch Artenvielfalt zeichnet sich diese Waldart durch eine hohe genetische Vielfalt aus. Genetische Vielfalt bezeichnet die unterschiedliche Ausprägung des genetischen Materials innerhalb einer Art.[410] Nicht die gesamte Art passt sich an die spezifischen Bedingungen an, sondern das Individuum. Das genetische Material prägt sich innerhalb einer Art unterschiedlich aus. An einem einzigen Berghang können sich die einzelnen Fichten so stark unterscheiden, dass die Sämlinge eines Baumes aus dem Tal nicht in der oberen Hanglage gedeihen können und umgekehrt.[411]

1.4.1. Gentechnik im Forstwesen

Auch die forstwirtschaftliche Forschung wird nicht von der Gentechnik verschont. Bereits werden mancherorts so genannte Hochleistungsklone, vorwiegend von Pappeln und Weiden, auf Plantagenflächen angebaut. Die Erhaltung der genetischen Vielfalt ist durch folgende anthropogene Beeinflussung gefährdet: (a) gebietsweisen Einsatz genetisch stabiler, naturnaher Wälder durch instabile, naturferne Wälder wie Fichtenforste; (b) Ersatz autochthoner Waldbaumpopulationen durch standortfremde Importe; (c) Biotopfragmentierung einer Kulturlandschaft behindert die auf Fremdbestäubung und der auf genetischem Austausch zwischen den Populationen basierenden Anpassungsstrategie vieler Arten; (d) durch unbedachte Anwendung gentechnisch veränderter Waldbestände ist eine örtlich eintretende Verringerung der genetischen Vielfalt nicht auszuschliessen; (e) Schadstoffbelastungen können zu einer Beeinträchtigung der Reproduktionsfähigkeit, zur Selektion und zu Verlusten empfindlicher Genotypen führen.[412]

Die Forstwirtschaft ist nicht staatliche oder private Landschaftspflege, sondern eine Wirtschaft die rentieren will. Forschungsgebiete sind daher wie in der Nahrungsmittelindustrie schädlings- und schadstoffresistente schnellwachsende, und klimabeständigere Baumarten. Die Gentechnologie ist ein Teilgebiet der Biotechnologie und diese ist eine multidisziplinäre, naturwissenschaftliche und anwendungsorientierte Technologie, die Organismen und deren Stoffwechselleistungen nutzt.[413] Es gibt in der Zucht von Waldbäumen verschiedene Techniken. Genannt seien hier vier Hauptzweige: 1. Die Vererbung der Gene durch natürlichen Pollenflug und freies Wachstum im Wald.[414] 2. Die gezielte Bestäubung einzelner Bäume mit Pollen eines ausgewählten

---

[410] LUP; Glossar / Genetische Vielfalt / 54/221.

[411] Vgl. LUP; Nordische Wälder / Ökosystem / Lebensraum 2/4 / Genetische Vielfalt.

[412] Vgl. Müller, Ferdinand (1994); 67-70.

[413] Vgl. Kaiser, Helmut (1997b); 278.

[414] Diese "Zuchtform" ist die natürlichste, insofern man überhaupt von Zucht sprechen will und kann. Sie entspricht der natürlichen Evolution.

anderen Baumes.[415] 3. Die Invitrokultur bzw. Invitrotechnik von Waldbäumen.[416] 4. Die gentechnische Veränderung des Erbgutes.[417] Was ist letztlich aber Biotechnologie? Die Anfänge sind im alten Ägypten zu suchen. Einer ihrer ersten Bereiche war die Verlängerung der Haltbarkeit von Lebensmitteln wie Fleisch, Fisch und Obst. Erreicht wurde dies durch Trocknen, Einsalzen und Vergären. Vor rund 4'000 Jahren wurde in Ägypten Bier gebraut und das Getränk dadurch haltbarer gemacht. Bis zum 19. Jahrhundert veränderten sich diese Techniken nicht wesentlich. Zu Beginn des 19. Jahrhunderts halfen die vielen technischen Neuerungen auch in diesem Bereich weiter. Der Begründer der Gentechnik ist zweifellos GREGOR MENDEL.[418] Dem begeisterten Gärtner, Lehrer und Naturwissenschaftler gelingt es 1865 als Erstem Gesetzmässigkeiten in der Vererbung von Eigenschaften aufzuzeigen.[419] Damit setzt er den ersten Meilenstein auf dem Weg der Gentechnik. Erst Mitte des 20. Jahrhunderts wurde die Desoxyribonukleinsäure, kurz DNS (engl. DNA), als genetisches Material erkannt. 1953 gelingt es JAMES DEWEY WATSON und FRANCIS HARRY COMPTON CRICK im englischen Cambridge die Struktur der Erbsubstanz zu klären und eine Modellvorstellung von der Weitergabe genetischer Information zu entwickeln.[420] Mit Hilfe der Gentechnologie ist es möglich, Teile des Erbgutes eines Organismus von Pflanzen, Tieren und Menschen durch Übertragung von isolierten Genen oder künstlichen DNS-Sequenzen gezielt und über die Arten hinweg zu verändern.[421] Die modernen Naturwissenschaften wollen sicherlich diese und die neuen Erkenntnisse in der Genforschung zum Wohle der Menschen anwenden. Generelle, massive, durch die Gentechnik verursachte Umweltschäden[422] und Schäden an der menschlichen Gesundheit können jedoch langfristig keinesfalls ausgeschlossen werden.[423] Viele erhoffen sich durch

---

[415] Diese Variante ist mit erheblichem Arbeitsaufwand verbunden und wenig effektiv, betrifft sie doch lediglich einzelne Bäume, deren Fortbestand keineswegs gesichert ist. Es ist eine Form der gezielten Evolution.

[416] Diese Methode verspricht dem Unternehmen wesentlich mehr Erfolg, ist sie doch gleichzeitig an beliebig vielen Pflanzen durchführbar. – Vgl. dazu: Gebhardt, Karl (1990); 13-56.

[417] Diese Technik ist die effektivste, greift sie doch direkt in das Erbgut eines Baumes ein, mit dem klaren Ziel eine Vereinheitlichung der Baumart zu gewinnen. Diese Form ist ganz eindeutig eine Re-Evolution, da die genetische Vielfalt nicht gefördert, sondern bewusst für grossflächige Gebiete vereinheitlicht und somit verringert wird.

[418] GREGOR MENDEL: Augustinermönch aus Mähren (1822-1884).

[419] Seine Vererbungsversuche an der Erbse ergaben Erstaunliches. Er kreuzte eine weiss- und eine rotblühende Erbse. Das Ergebnis war nicht rosa, sondern ausschliesslich rot. Werden diese roten Nachkommen untereinander weitergekreuzt, so treten in der zweiten Generation wieder rote und weisse Blüten auf und zwar in einem bestimmten Verhältnis: **(weiss) & ++ (rot) = 1. Generation *+ (rot), *+ (rot); *+ (rot) & *+ (rot) = 2. Generation ** (weiss), +* (rot), *+ (rot), ++ (rot).

[420] Vgl. Rützler, Hanni (1996); 11-14.

[421] Vgl. Kaiser, Helmut (1997b); 278.

[422] Zu Bedenken sind Fehlentwicklungen wie die an den transgenen Bohnen, die beispielsweise Östrogene produzierten, ein ungewolltes zufälliges Nebenprodukt des genetischen Eingriffes. – Vgl. dazu: Rützler, Hanni (1996); 45.

[423] Vgl. Rützler, Hanni (1996); 45-46.

biotechnische Lösungen eine bessere Welt herbei. Im Rahmen der Forstwirtschaft wird von manchen ein "besserer" Forst erhofft. Besser im Sinne einer erhöhten und schnelleren Produktivität oder einer schädlings- oder schadstoffresistenteren Baumart. Diese und andere Forderungen in besagter Richtung lösten eine breite Diskussion nach der "ethischen Frage" aus. Um es mit dem evangelisch-lutherischen Bischof STURM zu sagen, drücke man sich mit der Suche nach biotechnischen Lösungen um die entscheidende Wandlung - nämlich dass der Mensch ein anderer werden müsse.[424]

STURM geht noch weiter, er meint, früher sei von der Religion als "Opium für das Volk" die Rede gewesen, heute sei eher die Biotechnik dieses "Rauschgift", welches von den Grundfragen ablenke.[425] GÜNTER VIRT wiederum ist gegen eine fundmentalistische Absage an die neue Technologie, warnt aber vor zu weit gesetzten Machbarkeitsvorstellungen.[426] Er drängt jedoch aufgrund der Erkenntnis, dass der Abstand zwischen dem heute Machbaren und der Abschätzung der Folgen immer grösser werde auf eine Aufwertung der Risikoforschung. Bischof WEBER warnt zudem vor einer Ausdehnung von Stoffpatenten auf genetisch veränderte Lebewesen (eingeschlossen Menschen, Tiere und Pflanzen).[427] Dies wäre nicht nur ein folgeschwerer Eingriff in Naturgesetze, sondern würde auch viele in Abhängigkeit von Patentinhabern und Konzernen bringen.[428] Die Gentechnik hat dessen ungeachtet mindestens einen positiven Aspekt. In der Schweiz wurde dank dieser Technik zwischen 1991 und 1995 eine Geninventur der Fichte durchgeführt. Es wurde festgestellt, dass die Genvielfalt mannigfach ist und die Fichte nicht nur aus dem Osten wie bislang angenommen, sondern möglicherweise auch aus dem Südwesten in die Schweiz einwanderte.[429] Ob man nun eher zur einen oder anderen Aussage tendiert, es gilt grundsätzlich zu berücksichtigen, was mit dem Satz formuliert werden kann: "Wollen wir Bäume, die widerstandsfähig gegen Schadstoffe sind oder wollen wir eine mit weniger Schadstoffen belastete Umwelt?"

Wenn wir diese Frage weiter erwägen, muss dies gerade in Bezug auf die Gentechnik bedeuten, dass nicht der Baum gentechnisch verändert und somit gegebenenfalls schadstoffresistenter gemacht werden soll, sondern vielmehr auch mit Hilfe des Rohstoffes Baum Wege - mitunter im biotechnischen Bereich - gefunden werden,

---

[424] Vgl. Sturm, Bischof ev. luth. (1997); 7.

[425] Vgl. Sturm, Bischof ev. luth. (1997); 7-8.

[426] Vgl. Virt, Günter (1992/98); 13. – Vgl. Virt, Günter (1997a); 3-4. –Vgl. Wohlmeyer, Heinrich (1997); 15-27.

[427] Vgl. dazu: Virt, Günter (1997a); 3-4.

[428] So gemeldet von der Kathpress am 12.04.1997.

[429] Vgl. Drabarczyk, Liselotte (1997j); 1772.

Schadstoffe in möglichst vielen Produkten zu verringern.[430] Dies muss zu einer Option der Verhaltensumkehrung werden. Die ethischen Hauptprobleme in den Anwendungsbereichen der Forstwirtschaft sind:

Gezielte Eingriffe in die Erbanlagen: Das Neue an der Gentechnologie! Wissenschaftler wie ALBERTO BONDOLFI bemühen sich oftmals darum, dass die Gentechnik nichts neues darstelle,[431] weil auch in der Natur laufend genetisches Material neu kombiniert werde. BONDOLFI meint dazu:

> *Wir täten nichts anderes als die früheren Generationen der Menschheit. Der Mensch sei mit der Natur immer verändernd umgegangen, wenn auch auf tieferer Ebene. ... Die Gentechnologie sei in der Tat eine "qualitative Revolution, eine Art Paradigmawechsel". ... Doch selbst eine so entscheidende Änderung bedeutet nicht, dass es eine ganz neue Ethik und Moral brauche, um mit der Gentechnologie umzugehen.*[432]

HELMUT KAISER[433] bezeichnet diese Haltung als grundfalsch und eine pure Verharmlosung einer Technik, welche (a) eine Überschreitung von Barrieren zwischen verschiedenen Lebewesen darstelle, (b) eine Neukombination von Regeln und Genen realisiere und (c) den Einbau synthetischer Gene in das Genom[434] von Lebewesen erlaube.[435] Die Frage, die hierzu beantwortet werden muss lautet: "Ist die gentechnische Veräderung von Bäumen für die ganze Natur - mit all ihren Lebewesen - für heute und in ferner Zukunft gut?" Der ethischen Betrachtung muss es besonders darum gehen, die Stelle und die Risiken des oftmals ganz unscheinbaren Übergangs und Umschlages von einer artgemässen Qualität (ökologisches Gleichgewicht) in die Verkehrung ins Unökologische (Wälder nach wirtschaftlichen Gesichtspunkten) sichtbar zu machen.

Transgene Bäume: Das Thema der transgenen Bäume ist freilich weit weniger klar definierbar, als das der transgenen Tiere oder gar Menschen. Kann man bei einem Tier aus ethischer Sicht noch davon sprechen, dass dieses lediglich ein Instrument und nicht ein Lebewesen mit einem Eigenrecht sei, so ist der "Baum" an sich schon eine Grösse, der man in der Regel kein Eigenrecht zuspricht, sondern es als Sache bezeichnet. Hier soll nicht eine Diskussion darüber begonnen werden, ob ein Baum Eigenrechte hat oder nicht, sondern darauf Wert gelegt werden, ob der künstlich genetisch veränderte Baum

---

[430] Vgl. Drabarczyk, Liselotte (1997i); 1316.

[431] Es wird gerne der Vergleich mit Hefe und Bierherstellung ins Feld gezogen.

[432] Vgl. Bondolfi, Alberto (1996); 12.

[433] HELMUT KAISER: Habilitierter Sozial- und Wirtschaftsethiker, Privatdozent an der Universität Zürich.

[434] Erbgut.

[435] Vgl. Kaiser, Helmut (1997b); 278-279.

mit all den transgenen Lebewesen, deren Fortpflanzung man nicht strikte kontrollieren kann, eines gemein hat: Ob eine unkontrollierte Vermehrung nicht abschätzbare Ausmasse annehmen kann, oder ob sterile Bäume eine natürliche Verjüngung gänzlich verhindern könnten. Eine weitere Gefahr besteht darin, dass diese Lebewesen unerwartet Gifte produzieren könnten und somit dann eine Gefahr für Mensch, Tier und Pflanzen bestünde.[436]

Gentherapien: Der Waldbaum nach Mass! Hier wird nicht an eine "Therapie" an einem ausgewachsenen Baum gedacht, sondern an die Veränderung des Erbgutes - Konstruktion des Erbmaterials - zur Züchtung eines Baumes nach "Mass". Die Risiken liegen im gleichen Bereich wie oben erwähnt.

Herbizid- und fungizidresistente Pflanzen: Unabschätzbare ökologische Risiken! Diese Variante einer genmanipulierten Pflanze birgt zwei Problemfelder in sich. (a) Die Frage der "Leistbarkeit": können sich ärmere Länder eine solche Produktionsart leisten um gegebenenfalls mit den reichen Ländern konkurrieren zu können, oder fördert das nicht eine totale Ausplünderung der Waldressourcen der armen Länder. (b) Werden durch solche Pflanzen nicht andere ausgerottet, die diese Resistenzen nicht besitzen. Sehen wir uns eines fernen Tages durch Pestizide und Fungizide vor so vergifteten Waldböden, dass selbst die genetisch veränderten Arten ihre liebe Mühe haben? Das Problem liegt auch hier in einer drohenden Artenverarmung.[437]

Patentierung des Lebens:[438] Das Leben als Erfindung! Hier besteht das ethische Fragezeichen weniger - wenn aber doch - bei der Frage der finanziellen Leistbarkeit solcher Waldbäume. Das brennendere Problem ist wesentlich subtiler. Das Leben wird zu einer Erfindung, womit ein entscheidender pragmatischer Schritt zur radikalen technischen und ökonomischen Instrumentalisierung des Lebens getan ist. Die gentechnischen Entwicklungen bedürfen einer permanenten ethischen Reflexion. Zudem zeigt die Erfahrung, dass ein "technologischer Imperativ[439]" ausgebildet ist - "'machen können' bedeutet 'machen sollen'[440]" - welcher ein Anwendungszwang technischer Optionen beinhaltet. Eine solche Vorordnung der Technik vor die Ethik - das technisch Mögliche wird ohne ethische Reflexion zum ethisch Richtigen - muss in Zukunft überwunden werden, hinsichtlich des Grundsatzes: "Das technisch Machbare muss in allen Auswirkungen vollständig rückgängig gemacht werden können.[441]" Die Ethik kann

---

[436] Vgl. dazu: Ruckenbauer, Peter (1997); 18-28.

[437] Vgl. Kaiser, Helmut (1997b); 280.

[438] Vgl. Wohlmeyer, Heinrich (1997); 15-27.

[439] Kaiser, Helmut (1997b); 280.

[440] Kaiser, Helmut (1997b); 280.

[441] Kaiser, Helmut (1997b); 280.

sich nicht davonstehlen, indem sie die Gentechnik bejaht oder ablehnt. Vielmehr orientiert sich ihr Anspruch an ethischen Grundthesen wie: 1. Soweit Probleme technischer oder ethischer Natur auftreten, bedarf es in den entsprechenden Gebieten Schritt für Schritt der kritischen Überprüfung. Diese Prüfung gilt es ohnehin für jeden einzelnen Fall anzuwenden, denn wir sind sowohl für das verantwortlich, was wir tun, als auch für das, was wir nicht tun. Gesamtzusammenhänge - wie: Welche Forst- und Landwirtschaftspolitik wollen wir? Wie steuern wir dem Elend in der Dritten Welt entgegen? Wie verhindern wir ökologische Schäden oder gar einen ökologischen Supergau? - sind stets mit zu berücksichtigen. Das Moratorium muss daher zu einem integralen Bestandteil der Technikentwicklung werden. Wer nach dem Grundsatz handelt "Zeit sind Marktanteile", verzichtet auf eine ethische Reflexion. 2. Es gilt Massstäbe der Nutzbarmachung des Lebendigen in der Forstwirtschaft zu berücksichtigen. Dazu zählen besonders: (a) Die Ehrfurcht vor allem Lebendigen und die Erhaltung der Vielfalt der Arten; (b) die Bewahrung der natürlichen Lebensgrundlagen hinsichtlich Umweltqualität und Sicherheit; (c) es darf keine irreversible Entwicklung geben; Fehler und Unfälle müssen in ihrem Ausmass begrenzbar und korrigierbar sein; (d) das Überleben des einzelnen Menschen und das langfristige Überleben der ganzen Menschheit sowie der Artenvielfalt. 3. Bei Zielkonflikten gelten folgende Regeln: (a) die Sicherheit hat Vorrang vor der Wirtschaftlichkeit; (b) das Allgemeinwohl steht vor dem Einzelinteresse; (c) eine stete Verbesserung der Situation; (d) ein potenzielles Risiko darf nur dann in Kauf genommen werden, wenn der Nutzen für die Allgemeinheit das Risiko bei weitem übersteigt. 4. Die Integration von Ethik und Gentechnik verlangt umfassende, partizipative Strukturen; d.h. es gilt der "Primat der Politik[442]". Die erste Verantwortlichkeit liegt beim Unternehmen: hinsichtlich der Ausbildung ihrer Leute, der angewandten Technik und der ethischen Selbstkontrolle. Die Zweite bei einer unabhängigen, interdisziplinären Sachverständigenkommission, die alle Risiken bewertet.[443] Die Dritte liegt bei unabhängigen Institutionen und Organisationen, welche die Expertisen kritisch untersuchen und gegebenenfalls Gegengutachten erstellen.[444] 5. In Zukunft sind folgende Überlegungen immer wieder neu anzustellen: (a) Ist Gentechnik an sich als Technik überhaupt zu verantworten? (b) Ist Gentechnologie von ihren Zielen her zu verantworten? Und: (c) Ist Gentechnologie im Blick auf ihre absehbaren und unabsehbaren Folgen verantwortbar.[445]

---

[442] Kaiser, Helmut (1997a); 121-135.

[443] Vgl. dazu: Virt, Günter (1992/98a); 1-13.

[444] Vgl. dazu: ARGE Schöpfungsverantwortung (Hg.) (1996b); 4.

[445] Vgl. Kaiser, Helmut (1992); 339-361.

1.4.2. Das ökologische Bewusstsein

Das ökologische Bewusstsein ist in den letzten Jahrzehnten stetig gestiegen, nicht zuletzt aufgrund der Tatsache, dass die Wälder der Erde - vor allem die gemässigten und nordischen Wälder zurecht, die tropischen Wälder weniger gerechtfertigt - immer wieder als die "Grünen Lungen[446]" der Erde bezeichnet werden. Ohne den Rohstoff Wald können wir nicht bestehen, besteht doch die Substanz des Holzes zu 99,6% aus organischer Masse, die der Baum durch Assimilation[447] selbst aufgebaut hat. Nur 0,4% sind anorganische Bestandteile, die aus dem Boden stammen. Durch die Blätter nimmt ein Baum Kohlensäure aus der Luft auf und bildet zusammen mit Wasser aus dem Boden im Zellplasma Zucker, wobei er ein uns sehr willkommenes "Abfallprodukt" erzeugt und an die Atmosphäre abgibt: Sauerstoff. Der Zucker wird zur Zellbildung gebraucht oder in Stärke umgewandelt und im Stamm eingelagert. Durch die Atmung der Pflanze, dem umgekehrten Vorgang, wird ungefähr ein Fünftel des erzeugten Zuckers wieder verbraucht. Die grüne Pflanze stellt unter Mitwirkung von Sonnenlicht aus 264 g Kohlensäure und 108 g Wasser unter Aufwendung von 673 Kalorien (2817,7164 J[448]) Energie 180 g Traubenzucker her, wobei 192 g Sauerstoff frei werden. Dieser Vorgang kann nur bei Tag und bei Pflanzen mit Chlorophyll (Blattgrün) stattfinden.[449]

Ein anderer Zweig des steigenden ökologischen Bewusstseins ist das Zurückfinden zu altem Wissen. Zweifellos hatten die "Alten" weniger wissenschaftliche Grundlagen als wir heute, aber ebenso zweifellos hatten sie die Natur wesentlich mehr von ihrem Inneren heraus beobachtet. Auch heute scheint dieser Trend wieder im Kommen zu sein, legen doch viele Menschen wieder vermehrt wert auf "Winterholz"[450] oder gar auf "Mondholz".[451] Diese Holzeinschlagsregeln werden in vielen Regionen Österreichs und Bayerns seit Jahrhunderten überliefert. Ob diese Regeln vor der Wissenschaft bestehen können sei dahingestellt; das ökologische Bewusstsein vermögen sie jedenfalls im Volk mehr zu fördern, als eine wissenschaftliche Abhandlung. Wenn diese Regeln wenigsten dies erreichen, haben sie schon sehr viel erreicht. So heisst es in solchen Regeln: "Das Holzschlagen, dass es fest und gleim bleibt, ist gut die ersten Tage nach dem Neumond im Dezember, wenn ein Luft- oder Feuersternbild darauf fällt. ... Sägehölzer sollen geschlagen werden im aufnehmenden Wassermann, so werden die Bretter nicht wurmig, ebenso die Hölzer. ... Für Holz das möglichst wenig aufreisst bzw. das nicht kluftig werden soll, sollte der Mond unter dem Horizont verschwunden sein. Man beachte dies

---

[446] Lexikon der Öko-Irrtümer; 425-426; Die Regenwälder sind die 'grüne Lunge' der Erde.

[447] $6\,CO_2+6\,H_2O$ □ Licht□ $C_6H_{12}O_6+6\,O_2$

[448] 1 cal = 4,1868 J bzw. 1 J = 0,2388 cal.

[449] Vgl. Gohl, Heinrich / Krebs, E. (1973); 36-37. – Vgl. dazu auch: Pitterle, Alfred (1993); 134-135.

[450] Einschlag zwischen 1. Oktober und Ende Februar.

[451] Der Mond ist unter dem Horizont verschwunden, auch bei Neumond.

insbesondere bei Neumond, wo dieser nicht am Himmel sichtbar ist.[452]" Eine andere Form des Bewusstseins wird ebenfalls stets mehr gefördert. So werden vermehrt von umweltbewussten Konsumenten lebende Christbäume im Topf gekauft, die von diesen nachträglich im Garten eingepflanzt werden. Andere legen Wert auf einheimische Christbäume, da diese zum einen meist nicht aus Plantagen stammen, sondern aus natürlicher Aushaue von Aufforstungsregionen und zum andern nicht durch Konservierungsmittel und weite Transportwege belastet sind.[453] Dadurch können sie als Altholz problemlos der Wiederverwertung zugeführt werden.[454] Das ökologische Bewusstsein in Verbindung mit den Bäumen ist nicht etwas, das wir neu erfinden müssten. Der Baum ist schon seit alters her ein Zeichen der Verbundenheit des Menschen mit der Natur. Selbst heute bedienen sich Politiker und Honoratioren gerne des Baumes um ihre friedlichen und naturverbundenen Absichten zu unterstreichen. Eines der ältesten Zeichen des Friedens ist der Ölbaum.[455]

Wenn man den Beginn der Sensibilisierung der Welt auf ökologische Probleme in unserer Zeit festlegen will, stösst man unweigerlich auf verschiedene Daten. Ja, man kann es regelrecht zum "Glaubenskrieg" werden lassen. Einige Eckdaten seien hier jedoch genannt. Da wäre zum einen die Studie des Club of Rome von 1972 mit dem Titel "Grenzen des Wachstums", welche dem öffentlichen Bewusstsein endgültig die Umweltkrise vor Augen geführt hat.[456] Daraufhin wurden mancherlei Umweltaktionen gesetzt.[457] 1981 wurde den Holzfachleuten mitgeteilt, dass es auf der Erde genügend Holz gebe. Diese Botschaft drang jedoch nicht bis zur Öffentlichkeit durch, die sich immer mehr mit der Problematik des Waldsterbens[458] auseinander setzte.[459] Diese Strömung hatte 1984 ihren Höhepunkt. Dieses Jahr können wir als das "Jahr des Waldsterbens" bezeichnen. - Nicht jedes Absterben der Wälder ist die Folge anthropogener Einflüsse, auch Naturwälder brechen einmal zusammen um danach verjüngt wieder zu beginnen.[460] - In diesem Jahr wurde das "Waldsterben als Umweltkatastrophe[461]" zum Politikum und war in aller Leute Munde.[462] Das Waldsterben und die Waldschäden sind

[452] Abgedruckt in: Drabarczyk, Liselotte (1997b); 303.

[453] Vgl. ARGE Schöpfungsverantwortung (Hg.) (1996a); 4.

[454] Vgl. Drabarczyk, Liselotte (1997c); 607.

[455] Vgl. Drabarczyk, Liselotte (1997k); 561.

[456] Vgl. das Werk: Meadows, Donella H. (1972).

[457] Vgl. dazu: Adenauer, Lothar (1983); 1-21.

[458] Der Begriff "Waldsterben" ging aufgrund der "neuartigen Waldschäden" 1982 - ausgehend von der BRD - in den breiteren Sprachgebrauch ein. – Vgl. dazu: Ökobilanz Wald - 1995; 87.

[459] Vgl. Drabarczyk, Liselotte (1999a); 15.

[460] Vgl. Ökobilanz Wald - 1995; 67.

[461] Vgl. Seitz-Weinzierl, Beate (1984); 1.

[462] Vgl. Sauer, Hans Dieter (1997); 1.

nicht nur eine Sache des Jahres 1984, dies zeigen die zahlreichen Waldschadensberichte. Noch 1999 meldete der älteste Umweltschutzverband Deutschlands, die "Schutzgemeinschaft Deutscher Wald", 20% der Bäume hätten einen Blatt- oder Nadelverlust von über 25%, seien also deutlich sichtbar geschädigt.[463]

Allerdings gibt es noch ein anders Datum, welches nicht für grossen Wirbel gesorgt hat, aber doch sehr wichtig ist: das Jahr 1971. Bereits ein Jahr vor der Studie des Club of Rome weist Papst PAUL VI. in expliziten Aussagen, besonders anlässlich der römischen Bischofssynode, auf die Umweltkrise hin. In der Zwischenzeit sind nebst dem Schlagwort "Waldsterben" noch andere dazugekommen wie: "saurer Regen", "Treibhauseffekt" oder "Ozonloch". Auch heute noch gibt es eine rege Diskussion, ob und wie saurer Regen den Wald belasten. Schwefeldioxid (SO_2) führt zu saurem Regen und damit zu einer Übersäuerung der Waldböden. Lediglich SO_2 als Waldschädiger, saurer Regen im klassischen Sinn, zu sehen ist durchaus umstritten. Allerdings die Zusammenwirkung von SO_2 mit Stickstoffen (NO_x) und gegebenenfalls mit einer erhöhten Ozonbelastung (O_3) gilt allgemein hin als gesichert.[464] Nicht ausser Acht zu lassen ist der Treibhauseffekt. Dieser hat weniger eine direkte Auswirkung auf das "Waldsterben", als auf den Artenbestand. Bereits der schwedische Physikochemiker SVANTE AUGUST ARRHENIUS wies um die vorletzte Jahrhundertwende auf die Gefahr für das Klima hin, falls der Mensch die wärmezurückhaltenden Gase (Treibhausgase, Glashausgase) in der Luft erhöhe. Sollte sich der Kohlendioxidgehalt (CO_2-Gehalt[465]) verdoppeln, so meinte der Forscher, dann würde sich die Erde im weltweiten Mittel um vier bis sechs Grad erwärmen. Damals hatte der Forscher jedoch noch nicht die technischen Mittel um seine Theorie zu beweisen. Heute wird diese Frage weltweit wissenschaftlich diskutiert.[466]

Umweltschutz erfordert spirituelle Werte in der Politik. CHUNG OK LEE[467] stellte an einer Tagung in Bern fest, dass eine wachsende Bereitschaft von politisch Verantwortlichen wahrzunehmen sei, bei ihren Entscheidungen auch moralische und spirituelle Werte zum Tragen kommen zu lassen. Der ökologischen Zerstörung könne wirksam begegnet werden, wenn wir die Zeit nutzen und Politik und Spiritualität immer mehr zusammenbringen. LEE legt Wert darauf, dass KOFI ANNAN die Umweltprogramme der NGOs ausdrücklich unterstütze. Die Schaffung neuer gesellschaftlicher und politischer Strukturen gilt in diesen Kreisen als Gebot der Stunde. Globalisierung darf daher nicht

---

[463] Vgl. Drabarczyk, Liselotte (1999o); 1933.

[464] Vgl. Lexikon der Öko-Irrtümer; 412-415; Saurer Regen zerstört die Wälder.

[465] CO_2 ist ein solches Treibhausgas.

[466] Hauer, Christian (1996); 2-14.

[467] CHUNG OK LEE: 1997 Präsident der religiösen Gruppen und Nichtregierungsorganisationen (NGOs) an der UNO in New York.

mehr länger einseitig wirtschaftlich betrieben werden, sondern muss auch geistig-kulturell und spirituell gefördert werden. Dazu sind alle Religionsgemeinschaften zur Zusammenarbeit aufgefordert. Ein besonderes Gewicht kommt der Vorbildwirkung religiöser Gemeinschaften im Umgang mit den Gütern der Erde zu.

1.4.2.1. Der Staat und das ökologische Bewusstsein

Die Anfänge des staatlichen Waldschutzes gehen auf das 7. Jahrhundert zurück, als die ersten Bannwälder rechtlich hervorgehoben wurden. Den Feudalherren ging es weniger um Umweltschutz, als vielmehr um den Schutz ihrer Jagdrechte. Dies hatte zweifellos auch positive Auswirkungen auf den Wald. Wie weiter oben bereits erwähnt flachte dieser Waldschutz bald ab und machte einer regelrechten Plünderung des Waldes Platz. Erst im 13. Jahrhundert folgten förmliche, staatliche Rodungsverbote. Auch dies geschah nicht aus Umweltschutzgründen, sondern um Pachterträge für Weiderechte erwirtschaften zu können mit teils katastrophalen Auswirkungen für die Natur. 1309 trat König HEINRICH VII. dieser Entwicklung dank der Erkenntnis, dass Verwandlung von Wald in Kulturland Verwüstung sei entgegen und verordnete strikte Waldschonung. Dem, der böswillig Bäume beschädigte sollten die Gedärme aus dem Leib gezogen werden und über die entrindete Stelle des Baumes gelegt werden. Den abgeschlagenen Kopf des Frevlers steckte man auf den geschädigten Baum.[468] Die bayrischen Herzöge verordneten indes, dass nur so viel Holz geschlagen werden dürfe, wie nachwachse - das Prinzip der Nachhaltigkeit zeichnete sich ab und findet sich in lokalen Verordnungen des 16. Jahrhunderts wieder. In Bad Reichenhall wurde den Nutzniessern von Baumstämmen zur Pflicht gemacht, für jeden beseitigten Baum eine vielfache Zahl neuer Bäume zu pflanzen, was aber nur schwer durchsetzbar war. Anfänge der Grundprinzipien moderner Umweltpolitik gehen auf das Jahr 1231, auf das Königreich Sizilien zurück. Es wurde das Verursacherprinzip angewendet. Wurden beispielsweise die Luftreinhalteverordnungen beim Einweichen von Flachs und Hanf missachtet, fiel das Produkt dem Hof zu. Die Begründung dieses Rechtes war: dass die Sauberkeit der Luft durch göttlichen Ratschluss der Vorsorge des Kaisers anvertraut sei. Königin ELISABETH I. von England verbot aufgrund des Geruches und des Rauches den Gebrauch von Steinkohle während der Zeit der Parlamentssitzungen in London.[469] Im Bereich des Wald- und Bodenschutzes hatten sich regional alte Forst- und Waldordnungen des 16. bis gegen Ende des 18. Jahrhunderts streng gegen eine schädliche und einseitige Nutzung der Gehölze gewandt. Besonders weit ging eine Dresdner Verordnung von 1700, die es den Pfarrern bei Strafe untersagte Brautpaare zu trauen, wenn diese nicht

---

[468] Es sei an die Sakralstrafen erinnert, die bereits weiter oben erwähnt wurden.

[469] Vgl. Heine, Günter (1986); 116-134.

durch einen amtlich beglaubigten Schein nachweisen konnten, dass sie eine bestimmte Anzahl junger Bäume gepflanzt hatten. Im 18. Jahrhundert wurde dann versucht, mehr durch wirtschaftliche Anreize, als durch Verordnungen Umweltschutz zu betreiben. All diese und auch noch spätere Bemühungen blieben jedoch meist "im Ansatz" stecken. Erst nach dem 2. Weltkrieg lässt die Gesetzgebung eine wirksamere Hinwendung zu Naturschutzmassnahmen erkennen.[470]

Das ökologische Bewusstsein macht auch vor heutigen Regierungen nicht Halt.[471] 1952 verkündete Bundespräsident THEODOR HEUSS mit der Pflanzung eines Ahorn im Bonner Hofgarten den ersten "Tag des Baumes" in Deutschland.[472] 1985 doppelte die FAO nach, indem sie das "Jahr des Waldes" verkündete.[473] Im Zuge der Reform der Hessischen Landesforstverwaltung werden (1997) neu 30 so genannte Funktionsbeamtinnen und Funktionsbeamte "Naturschutz" vorgesehen.[474] Auch auf Bundesebene ist einiges in Bewegung. Im Zuge der Wiedervereinigung in Deutschland begann staatlicherseits die grosse Privatisierung der Wälder in den neuen Bundesländern.[475] Ende 1999 äusserte der deutsche Umweltminister TRITTIN gar einen Vorschlag, der grosses Echo auslöste. Er wollte in einem Ergänzungsentwurf bewirken, dass naturschutzrelevante Flächen sowie ausserdem normalbewirtschaftete Flächen aus dem gesetzlichen Privatisierungsauftrag ausgeklammert werden. Diese Flächen, 100'000 ha Wald und rund 200'000 ha landwirtschaftliche Flächen, sollten Naturschutzorganisationen unentgeltlich zur Verfügung gestellt oder der öffentlichen Hand einverleibt werden. Dabei wurden von Waldbesitzerorganisationen die Waldflächen mit einem Wert von 1,4 Mrd. DM (€ 715,8 Mio.) beziffert, die der Staatskasse entgingen. Leider wurde von diesen Organisationen nicht erwähnt, wie hoch für den Staat der Gewinn in DM/€ wäre, wenn diese Flächen als intakte Natur erhalten blieben, als Naherholungsgebiete, Gen-Reservoire, natürliches Wasseraufbereitungsgebiet u.v.a.m. Es ist anzunehmen, dass es dic 1,4 Mrd. DM (€ 715,8 Mio.) weit überstiege.[476] Zudem will die Bundesregierung die umweltgerechte Holznutzung fördern.[477] Wenn man dazu noch bedenkt, dass die Deutsche Bundesstiftung Umwelt alleine zwischen 1991 und 1997 ca. 2'000 Umweltprojekte mit einem Finanzvolumen von über 1 Mrd. DM (€ 511,3 Mio.)

---

[470] Vgl. Heine, Günter (1986); 116-134.

[471] Vgl. dazu: Kohler, Georg (1986); 135-141.

[472] Vgl. Drabarczyk, Liselotte (1999a); 15.

[473] Vgl. Drabarczyk, Liselotte (1999a); 15.

[474] Vgl. Drabarczyk, Liselotte (1997h); 269.

[475] Vgl. Drabarczyk, Liselotte (1999a); 15.

[476] Vgl. Drabarczyk, Liselotte (1999n); 1933.

[477] Vgl. Drabarczyk, Liselotte (1998c); 1213.

unterstützt hat und Holz dabei ein Förderschwerpunkt war, kann man durchaus Hoffnung hegen.[478]

Eine andere eindrückliche Form das steigende Bewusstsein staatlicherseits zu zeigen bot Chile. Auf der Insel Chiloé gibt es viele hölzerne Kirchen. Es ist ein überzeugendes Beispiel der erfolgreichen Verwendung von Holz zu Bauzwecken. Die älteste ist die Kirche von Achao. Sie wurde zu Beginn des 18. Jahrhunderts gebaut. Die Kirche von Achao wurde inzwischen mit anderen acht hölzernen Kirchen zum Nationaldenkmal erklärt. Von diesen Kirchen wurden die von Achao, Nercón, Quinchao, Vilpulli (Anfang 18. Jahrhundert); Chonchi (Mitte 18. Jahrhundert); Dalcauhe (Anfang 19. Jahrhundert) & die Kathedrale San Francisco in Castro (Beginn 20. Jahrhundert) als "Zierde des grossen Gartens der Kirche" durch eine Briefmarkenserie geehrt.[479]

Diese Einzelfälle dürfen jedoch nicht darüber hinwegtäuschen, dass die Forstwirtschaft und damit auch die Umweltproblematik in der Forstwirtschaft in der EU-Politik weit unter dem wirklichen Stellenwert präsent sind. Nicht zuletzt durch den Beitritt der Waldländer Finnland, Schweden und Österreich hat sich der Stellenwert der Forstwirtschaft in der Europäischen Union teils stark verändert. Weder der Vertrag von Rom noch der von Maastricht sieht eine Forstpolitik vor. Lediglich das Produkt Kork ist im Anhang II enthalten, Holz hingegen nicht. Diese Entwicklung hat mitunter fatale Folgen. Forstpolitik kann dadurch immer nur im Zusammenhang mit anderen Interessen geschehen. Die Andeutung verrät es schon. Allzu oft bestimmen die anderen Interessen die Forstpolitik. Der Wald ist somit einer Verinstrumentalisierung beinahe schutzlos preisgegeben. Grundlagen sind in den Erklärungen der Agenda 2'000 vorhanden, doch muss die notwendige Infrastruktur aufgebaut werden. Kaum eine andere Branche findet europaweit derart unterschiedliche Bedingungen vor wie die Forstwirtschaft. Es wird daher auch kein Politikbereich der EU über so viele Facetten verfügen wie die Forstpolitik. Die Wahrung des Subsidiaritätsprinzips gilt daher als ein wichtiges Zugpferd einer gemeinsamen Forststrategie. Der Umweltschutzbereich darf nichtsdestoweniger keinesfalls ausgeklammert werden.[480] An dieser Stelle hat Österreich bereits wichtige Vorarbeit geleistet. Mit einem Sieben-Punkte-Programm für eine ökologische Waldbewirtschaftung wurden neue Impulse gesetzt. So wird die Rückbringung seltener und gefährdeter Baumarten in der Bewirtschaftung der Österreichischen Wälder gefördert, als sichtbarer Teil der Strategie zur Verbesserung des Waldzustandes.

[478] Vgl. Drabarczyk, Liselotte (1997l); 1261, 1262.

[479] Vgl. Buff, Joachim (1997); 838.

[480] Vgl. Mannsberger, Gerhard (1997); 1861,1862.

Das Sieben - Punkte - Programm des österreichischen Landwirtschaftsministeriums hat folgende Schwerpunkte:

1. *Waldbauliche Förderungen mit ökologischer Ausrichtung.*
2. *Forschungsschwerpunkt naturnahe Waldbewirtschaftung.*
3. *Aus- und Weiterbildung mit verstärkter ökologischer Komponente.*
4. *Ausbau des Generhaltungs- und Naturwaldreservate-Programms.*
5. *Waldentwicklungspläne mit zusätzlichen ökologischen Akzenten.*
6. *Erweiterung der Forstinventur mit Evaluierung ökologischer Zielsetzungen.*
7. *Ziel einer globalen Waldkonvention mit nachhaltiger Bewirtschaftung.*[481]

Im Vordergrund dieses Programms steht eine Annäherung an eine natürliche Waldgesellschaft. Dies bringt zwangsläufig gesündere Wälder mit sich und dadurch langfristig durch gesünderes Holz Marktvorteile gegenüber Ländern mit, in welcher Form auch immer, geschwächten Wäldern. Gefördert wird daher besonders eine noch stärkere Aufforstung von Laub-Mischwäldern entsprechend einer Herkunftsgebietseinteilung. Die Bundesversuchsanstalt hat so genannte Nadelholz-Ausschlussgebiete definiert, in denen künftig nur mehr Laubwaldaufforstungen unter Berücksichtigung seltener Baumarten gefördert werden wie im unterbewaldeten pannonischen Osten. Dass diese Förderung seltener einheimischer Laubbäume in einigen Jahrzehnten zum wirtschaftlich rentablen, naturnahen Wald führen wird, braucht wohl kaum speziell erwähnt zu werden. Dies ist ein Ansatz, der klar zeigt, dass rechtzeitiges Einsteigen in forstwirtschaftliche Marktlücken durchwegs interessant sein kann. Die verbleibenden 7% künstlicher Bestände sollen wieder naturnahe bestockt werden. Neu im wissenschaftlichen Bereich ist die Einführung einer "Waldpädagogikschule" im Burgenland.[482]

Während in Österreich der Staat aktiv zur Waldgesundung eingreift, indem ökologische Aufforstung und Umbestockung forciert wird, versucht es die Schweiz mit gezielter Subventionspolitik. Der Schwerpunkt liegt heute bei der Unterstützung der Waldpflege sowie bei Massnahmen zum Schutz vor Naturereignissen. Diese Subventionen begünstigen einen Strukturwandel allerdings nicht gerade, da Sturmholz dank der Subventionen gegenwärtig mehr Geld einbringt, als gesundes Holz aus naturnahen Beständen. Steigende Lohnkosten[483] und allgemein sinkende Holzpreise tragen zudem wenig zu profitablen Wäldern bei. Das Forstdefizit ist von 1996 auf 1997 um 40% gestiegen.[484] Durch diese Gegebenheiten liess sich eine Entwicklung im Forstbereich

---

[481] Vgl. Abdruck in: Drabarczyk, Liselotte (1997e); 1875.

[482] Vgl. Drabarczyk, Liselotte (1997e); 1875.

[483] Ein Arbeiter der Österreichischen Bundesforste verdiente 1980 durchschnittlich 3,36 €/h (46,21 ÖS/h) und 1996 6,25 €/h (86 ÖS/h). – Vgl. dazu: Österreichischer Waldbericht 1995; Tabelle 83.

[484] Vgl. Drabarczyk, Liselotte (1997m); 1770.

absehen, bei der trotz steigendem öffentlichem Mitteleinsatzes die Verwirklichung der forstpolitischen Ziele erschwert wurde. Nebst der bereits angetönten Vergütung für forstliche Planung, Waldreservate und Waldschäden werden lediglich Einzelprojekte unterstützt. Der Kanton reicht das Projekt bei der Eidgenössischen Forstdirektion ein. Der Eidgenössische Forstinspektor prüft, ob dieses den technischen Anforderungen genügt und der Waldgesetzgebung entspricht. Fällt schliesslich die Evaluation positiv aus und sind auch die erforderlichen Bundesmittel vorhanden, erfolgt die Genehmigung durch die Eidgenössische Forstdirektion. Wer nun glaubt, dass ein Projekt generell gleich behandelt wird, egal aus welcher Gegend es eingereicht wird, täuscht sich. Ein Konzept aus einem Kanton der vom Bund als finanzschwach eingestuft wird, erhält für eine gleichwertige Absicht wesentlich mehr Unterstützung, als eines aus einem finanzstarken Kanton. Dies führt dazu, dass Projekte mit möglichst hohen Bundesbeitragszuschüssen beantragt und genehmigt werden, bei denen der Nutzen bezüglich der forstlichen Ziele des Bundes nicht immer in der gewünschten Transparenz gewährleistet ist. Seit Anfang 1997 wird nun mit Erfolg ein "neuer Finanzausgleich (NFA)" unter der Projektbezeichnung "Effor2" erprobt. Die Eidgenössische Forstdirektion hat erkannt, dass es ohne einen Paradigmenwechsel zu Subsidiarität, Effektivität und Effizienz nicht geht. Die Subsidiarität führt zu mehr Partnerschaft zwischen Bund und Kantonen. Nun werden nicht mehr einfach einzelne Projekte vom Bund unterstützt, sondern Vorhaben im Verbund mit anderen unter Einbeziehung der Möglichkeiten der Kantone. Zudem müssen die Anliegen in beiderlei Interesse sein: des Bundes und des Kantones. Effektivität wird dadurch erreicht, dass nicht jeder Kanton seine eigene Sache vom Bund bezahlen lässt, sonders dass die Kantone zwangsläufig auf die Forstpolitik des Bundes Rücksicht nehmen müssen. Da dies nun alle Kantone tun müssen, ergibt sich eine gemeinsame Verfolgung eines forstpolitischen Zieles und nicht mehr die Unterstützung von 26 Kantons- bzw. Halbkantonszielen. Effizienz wird dadurch erzielt, dass nicht mehr nachgewiesene Kosten erstattet werden, sondern der Wert eines Programms politisch bestimmt und mit den Kantonen abgeglichen wird.[485]

1.4.2.2. Naturschutz und seine Zielsetzung im Bezug auf den Wald/Forst

Naturschutz ist eine Folge falschen Ressourcenmanagements. Hätte der Mensch die Natur nicht über ihre Tragfähigkeit beansprucht, wäre Naturschutz keine Notwendigkeit.[486] Weltweit gesehen bleibt der Zuwachs an Waldfläche hinter seiner Zerstörung zurück. - In Österreich ergab die Forstinventur 1961/70 einen Anteil der Waldfläche am Bundesgebiet von 44% und die Inventur 1986/90 46,2%. Der Waldanteil

[485] Vgl. Salzmann, René (1997); 1766, 1767.

[486] Vgl. Pitterle, Alfred (1993); 65.

im Bezug zur Landesfläche stieg somit um 2,2%[487] - Deshalb ist es überall geboten den Wald zu vermehren. Umfangreiche Aufforstungsprogramme werden in Grossbritannien und Südeuropa, besonders in Spanien, durchgeführt. Die Ausweisung von Naturschutzgebieten, Schutz-, Bann- und Erholungswäldern sowie Naturwaldreservaten sind rechtliche Massnahmen um Waldgebiete zu schützen und zu erhalten. Naturwaldreservate sind die Urwälder von morgen. Hier bleibt die Natur völlig sich selbst überlassen. Trockene Bäume werden nicht mehr gefällt, umgefallene und abgebrochene bleiben liegen. Die Entwicklung wird wissenschaftlich beobachtet und mit derjenigen in Wirtschaftswäldern verglichen. In den Naturreservaten lassen sich eine Reihe bedrohter Arten nachweisen. Der Schutz der Wälder muss nebst den Naturschutzgebieten und Naturreservaten insbesondere eine ökologisch vertretbare Bewirtschaftung der gesamten Wirtschaftswaldfläche umfassen.[488]

Oberstes Ziel des naturgemässen Waldbaus ist es, den Wald als standortgemässe, sich weitgehend selbst regelnde Lebensgemeinschaft zu pflegen. Die besten Voraussetzungen dafür bieten die Begründungen von artenreichen Mischwäldern. Kahlschläge werden vermieden. Die natürliche Verjüngung hat wo immer möglich Vorrang vor der Anpflanzung.[489] Dies bringt mit sich, dass man von Natur aus in langen Zeiträumen rechnen muss. Die Forstökologie - die sich mit den Lebensgemeinschaften der Wälder, ihren Beziehungen untereinander sowie mit der natürlichen und menschlichen Umwelt beschäftigt - und die Ökonomie, die den vernünftigen Umgang mit den Ressourcen zum Ziel hat, ergänzen sich. Nur gesunde Wälder liefern auf Dauer stabile Holzerträge und sichern gleichzeitig die ökologische Leistungsfähigkeit der Wälder.[490] Damit dem Wald nicht im wahrsten Sinne des Wortes die Luft ausgeht, muss er vor weiteren Schadstoffmassen aus Luft und Wasser bewahrt werden.[491] Waldschutz bedeutet jedoch auch natürliche Schädlingsbekämpfung, indem "Nützlinge" wie Vögel, Ameisen und Fledermäuse geschützt werden bzw. ihnen neue Lebensgrundlagen wie Nistmöglichkeiten bereitet werden.[492]

Die Notwendigkeiten des Naturschutzes sind gängig bekannt. Trotz diesen Voraussetzungen gibt es im zentralen Mitteleuropa bis heute keine schlüssigen Zielformulierungen, die als Basis eines Massnahmenkataloges herangezogen werden könnten. Dies liegt in der Vielschichtigkeit von Politik, Wirtschaft und Bildungsdidaktik begründet, welche letztlich in dem ethisch-moralischen Wertesystem unserer

[487] Vgl. Umwelt in Österreich - Daten und Trends 1994; 188.

[488] Vgl. LUP; Gemässigte Wälder / Waldschutz / Aufforstung und Schutz 1/1.

[489] Vgl. LUP; Gemässigte Wälder / Waldschutz / Naturgemässer Waldbau 1/2.

[490] Vgl. LUP; Gemässigte Wälder / Waldschutz / Naturgemässer Waldbau 2/2.

[491] Vgl. LUP; Gemässigte Wälder / Waldschutz / Immissionsschutz 1/1.

[492] Vgl. LUP; Gemässigte Wälder / Waldschutz / Schädlingsbekämpfung 1/1.

Gesellschaft verankert ist. Naturschutz wir als Dienst am Menschen gesehen. Diese Sicht ist an sich gut, doch wird der Dienst in der Regel nur als eine Notwendigkeit an dieser Generation erkannt und nicht als etwas darüber hinaus gehendes. Der Gedanke, ein Baum könnte wichtiger sein als ein heutiger Mensch, damit die Menschen der Zukunft leben können, macht vielerorts Angst.[493] Die Erhaltung der Nutzungsfähigkeit der Naturgüter ist gegenwärtig unmittelbar dem wirtschaftlichen Eingreifen des Menschen in die Ökosysteme zugeordnet und lässt einen weitgehenden Naturschutzbezug nur über die Ressourcensicherung innerhalb funktionsfähiger Ökosysteme erkennen. Nachhaltigkeit wird daher primär wirtschaftlich verstanden und weniger inhaltlich. Inhaltlich schliesst die Absicherung des Nutzungspotentials Walderhaltung, Rohstoff, Jagd, Pharmaka, Genreserve, Lebensqualität und Kulturgut in einer ganzheitlichen Perspektive zwangsläufig mit ein. Nachhaltigkeit besagt daher mehr als nur wirtschaftlicher Nutzen, nämlich nachhaltige Sicherung der Artenausstattung der heimischen Pflanzen- und Tierwelt als klassischer Naturschutzauftrag. Naturschutz wird unter diesem Gesichtspunkt nicht eine Klassifizierung nützlicher und unnützlicher Arten vornehmen, sondern zur Potentialerhaltung beitragen. Der Mensch sieht sich in seiner Natur unverhohlen der "Waldnatur" gegenübergestellt. Weiteres Ziel eines ausgewogenen Naturschutzes ist es deshalb den Urwald nicht in wirtschaftlicher Rentabilitätsrechnung dem Nutzwald gegenüberzustellen, sondern eine Umkehrung vorzunehmen und den Erhalt der Arten einer Reduktion derselben gegenüberzustellen. Weiter wird es im didaktischen Sinne nötig sein, die Wirtschaft darauf aufmerksam zu machen, dass sie mit Hilfe von Geld alle Arten ausrotten kann - ihr Geld wird jedoch nicht reichen, eine ausgerottete Art in deren ursprünglicher Eigenart wieder ins Da-Sein zu holen.

Jeder Spezies ist somit ein Eigenwert eigen, der nicht nur aus dem Blickwinkel Mensch und Geld gesehen werden darf, sondern vielmehr aus der Sichtung der betroffenen Art. Der Grund für diese Sichtnotwendigkeit ist recht einfach: Der Mensch ist Teil des ökologischen Gleichgewichtes, aus dem er weitgehend lebt. Zerstört er dieses Gleichgewicht, beraubt er sich seiner eigenen Lebensgrundlage. Da der Mensch Teil dieses Systems ist, muss er alles was dieses betrifft auch aus der Sicht und der Seite der anderen, diesem Konstrukt angehörenden Teilen, betrachten, um möglichst nichts zu übersehen und sich dadurch letztlich selbst zu schaden.[494] Übergeordnetes Ziel für das sich Forst- und Naturschutz seit langem einsetzen ist die Erhaltung des Waldes als Lebensgemeinschaft, die gleichzeitig den biozentrischen Belangen von Biotop-, Arten- und Ökosystemschutz, als auch den anthropozentrischen Waldfunktionen wie naturschonender Holzproduktion und den Bedürfnissen nach Erholung und Erbauung

[493] Wie die Ausführungen weiter oben jedoch gezeigt haben gab es Zeiten und Umstände, in denen Waldfrevel mit dem Tode bestraft wurden. Selbstverständlich gilt es nach humaneren Lösungen zu suchen, als nach der Todesstrafe.

[494] Vgl. Scherzinger, Wolfgang (1996); 285-287.

nachhaltig gerecht wird. Der Wald muss als dynamisches Ökosystem mit allen seinen charakteristischen Eigenarten und Prozessen sowie allen seinen Raum-Zeit-Phasen erhalten werden. Besonderen Schutz verdienen die ehemals dominanten Waldgebiete wie Auwald, Bruchwald, Moorwald etc. Wo die Möglichkeit besteht sehen Naturschutzorganisationen die Notwendigkeit solche Waldgebiete wieder heimisch werden zu lassen. Von derselben Dringlichkeit wird die Renaturierung nicht benötigter Schneisen, Rückegassen, Ziehbahnen, Wirtschaftwege und dergleichen gesehen.[495] An dieser Stelle des Naturschutzes kommt der Ethik eine besondere Rolle zu. Sie versucht als einzige, naturwissenschaftlich (noch) nicht erfassbare Vorgänge und/oder Verhaltensweisen über das "menschliche Empfinden" und ganzheitliche, nicht zuletzt das auf Gott den Schöpfer bezogene, Denken und Handeln verständlich zu machen.[496] Die Naturschutzziele lassen sich wie folgt kurz zusammenfassen:

1. **Naturraum in seinem äusseren Umfang erhalten**;

2. **Wertung unterschiedlicher Bodennutzungsarten** im naturnahen Bereich: Waldbestände werden in der Regel ökologisch höherwertig eingestuft als landwirtschaftliche bzw. Brachflächen;

3. zielgerechte **Bewahrung von Biotopen** bzw. **Schaffung "neuer" Pflanzen- und Tiergesellschaften**;

4. **Landschaftsbildbewahrung** nach psychologisch-soziologischen Überlegungen: Ursprünglichkeit, Seltenheit. Prioritätsreihung gemäss einer Umfrage: Naturhaushalt (Ökologie) 54%, Erholung 28% und Landschaftsbild 18%.[497]

1.4.2.2.1. Waldökosystem

Seit Jahren fordern Schweizer Fachleute ernsthafte Massnahmen zur Verringerung des Schadstoffausstosses. Mit einer mehrere Jahrzehnte dauernden "langfristigen Waldökosystem-Forschung (LWF)" will die Schweiz klären wie die Lebensgemeinschaft Wald funktioniert und wie der Wald auf Luftschadstoffe und Klimaveränderung reagiert. Im Einzelnen soll geklärt werden, welche Bedeutung der Kronenzustand für die Gesundheit der Bäume hat; wie sich das Baumwachstum verändert und welchen Einfluss das Standortklima auf das Baumwachstum einnimmt; ob sich die Nährstoffversorgung der Bäume verschlechterte und welcher Einfluss dem sauren Niederschlage (saurer Regen) zukommt; was Störungen in einem Ökosystem bewirken; ob die biologische

[495] Vgl. Scherzinger, Wolfgang (1996); 287-289.

[496] Vgl. Pitterle, Alfred (1993); 66.

[497] Vgl. Pitterle, Alfred (1993); 67.

Aktivität des Oberbodens intakt ist; ob sich die chemische Zusammensetzung des Bodens ändert; welches Ausmass die Luftverschmutzung auf den Flächen erreicht und welche Auswirkung diese aufweist. Diese Untersuchung hat eine erhebliche umweltpolitische Bedeutung, dient sie doch als wissenschaftliche Grundlage, um die Notwendigkeit und den Erfolg von umweltpolitischen Massnahmen abzuschätzen.[498] Zur Erforschung des Waldökosystems tragen Naturwaldreservate wesentlich bei. Auf diesen Flächen wird vom Menschen unbeeinflusst die Entwicklung der dortigen Waldgesellschaft beobachtet. Naturwaldreservate bieten als so genannte "Nullfläche" die Möglichkeit, vergleichende Forschung mit bewirtschafteten Waldbeständen anzustellen und allfällige Änderungen aufzuzeigen. Im Hinblick auf die sich allgemein verändernde Umwelt- und Klimasituation liefern diese Nullflächen wertvolle Erkenntnisse.[499] Zudem bieten diese Wälder Rückzugsgebiete für bedrohte Arten.

Üppigkeit und Verbiss, Vielfalt und Leere, Blütenpracht und Käferfrass ist alles "Natur", auch wenn dies nicht immer unseren Vorurteilen entspricht, die lieber Wachstum, Fülle und Harmonie als gottgewolltes Siechtum, Öde und Zerstörung als "Teufelswerk" einstufen. Es ist ein Fehler vieler Waldbewertungsverfahren, die reifen "Klimax"-Stadien höher einzustufen als jüngere oder ältere Phasen, die aber einen genauso wichtigen Sektor des Waldentwicklungszyklus repräsentieren.[500] In welcher Form die verschiedenen Entwicklungspotentiale in den einzelnen Bewirtschaftungstypen vorhanden sind, zeigt die folgende Grafik:

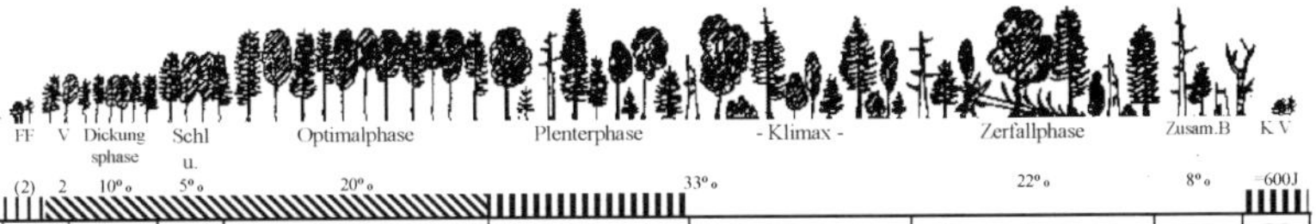

Nationalpark	X	X	X	X	X	X	X	X	X
Naturw.-Res.			X	X	X	X	X	X	
Plenterw.schl.				X	X	X	X		
Hochwald	X	X	X	X	X				X
Saumschlag	X	X	X	X	X	X			
Schirmschlag			X				X	X	
Mittelwald	X	X	X				X	X	X
Weidewald						X	X	X	X
Niederwald	X	X	X						X

Die verschiedenen Waldgesellschaften in den einzelnen Bewirtschaftungstypen[501]

[498] Vgl. Eidg. Forschungsanstalt WSL, Buwal (1997); 1770.

[499] Vgl. Plattner, Gerald (1994); 77-82.

[500] Vgl. Scherzinger, Wolfgang (1994); 17-29.

[501] Bild: Vgl. dazu: Scherzinger, Wolfgang (1994); 21.

In der Schweiz stehen 17% der Waldpflanzen auf der roten Liste. 34% der im Wald vorkommenden Vogelarten sind gefährdet oder vom Aussterben bedroht. Bei Pilzen und xylobionten[502] Insekten ist ein starker Bestandesrückgang feststellbar. Für diese Rückgänge zeichnen sich besonders zwei Faktoren als ursächlich: (a) Der Rückgang lichter nährstoffarmer Standorte; (b) fehlende natürliche Dynamik im Wald. Beide Ursachen können durch eine angepasste Bewirtschaftung gemildert, leider aber nicht beseitigt werden, da auch eine naturnahe Waldwirtschaft die Phasen der natürlichen Waldentwicklung nur unvollständig nachahmen kann. Die Schaffung von Naturwaldreservaten in genügender Zahl und mit ausreichender Einzelfläche ist wichtiges Ziel und dringendes Anliegen des Naturschutzes. Daraus entsteht ein Mangel an Lebensräumen mit erhöhtem Altholz- und Totholzanteil, der durch Naturwaldreservate gedeckt werden kann. Für das schweizerische Mittelland sind 8% der Waldfläche als Naturwaldreservat notwendig. Noch 1993 waren es jedoch lediglich 1,5‰. (In Österreich betrug der Anteil 1995 0,08% [= 0,8‰].[503]) In den letzten Jahren konnte dank finanziellen Beiträgen des Bundes ein kleiner Zuwachs verzeichnet werden. Die Schaffung grossflächiger Waldreservate stösst hingegen, insbesondere bei Förstern und Waldeigentümern, auf Skepsis.[504]

1.4.2.2.2. Naturschutz kontra Wirtschaftswald?

Eine zentrale Frage zur Definition von Zielsetzungen ist von forstwirtschaftlicher Seite gesehen: wie viel Naturschutz der Wirtschaftswald "verträgt".[505] EBERHARD SCHÜLE[506] ist ein klarer Verfechter der Wirtschaftlichkeit. Für ihn ist wichtig, dass der Wald Profit abwirft und die Kassen der Kommunen füllt. Er ist voll des Lobes über jene Förster und Waldbesitzer, die in der Vergangenheit "aus kümmerlichen Resten in jahrhundertelanger und mühevoller Arbeit die Wirtschaftswälder geschaffen haben, die heute ein Drittel Deutschlands bedecken und über einen Vorratsreichtum verfügen wie es ihn nie zuvor gegeben hat.[507]" SCHÜLE zeichnet diese Förster und Waldbesitzer gleichermassen

---

[502] "Holzverbundene" Insekten.

[503] Vgl. Ökobilanz Wald - 1995; 39. – Die Anzahl der nicht nur den Wald betreffenden grösseren Schutzgebiete insgesamt verhielt sich laut der Erhebung von 1993 wie folgt: Deutschland: 504 Schutzgebiete mit einer Fläche von 91'957 km^2, das entspricht 25,8% des Staatsgebietes; Österreich: 170 Schutzgebiete mit einer Fläche von 20'055 km^2, das entspricht 23,9% des Staatsgebietes; Schweiz: 109 Schutzgebiete mit einer Fläche von 7'307 km^2, das entspricht 17,7% des Staatsgebietes. – Quelle: Statistisches Jahrbuch für die Republik Österreich - 1996; 476. – Das österreichische Umweltbundesamt weist für 1993 592 Gebiete mit einer Fläche von 20,160 km^2 aus. Zudem sind weitere 1'067 km^2 als Nationalparks in Planung – Vgl. dazu: Umwelt in Österreich - Daten und Trends 1994; 201-202.

[504] Vgl. Tester, Urs (1994); 10-16.

[505] Vgl. Drabarczyk, Liselotte (1999m); 1877.

[506] EBERHARD SCHÜLE: Vizepräsident des Europäischen Kommunalwaldbesitzerverbandes.

[507] Hölzel, Markus (1997b); 1403, 1409.

verantwortlich für den Nachhaltigkeitsbegriff und meint: "Auch oder gerade im Wirtschaftswald sollte die Freiheit des Handelns den Verantwortlichen und Waldeigentümern überlassen bleiben.[508]" THOMAS HENNINGSEN[509] hält dem entgegen, dass er das "Wirtschaften" an sich als Existenzgrundlage der Menschheit nicht in Frage stelle. Dem Wirtschaften weist er jedoch klare Grenzen zu: "Langfristig ist Wirtschaften nur möglich, wenn die ökologischen Bedingungen beachtet werden. ... Der Natur zu folgen bedeute nicht 'zurück auf die Bäume', sondern Sicherung der Natürlichen Lebensgrundlagen.[510]" HENNINGSEN weist darauf hin, dass der Begriff der holzbezogenen Nachhaltigkeit auf eine ganzheitlich ökosystembezogene Nachhaltigkeit zu erweitern sei. Zudem sei zu beachten, welchen Vorbildcharakter die Forstwirtschaft bei uns weltweit habe. Die ökologischen Waldnutzungskonzepte, welche die grossen, am Wald arbeitenden Umweltverbände bereits entwickelt hätten, gelte es nun von der Waldwirtschaft in Zusammenarbeit zu übernehmen.[511] Bleibt noch zu bemerken, dass Ökonomie und Ökologie lediglich in Abhängigkeit voneinander lebbar sind. Die globalen Umweltprobleme führen drastisch vor Augen wie dringend die Umstellung auf naturnahe Nutzungsformen geworden ist.

1.4.2.2.3. Nachhaltige Forstwirtschaft

Die nachhaltige Bewirtschaftung der Wälder ist keine Neuerfindung unserer Tage wie bereits HEINRICH VON COTTA gezeigt hat. In den USA wurde 1897 gegen den Protest der Holzindustrie in staatlichen Waldgebieten eine nachhaltige Waldwirtschaft angeordnet, jedoch nicht durchgesetzt.[512] Die Verwirklichung dieser Anordnung liess 63 Jahre auf sich warten. Erst 1960 setzte sich diese Verordnung durch.[513] Die WCED[514] hat im Bericht "Unsere gemeinsame Zukunft"[515] dem Begriff "Nachhaltige[516] Entwicklung"[517] weltweit Aufmerksamkeit verschafft.[518] Nachhaltige Forstwirtschaft ist derzeit weltweit von höchstem Interesse. Als Meilenstein in der Bewusstseinsbildung der Unternehmer

---

[508] Hölzel, Markus (1997b); 1403, 1409.

[509] Funktionär von Greenpeace und Leiter der Waldkampagne Greenpeace Deutschland.

[510] Hölzel, Markus (1997b); 1403, 1409.

[511] Vgl. Hölzel, Markus (1997b); 1403, 1409.

[512] Vgl. Drabarczyk, Liselotte (1999a); 15.

[513] Vgl. Drabarczyk, Liselotte (1999a); 15.

[514] Weltkommission für Umwelt und Entwicklung

[515] "Our common future"

[516] Im Sinne von Tragfähigkeit - inklusiv Qualität, Umweltverträglichkeit und Sozialverträglichkeit.

[517] Der Begriff "Nachhaltige Entwicklung" in der Originalsprache Englisch: "sustainable development".

[518] Vgl. Weish, Peter (1995); 121.

kann durchaus die "Ligna"[519] in Hannover von 1997 bezeichnet werden. Währen dieser Messe tagte am 5. und 6. Mai der erste Internationale "Wood Congress", der sich zum Auftakt mit nachhaltiger Holzwirtschaft befasste. Nachhaltig produziertes Holz ist der einzige nachwachsende Baustoff; auch als Roh- und Werkstoff hat das nachwachsende Holz eine herausgehobene Stellung. Gleichzeitig bedeutet nichtnachhaltige Holznutzung eine weitgehend nicht umkehrbare Zerstörung von Umwelt und Natur.[520] In Europa bewirtschaften über 12 Millionen Waldbesitzer ihren Wald nachhaltig. In der EU sind immerhin 36% der Fläche, das sind 116 Mio. ha, mit Wald bedeckt. - In Deutschland 30% [10,2 Mio. ha] (34% sind Staatswald, 20% Körperschaftswald und 46% Privatwälder);[521] in der Schweiz 28% [1,2 Mio. ha][522] (73% sind im Besitz der öffentlichen Hand und 27% Privatwälder);[523] in Österreich 38% [3,88 Mio. ha][524] (20,5% sind Staatswald und 79,5% Privatwälder)[525] - Von diesen 116 Mio. ha sind 66% (76,56 Mio. ha) in Privatbesitz. Die privaten Waldbesitzer, die ihre Wälder oft über mehrere Generationen hin bewirtschaften, haben so einen wesentlichen Anteil an der nachhaltigen Bewirtschaftungsform.[526] Diese Bewirtschaftungsform wurde auch vom EU-Parlament gewürdigt, indem es in einer "Entscheidung zum Klimawechsel" deren Bedeutung im Sinne eines Kohlenstoffreservoirs besonders betont. Das Parlament wünscht zudem die vermehrte Verwendung von Holz als Ersatzprodukte für nicht erneuerbare Rohstoffe wie Plastik und Metall.[527]

Seit 1992 hat die FAO[528] 32 Ländern geholfen ihre Forst- und Naturschutzgesetze modernen Standards anzupassen. Wenn örtlich möglich, werden hierin langzeitige Konzessionsverträge auf möglichst grosse Flächen vorgesehen, die bei Einschlagszyklen von mindestens 25 bis 30 Jahren gleichbleibend relativ hohe Holzmengen und damit die Möglichkeit der Abschreibung grosser Investitionen ermöglichen. Die Erfahrung hat auch in diesen Ländern gezeigt, dass kontrollierte und verantwortungsvolle Waldnutzung

---

519 Alljährliche Holzfachmesse in Hannover.

520 Vgl. Drabarczyk, Liselotte (1997f); 1245.

521 Vgl. weiter oben Tabelle: Übersicht der Waldeigentumsarten in den einzelnen Ländern (gerundete Zahlen). – Vgl. dazu auch: Drabarczyk, Liselotte (1999a); 15.

522 Vgl. weiter oben Tabelle: Übersicht der Waldeigentumsarten in den einzelnen Ländern (gerundete Zahlen). – Vgl. dazu auch: Vallorbe, J. Combe (1987); 6.

523 Vgl. weiter oben Tabelle: Übersicht der Waldeigentumsarten in den einzelnen Ländern (gerundete Zahlen). – Diese Angaben stützen sich auf eine Anfrage an das Bundesamt für Statistik in Bern, die mir persönlich per E-Mail am 24.4.1997 beantwortet wurde.

524 Vgl. Statistisches Jahrbuch für die Republik Österreich - 1996; 14, 228.

525 Vgl. weiter oben Tabelle: Übersicht der Waldeigentumsarten in den einzelnen Ländern (gerundete Zahlen). – Vgl. dazu auch: Statistisches Handbuch für die Republik Österreich - 1980; 92.

526 Vgl. Drabarczyk, Liselotte (1998a); 1071.

527 Vgl. Drabarczyk, Liselotte (1999p); 2041.

528 Food and Agriculture Organization of the UN

keine Kostensteigerung bedeutet. Höhere Material- und Holzernteplankosten werden durch deutlich verringerte Schäden am Boden und dem stehenden Bestand sowie durch rationellere und zeitsparende Arbeitsverfahren ausgeglichen.[529] Eine wesentliche Unterstützung in der Förderung der nachhaltigen Bewirtschaftung der tropischen Wälder ist die Zertifizierung. Eine solche ist jedoch nur dann zielführend, wenn die Glaubwürdigkeit des Zertifikates und die Kontrolle nach entsprechenden internationalen Richtlinien erfolgt.[530] Bislang wurde nur ganz wenigen Forstbetrieben im tropischen Naturwald bescheinigt, dass ihre betrieblichen Systeme oder ihre Prozesse der Nachhaltigkeit gerecht werden. Nachhaltigkeit ist jedoch auch in den Tropen nichts Neues, führte doch DIETRICH BRANDIS vor ca. 140 Jahren in den Teakwäldern Burmas sozialverträgliche Nachhaltigkeit real ein. Vor gut 40 Jahren taten das Gleiche die Forstverwaltungen in den Regenurwäldern von Malaya, Sabah Sarawak, Mindanao und Uganda mit gutem Anfangserfolg. Heute scheint offensichtlich unmöglich, was damals gelang; doch verlief die Entwicklung in den tropischen Ländern anders als geplant. Diese gerade genannten Beispiele und Erfahrungen aus den letzten 50 Jahren zeigen, dass eine nachhaltige und umweltgerechte Waldbewirtschaftung in den Tropen allen Unkenrufen zum Trotz durchaus möglich ist.[531] Es ist sogar belegt, dass Nachhaltigkeit die Waldflächenverluste bremst.[532] Dass sich Nachhaltigkeit mit Wirtschaftlichkeit durchaus kombinieren lässt, hat die deutsche Forstwirtschaft seit langem bewiesen. Nur eine Balance, eine Ausgewogenheit zwischen Nutzen und Schutz des Waldes kann zu dessen dauerhaftem Erhalt, zum Vorteil der von ihm und seinen Erträgen lebenden Menschen führen. Nachhaltige Waldwirtschaft bedeutet: Schützen durch verantwortungsbewusstes Nutzen.[533] Die Gesellschaft ist dann nachhaltig, wenn sie so strukturiert ist und sich so verhält, dass sie über alle Generationen existenzfähig bleibt. Mit anderen Worten: Sie muss so weitsichtig, wandlungsfähig und weise sein, dass sie ihre eigenen materiellen und sozialen Existenzgrundlagen nicht unterminiert.[534] Die UN bezeichnet eine Gesellschaft als nachhaltig, wenn sie "den Erfordernissen der Gegenwart angemessen gerecht wird, ohne die Möglichkeiten künftiger Generationen zu beschränken, ihren eigenen Bedürfnissen nachzukommen[535]". - "Der Gleichgewichtszustand würde die Ressourcen in unserer Umwelt weniger belasten, aber unsere moralischen Fähigkeiten viel stärker fordern.[536]"

---

[529] Vgl. Schminke, Karl Hermann (1997a); 1431, 1434.

[530] Vgl. Bruenig, Eberhard F. (1998b); 745, 747.

[531] Vgl. Bruenig, Eberhard F. (1998a); 705, 706, 707.

[532] Vgl. Drabarczyk, Liselotte (1999b); 393.

[533] Vgl. Schminke, Karl Hermann (1997b); 1441, 1446.

[534] Vgl. Meadows, Donella H. (^{7}1993); 250-259.

[535] WCED (1987); 102.

[536] Harte, John (1971); 237.

1.4.2.2.4. Umwelt-Managementsystem in den Ländern der EU (Öko-Audit)

Natur- und Umweltschutz unter Miteinbezug der Mitarbeiter muss in einem Betrieb keineswegs ein wirtschaftliches Hindernis sein. Untersuchungen am Institut für Forstbenutzung und Forstliche Arbeitswissenschaft der Universität Freiburg in Betrieben der Holzindustrie zeigen die Bedeutung einer Beteiligung der Mitarbeiter am betrieblichen Umweltschutz. Es gilt nicht nur ökologische, sondern insbesondere sozioökonomische Potentiale zu erschliessen.[537]

Die erfolgreiche Anwendung eines Umwelt-Management- und Kontrollsystems (EMAS[538]) bietet Forstbetrieben durchwegs Vorteile. In der EU gibt es seit 1995 eine EMAS-Verordnung,[539] die diese Form der Selbstüberwachung EU-weit zulässt und regelt. An EMAS können sich prinzipiell alle Betriebe innerhalb der EU beteiligen.[540] Das Ziel des EMAS ist die Förderung der kontinuierlichen Verbesserung des betrieblichen Umweltschutzes im Rahmen der gewerblichen Tätigkeiten durch:

- Festlegung und Umsetzung standortbezogener Umweltpolitik, -programme und -managementsysteme durch die Unternehmen;

- systematische, objektive und regelmässige Bewertung der Leistung dieser Instrumente;

- Bereitstellung von Informationen über den betrieblichen Umweltschutz für die Öffentlichkeit.[541]

Um ein EMAS-Betrieb zu werden gilt es einige Punkte zu beachten. In Anlehnung an PRAAST SIEGFRIED[542] sind folgende Managementpraktiken aufzuzählen:

1. *Bei den Arbeitnehmern werde auf allen Ebenen das Verantwortungsbewusstsein für die Umwelt gefördert.*
2. *Die Umweltauswirkung jeder neuen Tätigkeit, jedes neuen Produktes und jedes neuen Verfahrens würden im Voraus beurteilt.*

---

[537] Vgl. Pinker, Wolfram (1999); 1299.

[538] Environmental Management- and Audit-System = Umwelt-Management- und Kontrollsystem. - Steht in Verbindung mit DIN EN ISO 10011.

[539] EMAS-Verordnung (EWG) Nr. 1836/93, gültig seit dem 11. April 1995. In: Amtsblatt EG Nr. L 186 vom 10. Juli 1993.

[540] Vgl. dazu: Drabarczyk, Liselotte (1998b); 105, 108.

[541] Vgl. Praast, Siegfried (1997a); 2305.

[542] Dipl.-Ing. Dipl.-Des. Eur Ing SIEGFRIED PRAAST: Unternehmensberater und Prüfer für die Zulassung von Umweltgutachtern für alle gewerblichen Bereiche der Holzwirtschaft (einschliesslich Möbelherstellung), des Fahrzeugbaus und des Maschinenbaus in Deutschland.

3. *Die Auswirkungen der gegenwärtigen Tätigkeiten auf die lokale Umgebung würden beurteilt und überwacht und alle bedeutenden Umweltauswirkungen dieser Tätigkeiten im Allgemeinen würden geprüft.*
4. *Es würden die notwendigen Massnahmen ergriffen, um Umweltbelastungen zu vermeiden bzw. zu beseitigen und, wo dies nicht zu bewerkstelligen sei, umweltbelastende Emissionen und das Abfallaufkommen auf ein Mindestmass zu verringern und die Ressourcen zu erhalten; hierbei seien mögliche umweltfreundliche Techniken zu berücksichtigen.*
5. *Es würden notwendige Massnahmen ergriffen, um unfallbedingte Emissionen von Stoffen oder Energie zu vermeiden.*
6. *Es würden Verfahren zur Kontrolle der Übereinstimmung mit der Umweltpolitik festgelegt und angewandt; sofern diese Verfahren Messungen und Versuche erfordern, würde für die Aufzeichnung und Aktualisierung der Ergebnisse gesorgt.*
7. *Es würden Verfahren und Massnahmen für die Fälle festgelegt und auf dem neuesten Stand gehalten, in denen festgestellt werde, dass ein Unternehmen seine Umweltpolitik oder Umweltziele nicht einhalte.*
8. *Zusammen mit den Behörden würden besondere Verfahren ausgearbeitet und auf dem neuesten Stand gehalten, um die Auswirkungen von etwaigen unfallbedingten Ableitungen möglichst gering zu halten.*
9. *Die Öffentlichkeit erhalte alle Informationen, die zum Verständnis der Umweltauswirkungen der Tätigkeit des Unternehmens benötigt würden, ferner sollte ein offener Dialog mit der Öffentlichkeit geführt werden.*
10. *Die Kunden würden über die Umweltaspekte im Zusammenhang mit der Handhabung, Verwendung und Endlagerung der Produkte des Unternehmens in angemessener Weise beraten.*
11. *Es würden Vorherkehrungen getroffen, durch die gewährleistet werde, dass die auf dem gleichen Betriebsgelände arbeitenden Vertragspartner des Unternehmens die gleichen Umweltnormen anwenden wie dieses selbst.*[543]

Das Unternehmen ist verpflichtet seine Umweltschutzziele schriftlich und präzise festzuhalten. Schwammige Formulierungen werden nicht akzeptiert. Längstens alle drei Jahre werden die Betriebe geprüft.[544] Die Umweltgutachter, die den Betrieb prüfen, müssen unabhängig sein und ihre gegebenenfalls günstig ausfallenden Berichte an die Unternehmensleitung richten. Das Unternehmen hat mittels dieses Berichtes die Möglichkeit einen entsprechenden Eintrag in das Verzeichnis der zuständigen Handelskammer bzw. Industrie- und Handelskammer einzureichen. Sind keine

---

[543] Vgl. Praast, Siegfried (1997a); 2308.

[544] Vgl. Praast, Siegfried (1997b); 2344, 2345.

Beanstandungen seitens der Ämter einzubringen, wird der Betrieb in das Verzeichnis der EMAS-Betriebe eingetragen. Bei Verstössen seitens des Betriebes wird dieser von der Kammer vorübergehend aus dem Verzeichnis gestrichen, bis die Ursache dieser Eintragsaufhebung behoben ist.[545] Wie zu Beginn dieses Abschnittes bereits darauf hingewiesen wurde, bringt das Verzeichnetsein als EMAS-Betrieb Vorteile für das Unternehmen. Der erste Vorteil liegt durch Einsparungen bereits in finanzieller Hinsicht vor. So wird gespart bei den Kosten für Ver- und Entsorgung, Energie, Transport, Fertigungsmaterial und beim Verpackungsaufwand. Die Rechtssicherheit nach dem Umwelt- und produktrelevanten Haftungs- und Strafrecht wird ganz erheblich verbessert, was häufig unbekannt ist und deren Bedeutung regelmässig unterschätzt wird. Wird ein Betrieb in Sachen Umweltvergehen geklagt, muss dieser beweisen, dass bei ihm kein Organisationsversagen vorliegt. Diesen Nachweis kann er in der Regel nur durch eine erfolgreiche Teilnahme am EMAS führen. Ansprüche eines Geschädigten gegen einen Standort verjähren erst nach 30 Jahren. Die grössere Transparenz eines Unternehmens führt zu einer Verringerung des Kreditrisikos und damit oftmals zu einer Verbilligung der Kreditzinsen. Bei den Versicherungsgesellschaften zeichnet sich ebenfalls ein Einlenken mit günstigeren Prämien ab.[546] Gegenwärtig mangelt es jedoch immer noch an der Bekanntheit des EMAS-Systems (fälschlicherweise auch Öko-Audit genannt). Betriebe sind daher angehalten, mehr Werbung unter dem Aspekt EMAS zu machen.[547]

1.4.2.2.5. Zertifizierung

Die Versuche einer umweltorientierten Zertifizierung von Holzprodukten aus nachhaltiger Forstwirtschaft beruhen auf der UN-Konferenz über Umwelt und Entwicklung[548] in Rio de Janeiro im Juni 1992 und auf ihren Folgekonferenzen.[549]

Die Zertifizierung von Holz ist ein viel diskutiertes Thema. Einige punktuelle Erscheinungsformen dieser Diskussion sollen hier aufgezeigt werden. Die Thematik lässt sich aus verschiedenen Blickwinkeln betrachten. Die europäische Forstwirtschaft ist in mancherlei Hinsicht weltweit als vorbildlich zu betrachten, im Blick auf die Zertifizierung von Holz allerdings nicht. Deshalb wird an dieser Stelle zuerst das Augenmerk auf Kanada gerichtet. Kanada, mit einem Exportanteil von 80% seiner Forst- und Holzprodukte, verfolgt die Anforderungen seiner Exportmärkte sehr genau und nimmt diese durchwegs ernst. Kanada hat bereits seit einigen Jahren ein

[545] Vgl. Praast, Siegfried (1998a); 37, 46.

[546] Vgl. Praast, Siegfried (1998b); 140, 142.

[547] Vgl. Drabarczyk, Liselotte (1999i); 685.

[548] UNCED = UN-Conference on Environment and Development

[549] Vgl. KWFL; 861-862; Zertifizierung.

Zertifizierungssystem entwickelt. Im Wesentlichen erfüllt dieses System folgendes Anforderungsprofil:

- Freiwilligkeit;
- Einschluss sozialer, ökonomischer und ökologischer Werte;
- Glaubwürdigkeit (im Ansatz offen und interessensüberprüfend, wissenschaftlich fundiert, Überprüfung durch unabhängige Kontrolleure [Audits]);
- Flexibilität (anwendbar in allen Waldformen und Waldbesitzarten);
- Fairness gegenüber allen Erzeugern und für alle Erzeuger zugänglich;
- keine Verzerrung des Handels

Das kanadische Verfahren besteht aus zwei Kerndokumenten: Dem Leitfaden zur nachhaltigen Forstwirtschaft[550] sowie den Auditrichtlinien für Systeme der nachhaltigen Forstwirtschaft.[551] Es wird immer mit Nichtregierungsorganen beraten, durch die Öffentlichkeit geprüft und durch Probeautits überwacht. Dieses Zertifikat stellt kein Umweltzeichen dar, sondern eine auf dem Umweltmanagementsystem[552] aufgebaute Forstwirtschaftsnorm.[553] Das Kanadische Verfahren der Zertifizierung ist somit ein guter Anfang, liegt jedoch hinter den Bestimmungen der europäischen EMAS-Betrieben zurück. ISO[554] 14001 ist zahlenmässig an Betrieben gemessen, und das muss anerkannt werden, verbreiteter als EMAS. In Kanada wird daher nicht unbedingt unterschieden, ob das Holz aus naturnahen Gebieten oder Kahlschlaggebieten,[555] die wieder aufgeforstet werden, stammt.[556] Nicht zuletzt deshalb drängen Verbraucherbetriebe wie die grafische Industrie vermehrt auf eine Umweltzertifizierung, da sich ohne eine solche mittelfristig erhebliche Nachteile für die europäische Industrie ergeben.[557] Der Bundesverband Deutscher Holzhandel (BD Holz) hat sich im Zusammenhang mit der Tropenholzfrage erstmals 1987 für die Zertifizierung ausgesprochen.[558]

---

[550] Dokument: Z 808

[551] Dokument: Z 809

[552] DIN EN ISO 14001 - Dieses deckt nicht die Ansprüche von EMAS ab.

[553] Vgl. Schron, Brigit (1996); 2439.

[554] International Standard Organisation (ISO).

[555] Vgl. oben Definition: Plantagenwald (kurzfristiger Nachhaltigkeitswald)

[556] Vgl. Becker, Michel (1997); 653, 654.

[557] Vgl. Schron, Brigit (1996); 2439.

[558] Vgl. Schrader, Jürgen (1998b); 633.

Philipp Prinz zu Salm[559] bringt ein grosses Problem der Verwirklichung der Zertifizierung auf den Punkt, wenn er zu bedenken gibt, dass die Kosten mit voraussichtlichen 60 DM/ha (30,68 €/ha) für die meisten Waldbesitzer zu hoch seien. Der überwiegende Teil der Waldbesitzer hier zu Lande seien Kleineigentümer mit einer Fläche von unter 50 ha, die zum Teil nicht permanent bewirtschaftet würden und zudem zumeist defizitär seien. Eine Zertifizierung von Einzelbetrieben sei daher zu Gunsten einer Herkunftskennzeichnung abzulehnen, zumal die Umweltbelange gesetzlich geregelt und überwacht würden.[560] In gleicher Weise argumentiert Marian Freiherr von Gravenreuth.[561] Auch er sieht eher ein Label mit der Bezeichnung "Holz aus Nachhaltiger Forstwirtschaft. Gewachsen in Deutschlands Wäldern."[562] Thomas Neiss[563] widerspricht dem heftigst. Er sieht die Gefahr darin, dass ausländische Firmen mit zum Teil zweifelhaften Labels, aber eben doch Zertifikaten, den einheimischen Markt überschwemmen könnten, da die Kunden immer mehr Holz mit einer Kennzeichnung wollen.[564] Im Rahmen der Vorbildwirkung Europas wird eine Zertifizierung wohl sinnvoll sein. Diese muss jedoch andere Kriterien haben, als in den tropischen Ländern. Wenn in diesen Ländern ein Zertifikat noch die Nachhaltigkeit belegt, kann dies in Europa nicht genügen, da dies ohnehin der Fall ist. Vielmehr muss ein solches Label ökosoziale Steuerungsziele enthalten. Diese Meinung wird weitgehend auch von Stefan Schardt[565] vertreten.[566] Die Nachhaltigkeit in der Forstwirtschaft weltweit gesehen bekam besonders nach dem Umweltgipfel in Rio 1992 und seit Beginn des IPF[567] 1995 neues Gewicht.[568] Baron Fürstenberg[569] lehnt hingegen eine Diskussion über eine Zertifizierung schlicht ab. Fürst Waldeck[570] wiederum kritisiert den Druck, der durch eine Zertifizierung entstehe. Jan-Dirk Schulze Osthof[571] sagt: "Diese Zertifizierung bringt uns auseinander, macht den Markt kaputt und sorgt nicht für reissenden Absatz.[572]"

559 Vorsitzender des Waldbauernverbandes Nordrhein-Westfalen.

560 Vgl. Schron, Brigit (1996); 2439.

561 Vertreter der Arbeitsgemeinschaft Deutscher Waldbesitzerverbände (AGDW).

562 Vgl. Drabarczyk, Liselotte (1997f); 1250.

563 Abteilungsleiter Forsten, Naturschutz, Raumordnung und Landwirtschaft des Landes Nordrhein-Westfalen.

564 Vgl. Schron, Brigit (1996); 2439, 2440.

565 Geschäftsführer der Initiative Tropenwald (ITW) Deutschland.

566 Vgl. Schron, Brigit (1996); 2439, 2440.

567 Intergovernmental Panel on Forests

568 Vgl. Schminke, Karl Hermann (1997b); 1441, 1446.

569 Grosser Waldbesitzer.

570 Grosser Waldbesitzer.

571 Angehöriger des Waldbauernverbandes Nordrhein-Westfalen.

572 Hölzel, Markus (1997b); 1409.

HELMUT KLEIN[573] fordert hingegen, dass das umfangreiche Wissen endlich auch umzusetzen sei. Zudem meint er: "In zehn Jahren werden die Würfel gefallen sein. Die Richtung ist aber noch unklar. Wenn sie in die falsche Richtung fallen, sind Forstwirtschaft und Naturschutz in Deutschland ruiniert.[574]" Zertifiziertes Holz hat auf dem Baumarkt privater Bauherren jedoch nur dann eine echte Chance, wenn dieses Holz nicht teurer ist als anderes. Wenn ein Bauherr eine Holzdecke angeboten bekommt für € 5'000.– und eine aus einem zertifizierten Forstbetrieb, die aber 3% teurer ist und € 5'150.– kostet, wird er in der Regel die Günstigere nehmen. Nur wenige Bauherren sind bereit für die Ökologie der Wälder € 150.– extra auszulegen.[575]

1.4.2.2.5.1. Zertifikate

An erster Stelle der Zertifikate und der Organisationen, die zertifizieren, gilt es das "FSC[576]" zu nennen. Das Forest Stewardship Council (Weltforstrat) wurde 1993 in Toronto gegründet. Es ist eine internationale, nichtstaatliche Organisation mit über 250 stimmberechtigten Mitgliedern, mit Sitz in Oaxaca/Mexiko. Ihr gehören Vertreter der Holzindustrie, Umweltverbände, Zertifizierungsinstitute und Experten aus 25 Ländern an. Die deutsche FSC-Arbeitsgruppe wurde am 01.10.1997 in Bonn gegründet.[577] Mit der Zertifizierung von Forstbetrieben nach FSC-Richtlinien wird diesen von unabhängigen Gutachtern bescheinigt, dass bei der Bewirtschaftung der Wälder bestimmte wirtschaftliche Standards eingehalten werden. Seit bekannt werden der rasanten Waldvernichtung durch Kahlschlag und Brandrodung nahm der öffentliche Druck zu, Holz naturverträglicher zu gewinnen. Die Nachfrage der Verbraucher hat zu einem verstärkten Handel mit zertifizierten Holzprodukten geführt. Allerdings sind die meisten Zertifikate unglaubwürdig, da sie von der Forst- und Holzwirtschaft selber vergeben werden. Der Verbraucher weiss nicht, ob sich wirklich nachhaltig-ökologische und soziale Bewirtschaftungs-Methoden dahinter verbergen. Beim FSC handelt es sich um eine weltweite Zertifizierung.[578]

---

[573] HELMUT KLEIN: Waldpolitischer Sprecher des BUND.

[574] Hölzel, Markus (1997b); 1409.

[575] Vgl. Schrader, Jürgen (1998a); 633, 634.

[576] Forest Stewardship Council – Signet Vgl.: Forest Stewardship Council (2000).

[577] Vgl. KWFL; 245; Forest Stewardship Council (FSC).

[578] Vgl. Drabarczyk, Liselotte (1999c); 698.

Die Prinzipien und Kriterien des Forest Stewardship Council lassen sich nach Greenpeace wie folgt darstellen:

1. ***Übereinstimmungen mit Gesetzen und FSC-Prinzipien*** *Die Bewirtschaftung der Wälder in einem Land soll alle gültigen Gesetze des jeweiligen Landes sowie alle internationalen Verträge und Vereinbarungen, zu denen sich das jeweilige Land verpflichtet hat, respektieren und alle FSC-Prinzipien & Kriterien einhalten.*
2. ***Pacht, Nutzungsrechte und Verbindlichkeiten*** *Langfristige Pacht und Nutzungsrechte an Land und Waldressourcen sollen klar festgelegt, dokumentiert und rechtskräftig verankert sein.*
3. ***Rechte indigener Bevölkerung (Ureinwohner)*** *Die gesetzlichen Rechte und Gewohnheitsrechte der indigenen Bevölkerung, ihre Ländereien, Territorien und Ressourcen zu besitzen, zu nutzen und zu bewirtschaften, sollen anerkannt und respektiert sein.*
4. ***Kommunale Beziehungen und Arbeitsrecht*** *Die Bewirtschaftung des Waldes soll die langfristigen, ökonomischen und sozialen Verhältnisse der Waldarbeiter und lokalen Gemeinden erhalten oder verbessern.*
5. ***Nutzung aus dem Wald*** *Die Waldbewirtschaftung soll die effiziente Nutzung der verschiedenen Produkte des Waldes fördern um die Wirtschaftlichkeit sowie die grosse Zahl ökologischer und sozialer Vorteile zu sichern.*
6. ***Einfluss auf die Umwelt*** *Die Bewirtschaftung des Waldes soll die biologische Vielfalt und die damit verbundenen Werte, die Wasserressourcen, die Böden sowie einzigartige und bedrohte Ökosysteme und Landschaften bewahren und dadurch die ökologische Funktionalität und Einheit des Waldes erhalten.*
7. ***Bewirtschaftungsplan*** *Ein nach Grösse und Intensität der Bewirtschaftung angemessener Betriebsplan soll aufgestellt, umgesetzt und auf dem aktuellen Stand gehalten werden. Die langfristigen Ziele der Waldbewirtschaftung sowie die Mittel zu ihrer Erreichung sollen klar festgelegt sein.*
8. ***Überwachung und Beurteilung*** *Eine nach Grösse und Intensität der Bewirtschaftung angemessene Überwachung soll durchgeführt werden um den Zustand der Wälder, die Erträge der Waldprodukte, die Handelkette, die Bewirtschaftungsmassnahmen sowie deren soziale und ökonomische Auswirkung zu beurteilen.*
9. ***Erhaltung der natürlichen Wälder*** *Primärwälder (Urwälder), weit entwickelte Sekundärwälder sowie Orte von besonderer sozialer/kultureller Bedeutung sollen erhalten werden. Solche Orte sollen nicht durch Plantagen oder andere Bewirtschaftungsformen ersetzt werden.*

10. Plantagen *Plantagen sollen in Übereinstimmung mit den Prinzipien und Kriterien 1-9 und dem Prinzip 10 sowie seinen Kriterien geplant und bewirtschaftet werden. Während Plantagen ein Angebot an sozialen und ökonomischen Vorteilen bereitstellen können und zur Deckung des weltweiten Bedarfs an Forstprodukten beitragen können, sollen sie die Bewirtschaftung naturnaher Wälder unterstützen, den Druck auf naturnahe Wälder verringern sowie die Wiederherstellung und den Schutz naturnaher Wälder fördern.*[579]

Der FSC will helfen Klarheit herzustellen, indem er Zertifizierer nach den von Umwelt- und Sozialorganisationen anerkannten, internationalen Richtlinien und Standards beurteilt und akkreditiert.[580]

Die folgenden Inhalte stellen Kernelemente der Deutschen FSC-Standards dar:

- *Naturnahe Waldwirtschaft*
  - *Kahlschläge (grösser 0.3 ha) werden grundsätzlich unterlassen;*[581] *die Nutzung erfolgt einzelstamm- bis gruppenweise. Vollbaummethoden werden nicht durchgeführt.*
  - *Die Baumartenwahl orientiert sich an den natürlichen Waldgesellschaften. Die natürliche Verjüngung hat Vorrang.*
  - *Chemische Biozide (Herbizide, Pestizide) und Düngemittel werden grundsätzlich nicht eingesetzt*[582]*.*
  - *Die Wildbestände werden so reguliert, dass die Verjüngung der Baumarten natürlicher Waldgesellschaften ohne Hilfsmittel möglich wird.*
  - *Naturferne gleichaltrige Reinbestände werden nicht aufgebaut. Bestände mit standortwidriger Bestockung werden langfristig in naturnahe Waldbestände überführt.*
  - *Auf den Einsatz gentechnisch manipulierter Organismen wird verzichtet.*
  - *Referenzflächen werden eingerichtet in öffentlichen Wäldern über 1'000 Hektar.*

---

579 Vgl. Abdruck in: Greenpeace (2000).

580 Vgl. Drabarczyk, Liselotte (1999h); 677.

581 Im Kleinstwaldbesitz (maximal 5 Hektar) sind aus ausserordentlichen Gründen Hiebsgrössen bis 1 Hektar zulässig.

582 Ausnahmen stellen behördliche Anordnungen einer Schädlingsbekämpfung dar.

- *Schonende Holzernte*
  - *Bei der Holzernte und Waldpflege werden Fäll- und Rückeschäden sowie Schäden am gefällten Stamm minimiert.*
  - *Die Befahrung ist auf Waldwege und Rückegassen beschränkt. Der Waldboden wird nicht flächig befahren.*

- *Sozial ausgerichtete Waldarbeit*
  - *Der Forstbetrieb berücksichtigt das Angebot lokaler Arbeitskräfte und Unternehmer.*
  - *Forstpersonal und Unternehmer, die im Forstbetrieb zum Einsatz kommen, sind angemessen qualifiziert.*
  - *Das Personal wird nach Möglichkeit ganzjährig beschäftigt.*
  - *Die Arbeit im Wald wird so gestaltet und ausgeführt, dass umfassender Unfall- und Gesundheitsschutz gewährleistet sind.*[583]

Die jahrelange Diskussion hat seitens der europäischen Waldbesitzer 1998 zum Entwurf eines europäischen Labels[584] geführt. Die Waldbesitzer legen ihr Schwergewicht auf ein Nachhaltigkeitszeichen im Rahmen der bereits bestehenden gesetzlichen Grundlagen, national abgestuft. Somit wird versucht die Herkunftsbezeichnung mit dem Qualitätsmerkmal der Nachhaltigkeit zu verbinden. Ein ökologisches Zeichen wird jedoch nicht gesehen. Einzelne Unterschiede in den Forstwirtschaften Europas spielen unter marktwirtschaftlichen Gesichtspunkten keine Rolle. Die Holzkäufer setzen keine Präferenzen, weil möglicherweise im Wienerwald etwas andere Waldbaumethoden angewendet werden als in den Vogesen. Die "Febo[585]" hat sich seit 1996 mit der Frage von europäischen Nachhaltigkeitszeichen beschäftigt und ist zu folgendem Ergebnis gekommen:

- *Ein Nachhaltigkeitszeichen sollte eine sprachlich unabhängige, einheitliche Bildmarke als Basis enthalten.*
- *Die Textaussagen müssen entweder in einer der führenden Weltsprachen oder aber in der jeweiligen Landessprache abgefasst sein.*
- *Die Grafik sollte erkennbar machen, dass es sich um ein Umweltzertifikat handelt.*[586]

[583] Vgl. Abdruck in: Forest Stewardship Council Arbeitsgruppe Deutschland e.V. (Hg.) (1996).

[584] Signete Vgl.: Schrader, Jürgen (1998b); 633-634.

[585] Europäischer Holzhandelsverband - Federation Europénne du Négoce de Bois, Febo

[586] Vgl. Abdruck in: Schrader, Jürgen (1998a); 634.

Vorgesehen ist zudem, dass das Nachhaltigkeitszeichen mit Zusatzinformationen ergänzt werden kann und sich somit das Nachhaltigkeitszeichen mit einem Zertifizierungszeichen verbinden lässt. Die von der Febo unterbreiteten Zeichen gelten nicht als eigentlicher Vorschlag, sondern zeigen nur die Elemente, an die ihrerseits zweckmässigerweise bei einem solchen Zeichen gedacht wird.[587]

Ein weiteres Zertifikat, das jedoch von den Umweltgruppen strikt abgelehnt wird, ist das PEFC[588]-Zertifikat. Die Umweltverbände geben zu bedenken, dass dieses Zeichen weder in ökologischer Hinsicht noch mit Blick auf seine Glaubwürdigkeit eine Alternative zum bereits funktionierenden und weltweit gültigen Gütesiegel des FSC (Forest Stewardship Council) sei.[589] Das PEFC wurde von den europäischen Waldbesitzern und ihren Organisationen ins Leben gerufen. Dieses Label wurde am 20. April 1999 in Würzburg der Öffentlichkeit vorgestellt. - Der DFWR[590] hat an seiner Jahrestagung am 1. und 2. Juni 1999 in Potsdam die Gründung des Deutschen Forst-Zertifizierungsrates beschlossen.[591] Der nationale Forst-Zertifizierungsrat für das PEFC-Zeichen wurde am 21. Juli 1999 in Bonn gegründet.[592] Das deutsche System zur Zertifizierung einer nachhaltigen Waldbewirtschaftung basiert auf den Vorgaben des "Pan European Forest Certification Framework - Common Elements und Requirements - Technical Document", das von der 1. Generalversammlung des Pan-Europäischen Forst-Zertifizierungsrates (PEFCC) am 30. Juni 1999 in Paris verabschiedet wurde in der jeweils gültigen Fassung.[593] - Dieses Zertifikat wurde bis dahin noch nicht mit Inhalten gefüllt. Grundlage dafür sind jedoch die paneuropäischen Kriterien, Indikatoren und Leitlinien für nachhaltige Waldbewirtschaftung, die von den Ministerkonferenzen zum Schutz der Wälder in Helsinki 1993 und in Lissabon 1998 verabschiedet wurden.[594] Über dies gelte es mit allen am Holz Interessierten zu diskutieren. Sicher ist lediglich, dass es die Nachhaltigkeit bezeichnet und als Marketinginstrument dient. Den Strukturen nach soll es dem Forest Stewardship Council gleichen. Es gibt eine Dachorganisation, die Unternehmen anerkennt und prüft. Auch bei diesem Zeichen gibt es eine Länder- bzw. Regionalabstimmung der Richtlinien. Der entscheidende Unterschied zu FSC wird in der

[587] Vgl. Schrader, Jürgen (1998a); 633, 634.

[588] Pan-European-Forest-Certification. – Signet Vgl.: Pan European Forest Certification (2000).

[589] Vgl. Drabarczyk, Liselotte (1999d); 1153. – Vgl. dazu auch: Lehnhausen, Hubertus (1997b); 2052-2053.

[590] Deutsche Forstwirtschaftsrat.

[591] Vgl. Drabarczyk, Liselotte (1999g); 1045.

[592] Vgl. Drabarczyk, Liselotte (1999e); 1241.

[593] Vgl. Pan European Forest Certification (2000).

[594] Vgl. Drabarczyk, Liselotte (1999k); 1165.

Gruppenzertifizierung[595] gesehen. Sieht FSC eine solche nur in Ausnahmefällen vor, ist sie bei PEFC die Regel.

Inhaltlich baut PEFC auf den von 37 Nationen im Pan-Europäischen Prozess (Helsinki 1993, Lissabon 1998) verabschiedeten internationalen Beschlüssen auf. PEFC überträgt diese internationalen Vereinbarungen auf die jeweilige nationale bzw. regionale Ebene und entwickelt daraus möglichst im Konsens mit allen Interessengruppen die Zertifizierungskriterien. Per November 2000 haben sich seitens PEFC keine wesentlichen inhaltlichen Änderungen ergeben. Es werden vorwiegend die "Helsinki-Kriterien" angeführt.

Die sechs "Helsinki-Kriterien" lassen sich folgendermassen darstellen:

1. *Erhaltung und angemessene Verbesserung der forstlichen Ressourcen und ihr Beitrag zu globalen Kohlenstoffkreisläufen.*
2. *Erhaltung der Gesundheit und Vitalität von Forstökosystemen.*
3. *Erhaltung und Förderung der Produktionsfunktion der Wälder (Holz- und Nichtholzprodukte).*
4. *Erhaltung, Schutz und angemessene Verbesserung der Biodiversität in Forstökosystemen.*
5. *Erhaltung, Schutz und angemessene Verbesserung der Schutzfunktionen bei der Waldbewirtschaftung (vor allem Boden und Wasser).*
6. *Erhaltung anderer sozio-ökonomischer Funktionen und Bedingungen.*[596]

Daraus ergeben sich für PEFC folgende Ziele:

- *PEFC sichert und fördert entsprechend den Zielen der Helsinki-Kriterien die ökonomischen, ökologischen und sozialen Funktionen des Waldes.*
- *PEFC gibt durch eine unabhängige Prüfstelle Kunden und Marktpartnern die Gewähr, dass die Wälder nach hohen Standards bewirtschaftet werden.*
- *PEFC ist für alle Wälder und sämtliche Waldbesitzer geeignet und berücksichtigt dabei vor allem die Interessen der für Europa typischen Familienforstbetriebe.*
- *PEFC ist offen für die gegenseitige Anerkennung mit anderen forstlichen Zertifizierungssystemen in- und ausserhalb Europas, sofern sie ebenfalls glaubwürdig, freiwillig und transparent sind und Waldbesitzer nicht diskriminieren.*[597]

---

[595] Eine Vielzahl von Waldbesitzern einer Region.

[596] Vgl. Abdruck in: Pan European Forest Certification (2000).

[597] Vgl. Abdruck in: Pan European Forest Certification (2000).

Nebst diesen Zertifikaten gibt es noch andere auf die hier nicht genauer eingegangen wird, da die erwähnten durchwegs einen repräsentativen Überblick über die Zertifizierungsproblematik bieten.

1.4.2.2.6. Biomasse

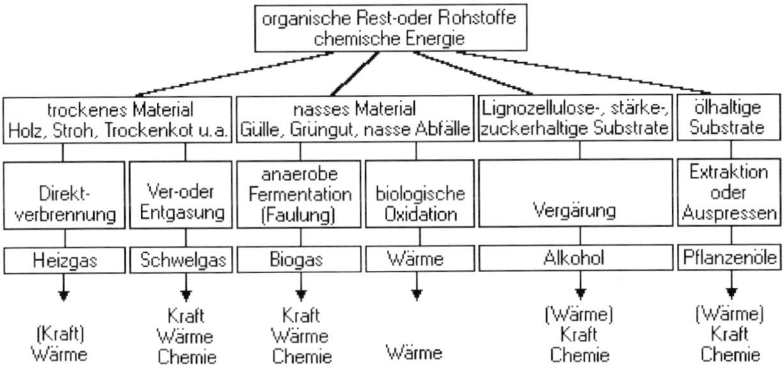

Biomasse[598]

Biomasse ist die Gesamtheit aller lebenden, toten und zersetzten Organismen und der von ihnen stammenden Substanz (hauptsächlich innerhalb eines bestimmten Lebensraums). Weltweit entstehen auf dem Festland jährlich etwa 200 Mrd. t Biomasse (zu 99% pflanzlichen Ursprungs). Etwa 2% der jährlich neugebildeten Biomasse dienen als Nahrungs- und Futtermittel, etwa 1% wird zu Papier- und Faserstoffen verarbeitet. Die Wälder Europas (ohne Russland) haben weltweit lediglich einen Anteil von ca. 5%. Durch ihre intensive Nutzung tragen sie jedoch überdurchschnittlich zur Holzversorgung bei. Die Verbrennung fossiler Brennstoffe und die Waldvernichtung steigern den CO_2-Gehalt in der Atmosphäre zurzeit jährlich um 0,4 bis 0,5 %. Vier Kubikmeter Holz enthalten eine Tonne Kohlenstoff. In den deutschsprachigen Ländern werden gegenwärtig lediglich $^2/_3$ des Holzzuwachses genutzt. Das bedeutet, dass von den Wäldern mehr CO_2 gebunden wird, als diese durch ihre Biomassenutzung freisetzen könnten. Energieholzgewinnung schafft zudem Arbeitsplätze. Mancherorts wird geprüft ob nicht der Einsatz von Langzeitarbeitslosen angebracht wäre um die Energieholzgewinnung zu fördern. Restholz könnte so nach Absprache mit den Eignern auf den betreffenden Feldern gesammelt,[599] aufgearbeitet, zu Hackschnitzeln verarbeitet und zu den Abnehmern transportiert werden. Fachleute rechnen mit einer

---

[598] Bild: Vgl. LROM[1]; Biomasse.

[599] Vgl. dazu weiter unten auch den Abschnitt über das Klaubrecht.

Beschäftigungsmöglichkeit für 20'000 bis 50'000 Stellen alleine in Deutschland. Somit würde nicht nur der Umwelt gedient, sondern auch die Arbeitslosenkassen entlastet.[600] Bislang hinkt die Förderung der Biomasse staatlicherseits hinter der Förderung anderer, nicht umweltgerechter Energieträger hinterher.[601] Aus dem nachwachsenden Rohstoff Biomasse kann deutlich mehr Nutzen gezogen werden, als es derzeit geschieht.[602] In Österreich wurden 1991 gut 20% der Wohnungen mit Holz beheizt, beinahe so viel wie mit Heizöl.[603] Der grösste Teil der Biomasse- bzw. Holznutzung erfolgt gegenwärtig im Rahmen der Brennholznutzung in Haushalten. Die Biomasse liegt als heimischer Energieträger in Österreich gleichauf mit der Wasserkraft. Alleine im Bereich der Energiegewinnung aus Holz stehen dem Verbraucher zahlreiche Möglichkeiten offen:

1. Der Kachelofen: Bei richtiger Auslegung des Brennraumes und der Abgaszüge sowie bei richtiger Bedienung des Ofens sind hohe Wirkungsgrade und vergleichbar niedrige Emissionswerte zu erreichen.

2. Scheitholzgebläsekessel: Die Wirkungsgrade bei modernen Anlagen, die mittlerweilen sehr ökologisch sind, liegt bei 80% bis über 90%.

3. Automatische Biomassefeuerung (Hackgutfeuerung & Pelletsfeuerung): Neue, technisch hochstehende Anlagen unterschreiten die Abgaswerte von herkömmlichen Ölheizungen.

4. Fernwärme / Hausanlagen: Über grosse Biomasseheizwerke werden Hausanlagen mit Heisswasser beliefert.[604]

Nebst diesen Möglichkeiten gibt es weitere Einsatzbereiche wie Biomasse-Kleinkraftwerke oder eine Koppelung von Biomasse und Sonnenenergie. Bei dieser Kombinationsform lassen sich bis zu 50% des Grundbedarfes an Energie decken, bei vertretbaren Kosten. Würde das brachliegende Holzpotential Österreichs bei nachhaltiger Nutzung voll ausgeschöpft, liessen sich in diesem Land jährlich 200'000 Tonnen Heizöl einsparen. Nicht gerechnet sind die anderen Sparten der Biomasse, die gegenwärtig nicht genutzt werden. HANS KRONBERGER[605] beziffert die Bandbreite für das

---

[600] Vgl. dazu: Valet, Klaus (1998); 8.

[601] Vgl. Drabarczyk, Liselotte (1999j); 685.

[602] Vgl. Drabarczyk, Liselotte (1999l); 1165.

[603] Vgl. Ökobilanz Wald - 1995; 92.

[604] Vgl. Kronberger, Hans (^{2}1997); 143-159.

[605] Mitglied des Europäischen Parlamentes und Universitätslektor für Öko-Publizistik an der Universität Salzburg.

zusätzlich aufbringbare Holzenergiepotential je nach Nutzungsintensität[606] (jedoch stets nachhaltige Nutzung) jährlich zwischen 11 PJ[607] und 53 PJ.[608]

1.4.2.2.7. Wachstumstrends

Im Jahre 1993 begann ein Forschungsprojekt des Europäischen Forstinstitutes (EFI) zur "Veränderung des Wachstums in Wäldern Europas" welches 1996 erfolgreich beendet wurde. Bislang lagen lediglich Forschungsergebnisse dieser Art auf lokaler, regionaler und nationaler Ebene vor. Diese Studie hatte den Anspruch die Entwicklung in den letzten 50 bis 100 Jahren auf europäischer Ebene zu beschreiben. Nach den Ergebnissen der Studie ist ein ansteigender Zuwachs in den südlichen Regionen Nordeuropas, in den meisten Regionen Mitteleuropas sowie in einigen Regionen Südeuropas zu verzeichnen. Kein Trend ist in den nördlichen Regionen Nordeuropas auszumachen. In wenigen Fällen ist ein rückläufiger Zuwachstrend ermittelt worden, der auf extreme klimatische Bedingungen zurückzuführen bzw. eindeutig industrieemissionsbedingt ist wie auf der russischen Halbinsel Kola. Eine andere Studie des EFI weist auf, dass zwischen 1950 und 1990 das Gesamtvolumen der europäischen Wälder um 43% zugenommen hat. - In der Schweiz nahm alleine die Waldfläche zwischen 1986 und 1996 um 4% zu.[610] - Die Zuwächse haben die Nutzung in jüngster Vergangenheit bei weitem überstiegen. Dies hat laut dem Leiter der Studie, HEINRICH SPIECKER,[611] nicht nur Vorteile. Der Wald erreichte so ein höheres Durchschnittsalter und sei dadurch anfälliger gegenüber natürlicher und künstlicher Belastung. Sollten, laut SPIECKER, einschichtige nicht Standortangepasste Reinbestände sich selbst überlassen werden und die

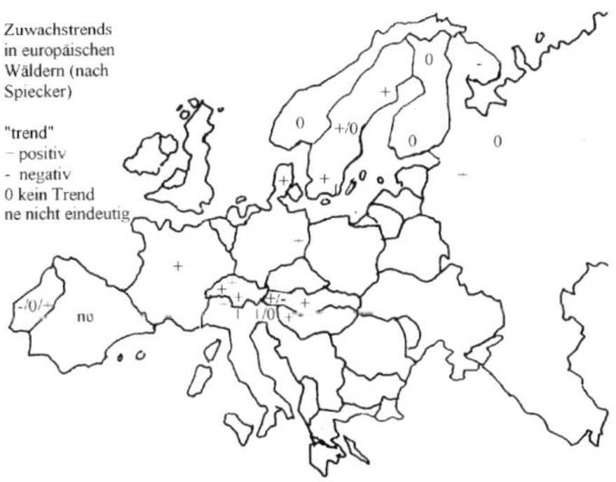

Wachstumstrends[609]

[606] Bei "moderatem Ausbau" 10,9 PJ; bei "engagiertem Ausbau" 41,3 PJ; bei "forciertem Ausbau" 53,1 PJ.

[607] PJ = Petajoule (Peta = 10^{15}) (1 kWh = 3'600 kJ = 3,6 MJ)

[608] Vgl. Kronberger, Hans (^{2}1997); 143-159.

[609] Bild: Keller, Kurt; nach: Makkonen-Spiecker, Kaisu (1996); 2474.

[610] Diese Information beruht auf einer persönlichen Anfrage an das Bundesamt für Statistik in Bern, die mir per E-Mail am 24.4.1997 gegeben wurde.

[611] Prof. HEINRICH SPIECKER: Tätig am Institut für Waldwachstum der Universität Freiburg.

Schadstoffbelastungen nicht gesenkt werden, sei tatsächlich ein Waldsterben[612] vorprogrammiert.[613]

1.4.2.3. Die Umweltkrise und ihre Ursache

Es wäre falsch zu sagen, dass die (Fichtenwälder-)Monokulturen des vergangenen Jahrhunderts lediglich auf wirtschaftlichen Interessen beruhten. Eine bedauerliche Tatsache ist, dass so mancher Boden, der über Jahrhunderte ausgenutzt worden war schlicht keiner anderen Baumart mehr genügte. Auch in vielen Laubwaldungen war durch den Weidegang im Wald der Boden so verdichtet, dass er sich nicht mehr verjüngte und deshalb mit Fichte bepflanzt werden musste. Dabei darf nicht ausser Acht gelassen werden, dass ein übertriebener Hang zu Generalregeln gar dem Plenterwald mancherorts zum Aus gereichte. Viele Plenter- und Mischwälder wurden schlicht geplündert.[614] Das grösste Übel waren jedoch die nicht aufgeforsteten und dann verödeten ehemaligen Waldflächen. So gab es im Nürnberger Reichswald 1790 nur noch zwei kleine, über 90jährige Waldbestände. Starke Waldeingriffe erfolgten noch in der 2. Hälfte des 18. und zu Beginn des 19. Jh., als die anwachsende Bevölkerung immer mehr Holz benötigte. Für künstliche Verjüngung wurde wenig oder nichts getan und die Naturverjüngung kam nicht zum Erfolg, da die Jungpflanzen durch die Waldweidung von Ziegen, Schafen und Rinder abgefressen und die Jungwälder dadurch regelrecht verwüstet wurden.[615] Waldbeweidung gibt es, allerdings in reduzierterem Masse, auch heute noch.[616]

Ein weiterer Grund liegt in der veränderten Beanspruchung des Waldes. Waren zu Beginn des 19. Jahrhunderts 80% des Baumbedarfes Brenn- und Kohlholz, also vermehrt Laubholz, so änderte sich das mit der vermehrten Förderung der Kohle und des Torfes. Es entstand ein völlig neues Bedarfsprofil. Der Brenn- und Kohlholzbedarf ging laufend zurück. Nadelholz wurde dagegen in rasend steigender Menge gebraucht für: 1. Städtebau (Bauholz), 2. Industriebau (Bauholz), 3. Stollenbau für die rapide ansteigende Kohleförderung, 4. Papierherstellung (In Deutschland pro Jahr: um 1800 15'000 Tonnen, um 1910 1'790'000 Tonnen) und 5. Telegrafen- und Elektromasten. Die Holzwirtschaft reagierte mit Kahlschlägen von Plenterwäldern und gleichzeitigen Aufforstungen von Fichtenreinbeständen. Ökologische und ökonomische Nachteile

[612] Vgl. weiter oben Abschnitt: Waldökosystem. Grafik: Die verschiedenen Waldgesellschaften in den einzelnen Bewirtschaftungstypen

[613] Vgl. Makkonen-Spiecker, Kaisu (1996); 2474.

[614] Vgl. Strittmatter, Werner (1986); 86-87.

[615] Vgl. Mantel, Kurt (1990); 423-426.

[616] Vgl. Ökobilanz Wald - 1995; 74b.

durch den Wechsel der Baumart waren zunächst nicht bekannt. – Zudem darf nicht über die Tatsache hinweggeblickt werden, dass laut STRITTMATTER in Deutschland z.Z. nur die Hälfte von dem Holz erzeugt wird, das tatsächlich verbraucht wird.[617] Wenn wir uns den Import von ausländischen Rohstoffen nicht mehr leisten können, könnte der Wald sehr schnell wieder eine überaus gefragte Ressource sein - vielleicht eine zu gefragte.

Vom 18. Jahrhundert an lässt sich eine starke Verbreitung des Nadelholzes nachweisen. Die "junge Forstwirtschaft" hat in ihrer Entwicklung den Aufbau und die Zusammensetzung des Waldes wesentlich verändert. Der Wirtschaftswald des ausgehenden 20. Jahrhunderts weist mit dem Wald des beginnenden 18. Jahrhunderts nicht viel Gemeinsamkeit auf. Am Anfang dieser Veränderung, um 1750, stand noch ein stark devastierter Mischwald. Um 1950 stand dann der "gepflegte", meist aus Nadelholz bestehende Wald. Vielfach waren es gleichaltrige "Reinbestände". (Der Ausdruck Monokultur bezeichnet den Sachverhalt durchwegs adäquater, ist aber in Forstkreisen weniger gebräuchlich.) Die Tatsache, dass heute wieder Wälder stehen, ist dem Fleiss der Förster der letzten 250 Jahre zu verdanken. Auf den meist schwer devastierten Böden wären keine neuen Mischwälder gewachsen, da diese gehobenere Ansprüche an ihren Untergrund hatten. Es lässt sich formulieren: "Dank der künstlichen Nadelwälder wachsen heute wieder Mischwälder." So wirkten sich diese Monokulturen positiv auf die Schaffung geschlossener Hochwaldbestände aus, die überaus ertragreich, insbesonders im Nutzholzsektor, waren. Negativ war die lange Zeit der Monokulturen gerade für den Bestandteil, für den sie dereinst wichtig waren, für den Bodenzustand. Zudem für die Bestandesstabilität, wurde diese doch vor allem durch Bodendegradierung, Insekten- (am bekanntesten ist wohl der Borkenkäfer), Brand-, Sturmschäden und andere Risiken stark gefährdet. Je nach den Standortsverhältnissen wurden auch die wasserwirtschaftlichen Verhältnisse und die allgemeinen Umweltbedingungen verschlechtert. Ursprünglich war eine Bestockung mit Nadelholz nur als "Vorwald" gedacht. Nach dem hätte ein gesunder Mischwald herangezogen werden sollen. Dieser Fruchtwechsel wurde jedoch - aufgrund der anfänglich ausgezeichneten Erträge an Nadelholz und der fortschreitenden Technik zur Nadelholzverjüngung - nicht vollzogen.[618]

Ein weiteres entscheidendes Motiv, welches eine Forcierung der schnellwüchsigen Nadelholzmonokulturen bewirkte, war die Volkswirtschaft des beginnenden 19. Jahrhunderts, die massiven Holzbedarf hatte, zum einen für die grossgewerbliche Wirtschaft, zum andern als Energieträger der wachsenden Bevölkerung. Somit begann eine "planmässige Forstwirtschaft".[619] In der Mitte des 19. Jahrhunderts wurde zusehends die Gewinnmaximierung massgebend, die wiederum die Bestockung mit

---

[617] Vgl. Strittmatter, Werner (1986); 88-89.

[618] Vgl. Mantel, Kurt (1990); 423-428.

[619] Vgl. Drabarczyk, Liselotte (1999q); 1917.

schnellwüchsigen Holzarten (inklusive neu eingeführter Exoten) förderte. Es herrschte der Grundsatz: die Holzart, welche im schlechten Boden den grössten Nutzen gewährt, ist unstreitig die edelste. Die ökonomische Richtung[620] der Forstwirtschaft, die allgemein, insbesondere durch die Bodenreinertragslehre, die Forstwirtschaft beeinflusste, hatte somit grossen Einfluss auf die Gestaltung des Waldes im 19. und 20. Jahrhundert.[621] Erst in den letzten Jahrzehnten, nicht zuletzt aufgrund des Einsatzes vieler Umweltverbände, hat eine Umbesinnung zu naturnaheren Wäldern stattgefunden. Inwieweit sich auf diese Entwicklung die sinkenden Holzpreise positiv auswirkten, wäre Grundlage einer eigenen Studie.

[620] Eine "unökonomische Richtung" gibt es insofern, dass nicht Wirtschaftsfaktoren tonangebend sind, sondern andere Faktoren. Es sei ein Beispiel gegeben: Der Waldbesitzer, der seinen Wald primär aus Gründen der Freizeitbeschäftigung (Hobby) und nur sekundär aus wirtschaftlichen Gründen pflegt, sprich finanzielle Defizite als Freizeitauslage betrachtet, ist nicht zur ökonomischen Richtung zu zählen, wenngleich er auch ökonomisch handelt, sondern zu einer anderen Richtung wie zur freizeitlichen- oder einer weiteren Richtung, um es pointiert zu sagen, zu einer "unökonomische Richtung".

[621] Vgl. Mantel, Kurt (1990); 428-429.

1.4.2.3.1. Naturnaher Wald / Plenterwald - "Naturnaher Plenterwald"

Im letzen Abschnitt war von naturnahem Wald und von Plenterwald die Rede. Entgegen landläufiger Meinung ist der Plenterwald kein Mischwald an Arten, sondern lediglich an Altersklassen. Beides, sowohl eine dem Standort entsprechende Artenmischung als auch eine Durchmischung aller Altersklassen und Entwicklungsstufen, wird als naturnaher Wald bezeichnet, wobei die Alterstufen durchaus gewichtet sein können. Ein natürlicher Wald ist den Lebensphasen unterworfen, vom Neuwald bis zum Zusammenbruch. Der Plenterwald zeichnet sich dadurch aus, dass der Mensch in dieses natürliche Ökosystem insoweit eingreift, als er dafür sorgt, dass der Wald nicht zusammenbricht und immer auch Jungwald aufweist. Der Mensch verhindert durch sein Eingreifen das Eintreten der Klimax-, Zerfalls-, u. Zusammenbruchsphase. Absterbende Bäume werden entfernt und durch natürliche oder künstliche Verjüngung ersetzt. Es entsteht das Bild eines aufgelockerten, gesunden und gepflegten Waldes. Plenterwald ist jedoch nur möglich mit Bäumen, die Halbschatten ertragen wie Tanne, Fichte, Buche und Zirbe. Es gibt Stimmen, die meinen, dass wirtschaftlich gesehen diese Bewirtschaftungsform recht eingeschränkt sei, denn mit Laubbäumen sei eine Plenterung zwar möglich, aber die Bäume würden recht kurzschaftig, seien also wirtschaftlich weniger interessant, als ein Baum aus einem Hochwald. Ein naturnaher Plenterwald dürfte somit bis auf sehr wenige Standorte, wo lediglich die erwähnten Baumarten heimisch sind, eine Illusion bleiben. Der Plenterwald schliesst durch seine Einzelstamm- oder Gruppenentnahme eine gute Erschliessung voraus.[623] Allerdings gibt es auch Stimmen, welche die Möglichkeit eines solchen Gebildes nicht kategorisch verneinen und die Fichte keineswegs als Hauptbaum im Plenterwald sehen, sondern davon ausgehen, dass diese recht zufällig vorhanden sein könne. So wird mitunter auch davon ausgegangen, dass in jeder natürlichen

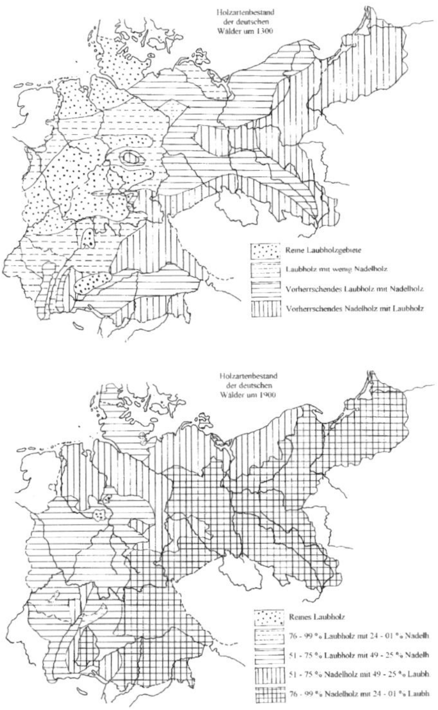

Fichtenbestandzunahme in Deutschland zwischen 1300 und 1900[622]

[622] Bild: Keller, Kurt. – Vgl. auch: Mantel, Kurt (1990); 448.

[623] Vgl. KWFL; 557-558; Plenterwald.

Waldgesellschaft mit all den ihr eigenen Baumarten geplentert werden könne.[624] Nach wissenschaftlichen Untersuchungen reichen die herrschenden Lichtverhältnisse am Boden von Altholzbeständen aus um Jungpflanzen derselben Baumart das Aufkommen unter Schirm zu ermöglichen. Es besteht nach diesen Untersuchungen eine Parallelität zwischen der abnehmenden Schattenfestigkeit von Lichtbaumarten in der Jugend und ihrer zunehmenden Lichtkronigkeit mit ansteigendem Alter. Danach können alle Baumarten innerhalb der ihnen entsprechenden Waldgesellschaften auf natürliche Weise verjüngt werden. Alle Baumarten sind somit innerhalb ihrer Waldgesellschaften plenterfähig, denn ein mehrschichtiger Bestandesaufbau setzt von vornherein eine angemessene Auflockerung der Oberschicht voraus. Je grösser das Lichtbedürfnis einer Baumart, umso geringer bevorratet und umso offener präsentiert sich der Mutterbestand. Dies bedingt mitunter, dass einige Bäume der gleichen Art in Gruppen stehen, wie dies in Urwäldern oft der Fall ist.[625]

1.4.2.3.2. Agenda 21 - Rio 1992

Das "Ergebnis" der Konferenz von Rio war: "Von den Zinsen Leben, nicht vom Kapital". Umweltschutz kann nicht losgelöst von den ökonomischen und sozialen Rahmenbedingungen gesehen werden. Der Aktionsplan für das 21. Jahrhundert, der auf der Konferenz der Vereinten Nationen für Umwelt und Entwicklung in Rio de Janeiro 1992 von mehr als 170 Nationen zur Umsetzung einer weltweiten, umweltverträglichen, nachhaltigen Entwicklung verabschiedet wurde, setzte auf diese Frage seinen besonderen Schwerpunkt. Das Motto, welches von Rio abzuleiten ist, lautet wie bereits erwähnt: "Von den Zinsen Leben, nicht vom Kapital." Hierdurch wird die Vision eines weltweiten wirtschaftlichen Wohlergehens aufgezeigt, welches durch die Schonung der natürlichen Ressourcen, den Schutz der Umwelt und die soziale Sicherung erreicht wird.[626] Das Beratungs- wie auch das Abschlusspapier erhielt den Namen "Agenda 21".[627] Sie richtet sich als Aktionsprogramm des ausgehenden 20. und vor allem des 21. Jahrhunderts an die Industrie- und Entwicklungsländer gleichermassen, um die weltweit drängendsten Probleme zu lösen. Die Agenda befasst sich im Wesentlichen mit Umweltfragen, was wiederum zeigt, dass mittlerweilen erkannt wird, dass diese Probleme die grössten der Welt zu sein scheinen. Ökologie, Ökonomie und soziale Ziele sollen in Einklang gebracht werden ohne den nachfolgenden Generationen ihre Lebensgrundlagen zu

---

[624] Vgl. Reininger, Heinrich (^{5}1992); 7-158 (speziell 73-75).

[625] Vgl. Reininger, Heinrich (^{5}1992); 7-158 (speziell 73-75).

[626] Vgl. Drabarczyk, Liselotte (1997l); 1261.

[627] Agenda vom lateinischen agere = etwas in Bewegung setzen. 21 bezeichnet das 21. Jahrhundert.

schmälern. Die Agenda 21, die letztlich von 179 Staaten unterzeichnet wurde, ist kein völkerrechtlich verbindliches Dokument.[628]

Für den Rio-Gipfel 1992 hatte die FAO einen Entwurf für eine Waldkonvention vorgelegt. Dieser erste Vorstoss wurde von zahlreichen Ländern abgelehnt.[629] Einige Positionen des Aktionsprogramms der Rio-Erklärung des Erdgipfels von Rio seien an dieser Stelle jedoch erwähnt. So wird in der Präambel des Vorschlagspapiers zu den Waldprinzipien unter Punkt "e" darauf Wert gelegt, dass die Prinzipien für alle Arten von Wäldern, sowohl natürlichen wie auch künstlich angelegten, in allen geographischen Regionen und klimatischen Zonen gelten soll, unabhängig ob es sich um austral-, boreal-, subtemperierte-, gemässigte-, subtropische- oder tropische- Gebiete handelt.[630] In den Prinzipien unter "Erstens" Punkt "a" werden die Ausführungen konkreter. Danach haben die Staaten die Verantwortung, sicherzustellen, dass Aktivitäten innerhalb ihrer Zuständigkeit oder Kontrolle keine Umweltschäden in anderen Staaten oder in Bereichen über die Grenzen nationaler Zuständigkeit hinaus verursachen.[631] Ein Aspekt, der nur indirekt mit der Nachhaltigkeit der Wälder zu tun hat, auf den Rio besonderen Wert legte ist die Einbezugnahme der Frauen - und an entsprechendem Ort der indigenen Völker - in alle Aspekte der Leitung, Erhaltung und nachhaltigen Entwicklung von Wäldern.[632] Vermitteln diese Sätze noch den Eindruck eines "grünen Einschlages" der Konferenz, werden wenige Sätze später im Hinblick auf Nachhaltigkeit weniger ökologische, sondern mehr wirtschaftliche Töne laut. Zum Zweck der Nachhaltigkeit sollte der potenzielle Beitrag von Plantagen sowohl einheimischer als auch eingeführter Arten für die Vorsorge sowohl von Treibstoff als auch industriellem Holz anerkannt sein.[633] Laut der Konferenz sollten Bemühungen in Richtung einer Begrünung der Welt übernommen werden. Alle Länder, besonders entwickelte Länder, sollten positive und transparente Massnahmen in Richtung Wiederbestockung, Aufforstung[634] und Walderhaltung als angemessen übernehmen. Den Entwicklungsländern sollte der Zugang zu Know-how ermöglicht werden.[635] Mit diesen Aussagen werden die Vorschläge wieder etwas ökologischer. Waldverwaltung sollte auf die Leitung von benachbarten Bereichen

---

628 Vgl. KWFL; 17; Agenda 21.

629 Vgl. Schminke, Karl Hermann (1997b); 1446.

630 Vgl. United Nations (Hg.) (1992c); 291.

631 Vgl. United Nations (Hg.) (1992c); 291.

632 Vgl. United Nations (Hg.) (1992c); 292.

633 Vgl. United Nations (Hg.) (1992c); 292.

634 Laut dem Waldbericht von 1990 wurde 1989 in Österreich eine Fläche von 28'256 ha aufgeforstet. Lediglich 1'796 ha (6%) erfolgten auf Nichtwaldboden, von insgesamt 45'511 Betrieben. Für diese Bestockungen wurden 58'836'000 Forstpflanzen verwendet. –Vgl. dazu: Land- und Forstwirtschaftliche Betriebszählung 1990; 13, 14, 23.

635 Vgl. United Nations (Hg.) (1992c); 292.

abgestimmt werden, um das ökologische Gleichgewicht und nachhaltige Produktivität zu erhalten. Nationale Politik und/oder Gesetze, die auf die Leitung, Erhaltung und nachhaltige Entwicklung von Wäldern ausgerichtet sind, sollten den Schutz der ökologisch brauchbaren, typischen oder einzigartigen Beispiele für Wälder und anderer einzigartiger und geschätzter Wälder von nationaler, kultureller, geistlicher, historischer und religiöser Wichtigkeit umfassen. Die Staatsangehörigen sollen zudem entsprechend der regionalen und internationalen institutionellen Fähigkeiten in Bildung, Ausbildung, Wissenschaft, Technologie, Wirtschaftswissenschaft, Anthropologie und sozialen Aspekten von Wäldern und Waldverwaltung der Erhaltung und der nachhaltigen Entwicklung von Wäldern wesentlich gestärkt werden. Der internationale Informationsaustausch der Ergebnisse von Wald-, Waldleitungsforschung und Entwicklung sollte verbessert und breiter werden. Die volle Verwendung von Bildungs- und Ausbildungsinstitutionen seien auszuschöpfen und in den privaten Sektor einzubeziehen.[636] Gegen Ende des Papiers wird die Konferenz wiederum recht deutlich in ihren Forderungen. Zur Integration von Umweltkosten und deren Nutzen in die Marktkräfte und deren Mechanismen sollte, um Walderhaltung und nachhaltige Entwicklung zu erreichen, sowohl lokal als auch international ermutigt werden. Schadstoffe, die für die Gesundheit von Waldökosystemen schädlich sind, besonders Luftschadstoffe, einschliesslich jener, die für sauren Regen verantwortlich sind, sollten auf den lokalen, nationalen, regionalen und globalen Ebenen kontrolliert sein.[637] Im Wesentlichen behandelt das den Wald betreffende Papier die vielfältigen Funktionen und Nutzungsformen von Wäldern; den Schutz und die aufrechthaltbare Bewirtschaftung von Waldflächen und Begrünung degradierter Gebiete; eine effiziente Nutzung und Erfassung der Gesamtheit an Holzprodukten und anderer Waldprodukte; und die systematische Untersuchung über den Zustand der Wälder.[638]

In Rio haben alle teilnehmenden Länder das Ziel bejaht, einheitliche Kriterien und Indikatoren für eine nachhaltige Bewirtschaftung der Wälder - der temperierten und der borealen Zone - für die Berichterstattung der Mitgliederländer des Helsinki-Prozesses[639] bzw. des Montreal-Prozesses[640] festzulegen und sie haben inzwischen auch Kriterien und Indikatoren hierfür erarbeitet. 1993 in Helsinki bzw. 1998 in Lissabon wurden von allen westeuropäischen Industriestaaten "Allgemeine Richtlinien für eine nachhaltige Bewirtschaftung der Wälder" und "Allgemeine Richtlinien zur Erhaltung der biologischen Vielfalt" verabschiedet. Dabei wird die Nachhaltigkeit sowohl aus der Sicht der Holzproduktion, der Vielfalt der Waldnatur als auch der Nutzung der Wälder unter

---

[636] Vgl. United Nations (Hg.) (1992c); 293.

[637] Vgl. United Nations (Hg.) (1992c); 294.

[638] Vgl. Österreichischer Informationsdienst für Entwicklungspolitik (Hg.) (1992); 31-32.

[639] Europäische Forstministerkonferenz.

[640] USA, Kanada, Japan, Australien, Neuseeland, Russland, Mexiko und Chile.

wirtschaftlichen und sozialen Gesichtspunkten betrachtet.[641] Nach Rio hat sich in Europa keine Umwelteuphorie breitgemacht, sondern eher die Linie der "Vorsicht" und der Verhandlung mit der Dritten Welt. Das Problem Umwelt wurde von westlicher Seite, lapidar ausgedrückt, als Problem der Brandrodungen in Ländern des tropischen Regenwaldes gesehen.[642]

Fünf Jahre nach Rio hatte sich die Situation geändert. In der Zwischenzeit ist das Bewusstsein um die Notwendigkeit des Erhaltes von Wald durch seine kontrollierte Bewirtschaftung gewachsen. Andere Konventionen wie das Artenschutzabkommen (Cites 1973), die UN-Rahmenkonvention über die Klimaveränderung (FCCC), die Konvention über biologische Vielfalt (CDB) und die Konvention über den Kampf gegen die Wüstenausbreitung (CCD) sind mittlerweilen in Kraft getreten und werden zunehmend rechtsverbindlich angewendet. Zumindest für "Cites" trifft dies zu, was inzwischen die Kontrolle der Nutzung und Vermarktung einzelner Holzarten zur Folge hat. Weitere Holzarten werden unter "Cites-Kontrolle" fallen, wenn die nachhaltige Waldbewirtschaftung nicht schleunigst und auf Dauer eingeführt wird. Malaysia, Indonesien, Philippinen, China, Kanada und die meisten Länder Europas stehen einer Waldkonvention heute positiv gegenüber. Gegner sind nach wie vor die USA, Australien und Neuseeland, während andere Länder wie Japan und Brasilien noch keine klare Position haben.[643] Für Europa ergibt sich daraus eine neue Möglichkeit, ihre alte Hegemonie zurückzugewinnen, diesmal aber nicht in machtpolitischer und wirtschaftlicher Hinsicht, sondern im Bereich der Umwelt. Europa scheint die Mittel - wenn auch mit verschiedenen Geschwindigkeiten und teils mit gesonderten Ansätzen, bereits vor Rio - ihres technologischen und ökonomischen Vorsprungs gegenüber den USA zu nutzen, um der entwickelten Welt einen neuen "sozial-öko-demokratischen" Weg vorzulegen. Jedes Land ist für unsere gemeinsame Zukunft, für unseren gemeinsamen Planeten verantwortlich. Dieser Aufgabe kann sich besonders Europa nicht entziehen. Europa nähert sich in seiner Politik und seinem Handeln immer mehr dem Grundsatz an: "Es kann nur noch Entwicklung geben, wenn sie für die Biosphäre dauerhaft tragbar als auch solidarisch zwischen den Menschen ist."[644]

---

[641] Vgl. KWFL; 861-862; Zertifizierung.

[642] Vgl. Lipietz, Alain (1993); 84, 88.

[643] Vgl. Schminke, Karl Hermann (1997b); 1446.

[644] Vgl. Lipietz, Alain (1993); 91-110.

1.4.3. Nutzung des Forstes - ökonomisches Bewusstsein

1.4.3.1. Der Wald als Wirtschaftselement

In der Forstwirtschaft gilt es, das ökonomische[645] Element zwangsläufig mit in Betrachtungen einzubeziehen. Der Wald weist eine höchstwertige Flächennutzungsart auf, wobei der Baum sowohl Produkt als auch selbst Produktionsmittel ist. Durch diese einzigartige Symbiose von Produktionsmittel und Produkt-Sein trägt der Wald wesentlich zum Leben und Wohlstand der menschlichen Gesellschaft bei. Zum Leben gehört die Nutzung der Natur - ohne Nutzung der Natur gibt es kein Leben! So gesehen ist das primäre Interesse der Forstwirtschaft die Produktion von Holz. Als sekundäres Interesse gewinnt die soziale Komponente immer mehr an Gewicht. Zum Wald gehört nicht nur das Holz, sondern auch das waldeigene Klima, der waldtypische Boden, die den Wald ergänzende Flora und die Waldfauna. Diese Komponenten tragen wiederum wesentlich zur Lebensqualität bei. Mitunter entscheidet sich daran sogar das Überleben ganzer Landstriche. Fehlt die Lebensgrundlage Wald, sind die umliegenden Flächen der vollen Kraft der Gezeiten ausgesetzt - Bodenerosion, Windverwehungen und Überschwemmungen sind häufig die Folgen, es werden neue Wüsten gebildet - und machen diese Gegenden lebensfeindlich. Der Wald kann folglich nicht nur rein privatwirtschaftlich, sondern muss zwangsläufig immer im Kontext gesellschaftlicher, (landes-)kultureller, infrastruktureller und volkswirtschaftlicher Leistungen gesehen werden. Waldwirtschaft ist, so haben die gerade gezeigten Ausführungen deutlich gemacht, multifunktional. Zu den Produkten und Dienstleistungen des Waldes zählen: das Holzertragspotential (Nutzfunktion inkl. diverser Nebennutzungen wie Pilze, Beeren, Jagd und Waldhonig), das Schutzpotential (Schutzfunktion), das Erholungspotential (Erholungsfunktion), das Klima- und Wasserregenerierungspotential (Wohlfahrtsfunktion[646]) und das Naturschutzpotential (Arten- und Ökosystemschutzfunktion). Die gesamt-wirtschaftliche Akzeptanz aller, insbesondere der über(volks)-wirtschaftlichen, Waldleistungen ist gegenwärtig allerdings nicht gegeben.[647] Der forstwirtschaftliche Aspekt ist jedoch im Sinne einer nachhaltigen Holzproduktion "genügend" berücksichtigt. Wie die gerade aufgezeigten Subsidiärstrukturen des Systems Wald gezeigt haben, genügt eine "reine Forstwirtschaft" nicht um den multifunktionalen Grundlagen gerecht zu werden. Es bedarf mehr, nämlich einer Waldwirtschaft. Der Waldbesitzer hat nicht nur die Verantwortung für die

---

[645] Ökonomisch heisst mit den geringsten Mitteln den grössten Nutzen erreichen. – ökonomisches Prinzip ≙ externe Kosten müssen in die Kosten hinein genommen werden ⇨ wer zahlt die Umweltschäden [z.B. Rauchentwicklung, Bodenschäden, Aufforstung etc. ...] – Ökologische Schäden müssen zuerst als ökonomische Schäden empfunden werden. – Sozioökonomische Kostenfrage - Bewusstsein ⇨ Verantwortung – Wer zahlt die Waldforschung – Globalisierung oder Mondialisierung – Wie kommt die Menschheit zu einer ökosozialen Marktwirtschaft [ganzheitliche Sicht].

[646] Vgl. dazu: Tersch, Fritz (^{2}1994); 138.

[647] Vgl. Pitterle, Alfred (1993); 139-142.

Holzproduktion, sondern für alle Bereiche des Gefüges Wald. Es scheint hier angebracht zu sein, darauf zu verweisen, dass der Ethos der "nachhaltigen Forstwirtschaft" einer Ethik der "multifunktionalen Waldwirtschaft" Platz zu machen hat, in der es nicht nur die momentanen Bedürfnisse der Menschen zu berücksichtigen gilt, sondern vielmehr die Bedürfnisse der Menschheit in alle Zukunft, was wieder inkludiert, dass die Arten im und des Waldes schützend, schätzend und hegend zu berücksichtigen sind. Jede Nachhaltigkeit von Vitalität und Stabilität des Waldes ist absolute Prämisse. Eine Bewirtschaftung gilt dann als nachhaltig, wenn Vitalität und/oder Stabilität durch sie nicht beeinträchtigt werden.[648]

1.4.3.2. Die Waldpflege sicherstellen

Ein zentraler Punkt der Forstwirtschaft stellt die Pflege des Waldes dar, die es sicherzustellen gilt. Der Forstwirtschaft geht es dabei um die Sicherstellung der Produktivität des Waldes. Obwohl der Absatz von Holz eigentlich befriedigend[649] ist, bereiten die anhaltend tiefen Preise[650] der Forstwirtschaft zusehends Schwierigkeiten. Die Zunahme des Holzangebotes lässt auch hier, nach den Gesetzen der Marktwirtschaft, ein Sinken der Preise beobachten.[651] Marktwirtschaftliche Überlegungen der Verbraucher tragen nicht unwesentlich zu dieser Entwicklung bei wie das Beispiel Deutschland[652] zeigt: 1990 wurden 800'713 m^3 Nadelschnittholz exportiert und 3'991'658 m^3 importiert. 1995 betrug der Export 1'343'444 m^3 Nadelschnittholz und der Import gar 5'043'230 m^3. Der Export verzeichnete eine Zunahme um das 1,7fache und der Import lediglich um das 1,26fache. Dennoch wurden 1990 3'190'945 m^3 mehr eingeführt, als ausgeführt und 1995 sogar 3'699'786 m^3. Die Ausfuhr stieg damit real um das 1,12fache.[653] Viele Forstwirte sehen sich nicht mehr in der Lage mit den stets sinkenden finanziellen Erträgen die Waldpflege sicher zu stellen. Zu den sinkenden Erträgen kommen noch die durch Sparmassnahmen ebenfalls sinkenden staatlichen Förderungen. Mag ein Privatwaldbesitzer mit einer Fläche von 200 ha wirtschaftlich noch leben können, so kann es ein Kleinprivatwaldbesitzer nicht, braucht doch auch er oftmals eine ähnliche Infrastruktur wie der Grossprivatwaldbesitzer. Um ein Beispiel zu nennen: In Baden-

---

[648] Vgl. Pitterle, Alfred (1993); 142-158.

[649] Die Produktivität könnte im Schnitt noch um ca. 25% gesteigert werden ohne die Nachhaltigkeit zu gefährden.

[650] Vgl. dazu: Mantel, Kurt (1990); 256-266.

[651] Vgl. Makkonen-Spiecker, Kaisu (1996); 2474.

[652] Berücksichtigte Handelsbeziehungen sind folgende Länder für die Einfuhr: Schweden, Finnland, Litauen, vorm. CSFR, Polen, Österreich, vorm. UdSSR/GUS Lettland, Norwegen und Kanada. Für die Ausfuhr: Italien, Frankreich, Niederlande, Österreich, Belgien/Luxemburg, Schweiz, Grossbritannien, Dänemark und Japan.

[653] Vgl. Heider, Gerhard (1996); 2492. – Österreich importierte 1993 5,6 Mio. fm und exportierte gleichzeitig 0,9 Mio. fm. Der Import überragt den Export somit um 4,7 Mio. fm. - Vgl. Ökobilanz Wald - 1995; 107.

Württemberg verteilen sich ca. 330'000 ha Privatwald auf ca. 220'000 Waldbesitzer, das macht eine Durchschnittsfläche von ca. 1,5 ha pro Privatwaldbesitzer. 25% dieser Privatwaldfläche haben eine Betriebsgrösse von über 200 ha; somit verbleiben Durchschnittsflächen für die Kleinprivatwaldbesitzer von ca. 0,5 ha. Fällt ein solcher Besitzer einen Baum, kann er so gut wie sicher sein, dass die Krone dieses Baumes bereits auf dem Grundstück des Nachbarn liegt. Diese Unwirtschaftlichkeit hat auch Vorteile, weisen doch gerade diese Wälder beachtliche naturnahe Waldbestände auf. Allerdings bestehen die jüngeren Bestände (bis 40 Jahre) zu über 80% aus Nadelholzreinbeständen. Diese Bestände befinden sich jetzt in einem Stadium, welches für Sturmschäden am anfälligsten ist, wie die Orkane Vivian, Wiebke und Lothar zeigten. Ein Rezept heisst: Waldpflege und naturnahe Waldwirtschaft mit standortgerechten, stabilen Mischbeständen.[654]

1.4.3.3. Sozioökonomische Kostenfrage - Bewusstsein - Verantwortung

MARTIN WENTZ, 1997 Präsident der Forstkammer Baden-Württemberg, meint dazu:

> *Der Wald sei ein Dienstleistungsbetrieb ohne Entgelt. Insofern unterscheide er sich von anderen Wirtschaftszweigen. Denn kein anderer Wirtschaftszweig wirtschafte so streng nach dem Prinzip der Nachhaltigkeit, kein Unternehmen der Marktwirtschaft habe einen Produktionszeitraum von über 100 Jahren und kein Untenehmen der Marktwirtschaft liefere kostenlos Leistungen für die Gesellschaft, ohne dass sie bezahlt würden.*[655]

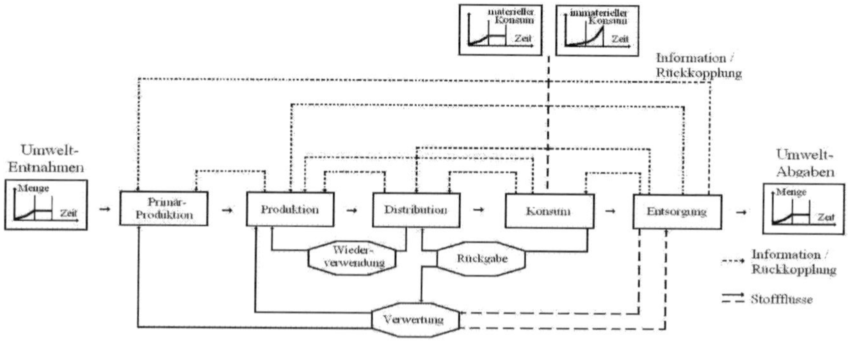

Schematische Stoffflüsse in der Kreislaufwirtschaft

---

[654] Vgl. Drabarczyk, Liselotte (1997g); 507, 508.

[655] Vgl. Drabarczyk, Liselotte (1997g); 507.

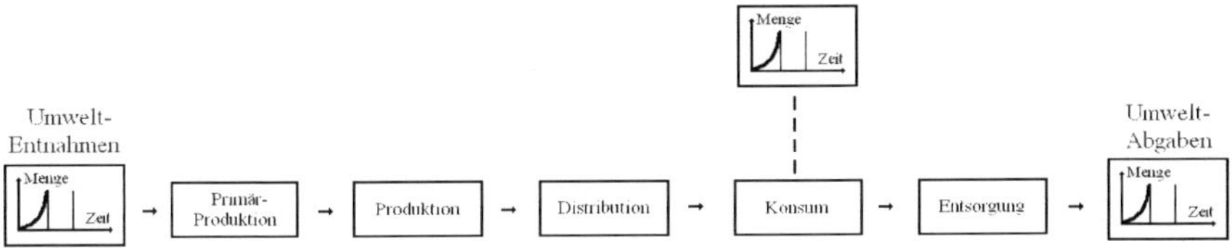

Schematische Stoffflüsse in der Durchfluss-Gesellschaft

Produktionsdauerzyklus[656]

Es stellt sich klar die ökosoziale Kostenfrage. Wie werden ökosoziale Kosten verrechnet und/oder überhaupt mit einbezogen; inwieweit wird der Kostenwahrheit Rechnung getragen. Es gilt alle umweltrelevanten Kosten in allen fünf Phasen eines Produktionsdauerzyklusses - von der Rohstoffgewinnung (Primärproduktion) bis zur Entsorgung - zu berücksichtigen und verständlich zu machen, nämlich: Primärproduktion, Produktion, Distribution, Konsum und Entsorgung. Kosten, die aus der Schädigung der Natur entstehen, dürfen nicht wie bisher ausgelagert und der Allgemeinheit aufgebürdet werden. Eine weitere Problematik wirft die Forschung auf. Erst langsam beginnen die Staaten sich effizient an der Waldforschung zu beteiligen und diese mit zu finanzieren. Die Unterstützungs- bzw. Subventionsfrage für die Waldforschung ist nicht unwesentlich relevant für einen Wirtschaftszweig, der sich mit einem Energieträger konkurrenzfähig zeigen will. Konkret stellt sich die Frage, wie und mit welchen Beträgen Staaten die Grundlagenforschung um den Energieträger Holz unterstützen sollen, so dass er adäquat behandelt wird. So manche Energie kann dem Volke lediglich günstig abgegeben werden, weil der Staat wesentlich die Kosten für die Forschung trägt. Im Umweltschutz gibt es daher Stimmen, die seit längerer Zeit fordern, dass umweltgerechte Energiequellen, so genannte Alternativenergien, vermehrt gefördert werden. Andere wiederum sehen eine bessere Förderung darin, wenn seitens des Staates gar keine Unterstützungen stattfänden. Müssten die Atomstromproduzenten alle Grundlagenforschungen und Folgekosten für diesen Energieträger über den Strompreis einheben, wäre dieser Strom nicht mehr marktfähig und müsste alleine schon gegenüber dem Solarstrom preislich kapitulieren.[657] Solcherart geänderte wirtschaftliche Rahmenbedingungen bewirken, dass zukunftsverträgliche Alternativen, die man bisher als unwirtschaftlich bezeichnen konnte wie die Sonnenenergie (und dadurch gewonnener Wasserstoff, Windkraft oder Biomasse aus nachhaltiger Produktion) sich positiv zu Buche schlagen und bisherige, so genannt günstige Produkte (wie der Atomstrom) plötzlich "unbezahlbar" würden. Die Folgekosten müssen so oder anders bezahlt werden,

---

[656] Bilder: Vgl. dazu: Pitterle, Alfred (1993); 56.

[657] Vgl. Kronberger, Hans (^{2}1997); 7-247.

entweder von den Verursachern, also von uns, oder von den an den Folgen Leidenden, also unseren Kindern und Kindeskindern.[658] Auf den Wald bezogen bedeutet diese Neubeurteilung zwangsläufig auch eine Neugewichtung des Gesamt-Leistungspotentials eines Waldes. Dieses setzt sich nach gegenwärtigen Erkenntnissen aus keineswegs "jederzeit verfügbaren" und ebenso wenig "kostenlosen" Gütern zusammen: Leistung (L), Wald (W), Nutzfunktion (NF), Schutzfunktion (SF), Erholungsfunktion (EF), Wohlfahrtsfunktion (WF) & Arten- bzw. Ökofunktion (AÖF). Somit lassen sich folgende Gleichungen aufstellen: $L_W = L_{NF} + L_{SF} + L_{EF} + L_{WF} + L_{AÖF}$. (Nach dieser Bewertung beläuft sich der jährliche Wert eines Baumes auf rund DM 5'300.– (€ 2'709,85). Ein Waldbesitzer hat nach dieser Berechnungsgrundlage bis jetzt auf Einkommen in der Höhe von 400% bis 2'000% des möglichen Holzerlöses verzichtet; in der Schweiz gar bis 2'500%.[659] Bisher wurde in der klassischen Forstwirtschaft die Waldleistungen in der Reihenfolge der Bedeutungen gesehen: L_{NF} □ L_{SF} □ L_{EF} □ L_{WF} □ $L_{AÖF}$. Bewertet man die einzelnen Waldleistungen relativ zueinander, nach ihrer "nachhaltigen Bedeutung" für den Menschen (als Teil des Natur-Gesamtsystems), so müsste eine veränderte Reihenfolge der Wald-Einzelleistungen massgebliche Geltung bekommen: $L_{AÖF}$ □ L_{WF} □ L_{SF} □ L_{EF} □ L_{NF}.[660]

1.4.3.4. Bewirtschaftungsarten - bisherige Lösungsversuche und Fehlentwicklungen

Oben wurde bereits auf Missstände der forstwirtschaftlichen Produktion hingewiesen. Konkret wurden Bestockungsarten der Forstwirtschaftsgeschichte aufgezeigt. In diesem Abschnitt soll verdeutlicht werden, welche Ernteschwerpunkte in der Waldbewirtschaftung vorherrschen.[661]

1.4.3.4.1. Kahlschlag (Raubbau)

Kahlschlag ist nicht gleich Kahlschlag. Nur Waldentfernung zu sehen ist nicht statthaft, da sie den verschiedenen Ursachen und Hintergründe dieser Erscheinungsform keinesfalls gerecht würde. Nicht überall, wo es "von heute auf morgen" keinen Wald mehr gibt, hat der Mensch Raubbau betrieben oder das Mass der "gesunden Ernte" überschritten. Es gibt im Wesentlichen drei entscheidende Formen von Kahlschlägen:

---

[658] Vgl. Pitterle, Alfred (1993); 55-57.

[659] Vgl. Pitterle, Alfred (1993); 177-180.

[660] Vgl. Pitterle, Alfred (1993); 159-166.

[661] Vgl. dazu auch: Mantel, Kurt (1990); 321-377.

1. "Kahlschläge" werden in natürlichen Wäldern lokal da und dort durch Stürme, durch Feuer und nachfolgende "Schädlingsvermehrung" wie beispielsweise die Borkenkäfervermehrung erzeugt. Diese eben genannte Form kann als natürliche Form bezeichnet werden und hat in aller Regel eine natürliche Verjüngung des Waldes zur Folge, die einem grösseren Waldgebiet nicht schadet, sondern mitunter gar neue "Lebensqualität" verleiht. Fauna und Flora, die in einem Wald in der Optimalphase nicht überleben können, erhalten durch diesen Umstand einen neuen Lebensraum, meist dem ökologischen Gleichgewicht entsprechend.[662]

2. Mit "Kahlschlag" ist die Forstform gemeint, in der alle Bäume des betroffenen Gebietes ausnahmslos aus wirtschaftlichen Interessen geschlagen werden. Das Land wird danach sich selbst bzw. der Erosion überlassen. Das betroffene Land wird sozusagen ausgeraubt, es wird Raubbau betrieben. Diese Form ist die radikalste Form der forstwirtschaftlichen "Ernte". Sie ist besonders einschneidend für die Landschaft, da im Gegensatz zum "Kahlschlag" durch Naturkatastrophen (wie unter Punkt 1 erwähnt) dieselbe keine, den Boden befestigenden liegenden Bäume oder zwar verkohlte, aber stehende Bäume mehr aufweist. Der Boden ist der Erosion schutzlos ausgeliefert. Die fruchtbare Erde wird ungehindert von Regen und Wind abgetragen oder versteppt bestenfalls. Auf solchem Untergrund später wieder neu aufzustocken ist mühsam, kostenintensiv und langwierig. Diese ramponierten Böden bieten, wie weiter oben bereits aufgezeigt, nur wenigen Baumarten Überlebenschancen.[663]

3. Die "harmlosere" Form des forstwirtschaftlichen Kahlschlages zieht eine unmittelbare Wiederbestockung nach sich. In diesem Falle kann einer Bodenerosion weitgehend Einhalt geboten werden. Das bedeutet jedoch nicht, dass der Boden nicht erheblichen Schaden leidet.[664] In diesem Falle ist es nicht nur der Kahlschlag an sich, der ökologische Bedenken auslöst, sondern auch die Konsequenz: Dieses System führt zur Gleichaltrigkeit der Forstbestände, ebenso zur Reduktion der Artenvielfalt und zu einer Reihe anthropogener Schadensvoraussetzungen (wie durch künstliche Pflanzung oder Durchforstung).[665] Nicht gemeint mit Kahlschlag sind die Verjüngungsverfahren wie der Saumschlag (am Rande eines Bestandes wird ein Streifen in der Breite von 1 bis 1½ Baumlängen zur Verjüngung des Bestandes geschlagen).[666]

---

[662] Vgl. Ökobilanz Wald - 1995; 68.

[663] Vgl. KWFL; 390-391; Kahlschlag.

[664] Beim "Plantagenwald" wird darauf zurückgekommen werden.

[665] Vgl. Ökobilanz Wald - 1995; 68.

[666] Vgl. KWFL; 756-757; Verjüngungsverfahren.

1.4.3.4.2. Rodung / Schlägerung

"Rodung / Schlägerung" meint die Forstform, in der alle Bäume des betroffenen Gebietes ausnahmslos geschlagen werden. Die Verwertung des Holzes geschieht nicht nur aus wirtschaftlichen Interessen. Das Land wird anschliessend für landwirtschaftliche oder siedlungstechnische Nutzung gebraucht.[667]

1.4.3.4.3. Plantagenwald (kurzfristiger Nachhaltigkeitswald)

"Plantagenwald" bezeichnet die Forstform, in welcher in der Regel alle Bäume eines betroffenen Gebietes ausnahmslos aus wirtschaftlichen Interessen geschlagen werden.[668] Das Land wird danach wieder aufgeforstet um es erneut in gleicher Weise zu nutzen. Das betroffene Land wird radikal und scheinbar nachhaltig bewirtschaftet. Die Nachhaltigkeit ist aufgrund der starken Beanspruchung der Nährstoffe im Boden jedoch nicht von "langer"[669] Dauer. Die Fruchtbarkeit des Bodens ist schnell erschöpft. Zu Beginn des 19. Jahrhunderts errechneten Ökonomen innerhalb der Bodenertragslehre eine sehr viel kostengünstigere und gewinnträchtigere Variante der Forstwirtschaft. Monokulturen dieser Art mussten nach besagter Rechnung, je nach Baumart, gegenüber der aufwändigeren Einzelbaumentnahme durch die Waldarbeiter den Gewinn verdoppeln. Schnell setzte sich dieses System durch und wird bis heute in grossem Stil, mit Kahlhieben in Skandinavien bis zu 100 km^2 Grösse, beobachtet. Vergleichbare Nadelholzmonokulturen werden derzeit auch in Schottland angelegt. Grundsätzlich ging die Rechnung dieses Systems auf, wenn da nicht die Ökologie wäre. Die im wahrsten Sinne des Wortes schlagartige Entblössung des Waldbodens - wie bei extremsten Naturkatastrophen - bewirkt ein ungehindertes Niederbrennen der Sonne, die den Boden aufheizt und dadurch eine fast völlige Vernichtung der Waldboden-Flora und Waldboden-Fauna verursacht. Das Ausschwemmen der Nährstoffe laugt den Boden zusätzlich aus und schwächt diesen erheblichst.[670] Seit geraumer Zeit gibt es jedoch auch "Christbaumfarmen", die nach diesem Prinzip bewirtschaftet werden. Da diese Bäume oftmals zu günstigeren Konditionen angeboten werden können, als Bäume aus durch Waldpflege bedingtem Aushau schädigt dieses System nicht nur das Ökosystem des

[667] Vgl. KWFL; 599, 601; Rodung.

[668] Vgl. die 3. Form des Kahlschlages.

[669] Im Bewusstsein, dass der Wald ein Wachstumszeit von 60 bis 90 Jahren hat und diese Form beispielsweise drei bis vier Mal durchgeführt wird, scheint es für eine Menschen lang; im Kontext der Menschheit und Erdgeschichte ist es jedoch überaus kurz.

[670] Vgl. Scherzinger, Wolfgang (1996); 352-359.

betroffenen Plantagengebietes, sondern auch das der gehegten oder naturnahen Forste durch die dadurch erlittenen finanziellen Einbussen.[671]

1.4.3.4.4. Erntewald (multifunktionale Waldwirtschaft) ("Naturalistische" Waldwirtschaft)

Mit "Erntewald" ist die Forstform, in der lediglich bestimmte Bäume des betroffenen Gebietes aus wirtschaftlichen Interessen geschlagen werden, gemeint. Dieses System entspricht der weiter oben erwähnten nachhaltig-multifunktionalen Waldwirtschaft.[672] Die entstandenen Lücken werden durch die natürliche Verjüngung wieder geschlossen oder es wird wieder nachbestockt um diese später erneut in gleicher Weise zu nutzen. Das betroffene Land wird sanft und langfristig nachhaltig bewirtschaftet. Dieses System könnte man mit einer Fruchtpflanze vergleichen, die nicht alle Früchte zur gleichen Zeit reifen lässt. Die "Früchte (in unserem Falle Bäume)", die "reif (für die Ernte bereit)" sind, werden einzeln und in für den Wald verträglichem Masse entnommen. Dies sind durchwegs nicht nur Bäume eines bestimmten Alters, sondern gemischter Altersklasse. Die entstandenen Lücken werden wieder mehrfach bestockt und durch den hegenden Aushau wird ebenfalls ein Teil des Christbaumbedarfes gedeckt. Diese Form entspricht oftmals der eines naturnahen Waldes, insofern er geplentert und artenreich ist.[673]

1.4.3.4.4.1. Seilbringung

In vergangenen Zeiten mussten gefällte Bäume unter grossen Anstrengungen aus Steilhängen mit Menschenkraft oder Pferdeinsatz zu Tal gebracht werden. Eine aktive Möglichkeit des Naturschutzes ist heute die Seilbringung. Wurden in den 60er und 70er Jahren noch zahlreiche Forststrassen in die Steilhänge gelegt um die geernteten Bäume "vernünftig" abtransportieren zu können, so nutzen gegenwärtig immer mehr Förster die Möglichkeit der Seilbringung. Die Seilbringung ist ein äusserst umweltschonendes Verfahren. Die einzelnen Fabrikate sind rasch aufgebaut und funktionieren analog kleiner Seilbahnen. Die Stämme werden einzeln oder in kleinen Gruppen an einer Rollenvorrichtung zu Tal gelassen. Als Masten dienen Stahlkonstruktionen oder stehende stabile Bäume. Die zu überwindende Strecke spielt diesbezüglich eine

---

671 Vgl. dazu: Scherzinger, Wolfgang (1996); 376-378.

672 Vgl. dazu das Werk: Pitterle, Alfred (1993).

673 Vgl. Scherzinger, Wolfgang (1996); 367-368.

untergeordnete Rolle, ob es lediglich einige hundert Meter oder gar an die zwei Kilometer sind.[674]

1.4.3.4.5. Hegewald ("Naturnahe" Waldwirtschaft und "Naturgemässe" Waldwirtschaft)

Der "Hegewald" ist die Forstform, in der lediglich wenige und meist geschädigte Bäume des betroffenen Gebietes, jedoch aus wirtschaftlichen Interessen, geschlagen werden. Die entstandenen Lücken werden durch die natürliche Verjüngung, selten durch Bepflanzung, wieder geschlossen. So können sie erneut in gleicher Weise genutzt werden. Das betroffene Land wird äusserst schonend und nachhaltig bewirtschaftet. Diese Form entspricht der eines naturnahen Waldes, ja kann sogar noch darüber hinausgehen, insofern er geplentert und artenreich ist. Da jedoch geschädigte Bäume (z.B. durch den sauren Regen) entfernt werden, bieten diese Wälder nicht das gleiche Bild wie ein Urwald oder ein Wald in einem Naturschutzgebiet. Das bedeutet, dass Lebewesen, die auf geschwächte Bäume angewiesen sind hier nicht die gleiche Verbreitungsmöglichkeit haben wie in einem Schutzgebiet.[675]

1.4.3.4.6. Bannwald

Der Bannwald ist ein vor Schlägerung geschützter Wald. Bannwälder sind Totalreservate, in denen jegliche forstliche Nutzung ruht. Alles bleibt sich selbst überlassen, damit sich die Waldvegetation ungestört entwickeln kann. Bannwälder dienen vorwiegend dem Schutz bewohnter, von Lawinen und Muren gefährdeter Gebiete oder der Wissenschaft als Freilandlaboratorien. Sie sollen dem Besucher auch einen Eindruck von der urwüchsigen, vom Menschen unbeeinflussten Natur vermitteln.[676] Der Bannwald hat, wie bereits unter dem Punkt "Sozioökonomische Kostenfrage" angeführt, auch einen erheblichen volkswirtschaftlichen Nutzen. Würde man in einer von Lawinen oder Muren gefährdeten Gemeinde den Bannwald schlägern und durch Schutzverbauungen ersetzen, würde der Holzertrag den Kostenaufwand für die Verbauungen keinesfalls decken. Zudem sind die Verbauungen regelmässig zu erneuern; der Wald erneuert sich zumeist selbst.[677]

---

[674] Vgl. Drabarczyk, Liselotte (1997d); 133.

[675] Vgl. Scherzinger, Wolfgang (1996); 368-376.

[676] Vgl. KWFL; 54-55; Bannwald.

[677] Vgl. dazu: Pitterle, Alfred (1993); 56.

1.5. Die Forstwirtschaft als soziale Grösse (Arbeiter- und soziale Frage)

Die Forstwirtschaft ist nicht nur ein Wirtschaftszweig, der mit dem Naturprodukt Holz arbeitet, sondern auch ein Wirtschaftsgebilde, welches - wie jedes andere - Menschen in seinem Dienst hat. Es sind nicht nur Maschinen, die im Forst zum Einsatz gebracht werden, sondern es sind Menschen, die mit Maschinen und mit blosser Muskelkraft im Wald arbeiten. Bis ins 18. Jahrhundert erstreckte sich die Arbeit im Wald vorwiegend auf die Holznutzung, auf den Holzeinschlag. Diese "Holzhauerei" begann, sobald die ersten Stämme für Hausbau, technische Geräte oder energetische Zwecke gefällt wurden. Arbeit zur Holzproduktion im engeren Sinne, sprich: zur Verjüngung und Pflege des Waldes, war durch die Jahrhunderte selten und wurde meist der Natur überlassen. Erst als die Wälder durch Übernutzung derart geschädigt waren und als erkannt wurde, dass die waldeigenen Regenerationskräfte nicht mehr ausreichten, griff der Mensch mit künstlichen Verjüngungsmethoden in das Waldwachstum ein und Forstwirtschaft als "Wirtschaft" im Sinne von wirtschaftlichem (haushaltlichem) Umgang setzte ein. Dies darf nicht darüber hinwegtäuschen, dass auch heute der Hauptanteil der Arbeit im Forst die Holzhauerei ist. Forstwirtschaft beinhaltet somit zwangsläufig auch den Umgang mit den Menschen, im Allgemeinen mit den Menschen, die den Wald als eine Grösse wahrnehmen - der Gesellschaft - und im Speziellen mit den Menschen, die in diesem Forst arbeiten: den von diesem Wirtschaftszweig unmittelbar und direkt Betroffenen.[678]

In den früheren Jahrhunderten entsprach das Zusammenspiel zwischen Waldbesitzer (Arbeitgeber) und dem Holzhauer (Arbeitnehmer/Arbeitausführenden) keinesfalls immer einem klassischen Lohnverhältnis. Der Forstdienst war meist Selbstwerbung oder bäuerlicher Frondienst.[679] Ab der Neuzeit entwickelte sich die Waldarbeit mehr und mehr zu einer eigentlichen beruflichen Tätigkeit, so dass man künftig von fachlich spezialisierten Waldarbeitskräften sprechen konnte. Waldarbeiter genossen oftmals besondere Rechte, besonders wenn sie freie Holzhauer waren. Sie bildeten in zahlreichen Gegenden ganze Waldarbeiterdörfer.[680] Die Waldarbeiter waren meist Angestellte von Glas- oder Erzhütten und Bergwerken. Die Waldarbeiter dieser Zeit blieben in der Regel nicht ständig Holzhauer. Wenn ein Gebiet nicht mehr ausreichend Holz für die benannten Industriezweige hergab, blieben diese Arbeiter grösstenteils in ihrem Waldarbeiterdorf und betrieben fortan Landwirtschaft.[681]

---

[678] Vgl. Mantel, Kurt (1990); 295-296.

[679] Vgl. Mantel, Kurt (1990); 296-298.

[680] Vergleichbar mit den späteren Goldgräberdörfern in Nordamerika.

[681] Vgl. Mantel, Kurt (1990); 298-302.

Ab dem 19. Jahrhundert ist im Hinblick auf die Waldarbeit eine Arbeitsintensivierung auszumachen. Mit ihr geht ein verstärkter Einsatz von Lohnarbeitern einher, was wiederum den Weg zum ständigen Forstarbeiter ebnete. Das 20. Jahrhundert brachte den qualifizierten, im Umgang mit Maschinen vertrauten, forstlichen Facharbeiter hervor. Mit der Zunahme an Qualifikation stiegen auch die Anforderungen an die Waldarbeiter. Die Betriebsarten begannen sich zu wandeln. Gab es zuvor eigentlich nur eine Betriebsart, die des Fällens von Bäumen, so traten nun neue hinzu wie die umfangreichen Massnahmen der Forstkulturen (künstliche Verjüngung und Neubestockungen), der Waldwegbauten, des Triftschutzes, der Seilbringung und anderer Neuerungen.[682]

1.5.1. Sozialsinn - Individualsinn

Vor 1800 war der Arbeitseinsatz im Wald im Rahmen der grundherrlichen Frondienstverpflichtungen in der Regel mit den allgemeinen Rechten und Pflichten dieses Systems abgegolten. Die wirtschaftliche Lage des neuen Berufsstandes des Waldarbeiters, besonders der ständigen Facharbeiter, ist allgemein gut gewesen. Die Verhältnisse im Einzelnen zeigten sich gebietsmässig durchwegs unterschiedlich. Aufgrund der überdurchschnittlichen Besoldung der Waldarbeiter herrschte an Arbeitern wenig Mangel. In Bayern wurde 1616 sogar zeitweilig ein Verbot ausgesprochen, Waldarbeiter zu werden, da nunmehr die Arbeitskräfte für die Landwirtschaft fehlten. Selbst Sozialeinrichtungen standen den Waldarbeitern ortsweise früh zur Verfügung. Die erste "Sozialversicherung" für Forstleute ist bereits 1590 aus Freiburg im Breisgau gemeldet. Den bedürftigen, geschädigten oder kranken Holzknechten stand eine Unterstützung aus einer "Büchse" zu. Um diese Büchse - zu der zwei Schlüssel notwendig waren, die je eine Person hatte - zu füllen, wurde von jedem verdienten Gulden ein Kreuzer einbehalten. Aus dem hannoverschen Harz (Clausthal) wird berichtet, dass 1718 ähnliche Kassen unter dem Einfluss der Bergbau-Knappschaften auch für die in den landesherrlichen Forsten tätigen Arbeitskräfte eingerichtet wurden. Merkliche Besserung trat in manchen Gebieten zu Beginn des 19. Jahrhunderts ein, wo die soziale Lage der Waldarbeiter durch Unterstützungskassen, Knappschaftskassen und andere Massnahmen gesichert wurde.[683] Die sozialen und wirtschaftlichen Veränderungen des 19. Jahrhunderts[684] haben den Waldarbeiterstand wesentlich umgestaltet und wirkten sich für diesen zumeist ungünstig aus. Vermehrt fanden fachfremde Lohnarbeiter, die einen wesentlich tieferen Lohn erhielten, Einstellung. Dieser Trend wurde durch die in der sich rationalisierenden Landwirtschaft

[682] Vgl. Mantel, Kurt (1990); 302-307.

[683] Vgl. Mantel, Kurt (1990); 307-309.

[684] Industrielle Revolution.

freigewordenen Arbeitskräfte, die nun auch in die Forstwirtschaft drängten, durchwegs verstärkt. Mitte des 19. Jahrhunderts, mit der allgemeinen Landflucht der arbeitenden Bevölkerung in die städtische Industrie, änderte sich diese Tendenz wieder. Dies liegt vorwiegend in den höheren Löhnen, welche die Industrie im Verhältnis zu den jeweiligen körperlichen Anstrengungen zahlte, begründet. Die Löhne der Waldarbeiter blieben bis in die ersten Jahrzehnte des 20. Jahrhunderts niedrig. Bezeichnend ist, dass die Forst- und Montanwirtschaft lange vor den anderen Wirtschaftszweigen Ansätze für eine soziale Absicherung zeigte, die heute freilich weit über dem Stand der Anfangszeit steht, allerdings heute auch in einigen Ländern Lohnnebenkosten von weit über 100% des Netto-Arbeiterlohnes ausmachen.[685]

In den folgenden Abschnitten soll der heutigen Forstwirtschaft und der Problematik der Arbeiterfrage, insofern sie besteht, im Sinne eines Hinweises Raum gegeben werden. Dieser folgende Aufriss dient dazu, die Bemühungen der Forstwirtschaft um bessere Arbeitsbedingungen hervorzuheben. Arbeiterschutzverbände legen seit vielen Jahren stets mehr Gewicht auf eine "Humanisierung des Arbeitslebens in der Forstwirtschaft". Dieser Begriff ist in den 60er Jahren des 20. Jahrhunderts entstanden,[686] in denen man sich in einem nie enden wollenden Wirtschaftswachstum glaubte und der Humanisierungsgedanke alle Gesellschaftsbereiche[687] erfasste, um sie menschlicher zu machen. Die arbeitswissenschaftliche Forschung in der Forstwirtschaft, von unbedeutenden Ansätzen abgesehen, beginnt 1927 durch HUBERT HUGO HILF.[688] Hauptziel war dabei die Gestaltung des bis dahin vernachlässigten Produktionsfaktors Arbeit; Hauptantrieb war die Verbesserung der Wirtschaftlichkeit nicht nur der Betriebe, sondern auch der für die Arbeit einzusetzenden Energie. Die anfänglichen Untersuchungen galten der Verbesserungen vorhandener oder der Einführung geeigneter Werkzeuge und Geräte, ihrer zweckmässigen Handhabung und Pflege, der Entwicklung angepasster Arbeitsverfahren und der Erhöhung der Sicherheit. Dabei wurde schon bei den ersten Arbeiten der Energieverbrauch mitberücksichtigt.[689] Mittlerweile geht es darum aus momentanen und zukünftigen Problemen menschengerechtere Arbeitsplätze zu schaffen und zu gestalten. 1974 fruchtete in Deutschland der politische Begriff "Humanisierung des Arbeitslebens" in dem Aktionsprogramm "Forschung zur Humanisierung des Arbeitslebens". Dieses Programm befasst sich wesentlich mit den konkreten Arbeitsbedingungen mit denen der Mensch bei seinen täglichen Arbeiten

[685] Vgl. Mantel, Kurt (1990); 309-319.

[686] Der Begriff "Humanisierung" ist in der Regierungserklärung der Deutschen Bundesregierung vom 18.01.1973 geprägt worden und seither in aller Munde. – Vgl. Eisenhauer, G. (1985); 25.

[687] Humanisierung des Strafvollzuges, des Krankenwesens etc. sowie des Arbeitslebens.

[688] Prof. Dr. Dr. h. c. HUBERT HUGO HILF war Rektor der Forstlichen Hochschule in Eberswalde. Er leitete dort das renommierte Institut für forstliche Arbeitswissenschaft (IffA), dessen Gründer er war.

[689] Vgl. Eisenhauer, G. (1985); 26-27.

konfrontiert wird. Es versucht Belastungen durch Schwerstarbeit - Arbeit in Hitze, Kälte, Nässe, Schnee, Staub - oder durch Umgang mit gefährlichen Arbeitsstoffen abzubauen bzw. auf ein erträgliches Mass zu reduzieren. W. JEITER[690] bemerkt in seinem Einleitungswort zur Tagung über die Humanisierung der Arbeit am 2. Oktober 1984 in Dortmund, dass zahlreiche Forschungsergebnisse nicht in genügendem Masse in die Praxis durchgedrungen seien und die Forschungsergebnisse der Praxis näher gebracht werden müssen. Nicht nur der Staat könne zu einer Verbesserung der Lage beitragen, sondern jeder einzelne Betrieb sei gefordert Initiative zu ergreifen. Für die Sicherheit eines Arbeitsplatzes ist in erster Linie der Betrieb zuständig. Hilfreich ist diesbezüglich eine gute Zusammenarbeit mit den Betriebsräten, Berufsverbänden und allen anderen betroffenen Institutionen.[691]

Der Arbeitsbereich eines Forstarbeiters ist sehr vielfältig hinsichtlich der Witterungsbedingungen als auch der Tätigkeitsfelder. Letztere teilen sich in etwa wie folgt auf: Holzernte 55% (davon Holzrücken 10%), Kulturen 10%, Waldschutz 10% und Sonstiges 15%.[692] Der Arbeitsort wiederum ist ebenfalls nicht einheitlich. Manche Gegenden sind flach und verhältnismässig gut zugänglich, doch die meisten Wälder, gerade in Österreich und in der Schweiz, befinden sich in bergiger Lage und sind daher meist steinig, oft glitschig, bald hart, bald weich oder bewachsen und mit Ästen und Blöcken übersät.[693] In diesem Gelände gilt es mitunter Bäume mit Längen bis zu 40 Metern und einem Gewicht von bis 10 Tonnen punktgenau zu fällen oder in einem undurchdringlichen Dickicht Unter- oder Schwachholz aufzuarbeiten. Dabei darf der Forstarbeiter nie vergessen, dass ihm ein enormes Kapital anvertraut ist. Sowohl eine Laubholzkultur als auch eine Furniereiche verkörpern, wie das meiste Arbeitsgerät auch, bald einen Wert von mehreren € 10'000.—. Für den Kleinstwaldbesitzer, der selbst Hand in seinem Wald anlegt, stellt sich noch ein anderes Problem, das der Übung. Viele Waldbesitzer arbeiten ca. 20 Stunden pro Jahr im Forst oder alle ca. fünf Jahre bis zu zwei Wochen. Die Erfahrung zeigt hingegen, dass die Übungsschwelle erst nach 10 Tagen überschritten ist. All diese "Privatförster" sind zusätzlich mit dem grossen Handikap belegt, dass sie stets zu wenig Übung haben und sich dabei selber gefährden.[694]

[690] W. JEITER: 1984 Präsident und Professor der Bundesanstalt für Arbeiterschutz in Dortmund.

[691] Vgl. Jeiter, W. (1985); 7-14.

[692] Fröhlich, H. J. (1985); 15.

[693] Die alten Skandinavier vermuteten nicht zuletzt aus diesen Gründen überall im Wald Trolle, die den Menschen ein Bein stellen.

[694] Vgl. Fröhlich, H. J. (1985); 15-16.

1.5.1.1. Die Arbeitgeber

Der Arbeitgeber bzw. der Waldbesitzer ist aus wirtschaftlichen Gründen daran interessiert seinen Betrieb rationell zu führen. Zu diesem Zweck steht ihm ein mannigfaltiges technisches Know-how zur Verfügung. Technisch ist die Forstwirtschaft heute in der Lage in bestimmtem Gelände an Ort und Stelle einen Baum binnen weniger Minuten zu fällen, zu entasten, zu schälen, in beliebig lange Stücke zu zerteilen und auf ein Transportgefährt aufzuladen,[695] ohne dass eine Menschenhand diesen Baum oder eine handgeführte Maschine ihn berührt. Um diese Maschine zu bedienen ist nur noch eine Person zur Maschinenführung - oder besser gesagt zur Computerbedienung - notwendig. Es ist allerdings zu Prüfen: 1. Wieweit die ergonomischen Erfordernisse der Maschinenführer erfüllt sind; 2. wie sich die Mechanisierung auf den Arbeitsmarkt auswirkt, denn ein unsicherer Arbeitsplatz gehört zu den schwersten Belastungen eines Mitarbeiters; 3. wieweit sich Mechanisierung, Arbeitsplatzsicherung, Ökologie und Wirtschaftlichkeit aufeinander abstimmen lassen.[696] Besonders in Kleinbetrieben kann es aus finanziellen Gründen zu Zielkonflikten zwischen Arbeitgeber und Arbeitnehmern kommen, wenn es um die Anpassung von Arbeitssystemen an den arbeitenden Menschen geht oder die Wünsche und Vorstellungen der Arbeiterschaft zu berücksichtigen sind. Speziell in diesen genannten Belangen ist ein gegenseitiges Wohlwollen unabdingbar; den Sozialpartner als Feind zu betrachten wäre in jedem Falle kontraproduktiv. Die Betriebsleitungen müssen von den beidseitigen Vorteilen einer Humanisierung der Arbeit überzeugt werden. Ein gesunder und motivierter Arbeiter ist immer wirtschaftlicher, als eine durch Unfallgefahr demotivierte und allenfalls sich im Krankenstand befindliche Arbeitskraft. Um diese Ziele möglichst reibungslos zu erreichen braucht es stete Aus- und Fortbildung zur Vermehrung entsprechender Kenntnisse und Einsichten. In dieser Weise ist jedoch nicht nur der Arbeitgeber gefordert; auch den Arbeitnehmer gilt es zu unterweisen, damit er für ihn hilfreiche Neuerungen als solche erkennt und sie nicht aus eventueller Bequemlichkeit unberücksichtigt lässt. S. WODARZ[697] fasst es so zusammen: "Humanisierung der Arbeit lässt sich nicht 'befehlen' ... Es sollte uns allen etwas mehr als strafende Sanktionen einfallen.[698]"

Der Waldbesitzer verfolgt in der Regel mit seiner Forstwirtschaft ein konkretes ökonomisches Ziel, vorausgesetzt der Waldbesitz ist gross genug.[699] Der Wald spielt eine

---

[695] Mit Bündelfällern (oder Harvestern) wird eine Baum binnen einer Minute gefällt, entastet und zerlegt. – Vgl. dazu: LUP; Nordische Wälder / Gefahren für den Wald / Kahlschlag 7/9 / Kanada 3/3.

[696] Vgl. Fröhlich, H. J. (1985); 21.

[697] Dr. WODARZ, S.: 1984 Forstdirektor und Leiter der Lehranstalt für Forstwirtschaft in Bad Segeberg.

[698] Wodarz, S. (1985); 148-149.

[699] Wenn der Waldbesitz zu klein ist, sind diese Anreize kaum vorhanden.

untergeordnete-, eine Nebenrolle gegenüber anderen Interessen des Besitzers. Diese halten von Humanisierung unter Angabe folgender und anderer Gründe meist nicht viel: Humanisierung der Arbeit kostet Geld und bringt nichts; Humanisierung der Arbeit behindert das Erreichen der Maximalleistung; Humanisierung der Arbeit behindert das Erreichen von hohen Akkordverdiensten; eine Humanisierung der Arbeit durchzusetzen macht zusätzlich Mühe, ebenso die dauernden und lästigen Kontrollen. Diese Einstellung einfach mit Unwilligkeit der Waldbesitzer und Arbeitgeber zu begründen ist unzulänglich. Vielmehr liegt es an mangelndem Wissens-, Bildungs- und Beratungsstand. Der Waldbesitzer kann sich meist nicht vorstellen, dass sich eine Humanisierung der Arbeit wirtschaftlich auszahlt. Die Ursache dieses "Unwissens" fusst darin, dass unzählige Waldbesitzer in anderen Berufen tätig und in ländlichen Gegenden heimisch sind. Aufklärungsveranstaltungen, die tagsüber an Fachschulen in Ballungszentren angeboten werden, können von diesen nicht besucht werden, zumal sie oft nicht einmal wissen, dass es solche gibt, da für sie die Kommunikation unzureichend ist. Solche Bildungskurse sollten daher zu für Berufstätige geeigneten Stunden auf dem Lande und unter Vermeidung von "Fachchinesisch" angeboten werden. Die Publikation derartiger Veranstaltungen hat wiederum in Medien angekündigt zu werden, die in der Region beachtet werden. Das an solchen Seminaren abgegebene Material ist dann wirkungsvoll, wenn es in einer Art und Weise gestaltet ist, dass es der Waldbesitzer nicht nur lesen kann, sondern es auch lesen will, was nicht zuletzt wiederum eine umweltschützerische Massnahme ist, indem nutzbringende Papiere verbreitet werden und nicht der Altpapierberg vergrössert wird.[700] Bildung in Arbeitsschutz und Ergonomie[701] führt häufig nicht zum gewünschten Erfolg, da diese Bereiche einen mangelnden Stellenwert einnehmen, oft ist sie auch zu praxisfern. Vielfach wird auch angenommen, dass die Hersteller von Maschinen und Geräten alle notwendigen Informationen in ihren Unterlagen bereits anbieten. Wenn es jedoch um die Sicherheit und das Wohlbefinden der Belegschaft geht, darf der Zwang ein positives wirtschaftliches Betriebsergebnis zu erzielen nicht über dem Menschen stehen. In diesen Fällen muss, nach K. HEIL, "der Mensch dass Mass aller Dinge" sein.[702]

An dieser Stelle sei noch einmal darauf verwiesen,[703] dass die Arbeitgeber, im Konkreten die Waldbesitzer, viele Kosten in Kauf nehmen müssen, die nicht nur ihnen zugute kommen, sondern auch der Allgemeinheit, die diese Dienstleistungen nicht immer finanziell mitträgt. Konkret sind es gut ausgebaute Wegnetze mit den zusätzlich

---

[700] Vgl. Wodarz, S. (1985); 149-150.

[701] Der Begriff "Ergonomie" stammt aus dem Jahre 1949, aus England. Es wurde darunter auf Arbeit bezogene Forschung der Fachgebiete Anatomie, Physiologie, Psychologie und Technik verstanden. Der Begriff wird auch heute noch weitgehend so verstanden. – Vgl. Eisenhauer, G. (1985); 26.

[702] Vgl. Heil, K. (1985); 151-158. – Dipl.-Ing. K. HEIL: Gehört dem staatlichen Forstamt Bovenden an.

[703] Vgl. weiter oben.

gesicherten Wegrändern welche die Forstarbeiter in Ergänzung ihrer berufsnotwendigen Tätigkeit leisten müssen und die der Bevölkerung als Naherholungsgebiete[704] zum Wandern, Reiten, Schi fahren, Joggen und Mountainbiken dienen. Der Besitzer muss hingegen die Verkehrssicherheitspflicht auf diesen Wegen übernehmen. Besitzer fordern daher eine "Privatisierung" dieser Güter, was bedeutet, dass die Waldbesitzer die öffentlichen Nebennutzungen und der damit verbundene Mehraufwand derselben in Rechnung stellen kann.[705]

1.5.1.2. Die Arbeitnehmer

Der arbeitende Mensch ist in die Sachverhalte der forstwirtschaftlichen Belange eingebunden. War das Arbeiten im Forst noch vor wenigen Jahrzehnten ein wenig attraktiver Teil der Arbeitswelt, so hat sich die Situation in den vergangenen Jahrzehnten wesentlich verändert. Alleine die technischen Neuerungen verringerten die körperlichen Anstrengungen für einen Forstangestellten erheblich. Vor allem hat sich das Berufsbild vom gelegentlich beschäftigten Holzhauer über den Waldarbeiter bis hin zum ganzjährig beschäftigten Forstwirt als anerkannten Ausbildungsberuf entwickelt. Das Berufsbild hat sich den ökologischen, technischen und wirtschaftlichen Erfordernissen angepasst und muss sich auch weiter anpassen. Gab es früher ganze Holzhauerdörfer,[706] so arbeiten die Forstwirte heute[707] alleine, zu zweit oder allenfalls zu dritt an ihrem Arbeitsplatz und sind auf sich gestellt. Es wird allgemein von ihnen erwartet, dass sie entsprechend der Begebenheiten qualifiziert entscheiden. Selbstständigkeit ist für sie unerlässlich. Die verhältnismässig zu anderen Berufen immer noch hohe Zahl an Unfällen[708] zeigt, dass der Istwert und der Sollwert einander noch nicht entsprechen. Um die Unfallzahlen weiter zu senken ist es für den einzelnen Forstwirt unumgänglich, dass er die Erfahrung des Försters und der besten Forstwirte achtet und sich dieses Wissen und Verhalten aneignet ohne zuerst selbst Schaden zu erleiden. "Die 'Empirie' des 'Andern' muss zur 'Ethik' des 'Einen' führen.[709]" Positiv zu werten ist die derzeitige Waldarbeit, da sie sowohl

[704] Vgl. Umwelt in Österreich - Daten und Trends 1994; 187.

[705] Vgl. Hölzel, Markus (1997); 497, 498.

[706] Vgl. weiter oben.

[707] Insgesamt wurden 1990 in Österreich 13'000 familienfremde Forstarbeiter gezählt. 5'000 waren ständig beschäftigt, 8'000 waren nur gelegentlich in der Forstwirtschaft tätig. – Vgl. dazu: Land- und Forstwirtschaftliche Betriebszählung 1990; 12, 21. – 1995 gab es in Österreich rund 8'800 unselbstständig Beschäftigte in der Forstwirtschaft und (im Januar) 2'816 Arbeitslose. Beschäftigtes Forstpersonal gab es 3'493 (911 Forstakademiker, 1'617 Förster und 965 Forstwarte). – Vgl. Statistisches Jahrbuch für die Republik Österreich - 1996; 123, 136, 243. – 5'869 Forstarbeiter fanden 1995 Beschäftigung. – Vgl. dazu: Österreichischer Waldbericht 1995; Tabelle 79.

[708] Vgl. dazu: Österreichischer Waldbericht 1995; Tabelle 84.

[709] Vgl. Fröhlich, H. J. (1985); 15-21.

Arbeitsschutz als auch Ergonomie wesentlich berücksichtigt. Zu berücksichtigen ist, dass die Lernziele nicht nur das "Wissen" verbessern, sondern auch das "Verhalten" und das "Können" weiter beeinflussen. Findet der Auszubildende die Ausbildungshinweise der Schule bei der täglichen Arbeit bestätigt, so ist der Erfolg meistens auf Dauer gesichert.[710]

Die fortschreitende Mechanisierung bringt in der Forstwirtschaft wie in fast allen Berufen eine Spezialisierung mit sich wie die zu Motorsägenführern, Kranführern, Seilbringern oder Bedienern der Pflanzmaschinen. Jede Spezialisierung bringt unweigerlich eine Einengung des Tätigkeitsfeldes mit sich, die für die einzelnen Arbeiter zu Problemen der Kommunikation führen kann. Dieser Schwierigkeit gilt es nicht zuletzt durch ein gutes Arbeitsklima entgegenzuwirken. Gesundheitlichen Problemen wirkt der einzelne Forstarbeiter am wirksamsten entgegen, wenn er einem regelmässigen Tätigkeitswechsel besondere Bedeutung zumisst. Dadurch läuft er weniger Gefahr dauernde und vor allem einseitig andauernde Grenzwertüberschreitungen wie Vibrations-, Lärm- oder Rückenbelastungen ertragen zu müssen. Selbstinitiative ist oftmals gefordert, wenn es darum geht sich in die organisatorische Planung mit einzubringen wie die zeitliche und räumliche Abfolge der Arbeiten, der Festlegung des Arbeitsverfahrens, bei der Auswahl der zu entnehmenden Bäume oder der Organisation der Neubestockung. Dieses Einbringen bringt erfahrungsgemäss eine höhere Motivation für den Forstarbeiter mit sich.[711] Zu bedenken wäre auch die Einführung einer Erfolgsprämie für Vorschläge bezüglich ökologisch nachhaltiger und gleichzeitig ökonomischer Bewirtschaftung innerhalb des Zeitlohnsystems - evtl. anstelle eines Akkordlohnes. An dieser Stelle gilt es auch das Thema der flexiblen Arbeitszeit zu bedenken. Die Hiebsätze sind in den letzten Jahren deutlich gestiegen, die Einschlagszeit konzentriert sich jedoch aus Forstschutz- und Pfleglichkeitsgründen weiter auf das Winterhalbjahr. Dementsprechend nimmt der Arbeitszeitaufwand in den Sommermonaten, auch durch die fortschreitende "biologische Rationalisierung", kontinuierlich ab. Der Stundenaufwand für die Sommerarbeit hat sich in etwas mehr als dem letzten Jahrzehnt mehr als halbiert. Die weitere Entwicklung tendiert weiter in diese Richtung. Arbeitgeber fordern daher eine Umverteilung der Arbeitszeit vom Sommer- auf das Winterhalbjahr, um die Arbeitsplätze zu sichern. HELM-ECKHART HINK[712] sieht in dieser Möglichkeit die einzige Möglichkeit, da man es sich nicht leisten könne im Sommer auf der Stelle zu treten und unproduktiv Geld zu verheizen. Ein verstärkter Einsatz der Waldarbeiter in benachbarten Gemeinden sei wegen der hohen Lohnnebenkosten nicht möglich. Einen Lösungsansatz sieht er in den Samstagen mit fünf Arbeitsstunden als Regelarbeitstag. Die aufgelaufenen Stunden werden nach diesem

---

[710] Vgl. Heil, K. (1985); 151-158.

[711] Vgl. Eisenhauer, G. (1985); 25-33.

[712] HELM-ECKHART HINK: Forstdirektor und Forstamtsleiter am Forstamt Backnang.

Modell im Sommer ausgeglichen, wobei übers Jahr keine steuerlichen Nachteile entstehen sollten. MEINRAD SCHWEIKART[713] widerspricht diesem Ansatz und will den Samstag als Regelarbeitstag nicht zur Diskussion stellen, sondern er sieht Ansatzpunkte zur Flexibilisierung bei Umsetzungen, Maschineneinsätzen und bei einer Arbeitszeitverlängerung am Freitag auf acht Stunden. Stundenweise Samstagsarbeit müsse die Ausnahme bleiben. Er weist darauf hin, dass eine Verlängerung der Arbeitszeit Probleme für den Arbeitnehmer mit sich bringe wie sinkende Leistung und dadurch Produktions- und Verdienstausfall und eine höhere Unfallgefährdung durch die erhöhte körperlich Belastung. Er meint, dass er derzeit keinen Vorteil für den Arbeitnehmer erkennen könne, daher verlangt er die Sicherung der bestehenden und die Schaffung neuer Arbeitsplätze um die Arbeit zu bewältigen. In Privatbetrieben gehört flexible Arbeitszeit[714] allerdings zum Alltag. JOSEF KEES[715] wendet hier ein, dass die Erfahrung der freien Wirtschaft zeige, dass flexiblere Arbeitszeiten auch zum Verlust von Arbeitsplätzen führen könne.[716] Zur Frage der Arbeitszeitflexibilisierung besteht noch erheblicher Klärungsbedarf. Es ist wichtig, dass Arbeitgeber und Arbeitnehmer in moralisch verantwortlicher Weise aufeinander zugehen und nicht eine Seite die andere ausbotet.[717]

1.5.1.3. Die Tarifpartner

Die Tarifpartner haben bei der Humanisierung des Arbeitslebens eine entscheidende Funktion, von den Arbeitsverfahren über die Löhne und Leistungen bis hin zu den Erholungszeiten.[718] Besonders erwähnenswert sind Bemühungen um Prämienlohnsysteme. Arbeitsverfahren werden durch gutes gegenseitiges Einverständnis human und zugleich wirtschaftlich gestaltet, damit sie auch im Privatwald ohne Bedenken praktikabel bleiben. Die Kleinstwaldbesitzer werden jedoch durch die Bemühungen der Sozialpartner nicht immer abgedeckt, da diese meist Selbstwerber sind und für sich selbst - aus vermeintlichen Kostengründen - nicht immer die Standards einsetzen, die sie einsetzen müssten, wenn sie Arbeiter hätten.[719] Ein weiteres Bestreben der Sozialpartner ist die stete Aus-, Fort- und Weiterbildung der in der Forstwirtschaft Beschäftigten. Speziell in diesem Bereich hinken jedoch Kleinstwaldbesitzer den

---

[713] MEINRAD SCHWIKART: Forstwirtschaftsmeister und Personalratsvorsitzender für den Stadtwald Freudenstadt.

[714] 5-Tagewoche mit einem 11-Stundentag.

[715] JOSEF KEES: Vorsitzender des Hauptpersonalrates Forsten.

[716] Vgl. Häberle, Siegfried (1997); 574.

[717] Vgl. Häberle, Siegfried (1997); 574.

[718] Vgl. Eisenhauer, G. (1985); 29.

[719] Vgl. Fröhlich, H. J. (1985); 21-22.

Bestrebungen der Sozialpartner abermals hinterher, nicht nur in wirtschaftlichen, sondern auch in ökologischen Belangen.[720]

Den Beginn der Arbeitnehmerverbände in der Forstwirtschaft könnte man in die Neuzeit einstufen. Es bildeten sich in dieser Zeit "Holzerschaften", Holzmeister mit Knechten und dazu angeworbenen Holzhauern, die in Gebieten wie Bayern, Tirol und dem badischen Schwarzwald bis zum 19. Jahrhundert im Holzmeistersystem erhalten blieben.[721]

Die Tarifpartner sind, nach K. HEIL, gefordert dafür zu sorgen, dass ergonomisch günstige Arbeitsverfahren in den Betrieben rasch eingeführt werden können. Zudem fordert er ein Nachdenken über den Abbau des Leistungslohnes, weil auch da ein Zielkonflikt zwischen Ökonomie und Ergonomie existiere. Die Tarifpartner seien verantwortlich für die Arbeitssicherheit und die Ergonomie. Diese Verantwortung wiege ganz besonders schwer, weil es dabei um Gesundheit und Leben gehe.[722] Interessanterweise lassen sich keine nennenswerten gegenteiligen Aussagen finden und doch scheint das erkannte Problem nicht in der Art und Weise angegangen zu werden wie es offensichtlich zu sein opportun wäre.

Die Arbeitnehmerorganisationen messen wiederum der beruflichen Qualifikation und der Verbesserung des Arbeiterschutzes grosse Bedeutung zu. Die berufliche Qualifikation beginnt nicht zuletzt bei den geistigen Möglichkeiten eines Berufsinteressenten. Laut G. NÄCKEL[723] ist die Aussage "für den Wald reicht's", was die geistigen Fähigkeiten angeht, noch nie so überholt gewesen wie heute. Für ihn müssen Körper und Geist im Einklang stehen, wobei der Körper der Waldarbeit gewachsen sein soll. Bei dieser Gelegenheit führt er Zweifel an, ob die Mediziner dies immer recht beurteilen könnten. Hart geht er ebenfalls mit den Ausbildungsplätzen ins Gericht, indem er etlichen vorwirft, sie gäben die Auszubildenden nicht in die Obhut von geeigneten Personen, sondern teilten häufig Auszubildende Rotten zu um dort zu helfen den Verdienst aufzubessern. Speziell Privatwaldbesitzer weigern sich Forstwirtschaftsmeister zu beschäftigen, die nur für die Ausbildung zuständig seien oder sie würden gar berufsfremde Arbeitskräfte für Akkordarbeit im Forst einstellen. Akkordarbeit, besonders der Vollakkord, weist eine erheblich höhere Unfallhäufigkeit auf als Zeitlohnarbeit. Auch gesundheitliche Gründe sprechen gegen die Akkordarbeit. Nur junge kräftige Leute sind dafür geeignet. Gerade die jungen und die alten Arbeiter, die ihrerseits in ihrer Leistungsfähigkeit nachlassen, sind aber am meisten unfallgefährdet. Um die Unfallverhütung und den Arbeitsschutz

---

[720] Vgl. Fröhlich, H. J. (1985); 22.

[721] Vgl. Mantel, Kurt (1990); 300.

[722] Vgl. Heil, K. (1985); 153-154.

[723] G. NÄCKEL: 1984 Mitglied der Gewerkschaft Gartenbau, Land- und Forstwirtschaft in Frankfurt.

optimal zu gestalten sind die Tarifpartner gehalten, grösstes Interesse an der Thematik zu haben und entsprechende Vorschriften zu erlassen sowie für die Überwachung derselben zu sorgen. Wo es möglich ist sollen erfahrene Praktiker diese Aufgabe wahrnehmen, da die beste Theorie wenig nützt, wenn nicht auch die praktischen Erfahrungen und Fähigkeiten vorhanden sind Arbeitsabläufe zu beurteilen und wenn notwendig zu verbessern. NÄCKEL fordert darüber hinaus, dass Betriebsärzte Arbeitsmediziner sein müssten und nach Möglichkeit ein Praktikum am Einsatzort absolvieren sollten. Seiner Meinung nach würde eine Einsatzperiode in einer Rotte das Verständnis für die Waldarbeit mit all ihren Problemen reifen lassen.[724]

1.5.2. Die "Bewohner" des Waldes/Forstes

Wie anfangs dieses Kapitels bereits erwähnt lebte zu Beginn der Menschheitsgeschichte der Mensch eng mit dem Wald verbunden. Der Mensch lebte weitgehend im Wald und von dessen Produkten. Der Mensch war im Grunde genommen ein Teil des Ökosystems Urwald. Noch heute finden wir letzte Reste solcher Bevölkerungen wie Teile der Pygmäen in Afrika, der Papuas in Neuguinea und der Indios im Amazonas- und Orinokobecken. Der Wald bietet diesen Menschen dort das, was sie zu ihrem kargen Leben brauchen. Umgekehrt üben diese Menschen selbst nur einen verschwindend kleinen Einfluss auf das Ökosystem Wald aus. Bei den anderen Kulturen änderte sich die Einstellung des Menschen zum Wald, meist bedingt durch Ackerbau und Viehzucht, welche sich zumeist an den Rändern der geschlossenen Wälder, am Übergang zu den Steppen und Trockengebieten entwickelten. War der Wald bislang die Lebensgrundlage der Menschen und der meisten wildlebenden Tiere, so wurde er nun mehr und mehr zur Quelle einer verbesserten Lebensqualität, indem er mit der Savanne zur Weidefläche für die domestizierten Tiere und zudem zum Energie-, Baustoff- und Werkstofflieferant wurde. Nicht zu vergessen ist der Bereich der Jagd, der jedoch in dieser Arbeit nicht speziell behandelt wird. Der Mensch veränderte seine Lebensgrundlage vom Jäger und Sammler zum Viehzüchter und Ackerbauer. War der Mensch früher selbst noch Jäger mit anderen Jägern im Walde, den Raubtieren, so wurde er nun zum Viehzüchter. Die Raubtiere, die bislang weniger Feinde als vielmehr unliebsame Konkurrenten waren, wurden jetzt zum Teil zu verhassten Feinden. Der Wald war nicht mehr Heimat des Menschen, wohl aber weitgehend des neuen Feindes Raubtier. Man ist fast versucht zu definieren, dass das Feindbild Raubtier sich in unseren Breiten parallel auf dessen Heimat, den Wald, übertrug.

---

[724] Vgl. Näckel, G. (1985); 159-161.

Dem Wald kam noch eine andere Rolle zu. Wenn man sich die Bewaldung Europas alleine nach der letzten Eiszeit[725] ins Bewusstsein ruft, so ist unschwer zu erkennen, dass der Waldanteil gegenüber der Savanne bald sehr hoch war. Der Wald war somit eine obligate Landreserve für die wachsende Bevölkerung. Der Wald, und somit der Landvorrat, schienen unbegrenzt.

Nicht immer blieb der Mensch Sieger im Kampf gegen den Wald. In Zeiten zurückgehender Bevölkerung - durch Seuchen oder Kriege - oder dort, wo der Mensch für landwirtschaftliche Zwecke wenig geeignete Böden rodete, eroberte der Wald weite Flächen wieder zurück. Nach dem 30-jährigen Krieg, wo viele verlassene Dörfer und Äcker ungenutzt blieben, wurden diese wieder zu Wald und sind zum Teil bis heute Waldgebiete geblieben. Diese Entwicklung ist nicht nur in Mitteleuropa zu beobachten, sondern auch in den Tropen, wo der Wald nach kurzer Zeit die verlassenen Ruinen, Städte und Tempel der Mayas, der Inkas oder der Khmers zurückeroberte. In klimatisch ungünstigeren Gegenden blieb der Mensch scheinbar "Sieger" wie im Mittelmeerraum, dem Nahen Osten und Teilen der Subtropen. Den Wäldern gelang es nicht die Gebiete zurück zu erobern. So wurden diese Landstriche in vielen Fällen mit der Zeit zu Ödland und zu Wüsten.[726]

Den Wald letztlich nur als "Feind", Landreserve oder Rohstofflieferanten zu sehen wird ihm und den Menschen jedoch nicht gerecht, wenn auch diese Sicht über Jahrtausende für den Grossteil der Bevölkerung im Vordergrund stand. Wie bereits weiter oben erwähnt hat der Wald nicht nur eine ökonomische Komponente, sondern in vielen Kulturen schon früh eine kulturelle und emotionale Bedeutung erhalten. In vielen Religionen hatte er als Sitz von Göttern und Geistern oder Träger bzw. Verbindungsstück des Himmels eine besondere Rolle; er wurde oftmals gefürchtet und verehrt. Mit der schwindenden religiösen Verehrung - seit dem frühen Mittelalter bis in die heutigen Tage - stieg dagegen die Bedeutung als Erholungs- und Vergnügungsraum, wenigstens für die kleine Minderheit der höchsten sozialen Schichten.[727]

Heute lebt der Mensch nicht mehr im Wald selber. Diese Aussage gilt für den grössten Teil der Menschen in Mitteleuropa. Vom Wald alleine zu leben ist heute für die breite Masse nicht mehr möglich. Lediglich einzelne Menschen führen dieses Leben und werden meist als "Aussteiger" bezeichnet. Wer lediglich vom Wald leben will braucht verhältnismässig grosse Reviere, daher ist diese Lebensform in Europa - nicht zuletzt aufgrund der Waldbesitzverhältnisse - höchst selten geworden. Einige wenige haben sich auf dem amerikanischen Kontinent dieses Leben bis heute als Trapper erhalten. Bei noch

[725] Vgl. weiter oben.

[726] Vgl. Steinlin, Hansjürg (1985); 34-35.

[727] Vgl. Steinlin, Hansjürg (1985); 38, 40.

genauerer Betrachtung ist aber festzustellen, dass gerade in unserer Zeit, die gesellschaftlich vielseitig strukturiert und differenziert ist, bestimmte Individuen oder soziale Gruppen eine Verallgemeinerung nicht rechtfertigen lassen. Am sichtbarsten wird diese Verbindung wohl bei den Jägern, Pilzsammlern, Beerenlesern, Fotografen, Tierbeobachter oder Pflanzenkundlern. Diese relativ kleine Gruppe der Bevölkerung ist es allerdings, die über die verhältnismässig engste, nicht berufsmässige, Beziehung zum Wald und auch oft über recht gute Kenntnisse verfügt und somit forstpolitisch relevant ist. Wie jede Gruppierung ist auch keine von den eben genannten davor gefeit zu einseitig und zu Gunsten der Eigeninteressen zu urteilen. Laut HANSJÜRG STEINLIN[728] träumen heute unzählige Menschen von einem Heim - Hauptwohnsitz oder wenigstens Ferien- oder Wochenendhäuschen - am Waldrand, den Rücken zum Wald und seiner Geborgenheit, das Gesicht zur freien Landschaft mit ihrer Offenheit und Übersicht.[729] Diese Waldrandgegenden und offenen bzw. aufgelösten Wälder sind denn auch heute die beliebtesten Ziele und Aufenthaltsorte im Naherholungsbereich. Dieselben Lagen in denen wir, die wir heute meist in Grossstädten leben, instinktiv Erholung suchen und viele Campingplätze und Wohnwagensiedlungen stehen - der Streifen im Übergangsgebiet zwischen lockerem Wald, Wasser, Sumpf und Feuchtwiesen - suchten unsere stein- und bronzezeitlichen Vorfahren im Alpenvorland auf um ihre Siedlungen zu errichten. Die heute noch anhaltende Attraktivität dieser Landschaften könnte durchaus als evolutionäres Erbe gedeutet werden. Durch den Lauf der Geschichte gab und gibt es keineswegs eine einheitliche Einstellung und ein einheitliches Verhalten gegenüber dem Wald. Verschiedene Einstellungen und Verhaltensweisen kamen stets nebeneinander vor.[730]

---

[728] Prof. Dr. HANSJÜRG STEINLIN: Direktor des Institutes für Landespflege der Albert-Ludwigs-Universität Freiburg.

[729] Vgl. Steinlin, Hansjürg (1985); 39.

[730] Vgl. Steinlin, Hansjürg (1985); 39-46.

1.6. Der Wald/Forst als Wert (Eigentum)

Waldeigentum bzw. Waldbesitz ist keine unerhebliche Frage, sind doch gegenwärtig[731] ca. 4,18 Mrd. ha (ca. $^1/_3$) der Landoberfläche der Erde bewaldet. Jährlich ist ein Waldrückgang von ca. 15,4 Mio. ha zu verzeichnen, das ist leicht mehr als die gesamte Waldfläche Deutschlands im Jahre 1990 (ca. 10,19 Mio. ha[732]), Österreichs (ca. 3,878 Mio. ha.) und der Schweiz (ca. 1,2 Mio. ha) mit ca. 15,27 Mio. ha. Die EU hat einen Anteil von ca. 128,8 Mio. ha bewaldeter Fläche, die sich auf 10,3 Mio. Eigentümer (davon sind 66,1% Privateigentümer) aufteilt und ein Bruttoinlandprodukt von 1% ausweist[733] (ohne Berücksichtigung der ökosozialen Marktwirtschaftlichkeit).[734]

Die unten stehende Tabelle gibt nicht die exakten Zahlen wieder, sondern gerundete, da zum einen die Kirchenwälder ebenfalls berücksichtigt wurden und diese Zahlen aus teils älteren Statistiken entnommen werden mussten, und zum anderen weil die Statistiken an sich aufgrund verschiedener Erhebungsmethoden[735] unterschiedliche Zahlen liefern. Die Tabelle soll jedoch dazu dienen einen groben Überblick, speziell über das Verhältnis öffentlicher und privater Wälder, zu erhalten. Dabei fällt auf, dass alleine in Österreich der überwiegende Teil der Wälder privat ist; in Deutschland ist das Verhältnis beinahe ausgeglichen, berücksichtigt man, dass die Kirchenwälder zu den "öffentlichen" Wäldern gezählt werden. In der Schweiz zählt der mehrheitliche Teil zu den öffentlichen Wäldern. In den drei Ländern lassen sich somit drei völlig verschiedene Eigentumsschwerpunkte vorfinden.

---

[731] Vgl. Statistisches Jahrbuch für die Republik Österreich - 1996; 486. – Vgl. auch: KWFL; 778; Waldfläche (Erhebung der CEF 'Europäische Forstkommission' von 1990.).

[732] Stand 1996.

[733] In Österreich war das Bruttoinlandprodukt der Land- und Forstwirtschaft 1983 noch 44,14%, 1995 nur noch 1,6%. – Vgl. dazu: Statistisches Jahrbuch für die Republik Österreich - 1996; 212. – Die Umweltschutzausgaben von 1991 betrugen mit € 3'656 Mio. (ÖS 50'310 Mio.) 2,63% des Bruttoinlandproduktes (BIP). 1986 betrugen sie mit € 2'486 Mio. (ÖS 34'210 Mio.) noch 2,4% des BIP. – Vgl. dazu: Umwelt in Österreich - Daten und Trends 1994; 257.

[734] Vgl. KWFL; 775, 778; Waldeigentum, Waldfläche.

[735] Im Wesentlichen gibt es zwei Erhebungsverfahren: rasterweise Stichprobeninventur und Mindestflächenberücksichtigung von 0,2 ha. – Vgl. Umwelt in Österreich - Daten und Trends 1994; 187-188.

Übersicht der Waldeigentumsarten in den einzelnen Ländern (gerundete Zahlen)							
		Privatwälder		Öffentliche Wälder			
Staat	**Mass-einheit**	**Privat-wälder**	**Kirche**	**Körper-schaften**	**Staat**	**Land/Kanton**	**Total**[736]
Deutschland[737] 46,2 / 53,5 %	Hektaren (ha)	4'707'780 ha	Kirchenwald wird in Deutschland nicht gesondert erhoben.[738]	2'017'620 ha	305'700 ha	3'158'900 ha	10'190'000 ha
	Prozente (%)	46,2 %		19,8 %	3 %	31 %	100 %
Österreich[739] 79,5 / 20,5 %	Hektaren (ha)	2'961'400 ha	121'570 ha[740]	135'730 ha	574'000 ha	85'300 ha	3'878'000 ha
	Prozente (%)	76,4 %	3,1 %	3,5 %	14,8 %	2,2 %	100 %
Schweiz[741] 27,0 / 73,0 %	Hektaren (ha)	322'220 ha	6'580 ha[742]	807'500 ha	12'000 ha	51'700 ha	1'200'000 ha
	Prozente (%)	26,5 %	0,5 %	67,5 %	1 %	4,5 %	100 %

In Österreich wurden 1990 214'464 land- und forstwirtschaftliche Betriebe (ab einem Hektar Gesamtfläche) mit Eigenwald gezählt. 99,4% weisen weniger als 200 ha aus. Die Betriebszahl hat seit der 1980er Zählung um 6% abgenommen.[743] Die Verteilung nach Grössengruppen der Eigenwaldfläche zeigt, dass etwas mehr als die Hälfte auf Betriebe von 200 ha und mehr entfällt. Der Anteil der Wälder aus Betrieben unter 2 ha lag lediglich bei 2%. Dies ergibt für 1990 in Österreich eine durchschnittlich Eigenwaldfläche von 15,1 ha.[744] Der stärkste Rückgang ist bei den Betrieben mit weniger

---

736 Vgl. KWFL; 778; Waldfläche. – Vgl. dazu auch: Umwelt in Österreich - Daten und Trends 1994; 187.

737 Vgl. KWFL; 426, 775; Körperschaftswald, Waldeigentum.

738 Diese Angabe stützt sich auf eine Anfrage an das Statistisches Bundesamt Berlin, die mir per Telefax am 23.4.1997 in diesem Sinne beantwortet wurde.

739 Vgl. KWFL; 426, 775; Körperschaftswald, Waldeigentum. – Vgl. dazu: Statistisches Handbuch für die Republik Österreich - 1980; 92.

740 Vgl. Statistisches Handbuch für die Republik Österreich - 1980; 92.

741 Vgl. Gesamte Waldfläche nach Eigentümern 1995.

742 Diese Zahl stütz sich auf eine E-Mailantwort, vom 24. April 1997 10:22 Uhr des Bundesamtes für Statistik der Schweizerischen Eidgenossenschaft, welche mir vorliegt.

743 Vgl. Österreichischer Waldbericht 1995; 47.

744 Vgl. Land- und Forstwirtschaftliche Betriebszählung 1990; 11-12.

als 5 ha Eigenwaldfläche auszumachen, während die Betriebe mit 20 ha bis 200 ha zunahmen. Nach Erwerbsarten weist die Betriebszählung 1990 33% (1980 noch 42%) der Betriebe als Vollerwerbsbetriebe, 8% (1980 noch 6%) als Zuerwerbsbetriebe, 57% (1980 noch 51%) als Nebenerwerbsbetriebe und 2% (1980 noch 1%) als Betriebe juristischer Personen aus. Die Veränderungen lassen sich auf die schlechtere Einkommenssituation zurückführen.[745]

1.6.1. Eigentumsarten - Besitzarten

Zu Beginn dieses Teiles stellt sich die Frage, was für "Eigentumsarten" und welche Eigentumsformen es hinsichtlich des Waldes nach geltendem Recht gibt.

"Eigentumsformen" gibt es in erster Linie zwei: Eigentum und Besitz. Der Besitz ist die tatsächliche Herrschaft einer Person über eine Sache zum Unterschied von Eigentum, welches die umfassende rechtliche Herrschaft über eine Sache ist.[746] Eigentum beinhaltet das absolute dingliche Recht über eine Sache innerhalb der von der Rechtsordnung gezogenen Grenzen frei zu bestimmen. Es gewährt eine umfassende Herrschaftsmacht, berechtigt den Eigentümer zum Besitz und zu tatsächlicher Einwirkungen auf die Sache sowie zur rechtsgeschäftlichen Verfügung über sein Recht. Im 20. Jh. vollzog sich eine Abkehr vom liberalindividualistischen Eigentumsbegriff hin zu stärkerer Berücksichtigung der sozialen Folgen der Eigentumsverteilung durch eine Sozialbindung des Eigentums. Dementsprechend enthält das Grundgesetz (Verfassung) eine Eigentumsgarantie, es erklärt das Eigentum aber zugleich als dem Wohl der Allgemeinheit verpflichtend. Diese Sozialbindung bedeutet eine Eigentumsbeschränkung, die Eingriffe in das Privat-Eigentum im öffentlichen Interesse bis hin zur Enteignung, ermöglicht. Vom Eigentum unterscheidet sich der Besitz wie bereits erwähnt dadurch, dass es bloss eine umfassend rechtliche Sachherrschaft und nicht eine tatsächlich rechtliche Sachherrschaft wie beim Eigentum ermöglicht. Der Besitz ist die vom Recht anerkannte tatsächliche Herrschaft einer natürlichen oder juristischen Person über eine Sache. Für den Begriff sind kennzeichnend: 1. die Tatsächlichkeit der Sachherrschaft, "das äussere Haben" für das es auf die Rechtsbeziehungen zur Sache nicht ankommt; 2. ein rechtlich-soziales Moment, da die Sachherrschaft als Besitz angesehen (anerkannt) werden muss. Wegen der an die tatsächliche Sachherrschaft anknüpfenden Rechtswirkungen steht der Besitz einem subjektiven Recht gleich. Er ist übertragbar und vererblich. Arten des Besitzes sind: 1. Allein- und Mit-Besitz; 2. Voll- und Teil-Besitz (an abgrenzbaren Sachteilen, z.B. an einer Mietwohnung); 3. Eigen- und Fremd-Besitz, je nachdem ob der Besitzer

[745] Vgl. Österreichischer Waldbericht 1995; 47.

[746] Vgl. Bertelsmann; Eigentum / Besitz.

die Sache als ihm oder einem anderen gehörend besitzt; 4. unmittelbarer und mittelbarer Besitz. Der mittelbare Besitz kann ein- oder mehrstufig (gestaffelt) sein, z.B. in der Beziehung: Vermieter (zweistufiger mittelbarer Besitzer) - Mieter (erststufiger mittelbarer Besitzer) - Untermieter (unmittelbarer Besitzer); 5. fehlerfreier und fehlerhafter (durch verbotene Eigenmacht erlangter) Besitz; 6. rechtmässiger und unrechtmässiger Besitz; 7. Besitz des gutgläubigen und des bösgläubigen Besitzers (unrechtmässiger Besitz eines Besitzers, der hinsichtlich des Rechts zum Besitzer nicht in gutem Glauben ist).[747] Waldbesitzer ist somit der Waldeigentümer und der Nutzungsberechtigte, sofern dieser unmittelbarer Besitzer des Waldes ist. Je nach Rechtslage[748] ist der Waldeigentümer nur dann Waldbesitzer, wenn er unmittelbarer Besitzer des Waldes ist. In diesen Fällen richten sich rechtliche Bestimmungen teils an Waldbesitzer und teils an Waldeigentümer.[749] Im weiteren Verlauf dieser Arbeit wird jedoch nicht mehr zwischen Waldeigentümern und Waldbesitzern im speziellen Sinne unterschieden, sondern der Begriff Waldeigentum/Eigentum allgemein verstanden, da die ethischen Grundlagen, die es in der Forstwirtschaft zu erreichen gilt beide spezifischen Begriffsträger betreffen.

Wenden wir uns somit den Eigentumsarten hinsichtlich des Waldes, von denen es rechtlich grundsätzlich drei gibt, zu: Privatwald, Staatswald und Körperschaftswald. Eine Eigentumsart wird jedoch im gängigen rechtlichen Rahmen nicht direkt beachtet: die primäre Eigentumsart, der nun die erste Aufmerksamkeit gelten soll.

1.6.1.1. Primäre Eigentumsart - Der Wald "gehört" primär dem Menschengeschlecht

Es gibt viele Blickwinkel um Eigentum zu erklären und zu betrachten. Wird davon ausgegangen, dass Eigentum "selbst erzeugter Besitz durch Arbeit"[750] ist, hat der Mensch in aller Regel wenig Eigentum, da jeder Mensch nur eine begrenzte Erarbeitungskraft hat. Wird Eigentum - "selbst erwirtschafteter Besitz durch Arbeit"[751] - als umfassendes Herrschaftsrecht einer Person über "Sachen" gesehen, weitet sich die Möglichkeit der Eigentumsmehrung aus da, sich dieses Recht angeeignet werden kann ohne die Sache selbst hergestellt zu haben, beispielsweise durch Erwerb oder Vererbung. Wird im Begriff "Sache" die Arbeitsleistung anderer impliziert, die anderwärtig entschädigt werden, weitet sich die Möglichkeit Eigentum zu erlangen noch mehr. Es entsteht ein Arbeitgeber und ein Arbeitnehmerverhältnis, wobei das Erzeugnis des Zweiteren stets

---

747 Vgl. LROM[1]; Eigentum / Recht.

748 In Bayern.

749 Vgl. KWFL; 771; Waldbesitzer.

750 Vgl. dazu auch: Schnarrer, Johannes Michael (1996a); 87-92.

751 Vgl. dazu auch: Schnarrer, Johannes Michael (1996a); 87-92.

Eigentum des Ersteren ist.[752] Eigentum ist somit mit Herrschaftsrecht verbunden. Bei den benannten Beispielen handelt es sich in erster Linie um Sachen, die aus "Rohstoffen" erstellt wurden. Den Wald betreffend stellt sich die Frage, ob ein Eigentumsverhältnis überhaupt möglich ist, oder lediglich ein Besitzverhältnis, ist der Wald doch primär Rohstoff, sekundär Rohstoffproduzent und -grundlage und erst tertiär Produkt.[753] Rohstoff, indem der Wald die Grundlage für Wirtschaftszweige wie Holz- und Bauindustrie, die Tourismusbranche und weitere Wirtschaftszweige bildet. Rohstoffproduzent und -grundlage, da er sich "selbst" vermehrt und die Grundlage für weitere Rohstoffe wie Waldhonig, Pilze, Wild und Sauerstoffproduktion ist. An dritter Stelle ist der Wald auch Produkt durch das Nutzholz und die Baumprodukte[754] und seine bereits oben erwähnten Nebenprodukte.[755] Stellt sich hinsichtlich des Waldes als Produkt kein ethisch nennenswertes Problem aufgrund seiner Eigentumsfähigkeit, so verdichtet sich die Diskussion aufgrund der Tatsache, dass er zugleich Rohstoff und Rohstoffproduzent ist. Die Eigentumsfrage schliesst zwangsläufig die Rohstoffprodukte, die der Wald selber produziert mit ein. Ein Rohstoff den der Wald produziert ist Sauerstoff.[756] Die Luft, die wir atmen, kann aber niemals einem einzelnen gehören, nicht einmal nur der ganzen Menschheit. Sie ist Eigentum, im eigentlichen Sinne des Wortes, aller Kreaturen, die auf dem Planeten Erde sind und Luft zum Leben brauchen. Keine dieser Kreaturen kann einer anderen das Recht auf Luft absprechen. Das Bedürfnis nach Atemluft ist durch die Natur der meisten Kreaturen bedingt und somit ein Naturrecht. Der Eigentumsbegriff auf den Wald und die Menschen bezogen ist daher zwangsläufig eingeschränkt und müsste durch andere Begriffe wie: Verantwortlichkeit, Verwalterschaft oder richtigerweise "Abgeordnet-Sein"[757] ersetzt werden. Über den Wald kann es folglich kein umfassendes Herrschaftsrecht einer Person oder der Gesellschaft geben, sondern "Eigentum" impliziert in diesem Falle eine umfassende Pflicht gar einer jeder Mitkreatur nach ihrer Möglichkeit gerecht werdenden Verwaltung und Verantwortung zu aller Wohl. Es ergibt sich daraus nicht nur ein Ethos der Waldbewirtschaftung, sondern durch die naturgegebene Norm eine Ethik derselben, die den Wald nicht in erster Hinsicht als Eigentum, sondern als Gabe versteht.[758] Diese Sicht des Eigentums schliesst eine wirtschaftliche Nutzung des Waldes nicht aus, gehört es doch zu den naturgegebenen Notwendigkeiten, dass der Mensch den Rohstoff Wald zum

---

[752] Vgl. Müller, J. H. (^{2}1980); 502-504.

[753] Vgl. oben.

[754] Harz, Laub, Früchte u.a.m.

[755] Vgl. oben.

[756] Der meiste Sauerstoff wird zwar durch die Meere freigesetzt, schliesst aber die Wichtigkeit des "CO_2-Kathalysators" Wald dadurch nicht aus.

[757] Vgl. Kapitel zwei.

[758] Vgl. dazu: Auer, Alfons (1984); 200-203.

Leben[759] braucht. Die Nutzung hat jedoch auf ethischen Grundlagen zu geschehen, welche in der Verantwortlichkeit dem Menschengeschlecht und den Mitkreaturen gegenüber gerecht werden.[760]

1.6.1.2. Besitznahme und Verantwortung - Soziallast

In der jüdisch-christlichen Tradition wird die Institution des Eigentums als gültig vorausgesetzt und unter den Schutz des Sittengesetzes gestellt.[761] Über die irdischen Güter behält sich Gott jedoch eine Art Oberherrschaft vor.[762] Dem Menschen sind die Güter zum Leben anvertraut und nicht zum Eigentum gegeben.[763] Übergrosse Not und übergrosser Besitz gefährden den Menschen, der von Gott zum verantwortlichen Umgang mit seinem "Eigentum" verpflichtet ist.[764] Diese Tradition beinhaltet die ethischen Grundsätze der Verantwortlichkeit des Menschen für die Umwelt, d.h. sowohl für alle Kreatur als auch speziell für das ganze Menschengeschlecht. Besitznahme bzw. etwas sein Eigentum zu nennen impliziert adäquate Verantwortlichkeit über den Besitz und das Eigentum in seiner Wechselbeziehung zu den Sozietäten. Da die Menschheit im Allgemeinen und der Waldbesitzer im Speziellen künstlicher "Gestalter" des Waldes - durch die einzel- und volkswirtschaftliche Nutzung - durch das Gemeingebrauchsprinzip ist, muss die oben aufgezeigte Verantwortlichkeit zwangsläufig zu den Sozial- wie zu den Einzellasten gezählt werden. Verantwortung ist den Wald betreffend nicht etwas absolut, sondern lediglich relativ Delegierbares. Das einzelnen zur Bewirtschaftung "anvertraute" Waldgebiet obliegt der aktiven Verantwortlichkeit des Besitzers und gleichzeitig der passiven Verantwortung, im Sinne einer Aufsichtspflicht, der Gesellschaft. Diese wird dann unverhohlen in die aktive Pflicht genommen, wenn der "Eigentümer" seine Pflicht vernachlässigt.[765]

---

759 Energieträger und Baustoff für Behausungen.

760 Vgl. dazu: Müller, J. H. (²1980); 504-510. – Vgl. dazu auch: Kerber, Walter (1993); 216-225. – Vgl. dazu: Messner, Johannes (⁷1984); 1173.

761 Ex 20,15.17 "Du sollst nicht stehlen. Du sollst nicht nach dem Haus deines Nächsten verlangen. Du sollst nicht nach der Frau deines Nächsten verlangen, nach seinem Sklaven oder seiner Sklavin, seinem Rind oder seinem Esel oder nach irgendetwas, das deinem Nächsten gehört." – Dtn 5,19.21 "Du sollst nicht stehlen, du sollst nicht nach der Frau deines Nächsten verlangen und du sollst nicht das Haus deines Nächsten begehren, nicht sein Feld, seinen Sklaven oder seine Sklavin, sein Rind oder seinen Esel, nichts, was deinem Nächsten gehört."

762 Ps 47,8a.9 "Denn Gott ist König der ganzen Erde. Gott wurde König über alle Völker, / Gott sitzt auf seinem heiligen Thron"

763 Lev 25,23 "Das Land darf nicht endgültig verkauft werden; denn das Land gehört mir und ihr seid nur Fremde und Halbbürger bei mir."

764 Vgl. Sir 4,31-5,8; Am 6,1-14; Mk 10,19.

765 Vgl. dazu: Zsifkovits, Valentin (1990a); 124-128.

1.6.1.3. Eigentumstheorie von THOMAS und der (neu)Scholastik: Jede Sache hat immer eine Bestimmung, die der Mensch entdecken muss - Das Gemeinwohl geht vor

Eigentum scheint in der sittlichen Ordnung, so gut wie Leben und Gesundheit, als ein Lebensgut aus der Hand Gottes, dem Menschen anvertraut, dass er den rechten Gebrauch davon mache. Der rechte Gebrauch aller Sachgüter ist die geordnete menschliche Bedarfsdeckung. Was dieser nicht entspricht ist Missbrauch und somit unsittlich. Zum inneren Wesen des Eigentums gehört diese sittliche Verpflichtung, besonders die ökosoziale Verpflichtung.[766] Die Eigentumstheorie des HL. THOMAS lässt sich dahingehend interpretieren, dass diese Gewissenspflicht des Eigentümers in der Rechtsdefinition des Eigentums so zum Ausdruck zu bringen ist, dass mit deren nicht Erfüllung, mit dem Missbrauch des Eigentums, das Eigentumsrecht suspendiert oder selbst verloren gehen kann.[767] In "Quadragesimo anno (vom 15.05.1931)" wird diese Auffassung von Papst PIUS XI. ausdrücklich verworfen.[768] Das Hauptproblem der thomistischen Sicht liegt in der Tatsache, dass die Eigentumsverhältnisse dem "privaten" Urteil eines "Forums" unterstellt würden und somit häufig Rechtsunsicherheiten eintreten würden. - Eine paradiesisch-kommunistische Gütergemeinschaft ist nur für möglich zu halten, wenn der Mensch den Sündenfall nicht begangen hätte, da ein solcher Zustand der Zwietracht und der Habsucht entbehrend sein müsste.[769] - Wird das Eigentum in Bezug auf einen Baum oder eine Masse von Bäumen gesehen, so trifft die Aussage PIUS XI. zweifelsohne zu, die eine "Sache" darstellen. Wird der Wald jedoch in der oben bereits genannten Schilderung verstanden, stellt sich der Sachverhalt anders dar. Es geht nun nicht mehr lediglich um das Eigentum im Sinne einer Sache, sondern "eines" Lebewesens bzw. einer gemeinsamen Lebensgrundlage.[770] Ohne Zweifel hat das Gemeinwesen, speziell in Bezug auf den Wald, die Pflicht und das Recht die ökosozialen Pflichten des "Eigentümers" in rechtliche Bindungen umzusetzen. Der forstwirtschaftliche Gebrauch des Waldes muss zugleich Dienst sein für das gemeinsame Beste und die Sozietät dem Eigentümer adäquat zur Seite stehen. Der Gedanke, dass die Sozietät den Eigentümer aufgrund der nicht Erfüllung der Eigentumspflichten oder des Missbrauchs des Eigentums dessen Eigentumsrecht suspendiert oder verlustig macht, ist

---

[766] Vgl. Hilgenreiner, K. (1931); 593.

[767] Vgl. Horváth, Alexander (1929); 1-240 (besonders 82-85 und 152-154). – Vgl. Summa Theologiae II_a $II_{ae\ 12\ 2}$: (Utrum propter apostasiam a fide subditi absolvantur a domino praesidentium apostatarum.)

[768] Vgl. QA 46, 113-114.

[769] Vgl. dazu: Zsifkovits, Valentin (1990a); 125.

[770] So seltsam es klingen mag, doch der Besitz einer Rinderherde kann lediglich einer ganz bestimmten Anzahl Menschen und in direkter Weise zukommen, da das Gut Rind wie das Gut Holz "einfach" auf-, ver- und zugeteilt werden kann. Das Produkt Sauerstoff eines Waldes lässt sich jedoch nicht "einfach" auf-, ver- und zuteilen, da es seiner Struktur nach nicht ohne erheblichen Aufwand abgesondert werden kann.

durchaus gewisser Überlegungen wert. In solche Überlegungen, die an dieser Stelle freilich nicht zu Ende geführt werden können, wäre auch mit einzuschliessen wie ein "Eigentümer" sich zu verhalten hat, wenn die Sozietät ihrer "Beistandspflicht" nicht nachkommt, ohne dass der Waldeigentümer sich gleichsam umgekehrt wieder schuldig macht, da das Gemeinwohl dem Einzelwohl stets vor geht, es jedoch kein Recht ohne Pflicht und keine Pflicht ohne Recht geben kann.[771] Recht ohne Pflicht ist mitunter Privilegierung (Bevorzugung, "Überrechtigung") und Pflicht ohne Recht Versklavung (Benachteiligung, "Entrechtung").

1.6.1.3.1. Ius carpendi / rodendi commune populi (Allgemeines Klaubrecht des Volkes)

Oben wurde bereits aufgezeigt, dass der Wald nicht nur "Privateigentum", sondern in gewissem Sinne auch "Allgemeinbesitz" ist, und dass zu den Produkten und Dienstleistungen des Waldes das Holzertragspotential (Nutzfunktion inkl. diverser Nebennutzungen wie Pilze, Beeren etc.) zählt und der Wald sowohl Rohstoffproduzent als auch -grundlage ist, da er sich "selbst" vermehrt und die Grundlage für weitere Rohstoffe wie Waldhonig, Pilze, Wild und Sauerstoffproduktion bildet. Ein "allgemeines Klaubrecht des Volkes"[772] hat es in der Geschichte im betroffenen Gebiet in begrenzter Weise gegeben.[773] Gemeindeverfassungen oder Ortsrechte ermöglichten ortsweise Klaubrechte in Waldflächen lediglich Bürgern, Hausstandbesitzern oder gar nur Hausbesitzern.[774] Daneben bestanden - zum Teil auch noch heute - als weitere Formen öffentlich-rechtlicher Waldgerechtsame an staatlichen Wäldern der Bezug von Losholz sowie ein meist nicht schriftlich fixiertes Klaubrecht (Leseholzrecht). Das - meist nicht schriftlich festgehaltene - ius carpendi / rodendi beinhaltet das Recht abgestorbene und am Boden liegende Äste aus öffentlichen Wäldern zu entnehmen.[775] Der Gedanke, dass besonders die armen Leute ein Art Klaubrecht haben ist nicht neu. Die Bibel erwähnt das Nachleserecht besonders bei Lev 19,9-10[776], Lev 23,22[777] & Dtn 24,20-22.[778] In äusserster

---

[771] Vgl. Hilgenreiner, K. (1931); 593-598.

[772] ius carpendi / rodendi commune populi

[773] Vgl. Mantel, Kurt (1990); 202-203.

[774] Vgl. Mantel, Kurt (1990); 241-242.

[775] Vgl. Knöppel, V. (1998); 1117-1120.

[776] Lev 19,9-10 "Wenn ihr die Ernte eures Landes einbringt, sollt ihr das Feld nicht bis zum äußersten Rand abernten. Du sollst keine Nachlese von deiner Ernte halten. In deinem Weinberg sollst du keine Nachlese halten und die abgefallenen Beeren nicht einsammeln. Du sollst sie dem Armen und dem Fremden überlassen. Ich bin der Herr, euer Gott."

[777] Lev 23,22 "Wenn ihr die Ernte eures Landes einbringt, sollst du dein Feld nicht bis zum äußersten Rand abernten und keine Nachlese deiner Ernte halten. Du sollst das dem Armen und dem Fremden überlassen. Ich bin der Herr, euer Gott."

[778] Dtn 24,20-22 "Wenn du einen Ölbaum abgeklopft hast, sollst du nicht auch noch die Zweige absuchen. Was noch hängt, soll den Fremden, Waisen und Witwen gehören. Wenn du in deinem Weinberg die Trauben

Notlage, wenn das Überleben in Frage steht, hat das alte Prinzip zu gelten: "In äusserster Not ist alles gemeinsam, d.h. mitzuteilen."[779]

Heute stellt sich diese Frage in unseren Gegenden nicht mehr in gleicher Weise wie früher. Die Wälder sind prinzipiell öffentlich zugänglich. Ein eigentliches "ius carpendi / rodendi" ist heute nicht wirklich schriftlich festgelegt, sondern Gewohnheitsrecht. Das Klauben wird jedoch, nach Absprache mit den zuständigen Förstern, meist gerne zugestanden. Aus den weiter oben angeführten Begründungen lässt sich eine allgemeine Eigentümerschaft des Volkes an der Grösse Wald und seinen nebenproduktlichen Ressourcen - wie Klaubholz (Leseholz), Honig, Beeren, Pilzen und Erholungsmöglichkeiten[780] - erschliessen. Was den öffentlichen Wald (Staats-, Landes- und Kommunalwald) anbelangt ist daher eine rechtmässige Nutzung des Losholzes und übriger Waldnebenprodukte, insbesondere der armen Bevölkerung,[781] bedingt durch das Wohnrecht gegeben. Die Landesbewohner unterstützen die Pflege der öffentlichen Wälder und allfällige forstwirtschaftliche Defizite ohne dies durch ihre Steuern. Bei Privatwäldern lässt sich ein solches Recht nicht einfach erschliessen, da ein Privatwaldbesitzer nicht in gleicher Weise staatliche Finanzsicherheit sein Eigen nennen kann wie der öffentliche "Waldbesitzer". Wenn Privatwaldbesitzer für Entschädigungen plädieren,[782] kann ein solcher Anspruch nicht grundsätzlich von der Hand gewiesen werden. Eine eigentliche Güterentschädigung ist jedoch alleine aus praktischen Gründen nicht möglich, da nicht jeder gepflückte Pilz, jede Beere, das zur Verfügung gestellte Erholungsgebiet und dergleichen an Ort und Stelle abgegolten werden kann. Eine Vergütung hat daher eher als pauschale - evtl. der Waldfläche und -qualität entsprechende - Abgeltung der Öffentlichkeit gegenüber einem ihrer "Wohltäter" zu geschehen. Eine diesbezügliche Regelung müsste nichtsdestoweniger ortsangepasst vom Staate gesetzlich geregelt sein.[783]

---

geerntet hast, sollst du keine Nachlese halten. Sie soll den Fremden, Waisen und Witwen gehören. Denk daran: Du bist in Ägypten Sklave gewesen. Darum mache ich es dir zur Pflicht, diese Bestimmung einzuhalten."

[779] Vgl. KKK 2408 – Vgl. GS 69 – Vgl. Zsifkovits, Valentin (1990a); 125. – Vgl. Summa Theologiae II_a II_{ae} $_{66}$ $_7$ – Kardinal JOSEF FRINGS (* Neuss 6.2. 1887, † Köln 17.12.1978, Kardinal (ab 1946) 1942-69 Erzbischof von Köln) zählt wohl zu den volkstümlichsten Verfechtern dieses Prinzips, rief er doch diesen Grundsatz nach dem 2. Weltkrieg in Köln aus. Dadurch ergab sich der Ausdruck "fringsen", als neuer Ausdruck für Mundraub.

[780] Sauerstoff und Wasser sind diskussionslos als "Weltgüter" einzubeziehen.

[781] Vgl. dazu: Bundesverfassung der Schweizerischen Eidgenossenschaft (1. Jan. 2000); Art. 54 § 2.

[782] Siehe weiter oben.

[783] Vgl. dazu: QA 44-46, 113-114.

1.6.1.4. Staatswald

Der Staatswald, auch Staatsforst genannt, ist ein wichtiger Teil der Waldfläche. In Deutschland sind es ca. 34% von ca. 10,19 Mio. ha (31% gehören den Bundesländern und Stadtstaaten, 3% dem Staat Deutschland). In Österreich sind es ca. 17% von ca. 3,88 Mio. ha (2,2% gehören den Bundesländern und 14,8% dem Staat Österreich) und in der Schweiz ca. 5,5% von 1,2 Mio. ha (4,5% sind Kantonseigentum und 1% sind Eigentum der Schweizerischen Eidgenossenschaft).[784]

Obwohl die Wohlfahrtswirkungen in den Staatsforsten einen höheren Stellenwert geniesst als in den Privatwäldern, ist in den Staatsforsten die durchschnittliche Holzproduktion am höchsten.[785] Trotzdem stehen auch Staatsforste unter hohem wirtschaftlichem Druck wie das Beispiel des Saarländischen Forstes zeigt. Die Forstausgaben des Saarlandes sind zu über 70% Personalkosten, die das Ministerium senken möchte und nach Reformmöglichkeiten sucht. Die Arbeitnehmer sehen diesen Reformen skeptisch entgegen und wenden ein, dass der Personalbestand zwischen 1985 und 1997 um über ein Drittel abgenommen habe. HUBERTUS LEHNHAUSEN[786] zeigt in einem Artikel auf, dass jede Managementebene nun ihre jeweilige Ebene zu Lasten der jeweils anderen stärken möchte. Die forstwirtschaftliche Interessenslage ist es eine allfällige Umstrukturierung so zu gestalten, dass der Forstbetrieb seine Marktmöglichkeiten im bisherigen Produktionsbereich verbessert - sprich die Vermarktung des Holzes - und nach Möglichkeit neue Bereiche, ausserhalb der Rundholzproduktion erschliesst. Dieser Reform stehen teilweise Naturschutzverbände entgegen, die um die Naturschutzziele fürchten. Gleichzeitig besteht für sie durch eine Reform die Möglichkeit mehr Einfluss zu nehmen. Dieser Reform stehen aber auch Arbeitnehmerverbände entgegen, die durch die Diskussion ökonomischer Inhalte eine Besitzstandminderung ihrer Mitglieder in ganz Deutschland befürchten. Zu den genannten Einwänden kommen noch Ressentiments einzelner Personen, die Privatinteressen gefährdet sehen. Das Saarland hat in dieser Diskussion folgenden "Massstab" angewendet: Die Waldwirtschaft soll so organisiert werden, dass ein naturnahes Waldökosystem entsteht bzw. erhalten bleibt und die multifunktionale Nutzung gesichert oder gar verbessert wird. Die Waldwirtschaft soll dazu: a) das Ökosystem Wald als naturnahen Lebensraum für möglichst alle Tier- und Pflanzenarten der heimischen Wälder erhalten, b) möglichst alle Waldfunktionen auf jeder Fläche zur Verfügung stellen und nur in Ausnahmefällen Einschränkungen zu Gunsten einer Funktion vornehmen, c) die Erzeugung des nachwachsenden Rohstoffes Holz in möglichst grosser Sortimentsvielfalt sichern und dies unter strenger Beachtung des

[784] Vgl. KWFL; 690; Staatswald.

[785] Vgl. KWFL; 690; Staatswald.

[786] Forstdirektor Dr. HUBERTUS LEHNHAUSEN: Mitarbeiter im Ministerium für Umwelt, Energie und Verkehr im Saarland.

ökonomischen Prinzips, d) die Pflege und Bewirtschaftung unter Ausnutzung aller biologischen Rationalisierungsmöglichkeiten so natur- und menschenschonend wie möglich durchführen.[787]

Wenn Punkt "a" als erster Punkt gesehen wird und somit als Hauptziel, ist es fraglich, inwieweit Punk "b" erfüllbar bleibt. Auf jeder Waldfläche, unabhängig ihrer Grösse, naturnah zu sein und gleichzeitig alle Waldfunktionen - Waldfunktion schliesst im forstwirtschaftlichen Sinn zwangsläufig die Bewirtschaftungsfunktionen mit ein - zu beinhalten stösst allein aus Flächengründen an Grenzen. Punkt "c" ist in sich des Widerspruches verdächtig, besonders aber gegenüber Punkt "a". Die Sortimentsvielfalt an die wirtschaftliche Nachfrage zu binden, bringt eine drastische Einschränkung der Artenvielfalt mit sich. Ein solcher Wald ist eo ipso kein naturnaher Lebensraum und widerspricht klar Punkt "a". Punkt "d" enthält das klare Bekenntnis zur gentechnisch veränderten Forstpflanze und bringt entgegen einer naturnahen natürlichen evolutionären Artenvielfalt eine künstliche Re-Evolution und dadurch eine widernatürliche Artenverarmung durch dominante "Alfapflanzen". Die vergangenen Jahre zeigen jedoch, dass die ökologischen Zielsetzungen besser eingehalten wurden als die ökonomischen, da im Bereich Ökologie klare Vorgaben gegeben waren. Im ökonomischen Bereich fehlen eigentliche Zielvorgaben wie der Ausbau des Dienstleistungssektors.

Eine erfolgreiche Zustandsänderung ist nur möglich, wenn die Problematik und die Lösungsansätze breit getragen werden. LEHNHAUSEN erwähnt diesbezüglich zwei Auffassungen die Problematik zu sehen: a) Die Holzkäufer zahlen nicht genug Geld für das gelieferte Holz, somit können die Forstbetriebe nur Verluste produzieren. ... [Er führt in Klammer die "globalen Märkte" und das "Weltmarkt-Preisniveau" als neues Zauberwort für die Externalisierung der Problematik auf.] ... Ausserdem erbringt der Forstbetrieb Leistungen für die Allgemeinheit, die, wenn sie bezahlt würden, die Verluste ausgleichen würden. b) Wir leben in einem dynamischen System, in dem sich auch Forstbetriebe ständig anpassen müssen. Betriebe, die nicht über ausreichende Instrumente der Flexibilisierung verfügen scheitern über kurz oder lang. Wenn der staatliche Forstbetrieb[788] dauerhaft Verluste "erwirtschaftet", so zeigt er, dass er die notwendige Flexibilität nicht besitzt.[789] LEHNHAUSEN sieht das Problem in der Auffassung "b" dargestellt und hält die Auffassung "a" für: auf Dauer auch für die Mitarbeiter schädliches Ablenkungsmanöver.[790] Die Auffassung von LEHNHAUSEN kann der Autor dieser Arbeit nicht teilen, da diese zielführender moralischer und ethischer

---

787 Vgl. Lehnhausen, Hubertus (1997a); 1821, 1826.

788 Gemeint ist hier nur der Teil der Landesforstverwaltung, der die fiskalische Aufgabe der Bewirtschaftung des Staatswaldes durchführt.

789 Vgl. Lehnhausen, Hubertus (1997a); 1826.

790 Vgl. Lehnhausen, Hubertus (1997a); 1826.

Grundsätze entbehrt, denn sie setzt a priori die Anpassung an alle marktwirtschaftlichen Begebenheiten über die Ökologie. LEHNHAUSEN lässt die unter "a" angeführte Unterbezahlung der hiesigen Forstprodukte undifferenziert stehen ohne in Betracht zu ziehen, dass die verursachten "Umwelt"-Schäden ausbeuterischer Grossbetriebe in den Tropen ohnehin der Menschheit einst in "Rechnung gestellt" werden und daher das Schlagwort für einmal nicht Globalisierung der Wirtschaft, sondern Ökologisierung oder allenfalls Regionalisierung der Wirtschaft heissen könnte. Es scheint dem Autor illusorisch, zu glauben, dass global je adäquate ökonomische und ökologische Voraussetzungen herrschen werden. Zudem zeigt die Empirie, dass gerade die Forstwirtschaft in den letzten 200 Jahren durch ihr marktorientiertes Verhalten wohl aufgeforstet hat, aber die dadurch entstandenen Fichten- und Tannenmonokulturen nicht zum Vorteil für die Forstwirtschaft selber gereichten. Nur Ökologie führt auch nicht zu einer Lösung der Problematik. Es wird lediglich eine Lösung im Rahmen einer betont ökologisch orientierten Ökonomie zielführend sein, in der die Balance zwischen Globalisierung und Regionalisierung gefunden werden muss. LEHNHAUSEN erkennt jedoch - und hier ist Flexibilität zweifellos angebracht - dass der Vertrieb des Hauptproduktes des Forstbetriebes, das Rundholz, zu archaisch erfolgt. Die Bürokratie des Verkaufes, in der zu viele Personen für zu kleine Bereiche zuständig sind, ist zu zeitaufwändig und erfordert lange Vorlaufzeiten, wodurch alleine schon bedingt durch die hohen Umtriebskosten nur schlechte Preise erzielt werden können.[791] Für die zukünftigen Staatsforste wird eine Zweiteilung der Wirtschaftsbereiche gesehen: Der erste Bereich soll alle Aktivitäten des Forstbetriebes im Staatswald umfassen, die mit forstwirtschaftlichen Massnahmen verbunden sind[792] und soll im Wesentlichen von diesen Produkten wie Holznutzung, Verkauf von Jagdnutzung und Nebennutzung getragen werden. Ein zweiter Bereich soll alle Aktivitäten umfassen, die der Forstbetrieb ausserhalb der Holz-, Jagd- und Nebennutzungstätigkeit im Staatswald vollzieht. Dieser Teil sollte durch besondere einzelvertragliche Leistungen finanziert werden. Darunter werden Dienstleistungen und Infrastrukturleistungen verstanden wie alle aktiv erbrachten Leistungen und marktfähigen Produkte des Forstbetriebes, die dieser mit seinem Produktionskapital[793] und seinem Personal[794] erbringt. Würde diese Einteilung angewendet, so ergäbe dies bereits heute bis zu einem Drittel des Umsatzes aus dem zweiten Bereich.[795] Das saarländische Reformmodell sieht zudem weitere Massnahmen vor. So wird festgehalten, dass die Staatsforste immer mehr Ingenieure mit Hochschulabschluss und weniger Forstwarte beschäftigen, das Forstverwaltungssystem

[791] Vgl. Lehnhausen, Hubertus (1997a); 1826.

[792] Häufig als fiskalische Tätigkeit bezeichnet.

[793] Waldbestände und Nutzung sonstiger Forstflächen im Staatswald.

[794] Know-how und Qualifikation.

[795] Vgl. Lehnhausen, Hubertus (1997b); 2052-2053.

jedoch mit dieser Entwicklung nicht Schritt hält, sondern zu stark an der Forstwartqualifikation festhält. Die Überlegungen schliessen auch die Schaffung einer "flachen Hierarchie[796]" mit ein. Speziell genannt sei hier der Wechsel von mehreren dezentralen Holzverkaufsstellen zu einer zentralen Stelle, der Abbau von Arbeitsplätzen und die Begründung eines komplett ausgestatteten EDV-Arbeitsplatzes mit mobiler Datenerfassung in ein zentrales Datennetz und weit reichender Kommunikationsmöglichkeit.

Dies alleine wird den Staatsforsten nicht helfen, rentabel zu wirtschaften. Die Forstleute selber sind gefordert denkbare Entwicklungsmöglichkeiten einzubringen, um die Staatsforste ökologisch wie ökonomisch positiv zu bewirtschaften. LEHNHAUSEN fordert von den "staatlichen" Förstern ihr hoheitliches Denken aufzugeben und sich bewusst zu machen, einem Wirtschaftsbetrieb anzugehören. Nur wenn die Anwendung von wirtschaftlichen Instrumenten[797] selbstverständlicher akzeptiert würde, könnten die Förster verantwortlicher für die Gestaltung ihrer Zukunft handeln. Eine durchgreifende Strukturreform in der Forstverwaltung durchzuführen bedeute, das Schicksal selbst in die Hand zu nehmen und es nicht von aussen diktieren zu lassen.[798]

Einen etwas anderen Weg sieht KARL DÖHRER.[799] Er schlägt am Beispiel der bayrischen Staatsforstverwaltung vor, die Umwandlung der Staatsforste in profitable Aktiengesellschaften zu vollziehen. Prinzipiell sieht auch er den Weg über eine Optimierung der Holzvermarktung und eine Verwaltungsreform. DÖHRER führt den Gedanken noch weiter und möchte die Begründung von Forstbetriebsgemeinschaften mit Grössen zwischen 60'000 ha und 100'000 ha - um wirtschaftlich ernst genommen zu werden - in die alle Waldbesitzer mit einer Fläche von über 500 ha und die Staatsforste direkt Mitglied werden könnten. Kleinere Waldeigentümer und Waldbauern sähe er durch eine Mitgliedschaft in Forstbetriebsvereinigungen eingebunden. In diesem Modell sieht er die Möglichkeit alle Waldbesitzarten und -grössen am technischen und wirtschaftlichen Fortschritt teilhaben zu lassen, ohne einen abrupten Systembruch vornehmen zu müssen.[800] Dieses Modell ähnelt dem von Forstgenossenschaften. Eine der vorgesehenen Forstbetriebsgemeinschaften ähnliche Bewirtschaftungsform wird in Österreich durch die Bundesforste in einem gewissen Sinne bereits vorgenommen.

---

796 Lehnhausen, Hubertus (1997b); 2052-2053. – Wegfall mindestens einer Führungsebene.

797 Betriebsziele, Bilanzen, Gewinn- und Verlustrechnung, Investitionen und Abschreibungen.

798 Vgl. Lehnhausen, Hubertus (1997b); 2052-2053.

799 Forstdirektor KARL DÖHRER: Leiter des Hessischen Forstamts Diemelstadt und des angegliederten Versuchs- und Lehrbetriebs für Waldarbeit und Forsttechnik. Zwei Jahrzehnte war er gleichzeitig Geschäftsführer des Holzhofs, später des Holzunternehmens der Forstbetriebsgemeinschaft Kreis Waldeck.

800 Vgl. Döhrer, Karl (1998); 1497, 1503,1504.

In Österreich wird der Staatswald von den "Österreichischen Bundesforsten" bewirtschaftet, die keine behördlichen Aufgaben haben. Sie sind ein Bundesbetrieb, der über keine eigene Rechtspersönlichkeit verfügt und dessen finanzieller Aufwand in die Kompetenz des Nationalrates innerhalb des jährlich beschlossenen Bundesbudgets fällt. Die Österreichischen Bundesforste werden von einer Generaldirektion geleitet, die über 96 Forstverwaltungen verfügt, welche entsprechend der Bundeswälderflächen auf ganz Österreich verteilt sind. Danebst steht ein Waldbauhof,[801] sechs Bau- und Maschinenhöfe sowie ein technischer Stützpunkt in Hopfgarten und fünf grössere Sägewerke[802] zur Verfügung.[803] 1995 beschäftigten die Österreichischen Bundesforste 112 Forstakademiker, 415 Förster und 29 Forstwarte. Für die Landesforste sind zudem 22 Forstakademiker, 51 Förster und 32 Forstwarte beschäftigt.[804]

1.6.1.5. Körperschaftswald

Wald im Eigentum von Städten, Gemeinden, Gemeindeverbänden, sonstigen Körperschaften, Anstalten und Stiftungen des öffentlichen Rechtes wird unter dem Begriff Körperschaftswald zusammengefasst. In Deutschland sind Wälder von Religionsgemeinschaften und deren Einrichtungen Haubergsgenossenschaften, Gehöfterschaften und ähnliche Gemeinschaften davon ausgenommen. Zum eigentlichen Körperschaftswald zählen in Deutschland ca. 19,8% der Waldfläche (davon gehören ca. 23% Gemeinden).[805]

In der Schweiz gehört mehr als die Hälfte der öffentlichen Wälder Eigentümern, die über mehr als 200 ha verfügen. In den letzten Jahren stammten ca. $^2/_3$ der Holznutzung aus öffentlichem Wald und ca. $^1/_3$ stammte aus Privatwald, dies entspricht einigermassen den Eigentumsverhältnissen. Anders als in Österreich, wo der öffentliche Wald überwiegend in "Staatshand" ist, befindet sich in der Schweiz der überwiegende Teil in der Hand der Kommunen.[806]

Für die Österreichischen Gemeindewälder waren 1995 3 Forstakademiker, 34 Förster und 310 Forstwarte angestellt.[807]

---

[801] In Wieselburg.

[802] In Amstetten, Blühnbach in Tinneck, Gusswerk bei Mariazell, Neuberg an der Mürz und Kramsach in Tirol.

[803] Vgl. KWFL; 534-535; Österreichische Bundesforste.

[804] Vgl. Österreichischer Waldbericht 1995; Tabelle 80.

[805] Vgl. KWFL; 426; Körperschaftswald.

[806] Vgl. KWFL; 666; Schweizer Wald.

[807] Vgl. Österreichischer Waldbericht 1995; Tabelle 80.

1.6.1.6. Privatwald

Bis zu Beginn des 19. Jahrhunderts war diese Eigentumsform wenig entwickelt. Erst von diesem Zeitpunkt an entwickelten sich die genannten heutigen drei Eigentumsarten. Der Privatwald wird in zwei Formen unterteilt: a) den Grossprivatwald und b) den Kleinprivatwald.

a) Der Grossprivatwald ist oftmals ehemals gebundenes Eigentum, Stammgut, Fideikommiss[808] oder Schutzforst.[809]

b) Der Kleinprivatwald, meist Bauernwald unter 100 ha, ist das jüngste Glied des Waldeigentums, wobei 100 ha bereits sehr viel sind.[810]

Die Waldbesitzerverbände lehnen im Gegensatz zu europäisch-politischen Bestrebungen[811] nach wie vor eine gemeinschaftliche europäische Forstpolitik ab, denn innerhalb der EU gibt es über 12'000'000 Waldbesitzer, die vom Zentralverband der Europäischen Waldbesitzer (CEPF) vertreten werden. In den einzelnen EU-Ländern gibt es dem CEPF angeschlossene Waldeigentümerverbände. Etliche dieser Verbände arbeiten effizient mit dem über die Grenzen der EU hinaus in ganz Europa wirkenden Verband der Europäischen Landwirtschaft (CEA) zusammen. Die Forstwirtschaft Europas ist ihrem Wesen nach jedoch dezentral angelegt und handelt untereinander mehr subsidiär als solidarisch. Für KARL GIESEN[812] gilt für die Forstwirtschaft Europas das Subsidiaritätsprinzip in ganz besonderer Weise. Aus diesen Gründen lehnt er Holzmarktordnungen ab, da diese die Substitution des Holzes durch Konkurrenzstoffe nur begünstigen würden. Obgleich die Forstwirtschaft nicht zentral angelegt ist, darf es nicht darüber hinwegtäuschen, dass diese Verbände reine Interessensverbände sind, die in erster Linie ihre wirtschaftlichen Interessen vertreten, doch aber mit anderen Organisationen wie Umweltorganisationen oder Regierungsstellen den Kontakt suchen. Eine besondere Rolle kommt den Waldbesitzerorganisationen diesbezüglich in der Causa "Privatisierung des so genannten Volkswaldes" zu. Diese Rückgabe unterstützen und fordern Eigentümerverbände mit Nachdruck ein, besonders der Waldbesitzerverband

---

808 Unveräusserliche und nur als Ganzes vererbbare Vermögensmasse, deren Inhaber nur über ihre Erträge verfügen kann. Fideikommiss ist nur noch in der Schweiz und kantonal begrenzt für Vermögen die vor 1912 als Fideikommiss begründet wurden teilweise fortbeständig. Gleichbedeutend mit Fideikommiss sind Familiengüter (Stammgüter). Grosse Bedeutung erlangten die Fideikommisswälder, da sie stets mit den staatlichen Forsten wirtschaftlich mithalten konnten. – Vgl. KWFL; 231-232; Fideikommiss.

809 Die Schutzforste sind hervorgegangen aus ehemaligen fideikommissirisch gebundenen Waldbesitzungen. Diese Überführungen der ehemaligen Fideikommisse sollten den Grossprivatwald vor Zersplitterung schützen. – Vgl. KWFL; 659; Schutzforst.

810 Vgl. weiter oben.

811 Vgl. weiter oben.

812 Forstdirektor KARL GIESEN; Geschäftsführer der Arbeitsgemeinschaft Deutscher Waldbesitzer (AGDW), Bonn.

Brandenburg. Die nach 1945 von der sozialistischen Diktatur der DDR enteigneten Privatwälder werden nun nach und nach zurückerstattet. Dabei handelt es sich um eine Fläche von insgesamt 774'000 ha Wald, die vom Staat übertragen oder verkauft werden.[813]

Weitere Aktivitäten der Waldeigentümerverbände wie die Unterstützung von Herkunftszeichen und die gleichzeitig weitgehende Ablehnung von Ökozertifikaten sowie die Anstrengungen zur Absatzförderung wurden bereits weiter oben behandelt.

In Österreich waren in Privatwäldern 1995 162 Forstakademiker, 617 Förster und 255 Forstwarte beschäftigt.[814]

---

[813] Vgl. Giesen, Karl (1996); 2488, 2489, 2490.

[814] Vgl. Österreichischer Waldbericht 1995; Tabelle 80.

1.7. Zusammenfassung des Kapitels

In diesem Kapitel wurde eingehend das Verhältnis des Menschen zur Schöpfung Wald berücksichtigt. Dabei waren weniger theoretische Aspekte der Thematik wichtig, als vielmehr der praktische Zugang, um aufzuzeigen wie sich das Verhältnis im Konkreten ausprägte und auch heute noch ausprägt. Im Verlauf der Geschichte ist der Mensch auf ganz unterschiedliche Art und Weise mit diesem Segment der Schöpfung umgegangen. Von grosser Bedeutung ist jedoch, dass selten intellektueller Weitblick für die Schöpfungen Wald, Mensch und Tier die treibende Kraft für diesen Umgang war, als vielmehr kurzfristiger "Profitsinn". Es ist mehr den günstigen klimatischen Bedingungen zuzusprechen, dass in Zentraleuropa noch Wald vorhanden ist, als dem Weitblick des Menschengeschlechtes.[815] Auch heute steht in der forstwirtschaftlichen Forschung primär die kurz- und mittelfristige Ertragssteigerung - mit all ihren wissenschaftlichen Nebengebieten[816] - im Vordergrund, als das ökologisch-, ökonomische Fortbestehen eines unwiederbringlichen Ökosystems und Wirtschaftsträgers, von dem auch unsere Kinder und Kindeskinder weitgehend abhängig sein werden. Die Schaffung sittlicher Normen im Umgang mit den Gut Wald, die auch in Generationen noch Achtung und vielleicht Beachtung finden, konnte seitens der Forstwirtschaft bedauerlicherweise nicht wirklich ausgemacht werden. Nicht einmal ein ernsthaftes Bemühen, sich mit einer Ethik für die Forstwirtschaft zu befassen, ist erkennbar. Lediglich einzelne Professoren[817] an "Forst...schulen" betreuen dieses Fachgebiet nach Kräften. Es tut Not, nicht nur Ethos zu haben und sich nach den Druiden (den Eichenwissern)[818] endlich wieder, selbstverständlich mit dem Wissen und den Möglichkeiten unserer Zeit, ethisch mit der Verantwortung der Forstwirtschaft für die Um- und Mitwelt auseinander zu setzen.

Im folgenden Kapitel soll nun das Verhältnis des Schöpfers zum Wald beleuchtet werden, um dann in einem dritten Kapitel ethische Schlussfolgerungen ziehen zu können.

---

[815] Vgl. die Problematik der Mittelmeerländer.

[816] Angefangen von der Bachverbauung über die forsttechnischen Hilfsmittel bis hin zur Gentechnik.

[817] Genannt sei PETER WEISH, der Ethik an der BoKu in Wien doziert.

[818] Vgl. weiter oben.

Kapitel 2

DER SCHÖPFER UND DIE SCHÖPFUNG WALD

2. Der Schöpfer und der Wald - Kirche und Theologie in der Schöpfungsverantwortung

In diesem Kapitel wird die Frage nach dem Schöpfer - im Konkreten der Schöpfer als Leiher der Schöpfung (des Waldes) - aufgeworfen. Dabei gibt es verschiedene Schwerpunkte wie die Bewahrung der Schöpfung, der Wald als Kulturträger, das Verhältnis Gottes zu seiner Schöpfung Wald, die Kirche als Verwalterin der göttlichen Normen. Ebenfalls hat dieses Kapitel den Menschen in seiner Verantwortung gegenüber dem Wald im Auge. Anbei kommen Fragen zur Sprache, die über die Grenzen menschlicher (forstwirtschaftlicher) Erfahrung hinausgehen (transzendente Ethik).

2.1. Kultur

Im ersten Kapitel wurde die Frage des Waldes als Kulturraum aufgeworfen. Hier soll nun Platz sein für den Wald als Kulturträger und Kulturlandschaft.[819] Der Begriff "Kultur" wird aufgrund der verschiedenen Verständnisse, wie sich im Weiteren zeigen wird, durchaus sehr unterschiedlich gebraucht und weist eine grosse Vielfalt an Sinngehalten auf. Dies scheint auf den ersten Blick verwirrend, ergibt letztlich jedoch einen Sinn, da sich forstwirtschaftliches und theologisch-philosophisches Denken und Argumentieren nicht immer kongruent verhalten.

Wie im ersten Kapitel bereits ausführlich aufgezeigt bedeutet Kultur bzw. Forstkultur natürliche Altersstufe, durch Kunstverjüngung (Saat oder Pflanzung) begründeter Jungwuchs (Jungbestand), Verjüngung.[820] Der Kulturwald ist im Gegensatz zum Naturwald (oder auch dem Urwald) ein Wald, der mehr oder weniger anthropogen entstanden und einer ständigen forstbetrieblichen Bewirtschaftung unterliegt.[821] Aus

[819] Zu Kultur allgemein Vgl. Scherer, Robert (^{6}1960); 164-178. – Vgl. Rassem, Mohammed (^{7}1987); 746-757.

[820] KWFL; 438; Kultur.

[821] KWFL; 438; Kulturwald.

Sicht der Forstwirtschaft ist somit der Mensch der, welcher den Wald kultiviert, d.h. künstlich verjüngt. Menschliche Kulturtätigkeit "beschränkt" sich somit auf das künstliche "Verjüngen" des Waldes um dem Mensch längerfristig den Wald als wirtschaftliche Grösse zu erhalten. Die Definitionen von Kultur sind somit nicht deckungsgleich mit theologischer Deutung, dass Kultur "die gesellschaftlich-geschichtliche Form der Lebensentfaltung eines Volkes als Ganzheit mit dem Grundziel der Persönlichkeitsentfaltung seiner Glieder durch Anteilnahme an dieser Lebensentfaltung auf den einzelnen Lebensgebieten ist.[822]" - "Kultur ist Werteverwirklichung, also Lebensform, Ordnung und Aufgabe; in allen dreien sind sittliche Bezüge erkennbar.[823]" Nach dieser Sicht muss menschliche Kulturtätigkeit am Wald etwas komplementäres besagen. Kulturtätigkeit am Wald kann nicht nur Verjüngung des Waldbestandes bedeuten, sondern muss gleichsam zur gesellschaftlich-geschichtlichen Form der Lebensentfaltung eines Volkes als Ganzheit hinsichtlich einer Werteentwicklung beitragen.

Die Kulturtätigkeit des Menschen wirkt(e) sich auf die Evolution[824] des Waldes und des Menschen aus.[825] Für den Wald wirkt(e) sich diese biologisch aus; bislang in erster Linie hinsichtlich der Zusammensetzung der Waldbestände - Mischkulturen und Monokulturen[826] - in zweiter Linie, erst neuerdings in nennenswertem Ausmass, genetisch, da Forstpflanzen mit gentechnisch verändertem Erbgut kreiert werden. Für den Menschen wirkt(e) sich diese Kulturtätigkeit besonders hinsichtlich der Werteverwirklichung aus, insofern aufgrund der künstlichen Erbgutveränderung bei Bäumen der "biologische Wert" der Evolution sich in eine Re-Evolution verändern kann und dadurch eine Waldlandschaft im Entstehen begriffen ist, die wir noch nicht kennen und daher auch die Werteentwicklung hinsichtlich des Waldes nicht eine kontinuierliche sein muss. Das bedeutet, dass in gegebener Zukunft eine sprunghafte Veränderung der Kultur aufgrund sich verlagernder Voraussetzungen für eine Werteentwicklung möglich ist, bedingt durch die Kulturtätigkeit des Menschen innerhalb der Forstkulturen mit deren Grundlagen wie der Zucht[827] und der dazu zählbaren Gentechnik.

---

[822] Messner, Johannes (^{2}1954/^{3}2001); 343. – Vgl. Messner, Johannes (^{2}1954/^{3}2001); 336-344. – Vgl. Messner, Johannes (1955); 149-230. – Vgl. Messner, Johannes (^{7}1984); 244-245.

[823] Messner, Johannes (1955); 152.

[824] Evolution lässt sich in zweifacher Hinsicht verstehen. Zum einen als humaner Begriff hinsichtlich der friedlichen Veränderung der menschlichen Gesellschaft, im Gegensatz zur Revolution (Vgl. dazu: Duden T 23; 97, 176; Evolution, Revolution.). Zum andern als biologischer Begriff hinsichtlich der stammesgeschichtlichen Entwicklung (Phylogenie) der Lebewesen von einfachen, urtümlichen zu hochentwickelten Formen (Evolutionstheorie). – Vgl. LROM[1]; Evolution.

[825] Vgl. dazu das erste Kapitel dieser Arbeit.

[826] Vgl. dazu das erste Kapitel dieser Arbeit.

[827] Es gibt in der Zucht von Waldbäumen verschiedene Techniken. Genannt seien hier vier Hauptzweige: 1. Die Vererbung der Gene durch natürlichen Pollenflug und freies Wachstum im Wald. (Diese "Zuchtform" ist die

Im Weiteren lässt sich "Kultur", nebst dem Gebrauch als forstwirtschaftlicher Terminus technicus,[828] grundsätzlich in zweierlei Hinsicht verstehen: Philosophisch-anthropologisch und religions- & missionswissenschaftlich.

Im ersteren und älteren Sinne verstanden beinhaltet Kultur[829] Ackerbau und Landbebauen, -bewohnen und -verehren. Verehren ist auch Synonym für alles, was nicht von Natur gegeben, sondern vom Menschen geschaffen ist. Das Wort hat einen dreifachen Bezug: zur Erde, zum Geist und zum Heiligen. Im Verlauf der Geschichte kommt dem Begriff Kultur eine Anzahl weiterer zusätzlicher Inhalte zu wie: Gegensatz zum Natürlichen,[830] Inbegriff der höheren und geselligen Existenz,[831] ein sittliches Element,[832] eine ästhetische Komponente,[833] ein geschichtliches Element,[834] Übersteigung der Natur im Sinne eines universellen Fortschritts[835] und Sprache als Fundament von Kultur.[836] Die heutige "Welt-Kultur" ist eine Kultur der Kommunikation, der Technik und der Wirtschaft, die zwar auf universelle Werte hin tendiert; aber partikuläre kulturelle Tendenzen wirken zentrifugal. Durch Ausdifferenzierung der Gesellschaft ist Kultur zu einem institutionalisierten und administrierten Subsystem der Gesellschaft geworden. Damit entsteht eine Spannung zu schöpferischer und individueller kultureller Leistung.[837]

Im zweiteren Sinne wird entsprechend den unterschiedlichen anthropologischen Voraussetzungen das Verhältnis zwischen Religion und Kultur in jeweils anderer Weise aufgefasst. Religion ist als Ursprung von Kultur zu betrachten. In ihrer Vollendung ist

---

natürlichste, insofern man überhaupt von Zucht sprechen will und kann. Sie entspricht der natürlichen Evolution.) 2. Die gezielte Bestäubung einzelner Bäume mit Pollen eines ausgewählten anderen Baumes. (Diese Variante ist mit erheblichem Arbeitsaufwand verbunden und wenig effektiv, betrifft sie doch lediglich einzelne Bäume, deren Fortbestand keineswegs gesichert ist. Es ist eine Form der gezielten Evolution.) 3. Die Invitrokultur bzw. Invitrotechnik von Waldbäumen. (Diese Methode verspricht dem Unternehmen wesentlich mehr Erfolg, ist sie doch gleichzeitig an beliebig vielen Pflanzen durchführbar. – Vgl. dazu: Gebhardt, Karl (1990); 13-56. – 4. Die gentechnische Veränderung des Erbgutes. (Diese Technik ist die effektivste, greift sie doch direkt in das Erbgut eines Baumes ein, mit dem klaren Ziel eine Vereinheitlichung der Baumart zu gewinnen. Diese Form ist ganz eindeutig eine Re-Evolution, da die genetische Vielfalt nicht gefördert, sondern bewusst für grossflächige Gebiete vereinheitlicht und somit verringert wird.)

[828] Vgl. dazu das erste Kapitel dieser Arbeit.

[829] cultura ae, f (von cultura): Bearbeitung, Besorgung, Pflege; Landbau; Veredelung; Verehrung.

[830] Renaissance und Humanismus (Erasmus von Rotterdam, Thomas More, Francis Bacon).

[831] Samuel Freiherr von Pufendorf.

[832] Immanuel Kant, Friedrich Daniel Ernst Schleiermacher.

[833] Johann Christoph Friedrich von Schiller.

[834] Johann Gottfried Herder, Georg Wilhelm Friedrich Hegel.

[835] In der Aufklärung und im Deutschen Idealismus.

[836] Wilhelm Freiherr von Humboldt, Wilhelm Dilthey.

[837] Vgl. Türk, Hans Joachim (^{3}1997); 514-515. – Vgl. Huter, Alois (1990); 407-413.

die Religion auch Negation der Kultur, nämlich wegen ihres Strebens nach dem alles schlechthin Übersteigenden, das alles andere hinter sich lässt. Religion und Kultur bestimmen einander also gegenseitig und sind vielfältig miteinander verschränkt. Die christliche Botschaft kann mit keiner einzelnen Kultur identifiziert werden, trotzdem gibt es kulturelle Elemente, welche mit ihrem Ursprung im schon teilweise hellenistischen Judentum, mit ihrer ersten Verbreitung im Mittelmeerraum und auch mit ihrer Entfaltung in Europa, unlösbar verbunden sind. Darum kann die christliche Botschaft nie in einer "kulturfreien" Form vermittelt werden. Diese Vermittlung geschieht besonders in der Liturgie immer mittels eines interkulturellen Dialogs. Frucht dieses Dialogs ist nebst dem bestehenden Palmzweig zweifellos die Integration, die Inkulturation[838] von Bräuchen wie Adventskranz, Krippe, Luziensaat, Barbarazweig, Christbaum, Maien, Osterbaum, Osterfeuer, Osterhase und Ostereier in die Liturgie und das Brauchtum der Kirche.[839]

In der Missionsgeschichte zeigen beispielsweise das Apostelkonzil, KYRILLOS und METHODIUS[840] und der Ritenstreit, dass das Verhältnis zwischen Kultur und christlicher Glaubensverkündigung nicht nur in der Postmoderne problematisch ist.[841] Das bezeichnete Verhältnis weist allerdings nicht aus, dass ein "kulturarmes" Volk keine wertvolle Unterscheidung sittlichen Handelns kennt noch eine "hohe Kultur" sein eigen zu nennen automatisch auch hohes sittliches Bewusstsein inkludiert wie diesbezügliche Fehlentwicklungen täglich belegen.[842]

JOHANNES MESSNER bezeichnet zunächst als Kultur das, "worin der Mensch die Vollentfaltung des wahrhaft Menschlichen findet[843]". Diese Vollentfaltung hängt nicht von der Grösse der Bibliotheken, der Anzahl benutzter technischer Errungenschaften, des Reichtums der Museen oder der Zuneigung zu dem allem ab. Vielmehr liegt sie in der Wertewirklichkeit der Familienwerte, der gegenseitigen Liebe und Treue[844] begründet. Familienkultur steht somit an erster Stelle der Entfaltung vollmenschlichen Seins. Damit ist das gesellschaftliche Wesen der Kultur bei weitem nicht voll erfasst. Denn Anschauungen und Haltungen eines Volkes aus seiner Tradition und die dadurch bestimmte gesellschaftliche Lebensform sind übergeordneter Stellung. Kultur ist nach MESSNER somit - wie eingangs dieses Kapitels bereits festgehalten wurde - "die

[838] Inkulturation versteht sich als ein "mit den verschiedenen Kulturformen eine Einheit einzugehen, zur Bereicherung sowohl der Kirche wie der verschiedenen Kulturen; sie geht daher über eine blosse Anpassung weit hinaus." – Rotter, Hans (1990); 361 (Inkulturation). – Vgl. GS 58. – Vgl. auch: AG 10.

[839] Vgl. dazu den entsprechenden Abschnitt über Brauchtum und Volksglaube im ersten Kapitel dieser Arbeit.

[840] KYRILLOS und METHODIOS (CYRILLUS und METHODIUS) sind Begründer der christlich-slawischen Kultur.

[841] Vgl. Roset, Crollius, Arij, A. (^{3}1997); 515-516.

[842] Vgl. Messner, Johannes (1955); 87.

[843] Messner, Johannes (^{2}1954/^{3}2001); 336.

[844] Treue bedeutet: stark, fest wie ein Baum (Eiche). – Vgl. Duden 7; 756; treu.

gesellschaftlich-geschichtliche Form der Lebensentfaltung eines Volkes als Ganzheit mit dem Grundziel der Persönlichkeitsentfaltung seiner Glieder durch Anteilnahme an dieser Lebensentfaltung auf den einzelnen Lebensgebieten.[845]" - "Kultur ist Werteverwirklichung, also Lebensform, Ordnung und Aufgabe; in allen dreien sind sittliche Bezüge erkennbar.[846]" Die Ethik hat daher in Anwendung ihrer Prinzipien das sittlich Richtige in den einzelnen gesellschaftlich-kulturellen Lebensgebieten mit Hilfe der gesicherten, von den Fachwissenschaften wie der Forstwirtschaft erarbeiteten Sachgesetzlichkeiten - auch für die Forstwirtschaft - zu ermitteln, denn alles, was auf die Erfüllung der wesenhaften Lebensaufgaben des Menschen bezogen ist, gehört in den Bereich der menschlichen Kultur.[847]

Die Forstwirtschaft versteht unter Kultur primär etwas ganz Konkretes und eher Biologisches wie wir bereits gesehen haben. Der Begriff Kultur bezeichnet den durch Kunstverjüngung, wobei nicht zwischen Saat oder Pflanzung unterschieden wird, begründeten Jungwuchs. Allgemein wird "Verjüngung" verstanden.[848] Die vom Menschen und seinen Werken sowie durch natürliche Landschaftsfaktoren und -elemente beeinflusste Landschaft mit ihrer spezifischen Entwicklung und Struktur, ihrem Wirkungsgefüge und Bild wird in der Forstwirtschaft als Kulturlandschaft bezeichnet. Je nach Beeinflussungsgrad spricht man von naturnahen bis naturfernen Kulturlandschaften, letztere mit stärksten Abweichungen vom natürlichen Zustand der Naturlandschaft.[849] Demzufolge ist der Kulturwald ein Wald, der im Gegensatz zum Naturwald mehr oder weniger anthropogen entstand und der einer ständigen forstbetrieblichen Bewirtschaftung unterliegt.[850]

Der Begriff "Kultur" findet innerhalb der Forstwirtschaft fast ausschliesslich Verwendung in genannter Richtung. Ein anderer Sinngehalt des Kulturbegriffes ist bislang in der Forstwirtschaft nur vereinzelt, sozusagen sekundär zu erkennen und wird nicht einheitlich verwendet. Eine klare Definition des Begriffes ausserhalb des Gebrauchs als forstwirtschaftlicher Terminus technicus lässt sich vergebens suchen wie alleine der oft ineinander fliessende[851] Gebrauch von Unterbegriffen wie "Kulturarbeiten,

---

[845] Messner, Johannes (^{2}1954/^{3}2001); 343.

[846] Messner, Johannes (^{2}1954/^{3}2001); 343. – Vgl. Messner, Johannes (^{2}1954/^{3}2001); 336-344. – Vgl. Messner, Johannes (1955); 149-230. – Vgl. Messner, Johannes (^{7}1984); 244-245.

[847] Vgl. Messner, Johannes (^{2}1954/^{3}2001); 336-344. – Vgl. Messner, Johannes (1955); 178, 407. – Kulturethik geht laut MESSNER systematisch sogar dem Naturrecht vor. – Vgl. dazu: Messner, Johannes (^{7}1984); 36 (Fn 3).

[848] Vgl. KWFL; 438; Kultur.

[849] Vgl. KWFL; 438; Kulturlandschaft.

[850] Vgl. KWFL; 438; Kulturwald.

[851] Im eigentlichen Sinne sind diese Begriffe stets auf das Eingreifen des Menschen in die Gestalt des Waldes bezogen, implizieren jedoch häufig weitere Bedeutungen.

"Kulturperioden", "Kulturvernichtung (Vernichtungskultur)", "Kulturwald", "Kulturarbeit", "Kultur-Frauen", "Umweltschutzkultur", "Freizeitkultur" und "Landeskultur" weiter unten zeigen wird.[852] Von der Leserschaft forstwirtschaftlicher Texte, die sich mit "Kultur" im weiteren Sinne befassen, wird vorausgesetzt, dass sie jeweils selbst zu unterscheiden vermag, in welcher Tendenz und Färbung der Begriff "Kultur" gerade Verwendung findet.[853]

Es lassen sich in neuerer Zeit jedoch Tendenzen eines Definierungsversuches des Begriffes "Kultur" - ausserhalb der definierten Verwendung als Terminus technicus - feststellen. So sieht FRANZ SCHMITHÜSEN[854] die Walderhaltung und die Waldbewirtschaftung als kulturelle Entwicklungsprozesse. Die Intensität mit der die Waldvegetation vom Menschen beeinflusst ist und die Verteilung der Wälder sind Ergebnis kultureller Entwicklungsprozesse[855] und naturräumlicher Gegebenheiten. Dies gilt vor allem für Wälder, die über Jahrhunderte hinweg ständig genutzt wurden und noch werden, aber auch für Waldgebiete, die sich in einem vom Menschen wenig genutzten Zustand befinden. Ursachen dafür sind besondere Wertschätzung oder mangelndes Nutzungsinteresse. Die Unterscheidung zwischen intensiv genutzten Wäldern und solchen mit geringer oder ohne sichtbarer Entwicklung werden durch gesellschaftliche Werte und Bedürfnisse, wirtschaftliche Potentiale und politische Regelungen bestimmt. So gesehen sind alle Wälder, einschliesslich derjenigen, die als Naturwälder angesehen werden, vom Menschen gestalteter Raum und von seiner Kultur geformte Landschaft. Innerhalb dieser Kultur wird deutlich, dass eine nachhaltige und pflegliche Waldnutzung an sehr konkrete wirtschaftliche und technologische Voraussetzungen gebunden ist und dass sie grundlegender menschlicher Einsichten und sozialer Normen bedarf. Als nachhaltig muss in diesem kulturellen Sinne bezeichnet werden, was die Menschen und die soziale und politische Gemeinschaft über längere Zeiträume als erhaltenswert erkennen und verantwortlich gestalten. Um die heutige Waldbewirtschaftung zu beurteilen ist die Kenntnis der Bedürfnisse der Nutzer, der für sie verbindlichen Werte und der Konsequenzen, die sie selbst als Folgen ihres Verhaltens bedenken, unerlässlich. So ist der Wald für die Bewohner von Städten in erster Linie Naherholungsgebiet, für die Bergbevölkerung Schutz vor den Auswirkungen von Naturgefahren oder eine Ressource für den Tourismus; für den Waldeigentümer, Gewerbe und Industrie sowie die Bewohner ländlicher Gebiete primär Holzlieferant.

---

[852] Vgl. dazu: Mantel, Kurt (1990); 42-43, 80, 297, 303, 430.

[853] Es ist nicht Ziel und Sinn dieser Arbeit diese Verständnisvielfalt des Begriffes "Kultur" einzuschränken oder neu- bzw. umzudefinieren, da diese Aufgabe den forstwirtschaftlichen Disziplinen selbst anheim liegt. Aufgabe innerhalb dieser Arbeit kann es nur sein aufzuzeigen, dass diesbezüglich, besonders hinsichtlich der Ethik seitens der forstwirtschaftlichen Disziplinen, ein Handlungsbedarf besteht, was hiermit auch geschehen soll.

[854] Prof. Dr. FRANZ SCHMITHÜSEN ist Vorsteher der Professur für Forstpolitik und Forstökonomie der Eidgenössischen Technischen Hochschule Zürich (ETH).

[855] Vgl. dazu auch weiter unten.

Wälder sind in einer umfassenden Perspektive physische und soziale Räume, die vom Menschen gestaltet werden - eben Kulturräume. Das natürliche Potential des Waldes und seine Inanspruchnahme durch den Menschen hat wirtschaftliche und kulturelle Entwicklungen möglich gemacht, die ihrerseits die Wälder in grossem Masse umgeformt haben. Die Wälder gehören auch daher mit zur Kultur des Menschen, da sie nicht nur Zeugnis geschichtlicher Prozesse, sondern auch Optionen nachhaltiger Entwicklung für gegenwärtige und zukünftige Generationen sind.[856]

Menschliche Kulturtätigkeit innerhalb des Umganges mit der Umwelt, besonders mit dem Wald, ist grundsätzlich nicht trennbar von einer natürlich verstandenen Kultur, beruht doch die Kultur auf einem Inbegriff von Überzeugungen und Haltungen gegenüber dem Leben und der Welt, die der Mensch von seiner ersten Kindheit an - sozusagen als Teil seiner Umwelt - in sich aufnimmt und die ihn geistig zuinnerst durchformt. Zum Leben des Menschen gehört wiederum die Entfaltung seiner Natur im ganzen Bereich ihrer Anlagen und Kräfte, gedrängt von den ihr innewohnenden körperlichen und geistigen Trieben und den damit zusammenhängenden Bedürfnissen, abzielend auf die fortschreitende Lebenserfüllung. Zur endgültigen Selbsterfüllung des Menschen gehören auch die sittlichen Werte, da diese auf die wesenhaften Lebenszwecke bezogen sind. Der Mensch ist daher Sinn und Zweck aller Kultur.[857] Kultur gehört somit unweigerlich zum Mensch-Sein. Ohne sie erreicht der Mensch nicht seine Vollwirklichkeit, was nicht heisst, dass ein Mensch "ohne Kultur" nicht wirklich wäre. JOHANNES MESSNER zieht zur Darlegung der Vollwirklichkeit des Menschen folgenden Vergleich heran, der innerhalb dieser Arbeit besonders treffend scheint:

> "Auch von der Pflanze sagen wir, sie ist nicht ihr wirkliches Selbst, wenn sie in einer sehr ungünstigen Umwelt, zum Beispiel unter Steinen, ein an Gestalt, Farbe und Lebensäusserung verkümmertes Sein besitzt, obwohl wir ihr nicht die Wirklichkeit im Sinne des Seins absprechen.[858]"

Der Mensch, der "kulturlos" lebt, insofern dies überhaupt möglich ist, beschneidet sich in seiner Selbsterfüllung. Der Kultur kommt dementsprechend eine besondere Aufgabe zu. Die menschliche Kultur und Natur lässt sich nicht nur dahingehend begründen, "dass der Mensch ein Wesen ist, das sich die ihm gemässe Umwelt selbst schaffen muss[859]", sondern "dass der Mensch gerade biologisch in der so von ihm geschaffenen Umwelt,

---

[856] Vgl. Schmithüsen, Franz (1998); 1-3.

[857] Vgl. Messner, Johannes (^{2}1954/^{3}2001); 332-334.

[858] Messner, Johannes (^{2}1954/^{3}2001); 152.

[859] Messner, Johannes (^{2}1954/^{3}2001); 592.

durch die Kultur, beeinträchtigt ist[860]". Nicht nur der Mensch "formt" die Kultur, sondern er wird selbst auch von der Kultur "geformt".

2.1.1. Kulturelle "Evolution"

Zum Historismus unserer "Gegenwartskultur" gehört es neu auftauchende Probleme historisch zu beleuchten um philosophisch abzuwägen, in welchen evolutionären Variationen die einschlägigen Fragen früher auftraten und wie damals darauf geantwortet wurde: Die Selbsthistorisierung unserer Kultur nimmt zu. Die Wahrscheinlichkeit aus der Historie lernen zu können ist jedoch gering; gerade wenn ökologische Probleme im kulturellen Wandel mitbetrachtet werden, was Einzelfälle keineswegs ausschliesst. Die Erkenntnisbedingungen unter denen die ökologischen Probleme sich uns heute stellen sind mit denjenigen unter welchen ältere Gesellschaften ihre Probleme lösen mussten zumeist unvergleichbar. Trotzdem ist es nicht sinnlos sich mit solchen geschichtlichen Fragen auseinander zu setzen, da sich immer wieder gewisse Berührungspunkte ergeben. In vorindustrieller Zeit lösten kulturelle Betätigungen zeitweilig kulturgefährdende naturale Rückwirkungen aus - ökologische Krisen als kulturbedingte Einbrüche in naturale Bedingungen humaner Kultur. Es gilt daher nicht nur die Reflexion, sondern vielmehr die historische Empirie für heutige Zwecke zu nutzen. Für das Selbstverständnis unserer von ökologischen Krisen geschüttelten Zivilisation hat die Vermutung vorindustrielle Zivilisationen hätten sich im Dauerzustand eines harmonischen Gleichgewichts zwischen Kultur und Natur befunden erhebliche Folgen.

Die historische Beschäftigung mit ökologischen Problemen im kulturellen Wandel klärt darüber auf, dass die potenzielle Selbstgefährdung von Zivilisationen grundsätzlich kein "Zeitproblem", sondern ein humanes Dauerproblem ist. Diese Erkenntnis dient nicht der Beschwichtigung, sondern einer Hinlenkung zur Aufmerksamkeit. Zu früher unterscheidet uns heute aufgrund der massiv gestiegenen Technisierung die Möglichkeit wesentlich tiefere und in viel kürzeren Fristen erfolgende umfassende zivilisatorische Zusammenbrüche herbeizuführen.

Dieser Entwicklung stehen zwei Sichtweisen gegenüber: Die eine delegitimiert unsere Zivilisation durch die Vermutung, sie sei in ihre unleugbaren Schwierigkeiten in der Konsequenz eines Verfalls ihrer Naturmoral geraten. Die andere unterstellt Integrität unseres moralisch-praktischen Urteils darüber, wozu uns die wissenschaftlichen und technischen Instrumentarien unseres Lebens in der postmodernen Zivilisation gut zu sein

[860] Messner, Johannes (^{2}1954/^{3}2001); 592.

haben. Sie registriert rasch wachsende Kosten des zivilisatorischen Fortschritts und damit Erfahrungen seines abnehmenden Grenznutzens.[861]

Es gilt nun das Ausmass der Vergangenheit an die produktive Zukunft anzuknüpfen. Wenn jedoch unsere Gegenwartsprobleme weniger die Folge einer denaturierten Moral sind, als vielmehr Grenzerfahrungen zivilisatorischer Expansion, so haben fällige Antworten nicht die Struktur einer kulturrevolutionären Umkehr der moralischen Grundlagen unserer Zivilisation, vielmehr die Struktur der Selbstbegrenzung in der Nutzung zivilisatorischer Möglichkeiten, die als solche nicht moralisch desavouiert sind. Würde eine dieser beiden Thesen ausformuliert, bliebe dennoch zu sagen, dass Leben unter einem Imperativ, der den Zweck der Lebensverlängerung allen anderen Lebenszwecken voranstellt nicht lebbar wäre. Zu bemerken bleibt allerdings zudem, dass der ästhetische Umgang[862] mit dem Wald eigentlich eine in seiner Erscheinung neuzeitliche Grundlage ist. Die künstlerische "Feier" der versöhnten Natur kam in jenen Jahrzehnten zu einer ihrer Blüten, in denen der Eisenbahnbau die Landschaft und die Gesellschaft zu verändern begann. Gleichzeitig wurde auch zur Historizität der Kultur die Historizität der Natur entdeckt. Die Geschichte der Naturschutzbewegungen wie die der Kulturparks ist ebenfalls im Kontext dieser Hintergründe moderner Zivilisation zu sehen.[863]

Seit dem 18. Jahrhundert lassen sich zwei Strömungen des Kulturverständnisses unterscheiden. Zunächst überwiegt Kultur als Entwicklung, Erfüllung und Überhöhung von Natur bis zu MARIE-JOSEPH PIERRE TEILHARD DE CHARDIN'S "Einheit von Naturtendenzen, kultureller Evolution und Christologie". Andererseits wird Kultur zunehmend als Abfall von Natur, als Zerstörung und Hybris aufgefasst, zum Teil bis in heutige Ökologiekonzepte hinein.[864]

Das Wort "Kultur" hat dementsprechend innerhalb des gegebenen Bezugskreises eine äusserst breite Wertfülle, die es wenn nicht zu synchronisieren, so doch wenigstens zu verstehen und sich ihr anzunähern gilt. Es drängt sich einerseits eine grobe Trennung des Kulturbegriffes und andererseits wiederum eine Verbindung desselben auf. Zu trennen ist der Begriff in vierfacher Hinsicht: a) hinsichtlich der Forstwirtschaft im technischen Sinn (Kultur hinsichtlich der Forstwirtschaft im technischen Sinn versteht den durch Kunstverjüngung begründeten Jungwuchs. In diese Sparte fällt nicht nur der Pflanzungsaspekt an sich - Pflanzung meint die in den Boden-Bringung einer

---

[861] Vgl. Lübbe, Hermann (1986); 9-12.

[862] Vgl. Lübbe, Hermann (1986); 13.

[863] Vgl. Lübbe, Hermann (1986); 12-14.

[864] Vgl. Türk, Hans Joachim (^{3}1997); 514.

Forstpflanze - sondern auch die Kreierung derselben.[865]); b) hinsichtlich der Forstwirtschaft im ökonomischen Sinn (Werteverwirklichung in wirtschaftlichen Belangen); c) hinsichtlich der Forstwirtschaft im ökologischen Sinn (Werteverwirklichung in den die Umwelt schützenden Belangen); d) hinsichtlich der Forstwirtschaft im anthropologischen Sinn (Werteverwirklichung im Bereich des Menschen, konkret der Waldeigentümer, der Arbeitgeber und Arbeitnehmerfragen, aber auch des den Wald besuchenden Menschen).

Eine Verbindung verlangt die Tatsache, dass die Forstwirtschaft alle vier Bereiche zwangsläufig in sich vereint. Es gilt "Forstkultur" mit "Kultur" zu betreiben, denn in der gesamten Natur ist einzig und allein der Mensch nicht stringent den Naturmechanismen unterworfen. Er kann über die existentiellen Zwecke[866] - Die in der Natur des Menschen vorgezeichnete Zwecke: Selbsterhaltung, Selbstvervollkommnung, Wohlfahrt, Erfahrungserweiterung, Wissensvermehrung, Fortpflanzung, Friedenssicherung, Ordnungssicherung, Gotteserkenntnis.[867] - hinaus Zwecke setzen, Werte entwickeln - eben Kultur schaffen.

In der Kultur geht es wesentlich um die freie Selbstverfügbarkeit des Menschen, um die "Befreiung" des Menschen von der "Natur" und die Herrschaft des Menschen über dieselbe. Daraus lässt sich - auf Kant'scher & Hegel'scher Philosophie aufbauend - folgern, dass der letzte Zweck des Menschen als Naturwesen die Kultur ist und sich in diesem Prozess der Befreiung der eigentliche Sinn der Humanisierung verwirklicht, da der Mensch, entgegen dem Tier, welches einfach in den Tag hinein lebt, das Leben führen muss.[868] Dem Menschen dieses "Leben führen" zu nehmen und ihn in den Tag hineinleben zu lassen hiesse, ihm seine Freiheit zu nehmen.[869] Der Mensch wird daher stets die Natur instrumentalisieren um überleben zu können. So gesehen ist der Mensch von Natur aus auf Kultur hin angelegt und angewiesen, er ist ein Kulturwesen. Die Natur für seine Zwecke zu verwenden ist somit Bestandteil der Kultur. Diese Sichtweise inkludiert nur, dass der letzte Zweck innerhalb der Natur die Kultur ist. Sie beinhaltet

---

[865] Die Hervorbringung der Forstpflanzen wurde bereits im ersten Kapitel behandelt unter Einbezug der natürlichen, züchterischen und gentechnischen Möglichkeiten.

[866] Vgl. Messner, Johannes ([7]1984); 42. – Vgl. Weiler, Rudolf (1996); 81-88 (besonders 85-86). – (Die Existenziellen Zwecke können als Kriterium für sittliche Richtigkeit des menschlichen Handelns dienen. Das heisst aber nicht, dass "innerhalb der Natur die Kultur" der Endzweck ist, sondern dies der menschlichen Vernunft für ihre Zwecke die Zielangabe ist.)

[867] Vgl. Messner, Johannes ([7]1984); 42. – Vgl. Weiler, Rudolf (1996); 81-88 (besonders 85-86).

[868] Insofern davon ausgegangen wird, dass ein Tier das Leben nicht führt, sondern einfach lebt.

[869] Allerdings kann der Mensch, aus dem Glauben an Gott heraus, aus freiem Willen, weitgehend darauf verzichten ein Leben selbst zu "führen", um dieses durch Gott geführt zu bekommen wie zahlreiche Anachoreten gezeigt haben. (Vgl. Mt 6,34: "Sorgt euch also nicht um morgen; denn der morgige Tag wird für sich selbst sorgen. Jeder Tag hat genug eigene Plage.") Worauf die Anachoreten nicht verzichten ist ein geistig-geistliches Leben zu führen; was nicht bedeutet, dass es Menschen gibt, die wiederum darauf freiwillig weitgehendst verzichten, dafür aber auch nicht das Leben eines Anachoreten leben.

freilich nicht, dass wiederum der Endzweck der Natur die Kultur ist.[870] Kultur ist letztlich nur von bedingtem Wert und dadurch letzter, aber nicht Endzweck. Die Kultur macht den Menschen gesittet, aber nicht gut. Mitunter gestaltet die Kultur den Menschen gar schlecht, da er davon ausgehen könnte, diese verleihe ihm Grösse und Würde.

Kulturleistungen sind nichtsdestoweniger stets an der unbedingten Forderung sittlicher Existenz zu messen - in verantwortlicher Weise zu gestalten. Die Natur kann ihre endgültige Bestimmung nur durch ein Sein erhalten, welches den Sinn seines Daseins in sich selbst hat und daraus der gesamten Natur ihren Sinn verleihen kann. Dieses Sein kann wiederum nicht rein natürlich, sondern muss übernatürlich sein. Ihren unbedingten Zweck kann die Natur nur insofern erhalten, als der Mensch "es verstehe und den Willen habe[871]", sowohl der Natur als auch sich selbst "eine solche Zweckbeziehung zu geben, die unabhängig von der Natur sich selbst genug, mithin Endzweck sein könne[872]". Unbedingter Endzweck der Natur ist nach KANT also nur der Mensch als "Noumenon[873]", als "moralisches Wesen[874]". Moralität als unbedingte Bestimmung zum guten Willen qualifiziert den Menschen als Endzweck der Natur.

Die entscheidende Bestimmung des Menschen liegt somit in der Sinnerfüllung der Welt. Aufgrund dieser Bestimmung darf der Mensch niemals allein als Mittel, sondern muss immer zugleich als Zweck an sich selbst angesehen werden.[875] Macht die Kultur den Menschen auch nicht selbsttätig gesittet, so verlangt sie dies aus sich heraus, denn darum ist sie Kultur, Werteverwirklichung, ist sie doch "die gesellschaftlich-geschichtliche Form der Lebensentfaltung eines Volkes als Ganzheit[876]" mit dem Grundziel der Persönlichkeitsentfaltung seiner Glieder durch Anteilnahme an dieser Lebensentfaltung auf den einzelnen Lebensgebieten, also Lebensform, Ordnung und Aufgabe. In allen dreien sind sittliche Bezüge unabdingbar erkennbar.[877]

---

[870] Vgl. IKWP (Bd. 5); 430, 431, 434. – Vgl. IKWL (Bd. 6); 331-332, 336-337 (KU 83, 84). – Vgl. Schlitt, Michael (1992); 46-48.

[871] IKWP (Bd. 5); 431. – IKWL (Bd. 6); 332.

[872] IKWP (Bd. 5); 431. – IKWL (Bd. 6); 332.

[873] IKWP (Bd. 5); 435. – IKWL (Bd. 6); 338. – Noumenon: [*gr.;* "das Gedachte"]; (Philosophie) 1. das mit dem Geist zu Erkennende im Gegensatz zu dem mit den Augen zu Sehenden (Plato). 2. das bloss Gedachte, objektiv nicht Wirkliche, Begriff ohne Gegenstand (Kant).

[874] IKWP (Bd. 5); 435. – IKWL (Bd. 6); 338.

[875] Vgl. IKWP (Bd. 5); 431, 435-436. – Vgl. IKWL (Bd. 6); 332-333, 337-338 (KU 83, 84). – Vgl. Schlitt, Michael (1992); 48-49.

[876] Messner, Johannes (^{2}1954/^{3}2001); 343.

[877] Vgl. Messner, Johannes (1955); 152.

Überlieferte und gelebte (traditionsgebundene) Sittlichkeit der Gesellschaft bildet wiederum das ihrer Kultur als Lebensform zu Grunde liegende Ethos.[878] In unserem speziellen Fall das Ethos der Forstwirtschaft, da innerhalb der Forstwirtschaft, als Teil der Gesellschaft, traditionsgebundene Sittlichkeit zu finden ist. Diese hat sich wie das erste Kapitel aufzeigte in der Vergangenheit stark verändert. Mit ihr veränderte sich somit zwangsläufig die "Forst/Wald-Wirtschafts-Kultur". Die "Kultur" hat sich somit den Wald und die Forstwirtschaft betreffend entwickelt. Der Wald und der damit verbundene Mensch hat eine Kulturgeschichte, unterliegt in gewissem Sinne einer kulturellen "Evolution".[879] Innerhalb der Moralen der betroffenen Menschen veränderte sich die sittliche Eigenart des Kulturlebens des Menschen, welches sich auf den Wald auswirkt. Mit dem Ethos verbindet sich sittliche Verantwortung, Gewissensbildung.[880]

2.1.2. Kulturgeschichtliche Aspekte um den Wald

Den Wald kulturgeschichtlich zu beleuchten bedeutet die Aspekte aufzuzeigen, welche den menschlichen Kulturphasen dienten. Die Bereiche Kulturgeschichte und Kulturraum des Waldes, die im ersten Kapitel behandelt wurden, greifen immer wieder ineinander über und sind schwerlich zu trennen. Somit soll hier auch nicht eine eigentliche Trennung, als vielmehr eine differenzierte Betrachtung an den Tag gelegt werden.[881] Der Wald dient(e) der menschlichen Werteverwirklichung in vielfacher Weise. Grob lassen sich drei Bereiche aufzeigen: Nutzwald, Schutzwald und Erholungswald. Der Nutzwald kann seinerseits sinnvollerweise wieder in die Zweige Nährwald, Plünderwald und Kulturwald unterteilt werden.

2.1.2.1. Nutzwald

Der Nährwald stand seit Beginn der Menschheit derselben durch Lieferung von Waldfrüchten direkt zur Verfügung. Im Buch Genesis lesen wir: "Dann sprach Gott: Hiermit übergebe ich euch ... alle Bäume mit samenhaltigen Früchten. Euch sollen sie zur Nahrung dienen.[882]" Getreu diesen Worten sind die Baumfrüchte in allen Zeiten und in vielen Ländern Bestandteil der menschlichen Ernährung gewesen und sind es noch - sie sind Bestandteil der Esskultur. In unseren Gegenden brachte und bringt der Wald

---

878 Vgl. Messner, Johannes (^{2}1954/^{3}2001); 355.

879 Sowohl im biologischen wie auch im humanen Sinn des Begriffes.

880 Vgl. Messner, Johannes (1955); 157-158, 168.

881 Wie das erste Kapitel verdeutlichte gibt es eine biologische und eine geologische Geschichte des Waldes. Geschichte für den Walde gibt es für den Menschen erst mit seinem eigenen zeitlichen Auftreten.

882 Gen 1,29ac.

Früchte hervor wie Bucheckern, Nüsse, Speisekastanien, Wildobst, Hagebutten, Tannzipfel und Wacholderbeeren, die den menschlichen Speiseplan ergänzen. Dazu kommen Früchte von freistehenden Bäumen wie Äpfel, Birnen, Pflaumen, Zwetschgen, Holunder, Kirschen und weiteres Kern- bzw. Steinobst. Sogar die Eicheln wurden früher mit besonderen Entbitterungsverfahren direkt dem Speiseplan zugeführt wie bei den kalifornischen Indios mit den dortigen Eicheln nachgewiesen wurde. Seit Beginn gezielter Landwirtschaft hat der Wald der Ernährung des Menschen indirekt auf dem Weg über die Schweinemast, über die Viehweide zuzüglich der Gewinnung von Futter und Einstreu oder über die zeitweise Bereitstellung der Waldfläche für Kornanbau und dergleichen gedient.[883]

Der "Plünderwald" dient als Nutzwald für die Holzlieferung an die Hauswirtschaft oder Industrie und wird okkupatorisch genutzt. Diese Waldnutzungsformen waren vom Mittelalter bis zum 18. Jahrhundert vertreten; in unterentwickelten Ländern werden diese Formen heute noch praktiziert und führen zur völligen Waldverwüstung. Dies wird in gewissem Sinne als eine Art "Vernichtungskultur im Sinne der Kulturvernichtung"[884] verstanden.[885]

Der "Kulturwald" bezeichnet den gepflegten Wirtschaftswald, der im Rahmen einer geregelten Forstwirtschaft genutzt und wieder angebaut wird. Diese Wirtschaftsform wird seit dem 18. Jahrhundert stets weiter entwickelt und verwirklicht. Diese Werteverwirklichung findet auch in anderen Ländern immer mehr Beachtung und beinhaltet eine Form von "Kulturarbeit",[886] da der betroffene Wald durch menschliche Arbeitsleistung gepflegt wird.[887] In den landesherrlichen und herrschaftlichen Forsten wurden dazu meist die untertänigen Bauern herangezogen, oftmals im Ausgleich mit den Klaub- und Weidrechten.[888] Die Kulturpflege im 19. Jahrhundert veränderte und erleichterte sich durch die vermehrten Fichtenreinbestände. Die neuen Waldpflegearbeiten erforderten einen geringeren körperlichen Arbeitsaufwand. Diese "neuen" Arbeiten wurden somit häufig von Frauen und Kindern ausgeführt, die im

---

[883] Vgl. Mantel, Kurt (1990); 80.

[884] Vernichtungskultur im Sinne der Kulturvernichtung bezeichnet das Gegenteil von dem, was im Begriff "Kultur" als Terminus technicus verstanden wird, nämlich künstliche Verjüngung (hier im Sinne von Bestockung), also Dezimierung des Baumbestandes innerhalb eines Waldes bis hin zur völligen Vernichtung desselben. Das Wort Vernichtungskultur impliziert aber in gewissem Sinne auch das Verständnis, dass "Vernichtung" Kulturgut wäre. Dieser Anschein entsteht, da in bestimmten Gegenden Waldvernichtung aus Erwerbsgründen oder aus Gründen des "Kulturlandgewinnes" (Landwirtschaftsfläche) selbst dann, wenn der Erwerb zweifelhaft und der Boden landwirtschaftlich nicht nutzbar ist heute noch als "Kulturleistung" angesehen wird.

[885] Vgl. Mantel, Kurt (1990); 80.

[886] Kulturarbeit bezeichnet die Arbeit an den Forstkulturen.

[887] Vgl. Mantel, Kurt (1990); 80.

[888] Vgl. Mantel, Kurt (1990); 297-298.

Mittelalter noch vornehmlich Brennholz sammelten. Zu Beginn des 20. Jahrhundert waren in Deutschlands Forsten ca. $^1/_3$ der Arbeitskräfte weiblich. Diese Zahl wirkte sich nicht allzu stark auf die Produktion aus, da die Frauen wesentlich weniger lange und weniger hart arbeiteten als die Männer.[889] Diese Arbeiterinnen werden "Kultur-Frauen"[890] genannt. Wirtschaftlich waren sie aufgrund ihrer äusserst niedrigen Gehälter dennoch sehr begehrt.[891]

2.1.2.2. Schutz- und Erholungswald

Der "Schutzwald" ist seit dem 19. Jahrhundert in Europa anerkannt und dient als Teil der Landschaft ausschliesslich oder weitgehend dem Schutz der natürlichen Umwelt und der Sicherung der natürlichen Einflüsse. Der Verzicht auf Nutzung dieser Wälder und der weitgehende Verzicht von Kulturtätigkeiten in diesen Wäldern steht im Zeichen des Umweltschutzes. Diese Wälder könnten daher als "Umweltschutzkultur" bezeichnet werden, insofern Kulturtätigkeit in ihnen geleistet wird.[892]

Der "Erholungswald" ist dem Ausgleich gesundheitlicher Schäden dienstbar, die im Sog der Industrialisierung und Technisierung des 20. Jahrhunderts auftraten. Er dient der Erholung und Erbauung des Menschen im Rahmen der geistigen und sozialen Umwelt. Insofern dieser Wald lediglich zu Erholungszwecken der Bevölkerung und deren Freizeitgestaltung forstwirtschaftlichen Veränderungen unterliegt, kann er als "Erholungskultur" oder "Freizeitkultur"[893] bezeichnet werden.[894]

2.1.2.3. Bedeutungen des Waldes

Die wirtschaftliche Bedeutung des Waldes ist im Gegensatz zu seiner Wohlfahrtswirkung zu allen Zeiten anerkannt worden. Letztere wurde wesentlich später und nur allmählich, in annähernd vollem Umfang erst in der neuesten Zeit erkannt. Die

---

[889] Vgl. Mantel, Kurt (1990); 303.

[890] Der Ausdruck "Kultur-Frauen" bezeichnet Frauen, die in der Forstkultur arbeiten.

[891] Vgl. Mantel, Kurt (1990); 430.

[892] Vgl. Mantel, Kurt (1990); 80.

[893] Erholungskultur und Freizeitkultur beinhaltet im forstwirtschaftlichen Sinn lediglich die Pflegearbeiten an Wäldern mit konkreter Bestimmung zur Erholung und Freizeitgestaltung des Menschen wie in Naherholungsgebieten von Städten. Im übertragenen Sinne steht der Begriff für einen Aspekt der Freizeitgestaltung der Menschen, deren Gesamtheit neuerdings immer häufiger als "Freizeitkultur" bezeichnet wird.

[894] Vgl. Mantel, Kurt (1990); 80.

Leistungen des Waldes wie die Sicherung der natürlichen Umwelt, der "Landeskultur"[895] und der Beitrag zur menschlichen Gesundheit sind nur schwer zu erfassen. Diese sind erst im 19. und 20. Jahrhundert in das öffentliche Blickfeld getreten. Die ideellen Einflüsse des Waldes entziehen sich noch vielmehr einer eigentlichen Erfassung, obwohl diese Beziehungen zwischen dem Wald und dem kulturellen Leben des Volkes sich von den ältesten Zeiten bis in die Gegenwart erstrecken. Diese Einflüsse greifen in verschiedene Bereiche nicht vergleichbarer Ebenen immaterieller Ausstrahlung ein: in den Kultus der früheren Zeit, in die Kunst verschiedener Perioden und in die sozialökologischen und politischen Einstellungen der Gegenwart. Der Wald kann somit nicht nur als Objekt der Forstwirtschaft und der Forstwissenschaft gesehen werden. Würde er nur in dieser Art gesehen, würde man ihn seines grössten "Zaubers" berauben, gehen doch von ihm Kräfte aus, die sich weder in ökonomischen Formeln noch in naturwissenschaftlichen Gesetzen ausdrücken lassen.[896] Von der Vorzeit bis ins frühe Mittelalter sind kultisch-mythische Einflüsse zu verzeichnen. Vom Mittelalter bis ins 19. Jahrhundert hinein haben die ernährungs- und holzwirtschaftlichen Leistungen ihre optimale Bedeutung. Im 19. Jahrhundert wurden die landeskulturellen Wirkungen anerkannt und gewürdigt. Die soziale, ethische und hygienische Bedeutungen des Waldes spielen erst im Laufe des 20. Jahrhunderts eine tragende Rolle - mit Ausnahme der Kunst, die bereits über lange Zeit und durch viele Perioden hindurch eine intensive Beziehung zum Wald pflegte.[897]

2.1.2.4. Wohlfahrtswirkungen

In den letzten 200 Jahren wurde die gesamte Wirkung, die der Wald mit seinem natürlichen Dasein und durch seine natürlichen Einflüsse ausübt unter verschiedenen Bezeichnungen als "Einflüsse", als "wohltätige Wirkungen" oder als "Wohlfahrtswirkungen" zusammengefasst.[898] Wohlfahrtswirkungen werden auch gleichgestellt mit Schutzwirkungen. Dazu zählt man im Allgemeinen Schutz vor Naturgewalten, Naturschutz, Landschaftsschutz und Erholung.[899] MAX ENDERS[900]

---

[895] Der Begriff "Landeskultur" ist mehrdeutig. Zum einen ist darunter das Kulturland zu verstehen, also landwirtschaftliche Fläche zu Viehzucht, Getreide- und Gemüseanbau und zum andern die fruchtbaren Böden im Allgemeinen. Der Begriff zeigt jedoch auch die "Verwandtschaft" von fruchtbaren Böden und gesellschaftlich-geschichtlicher Form der Lebensentfaltung eines Volkes als Ganzheit. – Vgl. dazu: Mantel, Kurt (1990); 144-147.

[896] Vgl. Schmidt-Vogt, H. (1955); 235.

[897] Vgl. Mantel, Kurt (1990); 111-112.

[898] Vgl. dazu das Werk: Zwierlein, Karl Anton (1806).

[899] Vgl. Schmider, P. (1988); 18-21.

[900] MAX ENDERS, Grosshabersdorf in Mittelfranken *3.4.1860, † München 9.11.1940, Geheimrat, Professor für Betriebswirtschaftslehre und Forstpolitik an der Universität München (1895). Er gilt als Begründer der

definierte Wohlfahrtswirkung des Waldes so: "Unter der Wohlfahrtswirkung des Waldes begreift man den Einfluss, welchen der Wald auf Klima, Wasserwirtschaft und Boden, auf Abwendung der mit meteorischen Katastrophen verbundenen Gefahren und nach der hygienischen und ethischen Seite hin auf das Wohlbefinden der Menschen ausübt.[901]" ENDERS hat auch international die Bedeutung der Wohlfahrtswirkungen erstmals deutlich herausgestellt. In seinem Vortrag in Rom auf dem Internationalen Forstkongress 1926 führte er aus: "Die Erkenntnis dieser ausserwirtschaftlichen Wohlfahrtswirkungen des Waldes hebt die Waldwirtschaft über die rein materielle Frage vom täglichen Brot hinaus in die Sphäre der ideellen 'Einschätzungen'.[902]" Der ästhetische und der physische (Umweltschutz) Wert von Wald und Baum sind heute, nebst dem wirtschaftlichen Wert, weltweit anerkannt. Die FAO hat am 24. 11. 1951 einen internationalen "Tag des Baumes" gefordert und begründet dies damit, dass die Konferenz es als notwendig ansehe, dass sich alle Menschen des sowohl ästhetischen und physischen als auch des wirtschaftlichen Wertes des Baumes bewusst würden. Die FAO empfahl daher, jedes Jahr in allen Mitgliedsländern einen so genannten Weltfesttag des Baumes zu feiern.[903] 1952 verkündete Bundespräsident THEODOR HEUSS mit der Pflanzung eines Ahorn im Bonner Hofgarten den ersten "Tag des Baumes" in Deutschland.[904] 1985 doppelte die FAO nach, indem sie das "Jahr des Waldes" verkündete.[905]

2.1.2.5. Volksdichtung

Kulturgeschichtlich lässt sich der Wald sehr schön in der Volksdichtung nachweisen. Hierin sind Volkssage und Märchen zu unterscheiden. Die Sage hat regionalgeschichtlichen Charakter und ihr wurde ursprünglich Wahrheitscharakter zugesprochen. Fernrer befasst sich die Sage in erster Linie mit Gestalten und hat einen konkreten Bezug zur Gegenwart des Erzählers. Sagen sind meist pessimistisch; der Mensch ist fast immer Verlierer. Die Märchen sind auf Handlungen hin gerichtet und folgen künstlerischen Gesetzen, daher sind sie überregional und zeitenunabhängig anwendbar; sie sind meist optimistisch.[906] Sagen um den Wald sind in der Regel "dämonologische" Sagen: Der Mensch begegnet einer anderen Welt. Für diese Sagen gilt zudem, dass es im Allgemeinen keine Helden wie im Märchen, sondern nur einfache

---

modernen Forstpolitik. Sein wichtigstes Werk war wohl das "Handbuch der Forstpolitik". [Enders, Max (^{2}1922).]

901 Enders, Max (^{2}1922); 102.

902 Enders, Max (1926); 447.

903 Vgl. Mantel, Kurt (1990); 112-113.

904 Vgl. Drabarczyk, Liselotte (1999a); 15.

905 Vgl. Drabarczyk, Liselotte (1999a); 15.

906 Vgl. Lüthi, M. (^{5}1974); 7. – Vgl. Röhrich, L. (1958); 664, 1971.

Leute gibt. In der Sage sind Begegnungen des Menschen mit einem Jenseitigen für beide Seiten oft genauso schicksalhaft, da eine Zweidimensionalität vorherrscht. Im Märchen hingegen ist es anders, da der Mensch hier mit den Jenseitigen wie selbstverständlich verkehrt und das Wunderbare selbstverständlich ist und eine "Eindimensionierung" stattfindet.[907]

Das Märchen beinhaltet im Wesentlichen Auffassungen, die bereits im Abschnitt "Mythologie" des ersten Kapitels behandelt wurden: Der Baum des Lebens und der Schicksalsbaum der Helden bilden wichtige Märchenmotive. Einige Motive seien hier genannt: "Die zwei Brüder": die sich trennenden Brüder machen Einschnitte in einen Baum, die dann, wenn einer von ihnen in Not gerät, zu bluten beginnen;[908] aus dem Grab verstorbener Verwandter wächst ein Baum, aus dem der Verstorbene spricht oder Wünsche erfüllt wie im "Aschenputtel" der Haselbaum;[909] in Varianten zum Märchen "Das Mädchen ohne Hand"[910] bringt die magisch heilende Kraft dem Mädchen durch ihr Baumumfangen die Hände zum Nachwachsen; der hohle Baum wiederum gewährt fliehenden und ausgesetzten Märchenhelden Hilfe und Schutz vor Verfolgern und Wildtieren wie im "Marienkind"[911] und im "Allerleirauh"[912] oder birgt gar Schätze wie im "Die Alte im Wald"[913]; andernorts dient der Baum als Gefängnis für böse Geister wie im "Der Geist im Glas".[914]

Nicht nur der Baum hat Einzug in die Märchen gehalten, sondern auch der Wald selbst. Der Märchenwald ist meist ein geschlossener und grosser, fast undurchdringlicher, dunkler Wald. Er ist nicht von Menschen bewohnt und so verirren diese sich, wenn sie ihn betreten. Dieser Wald ist kein Wunderwald für Kinder im heutigen Sinn, sondern ein zu fürchtender Zauberwald, bewohnt durch Geister, Wildmänner und -weiber, Riesen, Hexen, böse Gestalten oder andere Spukgestalten. In diesen Wäldern treiben Räuber und Mörder (vom Reichsbann Getroffene nannte man auch Waldgänger[915]) ihr Unwesen und es lauern gefährliche Raubtiere auf Beute. Nur selten sind friedliche Wesen wie Feen oder Zwerge zu finden. Der Wald wurde in vergangenen Jahrhunderten allgemein als eine Grenze empfunden, die im Volksglauben Menschen- und Märchenland scheidet.

---

907 Vgl. Röhrich, L. (^{2}1971); 15. – Vgl. Lüthi, M. (^{3}1975); 22-30.

908 Vgl. Grimm, Jacob (1812^{1}); Nr. 60.

909 Vgl. Grimm, Jacob (1812^{1}); Nr. 21.

910 Vgl. dazu auch: Grimm, Jacob (1812^{1}); Nr. 31.

911 Vgl. Grimm, Jacob (1812^{1}); Nr. 3.

912 Vgl. Grimm, Jacob (1812^{1}); Nr. 65.

913 Vgl. Grimm, Jacob (1815^{2}); Nr. 37.

914 Vgl. Grimm, Jacob (1815^{2}); Nr. 9.

915 Vgl. Strauch, D. (1998); 1111-1113.

Den Wald zu durchdringen ist somit eine der grössten Aufgaben, die der Held lösen muss.[916] All diese Märchen zeigen unverhohlen auf, was für ein kulturelles Verhältnis der Mensch in früheren Zeiten zum Wald hatte. Die Märchen berichten von jagenden Bauern und Königen, von Beerensammlern sowie von Klaubholzern und Holzhackern.[917] Alleine die Gebrüder JACOB und WILHELM GRIMM tradierten 48 "Baummärchen", die sich in vier Gruppen einteilen lassen:[918] a) Reine Waldmärchen, die fast nur aus einer Waldhandlung bestehen,[919] b) zusammengesetzte Waldmärchen, in denen die Waldhandlung den Kern bildet,[920] c) Zusammengesetzte Waldmärchen, in denen die Waldhandlung als Einzelteil vorkommt, aber nicht im Mittelpunkt steht,[921] d) besondere Formen von Waldmärchen und Grenzfälle.[922]

In den Volkssagen wird der Wald weit weniger bedacht als in den Märchen, doch ist er in den Sagen zumeist als Aufenthaltsort jenseitig verstandener Geisterwelt genannt. Versucht der Mensch die Geister allenfalls zu betrügen, bekommt ihm dies meist sehr schlecht. Allgemein kann gesagt werden, dass die Geister in den Sagen offenbar viel Wert auf korrektes und gutes Benehmen ihnen gegenüber legen. Als so genannte "Warnsagen" erfüllen diese auch die Funktion auf die Einhaltung von Normen zu drängen.[923] Natursagen hingegen versuchen als ätiologische Sagen die Entstehung von Baumarten zu schildern, um den Baumnahmen mit einem bestimmten, in früheren Zeiten geschehenen Ereignis in Verbindung zu bringen.[924]

Uns heutigen Menschen scheinen Baum und Wald in Märchen und Sagen mitunter etwas fremd geworden zu sein. Unsere Kinder ziehen heute nicht mehr so viel Wissen aus ihnen wie frühere Generationen. Fernseher, Freizeitangebote und Computer sind da gegenwärtig eher gefragt. Sprichwörter wiederum werden auch heute noch gerne, wenn

---

[916] Vgl. Rebholz, D. (1944); 113.

[917] Vgl. Rebholz, D. (1944); 113.

[918] Vgl. Baumgart, W. (1936); 36-37.

[919] Hänsel und Gretel; Der arme Müllerbursch und das Kätzchen; Die Alte im Wald; Schneeweisschen und Rosenrot; der gläserne Sarg; Das Waldhaus & Der Stiefel von Büffelleder.

[920] Die zwölf Brüder; Brüderchen und Schwesterchen; Die drei Männlein im Walde; Das tapfere Schneiderlein; Das Rätsel; Der singende Knochen; Der Räuberbräutigam; Die sechs Schwäne; Der Ranzen, das Hütlein und das Hörnlein; Die goldene Gans; Jorinde und Joringel; Das singende springende Löweneckerchen; Der Rabe; Der Geist im Glas; Der gelernte Jäger; Das blaue Licht; Simeliberg; Der Eisenofen; Der Eisenhans; Der starke Hans & Die Gänsehirtin am Brunnen.

[921] Der Teufel mit den drei goldenen Haaren; Die zwei Brüder; Die Goldkinder; Der Krautesel; Der Teufel und seine Grossmutter; Die Kristallkugel & Die Wanderer.

[922] Marienkind; Rotkäppchen; Die Bremer Stadtmusikanten; Das Mädchen ohne Hände; Fitchers Vogel; Schneewittchen; Rumpelstilzchen; Der goldene Vogel; Allerleihrauh; Des Teufels russiger Bruder; Die faule Spinnerin; Der heilige Josef im Walde; Die zwölf Apostel & Die drei grünen Zweige.

[923] Vgl. Petzold, L. (1970); 187 (Nr. 300, 307).

[924] Vgl. Röhrich, L. (^{2}1971); 33-34.

vielleicht auch nicht mehr so häufig wie in vergangenen Zeiten gebraucht. Sie sind allgemein bekannte festgeprägte Sätze, die eine Lebensregel oder Weisheit bzw. eine unser Verhalten betreffende Einsicht oder Aufforderung zu einem bestimmten Verhalten in prägnanter kurzer Form ausdrücken. Sprichwörter stimmen konkret, bezeichnen aber selten das Bezeichnete, sondern gelten im übertragenen Sinne. Gleiches gilt für die sprichwörtliche Redensart, die sich in einen Satz einfügende bildliche Redewendung, die in oft drastischem Bild allgemeine Gedanken zum Ausdruck bringt. Die Entstehungszeit dieser "Worte" ist oft unbekannt, doch bei manchem lässt sich aufgrund des Inhaltes das Alter erschliessen.[925] Der Baum[926] ist Sinnbild der Stärke,[927] der Beständigkeit und Ortsgebundenheit[928] oder anderer Inhalte.[929] Der Realbereich bedarf meist keiner Erklärung, sondern ist aus sich ohne weiteres einsehbar. Meist sind die Bedeutungen auf den Menschen bezogen.[930]

Anders als in den Sagen und Märchen erscheint der Wald im Volkslied zumeist als freundlicher Ort, in dem man sich fröhlich, unbeschwert und gegebenenfalls lustvoll erfreuen kann wie zahlreiche Beispiele[931] zeigen.

---

[925] Vgl. Röhrich, L. (1977); 2-3, 52, 54-55.

[926] Meist auch der Wald und das Holz.

[927] "Er ist ein Kerl wie ein Baum" oder "baumstark".

[928] "Ein alter Baum lässt sich nicht versetzen." - Einen alten Menschen, der genau so tief mit seiner Umgebung verwurzelt ist wie ein alter Baum, den soll man nicht zwingen sein Heim zu verlassen.

[929] "Der stärkste Baum war auch einmal ein Reis."; "Alte Bäume lassen sich nicht biegen."; "Hohe Bäume fangen viel Wind."; "Je höher der Baum, je schwerer der Fall."; "Den Baum, von dem man den Schatten hat, soll man in Ehren halten."; "Wer einen Baum pflanzt, geniesst selten die Früchte."; "Den Wald vor lauter Bäumen nicht sehen (meint: vor lauter Einzelheiten den Zusammenhang verlieren; direkt vor etwas stehen und es trotzdem nicht sehen)."; "Er ist im Wald aufgewachsen (ein grober Waldmensch zum Unterschied eines gesitteten Stadtmenschen)."; "Wie man in den Wald hineinruft, so schallt es heraus."; "Auf dem Holzweg befinden. (Auf einem schlechten, nicht deutlich erkennbaren Weg im Holz [Wald] kann man leicht irre gehen.)" – "Holz und Schaden wächst alle Tage." & "Holz und Unglück wächst über Nacht." (In früheren Zeiten schätzte man aufgrund der scheinbar unendlichen Wälder den Wert des Holzes gering. Diese beiden Sprichwörter verloren an Bedeutung, als die Begrenztheit der Wälder jedermann bewusst wurde.)

[930] Vgl. dazu: Berg, E. (1869); 240-242. – Vgl. dazu auch das Werk: Lexikon der sprichwörtlichen Redensarten.

[931] "Wer hat dich, du schöner Wald..."; "Im Wald! Im Wald! Im frischen grünen Wald, wo's Echo schallt!..."; "Unter der Linde..."; "Der eifrige Jäger... (Ein Jäger aus Kurpfalz...)"; "Es ritt ein Jäger wohlgemuht in der Morgenstund..."; "Wollt jagen in dem grünen Wald mit seinem Ross und Hunde..."; "Als er da kam auf grüne Heid, da fand er seines Herzens Lust und Freud..."; "Der Jäger fand ein feines Wild, fein hurtig und geschwind..."; "Es war ein schönes Weibesbild, das sich allda liess finden..."; "Wochenend und Sonnenschein, im grünen Wald mit dir allein...". (Eine wertvolle Hilfe bot an dieser Stelle die Musik-Sammlung der Musikbibliothek des Klosters Einsiedeln.)

2.1.2.6. *Kunst*

Ein nicht unwesentlicher Teil der Kultur eines Landes drückt sich durch die Kunst aus. Der Wald ist auch in der Kunst vertreten, da er auf das Geistes- und Seelenleben der Menschen einen nicht leugbaren Einfluss hat. Sowohl die Dichtung als auch die Malerei und die Musik sind über die einzelnen Epochen Fundgruben waldlicher Themen. Umgekehrt beeinflusste die Kunst den Umgang mit dem Wald nicht merklich. In der Dichtung diente der Wald oft als Hintergrund für Helden- und Göttersagen.[932] In der mittelhochdeutschen Dichtung des Hochmittelalters tritt der Wald häufiger in Erscheinung, so im grossen Heldenepos des Nibelungenliedes oder bei WALTHER VON DER VOGELWEIDE und in WOLFRAM VON ESCHENBACHS Parzival. Die Minnesängerlieder zeichnen wiederum vermehrt ein romantisches Bild eines lichten Waldes.[933] In der Zeit der Aufklärung[934] bildet sich zwar ein ausgeprägtes Naturverständnis heraus, aber nicht zu einer Natur wie sie heute verstanden wird. Literarische Werke mit Waldbezug sind in dieser Zeit eher selten.[935] Erst in der Zeit der Romantik[936] war der Wald und sein Leben Mittelpunkt zahlreicher lyrischer und epischer Leistung.[937] Die folgende Zeit des poetischen Realismus weist Dichter auf, die den Wald in realistischer Darstellung zeigen.[938] In neuerer Zeit tritt der Wald in Gedichten, Erzählungen und Romanen in Erscheinung.[939]

---

[932] Die Edda (Sammlung altnordischer Dichtungen) lässt in seinen Helden- und Göttersagen den alten Baumkult erkennen.

[933] "Unter der Linde..."; "Heide und Walt..."; "Verhowen (Verhauen im Sinne normaler Nutzung) alst der Walt...".

[934] Zwischen dem Ende des 17. und dem Ende des 18. Jahrhunderts.

[935] Eine Ausnahme macht JOHANN WOLFGANG VON GOETHES Gedicht "Ein Gleichnis (Über allen Gipfeln ist Ruh)", in dem er in Überlegungen die erlebte Stille und Ruhe des Waldes analog zum Ende des menschlichen Lebens sieht. – Ebenso das Werk "Ein Sommernachtstraum" aus der frühen Neuzeit von WILLIAM SHAKESPEARE (Shakespeare, William (Shakspere, Shakspeare), ◘ Stratford-upon-Avon 26. 4. 1564, ebenda † 23. 4. 1616, englischer Dichter und Dramatiker) bildet eine Ausnahme. Dieses Stück hat seinen Handlungsraum in einem verzauberten Wald bei Athen, in dem Leute in erotische Verstrickungen geraten. – Vgl. Sämtliche Werke; Bd. 1; 309-377.

[936] Zwischen 1790 und 1830.

[937] JOSEF FREIHERR VON EICHENDORFF (* Schloss Lubowitz bei Ratibor 10. 3. 1788, † Neisse 26. 11. 1857), LUDWIG TIECK (* Berlin 31. 5. 1773, † Berlin 28. 4. 1853), Zu nennen sind noch die Romantiker und Nachromantiker FRIEDRICH VON SCHLEGEL (seit 1815), * Hannover 10. 3. 1772, † Dresden 12. 1. 1829; CLEMENS VON BRENTANO, * Ehrenbreitstein (= Koblenz) 8. 9. 1778, † Aschaffenburg 28. 7. 1842; EDUARD MÖRIKE, * Ludwigsburg 8. 9. 1804, † Stuttgart 4. 6. 1875; LUDWIG UHLAND, * Tübingen 26. 4. 1787, † Tübingen 13. 11. 1862 & NIKOLAUS LENAU, eigtl. NIKOLAUS FRANZ NIEMBSCH, EDLER VON STREHLENAU, * Csatád (Ungarn; = Lenauheim, Rumänien) 13. 8. 1802, † Oberdöbling (= Wien) 22. 8. 1850 u.a.m.

[938] ADALBERT SRTIFTER, * Oberplan (= Horní Planá, Südböhmisches Gebiet) 23. 10. 1805, † Linz 28. 1. 1868 (wahrscheinlich Suizid); OTTO LUDWIG, * Eisfeld (bei Hildburghausen) 12. 2. 1813, † Dresden 25. 2. 1865; THEODOR STORM, * Husum 14. 9. 1817, † Hademarschen (= Hanerau-Hademarschen bei Rendsburg) 4. 7. 1888; GOTTFRIED KELLER, * Zürich 19. 7. 1819, Zürich. 15. 7. 1890; THEODOR FONTANE, * Neuruppin 30. 12. 1819, † Berlin 20. 9. 1898; CONRAD FERDINAND MEYER, * Zürich 11. 10. 1825, † Kilchberg (ZH) 28. 11. 1898; WILHELM RAABE, Pseudonym JAKOB CORVINUS, * Eschershausen 8. 9. 1831, † Braunschweig 15. 11. 1910; PETER ROSEGGER, eigentlich PETER ROSSEGGER, Pseudonym

Bei den Kirchen und mitteleuropäischen Hallenhäusern sind stoffbedingte äussere und innerliche ästhetische Zusammenhänge zwischen dem Wald und den durch ihn gelieferten Baumsäulen gegeben. An die Stelle der nordischen Holzkirchen sind zwar die Steinbauten der Dome getreten, doch auch deren Säulen sind als eine Anlehnung an Waldbäume und ihre Kronen zu vermuten. Die gotischen Dome ergeben oftmals das Bild eines steingewordenen Waldes. So erinnert der Kölner Dom an Buchen und der Dom zu Münster an einen Eichenwald. Auch Patrizierhäuser und die mittelalterlichen Rechtslauben zeigen in der Gotik vielfach Erinnerungen an den Wald. Nicht zu vergessen sind die Holzbildhauerarbeiten[941] dieser Zeit, die meist aus Lindenholz gefertigt wurden.[942]

Stabkirche[940]

P. K. (= PETRI KETTENFEIER), * Alpl (= Krieglach) 31. 7. 1843, † Krieglach (bei Mürzzuschlag) 26. 6. 1918; HERMANN LÖNS, * Culm bei Bromberg 29. 8. 1866, ⚔ bei Reims 26. 9. 1914 & ERNST WIECHERT, Pseudonym BARANY BJELL, * Forsthaus Kleinort bei Sensburg 18. 5. 1887, † Uerikon bei Zürich 24. 8. 1950 u.a.m.

[939] WALDEMAR BONSELS, * Ahrensburg 21. 2. 1880, † Holzhausen am Starnberger See 31. 7. 1952; GUIDO HANGARTNER, * Altstätten 29. 5. 1967; ERNST JÜNGER, * Heidelberg 29. 3. 1895; HANS LEIFHELM, * Mönchengladbach 2. 2. 1891, † Riva am Gardasee 1. 3. 1947 & HANS WATZLICK, * Unterhaid, Böhmen 16. 12. 1879, † Gut Tremmelhausen bei Regensburg 24. 11. 1948 u.a.m.

[940] Bild: Keller, Kurt. – Eine Stabkirche ist eine seit dem 11. Jahrhundert übliche Form der Holzkirche, deren tragende Elemente bis an den Dachstuhl des Hauptraumes reichende Pfosten (Stäbe & Masten) sind. Die Aussenwände sind aus senkrechten Planken, die Dächer sind steil und stufenförmig angeordnet, bisweilen reiche Schnitzereien an Giebeln und Türen.

[941] Besonders zu beachten sind TILMAN (TILL, DILL) RIEMENSCHNEIDER, * Heiligenstadt (?) um 1460, † Würzburg 7. 7. 1531, deutscher Bildhauer der Spätgotik & ROBERT HANGARTNER, * Altstätten 26. 6. 1959, zeitgenössischer Holzbildhauermeister u.a.m.

[942] Vgl. Hornsmann, Erich (1958); 195.

Albrecht Altdorfer: Donaulandschaft mit Schloss Wörth bei Regensburg; 1520-25 (München, Alte Pinakothek)

Waldlandschaft[943]

Bis zum 15. Jahrhundert war der Wald auf Gemälden jeglicher Art lediglich Kulisse oder Hintergrund. Ab diesem Zeitpunkt wird er von Künstlern[944] immer mehr auch in den Mittelpunkt der Bilder - besonders Holzschnitte, Aquarelle, Zeichnungen und Ölgemälde - gerückt, speziell in der zweiten Hälfte des 15. und der ersten Hälfte des 16. Jahrhunderts sowie wieder in der Zeit der Romantik. In neuerer Zeit, mit der vielfältigen Ausprägung der bildenden Kunst, sind viele Strömungen vorhanden, die aber an dieser Stelle nicht weiter untersucht werden sollen. Als einziges sei erwähnt, dass die Fotografie ein zusätzliches Medium der Darstellung gegenüber früher ist. Speziell durch die Fotografie wird der Wald heute nicht mehr vorwiegend als Träger schöngeistiger und ästhetischer Werte reproduziert. Vielmehr dient gerade diese neue Kunst- und Kulturform der Verdeutlichung und Bewusstmachung ökologischer Schäden wie so mancher Blick auf Fotos einschlägiger Tageszeitungen beweist.

Der Wald ist sowohl in einfachen Liedern als auch in grossen musikalischen Werken Thema und von Komponisten[945] bedacht worden. Allerdings gibt es ein Werk, das man

---

[943] Bild: Keller, Kurt; nach: Ölgemälde von ALBRECHT ALTDORFER.

[944] ALBRECHT DÜRER, * Nürnberg 21. 5. 1471, † Nürnberg 6. 4. 1528; LUCAS CRANACH, D. Ä., * Kronach 1472 (?), † Weimar 16. 10. 1553; ALBRECHT ALTDORFER, * Regensburg (?) um 1480, † Regensburg 12. 2. 1538; PHILIPP OTTO RUNGE, * Wolgast 23. 7. 1777, † Hamburg 2. 12. 1810; CASPAR DAVID FRIEDRICH, * Greifswald 5. 9. 1774, † Dresden 7. 5. 1840; LUDWIG RICHTER, * Dresden 28. 9. 1803, † Dresden. 19. 6. 1884 & CARL SPITZWEG, * München 5. 2. 1808, † München 23. 9. 1885 u.a.m.

[945] FRANZ SCHUBERT, * Lichtental (= Wien) 31. 1. 1797, † Wien 19. 11. 1828; FELIX MENDELSSOHN BARTHOLDY, * Hamburg 3. 2. 1809, † Leipzig 4. 11. 1847; ROBERT SCHUMANN, * Zwickau 8. 6. 1810, † Endenich (= Bonn) 29. 7. 1856; JOHANNES BRAHMS, * Hamburg 7. 5. 1833, † Wien 3. 4. 1897; HUGO WOLF, * Windischgraz (heute Slovenj Gradec, Slowenien) 13. 3. 1860, † Wien 22. 2. 1903; OTHMAR SCHOECK, * Brunnen bei Schwyz 1. 9. 1886, † Zürich 8. 3. 1957; JOHANN SEBASTIAN BACH, * Eisenach 21. 3. 1685, † Leipzig 28. 7. 1750; GEORG FRIEDRICH HÄNDEL, * Halle / Saale 23. 2. 1685, † London 14. 4. 1759; JOSEPH HAYDN, * Rohrau bei Bruck an der Leitha 31. 3. (?) 1732, ◘ 1. 4. 1732, † Wien 31. 5. 1809; HANS PFITZNER, * Moskau 5. 5. 1869, † Salzburg 22. 5. 1949; ANTON BRUCKNER, * Ansfelden 4. 9. 1824, † Wien 11. 10. 1896; JOHANN STRAUSS (SOHN), * Wien 25. 10. 1825, Wien 3. 6. 1899 & ENGELBERT HUMPERDINCK, * Siegburg 1. 9. 1854, † Neustrelitz 27. 9. 1921 u.a.m.

durchaus als die Waldoper schlechthin bezeichnen kann: "Der Freischütz" (1821).[946] Diese Oper hat den Wald am stärksten als musikalischen und dramatischen Inhalt einbezogen.[947] Auch beim "Waldweben" im "Siegfried"[948] ist unschwer eine musikalische Walddarstellung zu erkennen. Im "Pastorale",[949] in der "Waldsymphonie"[950] und in der Oper "König Hirsch"[951] lassen sich ebenfalls tiefere Zusammenhänge finden.[952]

2.1.2.7. Ästhetische Wirkung des Waldes

Erst ab dem 16. Jahrhundert wird die Wirkung des Waldes auf die Sinne des Menschen anerkannt - durch schöne Formen, Farben, Düfte, Töne und andere Einflüsse. In dieser Zeit lässt sich die ästhetische Wirkung des Waldes auch in der Literatur nachweisen wie die obigen Ausführungen gezeigt haben. In Adelskreisen mehrten sich die Beziehungen zu Lustwäldchen, die auch häufig für die Jagd zur Verfügung standen. In der Barockzeit und besonders im Rokoko wandelten sich die Lustwälder bis zu künstlich verspielt und kunstvoll zurechtgestutzten Gartenanlagen. Diese Formen entfernten sich zusehends von der Natur. Mit der durch ROUSSEAU ausgelösten Bewegung "Zurück zur Natur" und "Erziehung zur Natur" begann sich diese Fehlentwicklung allmählich zum Positiven zu wenden. Der Durchbruch wurde jedoch erst gegen Ende des 18. Jahrhunderts mit der vermehrten Verbreitung des "Englischen Gartens" erzielt. Um 1730 entstand der Englische Garten als Landschaftsgarten mit natürlichen Baumgruppen, geschwungenen Wegen, grossen Rasenflächen sowie weiteren kleinen mittelalterlichen (gotischen), griechischen und chinesischen Lustbauten. Der Typus des englischen Gartens wurde auch für öffentliche Parks[953] massgebend. Der Weg zur natürlichen Landschaft war somit frei, allerdings noch nicht im Sinne des echten nüchternen Naturwaldes. Im 19. Jahrhundert kam das Bestreben auf den Wald dem ganzen Volke als freie Erholungsstätte zu erschliessen. Der Münchner Universitätsprofessor WILHELM HEINRICH VON RIEHL brachte diesbezüglich die Bedeutung des Waldes in

[946] Im Volksglauben ein Schütze, der mit sechs Freikugeln, die mit Hilfe des Teufels gegossen wurden, unfehlbar trifft; die siebte Kugel lenkt der Teufel; danach die Oper von CARL MARIA VON WEBER, * Eutin 18. oder 19. 11. 1786, † London 5. 6. 1826.

[947] Vgl. Hornsmann, Erich (1958); 201.

[948] Von RICHARD WAGNER, * Leipzig 22. 5. 1813, † Venedig 13. 2. 1883

[949] Von LUDWIG VAN BEETHOVEN, ◘ Bonn 17. 12. 1770, † Wien 26. 3. 1827 (Beethovens Sechste)

[950] Von ANTON BRUCKNER, * Ansfelden 4. 9. 1824, † Wien 11. 10. 1896 (Bruckners Vierte)

[951] Von HANS WERNER HENZE, * Gütersloh 1. 7. 1926. In der Oper "König Hirsch" spielt ein ganzer Akt im Wald, welcher eine Zauberwelt beheimatet.

[952] Vgl. Köstler, Josef Nikolaus (1941); 15.

[953] Englischer Garten in München, ab 1789 (Begründet vom amerikanischen Physiker BENJAMIN THOMPSON GRAF VON RUMFORD, * North Woburn 26. 3. 1753, † Auteuil bei Paris 21. 8. 1814); Bois de Boulogne in Paris, 1853; Central Park in New York, ab 1858.

sozialpolitischer Hinsicht zum Ausdruck.[954] HANS CARL VON CARLOWITZ trat bereits anfangs des 18. Jahrhunderts für die nicht holzwirtschaftlichen immateriellen Aufgaben des Waldes ein und machte sich Gedanken über waldästhetische Aufgaben des Waldes;[955] er verwendete zudem 1713 zum ersten Mal den Begriff "nachhaltige Waldnutzung[956]". "Ästhetik im Wald" war im folgenden Jahrhundert in den genannten kulturgeschichtlichen Bereichen ein häufiges Thema, fand jedoch keine Einflussnahme auf die Praxis der Forstwirtschaft wie die Ausführungen im ersten Kapitel bereits zeigten.[957] Erst im 20. Jahrhundert fanden die damaligen Rufe vermehrt Gehör.

Heute gehört "Ästhetik im Wald" wesentlich zur Forstwirtschaft. Wie unter den Zeilen über die Gentechnik bereits dargestellt besteht heute weniger die Gefahr die Ästhetik im Wald als Gesamtgefüge zu vernachlässigen, als vielmehr "Ästhetik" in die einzelne Pflanze hineinzubringen, auch aus Aspekten des Mitleids mit dem Menschen, der doch weltweit der "besseren" Ressourcen bedarf um überlebens-, markt- und konkurrenzfähig zu bleiben. EUGEN DREWERMANN fasst einen Strom des Zeitgeistes hinsichtlich der "Ästhetik für einzelne Lebewesen"[958] wie einzelne Pflanzen in diesem Sinne zusammen:

> *Für uns,[959] am Ende des 20. Jh.'s, müsse es genügen aus den durchaus möglichen, ja, in gewissem Sinne sogar nahe liegenden Visionen einer biologisch durchgestylten Welt von morgen zu lernen, dass etwas nicht stimmen könne, wenn wir eines unserer freilich edelsten Handlungsmotive: das menschliche Mitleid, absolut setzten und in den inmitten der Endlichkeit stets gefährdeten, allen Arten von Leiden ausgesetzten Menschen, so weit es irgend gehe, vor der Natur abzuschirmen suchten. Die Gefahr sei gross, dass wir am Ende nicht menschlichrer würden, sondern unmenschlicher. Ein Ergebnis menschlicher Selektion finde man heute in einer Vielzahl von Beispielen vor.*[960]

2.1.3. "Generationenfrage"

Die Generationenfrage - an dieser Stelle geht es nicht um die Generationen des Waldes, sondern um die der Menschen und der "Glaubens-Generationen"[961] in Vergangenheit und

954 Vgl. Riehl, Wilhelm Heinrich von (1935); 76-79.

955 HEINRICH VON COTTA (Vgl. Kapitel 1) machte sich darüber noch keine Gedanken.

956 KWFL; 137; Carlowitz.

957 Vgl. dazu auch: Vietinghoff-Riesch, A. (1940); 188-189.

958 Es wird dafür kontextuell der Ausdruck "biologisch durchgestylte Welt" verwendet.

959 Mit "uns" meint er die Menschen der heutigen Zeit.

960 Vgl. Drewermann, Eugen (^{7}1997); 388-389.

961 Der Ausdruck "Glaubens-Generationen" will besagen, dass verschiedene "Glaubensrichtungen" in verschiedenen Generationen einander "gegenüberstehen".

Gegenwart bezüglich ihres Verhaltens hinsichtlich der Umwelt und speziell des Waldes - und damit oft verbundene Generationenkonflikte beruhen auf der Geschlechterfolge innerhalb einer sozialen Gruppe oder Gesellschaft. Bedeutende Zeitereignisse wie Krieg, soziale Umbrüche, wirtschaftliche Not, Katastrophen sowie regionale oder globale Umweltveränderungen prägen wesentlich das Verhältnis der Generationen zueinander. Der dynamische Prozess der Weitergabe von Kulturgütern, Normen, Werten, Glaubenswahrheiten und Wissen von der älteren Generation an die jüngere verläuft daher ruhiger oder lebhafter. Mitunter verläuft dieser Prozess gar regressiv, d.h. von der jüngeren auf die ältere Generation.[962] Die Thematik der Generationenfrage wird sich in unserem Falle jedoch nicht nur auf das Verhältnis zweier unmittelbar zusammengehöriger, aufeinander folgender Altersklassen beschränken lassen; vielmehr sind Generationen als frühere und heutige zu sehen sowie die Verantwortung heutiger bzw. früherer für zukünftige Generationen, im Sinne des Vorsorgeprinzips, welches besagt, dass künftige Generationen wie jetzige einen Anspruch auf eine intakte Umwelt - intakte Wälder - haben, auch als Rohstofflieferanten.[963] In diesem Zusammenhang wird auch ein Auge auf den Umgang jeweils christlicher und nichtchristlicher Generationen im Vergleich bezüglich des Umganges mit der Umwelt geworfen werden müssen, zumal in unserer Zeit immer wieder der Vorwurf laut wird - vom Theologen[964] EUGEN DREWERMANN, vom Historiker[965] LYNN WHITE JR. und vom Schriftsteller[966] CARL AMERY - Naturfeindschaft und Naturzerstörung gehören unbedingt zum Wesen des Christentums. Konsequent zu Ende gedacht würde dies zum Schluss führen, dass diese Kirchen ihr Wesen in diesem Punkt, nach bald 2'000 Jahren noch, gar nicht realisiert hätten.

Diese Vorwürfe berücksichtigen nicht, dass bei der Entstehung und Beschleunigung der ökologischen Krise gerade jene Teilsysteme der modernen Industriezivilisation in überaus hohem Masse beteiligt waren und sind, die sich in der Neuzeit verselbstständigt und sich unter der Dynamik der universalen Leitidee des Fortschritts autonom, nach eigenen Gesetzen und in eigener Verantwortung, steuerten. Das Verhältnis der Grossbereiche Staat, Wirtschaft, Technik und Wissenschaft zum Christentum hätte wenigstens grundsätzlich geklärt werden müssen. Die grundsätzliche Einstellung zur Säkularisierungsproblematik wurde dabei nicht berücksichtigt. Ein "Schuldanteil" des

---

962 Vgl. Bleistein, Roman (^{3}1995); 451-452.

963 Vgl. Knorring, Ekkehard (1997); 19. – Vgl. dazu auch: Rahmeyer, Fritz (1997); 36, 48.

964 Vgl. dazu: Drewermann, Eugen (^{7}1997); 71-76, 79-81.

965 Vgl. dazu: White, Lynn jr. (1999^1); 24-30 (hier 24). – Die ökologische Krise sei die Folge einer selbstherrlichen Manipulation der Natur mit den effizienten Mitteln der Technik und der Naturwissenschaft. Sowohl die Entstehung der modernen Wissenschaft und Technik als auch der Geist, in dem sie angewandt würden, liessen sich auf charakteristische Eigenarten der christlichen Lehre zurückführen.

966 Vgl. dazu: Amery, Carl (1972); 10-11, 15-18.

Christentums ist ohne eine Antwort auf die im Säkularisierungsbegriff implizierte Fragestellung nicht präzisierbar. Welche Einflüsse das Christentum nun auf die autonomen säkularisationsbedingten Handlungen der Grossbereiche gehabt hat, ist wohl nicht leicht schlüssig zu definieren, da die Eigendynamik, Eigengesetzlichkeit und Eigensteuerung derselben auch eine entsprechende Eigenverantwortung impliziert. Die Beweiserbringung einer christlichen Hauptschuld dürfte somit nicht erbracht sein.

Eine Begründung liegt vielmehr in der menschlichen Triebkomponente der Technik[967] und in seinem biologischen Trieb[968] - verbunden mit mythischen Denkmustern,[969] Machbarkeitsvorstellungen und darin implizierten Vorstellungen weltimmanenten Heils - Macht und Herrschaft über den Gang der Natur zu gewinnen. Dieser Drang entfaltet eine normative Kraft, der sich besonders in der Technik der Neuzeit - in der Säkularisation - manifestiert. Wird nun von einer fortschreitenden Säkularisierung und einer weiteren Verdrängung der christlichen Einflüsse ausgegangen, müsste sich die eingeschlagene Entwicklung in der begonnen Richtung verstärken. Wenn aber diese Kräfte die Natur zu beherrschen so lange gemässigt und gezügelt wurden, stellt sich unweigerlich die Frage nach diesen mässigenden Kräften. Immerhin wurden diese Kräfte bis zur Moderne recht intensiv gezügelt. Dies ergäbe für die Neuzeit die Konsequenz, dass gerade der schwindende Einfluss des Christentums, welches in den vorangegangenen Jahrhunderten die betreffenden menschlichen Energien noch in grössere Zusammenhänge einbinden konnte, das Erstarken jenes massiven zivilisatorischen Grosseinsatzes mit all den bekannten Auswüchsen begünstigte, zu dessen Ergebnissen die heutige Umweltkrise zählt. Das Christentum hätte folglich nicht fördernd, sondern mässigend auf die Entstehung der ökologischen Krise eingewirkt.

Diese Sicht lässt auch klar eine Übereinstimmung mit den biblischen Grundlagen erkennen und erklärt warum das Christentum weit über 1'000 Jahre hinweg diese angeblich in seinem Wesen liegende naturzerstörende Komponente so unbedeutend bleiben liess und warum es erst so spät, als seine kultur- und zivilisationsprägende Kraft schon deutlich an Einfluss verloren hatte, zu den gegebenen Änderungen kam.[970] Der stets ins Feld geführte Vorwurf des biblischen Herrschaftsauftrages Gottes an die

---

[967] Hier ist an die triebökonomische Begründung der Technik von ARNOLD GEHLEN zu denken. Die Triebkomponente der Technik hat jedoch für die industrielle Technik und die darin wirksamen nicht-rationalen Motive nur noch begrenzten Aussagewert. – Vgl. Gehlen, Arnold; Anthropologische Forschung; Reinbek 1961; 18. – Vgl. Gehlen, Arnold (1955); 21.

[968] Es ist das "Herrschaftswissen" gemeint, das neben dem religiösen und metaphysischen Wissen bei MAX SCHELER eine dritte Form der höheren Wissensarten darstellt und in einem biologischen Trieb wurzelt (im Macht- und Herrschaftsstreben über den Gang der Natur, im Trieb zur Herrschaft und Macht). – Vgl. Scheler, Max (^{2}1960); 66-67, 93.

[969] Vgl. Rapp, Friedrich (1979); 110-129 (besonders 119).

[970] Vgl. dazu: Münk, Hans-Jürgen (1987); 198-205.

Menschen[971] ist ebenfalls nicht als Vorwurf gegen das Christentum haltbar, da dieser Auftrag Gott, Mensch und Welt miteinander verbindet. Der Mensch, der als Abbild Gottes geschaffen ist, hat aufgrund dieser Tatsache und des Herrschaftsauftrages sein Handeln nach dem Handeln Gottes auszurichten. Der Imperativ sich die Erde untertan zu machen steht somit selbst unter der göttlichen Maxime: Sein und Leben ermöglichen. Die Arbeit, die dem Menschen aufgegeben ist,[972] ist unter dem gerade gegebenen Aspekt kein Freibrief zur Naturausbeutung - und somit auch nicht zum Raubbau am Wald - sondern vielmehr existenzielle Bestimmung des Menschseins, welche unter dem Leitbild der Gottes- und Nächstenliebe gar ein Berufensein zur Mitarbeit am Reich Gottes bedeutet.[973] Die Reduktion der Arbeit auf Produktivität tritt erst mit dem Ende des 17. Jahrhunderts, mit JOHN LOCKE, einem der Begründer des Empirismus, zaghaft ein. Bis dahin wird das Studium der Natur im Wesentlichen um der Gotteserkenntnis[974] willen betrieben.

Das Geschichtsverständnis des Christentums eignet sich zudem ebenfalls nicht, um die Entwicklung des neuzeitlichen Fortschrittsideals, welches sich gerade in der Forstwirtschaft, die sich in den letzten zwei Jahrhunderten rasch entwickelte - wie das erste Kapitel dieser Arbeit bereits aufzeigte - zu erklären.[975] Dieses Ideal verbindet eine unkritische Euphorie gegenüber den Errungenschaften von Naturwissenschaft und Technik. Vom christlichen Geschichtsverständnis unterscheidet sich das als Glaube an eine vom Menschen selbst machbare, stets bessere Zukunft ausgewiesene Fortschrittspathos dadurch, dass ersteres die Geschichte als Geschehen Gottes mit seiner Schöpfung deutet. Diese ist in Jesus Christus zur Fülle gelangt und deren Ende wird mit seinem Wiederkommen in Herrlichkeit erwartet. Aus der Gottebenbildlichkeit des

[971] Vgl. Gen 1,26.28 "Dann sprach Gott: Lasst uns Menschen machen als unser Abbild, uns ähnlich. Sie sollen herrschen über die Fische des Meeres, über die Vögel des Himmels, über das Vieh, über die ganze Erde und über alle Kriechtiere auf dem Land. Gott segnete sie und Gott sprach zu ihnen: Seid fruchtbar und vermehrt euch, bevölkert die Erde, unterwerft sie euch und herrscht über die Fische des Meeres, über die Vögel des Himmels und über alle Tiere, die sich auf dem Land regen."

[972] Gen 3,19 "Im Schweiße deines Angesichts / sollst du dein Brot essen, / bis du zurückkehrst zum Ackerboden; / von ihm bist du ja genommen. / Denn Staub bist du, zum Staub musst du zurück."

[973] Vgl. Mk 12,28-34 "Ein Schriftgelehrter hatte ihrem Streit zugehört; und da er bemerkt hatte, wie treffend Jesus ihnen antwortete, ging er zu ihm hin und fragte ihn: Welches Gebot ist das erste von allen? Jesus antwortete: Das erste ist: *Höre, Israel, der Herr, unser Gott, ist der einzige Herr. Darum sollst du den Herrn, deinen Gott, lieben mit ganzem Herzen und ganzer Seele,* mit all deinen Gedanken *und all deiner Kraft.* Als zweites kommt hinzu: *Du sollst deinen Nächsten lieben wie dich selbst.* Kein anderes Gebot ist größer als diese beiden. Da sagte der Schriftgelehrte zu ihm: Sehr gut, Meister! Ganz richtig hast du gesagt: Er allein ist der Herr, und es gibt keinen anderen außer ihm, und ihn mit ganzem Herzen, ganzem Verstand und ganzer Kraft zu lieben und den Nächsten zu lieben wie sich selbst, ist weit mehr als alle Brandopfer und anderen Opfer. Jesus sah, dass er mit Verständnis geantwortet hatte, und sagte zu ihm: Du bist nicht fern vom Reich Gottes. Und keiner wagte mehr, Jesus eine Frage zu stellen."

[974] Vgl. Die Schöpfung ist das erste Buch der Offenbarung Gottes; 1.

[975] Vgl. dazu die Ausführungen des ersten Kapitels dieser Arbeit.

Menschen und seinem Herrschaftsauftrag lässt sich innerhalb des Schöpfungsglaubens nicht auf eine dem Christentum ureigene despotische Anthropozentrik schliessen.[976] Gott ist im Christentum der Schöpfer und alles, was ist, ist Schöpfung. Mensch und Natur sind nicht gegeneinander gestellt, sondern sind mitkreatürlich Geschöpfe Gottes. Die Wahrnehmung des Anderen, die Vernunft, die Reflexion der Mitgeschöpflichkeit von Mensch und Natur sind in der Ehrfurcht vor dem Leben als Gottes guter Schöpfung[977] integraler Bestand des Christentums.[978]

2.1.3.1. Erkennt der Mensch den Wert des Waldes?

Den "Geldwert des Waldes"[979] zu bestimmen ist ein äusserst schwieriges Unterfangen und soll an dieser Stelle auch nicht näher behandelt werden, da dies den Rahmen dieser Arbeit sprengen würde. Hinweise auf Berechnungsmodelle wurden bereits im ersten Kapitel dargestellt. An diesem Ort soll der Themenbereich des praktischen Erkennens verschiedener Werte des Waldes, des theoretisch Wahrgenommenen, aufgeworfen werden.

Einen Wert zu erkennen oder zu bestimmen ist stets eine Frage der Wahrnehmung einer Wichtigkeit. Wenn ein Wesen in Etwas eine Wichtigkeit[980] wahrnimmt, dann hat dieses Etwas für das entsprechende Wesen einen Wert. Dies soll am Beispiel des CO_2 und des Baumes kurz verdeutlicht werden. Nimmt der Baum im CO_2 eine Wichtigkeit für sich wahr, dann hat das CO_2 für den Baum einen Wert. Fehlt dem Baum die Möglichkeit eine Wichtigkeit wahrzunehmen, hat das CO_2 für ihn keinen Wert obgleich es lebenswichtig ist,[981] da ihm ohne CO_2 eine wesentliche Wachstumsgrundlage - und somit eine

---

976 Zur Verdeutlichung sei überdies gesagt, dass die Päpste seit NIKOLAUS III. (1277-1280) ihre Gärten im Vatikan nachhaltig pflegen, in denen es seither auch stets Bäume und Baumgruppen - also Wald - gab. – Vgl. dazu: Ring-Eifel, Ludwig (2001); 2.

977 Gen 1,31 "Gott sah alles an, was er gemacht hatte: Es war sehr gut. Es wurde Abend und es wurde Morgen: der sechste Tag."

978 Vgl. Rappel, Simone (1996); 403-407.

979 Vgl. dazu das Werk: Schramm, Michael (1994). – SCHRAMM geht das Problem der Wertbestimmung im Wesentlichen aus der Sicht der Aisthetik an. (hier: Schramm, Michael (1994); 17. – Das Wort "Aisthetik" leite sich etymologisch ab von gr. αἴσθησις: Wahrnehmung. Der Aisthetik gehe es daher um eine Thematisierung des Wahrnehmens. ... *Das Aisthetische sei geprägt durch die Struktur einer abduktiven Pragmatik.* Beide Dimensionen des Wahrnehmens, die abduktive Struktur und der pragmatische - noch nicht unbedingt ethische - Charakter, seien formal von elementarer Bedeutung.)

980 In welcher Art auch immer.

981 Hier soll nicht geklärt werden, ob ein Baum die Fähigkeit hat etwas wahrzunehmen und seine Wichtigkeit zu erkennen oder nicht, denn es geht in dieser Arbeit nicht um die Verantwortung des Baumes für die Umwelt, sondern der Forstwirtschaft für die Umwelt. Es wird an dieser Stelle grundsätzlich vorausgesetzt, dass dem Baum die Fähigkeit einer Wahrnehmung und der damit verbundenen Bewusstwerdung im genannten Sinne nicht zu eigen ist.

Lebensgrundlage - fehlen würde. Obwohl das CO_2 für den Baum einen Zweck erfüllt, nimmt dieser denselben nicht wahr. Im Wertbegriff ist aber eine Hinordnung auf einen Zweck gegeben. Dass der Baum den Zweck des CO_2 nicht wahrnehmen kann bedeuten nicht eine Wertlosigkeit des CO_2 hinsichtlich des Baumes, sondern nur für den Baum (als Wert in sich). Da aber der Mensch die Fähigkeit des Wahrnehmens hat, kann er die Wichtigkeit von etwas, einem Zweck von etwas und für etwas, wahrnehmen und somit einen Wert erkennen und dies nicht nur für sich selbst, sondern auch für andere Menschen und Geschöpfe wie den Baum. Dem Menschen ist zu der Fähigkeit Irdisches wahrzunehmen, auch in gewisser Weise die Fähigkeit gegeben Überirdisches wahrzunehmen. Der Mensch kann folglich den Zweck des CO_2 für den Baum wahrnehmen und erkennt zudem einen Wert im CO_2 für den Baum. Der Mensch nimmt wahr, dass CO_2 in seinem Sein etwas Gutes für den Baum ist, insofern das verabreichte Mass stimmig ist. Der Mensch kann aufgrund seiner grundsätzlichen Fähigkeit Wichtigkeiten wahrzunehmen Werte (und Zwecke) erkennen. Der Wert ist gewissermassen das wahrgenommene Gute des Seins.[982]

Dem Wald kommt nicht nur eine unmittelbare wirtschaftliche Komponente als Holzlieferant zu, sondern - nebst den bereits aufgezeigten Wirkweisen für Wasser, Luft, Boden und andere Dinge wie der Wirkweise als "Medikamentenlieferant" - auch eine ganz mittelbare Wirkweise als Verhinderer von Folgekosten zahlreicher Art.[983] Speziell sei nochmals auf die Schutzfunktionen des Waldes vor Muren, Lawinen und als Wasseraufbereiter hingewiesen. Solche Kosten im Lokalbereich, die ohne Wald entstehen würden, lassen sich durchaus berechnen wie: ortsgebundene Ersatzmassnahmen, Murenschutzbauten, Lawinenverbauungen, Wasseraufbereitungsanlagen oder Wiedererstellungskosten von devastierten Siedlungen und Kulturflächen sowie begrenzte Mehrkosten im Gesundheitssektor aufgrund allfälliger mangelnder Wasserqualität.[984] In dieser genannten Hinsicht ist eine Wertbestimmung des Waldes aufgrund einer möglichen finanziellen Bezifferung durchaus möglich. Selbst zur sozioökonomischen Kostenfrage bestehen realistische Berechnungsmodelle. Diese Werte des Waldes, den globalen ökologischen Wert inkludiert, sind gerade in den letzten Jahrzehnten den Menschen immer mehr bewusst geworden.[985]

---

[982] Vgl. Winkler, Ulrich (1997); 63, 37-40, 45-52. – Dabei seien die Warnungen, die aus der wissenschaftstheoretischen Auseinandersetzung mit der Wertbegründung erwachsen seien unbedingt zu berücksichtigen, wonach von der Wertfeststellung aus dem Sein kein linearer Schluss auf das Sollen möglich sei. – Vgl. Winkler, Ulrich (1997); 52.

[983] Vgl. dazu besonders die entsprechenden Abschnitte des ersten Kapitels dieser Arbeit.

[984] Überregional sind selbige Kosten bereits schwieriger zu berechnen.

[985] Vgl. dazu den entsprechenden Abschnitt im ersten Kapitel dieser Arbeit.

Darüber hinaus kommt dem Wald aber - wie zu Beginn dieses Kapitels gesehen - eine kulturelle Wertigkeit zu. Lassen sich die Ökowerte[986] wenigstens in gröbsten Massen in geldwertliche Zahlen fassen, so sind die kulturellen nicht mehr in Bilanzen auszudrücken. Die oben angeführten Beispiele kultureller Waldbeziehungen zeigen gleichwohl eine Wertschätzung des Waldes seitens des Menschen. Der Mensch erkannte offenbar auch in diesem Bereich einen Wert des Waldes.

Über dies stellt sich nun zudem die Frage, ob der Mensch auch einen Eigenwert des Waldes erkennen kann bzw. erkennt, oder ob der Wald seinen Wert nur als Mittel für Zwecke des Menschen hat. Wird die Natur als reine Hinordnung auf den Menschen verstanden, so ist der Wald primär blosse Sache ohne Eigenwert. Wird sie allgemein auf den Menschen hingeordnet verstanden, impliziert dies allerdings noch nicht eine Eigenwertlosigkeit der Natur. Wenn aber prinzipiell von einer Hinordnung der Natur auf den Menschen ausgegangen wird, impliziert dies eine Verbindung des Menschen mit der Natur, eine Art Abhängigkeitsverhältnis des Übergeordneten von der hingeordneten Natur. Die Natur bestünde somit auch ohne den Menschen, dieser jedoch nicht ohne die Natur. In diesem Verhältnis, so zeigt die Erfahrung, sieht der Mensch - aufgrund der oben angeführten Gründe müsste gesagt werden, der säkularisierte Mensch - die Natur mehrheitlich funktional und interpretiert sie überwiegend auf seine Bedürfnisse hin. Er wird somit sukzessiv in der Zerstörung seines auf ihn hingeordneten Teils fortfahren, da er das Umgangsproblem stets als ein Problem der Güterabwägung betrachtet und danach handelt. Ein solches funktionalistisches Handeln wird schliesslich den Menschen selbst zerstören, da er dabei seine Grundlage, die Natur, zerstört.

Sieht sich der Mensch als gleichgeordnetes Glied aller Kreatur in der Natur, muss er entsprechend dieser Sicht handeln. Er wäre demnach dazu bestimmt, die Lebensgrundlagen in einer den Mitgeschöpfen adäquaten Weise zu nutzen. Nutzung der Naturgüter, die über das Überleben hinausgingen wäre somit nicht opportun. Es müsste jeder andere Zweck verneint werden, speziell der einer höheren kulturellen Lebensweise. Dass eine derart ausgerichtete Lebensweise der Natur des Menschen widerspricht, braucht wohl kaum speziell hervorgehoben zu werden. Führt ein striktes Übergeordnet-Sein zur Vernichtung des Menschen und ein Gleichgeordnet-Sein zu einer der menschlichen Natur widersprechenden Stagnation,[987] einem Tier gleich, so bedarf es offenbar eines anderen Verhältnisses des Menschen zur Natur. Der Mensch muss somit einen anderen Weg finden, will er nicht dem Tier gleich werden. Er darf sich aber auch nicht seiner Lebensgrundlage berauben; er muss vom der Natur Übergeordneten zum Abgeordneten der Natur werden. Ein der Natur übergeordneter Mensch wird die "Anliegen" der Mitgeschöpfe niemals konsequent ernst nehmen, sondern in erster Linie

[986] Ökologische und ökonomische Werte in ihrem Zusammenspiel gesehen.

[987] Die Veränderung im Sinne der biologischen Evolution durchaus mit einbezogen.

seine momentan auf sich alleine bezogenen, egoistischen. Ein der Natur gleichgeordneter Mensch nimmt weder die ihm und seiner inneren Natur entsprechenden Anliegen noch die der Mitgeschöpfe wahr und hilft somit weder sich selbst noch den Mitgeschöpfen. Bleibt wiederum nur das, was als abgeordnet bezeichnet wurde.

Der Mensch nimmt gleichsam einem parlamentarischen Abgeordneten seine Verantwortung für die Mitgeschöpfe wahr und bringt sich selber zweckmässig weiter, gibt somit sich selber und der Natur Sinn und lässt diese durch ihn letztlich zu sich selbst kommen. Dem Menschen ist nicht nur die Fähigkeit gegeben, das vielseitige Wechselspiel im ökologischen Haushalt der Natur nachhaltig zu stören, sondern auch - und das als einzigem Lebewesen auf der Erde - die Fähigkeit dieses Geschehen in seine Verantwortung zu nehmen. Diese Fähigkeit der Verantwortung ist nur dem Menschen gegeben. Kein Lebewesen ausser dem Menschen kann sich letztlich wirklich selbst vertreten, geschweige andere. Da der Mensch nicht nur sich, sondern auch andere Lebewesen vertreten kann, ist in diese Einzigartigkeit der Auftrag aus sich selbst impliziert, die Mitgeschöpfe zu vertreten; es ist ihm die Verantwortung für alle Lebewesen und deren Lebensgrundlagen, also für alles Geschaffene, aufgegeben. Der Sinn des menschlichen Lebens beinhaltet somit nicht nur ihn selber, sondern die gesamte aussermenschliche Natur ist in diesen Sinn eingebunden. Das Wirkungsfeld des Ethos erweitert sich für den Menschen nicht nur quantitativ, sondern auch qualitativ. Nimmt der Mensch diese ihm eigene Verantwortung nicht nur einfach wahr, sondern bewusst - verantwortungsbewusst - wahr, besteht nicht die Gefahr einer arroganten Einstellung gegenüber der Natur, vielmehr ermöglicht sie eine "Symbiose" mit der Natur. In dieser symbiotischen Haltung wird der Mensch die Natur auch nicht zu vermenschlichen noch sich selbst zu entmenschlichen suchen, da er sehr wohl zwischen Mitwelt und Umwelt unterscheidet.

Die Mitwelt, die aus seinen Mitmenschen besteht, gilt es, da dieses Verhältnis nicht symbiotisch ist, menschlich zu vertreten; die Umwelt, die aus der nichtmenschlichen Natur besteht, gilt es, da dieses Verhältnis symbiotisch ist, als Mensch zu vertreten. Das menschliche Handeln muss von Vernünftigkeit und Verantwortlichkeit geprägt sein und nicht von willkürlicher Verfügung bestimmt, da das humane Ethos sich nicht aus einem biologischen Sachverhalt aufbauen darf, sondern nur vom Menschen als moralischem Subjekt her. Der Natur und somit dem Wald, der ein nicht unbedeutender Teil dieser Natur darstellt, kommt somit ein Eigenwert zu, der vom Menschen nicht nur anerkannt werden muss, sondern den der Mensch vor sich selbst und der Umwelt zu vertreten hat und sein Handeln in Verantwortung denselben gegenüber ausüben muss. Mit anderen

Worten: Der Mensch steht in einem Abgeordnetenverhältnis zur Natur und somit zum Wald.[988]

2.1.3.2. Es gehört Religiöses dazu, der Mensch kann den Wald nicht nur wirtschaftlich sehen

Es gehört Religiöses dazu, den Wert des Waldes voll zu erkennen, entsprechend zu handeln und ihn nicht nur wirtschaftlich zu sehen. – Im Lauf der Säkularisierung zeigt sich immer mehr, dass religiöse Begründungen, welcher Art auch immer, für scheinbar weltliche Dinge wie dies gerade bei der Welt/Natur der Fall ist, mehr und mehr verdrängt wurden. Gerade bei der Natur, speziell wenn es um den Eigenwert oder ein Eigenrecht der Natur[989] geht, ist diese Argumentationsweise keineswegs obsolet. Jahrtausende war es üblich, was unbegreiflich war oder nicht vom Menschen gemacht wurde wie die Natur, religiös zu begründen und mit Scheu, Ehrfurcht oder als heilig[990] anzugehen, da es offenbar auf eine höhere Wesenhaftigkeit hindeutete.[991] Diese religiösen Sichten entsprechen freilich nicht immer modernen Überlegungsstandards, noch bauen sie mehrheitlich auf christlichen Grundlagen auf. Dafür vermeiden sie An-sich-

---

[988] Vgl. dazu auch: Auer, Alfons (1984); 54-56.

[989] Vgl. Wolkinger, Alois (1997); 170-173.

[990] Das althochdeutsche Adjektiv *"heilag"* (heilig) stammt entweder vom germanischen Substantiv *"Haila"*, was etwa bedeutet: "Zauber / günstiges Vorzeichen / Glück", oder vom althochdeutschen Adjektiv *"heil"*, was etwa bedeutet: "gesund / unversehrt / gerettet". Der Begriff "HEILIG", bezeichnet die religiöse, vornehmlich kultische Absonderung und Distanz (Heiligkeit) gegenüber dem Profanen (profan). "PROFAN" ist ursprünglich ein kultischer Begriff, der das vor (lat. pro) dem hl. Bezirk (lat. fanum), d.h. ausserhalb geweihter Bereiche Liegende bezeichnet und dann den Gegensatz zum Heiligen generell. Heute bezeichnet das Wort "profan" so viel wie "weltlich / alltäglich". Der Ursprung unserer Bedeutung des Wortes "heilig" ist jedoch im Hebräischen zu suchen.

קדד (kadad) = abschneiden

קָדוֹשׁ (kadosch) = heilig (abgesondert sein vom Weltlichen, vom Unreinen □ positiv gedeutet wie z.B.: exklusiv sein, etwas Extras sein, anders sein, apart sein, individuell sein, nicht zum Allgemeinen gehörend, nicht "gemein" sein = kein Durchschnittsbürger sein, Kultur haben, schick sein usw.) - (nicht gemeint ist die negative Deutung wie z.B.: Sonderling sein, einsam sein, isoliert sein, ausgeschlossen sein, abgetrennt sein, abgeschnitten sein, sektiererisch sein usw.)

קֹדֶשׁ (kodäsch) = Heiligkeit (die Abgesondertheit)

מִקְדָּשׁ (mikdasch) = Heiligtum (der abgesonderte Bereich)

<u>Heilig - profan</u>

Gott ist der ganz Andere, unbegreifbar und unzugänglich; er ist, wie die Engel vor seinem Thron bekennen, "heilig" (Jes 6,3 "Sie riefen einander zu: Heilig, heilig, heilig ist der Herr der Heere. / Von seiner Herrlichkeit ist die ganze Erde erfüllt."). Der Raum des Menschen liegt vor (pro) dem Heiligtum (fanum), er ist "profan". Doch gewährt Gott den Menschen im Gottesdienst seine Nähe, gibt einzelnen (dem Priester) Zutritt ins Heiligtum, lässt auch sie heilig werden.

[991] Vgl. oben.

Begründungen eines Eigenwertes/Eigenrechts der Natur kraft Evolution, Ökologie oder Tabus. Religiöse Sichten - bezogen auf eine solche höhere Wesenhaftigkeit - bauen wie gesagt auf Scheu, Ehrfurcht und Heiligkeit auf. All dies sind Begriffe der Freundschaft und durchwegs positiv zu interpretieren, da sie alle das Gegenteil von Angst, Verachtung und Profanierung darstellen. Sie sehen die Freundschaft auch nicht als eine reine gegenseitige Nutzensbeziehung, sondern als ein Verhältnis, welches man um seiner selbst willen pflegen möchte. Diese Freundschaft schliesst nicht aus, dass gegenseitig ein Nutzen vorhanden ist; dieser steht jedoch nicht am Anfang, nicht in der Mitte und auch nicht am Ende der Freundschaft; er ist schön, aber beiläufig. Der Wille zu dieser Freundschaft besteht auch ohne einen konkreten Nutzen: sie ist heilig.

Eine solche Freundschaft dehnt sich, da sie um ihrer selbst willen existiert und daher an allem, was den Anderen betrifft Anteil haben will, auf alle Bereiche des Freundes aus - in unserem Falle die der höheren Wesenhaftigkeit, deren Freunde wir zu sein die Möglichkeit haben[992] - auch auf die Natur. Nötig für diese "erweiterte" Freundschaft ist es nun, die Natur zu kennen wie sie ist, wenn der Mensch nicht eingreift. Was man kennt, kann man leichter lieben und was man liebt, ist man auch bereit zu schützen, zu verteidigen, zu heilen, zu vertreten - abgeordnet zu sein. Was jemand liebt, dem gesteht er, insofern die Liebe um ihrer selbst willen besteht, einen Eigenwert/Eigenrecht zu. Dies schliesst wiederum ein gegenseitiges Vorhandensein von Nutzen nicht aus. Die so verstandene Freundschaft zur Natur pflegt selbst Naturschutz nicht als etwas, was ein Übergeordneter dem Zugeordneten zukommen lässt, sondern als ein Schützen im abgeordneten Sinne, innerhalb einer echten Freundschaft, hinsichtlich des bedrohten Freundes. Freundschaft mit der Natur ist demzufolge eine menschengemässe Weise, das/den Unerforschliche/en still zu verehren. Was unerforschlich ist, hat eine höhere Wesenhaftigkeit, dem es zu Grunde liegt.[993] Die Natur ist aber nicht nur als heilig[994] zu betrachten, weil sie von Menschen heilig gehalten wird, sondern weil sie - ob vom Menschen mitgetragen oder nicht - von Gott geheiligt ist. Zwischen ihr und Gott besteht eine unmittelbare Beziehung, ist Gott doch Erhalter der Schöpfung und zugleich Beweger und Vollender und somit Zentrum und Ziel der Evolution. Der Eigenwert der Schöpfung lässt sich daher auch von ihrer Erschaffenheit durch Gott begründen, in die er in Jesus Christus nicht zuletzt als Geschöpf selber eingegangen ist um sie zu erlösen.[995] Diese Tatsache belegt nicht so sehr, wenn aber doch auch, einen Eigenwert der Natur aus

---

[992] Vgl. Joh 15,15 "Ich [Christus] nenne euch nicht mehr Knechte; denn der Knecht weiß nicht, was sein Herr tut. Vielmehr habe ich euch Freunde genannt; denn ich habe euch alles mitgeteilt, was ich von meinem Vater gehört habe."

[993] Vgl. dazu: Löw, Reinhard (1999^2); 85-88.

[994] Vgl. dazu weiter unten den Abschnitt "Die Güte des Geschaffenen".

[995] Diese Erlösung betrifft auch die Wirtschaft, denn in ihr wirken Kräfte von Sünde und Erlösung. Unrecht und ungerechte Strukturen stehen als Gegenüber zum gerechten wirtschaftlichen Fortschritt im Dienste des Menschen. – Vgl. Weiler, Rudolf (1993); 135-137.

dem Blickwinkel der Menschheit, als vielmehr speziell aus dem der Christen, die an diese Geschöpfwerdung in der Menschwerdung glauben. Umso mehr impliziert diese Sicht für den Christen das oben geschilderte Abgeordnet-Sein.[996]

Die Erschaffung des Menschen[997] mit all seinen Fähigkeiten alleine betrachtet lässt zwar seine besondere Stellung erkennen, verrät jedoch nicht unbedingt etwas über eine besondere Beziehung des Schöpfers zu diesem Geschöpf. Die biblische Feststellung, dass der Mensch Abbild Gottes[998] ist zeigt jedoch eine klare, den anderen Geschöpfen gegenüber hervorgehobene, höhere Beziehungsqualität. Klar ist auch, dass die ganze Schöpfung auf den Schöpfer hin geschaffen ist.[999] Mit der Menschwerdung des Schöpfers in seinem Wort[1000] erhält dieses Verhältnis nochmals eine andere Note. Gott ist nun nicht mehr nur Gott und der Mensch nur sein Abbild. Gott ist vielmehr auch Mensch und der Mensch ist vergöttlicht worden.[1001] Dies bringt freilich nicht nur die Würde dieser Vergöttlichung mit sich, sondern auch die Bürde die Schöpfung in einem dem paradiesischen Menschen adäquaten Masse zu bewahren, zu hegen und zu pflegen.[1002] Der Mensch, der im Gegensatz zur subhumanen Welt in einem durch die Menschwerdung Gottes ausgezeichneten intimen Verhältnis zum Schöpfergott lebt, erhält somit sein Abgeordnet-Sein vom Schöpfer selbst bestätigt. Der Mensch wird aufgrund seiner besonderen Beziehung zum Schöpfer und seinem vom Schöpfer erhaltenen Auftrag zu recht als "Krone der Schöpfung" bezeichnet. Diese Krone der Schöpfung ist der Mensch jedoch stets zur Würdigung, d.h. zur Verherrlichung Gottes.[1003]

---

[996] Vgl. dazu auch: Daecke, Sigurd Martin (1999²); 81-83.

[997] "Erschaffung des Menschen" "versteht" im evolutionären Sinn Menschentstehung.

[998] Gen 1,26a "Dann sprach Gott: Lasst uns Menschen machen als unser Abbild, uns ähnlich."

[999] Die Schöpfung ist auf Gott hin geschaffen und nicht auf einen Zustand vor der Schöpfung, also nicht auf einen "Zustand des Nichts" hin. Die Schöpfung wird daher auch nicht in ein "Nichts" hin geführt, sondern auf ein Sein in Gott. Mit anderen Worten: die Schöpfung, die in Christus neu geschaffen ist, wird neu. – Vgl. Mt 19,28 "Jesus erwiderte ihnen: Amen, ich sage euch: Wenn die Welt neu geschaffen wird und der Menschensohn sich auf den Thron der Herrlichkeit setzt, werdet ihr, die ihr mir nachgefolgt seid, auf zwölf Thronen sitzen und die zwölf Stämme Israels richten." – Vgl. Gal 6,15 "Denn es kommt nicht darauf an, ob einer beschnitten oder unbeschnitten ist, sondern darauf, dass er neue Schöpfung ist." – Vgl. 2 Kor 5,17 "Wenn also jemand in Christus ist, dann ist er eine neue Schöpfung: Das Alte ist vergangen, Neues ist geworden." – Vgl. 1 Kor 7,19 "Es kommt nicht darauf an, beschnitten oder unbeschnitten zu sein, sondern darauf, die Gebote Gottes zu halten."

[1000] Joh 1,1.14: "Im Anfang war das Wort, / und das Wort war bei Gott, / und das Wort war Gott. Und das Wort ist Fleisch geworden / und hat unter uns gewohnt / und wir haben seine Herrlichkeit gesehen, / die Herrlichkeit des einzigen Sohnes vom Vater, / voll Gnade und Wahrheit."

[1001] Joh 10,34: "Jesus erwiderte ihnen: Heißt es nicht in eurem Gesetz: *Ich habe gesagt: Ihr seid Götter?*" – Vgl. Ps 82,6 "Wohl habe ich gesagt: Ihr seid Götter, / ihr alle seid Söhne des Höchsten."

[1002] Gen 2,15: "Gott, der Herr, nahm also den Menschen und setzte ihn in den Garten von Eden, damit er ihn bebaue und hüte [bewahre]."

[1003] Vgl. Schlitt, Michael (1992); 156-160.

Der Mensch ist wie aufgezeigt wurde mit einer "heiligen Pflicht" ausgestattet. Jede Pflicht bringt auch die Notwendigkeit einer Rechenschaftsstellung mit sich. Es stellt sich daher die Frage wem gegenüber der Mensch diese Rechenschaft schuldig ist. Hier lassen sich grundsätzlich drei Möglichkeiten feststellen: a) der Natur, b) dem Menschen selbst und c) dem Schöpfergott.

a) Kann der Mensch der Natur Rechenschaft ablegen? Ist es möglich, dass der Mensch einem Baum gegenüber, denn um solche geht es in dieser Arbeit besonders, Rechenschaft ablegt? Einem einzelnen Menschen ist es durchaus möglich sich vor einen einzelnen Baum oder einen Wald hinzustellen und sein Handeln dem Wald gegenüber in Form eines Monologes zu rechtfertigen. Mitunter erkennt der Mensch intuitiv sogar seine Verantwortung und seine "Kleinheit" einem Baum gegenüber, der vielleicht einige Male älter ist als er selbst. Reichte dies aus? Die ganze Menschheit würde es unter Umständen möglicherweise gar schaffen vor Bäume oder Wälder hinzutreten... . Einem Geschöpf oder gar einer Spezies könnte in dieser Vorstellung mitunter in einem gewissen Ausmass Rechenschaft abgelegt werden; bleiben aber noch alle anderen Lebewesen, Lebensformen... . Diesen utopischen Gedanken noch weiter auszuführen lohnt sich an dieser Stelle nicht, da sich bereits jetzt die Undurchführbarkeit eines solchen Unterfangens klar abzeichnet.

b) Ist der Mensch sich selbst gegenüber rechenschaftspflichtig? Darin müsste unterschieden werden, ob der einzelne Mensch sich selbst oder der Menschheit rechenschaftspflichtig ist. Vor sich selbst Rechenschaft ablegen müssen wäre in einem paradiesischen Zustand denkbar, da in einem solchen jeder sich selber gegenüber ehrlich genug und in seinem Handeln konsequent genug wäre. Da wir nicht im Paradies sind, ist es nicht notwendig diese Gedanken weiter zu führen. Bleibt noch die Rechenschaftspflicht der Menschheit gegenüber: Diese Methode wird aufgrund der allgemeinen Gesetzgebungen und Grenzwertbestimmungen für Schadstoffe mit mehr oder weniger Erfolg gehandhabt.[1004] Dieses System ist keineswegs vollkommen, aber in gewisser Weise praktizierbar, wenn es aus der Gegenwart betrachtet wird. Schauen wir jedoch in die Vergangenheit bzw. Zukunft, so werden wir bald erkennen, dass auch dieses System nur bedingt tauglich ist. Wer wurde für die Ausmerzung der Wälder im Mittelmeerraum zur Rechenschaft gezogen? Was nützt eine Bestrafung von Schuldigen nach einem Super-GAU eines AKWs, wenn diese Gegend für unzählige Generation von Lebewesen unbewohnbar wird? Der einzelne Mensch lebt in einem solchen Fall zu wenig lang, um auch nur annähernd Wiedergutmachung leisten zu können. Die

[1004] Hier gilt es die Gesetzestexte der jeweiligen Länder zu beachten, die nicht immer kongruent sind. Diese Unterschiede herauszuarbeiten kann aber nicht Aufgabe dieser Arbeit sein.

Menschen eines solchen Gebietes werden, so gut und insofern sie dies überhaupt können, diese Wiedergutmachung übernehmen müssen. Dies bedeutet jedoch, dass die Nachfahren für die Vergehen ihrer Vorfahren büssen müssen. Ein solches Recht geht sogar weit über die bekannte Sippenhaftung hinaus; es ist Gesellschafts- oder Völkerhaftung auf unbestimmte Generationen ausgedehnt. Die Nachfahren büssen somit unschuldig für die Vergehen ihrer Vorfahren.[1005]

c) Bleibt der Schöpfergott, dem der Mensch Rechenschaft schulden könnte. Dies ist dann gegeben, wenn vorausgesetzt wird, dass das Geschaffene prinzipiell dem Schöpfer gehört. Der Mensch ist, genau wie der Baum, geschaffen und gehört daher dem Schöpfer, Gott. Diese Sicht bleibt gerade darum aufrecht, weil der Mensch die subhumane Schöpfung alleine schon zum Überleben braucht. Kann ein Mensch dem Baum, den er zum überlebensnotwendigen Bau seiner Wohnung braucht, Rechenschaft schulden oder schuldet er diese Rechenschaft nicht vielmehr dem, der den Baum wachsen lässt? Gibt es nun keinen Gott,[1006] dann lässt die "Natur" die Natur erstehen;[1007] der Mensch müsste somit nach Punkt a) derselben Rechenschaft geben, was jedoch nicht zielführend ist wie wir gesehen haben. Lässt Gott die Natur entstehen,[1008] dann schuldet der Mensch ihm Rechenschaft bezüglich seines Umgangs mit der Natur. Diese Rechenschaftspflicht kann er jedoch nur erkennen, wenn er an Gott glaubt - er unterliegt ihr freilich auch, wenn er nicht glaubt. Wenn Gott die Natur geschaffen hat, wovon in dieser Arbeit ausgegangen wird, gehört Glaube dazu die Rechenschaftspflicht zu erkennen. Diese Erkenntnis ist jedoch für das Erkennen des Wertes grundlegende Voraussetzung, denn erkennt der Rechenschaftspflichtige diese Pflicht nicht, kann er auch den damit verbundenen Wert nicht erkennen. Es gehört somit Religiöses dazu, den Wert des Waldes zu erkennen.

Die obigen Ausführungen haben klar gemacht, dass der Mensch in einer anderen, einer höheren (Verantwortungs-) Stellung steht, als die subhumane Natur. Daher kann er nicht gleich behandelt werden. Ein Eingehen auf PETER SINGER ist daher nicht mehr

---

[1005] Vgl. dazu Ex 20,5-6: "Du sollst dich nicht vor anderen Göttern niederwerfen und dich nicht verpflichten, ihnen zu dienen. Denn ich, der Herr, dein Gott, bin ein eifersüchtiger Gott: Bei denen, die mir Feind sind, verfolge ich die Schuld der Väter an den Söhnen, an der dritten und vierten Generation; bei denen, die mich lieben und auf meine Gebote achten, erweise ich Tausenden meine Huld." – Hier geht es wohl um den Götzendienst, doch haben wir nicht an sich Mühe mit dem strafenden Element über Generationen hinaus?

[1006] Diese Frage steht hier nicht zu Diskussion.

[1007] Im evolutionstheoretischen Sinn.

[1008] Durchaus auch durch die Evolution.

angebracht, da dieser von einer Gleichheit aller "empfindungsfähiger Lebewesen"[1009] ausgeht.[1010]

[1009] SINGER geht in der Regel davon aus, dass "empfindungsfähige Lebewesen" nebst dem Menschen nur Tiere sind (non-human animals). Wenn jedoch die Wahrnehmung einer, in welcher Art auch immer gearteten, Befindlichkeit Empfindungsfähigkeit ist, dann sind auch Pflanzen - wenigsten verschiedene Arten - empfindungsfähig. Es gibt etliche Pflanzenarten, die wenigstens die Befindlichkeit des Angegriffen-Seins, wenigstens im Sinne des "Befressen Werdens" nicht nur "erkennen", sondern Abwehrmechanismen entwickeln, indem sie sofort Giftstoffe in die Blätter einlagern und darüber hinaus per Botenstoffe die Nachbarpflanzen gleicher Art alarmieren, die dann im Voraus gleich handeln. (Wird eine solche Pflanze mittels Betäubungsgas betäubt, lagert sie keine Giftstoffe in den Blättern ab und sie teilt ihr Befinden den anderen auch nicht mit.) So gesehen sind wenigstens verschiedene Pflanzen empfindungsfähige Lebewesen und müssten von SINGER dem Menschen ebenfalls gleichgestellt werden, was er jedoch unterlässt.

[1010] Vgl. dazu besonders: Singer, Peter (^{2}1994); 82-88, 155-158.

2.2. Gott und seine Schöpfung

Das Wort "Schöpfung" ist selten so populär und viel gebraucht wie in unseren Tagen. Es findet besonderen Ausdruck in den Wendungen: "Verantwortung für die Schöpfung", "Schöpfungserhaltung", "Bewahrung der Schöpfung" oder "Schöpfungszerstörung". Dieser Gebrauch des Wortes "Schöpfung" lässt jedoch nicht gleichzeitig auf eine innere Annäherung an den christlichen Schöpfungsglauben schliessen, da der heutige Gebrauch oft eines gläubigen Hintergrundes entbehrt. Der viel gebrauchte Sinn des dem Worte "Schöpfung" inne liegenden "Schaffen" wird somit wesentlich auf den Mensch und sein Schaffen in der Welt, sein Verändern des Gegebenen sowie auf sein Neukombinieren gegebener Grundstoffe bezogen. Das priesterschriftliche "Schaffen[1011]" bezeichnet jedoch ausschliesslich "göttliches Schaffen".

Irdisches verdankt seine Existenz nicht sich selbst. Die gesamte Natur findet sich als je schon ins Dasein gestellt vor. Christlicher Glaube deutet dieses "Sich ins Dasein gestellt finden" als Geschaffen-Sein durch Gott, als Kreatürlichkeit. Schöpfungsglaube wird als Schöpferglaube verstanden und erklärt. Der christliche Schöpferglaube richtet sich somit primär auf den Schöpfer, auf Gott als den "Ursprung aller Dinge", als den "Schöpfer der sichtbaren und unsichtbaren, der körperlichen und geistigen" Wesen.[1012] Vom Schöpfer aus richtet sich der Blick auf die Geschöpfe in der Absicht, dass des Schöpfers "unsichtbare Wirklichkeit an den Werken der Schöpfung mit der Vernunft wahrgenommen werden" und "seine ewige Macht und Gottheit" erkannt werden können.[1013] Diese Betrachtungsweise aus dem Glauben lässt die Bemühungen um die Bewahrung der Schöpfung nicht nur eine Nützlichkeitserwägung sein, sondern vielmehr ein Bewusstwerden der Schönheit der Schöpfung, ihrer Erhabenheit und ihres göttlichen Glanzes.[1014]

2.2.1. Die Schöpfung als Offenbarung Gottes

Die Offenbarung Gottes wird allgemein in die sichtbare und erfahrbare Geschichte hineinverlegt, in das geschichtliche Handeln Gottes an seinem Volk. Die Kirche sieht den Schöpfungsvorgang trotzdem als Offenbarung Gottes,[1015] da Gott, nicht um Vollkommenheit zu erwerben, sondern um seine Vollkommenheit durch die Güter, die er

[1011] בָּרָא bara (schaffen)

[1012] Vgl. DH 800.

[1013] Vgl. Röm 1,20 "Seit Erschaffung der Welt wird seine unsichtbare Wirklichkeit an den Werken der Schöpfung mit der Vernunft wahrgenommen, seine ewige Macht und Gottheit. Daher sind sie unentschuldbar."

[1014] Vgl. Scheffczyk, Leo (1994); 13-15.

[1015] Vgl. dazu auch: Die Schöpfung ist das erste Buch der Offenbarung Gottes; 1.

den Geschöpfen gewährt zu offenbaren, beide Schöpfungen geschaffen hat, die geistige und die körperliche.[1016] Im biblischen Schöpfungsbericht heisst es beim ersten Schöpfungswerk: "Es werde Licht.[1017]" In diesem Licht lässt Gott nicht nur die Welt erstehen, sondern offenbart sich "sichtbar" selbst, gibt sich zu erkennen in einer Art ursprünglicher Epiphanie.[1018] – Den Höhepunkt der Offenbarung erreicht diese Epiphanie in einem lebendigen personalen Wesen: in Jesus Christus. – Die göttliche Schöpfungstat ist die erste Quelle der Offenbarung Gottes[1019] und als solche nicht zu unterschätzen.[1020] Es lässt sich somit von "Uroffenbarung" sprechen.

In der so genannten Uroffenbarung liegt durch die Schöpfung, mittels der Ratio, eine Hinführung zur göttlichen Offenbarung bereits vor. Ausser der Erkenntnis der menschlichen Vernunft, die auf Grund ihrer Natur den Schöpfer zu erreichen vermag, gibt es eine Erkenntnis, die dem Glauben eigentümlich ist. Diese Erkenntnis ist Ausdruck einer Wahrheit, die sich auf die Tatsache des sich offenbarenden Gottes selbst gründet und Wahrheitsgewissheit ist, weil Gott weder täuscht noch täuschen will. Der Vernunft, die jedes Geheimnis zu verstehen sucht, kommen auch die in der Offenbarung vorhandenen Zeichen zur Hilfe. Sie dienen dazu, die Wahrheitssuche gründlicher vorzunehmen und dem Verstand selbstständige Erkundungen, auch innerhalb des Geheimnisses, zu ermöglichen. Diese Zeichen geben zwar einerseits der Vernunft grösseres Gewicht, weil sie ihr erlauben mit den ihr eigenen Mitteln das Geheimnis von innen her zu ergründen; andererseits sind die Zeichen für die Vernunft Ansporn über ihre zeichenhafte Wirklichkeit hinauszugehen, um deren jenseitige Bedeutung, die sie tragen, zu erfassen. In ihnen ist also eine verborgene Wahrheit bereits gegenwärtig, auf die der Verstand verwiesen wird und von der er nicht absehen kann, ohne das ihm angebotene Zeichen selbst zu zerstören. Durch vernünftiges Nachdenken über die Natur kann man somit wieder auf den Schöpfer zurückkommen: "Denn von der Grösse und Schönheit der Geschöpfe lässt sich auf ihren Schöpfer schliessen.[1021]" Es wird dadurch eine erste Stufe der göttlichen Offenbarung anerkannt, die aus dem wunderbaren "Buch der Natur"[1022] besteht; liest der Mensch dieses Buch mit den seiner Vernunft eigenen Mitteln, kann er zur Erkenntnis des Schöpfers gelangen. Wenn der Mensch mit seinem Verstand Gott, den Schöpfer von allem, nicht zu erkennen vermag, dann liegt das nicht so sehr am

[1016] Vgl. DH 3002.

[1017] Gen 1,3 "Gott sprach: Es werde Licht. Und es wurde Licht."

[1018] Vgl. Jak 1,17 "Jede gute Gabe und jedes vollkommene Geschenk kommt von oben, vom Vater der Gestirne [Vater aller Lichter], bei dem es keine Veränderung und keine Verfinsterung gibt."

[1019] Vgl. Die Schöpfung ist das erste Buch der Offenbarung Gottes; 1.

[1020] Vgl. Scheffczyk, Leo (1994); 15-20.

[1021] Weish 13,5

[1022] Vgl. Die Schöpfung ist das erste Buch der Offenbarung Gottes; 1.

Fehlen eines geeigneten Mittels als vielmehr an dem Hindernis, welches ihm von seinem freien Willen und seiner Sünde in den Weg gelegt wurde.[1023]

2.2.2. Grundzüge der Schöpfungsoffenbarung Gottes

Das christliche Denken stützt sich wesentlich auf die unvergessliche Grösse des Schöpfers und seiner Allmacht,[1024] war diese doch der erste Ausdruck für die Erahnung der "Göttlichkeit". Die Schöpfung ist deshalb Offenbarung der Allmacht Gottes, weil dieser sie aus dem "Nichts"[1025] geschaffen hat; zugleich ist sie der "Beginn der Heilsökonomie, der Anfang der Heilsgeschichte, die in Christus gipfelt[1026]". Gott distanziert sich mit der Erschaffung der Dinge nicht von diesen, sondern nähert sich ihnen an, indem er seine unvergleichliche Macht und Grösse gegenüber dem Geschöpf für dieses einsetzt.[1027] Gott ist nicht selbst die Natur, sondern ihr Gebieter.[1028] Setzt die Physik in der Urknalltheorie voraus, dass Energie oder ein irgendwie geartetes Etwas vorhanden war, so setzt dies der Glaube an den Schöpfer und die Schöpfung aus dem Nichts gerade nicht voraus. Daher ist der Mensch, der an diesen Schöpfer glaubt auch innerhalb der Schöpfung "geborgen" da die "Reise" durch das Geschaffen-Sein nicht im

---

[1023] Vgl. FR 8, 13, 19.

[1024] Vgl. Weish 13,5 "Denn von der Größe und Schönheit der Geschöpfe lässt sich auf ihren Schöpfer schließen." – Röm 1,20 "Seit Erschaffung der Welt wird seine unsichtbare Wirklichkeit an den Werken der Schöpfung mit der Vernunft wahrgenommen, seine ewige Macht und Gottheit. Daher sind sie unentschuldbar."

[1025] Vgl. DH 800. – Vgl. zu Creatio ex nihilo: Lexikon der katholischen Dogmatik; Beinert, Wolfgang (Hg.), Freiburg 1987; 78-80. – Im biblischen Sinne meint creatio ex nihilo geschaffen aus "Nichtseiendes": 2 Makk 7,28 "Ich bitte dich, mein Kind, schau dir den Himmel und die Erde an; sieh alles, was es da gibt, und erkenne: Gott hat das aus dem Nichts [Nichtseienden] erschaffen und so entstehen auch die Menschen." (ἀξιῶ σε τέκνον ἀναβλέψαντα εἰς τὸν οὐρανὸν καὶ τὴν γῆν καὶ τὰ ἐν αὐτοῖς πάντα ἰδόντα γνῶναι ὅτι οὐκ ἐξ ὄντων ἐποίησεν αὐτὰ ὁ θεός καὶ τὸ τῶν ἀνθρώπων γένος οὕτω γίνεται); Röm 4,17 "Nach dem Schriftwort: *Ich habe dich zum Vater vieler Völker bestimmt,* ist er unser aller Vater vor Gott, dem er geglaubt hat, dem Gott, der die Toten lebendig macht und das, was nicht ist, ins Dasein ruft." (καθὼς γέγραπται ὅτι Πατέρα πολλῶν ἐθνῶν τέθεικά σε, κατέναντι οὗ ἐπίστευσεν θεοῦ τοῦ ζῳοποιοῦντος τοὺς νεκροὺς καὶ καλοῦντος τὰ μὴ ὄντα ὡς ὄντα·) – Zum göttlichen Schöpfungswerk gehört nicht nur, dass Gott die Erde und ihre Bewohner am Anfang der Zeit geschaffen hat, sondern auch, dass er damit einen Anfang der Zeiten geschaffen hat, der andauert ("creatio continua").

[1026] KKK 280.

[1027] Alles Geschaffene enthält "Spuren" von Gott, ist somit auch bei grösserer Unähnlichkeit Gott ähnlich. – Vgl. DH 806.

[1028] Vgl. Gen 1,5.8.10 "Und Gott nannte das Licht Tag und die Finsternis nannte er Nacht. Es wurde Abend und es wurde Morgen: erster Tag. und Gott nannte das Gewölbe Himmel. Es wurde Abend und es wurde Morgen: zweiter Tag. Das Trockene nannte Gott Land und das angesammelte Wasser nannte er Meer. Gott sah, dass es gut war." – Gott gibt den primären Dingen der Schöpfung ihren Namen, dem "Lebensraum". Die sekundären Dinge, was den Lebensraum erfüllt, lässt Gott durch sein Abbild, den Menschen, benennen. – Vgl. Gen 2,19 "Gott, der Herr, formte aus dem Ackerboden alle Tiere des Feldes und alle Vögel des Himmels und führte sie dem Menschen zu, um zu sehen, wie er sie benennen würde. Und wie der Mensch jedes lebendige Wesen benannte, so sollte es heißen."

Ungewissen endet, sondern bei Schöpfer selbst, vorausgesetzt man hegt ein kindliches Vertrauen zum Schöpfer.[1029] Dies weiss der Mensch nur aus der Offenbarung des Schöpfers. Ohne sie wäre das Ziel der Schöpfung dem menschlichen Wissen verborgen. Die Offenbarung zeigt, dass der Beweggrund Gottes zum Erschaffen nicht in etwas Äusserem liegt, sondern in Gott selbst, in seiner eigenen Güte mit der er sich in Freiheit zur Schöpfung bestimmt und sich in seiner Liebe frei an das Geschaffene hingeben will.[1030] Das Motiv der Schöpfung durch Gott ist nicht egoistisch, sondern Liebe. Er lässt das Geschöpf an seiner Herrlichkeit teilhaben und braucht das Geschöpf nicht um herrlicher zu sein. Gott ist der Ursprung und das Ziel der Schöpfung, somit auch das Ziel des Menschen. Die Schöpfung, speziell die Menschwerdung Gottes, ist nicht eine Notwendigkeit, in der Gott zu sich selbst kommt, sondern eine Möglichkeit, in dem das Geschöpf Mensch zu Gott kommen kann. Die letztlich immer bedürftige Liebe des Menschen findet allein in der stets um der Liebe willen handelnden Liebe Gottes Erfüllung. Die Liebe Gottes ist wiederum, aufgrund ihrer Vollkommenheit, so frei, dass sie sich nicht vom Menschen abhängig macht, sich diesem jedoch mitteilen kann. Diese Liebe Gottes gilt jedoch nicht nur dem Menschen, sondern allem Geschaffenen, somit auch dem Baum - dem Wald.

Der Mensch ist jedoch in der Lage diese Liebe bewusst zu erkennen und in seiner eigenen Weise über jede Artengrenze hinaus spürbar werden zu lassen - Ebenbild Gottes zu sein. Mehr noch: In allen verschiedenen Formen der Liebe sucht der Mensch die Erfüllung seines Glücks, das worin er ein Gutes, ein Gut, einen Wert für sich erblickt. Die Liebe bildet den Grundtrieb der menschlichen Natur.[1031] Dieses Ebenbild-Sein wird von Gott nicht nur gewünscht und deklariert,[1032] sondern in voller Deutlichkeit erst in seiner Herabkunft im Sohne Gottes in die Welt offenbart. Diese Geschöpfwerdung Gottes ist denn somit auch nicht eine eindrucksvolle Bestätigung des gegebenen Schöpfungszustandes, sondern vielmehr eine Neuschöpfung der Schöpfung,[1033] ein Akt der "absolut freien, liebenden Hilfe Gottes" - der Gnade. Die Erschaffung wird zum Vorbild der Erlösung, der Schöpfer selbst zum Urbild des Erlösers, da die Gabe der Schöpfung bereits ein Vorentwurf der viel höher stehenden Gnade ist.

[1029] Vgl. Mt. 18,3 "[Jesus] sagte: Amen, das sage ich euch: Wenn ihr nicht umkehrt und wie die Kinder werdet, könnt ihr nicht in das Himmelreich kommen."

[1030] Vgl. Jes 48,11-12 "Nur um meinetwillen handle ich jetzt, / denn sonst würde mein Name entweiht; / ich überlasse die Ehre, die mir gebührt, keinem andern. Jakob, höre auf mich, / höre mich, Israel, den ich berief: / Ich bin es, ich, der Erste und auch der Letzte." – Vgl. DH 3002

[1031] Vgl. Messner, Johannes (^{7}1984); 70-71.

[1032] Vgl. Gen 1,26a "Dann sprach Gott: Lasst uns Menschen machen als unser Abbild, uns ähnlich."

[1033] Vgl. 2 Kor 5,17 "Wenn also jemand in Christus ist, dann ist er eine neue Schöpfung: Das Alte ist vergangen, Neues ist geworden." – Vgl. Gal 6,15 "Denn es kommt nicht darauf an, ob einer beschnitten oder unbeschnitten ist, sondern darauf, dass er neue Schöpfung ist."

Es stellt sich abschliessend noch die Frage, warum eine Neuschöpfung der Schöpfung nötig geworden ist. Dieser Grund liegt im Versagen. Nicht jedoch im Versagen des Schöpfers, sondern des Geschöpfes Mensch, das seine Ebenbildlichkeit durch den Missbrauch seines freien Willens ausnutzte und somit die Schöpfung korrumpierte.[1034] Gott stellte durch seine Neuschöpfung der Schöpfung nicht einfach den alten Zustand wieder her - dann wäre es eine Wiederherstellung der Schöpfung - sondern gab dem Menschen die Möglichkeit seinen freien Willen für das Gute zu nutzen und Mitarbeiter Gottes in der Schöpfung wie in der Erlösung[1035] zu sein.[1036] Es soll nicht das Paradies auf Erden errichtet werden, da die Schöpfung nicht auf sich hin, sondern auf Gott gerichtet ist. Der Mensch soll jedoch in der Kraft der Erlösung die Not der Welt aufarbeiten.[1037] Jede Not zu beseitigen wird ihm jedoch nicht gelingen, gerade im Hinblick darauf, dass die Schöpfung nicht auf sich selbst hin gerichtet ist, sondern auf Gott. Warum Gott dem Menschen nicht bei der ersten Schöpfung eine unverwundbare, unverletzliche Freiheit in einer befestigten Gnade geschenkt hat wird dem Menschen erst bei der Schau Gottes gezeigt werden.[1038]

2.2.3. "Entwicklung" in der Schöpfung

Die Schöpfung ist nicht ein abgeschlossener Vorgang, sondern ein Geschehen, das anhält und erst am erhofften Ende ans Ziel kommt: zu Gott, der das Ziel ist. Gott will so viel wie möglich durch Kreaturen vollziehen. Die Schöpfung ist also alleine aufgrund der Tatsache, dass sich Kreaturen selbst "schaffen" (vermehren) können, immer noch im Gang.[1039] Es kann nicht heissen: "Schöpfung oder Evolution", sondern es muss heissen: "Schöpfung und Entwicklung".[1040] Ein Organismus kann sich selbst reproduzieren; er kann das Projekt, welches er selber ist erneuern und weitergeben. Es gibt durch die Fortpflanzung nicht das Werden in ständiger Veränderung, sondern es gibt das Beständige. Jeder Organismus ist so beschaffen, dass er streng sein Muster, das Projekt,

[1034] Vgl. Gen 2,16-17.3,6-7 "Dann gebot Gott, der Herr, dem Menschen: Von allen Bäumen des Gartens darfst du essen, doch vom Baum der Erkenntnis von Gut und Böse darfst du nicht essen; denn sobald du davon isst, wirst du sterben. Da sah die Frau, dass es köstlich wäre, von dem Baum zu essen, dass der Baum eine Augenweide war und dazu verlockte, klug zu werden. Sie nahm von seinen Früchten und aß; sie gab auch ihrem Mann, der bei ihr war, und auch er aß. Da gingen beiden die Augen auf und sie erkannten, dass sie nackt waren. Sie hefteten Feigenblätter zusammen und machten sich einen Schurz."

[1035] Durch Christus Jesus.

[1036] Vgl. 1 Kor 3,9 "Denn wir sind Gottes Mitarbeiter; ihr seid Gottes Ackerfeld, Gottes Bau."

[1037] Vgl. Mk 16,15 "Dann [nach der Auferstehung] sagte er zu ihnen: Geht hinaus in die ganze Welt, und verkündet das Evangelium allen Geschöpfen!"

[1038] Vgl. Scheffczyk, Leo (1994); 20-38.

[1039] Vgl. Auer, Alfons (1984); 197.

[1040] Vgl. Ratzinger, Josef (1996); 53.

das er ist, mittels seiner Gene[1041] innerhalb des Genoms wieder genau weitergibt. Die Natur ist dadurch offenbar darauf ausgerichtet zu bewahren. Sie ist offenbar derart auf das Bewahren "fixiert", dass sie selbst einen Fehler, den ein Gen zufällig aufweist, bewahrt und weitergibt. Die Kreaturen sind jedoch nicht einfach Wesen des Zufalls und des Irrtums, sondern sie verweisen auf schöpferische Vernunft, sie zeigen den Schöpfergeist. Was natürlich[1042] geworden ist, ist "Projekt" Gottes. Dieses Gesamtprojekt der Natur zu ersinnen ist nur durch die Stärke und Grösse des Schöpfergeistes möglich.[1043] Weder der Mensch noch das andere Kreatürliche ist Frucht eines Irrtums, sondern gewollt: Frucht der Liebe Gottes. Der Wald (Pflanzen), die Tiere und der Mensch sind "Projekte" Gottes, mit denen der Mensch umzugehen hat und Gott hat uns diesen Umgang durch seine Menschwerdung vorgelebt.[1044]

Wenn von Projekt die Rede ist, darf dies nicht im Sinne GALILEIS platonisch verstanden werden: Gott treibt Geometrie. Dies würde bedeuten, dass Geometrie zu betreiben zugleich bedeuten würde, Gottes Spuren zu berühren. Erkenntnis Gottes würde in Erkenntnis der mathematischen Strukturen der Natur umgewandelt. Der Begriff der Natur im Sinne des Objekts der Natur-Wissenschaft würde somit den Schöpfungsbegriff ablösen. Somit tritt das ganze Erkennen unter die Schematik von Subjekt und Objekt: Was nicht objektiv ist, ist subjektiv. Objektiv ist somit nur, was im Sinne der Naturwissenschaft Objekt geworden ist, was gegenständlich vorgeführt und überprüft, berechnet werden kann. Das Subjektive stellt somit das Beliebige, das Private dar, das ausserhalb der Wissenschaftlichkeit steht und als das Beliebige ohne Erkenntniswert ist. Gott selbst schrumpft somit auf die formalen mathematischen Strukturen[1045] zusammen. Gott wird in diesem Sinne letztlich, insofern er überhaupt noch relevant ist, nur causa, Ursache, erste Ursache, die rein natural wirksam geworden ist. Eine solche "causa prima[1046]" die sich, da sie nur rein natural wirksam geworden ist, nie dem Menschen gezeigt hat, die den Menschen gänzlich ausserhalb ihres Wirkraumes alleine sich selbst überlässt und überlassen muss, ist eine wissenschaftliche Grenzhypothese, aber kein Gott mehr. Genau so wenig wäre Gott wirklich Gott, hätte er nichts mit der Rationalität der

---

[1041] Das menschliche Genom hat offenbar "nur" ca. 30'000 Gene, statt wie bisher angenommen 90'000. Von Mensch zu Mensch sollen lediglich ca. 1'000 Gene innerhalb des Genoms variieren wie man aus neueren Nachrichtensendungen - z.B. Radio DRS, So. 11.02.2001 18:00 Uhr - entnehmen kann.

[1042] Der Mensch ist heute in der Lage durch Genmanipulation diese Natürlichkeit künstlich zu durchbrechen. Das Projekt Gottes zieht sich über Jahrmillionen hin, die Projekte der Menschen sind nicht so weitsichtig.

[1043] Überall wo der Mensch das von Gott geschaffene Gleichgewicht stört, sterben Arten aus, wo der Mensch seinen Auftrag zu bewahren wahrnimmt, bleiben sie erhalten.

[1044] Vgl. Ratzinger, Josef (1996); 56-57.

[1045] Gott müsste "platonisch" werden.

[1046] Blosse "causa prima" drückt nicht den Schöpfungsgedanken aus, sie denkt causa auf der Ebene des naturwissenschaftlichen Kausalitätsgedankens. Eine solche causa ist kein Gott, sondern eben eine "causa", ein hypothetisch postulierter Aktionsträger und zwar in der Grössenordnung des naturwissenschaftlich Postulierbaren.

Schöpfung zu tun und gälte nur innerhalb der Frömmigkeit. Dieser "Gott" wäre wirklichkeits- und bedeutungslos. Gott ist aber dadurch Gott, indem er nicht nur Schöpfer der Schöpfung ist, sondern auch einen Bund mit dem Geschöpf hat. Dieser Bund zielt nicht mehr ausschliesslich auf den Menschen, sondern auf die ganze Schöpfung wie die Ausführungen oben zeigten.[1047]

2.2.4. Aspekte des Schöpfungsbegriffes

Die Inhalte des Schöpfungsbegriffes sind nicht immer klar ersichtlich und in mancherlei Hinsicht misszudeuten. Zum einen steht der naturwissenschaftliche Naturbegriff vor dem Schöpfungsbegriff. Dieser Naturbegriff versteht Natur ausschliesslich im Sinne des Objekts der Naturwissenschaft. Jeder andere Sinn dieses Wortes kann daher als Un-Sinn gesehen werden. Die auf dem Schöpfungsgedanken beruhende theologische Argumentation aus dem Naturrecht, aus der Natur des Menschen, ist belanglos und stösst dementsprechend auf Ablehnung. Aus naturwissenschaftlicher Sicht lassen sich in den physikalischen und chemischen Strukturen des Menschen oder eines Baumes keine Aussagen im Sinne der traditionellen Moraltheologie oder der Ethik finden. Das einzig Ersichtliche sind die Grenzen des Machbaren. Aus diesem Blickwinkel ist das Moralische mit dem Machbaren identisch. Zum andern wird der Mensch als die Krankheit der Natur verstanden. Das Wesen Mensch tritt aus der exakten Objektivität und der Selbstverständlichkeit der Natur heraus und ist somit die eigentliche Störung des Gleichgewichtes der Natur. Wenn der Mensch und die Welt vom Menschsein desselben - dem Geist und der Freiheit - befreit würde, wäre der Mensch "geheilt" und die Welt "erlöst". Zum weiteren wird die Natur um der Gnade willen verunglimpft. Die Natur wird vor der Gnade zurückgenommen, was im Wesentlichen dem Neuen Testament widerspricht.[1048] Es gibt eine Abfolge der Schritte, die nicht in einen Gnadenmonismus hinein aufgesogen werden darf. Es gilt immer den ersten Schritt vor dem zweiten zu tun: zuerst das Psychische, dann das Pneumatische. Wenn diese Reihung nicht eingehalten wird, ist Schöpfung geleugnet und somit der Gnade ihr Grund entzogen.[1049]

[1047] Vgl. auch: Ratzinger, Josef (1996); 79-88.

[1048] 1 Kor 15,46 "Aber zuerst kommt nicht das Überirdische; zuerst kommt das Irdische, dann das Überirdische." Andere Übersetzungen sind dem Urtext näher "Zuerst ist nicht das Pneumatische, sondern zuerst ist das Psychische, danach das Pneumatische." (ἀλλ’ οὐ πρῶτον τὸ πνευματικὸν ἀλλὰ τὸ ψυχικόν, ἔπειτα τὸ πνευματικόν.)

[1049] Ratzinger, Josef (1996); 88-91.

2.2.5. Der Mensch in der Schöpfung

Der Mensch wird wie oben aufgezeigt als Wesen verstanden, das aufgrund seiner besonderen Beziehung zum Schöpfer - der Gottebenbildlichkeit und des Erlöst-Sein in Christus, als von Gott erwählter eigener Repräsentant auf Erden - über das Kreatürliche hinausragt. Die biblischen Schöpfungstexte zeigen in mehrfacher Weise die besondere Stellung des Menschen durch Gott und die gegenüber den anderen Geschöpfen auf. Die Sonderstellung des Menschen lässt sich noch viel sicherer erheben aus dem in sich geschlossenen Gesamtvotum des Alten Testamentes. Nach diesem gilt Gottes Gebot und sein Anspruch in besonderer Weise dem Menschen. Nur ihn trifft die Gottesoffenbarung, nur er hat seine Entscheidungen zu verantworten und kann Sünder oder Gerechter sein.[1050] Diese Sonderstellung ist eine erhebliche, jedoch noch kein Beleg für eine strenge Anthropozentrik wie HIOB 38 & 39 und andere Stellen[1051] klar zeigen. Es wird in diesen Stellen klar gemacht, dass Gott und nicht der Mensch über allem steht. Es wird die Denkweise kritisiert, die jeden Teil der Schöpfung dem ordnenden Verstehen des Menschen und seiner Kontrolle unterwerfen will. Gott präsentiert eine Ordnung, die in seinen Augen eine Ordnung ist, dem Menschen aber als Unordnung erscheint.[1052] Gott führt die Wildnis vor, die der Mensch beherrschen will, weil sie ihm unheimlich erscheint und die er doch aufsucht, um von seiner eigenen geschaffenen "Einengung" Erholung zu finden. Die gezeigten Bibelstellen beinhalten in gewisser Weise den Aufruf: Je gottähnlicher der Mensch wird, umso eher ist er im Stande der subhumanen Kreatur Raum zu lassen.[1053]

ALFONS AUER trägt als entscheidende Aspekte, welche die Sonderstellung des Menschen begründen, die Punkte "Selbsterschliessung des Schöpfers", "Gottebenbildlichkeit des

---

[1050] Vgl. Aucr, Alfons (1984); 211-212.

[1051] Koh 3,19 "Denn jeder Mensch unterliegt dem Geschick und auch die Tiere unterliegen dem Geschick. Sie haben ein und dasselbe Geschick. Wie diese sterben, so sterben jene. Beide haben ein und denselben Atem. Einen Vorteil des Menschen gegenüber dem Tier gibt es da nicht. Beide sind Windhauch." – Ps 104,11.14-24.31 "Allen Tieren des Feldes spenden sie [die Quellen] Trank, / die Wildesel stillen ihren Durst daraus. ... Du lässt Gras wachsen für das Vieh, / auch Pflanzen für den Menschen, die er anbaut, damit er Brot gewinnt von der Erde / und Wein, der das Herz des Menschen erfreut, damit sein Gesicht von Öl erglänzt / und Brot das Menschenherz stärkt. Die Bäume des Herrn trinken sich satt, / die Zedern des Libanon, die er gepflanzt hat. In ihnen bauen die Vögel ihr Nest, / auf den Zypressen nistet der Storch. Die hohen Berge gehören dem Steinbock, / dem Klippdachs bieten die Felsen Zuflucht. Du hast den Mond gemacht als Maß für die Zeiten, / die Sonne weiß, wann sie untergeht. Du sendest Finsternis und es wird Nacht, / dann regen sich alle Tiere des Waldes. Die jungen Löwen brüllen nach Beute, / sie verlangen von Gott ihre Nahrung. Strahlt die Sonne dann auf, so schleichen sie heim / und lagern sich in ihren Verstecken. Nun geht der Mensch hinaus an sein Tagwerk, / an seine Arbeit bis zum Abend. Herr, wie zahlreich sind deine Werke! / Mit Weisheit hast du sie alle gemacht, / die Erde ist voll von deinen Geschöpfen. ... Ewig währe die Herrlichkeit des Herrn; / der Herr freue sich seiner Werke."

[1052] Vgl. dazu: 1 Kor 1,23-24 "Wir dagegen verkündigen Christus als den Gekreuzigten: für Juden ein empörendes Ärgernis, für Heiden eine Torheit, für die Berufenen aber, Juden wie Griechen, Christus, Gottes Kraft und Gottes Weisheit."

[1053] Vgl. Keel, Othmar (1987); 221-222.

Menschen", "Göttlicher Herrschaftsauftrag an den Menschen", "Benennung der Tiere" und "Gutheit der Welt" zusammen. Diesen Punkten soll hier nachgegangen werden.[1054]

Die Selbstentschliessung des Schöpfers: Alle Schöpfungswerke hat Gott im Schöpfungsbericht nach dem einleitenden "Und Gott sprach" in befehlender Form geschaffen. Nur beim Menschen ist eine tiefere Schöpfungsbeziehung ersichtlich. Gott geht mit sich selbst "zu Rate" und verkündet sozusagen seinen Ratschluss mittels einer besonderen Willensäusserung: "Lasst uns Menschen machen... .[1055]" Sind die Schöpfungswerke zuvor befehlende Aussagen, so ist die Erschaffung des Menschen ein sich durch seine Äusserung erfüllender Wunsch von innen heraus, sozusagen aus innerlicher intensiver Beteiligung.[1056]

Gottebenbildlichkeit des Menschen: Es ist nicht explizit zu definieren, worin die Ebenbildlichkeit besteht, da bereits die Schrift zwei Grundaussagen nennt. Das Buch Genesis benennt den Menschen als "nach dem Bild Gottes geschaffen[1057]" und bringt dies in direkter Verbindung mit dem "Herrschen".[1058] Das Buch der Weisheit beschreibt den Menschen in seiner Unvergänglichkeit als "Bild des eigenen Wesens Gottes[1059]". Der Mensch steht in einem vierfachen Beziehungsgeflecht: die Relation des Menschen zu Gott, zu den Mitmenschen, zu der übrigen Schöpfung und zu sich selbst. Alleine innerhalb dieses Beziehungsgeflechtes können verschiedene Antworten für die Ebenbildlichkeit gegeben werden: Der Mensch unterscheidet sich durch seinen aufrechten Gang, durch die leibliche Gestalt von den anderen Kreaturen und er kann über Tiere herrschen, indem er sich ihrer Fähigkeiten nicht nur in Einzelfällen bedient. Der Mensch unterscheidet sich auch durch seine Seelenhaftigkeit, Geistigkeit, Personalität und Freiheit. All diese Antworten enthalten durchaus Richtiges, können letztlich aber nicht als Begründung für die Ebenbildlichkeit reichen, da sie die Relation des Menschen zu den übrigen Kreaturen beschreiben. Die Ebenbildlichkeit ergibt sich vielmehr aus der Relation zu Gott wie sie die beiden genannten Bibelstellen[1060] in ihrer Einheit beschreiben. Der Mensch und keine andere Kreatur wird in den Garten von Eden[1061]

[1054] Vgl. Auer, Alfons (1984); 212-221. – Vgl. auch: Krätzl, Helmut (1995); 235-249.

[1055] Gen 1,26

[1056] Vgl. Rad, Gerhard von (1976); 37-44.

[1057] Gen 1,26 "Dann sprach Gott: Lasst uns Menschen machen als unser Abbild, uns ähnlich. Sie sollen herrschen über die Fische des Meeres, über die Vögel des Himmels, über das Vieh, über die ganze Erde und über alle Kriechtiere auf dem Land."

[1058] Das Herrschen im Sinne von Gen 2,15 "Gott, der Herr, nahm also den Menschen und setzte ihn in den Garten von Eden, damit er ihn bebaue und hüte."

[1059] Weish 2,23 "Gott hat den Menschen zur Unvergänglichkeit erschaffen / und ihn zum Bild seines eigenen Wesens gemacht."

[1060] Gen 1,26 und Weish 2,23.

[1061] Garten von Eden kann auch als Metapher für die Erde gesehen werden.

gesetzt, um ihn zu bebauen und zu behüten.[1062] Der Mensch und keine andere Kreatur ist von Gott für dieses Bebauen und Behüten verantwortlich gemacht worden. Er alleine ist als Beauftragter,[1063] als Gesandter Gottes auf Erden geschaffen. Der Mensch führte mit Gott einen Dialog und ist die einzige Kreatur, die dazu fähig ist, mit Gott in direkten Kontakt zu treten. Dies alles verleiht dem Menschen eine einzigartige Würde, die keine andere Kreatur besitzt, aber auch eine unweigerlich damit verbundene Bürde, die ebenfalls keine andere Kreatur besitzt.

Göttlicher Herrschaftsauftrag an den Menschen: Der göttliche Herrschaftsauftrag, die Lehre vom "dominum terrae", beruht zweifelsohne auf dem Satz: "Gott segnete sie [die Menschen] und Gott sprach zu ihnen: Seid fruchtbar und vermehrt euch, bevölkert die Erde, unterwerft sie euch und herrscht über die Fische des Meeres, über die Vögel des Himmels und über alle Tiere, die sich auf dem Land regen.[1064]" Kein Satz, der mit jüdisch-christlicher Tradition und dem damit verbundenen Glauben in Verbindung gebracht wird, dürfte in den vergangenen Jahrzehnten mehr Gesprächsstoff geliefert haben, als dieser. Dieser Satz wurde lange Zeit von vielen isoliert vom restlichen Schöpfungsbericht gesehen und in vielerlei Hinsicht auch als Legitimation des sich ausgebildet habenden technisch-wissenschaftlichen Weltverständnisses.[1065] Dies darf jedoch nicht darüber hinwegtäuschen, dass Umweltprobleme ein globales Problem sind und nicht nur ein jüdisch-christliches oder muslimisches. Dass dieser Satz nur im Kontext des ganzen Schöpfungsberichtes - sowohl des priesterschriftlichen als auch des jahwistischen - gesehen werden darf, muss jedem ernsthaften Wissenschafter klar sein. Zumindest darf er nicht ohne den Satz "Gott, der Herr, nahm also den Menschen und setzte ihn in den Garten von Eden, damit er ihn bebaue und hüte[1066]" gesehen werden. Er ist also keinesfalls ein Freibrief für eine technische und zivilisatorische Ausbeutung der Welt.[1067] Das Wort "und unterwerft sie[1068]" meint so viel wie den Fuss auf sie setzen, kann aber auch als niedertreten, zertreten, unterdrücken, unterjochen, überwältigen und unterwerfen verstanden werden. Wichtig scheint besonders die Bedeutung "überwältigen" zu sein, denn gerade dieser Sinn obliegt dem Inhalt des Textes nicht, da

[1062] Vgl. Gen 2,15 " Gott, der Herr, nahm also den Menschen und setzte ihn in den Garten von Eden, damit er ihn bebaue und hüte."

[1063] Vgl. hierzu die Ausführungen zum "Abgeordnet-Sein".

[1064] Gen 1,28.

[1065] Vgl. Lehmann, Karl (1981); 74. – Wörtlich: "Es besteht sicher ein Zusammenhang zwischen dem biblischen Herrschaftsauftrag über die Erde und der intensiven technisch-wissenschaftlichen Ausübung der Überlegenheit des Menschen über die Natur."

[1066] Gen 2,15.

[1067] Vgl. weiter oben unter Generationenfrage.

[1068] וְכִבְשֻׁהָ wkibschu (von כבש kabasch)

der Mensch die Tiere nicht tötete.[1069] Zudem besteht das Wesen der Sünde in der Gewalttat.[1070] Das Wort "und unterwerft sie" bedeutet vielmehr die Hand auf sie legen, sie in "Besitz nehmen",[1071] nicht wie ein Tyrann, der gewalttätig seine Stärke demonstriert, sondern als wirklicher Herrscher, der seine Macht zum Wohl der Untertanen ausübt.[1072] Dies zeigt sich auch bei der Erzählung um NOACH, in der nicht Gott die Tiere direkt rettet, sondern NOACH den Auftrag gibt diese mittels der Arche mit ihm und den Seinen zu retten.[1073] Als Abbild Gottes hat der Mensch, insbesondere seit der Menschwerdung Gottes, Gott auf Erden als seine Söhne - zumal der Mensch schon bei seiner Erschaffung von Gott als einzige Kreatur zu dessen Auftrag gesegnet wurde[1074] - zu repräsentieren, das heisst, die Liebe, die er selbst von Gott erfährt, der restlichen Schöpfung in seiner Fürsorge kundzutun.[1075]

Benennung der Tiere: Gott selbst ist es, der den Menschen behutsam in seinen Fürsorgeauftrag einführt, indem er ihm die Tiere zuführt, dem Menschen Begegnung mit den Tieren ermöglicht, um sie zu benennen.[1076] Benennen bedeutet jedoch nicht nur "einen Namen geben", sondern charakterisieren, etwas in seinem Wesen kurz und prägnant zu beschreiben. Was jedoch beschrieben ist, ist bekannt, einschätzbar, ja weitgehend berechenbar. Was jedoch "berechenbar" ist, kann manipuliert, beherrscht werden. Wer den Namen eines Wesens kennt, hat in gewisser Weise Macht über dieses. Dies bedeutet nichts anderes, als dass Gott absichtlich den Menschen in der Zuführung der Tiere und der damit verbundenen Begegnung diesen mit der Wesensbenennung der Lebewesen beauftragte, um ihnen für ihn selbst Sinn zu geben. Doch auch hier lässt Gott den Menschen spüren, dass er die Tiere behandeln kann und soll wie sich selbst, er darf

---

[1069] Vgl. Gen 1,29-30 "Dann sprach Gott: Hiermit übergebe ich euch alle Pflanzen auf der ganzen Erde, die Samen tragen, und alle Bäume mit samenhaltigen Früchten. Euch sollen sie zur Nahrung dienen. Allen Tieren des Feldes, allen Vögeln des Himmels und allem, was sich auf der Erde regt, was Lebensatem in sich hat, gebe ich alle grünen Pflanzen zur Nahrung. So geschah es."

[1070] Vgl. Gen 6,11 "Die Erde aber war in Gottes Augen verdorben, sie war voller Gewalttat."

[1071] Vgl. Num 32,29 "Er sagte zu ihnen: Wenn die Gaditer und die Rubeniter, zum Kampf gerüstet, vor den Augen des Herrn mit euch den Jordan überschreiten und wenn ihr das Land unterworfen habt, dann gebt ihnen das Land Gilead zum Besitz!" – Vgl. Jos 18,1 "Die ganze Gemeinde der Israeliten versammelte sich in Schilo. Dort schlugen sie das Offenbarungszelt auf; das ganze Land lag unterworfen vor ihnen."

[1072] Vgl. Arenhoevel, Diego ([5]1988); 38.

[1073] Vgl. Gen 6-9 (Besonders Gen 6,13.17-19.21.7,2-3)

[1074] Vgl. Gen 1,28 "Gott segnete sie [die Menschen] und Gott sprach zu ihnen: Seid fruchtbar und vermehrt euch, bevölkert die Erde, unterwerft sie euch und herrscht über die Fische des Meeres, über die Vögel des Himmels und über alle Tiere, die sich auf dem Land regen."

[1075] Vgl. Röm 8,19 "Denn die ganze Schöpfung wartet sehnsüchtig auf das Offenbarwerden der Söhne Gottes."

[1076] Vgl. Gen 2,19-20 "Gott, der Herr, formte aus dem Ackerboden alle Tiere des Feldes und alle Vögel des Himmels und führte sie dem Menschen zu, um zu sehen, wie er sie benennen würde. Und wie der Mensch jedes lebendige Wesen benannte, so sollte es heißen. Der Mensch gab Namen allem Vieh, den Vögeln des Himmels und allen Tieren des Feldes. Aber eine Hilfe, die dem Menschen entsprach, fand er nicht."

sie nicht vermenschlichen, denn "eine Hilfe, die dem Menschen entsprach, fand er nicht[1077]". Nach dieser Feststellung des Menschen lässt Gott den Menschen erkennen, dass nur der Mensch selbst ihm wirklich entspricht. Was der Mensch mit den Worten bestätigt: "Das endlich ist Bein von meinem Bein / und Fleisch von meinem Fleisch. / Frau (Männin[1078]) soll sie heißen, / denn vom Mann[1079] ist sie genommen.[1080]" Wesentlich dabei ist, dass der Mensch auch den Menschen selbst benennt und somit die erste Namensgebung[1081] des Menschen durch Gott bestätigt. Der Mensch anerkennt, dass die Wesensbestimmung, die Gott ihm gab zutrifft.[1082]

Gutheit der Welt: Nach jedem in Gen 1 beschriebenen Schöpfungsakt heisst es: "Und Gott sah, dass es gut war.[1083]" In Gen 1,31[1084] wird dieses "gut" zum "sehr gut" gesteigert. Dieses "sehr gut" bezieht sich nicht nur auf alles Geschaffene oder den "soeben" geschaffenen Menschen, sondern vielmehr des Geschaffenen auf diese als letztes erschaffene Kreatur, den Menschen, hin. Das ganze Gefüge wird nach der Erschaffung des Menschen als "sehr gut" bezeichnet. Bevor der Mensch war, war alles "gut", nach dem der Mensch da ist, ist alles "sehr gut". Dies bedeutet, dass durch das Dasein des Menschen in seinem paradiesischen Schöpfungszustand alles erst die Qualität "sehr gut" erhält, Sinn erhält. Sinn erhalten kann etwas erst, wenn es einen Bezugspunkt[1085] hat. Die Schöpfung hat jedoch nicht einfach Gott zum Bezugspunkt, denn dieser braucht die Schöpfung nicht für sich zu seinem Selbstzweck. Sie hat auch nicht nur den Menschen zum Bezugspunkt, denn dieser ist selbst Teil der Schöpfung. Diese würde somit quasi unabhängig von Gott bestehen. Erst die Ebenbildlichkeit Gottes setzt diesen Bezugspunkt zum Schöpfer, der in seinem Ebenbild, dem Menschen, in der Schöpfung gegenwärtig ist. Die Schöpfung scheint auf den paradiesischen Menschen hin geschaffen, der unbeflecktes Abbild des Schöpfers ist. Der Sündenfall würde in diesem Falle die Sinngebung der Schöpfung mindestens in Frage stellen und die Schöpfung

---

1077 Gen 2,20b.

1078 אִשָּׁה (Ischh)

1079 מֵאִישׁ (Me'isch)

1080 Gen 2,23.

1081 Vgl. Gen 1,27 "Gott schuf also den Menschen [Adam - הָאָדָם] als sein Abbild; als Abbild Gottes schuf er ihn. Als Mann [männlich] und Frau [weiblich] schuf er sie."

1082 Dies bedeutet noch nicht, dass der Mensch dieser Bestimmung entsprechend lebte, wie der Sündenfall zeigt. – Vgl. Gen 3,1-24.

1083 Gen 1,1.10.12.18.21.25

1084 Gen 1,31 "Gott sah alles an, was er gemacht hatte: Es war sehr gut. Es wurde Abend und es wurde Morgen: der sechste Tag."

1085 Eine Modelleisenbahn auf dem Dachboden, die einfach gebaut wurde, um da zu stehen, hat keinen Sinn, da sie keinen Bezugspunkt hat. Erst wenn der Erbauer diese Modelleisenbahn in Betrieb nimmt oder jemand für den sie gebaut wurde, hat diese einen Bezugspunkt, den Erbauer oder den, für den sie erbaut wurde, allenfalls auch beide.

wenigstens ins Prädikat "gut" zurückstufen. Dadurch, dass der Schöpfer in seinem Schöpfungswort Mensch geworden ist[1086] bekommt die Schöpfung nicht einfach die alte Qualität des Bezuges zurück, sondern einen viel intensiveren Bezug, indem der Mensch nicht nur Abbild Gottes ist, vielmehr wird Gott selber Mensch! Gott selbst bestätigt und unterstreicht gleichsam das Prädikat "sehr gut" und gibt dadurch dem Menschen eine im Glauben an Gott selbst fundierte erneuerte Herrschaftsstellung, die auf der Frohen Botschaft basiert.[1087]

2.2.6. Die Beziehung zwischen Mensch, Tier und Baum

Im Schöpfungsbericht wird die Beziehung von Mensch und Tier als eine unblutige dargestellt. Der Mensch darf im paradiesischen Zustand kein Tier töten und es essen und das Tier tötet ebenfalls nicht. Mensch und Tier sind die Pflanzen zur Nahrung gegeben.[1088] Auch darin liegt eine Trennung. Die Tiere sollen sich von Gras und Kräutern ernähren, die Menschen von Getreide und Baumfrüchten. Im Zweifelsfall entscheidet der Mensch, der in paradiesischer Weise über die Tiere regiert. Praktisch wirkt sich dieses Regieren in einem "aufs Feld führen"[1089] der Tiere durch den Menschen in sorgender Führung aus.[1090] Dem Menschen wird von Gott zudem noch eine Einschränkung gegeben. Er hat nicht uneingeschränkt Verfügungsgewalt über das ihm Anvertraute. Dies kommt sehr schön in Gen 2,16-17[1091] zur Geltung: Gott setzt dem Menschen klare Grenzen seines Handlungsbereiches und zeigt ihm auch die Konsequenz auf: den Tod. Nicht der sofortige Tod ist die Drohung, sondern sofort nach der Übertretung der

---

[1086] Vgl. Joh 1,1.14 "Im Anfang war das Wort, / und das Wort war bei Gott, / und das Wort war Gott. Und das Wort ist Fleisch geworden / und hat unter uns gewohnt / und wir haben seine Herrlichkeit gesehen, / die Herrlichkeit des einzigen Sohnes vom Vater, / voll Gnade und Wahrheit."

[1087] Vgl. Mk 16,14-18 "Später erschien Jesus auch den Elf, als sie bei Tisch waren; er tadelte ihren Unglauben und ihre Verstocktheit, weil sie denen nicht glaubten, die ihn nach seiner Auferstehung gesehen hatten. Dann sagte er zu ihnen: Geht hinaus in die ganze Welt, und verkündet das Evangelium allen Geschöpfen! Wer glaubt und sich taufen lässt, wird gerettet; wer aber nicht glaubt, wird verdammt werden. Und durch die, die zum Glauben gekommen sind, werden folgende Zeichen geschehen: In meinem Namen werden sie Dämonen austreiben; sie werden in neuen Sprachen reden; wenn sie Schlangen anfassen oder tödliches Gift trinken, wird es ihnen nicht schaden; und die Kranken, denen sie die Hände auflegen, werden gesund werden."

[1088] Vgl. Gen 1,29-30 "Dann sprach Gott: Hiermit übergebe ich euch alle Pflanzen auf der ganzen Erde, die Samen tragen, und alle Bäume mit samenhaltigen Früchten. Euch sollen sie zur Nahrung dienen. Allen Tieren des Feldes, allen Vögeln des Himmels und allem, was sich auf der Erde regt, was Lebensatem in sich hat, gebe ich alle grünen Pflanzen zur Nahrung. So geschah es."

[1089] Hier ist sowohl an das aufs Feld führen zum Fressen, aber auch zum "Arbeiten" im Sinne einer Domestizierung gedacht.

[1090] Vgl. Lohfink, Norbert (1974a); 439.

[1091] Gen 2,16-17 "Dann gebot Gott, der Herr, dem Menschen: Von allen Bäumen des Gartens darfst du essen, doch vom Baum der Erkenntnis von Gut und Böse darfst du nicht essen; denn sobald du davon isst, wirst du sterben."

Grenzen des zulässigen Handlungsbereiches wird der Tod, dem der Mensch im Paradies durch die Frucht des Lebensbaumes entgeht, als unabwendbares Geschick über ihm stehen.[1092]

Das Sterben trifft jedoch nicht nur den Menschen, sondern aufgrund seiner Verantwortlichkeit auch die, für die er verantwortlich ist. Sterben bedeutet nicht nur den Übergang vom Leben in das Nicht-Leben, sondern ist vielmehr ein Prozess des Überganges von einem heilen Zustande in einen verdorbenen wie Gen 6,11-12[1093] zeigt. Erst nach der Sintflut wird dem Menschen die Segenserneuerung zuteil und der Bund auf alle Lebewesen ausgedehnt.[1094] Alles lebendige der Schöpfung wird jedoch rechtmässig seine Nahrung, doch auch jetzt wird dem Menschen wiederum eine Grenze gesetzt, das Blut.[1095] Das Töten von Tieren zu Ernährungszwecken wird somit erlaubt und später vom Fleisch gewordenen Wort bestätigt, sogar unter Miteinbeziehung des Blutes.[1096] Die weiterhin bestehende Sonderstellung des Menschen liegt aber nicht in der Fähigkeit des Tötens begründet, sondern auch jetzt in der Gliederung durch Gott. Schlachtet der Mensch nun zu recht Tiere, so doch nicht das Tier selbst und schon gar nicht den Menschen.[1097] Doch auch jetzt hat der Mensch eine Grenze: Den Menschen selbst.[1098] Der

[1092] Vgl. Junker, Hubert (1949); 16.

[1093] Gen 6,11-12 "Die Erde aber war in Gottes Augen verdorben, sie war voller Gewalttat. Gott sah sich die Erde an: Sie war verdorben, denn alle Wesen aus Fleisch auf der Erde lebten verdorben."

[1094] Vgl. Gen 9,9-10.16-17 " Hiermit schließe ich meinen Bund mit euch und mit euren Nachkommen und mit allen Lebewesen bei euch, mit den Vögeln, dem Vieh und allen Tieren des Feldes, mit allen Tieren der Erde, die mit euch aus der Arche gekommen sind. Steht der Bogen in den Wolken, so werde ich auf ihn sehen und des ewigen Bundes gedenken zwischen Gott und allen lebenden Wesen, allen Wesen aus Fleisch auf der Erde. Und Gott sprach zu Noach: Das ist das Zeichen des Bundes, den ich zwischen mir und allen Wesen aus Fleisch auf der Erde geschlossen habe."

[1095] Vgl. Gen 9,2-4 "Furcht und Schrecken vor euch soll sich auf alle Tiere der Erde legen, auf alle Vögel des Himmels, auf alles, was sich auf der Erde regt, und auf alle Fische des Meeres; euch sind sie übergeben. Alles Lebendige, das sich regt, soll euch zur Nahrung dienen. Alles übergebe ich euch wie die grünen Pflanzen. Nur Fleisch, in dem noch Blut ist, dürft ihr nicht essen."

[1096] Vgl. Mk 7,19 "Denn es [die Speisen] gelangt ja nicht in sein Herz, sondern in den Magen und wird wieder ausgeschieden. Damit erklärte Jesus alle Speisen für rein." – Vgl. dazu auch: Apg 10,13-15 "Und eine Stimme rief ihm zu: Steh auf, Petrus, schlachte und iss! Petrus aber antwortete: Niemals, Herr! Noch nie habe ich etwas Unheiliges und Unreines gegessen. Da richtete sich die Stimme ein zweites Mal an ihn: Was Gott für rein erklärt, nenne du nicht unrein!" – Diese beiden Verse beziehen sich allerdings nur im übertragenen Sinne auf Speisen.

[1097] Vgl. Ex 21,28-32 "Wenn ein Rind einen Mann oder eine Frau so stößt, dass der Betreffende stirbt, dann muss man das Rind steinigen und sein Fleisch darf man nicht essen; der Eigentümer des Rinds aber bleibt straffrei. Hat das Rind aber schon früher gestoßen und hat der Eigentümer, obwohl man ihn darauf aufmerksam gemacht hat, auf das Tier nicht aufgepasst, sodass es einen Mann oder eine Frau getötet hat, dann soll man das Rind steinigen und auch sein Eigentümer soll getötet werden. Will man ihm aber eine Sühne auferlegen, soll er als Lösegeld für sein Leben so viel geben, wie man von ihm fordert. Stößt das Rind einen Sohn oder eine Tochter, verfahre man nach dem gleichen Grundsatz. Stößt das Rind einen Sklaven oder eine Sklavin, soll der Eigentümer dem Herrn dreißig Silberschekel zahlen; das Rind aber soll gesteinigt werden." – Vgl. Gen 9,5-6 "Wenn aber euer Blut vergossen wird, fordere ich Rechenschaft, und zwar für das Blut eines jeden von euch. Von jedem Tier fordere ich Rechenschaft und vom Menschen. Für das Leben des Menschen fordere ich

Mensch wird von Gott nie als Kreatur ohne Grenzen gesehen. Stets wird von ihm die Erfüllung mindestens eines Grundsatzes mit den dazugehörigen Segmenten erwartet, so auch heute.[1099]

Das Verhältnis Gottes zu den Kreaturen scheint sich in der Bibel in erster Linie zwischen Gott und den Lebewesen aus Fleisch zu verdichten. Der Umgang mit der pflanzlichen Wirklichkeit scheint sekundär oder gar trivial zu sein. Berichte über Pflanzen allgemein erwecken in den Schöpfungsberichten den Eindruck, als dienten sie nur als Nahrungsgrundlage - was den Menschen betrifft besonders die Bäume.[1100] Der Baum ist nicht zuletzt aufgrund dieses Geheisses nicht nur Nahrungslieferant, sondern weit mehr. Alleine die Nahrung ist die wichtigste Grundlage des Lebens. Der Baum stellt für den paradiesischen Menschen beim JAHWISTEN alleine aus diesen Gründen die wichtigere Rolle dar, als die Tiere. Werden die Tiere dem Menschen zugeführt, um eine Hilfe zu finden[1101] - die er unter ihnen aber nicht finden konnte, da sie ihm nicht entsprachen - so bildet der Baum Nahrungsgrundlage, Lebensgrundlage.[1102] Somit verwundert es auch nicht, dass das Zentrum des Paradieses nicht der Mensch oder ein Tier ist, sondern zwei Bäume: Der Baum des Lebens und der Baum der Erkenntnis von Gut und Böse.[1103] Freilich kann man einwenden, dass diese Bäume nur Metaphern sind.[1104] Das wird sicherlich zutreffen, doch für das Zentrale im menschlichen Leben, das Leben und die Erkenntnis, wird der JAHWIST kaum das unbedeutendste Bild genommen haben. Daraus erschliesst sich eine zentrale Stellung des Baumes; offenbar eine wichtigere Stellung als ein Tier oder ein steinerner Opferaltar auf dem ein Tier "den Sitz des Lebens", sein Blut, hätte vergiessen müssen. Das Blutopfer kommt erst nach dem Paradies bei ABEL auf.[1105]

Rechenschaft von jedem seiner Brüder. Wer Menschenblut vergießt, dessen Blut wird durch Menschen vergossen. Denn: Als Abbild Gottes hat er den Menschen gemacht."

[1098] Vgl. Gen 9,5 "Wenn aber euer Blut vergossen wird, fordere ich Rechenschaft, und zwar für das Blut eines jeden von euch. Von jedem Tier fordere ich Rechenschaft und vom Menschen. Für das Leben des Menschen fordere ich Rechenschaft von jedem seiner Brüder."

[1099] Vgl. Joh 13,34 "Ein neues Gebot gebe ich euch: Liebt einander! Wie ich euch geliebt habe, so sollt auch ihr einander lieben."

[1100] Vgl. Gen 2,16 "Dann gebot Gott, der Herr, dem Menschen: Von allen Bäumen des Gartens darfst du essen,..."

[1101] Vgl. Gen 2,20 "Der Mensch gab Namen allem Vieh, den Vögeln des Himmels und allen Tieren des Feldes. Aber eine Hilfe, die dem Menschen entsprach, fand er nicht."

[1102] Vgl. Gen 2,16-17 "Dann gebot Gott, der Herr, dem Menschen: Von allen Bäumen des Gartens darfst du essen, doch vom Baum der Erkenntnis von Gut und Böse darfst du nicht essen; denn sobald du davon isst, wirst du sterben."

[1103] Vgl. Gen 2,9 "Gott, der Herr, ließ aus dem Ackerboden allerlei Bäume wachsen, verlockend anzusehen und mit köstlichen Früchten, in der Mitte des Gartens aber den Baum des Lebens und den Baum der Erkenntnis von Gut und Böse."

[1104] Vgl. Philberth, Karl (1990); 11-14.

[1105] Vgl. Gen 4,3-5 "Nach einiger Zeit brachte Kain dem Herrn ein Opfer von den Früchten des Feldes dar; auch Abel brachte eines dar von den Erstlingen seiner Herde und von ihrem Fett. Der Herr schaute auf Abel und sein Opfer, aber auf Kain und sein Opfer schaute er nicht. Da überlief es Kain ganz heiß und sein Blick senkte sich."

War der Altar der Tieropfer ein Gebilde aus Erde oder Stein, dem Stoff aus dem der Mensch gemacht ist,[1106] so stellt der Altar des Heils, das Kreuz Christi, den paradiesischen Bezug zum Baum des Lebens selber wieder her, indem das Kreuz die Kraft Gottes ist.[1107]

Die volle Wertschätzung der Schöpfung seitens Gottes erfährt sie im Ruhen Gottes. Gott wendet sich nicht von ihr ab, sondern bestätigt mit dem Ruhen sozusagen das "sehr gut". Das Ruhen beinhaltet das Frucht bringen können, das Erleben der Gegenwart Gottes in der Freiheit der Kreatürlichkeit.

[1106] Vgl. Ex 20,24-25 "Du sollst mir einen Altar aus Erde errichten und darauf deine Schafe, Ziegen und Rinder als Brandopfer und Heilsopfer schlachten. An jedem Ort, an dem ich meinem Namen ein Gedächtnis stifte, will ich zu dir kommen und dich segnen. Wenn du mir einen Altar aus Steinen errichtest, so sollst du ihn nicht aus behauenen Quadern bauen. Du entweihst ihn, wenn du mit einem Meißel daran arbeitest."

[1107] Vgl. 1 Kor 1,18 "Denn das Wort vom Kreuz ist denen, die verloren gehen, Torheit; uns aber, die gerettet werden, ist es Gottes Kraft." – An dieser Stelle könnte noch erwähnt werden, dass Christus selbst zu Baum und Holz eine enge Beziehung hatte, war er doch selber Handwerker. (Vgl. Mk 6,3a "Ist das nicht der Zimmermann, der Sohn der Maria ... .") Daraus jedoch eine "Theologie des Holzes" ableiten zu wollen wäre vermutlich etwas weit her geholt und ist zudem auch nicht Sinn und Ziel dieser Arbeit.

2.3. Der Mensch und die Schöpfung

2.3.1. Besondere Stellung des Menschen

Der Mensch, der von Gott mit ganz bestimmten Aufgaben bedacht ist, hat nicht nur die weiter oben geschilderten Möglichkeiten den Wert des Geschaffenen zu erkennen, sondern auch religiöse Möglichkeiten wie das eben Behandelte aufgezeigt hat. Die Grundquelle des Erkennens im religiösen Sinn bildet für den Christen die Heilige Schrift. Sie zeigt besonders im Schöpfungsbericht abgestufte Wertigkeiten auf, die der Mensch erkennen muss. Die Sonderstellung, die der Mensch innerhalb der Schöpfung bekleidet birgt Konsequenzen.

2.3.1.1. Die Güte des Geschaffenen

Die Gütigkeit liegt zunächst in der Qualifikation durch Gott selbst begründet: "Und Gott sah, dass es gut war.[1108]" bzw. in der gesamthaften Bestätigung Gottes: "Es war sehr gut.[1109]". Gott wertet das Geschaffene als sehr gut. Selbst nach dem sich die Kreaturen nicht an seine Weisungen halten und Gott reinigend eingreift, billigt er die Schöpfung weiterhin und bezeichnet die Menschen mit seinem Segen[1110] wie bei der Erschaffung.[1111] Darüber hinaus bezieht er nun alle Kreaturen in seinen Bund mit ein. Stellvertretend für alle Kreaturen spricht Gott jedoch nur die Menschen an, sozusagen als deren Abgeordnete.[1112] Gott stimmt auch nach dem Sündenfall der Welt zu, nicht nur bei seiner bereits vorbehaltlosen Zustimmung am "siebten Schöpfungstag" an dem er die Schöpfung vollendet(e). Ein bedeutendes Merkmal seiner Zustimmung ist die Bejahung der Vermehrung der Geschöpfe. Gott bejaht die Möglichkeit des Geschöpfes. Die Gütigkeit der von Gott geschaffenen Schöpfung lässt sich vom Menschen nicht überprüfen, da dieser nie denselben Gesamtüberblick über das Werk haben kann wie der

---

[1108] Vgl. Gen 1,4.10.12.18.21.25.

[1109] Vgl. Gen 1,31.

[1110] Vgl. Gen 9,1 "Dann segnete Gott Noach und seine Söhne und sprach zu ihnen: Seid fruchtbar, vermehrt euch und bevölkert die Erde!"

[1111] Vgl. Gen 1,22.28 "Gott segnete sie und sprach: Seid fruchtbar und vermehrt euch und bevölkert das Wasser im Meer und die Vögel sollen sich auf dem Land vermehren. Gott segnete sie und Gott sprach zu ihnen: Seid fruchtbar und vermehrt euch, bevölkert die Erde, unterwerft sie euch und herrscht über die Fische des Meeres, über die Vögel des Himmels und über alle Tiere, die sich auf dem Land regen."

[1112] Vgl. Gen 9,9-10.16-17 "Hiermit schließe ich meinen Bund mit euch und mit euren Nachkommen und mit allen Lebewesen bei euch, mit den Vögeln, dem Vieh und allen Tieren des Feldes, mit allen Tieren der Erde, die mit euch aus der Arche gekommen sind. Steht der Bogen in den Wolken, so werde ich auf ihn sehen und des ewigen Bundes gedenken zwischen Gott und allen lebenden Wesen, allen Wesen aus Fleisch auf der Erde. Und Gott sprach zu Noach: Das ist das Zeichen des Bundes, den ich zwischen mir und allen Wesen aus Fleisch auf der Erde geschlossen habe."

Schöpfer selbst. Was der Mensch begutachten kann, sind nur Bruchstücke des ganzen Schöpfungsgefüges, somit bleibt sein Urteil stets Stückwerk.[1113]

Die Natur, die Schöpfung besitzt Gütigkeit und somit Wert. Diesen besitzt das Geschaffene auch deshalb, weil der Schöpfer sich die Schöpfung ausgedacht hat und sie willentlich schuf. Bei diesem Schaffen ist bereits durch den Willen des Schaffens etwas, zumindest der Schöpfungswille Gottes, in allem Geschaffenen vorhanden. Gott ist in die Geschöpfe alleine schon durch den Willen zu deren Existenz eingegangen. Die Natur ist, wenn an sich nicht heilig, so doch durch den Gütezustand des Schöpfungsmomentes geheiligt. Wäre die Natur heilig, müssten die Geschöpfe innerhalb der Natur prinzipiell vollendet sein. Doch zu dieser Vollendung muss jedes Geschöpf selber kommen, nicht im Sinne einer Vergöttlichung der Evolution, sondern im Bewusstsein, dass Gott sich nicht aus der Schöpfung zurückgezogen hat und sie nicht einfach sich selbst überlässt. Die Transzendenz Gottes ist nicht etwas von der Welt Abgehobenes, Ausserweltliches, sondern in ihrer seinshaften ontologischen Überweltlichkeit zugleich und ineins absolute Immanenz.[1114]

Die Natur ist weder ein Gott oder ein Absolutum noch ein blosser neutraler Rahmen menschlichen Daseins, sondern eine Gabe Gottes, die als solche geheiligt ist.[1115] Im Umgang mit dieser Gabe erfährt der Mensch sein eigenes Geschaffensein und entdeckt grundlegende Orientierungen und Wertsetzungen für seinen Umgang mit der Welt. Nach ALFONS AUER findet die Erfahrung der Welt ihren Ausdruck im Staunen, in der Selbstbescheidung und in der dankbaren Lobpreisung Gottes. Der Mensch staunt darüber, dass es eine Welt, die es nicht geben müsste, dennoch wirklich gibt und auf ihn <u>aus</u>gerichtet ist. Dieses Staunen darf nicht nur in die Vergangenheit gerichtet sein, sondern muss auch die Zukunft mit einschliessen können. Dies bedeutet, dass der Mensch gefordert ist, seine Zukunft so zu gestalten, dass es im guten Sinne zu staunen gibt. Der Mensch muss sich der Grenzen und Möglichkeiten bewusst werden und sich im biblisch-christlichen Sinn selbst bescheiden, die Tugend der humilitas pflegen;[1116] im benediktinischen Sinn Mass halten und Gott für die Schöpfungsqualität loben. Wird die Schöpfung in ihrer von Gott erdachten und erschaffenen Qualität bedacht, stellt sich heraus, dass alles Geschaffene Sinn und Zweck hat. Dies zieht wichtige Konsequenzen nach sich. Somit kann es weder beim Menschen oder beim Tier noch bei den Pflanzen

---

[1113] Vgl. 1 Kor 13,9-10 "Denn Stückwerk ist unser Erkennen, / Stückwerk unser prophetisches Reden; wenn aber das Vollendete kommt, / vergeht alles Stückwerk."

[1114] "Immanenz" bezeichnet jene seinsverleihende Fundamentierung des Selbstseins der Kreaturen, die ausschliesslich Gott gewähren kann.

[1115] Geheiligt, da der Ausdruck "Heilig" nur dann zutreffen würde, wenn mit ihm nicht einem allem Geschaffenen immanente Qualität gemeint ist, sondern eine Qualität, die alles Geschaffene aufgrund seiner Beziehung zu Gott hat. (Vgl. Thomas von Aquin, Sth. III 60, 2 ad 1).

[1116] Vgl. Auer, Alfons (1984); 200-203.

lebensunwertes Leben geben. Selbst was dem Menschen als armselig erscheinen mag ist von Gott gedacht und somit des Lobes würdig. Was von Gott ins Dasein gerufen wurde ist prinzipiell des Lobes und nicht der Zerstörung würdig. Der Mensch darf die Natur und ihre Bereiche nicht einfach zerstören. Wo die Schöpfungsqualität und die damit verbundene transzendente Verbundenheit in Gott vergessen wird, schwindet die Ehrfurcht vor dem Geschaffenen und bewirkt unweigerlich einen ehrfurchtslosen Umgang, welcher letztlich nur in der Zerstörung enden kann. Wo Ehrfurcht fehlt, ist Lebensverachtung nicht weit. Wo Lebensverachtung ist, wird Leben nur noch als Material gesehen.[1117] Material hat jedoch den Charakter in gewisser Form beliebig verfügbar zu sein. Was für den Menschen "einfach so" zur Verfügung steht, damit kann er scheinbar schaffen, was und wie es ihm beliebt. Der Mensch muss daher immer wieder aufs Neue bedenken, dass nicht er ein unbegrenztes Schöpfertum inne hat, sondern vielmehr dem Schöpfergott - durchaus im christlichen Verständnis[1118] - verpflichtet ist.

2.3.1.2. *Verantwortung des Menschen für die Natur*

Wie oben bereits gesagt wird dem Menschen in der Heiligen Schrift jede neue Freiheit nur in Verbindung mit einer neuen Grenze gegeben.[1119] Die erste Grenze wurde aufgrund der Versuchung der Schlange übertreten.[1120] Diese Versuchungsgeschichte birgt gerade für die heutige Zeit sehr viel Tiefes. Wie beim Baum der Erkenntnis von Gut und Böse handelt es sich auch bei der Schlange um eine Metapher. Die Schlange ist aus der Zeit der Entstehung des Textes zu verstehen. In der Zeit der Niederschrift dieses Teils der Genesis wurde das Volk Israel wesentlich bedroht von den umliegenden Fruchtbarkeitsriten und den damit verbundenen Religionen. Die Gefahr, dass das Volk Israel von seinem Gottglauben an den geheimnisvollen Schöpfer- und Bundesgott abweiche und in den religionsgeschichtlichen Kontext der Zeit eintauche war enorm.

[1117] Hier sei an das Unwort aus der Militärsprache "Menschenmaterial" erinnert. Die Materialschlacht bezieht somit den Menschen als beliebig ersetzbares Etwas mit ein.

[1118] Vgl. Ratzinger, Josef (1996); 31-32.

[1119] Freiheit aller Baumfrüchte, Grenze der Früchte des Baumes des Lebens; Freiheit der Fleischspeise, Grenze des Blutes; Freiheit des Blutes als Speise, Grenze des Liebesgebotes Christi.

[1120] Vgl. Gen 3,1-7 "Die Schlange war schlauer als alle Tiere des Feldes, die Gott, der Herr, gemacht hatte. Sie sagte zu der Frau: Hat Gott wirklich gesagt: Ihr dürft von keinem Baum des Gartens essen? Die Frau entgegnete der Schlange: Von den Früchten der Bäume im Garten dürfen wir essen; nur von den Früchten des Baumes, der in der Mitte des Gartens steht, hat Gott gesagt: Davon dürft ihr nicht essen und daran dürft ihr nicht rühren, sonst werdet ihr sterben. Darauf sagte die Schlange zur Frau: Nein, ihr werdet nicht sterben. Gott weiß vielmehr: Sobald ihr davon esst, gehen euch die Augen auf; ihr werdet wie Gott und erkennt Gut und Böse. Da sah die Frau, dass es köstlich wäre, von dem Baum zu essen, dass der Baum eine Augenweide war und dazu verlockte, klug zu werden. Sie nahm von seinen Früchten und aß; sie gab auch ihrem Mann, der bei ihr war, und auch er aß. Da gingen beiden die Augen auf und sie erkannten, dass sie nackt waren. Sie hefteten Feigenblätter zusammen und machten sich einen Schurz."

Die Schlange war Symbol der Klugheit, welche die Welt beherrscht und der Fruchtbarkeit, mittels derer der Mensch in den göttlichen Strom des Lebens eintaucht und sich selbst für Augenblicke mit dessen Macht verschmolzen weiss. Diese Lebenseinstellung machte auf Israel offenbar einen enorm anziehenden Eindruck. Zumal sie harmlos schien, da sie ihren Gott ja nicht leugnete, sondern lediglich die Ansichten über ihn "etwas" in Frage stellte.[1121] Die Schlange fordert eigentlich mittels einer scheinbaren Informationsfrage nur dazu auf, das Leben weltlicher zu sehen. Damit zieht sie den Menschen aus dem Vertrauen zu Gott heraus und wandelt es in Misstrauen. Die Schlange verdächtigt den Bund mit Gott, wodurch der Mensch auf den Weg kommt, auf dem er nicht mehr Gottes geschaffene Welt annimmt wie sie ist, sondern sich selbst seine Welt baut. Der Vorschlag der Schlange schliesst nichts anderes ein, als dass der Mensch die Grenze seines Wesens nicht akzeptieren soll, dass er die Grenze von Gut und Böse, die Grenze des Sittlichen überhaupt nicht als eine Grenze betrachten, sondern sich einfach "freimachen" solle und könne, indem er sie weglässt.

Das Ergebnis bietet die Schrift wieder mit einer Metapher. Der Mensch erkennt trotz aller Wunschvorstellung, dass er nackt ist. Er erkennt, dass das Schöpfungswerk Gottes gut ist, sein eigenes Werk dem Werk Gottes aber sprichwörtlich nicht das Wasser reichen kann, ins Elend führt, den Tod bringt, eben böse ist. Er hat Gut und Böse trotzdem erkannt, ja, erkennen müssen, doch es ist zu spät. Der Mensch kann sich selbst nicht mehr retten; nur Gott ist noch in der Lage ihn zu retten. Gott führt daher den Menschen auf den beschwerlichen Weg des Heils. Dies besagt aber noch nicht, dass der Mensch auf diesem Weg bleibt, wer aber diesen neuen Heilsweg Gottes beschreitet, wird Heil erlangen in der neuen Schöpfung Gottes,[1122] die er bereits selber ist sobald er den neuen Heilsweg korrekt geht.[1123] Der Sündenfall des Menschen ist jedoch nicht nur etwas Geschichtliches, er ist etwas Alltägliches, auch in unserer Zeit.

Auch in der Forstwirtschaft ist dieser Sündenfall ein steter Begleiter, denn die Versuchung stellt sich hier wesentlich vom Gesichtspunkt des Machbaren her, von der Technik und seinen Möglichkeiten. Technik kommt von "Techne[1124]", zu deutsch "Kunst" und kommt seinerseits von "können". Kunst meint heute, sie dürfe alles, was sie künstlerisch kann und bezeichnet dies als "Künstlerische Freiheit". Grundregel ist somit das künstlerische Können und Grundfehler der Kunstfehler, das heisst das Unvermögen.

[1121] Die Schlange leugnete Gott nicht, sondern hinterfragt "nur" seine Anordnung.

[1122] Vgl. Mt 19,28 "Jesus erwiderte ihnen: Amen, ich sage euch: Wenn die Welt neu geschaffen wird und der Menschensohn sich auf den Thron der Herrlichkeit setzt, werdet ihr, die ihr mir nachgefolgt seid, auf zwölf Thronen sitzen und die zwölf Stämme Israels richten."

[1123] Vgl. 2 Kor, 5,17 "Wenn also jemand in Christus ist, dann ist er eine neue Schöpfung: Das Alte ist vergangen, Neues ist geworden." – Gal 6,15 "Denn es kommt nicht darauf an, ob einer beschnitten oder unbeschnitten ist, sondern darauf, dass er neue Schöpfung ist."

[1124] τεχνη

Somit gibt es nicht gute und schlechte Technik, sondern nur gut oder schlecht gemachte Technik. Es zählt nicht mehr das Gute, das Moralische, sondern nur noch das Können. Das Mass der Technik ist somit nicht mehr das Sein, nicht das Gute und Böse, sondern das Können; was man kann, das darf man. Es geht darum, das technisch Mögliche, das Können auch zu wollen und zu tun. Das Urteil über einen missglückten technischen Versuch ist somit nicht mehr das, dass eine Handlung schlecht war, sondern, dass der Techniker (der Künstler) es nicht gekonnt hat; es ist nur noch ein Kunstfehler, ein Nichtbeherrschen der Technik: menschliches Versagen. Bestraft wird folglich nicht mehr eine böse Tat, sondern das mangelnde Können. Die Folgen dieses Prinzips der Schlange (Satan) gilt es immer wieder neu zu erkennen. Es ist ein Betrug, der die Natur mit dem Menschen zerstören will. Der Mensch tut in allem, was er tut, sich selber. In ihm ist das Mass von Gut und Böse - er muss Gut und Böse nicht erst nach einer Handlung erkennen, er kann es vor einer Handlung[1125] - welches er annehmen oder verleugnen kann. Verleugnet er es, betrügt er sich selber und macht sich nicht frei, sondern zum Sklaven[1126] der "Schlange", er stellt sich gegen die Wahrheit[1127] und zerstört sich und die Welt. Der Mensch muss erkennen, dass er Kreatur Gottes ist, kreatürlich und Gott verpflichtet, nicht der "Schlange".[1128]

2.3.1.3. Natur des Menschen

Da die natura humana, Natur des Menschen, natura naturata, geschaffene Natur, und nicht selbst natura naturans, schaffende Natur - Schöpfergott - ist, begründet sie sich durch ihr Kreatur-Sein und nicht auf einem selbst Gewirkt-Sein. Selbst gewirkt ist der Zustand der Sünde, der Abkehr von der "Naturhaftigkeit". Gott hat den Menschen unversehrt, ohne Sünde,[1129] mit einem freien Willen[1130] ausgestattet und mit der Kraft zu lieben, zu glauben und zu wirken wie es sich gebührt - sittlich richtig und gut[1131] - und als gesellschaftliches Wesen,[1132] das umgrenzt ist,[1133] geschaffen und ihm Unsterblichkeit

---

[1125] Davon mehr unter dem Punkt "Das Gewissen".

[1126] Vgl. Röm 6,16 "Ihr wisst doch: Wenn ihr euch als Sklaven zum Gehorsam verpflichtet, dann seid ihr Sklaven dessen, dem ihr gehorchen müsst; ihr seid entweder Sklaven der Sünde, die zum Tod führt, oder des Gehorsams [gegenüber Gott], der zur Gerechtigkeit führt."

[1127] Vgl. Joh 14,6 "Jesus sagte zu ihm: Ich bin der Weg und die Wahrheit und das Leben; niemand kommt zum Vater außer durch mich."

[1128] Vgl. Ratzinger, Josef (1996); 66-71. – Vgl. Kessler, Hans (1998); 51-76.

[1129] Vgl. DH 239, 389, 621.

[1130] Vgl. DH 239, 621, 3955.

[1131] Vgl. DH 396, 400.

[1132] Vgl. DH 4312, 4324.

[1133] Vgl. DH 606.

verliehen.[1134] Die menschliche Natur besteht durch Gottes Schöpfung weiters gewissermassen zugleich aus Geist[1135] bzw. aus einer vernunftbegabten Seele und dem Leib.[1136] Der "ganzheitliche" Mensch besteht aus Leib und Seele, Herz und Gewissen, Geist und Willen.[1137] Diese Grundwesenszüge des Menschen sind ihm auch heute noch eigen. Selbst die Sündlosigkeit und Unsterblichkeit ist im neuen Menschen - Christus Jesus, an dem wir Anteil haben[1138] - kein Widerspruch.

Die Grundtriebe der menschlichen Natur sind daher aufgrund der oben geschilderten Merkmale zu suchen. Einer Kreatur in ihrem Ursprung Unversehrtheit, Sündlosigkeit, einen freien Willen habend, die Kraft zu lieben, zu glauben und zu wirken wie es sich gebührt - sittlich richtig und gut - ihr zudem Geselligkeit und Unsterblichkeit zu geben und von dieser Kreatur nicht zu verlangen unumgrenzt zu sein muss man wohl als absolute Liebe bezeichnen; Liebe nicht nur im Sinne des Gebers, sondern auch in dem des Empfängers. Das oberste Prinzip dieser heilen Kreatur kann nur Liebe sein. In allen verschiedenen Formen der Liebe sucht daher der Mensch die Erfüllung seines Glücks, das, worin er ein Gutes, ein Gut, einen Wert für sich erblickt. Die Liebe bildet somit den Grundtrieb - das Gesetz - der menschlichen Natur. Dieses Naturgesetz wirkt auf die Ausrichtung des menschlichen Verhaltens hin, auf die rechte Ordnung der Liebe. Es wirkt also darauf hin, dass die subjektiven Zwecke den objektiven existentiellen Zwecken entsprechen. In dieser Verwirklichung gelangt die menschliche Natur zu ihrer Vollverwirklichung. Wenn die Liebe aber Grundtrieb, Gesetz des Menschen ist, ist sie Naturgesetz und als solches für den Menschen Natur.[1139] Dass Liebe die Erfüllung des Gesetzes ist, zeigt auch die Aussage des Apostels (PAULUS), wenn er sagt: "Bleibt niemand etwas schuldig; nur die Liebe schuldet ihr einander immer. Wer den andern liebt, hat das Gesetz erfüllt.[1140]" Liebe ist jedoch keine Liebe, wenn sie nicht freiwillig

---

[1134] Vgl. DH 222.

[1135] Vgl. DH 250, 800, 3002, 4314

[1136] Vgl. DH 250, 272, 900, 4314.

[1137] Vgl. DH 4303.

[1138] Vgl. 2 Petr 1,4 "Durch sie (die göttliche Macht) wurden uns die kostbaren und überaus grossen Verheißungen geschenkt, damit ihr der verderblichen Begierde, die in der Welt herrscht, entflieht und an der göttlichen Natur Anteil erhaltet." – Vgl. Röm 6,8-9 "Sind wir nun mit Christus gestorben, so glauben wir, dass wir auch mit ihm leben werden. Wir wissen, dass Christus, von den Toten auferweckt, nicht mehr stirbt; der Tod hat keine Macht mehr über ihn." – Vgl. 2 Tim 2,11 "Das Wort ist glaubwürdig: Wenn wir mit Christus gestorben sind, / werden wir auch mit ihm leben." – Vgl. Heb 3,12.14 "Gebt acht, Brüder, dass keiner von euch ein böses, ungläubiges Herz hat, dass keiner vom lebendigen Gott abfällt, (...) denn an Christus haben wir nur Anteil, wenn wir bis zum Ende an der Zuversicht festhalten, die wir am Anfang hatten."

[1139] Vgl. Messner, Johannes (^{2}1980); 70-72.

[1140] Röm 13,8. – Vgl. Mt 22,37-40 "Er (Christus) antwortete ihm: *Du sollst den Herrn, deinen Gott, lieben mit ganzem Herzen, mit ganzer Seele und mit all deinen Gedanken.* Das ist das wichtigste und erste Gebot. Ebenso wichtig ist das zweite: *Du sollst deinen Nächsten lieben wie dich selbst.* An diesen beiden Geboten hängt das ganze Gesetz samt den Propheten." – Vgl. Mt 7,12 "Alles, was ihr also von anderen erwartet, das tut auch ihnen! Darin besteht das Gesetz und die Propheten."

gegeben wird. Somit hat die Liebe und der damit verbundene Grundtrieb auf das Gute hin seinen Sitz im Willen. Tätige Liebe ist Tugend. Tugend äussert sich am charakteristischsten in den Kardinaltugenden[1141] als Angelpunkt des sittlichen Lebens: Mässigung, Klugheit, Gerechtigkeit und Tapferkeit.

Die Mässigung ist jene sittliche Tugend, die im Neuen Testament "Besonnenheit oder Nüchternheit"[1142] genannt wird und welche die Gier zügelt und im Gebrauch mit den natürlichen Ressourcen rechtes Mass einhalten lässt. Die Besonnenheit sichert die Herrschaft des Willens, des Sitzes der Liebe, über die Gier und lässt die Grenzen des Ehrbaren nicht überschreiten.[1143] Die Klugheit ist jene Tugend, die aufgrund der praktischen Vernunft bereit macht und in die Lage versetzt, unser wahres Gut zu erkennen, zu erfassen und die richtigen Mittel zu erwählen, um dieses Gut zu erreichen. Klugheit verlangt Diplomatie im ursprünglichen Sinne des Wortes: Urkundlichkeit, das heisst Ehrlichkeit und glaubwürdiges Vorgehen.[1144] Das Gewissensurteil wird unmittelbar von der "auriga virtutum", der Lenkerin der Tugenden, der Klugheit gelenkt.[1145] Die Gerechtigkeit als sittliche Tugend ist der beständige feste Wille zu geben, was gebührt. Gerechtigkeit ist darauf hingeordnet, das Recht anderer zu achten und jene Harmonie herzustellen, die Rechtschaffenheit fördert und parteiisches Verhalten vermindert.[1146] Gerechtigkeit ist nicht nur eine Tugend, die sich auf Menschen bezieht, sondern auch auf die übrige Natur.[1147] Die Tapferkeit ist jene Tugend, die in Schwierigkeiten standhalten und im Erstreben des Guten durchhalten lässt. Die Tapferkeit befähigt in Versuchungen zu widerstehen und im sittlichen Leben Hindernisse zu überwinden. Sie gibt Mut, das weltliche Denken und Handeln zu besiegen und nötigenfalls das eigene Leben für eine gerechte Sache hinzugeben.[1148] Sie lässt unheilsame Angst überwinden.[1149]

[1141] Vgl. Weish 8,7 "Wenn jemand Gerechtigkeit liebt, / in ihren Mühen findet er die Tugenden. Denn sie lehrt Maß und Klugheit, / Gerechtigkeit und Tapferkeit, / die Tugenden, die im Leben der Menschen nützlicher sind als alles andere."

[1142] Vgl. Tit 2,12 "Sie [die Gnade Gottes] erzieht uns dazu, uns von der Gottlosigkeit und den irdischen Begierden loszusagen und besonnen, gerecht und fromm in dieser Welt zu leben."

[1143] Vgl. KKK 1809.

[1144] Vgl. Duden 7; 129; Diplomat.

[1145] Vgl. KKK 1806

[1146] Vgl. KKK 1807.

[1147] Vgl. Dtn 25,4 "Du sollst dem Ochsen zum Dreschen keinen Maulkorb anlegen." – Vgl. auch: 1 Tim 5,18 "Denn die Schrift sagt: *Du sollst dem Ochsen zum Dreschen keinen Maulkorb anlegen,* und: Wer arbeitet, hat ein Recht auf seinen Lohn."

[1148] Vgl. Joh 16,33 "Dies habe ich zu euch gesagt, damit ihr in mir Frieden habt. In der Welt seid ihr in Bedrängnis; aber habt Mut: Ich habe die Welt besiegt." – Vgl. Joh 15,13 "Es gibt keine größere Liebe, als wenn einer sein Leben für seine Freunde hingibt."

[1149] KKK 1808.

2.3.1.4. Natur des Baumes (biblisch gedeutet)

Die Natur des Menschen ist, mit einem Wort gesagt, die Liebe. Die Natur des Baumes kann nicht in gleicher Weise die Liebe sein, da dem Baum nicht die gleichen Grundvoraussetzungen wie dem Menschen gegebnen sind. Hat der Mensch einen freien Willen, so bedingt dies zumindest, dass er sich frei bewegen kann, seinen Aufenthaltsort, im Sinne des Wohnortes, selbst bestimmen kann, insofern er sich nicht selbst daran hindert. Der Baum kann seinen Standort nicht selbst bestimmen, geschweige selbst wechseln. Wo er verwurzelt ist bleibt er bis zu seinem Ende, insofern nicht ein Naturereignis oder des Menschen Hand den Wurzelballenraum verschiebt, was aber ebenfalls keinen freiwilligen Standortswechsel in sich birgt. Der Mensch ist mit der Kraft zu lieben, zu glauben und zu wirken wie es sich gebührt ausgestattet. Diese Kraft ist dem Baum zwar auch "eigen", aber nicht in gleicher Weise. Allerdings muss das Wort "eigen", welches bereits in Anführungszeichen steht, sehr abgeschwächt gesehen werden.

Die Kraft zu lieben: Wenn wir davon ausgehen, dass reine Selbsterhaltung Egoismus oder gar Egozentrik ist, dann ist Selbsterhaltung keine Liebe im eigentlichen Sinn, da sie nicht auf ein Du hin gerichtet ist. Reine Liebe ist immer auf ein Du hin gerichtet. Wenn wir nun wiederum davon ausgehen, dass alles auf ein Du hin gerichtete in irgend einer Weise mit Liebe zu tun hat, dann "liebt" auch der Baum. Wie kann sich nun der Baum auf ein Du hin richten? Bäume gehen in ihrem Leben Symbiosen ein. Zu den bekanntesten Symbiosen ist wohl die zwischen Baum und Ständerpilzen, die im Erdreich wurzeln, zu zählen.[1150] Dieses Verhältnis zeigt in der Regel jedoch ein gegenseitiges Geben und Nehmen. Hier wird das Leben zweier Arten erleichtert oder durch ihr Zusammenwirken erst ermöglicht. Somit lässt sich hier teilweise auch von reinem Selbstzweck sprechen und weniger von Liebe. Wenn aber gewisse Bäume von einem Getier an seinem Blattwerk stärker angegriffen werden, so gibt es Baumarten, die mittels chemischer Botenstoffe die Nachbarbäume alarmieren, welche unverzüglich Giftstoffe in die Blätter einlagern und diese dadurch für potenzielle Angreifer ungeniessbar machen. Dieses Alarmieren ist nicht mehr nur Selbstzweck, sondern wesentlich auf das Du des Nachbarbaumes hingerichtet. Hier könnte nun von "Liebe", wenigstens in einer sehr abgeschwächten Form, gesprochen werden.

Die Kraft zu glauben: Auch "Glaube" in einer marginalen Art ist dem Baum gegeben, vorausgesetzt, dass zum Glauben der Lobpreis, in welcher Form auch immer, ausreicht.[1151]

[1150] Vgl. Bertelsmann; Mykorrhiza.

[1151] Vgl. Dan 3,57 "Preist den Herrn, all ihr Werke des Herrn; / lobt und rühmt ihn in Ewigkeit!" – Vgl. Tob 8,5 "Und er begann zu beten: Sei gepriesen, Gott unserer Väter; gepriesen sei dein heiliger und ruhmreicher Name in alle Ewigkeit. Die Himmel und alle deine Geschöpfe müssen dich preisen." – Vgl. Ps 150,6 "Alles, was

Die Kraft zu handeln wie es sich gebührt: Was gehört zum Handeln des Baumes? Es ist nicht in erster Linie das Wachsen und Grosswerden, sondern das Fruchtbringen, das gute Frucht bringen.[1152] Das gute Frucht Bringen ist offenbar Grundlage der Natur des Baumes; dies zeigt auch der Umgang Christi mit Bäumen, die dieser Natur nicht entsprechen: "Als er [Jesus] am Morgen in die Stadt zurückkehrte, hatte er Hunger. Da sah er am Weg einen Feigenbaum und ging auf ihn zu, fand aber nur Blätter daran. Da sagte er zu ihm: In Ewigkeit soll keine Frucht mehr an dir wachsen. Und der Feigenbaum verdorrte auf der Stelle. Als die Jünger das sahen, fragten sie erstaunt: Wie konnte der Feigenbaum so plötzlich verdorren?[1153]" Die beste Frucht des Baumes ist Christus selber, der als Frucht des Kreuzesholzes die Erlösung und den Frieden gebracht hat.[1154] Auch bereits vor Christus wurden die fruchttragenden Bäume besonders behandelt: "Nur den Bäumen, von denen du weißt, dass sie keine Fruchtbäume sind, darfst du Schaden zufügen. Du darfst sie fällen und daraus Belagerungswerk bauen gegen die Stadt, die gegen dich kämpfen will, bis sie schließlich fällt.[1155]"

---

atmet, / lobe den Herrn! Halleluja!" – Vgl. Offb 5,13 "Und alle Geschöpfe im Himmel und auf der Erde, unter der Erde und auf dem Meer, alles, was in der Welt ist, hörte ich sprechen: *Ihm, der auf dem Thron sitzt,* und dem Lamm / gebühren Lob und Ehre und Herrlichkeit und Kraft in alle Ewigkeit."

[1152] Vgl. Gen 1,11-12 "Dann sprach Gott: Das Land lasse junges Grün wachsen, alle Arten von Pflanzen, die Samen tragen, und von <u>Bäumen</u>, die auf der Erde <u>Früchte bringen mit ihrem Samen darin</u>. So geschah es. Das Land brachte junges Grün hervor, alle Arten von Pflanzen, die Samen tragen, <u>alle Arten von Bäumen, die Früchte bringen mit ihrem Samen darin</u>. Gott sah, dass es gut war." – Vgl. Gen 2,8-9 "Dann legte Gott, der Herr, in Eden, im Osten, einen Garten an und setzte dorthin den Menschen, den er geformt hatte. Gott, der Herr, ließ aus dem Ackerboden <u>allerlei Bäume</u> wachsen, <u>verlockend anzusehen und mit köstlichen Früchten</u>, in der Mitte des Gartens aber den Baum des Lebens und den Baum der Erkenntnis von Gut und Böse."

[1153] Mt 21,18-20 – Bei Mk 11,12-14.20-21 wird dieses Ereignis etwas anders geschildert. "Als sie am nächsten Tag Betanien verließen, hatte er Hunger. Da sah er von weitem einen Feigenbaum mit Blättern und ging hin, um nach Früchten zu suchen. Aber er fand an dem Baum nichts als Blätter; denn es war nicht die Zeit der Feigenernte. Da sagte er zu ihm: In Ewigkeit soll niemand mehr eine Frucht von dir essen. Und seine Jünger hörten es. Als sie am nächsten Morgen an dem Feigenbaum vorbeikamen, sahen sie, dass er bis zu den Wurzeln verdorrt war. Da erinnerte sich Petrus und sagte zu Jesus: Rabbi, sieh doch, der Feigenbaum, den du verflucht hast, ist verdorrt." Die Stelle bei Mt 21,18-20 scheint jedoch die authentischere zu sein, da das Wunder im plötzlichen Verdorren eines "nutzlosen" Baumes und nicht im Verdorren über Nacht eines "nützlichen" Baumes besteht. Dies zeigt auch die nachfolgende Belehrung über die Glaubenskraft, die sofort Berge versetzen kann und nicht erst über Nacht. Diese Ansicht wird auch durch das Gleichnis von Lk 13,6-9 erhärtet: "Und er erzählte ihnen dieses Gleichnis: Ein Mann hatte in seinem Weinberg einen Feigenbaum; und als er kam und nachsah, ob er Früchte trug, fand er keine. Da sagte er zu seinem Weingärtner: Jetzt komme ich schon drei Jahre und sehe nach, ob dieser Feigenbaum Früchte trägt, und finde nichts. Hau ihn um! Was soll er weiter dem Boden seine Kraft nehmen? Der Weingärtner erwiderte: Herr, lass ihn dieses Jahr noch stehen; ich will den Boden um ihn herum aufgraben und düngen. Vielleicht trägt er doch noch Früchte; wenn nicht, dann lass ihn umhauen." Ebenfalls Mt 3,10 tendiert in diese Richtung: "Schon ist die Axt an die Wurzel der Bäume gelegt; jeder Baum, der keine gute Frucht hervorbringt, wird umgehauen und ins Feuer geworfen."

[1154] Vgl. Kol 1,19-20 "Denn Gott wollte mit seiner ganzen Fülle in ihm (Christus) wohnen, / um durch ihn alles zu versöhnen. Alles im Himmel und auf Erden wollte er zu Christus führen, / der Friede gestiftet hat am Kreuz durch sein Blut."

[1155] Dtn 20,20.

Die Beschaffenheit, das Wesen, das fundamentale Bewegungs- und Aktionsprinzip des Seienden des Baumes, seine Natur, ist somit auch aufgrund des "Du-geordnet-Seins" des Baumes, das Fruchtbringen, insofern unter Frucht nicht nur Speisefrüchte für den Menschen gemeint sind, sondern jegliche Art den Kreaturen hilfreiches Fruchtbringen. Da die Natur des Menschen die Liebe ist, kann er daher der Natur des Baumes in rechter Weise nur in Liebe begegnen sowie der Baum dem Menschen seiner Natur nach in rechter Weise nur mit Fruchtbringen begegnen kann.

2.3.2. Der Wald in anderen Religionen

Wenn nun der Wald bzw. der Baum in anderen Religionen kurz beleuchtet wird, versteht sich nicht in erster Linie der Umgang des Einzelnen, sich dieser oder jener Religionsgemeinschaft zuzählende Mensch, sondern vielmehr die grundlegende Sicht, die der einzelnen Religion eigen ist oder wenigstens wäre, auch wenn sie von deren Mitgliedern nicht unbedingt, gegebenenfalls überhaupt nicht, gelebt wird.

2.3.2.1. Judentum

Im Judentum wird die physikalisch-organische Welt keinesfalls als Sklavin des Menschen verstanden. Das rabbinische Denken folgt hinsichtlich der Umwelt zwei Rechtsprinzipien: 1) "Du sollst Tieren keinen Schmerz zufügen", und 2) "Du sollst nicht verderben". Der erste Grundsatz ist hinsichtlich dieser Arbeit weniger von Belang. Der zweite folgt der Generalisierung der Mizwa: "Wenn du eine Stadt längere Zeit hindurch belagerst, um sie anzugreifen und zu erobern, dann sollst du ihrem Baumbestand keinen Schaden zufügen, indem du die Axt daran legst. Du darfst von den Bäumen essen, sie aber nicht fällen mit dem Gedanken, die Bäume auf dem Feld seien der Mensch selbst, sodass sie von dir belagert werden müssten.[1156]" Jede unbegründete Zerstörung der Natur stellt im rabbinischen Denken eine Verletzung dieses Grundsatzes dar. Die Fruchtbäume werden besonders hoch geschätzt wie der von der Schule HILLELS[1157] festgesetzte Neujahrstag der Bäume, am 15. Schewat (Übergang Januar-Februar), zeigt, der im modernen Israel ein Festtag ist. So soll Rabbi JOCHANAN BEN ZAKKAI (1. Jahrhundert nach Christus) gesagt haben: "Wenn du eine Pflanze in der Hand hältst und man dir sagt: 'Der Messias ist da!', pflanze sie zuerst ein und dann geh, ihn zu begrüssen.[1158]" - Dies erinnert an den auf MARTIN LUTHER zurückgehenden Spruch, den der österreichische

[1156] Dtn 20,19.

[1157] HILLEL, mit dem Ehrennamen "der Alte", * in Babylonien um 60 v. Chr., † in Palästina um 10 n. Chr., Präsident (Nazis) des Synedriums. Bedeutender rabbinischer Gesetzeslehrer.

[1158] Abgedruckt in: Loth, Heinz-Jürgen (1999[1]); 258.

Aktionskünstler ANDRÉ HELLER wie folgt formulierte: "Wenn im Radio durchgesagt wird, dass morgen die Welt untergeht, würde ich heute noch einen Baum pflanzen.[1159]" - Allerdings verhinderte dies nicht, dass auch damals Bäume aus wirtschaftlichen Gründen gefällt wurden.

Etliche rabbinische Vorschriften befassen sich im Weiteren auch mit der Gewässer- und Luftverschmutzung. Die Eigentümer waren nach dieser Auffassung in ihrem Handeln nicht frei, da kein rechtlicher Anspruch auf Dinge, die Schaden verursachten bestand. Vielmehr war man im Sinne des Verursacherprinzips zur Unterlassung von Umweltschäden verpflichtet. Umwelt war ein Rechtsgut, da aus der religiösen Handlungsorientierung eine soziale Norm geworden war und somit der Rechtspflege unterworfen.[1160] Der Baum erhielt vermutlich eine wesentliche Stellung in der jüdischen Tradition, weil er, im Gegensatz zur fleischlichen Natur, in der Sintflut ohne Arche überlebt hat, sozusagen vom Gericht Gottes verschont wurde.[1161] Der Baum wird darüber hinaus gar zum Zeichen der neuen Lebensmöglichkeit, bringt doch die Taube ein frisches Ölbaumblatt.[1162] Die Bäume (die Pflanzen) trieben offenbar von sich aus wieder aus. In anderen jüdischen Schilderungen wird auch die Pflanzen- und Meereswelt in die Vernichtung durch die Sintflut einbezogen, da ihrer Ansicht nach Gott alles auf den Menschen hin geschaffen hat und ohne diesen beziehungslos ist. Dies bedeutet, dass, wenn der Mensch frevelt, er die ganze Natur bedroht, nicht nur sich selber.[1163]

2.3.2.2. Islam

Im Islam gilt die Schöpfung - analog der christlichen Tradition, in der die Schöpfung als Buch der Natur gilt - als zentrale Quelle der Offenbarung und der Gotteserkenntnis.[1164] Im Koran dient die Schöpfung dazu, das Leben des Menschen zu sichern und in ihr "Gottes Antlitz zu suchen",[1165] mit der Schöpfung den Menschen zu helfen Almosen zu geben.[1166] Der Mensch hat Diener Gottes auf Erden zu sein.[1167] Der Mensch ist Statthalter

[1159] Gut Zitiert!; Thema/Baum.

[1160] Vgl. Loth, Heinz-Jürgen (1999¹); 257-259.

[1161] Vgl. Gen 6,7 "Der Herr sagte: Ich will den Menschen, den ich erschaffen habe, vom Erdboden vertilgen, mit ihm auch das Vieh, die Kriechtiere und die Vögel des Himmels, denn es reut mich, sie gemacht zu haben."

[1162] Vgl. Gen 8,11 "Gegen Abend kam die Taube zu ihm zurück, und siehe da: In ihrem Schnabel hatte sie einen frischen Olivenzweig. Jetzt wusste Noach, dass nur noch wenig Wasser auf der Erde stand." Wörtlich übersetzt: "ein Blatt vom Ölbaum, ein frisches (zayit-leh tarap עֲלֵה־זַיִת טָרָף)"

[1163] Vgl. Thoma, Clemens (1992); 46-49.

[1164] Vgl. Thoma, Clemens (1992); 53-54, 57.

[1165] Vgl. Koran 45,3 "In der Erschaffung von Himmel und Erde liegen Zeichen für die Gläubigen."

[1166] Vgl. Koran 2,272 "Es ist nicht deine Aufgabe, sie (die Ungläubigen) (zum Glauben) recht zu leiten. Vielmehr leitet Gott recht, wen er will. Wenn ihr etwas Gutes spendet, kommt es euch selber zugute. Ihr habt aber, wenn

auf Erden und somit für den Umgang mit der Schöpfung verantwortlich.[1168] Sie ist ihm nur auf Zeit anvertraut, also nicht sein Eigentum, über das er willkürlich verfügen könnte.[1169] Die Schöpfung, insbesondere auch Bäume, sind Zeichen für die Wissenden über Gott nachzudenken.[1170] Der Baum hat aber offensichtlich, wenn man Sure 95 betrachtet, noch einen göttlichen Eidescharakter - Gott scheint auch bei Bäumen zu schwören.[1171] Erwählung und Verantwortung, die der Koran vermittelt, haben letztlich offenbar eine eschatologische Dimension.[1172]

2.3.2.3. Hinduismus

Das Schöpfungsverständnis im Hinduismus unterscheidet sich beachtlich von dem der jüdisch-christlichen Tradition. Die Verbindung von Gott und Schöpfung (Transzendenz und Immanenz) wird viel enger, ganzheitlicher gesehen als im Okzident und kristallisiert sich im Wort "atman" (innerer Lenker - antaryamin). Im Hinduismus sind heute besonders zwei Denkmuster erwähnenswert: Zum einen das Denkmuster der Entweltlichung, einer Abkehr von der Welt. Das Sicht- und Anfassbare wie die Bäume wird lediglich als äussere Form einer Wirklichkeit verstanden, die dahinter liegt und somit wesentlicher ist als das Greifbare, das nur Ausdruck oder abgeleiteter Schein dieser Wirklichkeit ist. Zum andern eine sakramentale Sicht der Wirklichkeit nach der alles Existierende, die Wirklichkeit überhaupt - vom kleinsten Teilchen eines Atoms, über den Baum, bis hin zum gesamten Götterhimmel - nichts anderes ist, als eine Kondensation von Geist. Diese Sicht schlägt sich besonders in den Strömungen der Tantras nieder. Tantra besagt, dass alles Existierende, Gutes wie Böses, nichts anderes als göttlicher Geist ist. Die materielle Welt wird somit nicht abgewertet, sondern es wird in sie eingetaucht, da diese Ausdruck der einen göttlichen Kraft ist.

---

ihr Spenden gebt, immer nur Gott vor Augen. Wenn ihr etwas Gutes spendet, wird es euch (bei der Abrechnung im Jenseits) voll heimgezahlt. Und euch wird (dabei) nicht Unrecht getan."

[1167] Vgl. Koran 51,56 "Und ich habe die Dschinn und den Menschen nur dazu geschaffen, dass sie mir dienen." – Vgl. Koran 19,93 "Es gibt niemand im Himmel und auf der Erde, der dereinst nicht als Diener zum Barmherzigen kommen würde."

[1168] Vgl. Koran 6,165a & 35,39a "Und er ist es, der euch als Nachfolger (Statthalter) früherer Generationen auf Erden eingesetzt hat."

[1169] Vgl. Koran 2,36c "Und ihr sollt auf der Erde Aufenthalt haben und Nutzniessung auf eine beschränkte Zeit."

[1170] Vgl. Koran 16,11.13 "Er lässt euch dadurch das Getreide wachsen und die Ölbäume, Palmen und Weinstöcke und sonst allerlei Früchte. Und zu all dem kommt hinzu was er euch sonst noch an verschiedenen Arten (Farben) hat wachsen lassen. Darin liegt ein Zeichen für Leute, die sich mahnen lassen (die es bedenken)."

[1171] Vgl. Koran 95,1-4 "Bei den Feigen- und Ölbäumen, beim Berg Sinai und bei dieser sicheren Ortschaft (Mekka)! Wir haben doch seinerzeit den Menschen in bester Form geschaffen." – Vgl. auch: Koran 68,1 "Beim Schreibrohr und bei dem, was man damit niederschreibt!"

[1172] Vgl. Abdullah, Muhammed Salim (1999[1]); 265-268.

Diese beiden Sichtweisen erscheinen geradezu konträr, sind aber für den Hindu Bild der Harmonie und somit der Einheit. Die Welt erscheint als Einheit von Schöpfung und Zerstörung. In ihrer ursprünglichen Natur sind alle Wesen Ausprägung des Einen. In jedem Wesen gilt es somit "atman" zu erblicken und sich jedem Wesen gegenüber so zu verhalten wie man sich Gott gegenüber verhalten würde. Da nun "atman" das Wesen alles Geschaffenen ist, ist das Andere das Selbst in anderer Form - wir würden im folgenden Text dieses Abschnittes nicht nur den Begriff "Wesen" wählen, sondern oftmals den Begriff "Person". Wer etwas anderes verletzt, verletzt somit im Anderen sich selbst. In der Vielheit der Wesen wird immer das Eine erfahren. Das Transzendente ist ganz und gar immanent und das Immanente ist nicht ohne das Transzendente, denn das Wesen des Immanenten ist das Transzendente. Ein Baum gilt demzufolge nur unter einem Aspekt, dem des Wesens, als anders, im Wesen ist er aber der gleichen Natur wie sein Gegenüber, wer oder was dies auch immer sein mag.[1173] Im anderen Wesen der gleichen Natur zu sein beinhaltet eben doch ein anderes Wesen zu haben. So hat auch im Hinduismus - aufgrund der Geistbegabung, der religiösen Erkenntnis- und sittlichen Handlungsfähigkeit, die ihm das Erstreben der hinduistischen Werte Reinheit, Selbstbeherrschung und Gewaltlosigkeit ermöglicht - der Mensch eine Sonderstellung gegenüber der restlichen Welt.[1174]

2.3.2.4. Buddhismus

Im Buddhismus ist die Welt nicht die Schöpfung eines allmächtigen Gottes, sondern sie besteht seit "anfangloser Zeit". Das Dasein in der Welt ist ebenfalls nicht ein einmaliges, sondern ein andauerndes - mitunter nicht ewiges, wenn man den buddhistischen Erlösungsweg beschreitet - wieder geboren Werden als Mensch oder in einer anderen Existenzform, jedoch nicht als eine Pflanze, da Pflanzen im Allgemeinen nicht als Lebewesen gelten. Das Dasein wird, gerade aufgrund seiner jeweiligen Vergänglichkeit und Veränderlichkeit, nicht als etwas Erstrebenswertes empfunden, sondern als etwas zutiefst Unbefriedigendes und in diesem ontologischen Sinne Leidhaftes. Ziel ist es, diesen leidbehafteten Zustand im totalen Übersteigen jedweden weltlichen Daseins zu überwinden in seinem vollständigen Erlöschen (Nirwana). Da die Natur aufgrund ihrer Vergänglichkeit und Veränderlichkeit vom leidhaften Dasein gekennzeichnet ist, ist im Nirwana, als einem Zustand radikalen Transzendiertseins allen vergänglichen und leidvollen Daseins, kein Raum für sie. Besonders der Baum ist aufgrund seines jahreszeitlich bedingten Blätterverlustes Zeichen der Veränderung. Er wird daher gerne als Meditationsobjekt benutzt um sich der Veränderung und der Vergänglichkeit des

---

1173 Vgl. Brück, Michael von (1992); 82-86.

1174 Vgl. Balasubramanian, Rajangam (1999[1]); 272-274.

Irdischen bewusst zu werden. Das Verschwinden grösserer natürlicher Lebensräume wird dementsprechend meist gleichmütig hingenommen, da dieses die universale Vergänglichkeit bestätigt.[1175]

Diese Gleichmütigkeit bedeutet jedoch nicht, dass der Buddhismus gleichgültig mit der Natur umgeht. Das Ziel des Buddhismus ist das Eingehen ins Nirwana. Dies wird jedoch nur erreicht, wenn der Mensch keinerlei böse Regung gegen alle Wesen verspürt sowohl im Tun als auch in Gedanken und in Worten. Dies zeigt sich im Ahimsa-Gebot ("Nicht-Verletzen"), welches aufgrund hinduistischer Einflüsse in den Buddhismus eingedrungen ist. Dieses Gebot zielt eigentlich in erster Linie auf den Umgang mit Lebewesen ab. Pflanzen werden jedoch in der Regel, wie bereits erwähnt, nicht als Lebewesen betrachtet. Trotzdem meidet der Buddhismus die Zerstörung von Keim- und Pflanzenleben, sind diese doch Lebensgrundlage anderer Lebewesen. Schädigen von Pflanzen bedeutet somit schädigen der Lebensgrundlage niederer Lebewesen und somit derselben selbst. Das Pflanzen von Bäumen ist somit Wohltat an den Lebewesen und Zeugnis der Liebe und verbessert dadurch das Karma. Dem Buddhismus ist somit ein Mitleidsethos eigen. Im Jainismus[1176] wird das Nichtverletzungsgebot auch auf die Pflanzenwelt ausgedehnt, was dazu führen kann, dass immer wieder Jainas das Gelübde ablegen und erfüllen auf jede Nahrungsaufnahme zu verzichten - da dies eine Verletzung an der Nahrungsgrundlage wie Pflanzen darstellt - und so in den Hungertod gehen.[1177]

2.3.2.5. Fernöstliche Religionen

Der Taoismus hat einen intuitiven, mystischen Zugang zum Leben. Die erste Tugend besteht in der kreativen Ruhe.[1178] Dies bedeutet, dass der Mensch durch das Tao[1179] an sich handeln lässt, indem der Taoist sich in den Rhythmus der Natur fallen lässt, die wiederum durch das Tao geordnet ist. Der Taoismus befindet sich dadurch in steter Opposition zu allen Arten von Maschinen, da diese die Wunder der Natur ausbeuten. Technische Geräte und Maschinen werden als listige Einrichtungen empfunden, die wiederum listiges Verhalten hervorrufen und somit ein listiges Herz ergeben. Die Natur - die Welt - ist nach taoistischem Verständnis ein heiliges Gefäss und als solches nicht dazu gemacht, vom Menschen verändert zu werden. Dies bedeutet nicht, dass der Mensch lethargisch in der Natur steht. Vielmehr ist er stolz sich von der Natur durch sein zielgerichtetes Handeln zu unterscheiden, zielgerichtet die kreative Ruhe zu erreichen.

[1175] Vgl. Schmithausen, Lambert (1999[1]); 275-278.

[1176] Der Jainismus entstand ungefähr zur gleichen Zeit wie der Buddhismus aus der Asketenbewegung.

[1177] Vgl. Bischofberger, Otto (1999[1]); 278-282.

[1178] Kreative Ruhe ist die Umschreibung des "wu-wei" = "handeln, ohne zu handeln".

[1179] Tao bedeutet der "Weg" und wird als Gottheit begriffen.

Letztlich geht es darum in das Tao, die Gottheit einzutauchen, indem zu den konventionellen Werte-Systemen, den Auffassungen von Zeit, Raum, Vernunft, Realität und Verursachung, Distanz geschaffen wird. Die Zivilisation wird als niemals wiedergutzumachende Zerstörung einer idealen Ureinheit gesehen. Daraus folgert für den Taoismus, dass es gilt, die Natur zu kennen, natürlich zu sein und nicht zerstörend auf die Natur einzuwirken, da der Taoist lebt, aber nicht das "Ich", sondern es ist das Tao, das in ihm lebt, weil er im Tao lebt und sich in ihm bewegt und dadurch seine Existenz besitzt.[1180]

Eine dem Taoismus geradezu konträre Sicht beinhaltet der Konfuzianismus. Im Konfuzianismus wird die Natur als fremd bis gar feindselig empfunden. Wird im Taoismus der Mensch in Einheit mit der Natur gesehen, so hebt sich der Mensch im Konfuzianismus radikal von der Tier- und Pflanzenwelt und der Welt der Elemente ab. Die Elemente Feuer, Wasser, Luft und Erde haben Energie, aber kein Leben; Gräser und Bäume haben Energie und Leben, aber kein Wissen; die Tiere haben Energie, Leben und Wissen, aber keine Gerechtigkeit; der Mensch jedoch hat Energie, Leben, Wissen und Gerechtigkeit, aber keine Vollkommenheit. Der Mensch muss sich seine Fähigkeiten erst mühsam durch sorgfältige Bildung erwerben und wird nie vollkommen sein, da er sein ganzes Leben lang zu lernen hat. Er ist ein Mängelwesen,[1181] das zur staatlich organisierten Kultur "verdammt" ist, insofern er nicht untergehen will. Den Ausweg sieht der Konfuzianismus im gesellschaftlichen Zusammenschluss, in dem der Mensch vermag sich die Dinge der Natur als ihr Objekt zu unterwerfen und über die Dingwelt zu verfügen. Die Natur wird nicht als etwas gesehen, das letztlich von den Menschen oder einer göttlichen Macht gestört werden könnte, sie besitzt über die Zeit gesehen eine feste Invarianz. Diese Unveränderlichkeit, die über die Zeit zu sehen ist, bedeutet nicht, dass es nicht zu momentanen Veränderungen kommen kann. Fallende Sternschnuppen oder "heulende" Bäume sind nichts, wovor die Menschheit sich fürchten müsste, sondern werden lediglich als Wechsel von Yin und Yang[1182] gesehen. Da Yin und Yang jedoch ausgewogen sind, was sich schon im entsprechenden Symbol - ☯ - ausdrückt, wird sich das "Blatt" früher oder später wieder wenden. In diesem Wechsel gilt es sich nun zu behaupten. Will der Mensch die Natur nutzen, so muss er ihr nach dem Konfuzianismus "entsprechen".[1183] Natur ist Objekt des Menschen. Dies bedeutet nicht, dass der moderne

[1180] Vgl. Yong-Xiang Liau, Timothy (1996); 170-173.

[1181] Dies entspricht durchaus dem abendländischen "Natura-noverca-Motiv".

[1182] Kosmologische Begriffe der chinesischen Philosophie seit etwa 400 v. Chr.; "Yin" ist das Weibliche, Nachgiebige, die Erde; "Yang" das Männliche, die Stärke, der Himmel; beide haben ihren gemeinsamen Ursprung in einem Absoluten.

[1183] Hier erkennt man bereits einen dialektischen Gedanken, den später im Okzident namentlich Francis Bacon und Georg Wilhelm Friedrich Hegel entwickelten.

"Homo oeconomicus" dem konfuzianischen Bild entspricht, ist er doch nichts anders als die Verkörperung der Naturwüchsigkeit selber, nämlich eines rohen Eigeninteressens.[1184]

2.3.2.6. Naturreligionen

Den Naturreligionen ist oft ein animistisches Naturverständnis[1185] eigen. Die Natur wird als heilig gesehen oder ihr haftet etwas Heiliges an. Die Naturreligionen sind daher oft vom Grundgedanken der Harmonie und von der Ehrfurcht vor der Ökonomie der Natur geprägt. Die wohl höchste Ausprägung dieses Denkens lässt sich in der Ansprache von Häuptling SEATTLE[1186] finden, dessen Rede zwar nur literarische Fiktion[1187] zu sein scheint, aber nichtsdestoweniger einen gewissen Einblick in das Handeln nach dem Gesetz des Ausgleichs und das Denken in Kreisläufen ermöglicht. Ein besonderes Bild dieser Kreisläufe ist der Baum, der in seinem steten Wechsel innerhalb der Natur selbst in den Jahreskreis eingebunden ist und selbst darin wieder Kreise in seinen Jahrringen schreibt. Der Kreislauf - der Ring - der (nord-)indianischen Weltanschauung hat nichts Kybernetisches an sich, nichts Technisches, sondern wird in der Natur gefunden, ist "Religion". In diesem "Ring" gilt es für den Menschen nicht Mittelpunkt zu sein, sondern in dessen Mittelpunkt einzutreten.[1188]

Die innerhalb ihrer "Naturfrömmigkeit" ganzheitlich-vernetzte Sicht der Wirklichkeit und die Einbindung des Menschen in diesen Zusammenhang vermindern hauptsächlich Umweltzerstörungen im indianischen Lebensraum. Grundzug indianischer Kultur ist es, dass jedes Ding heilig ist und eine Bestimmung hat, die nicht verletzt werden darf. Daraus ergibt sich das Anliegen nach Frieden, Harmonie und dem Leben im Gleichgewicht mit allen Lebewesen zu streben. Die Welt wird als "Familie" gesehen und die Beziehung zum All als von verwandtschaftlicher Art. Der Mensch innerhalb dieser Kultur und dieser Naturfrömmigkeit sieht sich folglich als im "Element Natur" existierend, hat er doch seine Existenz im Element Luft. Erde und Natur sind zudem nicht etwas Unbeseeltes, sondern sie erscheinen als ein Seiendes aus eigenem Recht, als geistdurchwirkt. Weil sie geistdurchwirkt sind, sind sie wundersam und heilig. Zum andern weiss sich der Mensch selbst eingebunden in ein Geflecht und Gefüge, welches alles Dasein umgreift. Es lässt sich in dieser religiösen Richtung unschwer eine

[1184] Vgl. Roetz, Heiner (1996); 156-160, 162.

[1185] Heiligkeit der Natur.

[1186] SEATTLE, Häuptling der Duwamish-Indianer (1790-1866). Die Rede ("Meine Worte sind wie die Sterne: Sie gehen nie unter"), die ihm zugeschrieben wird, soll er an FRANKLIN PIERCE, 14. Präsident der USA, gerichtet haben.

[1187] Über die Authentizität dieser Rede gibt es verschiedene Ansichten. Es ist in dieser Arbeit nicht Zweck und Ziel diesen Streit zu entscheiden oder zu schlichten.

[1188] Vgl. Drewermann, Eugen (^{7}1997); 115, 117-119, 120-121.

Weltansicht erkennen, die holistisch-ganzheitlich organisiert ist. Der Übergang zwischen materiell und spirituell, insofern er überhaupt vorhanden ist, ist überaus fliessend. So wird, was im abendländischen Verständnis allenfalls, wenn überhaupt, als geistige Verwandtschaft gesehen wird,[1189] im indianischen Denken als reale Verwandtschaft empfunden. Der Baum ist Bruder des Menschen, da beiden die gleiche Mutter, die Erde, eigen ist.[1190]

Naturvölker nun grundsätzlich mit besonderer Neigung zum Naturschutz in Verbindung zu bringen wäre nicht objektiv. Tatsache ist, dass sie meist ein anderes Weltbild haben, als die übrige Welt. Wenn im abendländischen Denken unterschieden wird zwischen dem ausdehnungslosen, unmessbaren, geistigen Sein im Innern des menschlichen Bewusstseins (res cogitans) und dem ausgedehnten, messbaren äusseren Sein der materiellen Objekte (res extensa), so zeigt die Analyse der mythischen Kosmologien, dass es im Mythos, in unserem heutigen Sinn, keine Natur gibt, die von der Menschenwelt scharf zu trennen wäre. Die mythische Ontologie kennt in unserem Sinne keine Unterscheidung der Bereiche Natur & Kultur oder sakral & profan. Sie kennt lediglich unterschiedliche Weisen göttlicher Wirksamkeit. Somit ist alles heilig, da es zwangsläufig göttlicher Wirksamkeit unterliegt. Was aber heilig ist darf nicht einfach genutzt werden, ist Tabu. Jedes Naturvolk hat jedoch bestimmte Tabus aufgehoben,[1191] um durch die Nutzung der Natur überleben zu können. Somit ist das, was allgemein als den Naturvölkern zugeschriebenes Naturschutzverständnis gilt meist im Wesentlichen eigener Überlebensschutz. Als Beispiel sei der jahrhundertelange "Einklang" der Balinesen mit der Natur durch ihre berühmten, auf künstlicher Bewässerung beruhenden Reisanbauterrassen genannt. Dieser Anbau bezweckt gerade nicht eine Natur in unserem Sinne zu schützen, sondern er soll primär menschliches Überleben in Übereinstimmung mit den göttlichen Geboten dauerhaft sichern. Allerdings ist es, und das ist unumwunden zuzugeben, ein gutes Beispiel dafür, dass diese Art des Wirtschaftens sekundär auch die positive Nebenwirkung eines kulturbedingten Umweltschutzes inkludiert.[1192]

2.3.3. Der Wald im Christentum und in der Kirche

Das Thema des Waldes bzw. des Baumes im Christentum und in der Kirche kann nur aus dem Blickwinkel der Bibel angegangen werden, ist die Heilige Schrift doch

[1189] Vgl. dazu den Sonnengesang des HL. FRANZ VON ASSISI.

[1190] Vgl. Kaiser, Rudolf (1992); 257-258, 260-226.

[1191] Ausnahme sind einzelne Personen, welche die Natur nicht nutzen wollen und den Hungertod vorziehen wie die weiter oben genannten Jainas. Selbst diese Jainas nutzten die Natur vor sie sich zu ihrem radikalen Schritt durchrangen.

[1192] Vgl. Bargatzky, Thomas (1992); 876-886.

fundamentales Werk jüdisch-christlicher Tradition. Speziell das Neue Testament, das in der Menschwerdung Gottes kulminiert, gehört zur Tradition des Christentums und der Kirche, wobei sich "Kirche" in diesem Sinne nur implizit konfessionell verstehen lässt. Ein Grundzug christlicher Lebenshaltung ist die der Versöhnung.[1193] Diese Grundhaltung lässt sich in einer Kurzformel als Versöhnungs- und Friedensarbeit an der ganzen Schöpfung - also auch an Baum, Wald und Mensch - bezeichnen. Dieser Versöhnung gilt es nicht schüchtern zu gedenken, sondern sie wirkungsvoll bekannt zu machen und zu praktizieren.[1194] Versöhnung heisst zudem Erlösung, denn sonst wäre es ja keine Versöhnung, sondern lediglich eine gewisse Annäherung zwischen Gott und den Menschen bzw. der Schöpfung. Die Versöhnungsbotschaft, die Frohe Botschaft (Evangelium), ist - unter Beachtung der Menschwerdung Gottes,[1195] der Inkarnation in Jesus Christus dem Nazoräer und der biblischen Heilsgeschichte mit dem darin verbundenen Heilsgeschehen - universale Heilsbotschaft. Diese Heilsbotschaft ist von ihrem Grund her an eine partikulare, geschichtliche und dadurch kulturelle Wirklichkeit gebunden. Nur in ihrer Konkretheit kann sie sich adäquat artikulieren. Faktisch und von seinem tiefsten Selbstverständnis her ist christlicher Glaube, aufgrund der Inkarnation, immer schon inkulturierter Glaube.[1196] Da diesem Glauben das gesamte in der Heiligen Schrift zu Grunde liegende Heilsgeschehen eigen ist, gehört zur Inkulturation, insofern sie vollständig sein will, die Akzeptanz der biblischen Weisungen in ihrer kontextuellen Bedeutung. Die Schrift benennt nicht wenige Male auch den Umgang mit Bäumen bzw. erwähnt dieselben. Solche Stellen und Aussagen der Kirche sollen im Folgenden gewichtet werden.

2.3.3.1. Der Wald in der Bibel

Von der Schöpfung berichten wie bereits aufgezeigt in der Bibel nicht nur die Schöpfungsberichte. Genauso wenig sind ökologische Aussagen nur in unseren Tagen zu finden. Die ökologisch interessierte Exegese bestätigt dies zusehends und erkennt

[1193] Vgl. 2 Kor 5,18-20 "Alles kommt von Gott, der uns durch Christus mit sich versöhnt und uns den Dienst der Versöhnung aufgetragen hat. Ja, Gott war es, der in Christus die Welt mit sich versöhnt hat, indem er den Menschen ihre Verfehlungen nicht anrechnete und uns das Wort von der Versöhnung (zur Verkündigung) anvertraute. Wir sind also Gesandte an Christi Statt, und Gott ist es, der durch uns mahnt. Wir bitten an Christi Statt: Lasst euch mit Gott versöhnen!"

[1194] Vgl. Mt 28,19-20 "Darum geht zu allen Völkern und macht alle Menschen zu meinen Jüngern; tauft sie auf den Namen des Vaters und des Sohnes und des Heiligen Geistes, und lehrt sie, alles zu befolgen, was ich euch geboten habe. Seid gewiss: Ich bin bei euch alle Tage bis zum Ende der Welt." – Vgl. Mk 16,15 "Dann sagte er (Christus) zu ihnen: Geht hinaus in die ganze Welt, und verkündet das Evangelium allen Geschöpfen!"

[1195] Vgl. Joh 1,1.14 "Im Anfang war das Wort, / und das Wort war bei Gott, / und das Wort war Gott. Und das Wort ist Fleisch geworden / und hat unter uns gewohnt / und wir haben seine Herrlichkeit gesehen, / die Herrlichkeit des einzigen Sohnes vom Vater, / voll Gnade und Wahrheit."

[1196] Vgl. Gabriel, Ingeborg (1993); 135-136.

ökologische Zerstörungen in biblischer Zeit mit deren Ringen um ein wirksames Entgegentreten. Dinge erscheinen anders, als in der gegenwärtigen Geschichte, wenn es um die Geschichte Gottes mit den Menschen geht.[1197] Selbst ein oft symbolhaft für die Natur verwendeter Begriff wie "Wald (Forst)" ist mitnichten einfach der Natur zuzuordnen, sondern stellt eine Kulturleistung des Bestockens, Erntens, Holzlesens, Beweidens und/oder Rodens dar. Auch wenn der Wald somit als sekundäre Natur gesehen wird, sind Überlegungen notwendig dieser einen Eigenwert zuzusprechen.

An dieser Stelle soll ein möglichst grundlegender Überblick über Begriffe gegeben werden, die in der Heiligen Schrift mit dem Wald in engerem Zusammenhang stehen. Es werden entsprechend der Buch- und Kapitelreihung der Einheitsübersetzung 1214 Stellen, wobei ein Vers mehrere Stellen beinhalten kann, angegeben, die in engerem Zusammenhang mit dem Wald bzw. Baum angeführt sind, wobei der jeweils einzelne Begriff auch in einer analogen Beziehung stehen kann.

Die Bibel unterteilt sich in 73 Bücher, wovon 46 zum Alten und 27 zum Neuen Testament gehören.

Die oben genannten 1214 Stellen verteilen sich auf 57 Bücher, 43 alttestamentliche und 14 neutestamentliche Bücher. In den 57 Büchern - 78,1 % aller Bücher - lassen sich folgende Anzahl relevanter Stellen finden: Ezechiel: 129, Jesaja: 109, Erstes Buch der Könige: 64, Jeremia: 62, Exodus: 58, Genesis: 57, Jesus Sirach: 45, Hohelied: 40, Psalmen: 36, Deuteronomium: 35, Levitikus: 33, Zweites Buch der Chronik: 33, Matthäus: 33, Daniel: 26, Numeri: 25, Richter: 25, Lukas: 25, Römer: 24, Offenbarung: 24, Erstes Buch der Chronik: 23, Nehemia: 23, Hiob: 21, Sacharja: 21, Markus: 20, Zweites Buch der Könige: 19, Zweites Buch Samuel: 18, Weisheit: 17, Sprichwörter: 16, Baruch: 14, Josua: 13, Hosea: 12, Erstes Buch Samuel: 11, Erstes Buch der Makkabäer: 11, Zweites Buch der Makkabäer: 10, Joel: 10, Amos: 10, Esra: 6, Kohelet: 6, Johannes: 6, Judit: 5, Micha: 5, Habakuk: 4, Haggai: 4, Jakobus: 4, Ester: 3, Klagelieder: 3, Apostelgeschichte: 3, Jona: 2, Nahum: 2, Maleachi: 2, Zefanja: 1, Erster Korintherbrief: 1, Erster Timotheusbrief: 1, Zweiter Timotheusbrief: 1, Hebräer: 1, Erster Petrusbrief: 1, Judas: 1.

Die relevanten Stellen sind in dieser Übersicht[1198] entsprechend der Buch- und Kapitelreihung der Einheitsübersetzung aufgeführt. In der ersten Spalte ist den Büchern der Bibel die entsprechende Reihenfolgnummer gegeben, die zweite Spalte zeigt die

[1197] Vgl. Winkler, Ulrich (1997); 63, 66-67.

[1198] Diese Übersicht hat nicht den Anspruch auf Vollständigkeit, da alleine schon die Zuordnungen diverser Begriffe nicht immer eindeutig sein können und daher zum Teil schwierig sind. Als Beispiel sei das Senfkorn genannt. In der Bibel wird es offenbar als Samenkorn eines Baumes gesehen. In unseren Breiten würde man es eher als Samenkorn eines Strauches oder Busches einstufen.

Bibelstelle an, die dritte Kolonne enthält das vorkommende Wort (allfällige Zahlen in Klammern geben die Anzahl Stellen dieses Suchbegriffes innerhalb des einzelnen Verses an), die vierte Reihe gibt die Anzahl Fundstellen des einzelnen Begriffes an und die fünfte Spalte beschreibt kurz den Text mit dem der Suchbegriff im Kontext steht.

Buch	**Bibelstelle**	**Wort in der Einheitsübersetzung**	**Wortanzahl**	**Titel des Textabschnittes oder Bezug des Wortes.**
01	Gen 01,11[1]	Bäumen	26	Gott lässt es Bäume wachsen.
01	Gen 01,12[2]	Bäumen	26	Die Bäume sind gewachsen.
01	Gen 01,29[3]	Bäume	63	Früchte der samenhaltigen Bäume sind Nahrung des Menschen.
01	Gen 02,04-05 (05)[4]	Feldsträucher	1	Zu Beginn der Schöpfung gab es noch keine Feldsträucher.
01	Gen 02,09	Bäume	63	Allerlei Bäume im Paradies mit köstlichen Früchten.
01	Gen 02,09[5]	Baum (2 X)	78	Der Baum des Lebens und der Baum der Erkenntnis von Gut und Böse in der Mitte des Paradieses.
01	Gen 02,12[6]	Bdelliumharz	2	Im Paradies gibt es Bdelliumharz.
01	Gen 02,16	Bäumen	26	Die Bäume sind die Nahrungsquelle des Menschen.
01	Gen 02,16-17 (17)[7]	Baum	78	Speiseverbot für die Früchte des Erkenntnisbaumes.
01	Gen 03,01[8]	Baum	78	Versuchung durch die Schlange.
01	Gen 03,02[9]	Bäume	63	Eva und die Schlange.
01	Gen 03,03[10]	Baumes	4	Essverbot der Früchte des Baumes in der Mitte des Gartens.
01	Gen 03,06[11]	Baum (2 X)	78	Sündenfall Evas.
01	Gen 03,07[12]	Feigenblätter	1	Adam und Eva machen einen Schurz aus Feigenblättern.
01	Gen 03,08[13]	Bäumen	26	Adam und seine Frau verstecken sich unter den Bäumen vor Gott.
01	Gen 03,11[14]	Baum	78	Gottes Frage an Adam.
01	Gen 03,12[15]	Baum	78	Adams Geständnis.
01	Gen 03,17[16]	Baum	78	Fluch Gottes über den Ackerboden.
01	Gen 03,22[17]	Baum	78	Gott "bangt" um den Baum des Lebens.
01	Gen 03,24[18]	Baum	78	Gott lässt den Baum des Lebens durch die Kerubim bewachen.
01	Gen 06,14[19]	Zypressenholz	8	Die Arche Noach ist aus Zypressenholz.
01	Gen 08,11[20]	Olivenzweig	1	Die Taube bringt Noach einen Olivenzweig.
01	Gen 12,06[21]	Orakeleiche	1	Abram zog bis zur Orakeleiche bei Sichem.
01	Gen 13,18[22]	Eichen	13	Abram baut bei den Eichen von Mamre in Hebron einen Altar für den Herrn.
01	Gen 14,13[23]	Eichen	13	Abram wohnte bei den Eichen des Amoriters Mamre.
01	Gen 18,01[24]	Eichen	13	Der Herr erschien Abraham bei den Eichen von Mamre.
01	Gen 18,04[25]	Baum	78	Abraham bietet den Boten einen Ruheplatz unter dem Baum an.
01	Gen 18,08[26]	Baum	78	Abraham wartet unter dem Baum auf die Boten.

01	Gen 21,33[27]	Tamariske	3	Abraham pflanzte eine Tamariske und rief dort den Namen des Herrn an.
01	Gen 22,03[28]	Holz	115	Abraham spaltet - Brandopfer.
01	Gen 22,06[29]	Holz	115	Abraham - Brandopfer - Issak.
01	Gen 22,07[30]	Holz	115	Abraham - Brandopfer - Issak.
01	Gen 22,09[31]	Holz (2 X)	115	Abraham - Brandopfer - Issak.
01	Gen 23,17-18 (17)[32]	Bäumen	26	Abraham erwirbt ein Grundstück mit Bäumen.
01	Gen 30,37	Platanen	3	Jakobs List gegen Laban. - Teils geschälte Ruten erwirken mehrfarbige Lämmer.
01	Gen 30,37	Silberpappeln	1	Jakobs List gegen Laban. - Teils geschälte Ruten erwirken mehrfarbige Lämmer.
01	Gen 30,37[33]	Mandelbäumen	1	Jakobs List gegen Laban. - Teils geschälte Ruten erwirken mehrfarbige Lämmer.
01	Gen 35,04[34]	Eiche	18	Jakob vergrub alle fremden Götter seines Hauses unter der Eiche bei Sichem.
01	Gen 35,08	Träneneiche	1	Jakob nannte die Eiche, unter der er Debora begrab, Träneneiche.
01	Gen 35,08[35]	Eiche	18	Debora wurde unter der Eiche bei Bet-El begraben.
01	Gen 37,25	Mastix	3	Die Karawane, welche den Brüdern begegnete (Josef), führte wohlriechende Baumharze mit.
01	Gen 37,25	Tragakant	2	Die Karawane, welche den Brüdern begegnete (Josef), führte wohlriechende Baumharze mit.
01	Gen 37,25[36]	Ladanum	2	Die Karawane, welche den Brüdern begegnete (Josef), führte wohlriechende Baumharze mit.
01	Gen 40,19[37]	Baum	78	Traumdeutung Josefs über die Erhängung des Oberbäckers des Pharao.
01	Gen 43,11	Mandeln	2	Die Brüder bringen Josef als Geschenke die Produkte der einstigen Karawane: Harze, ...
01	Gen 43,11	Mastix	3	Die Brüder bringen Josef als Geschenke die Produkte der einstigen Karawane: Harze, ...
01	Gen 43,11	Pistazien	1	Die Brüder bringen Josef als Geschenke die Produkte der einstigen Karawane: Harze, ...
01	Gen 43,11	Tragakant	2	Die Brüder bringen Josef als Geschenke die Produkte der einstigen Karawane: Harze, ...
01	Gen 43,11[38]	Ladanum	2	Die Brüder bringen Josef als Geschenke die Produkte der einstigen Karawane: Harze, ...
01	Gen 49,22	Zweig	8	Josef wird als junger Fruchtbaum beschrieben.
01	Gen 49,22[39]	Fruchtbaum (2 X)	3	Josef wird als junger Fruchtbaum beschrieben.
01	Gen 50,02[40]	balsamierten (Balsam[1199])	1	Einbalsamierung Israels (Jakob).
01	Gen 50,26[41]	balsamierte	1	Tod Josefs.
02	Ex 07,19[42]	Holz	115	Plagen in Ägypten - Blut.
02	Ex 09,25[43]	Feldbäume	1	Der Hagel (Mose - Pharao) zerbrach die Feldbäume... .
02	Ex 10,05[44]	Bäume	63	Heuschreckenplage (Ägypten)
02	Ex 10,15	Baumfrüchte	3	Heuschreckenplage in Ägypten (Mose).

[1199] Vgl. Bertelsmann; Balsam (Chemie). – Balsam ist eine Mischung von pflanzlichen Sekreten, besonders von Bäumen.

02	Ex 10,15[45]	Bäumen	26	Heuschreckenplage in Ägypten (Mose).
02	Ex 15,25[46]	Holz	115	Ein Stück Holz macht das bittere Wasser von Mara süss.
02	Ex 15,27[47]	Palmen	15	Auf dem Weg zum Sinai.
02	Ex 25,03-07 (05)[48]	Akazienholz	24	Abgabe für das Heiligtum und seine Geräte.
02	Ex 25,06	Balsame	1	Geräte für das Heiligtum.
02	Ex 25,10-11[49]	Akazienholz	24	Grundmaterial der Bundeslade.
02	Ex 25,13[50]	Akazienholz	24	Tragestangen für die Bundeslade.
02	Ex 25,23-24[51]	Akazienholz	24	Tisch für die Schaubrote.
02	Ex 25,28[52]	Akazienholz	24	Tragestangen für den Tisch der Schaubrote.
02	Ex 25,33[53]	mandelblütenförmig (2 X)	6	Der "siebenarmige" Leuchter.
02	Ex 25,34[54]	mandelblütenförmig	6	Der "siebenarmige" Leuchter.
02	Ex 26,15[55]	Akazienholz	24	Bretter für die Wohnstätte der Bundeslade.
02	Ex 26,26[56]	Akazienholz	24	Querlatten für die Bretter der Wohnstätte der Bundeslade.
02	Ex 26,32[57]	Akaziensäulen	3	Vier Säulen für den Vorhang des Altarraumes vor der Bundeslade.
02	Ex 26,37[58]	Akaziensäulen	3	Fünf Säulen für den Eingang des Bundeszeltes.
02	Ex 27,01[59]	Akazienholz	24	Altar aus Akazienholz.
02	Ex 27,06[60]	Akazienholz	24	Tragestangen für den Altar.
02	Ex 27,20[61]	Oliven	9	Öl für den Leuchter.
02	Ex 28,33	Granatäpfel	12	Aarons Priestergewand ist mit Bildern von Granatäpfeln verziert.
02	Ex 28,33-34 (34)[62]	Granatapfel	2	Aarons Priestergewand ist mit Bildern von Granatäpfeln verziert.
02	Ex 29,39-40 (40)[63]	Oliven	9	Opfervorschriften.
02	Ex 30,01[64]	Akazienholz	24	Räucherwerkaltar.
02	Ex 30,05[65]	Akazienholz	24	Tragestangen für den Räucherwerkaltar.
02	Ex 30,23	Tropfenmyrrhe	1	Mischung pflanzlicher Sekrete, besonders von Bäumen.
02	Ex 30,23	Zimt	6	Mischung pflanzlicher Sekrete, besonders von Bäumen.
02	Ex 30,23-25 (23)[66]	Balsam	26	Mischung pflanzlicher Sekrete, besonders von Bäumen.
02	Ex 30,23-25 (24)	Olivenöl	1	Mischung pflanzlicher Sekrete, besonders von Bäumen.
02	Ex 30,23-25 (24)	Zimtnelken	1	Mischung pflanzlicher Sekrete, besonders von Bäumen.
02	Ex 30,34-35 (34)[67]	Weihrauch	39	Kultvorschriften.
02	Ex 31,01-05 (05)[68]	Holz	115	Fähigkeit des Schnitzens durch Gott gegeben.
02	Ex 35,04-09 (07)[69]	Akazienholz	24	Spenden für das Heiligtum.
02	Ex 35,08	Balsam	26	Abgabe für das Heiligtum.
02	Ex 35,24[70]	Akazienholz	24	Herbeibringung der Spenden für das Heiligtum.
02	Ex 35,28[71]	Balsam	26	Abgabe für das Heiligtum.
02	Ex 35,30-33 (33)[72]	Holz	115	Auftrag, die Fähigkeit des Schnitzens, die durch Gott gegeben ist, im Sinne des Herrn zu gebrauchen.

02	Ex 36,20[73]	Akazienholz	24	Die Wohnstätte aus Akazienholz.
02	Ex 36,31[74]	Akazienholz	24	Querlatten aus Akazienholz für die Wohnstätte der Bundeslade.
02	Ex 36,36-38[75]	Akaziensäulen	3	Anfertigung der vier bzw. fünf Säulen für den Altarraum und das Bundeszelt.
02	Ex 37,01[76]	Akazienholz	24	Die Anfertigung der Bundeslade.
02	Ex 37,04[77]	Akazienholz	24	Die Anfertigung der Tragestangen für die Bundeslade.
02	Ex 37,10[78]	Akazienholz	24	Die Anfertigung des Tisches für die Bundeslade.
02	Ex 37,15[79]	Akazienholz	24	Anfertigung der Tragestangen für den Tisch der Bundeslade.
02	Ex 37,19[80]	mandelblütenförmig (2 X)	6	Der "siebenarmige" Leuchter.
02	Ex 37,20[81]	mandelblütenförmig	6	Der "siebenarmige" Leuchter.
02	Ex 37,25[82]	Akazienholz	24	Anfertigung des Räucherwerkaltars aus Akazienholz.
02	Ex 37,28[83]	Akazienholz	24	Anfertigung der Tragestangen für den Räucherwerkaltar.
02	Ex 38,01[84]	Akazienholz	24	Anfertigung des Brandopferaltares aus Akazienholz.
02	Ex 38,06[85]	Akazienholz	24	Anfertigung der Tragestangen für den Brandopferaltar.
02	Ex 39,24[86]	Granatäpfel	12	Aarons Priestergewand ist mit Bildern von Granatäpfeln verziert.
02	Ex 39,25-26 (25)[87]	Granatäpfeln (2 X)	4	Aarons Priestergewand ist mit Bildern von Granatäpfeln verziert.
02	Ex 39,25-26 (26)	Granatapfel	2	Aarons Priestergewand ist mit Bildern von Granatäpfeln verziert.
03	Lev 01,07[88]	Holz	115	Holz für das "Opferfeuer".
03	Lev 01,08[89]	Holz	115	Holz für das "Opferfeuer".
03	Lev 01,12[90]	Holz	115	Holz für das "Opferfeuer".
03	Lev 01,17[91]	Holz	115	Holz für das "Opferfeuer".
03	Lev 02,01[92]	Weihrauch	39	Kultvorschriften.
03	Lev 02,02[93]	Weihrauch	39	Kultvorschriften.
03	Lev 02,15[94]	Weihrauch	39	Kultvorschriften.
03	Lev 02,16[95]	Weihrauch	39	Kultvorschriften.
03	Lev 03,05[96]	Holz	115	Holz für das "Opferfeuer".
03	Lev 04,11-12 (12)[97]	Holzfeuer	1	Sündopfer.
03	Lev 05,11[98]	Weihrauch	39	Kultvorschriften.
03	Lev 06,05[99]	Holz	115	Holz für das Opferfeuer.
03	Lev 06,07-08 (08)[100]	Weihrauch	39	Kultvorschriften.
03	Lev 11,32[101]	Holzgerät	2	Unrein gewordene Gegenstände werden wieder rein.
03	Lev 14,04[102]	Zedernholz	21	Reinigungsritus bei der Heilung von Aussatz.
03	Lev 14,06[103]	Zedernholz	21	Reinigungsritus bei der Heilung von Aussatz.
03	Lev 14,49[104]	Zedernholz	21	Reinigungsritus bei der Heilung von Aussatz.
03	Lev 14,51[105]	Zedernholz	21	Reinigungsritus bei der Heilung von Aussatz.
03	Lev 14,52[106]	Zedernholz	21	Reinigungsritus bei der Heilung von Aussatz.
03	Lev 15,12[107]	Holzgerät	2	Unrein gewordene Gegenstände werden wieder rein.
03	Lev 19,23-25 (23)[108]	Fruchtbaum	3	Ein junger Fruchtbaum darf, sobald er Früchte bringt, drei Jahre lang nicht genutzt werden. Im 4. Jahr gehören die Früchte dem Herrn, erst ab dem 5. den Menschen.

03	Lev 23,33-34 (34)[109]	Laubhüttenfest	12	Die Feier des Laubhüttenfestes.
03	Lev 23,40	Bäumen	26	Laubhüttenfest.
03	Lev 23,40	belaubten	1	Laubhüttenfest.
03	Lev 23,40	Palmwedel	1	Laubhüttenfest.
03	Lev 23,40	Zweige	40	Laubhüttenfest.
03	Lev 23,40	Bachweiden	1	Laubhüttenfest.
03	Lev 23,40[110]	Baumfrüchte	3	Laubhüttenfest.
03	Lev 24,02[111]	Oliven	9	Öl für den Leuchter.
03	Lev 26,04[112]	Baum	78	Segenszusage für Gehorsam - Bäume werden Frucht geben.
03	Lev 26,20[113]	Bäume	63	Bäume werden keine Früchte mehr tragen. - Strafandrohung und Fluch für Ungehorsam.
03	Lev 26,36[114]	Blätter	14	Das Rascheln der Blätter erschrickt bereits. - Strafandrohung und Fluch für Ungehorsam.
03	Lev 27,30[115]	Baumfrüchten	1	Der Zehnt gehört dem Herrn.
04	Num 05,15[116]	Weihrauch	39	Kultvorschriften.
04	Num 11,07[117]	Bdelliumharz	2	Das Manna sah aus wie Bdelliumharz.
04	Num 13,20[118]	Bäume	63	Aussendung der Kundschafter ins Gelobte Land.
04	Num 13,23	Granatäpfel	12	Bericht der Kundschafter.
04	Num 13,23[119]	Feigen	18	Bericht der Kundschafter.
04	Num 15,32[120]	Holz	115	Holz sammeln am Sabbat verboten.
04	Num 15,33[121]	Holzsammeln (Holz Sammeln)	1	Brechen der Sabbatruhe durch Holz Sammeln.
04	Num 16,06-07 (07)[122]	Weihrauch	39	Der Aufruhr Korachs, Datans und Abirams.
04	Num 16,17[123]	Weihrauch	39	Kultvorschriften. - Der Aufruhr Korachs, Datans und Abirams.
04	Num 16,18[124]	Weihrauch	39	Kultvorschriften. - Der Aufruhr Korachs, Datans und Abirams.
04	Num 16,35[125]	Weihrauch	39	Kultvorschriften. - Der Aufruhr Korachs, Datans und Abirams.
04	Num 17,05[126]	Weihrauch	39	Kultvorschriften.
04	Num 17,10-11 (11)[127]	Weihrauch	39	Kultvorschriften.
04	Num 17,12[128]	Weihrauch	39	Kultvorschriften.
04	Num 17,20[129]	Blätter	14	Der Stab Aarons soll Blätter bekommen.
04	Num 17,23	Zweige	40	Aarons Stab trieb Blätter und trug Mandeln.
04	Num 17,23[130]	Mandeln	2	Aarons Stab trieb Blätter und trug Mandeln.
04	Num 19,06[131]	Zedernholz	21	Zedernholz als Beigabe in das Feuer, in dem die rote Kuh verbrannt wird. - Das Reinigungswasser.
04	Num 20,05	Granatäpfel	12	Das Volk vermisst Granatäpfel... - Das Wasser aus dem Felsen.
04	Num 20,05[132]	Feigen	18	Das Volk vermisst Feigen... - Das Wasser aus dem Felsen.
04	Num 24,05-06 (06)	Zedern	31	Die Zelte Jakobs sind schön wie Zedern.
04	Num 24,05-06 (06)[133]	Eichen	13	Die Zelte Jakobs sind schön wie Eichen.
04	Num 31,20[134]	Holzgeräte	1	Geräte entsündigen.

04	Num 33,09[135]	Palmen	15	Von Mara zur Oase Elim.
04	Num 35,18[136]	hölzernen	7	Wer jemanden erschlägt, ist ein Mörder.
05	Dtn 04,28[137]	Holz	115	Götter aus Holz - Machwerk aus Menschenhand.
05	Dtn 06,10-12 (11)[138]	Ölbäume	14	Das Volk soll Gott nicht vergessen, der es aus Ägypten befreit hat.
05	Dtn 08,07-08 (08)	Granatbaum	3	Verheissung von einem prächtigen Land. - Israel und der Reichtum.
05	Dtn 08,07-08 (08)	Ölbaum	19	Verheissung von einem prächtigen Land. - Israel und der Reichtum.
05	Dtn 08,07-08 (08)[139]	Feigenbaum	37	Verheissung von einem prächtigen Land. - Israel und der Reichtum.
05	Dtn 10,01[140]	hölzerne	4	Mose fertigt eine hölzerne Lade.
05	Dtn 10,03[141]	Akazienholz	24	Mose fertigt eine Lade für die Gebotstafeln.
05	Dtn 11,30[142]	Orakel-Eichen	1	Segen und Fluch für das jeweilige Land.
05	Dtn 12,02[143]	Baum	78	Heidnische Kultstättenvernichtung auch unter den Bäumen.
05	Dtn 16,13[144]	Laubhüttenfest	12	Die Feier des Laubhüttenfestes.
05	Dtn 16,16[145]	Laubhüttenfest	12	Verpflichtung zu Wallfahrten.
05	Dtn 16,21[146]	Holz	115	Verbot heidnischer Kultsymbole.
05	Dtn 19,04-05 (05)	Bäume	63	Drei Asylstädte im Falle eines tödlichen Forstunfalles für den Schuldigen.
05	Dtn 19,04-05 (05)	Wald	25	Drei Asylstädte im Falle eines tödlichen Forstunfalles für den Schuldigen.
05	Dtn 19,04-05 (05)[147]	Baum	78	Drei Asylstädte im Falle eines tödlichen Forstunfalles für den Schuldigen.
05	Dtn 20,19	Bäume	63	Schonung des Baumbestandes im Kriegsfall.
05	Dtn 20,19	Bäumen	26	Schonung des Baumbestandes im Kriegsfall.
05	Dtn 20,19[148]	Baumbestand	2	Schonung des Baumbestandes im Kriegsfall.
05	Dtn 20,20	Fruchtbäume	2	Schonung des Baumbestandes im Kriegsfall.
05	Dtn 20,20[149]	Bäumen	26	Schonung des Baumbestandes im Kriegsfall.
05	Dtn 22,06[150]	Baum	78	Schutzbestimmung für Vogelnester in Bäumen.
05	Dtn 24,20	Zweige	40	Recht zur Nachlese für Fremde.
05	Dtn 24,20[151]	Ölbaum	19	Recht zur Nachlese für Fremde.
05	Dtn 28,36[152]	Holz	115	Götter aus Holz - Machwerk aus Menschenhand.
05	Dtn 28,40	Ölbäume	14	Keine Ernte. - Fluch für den Ungehorsam.
05	Dtn 28,40	Oliven	9	Keine Ernte. - Fluch für den Ungehorsam.
05	Dtn 28,40[153]	Ölbaum	19	Keine Ernte. - Fluch für den Ungehorsam.
05	Dtn 28,42[154]	Bäume	63	Ungeziefer nimmt die Bäume in Besitz. - Fluch für Ungehorsam.
05	Dtn 28,64[155]	Holz	115	Götter aus Holz - Machwerk aus Menschenhand.
05	Dtn 29,09-10 (10)[156]	Holzarbeiter	1	Bundesgenossen mit Gott.
05	Dtn 29,16[157]	Holz	115	Götter aus Holz - Machwerk aus Menschenhand.
05	Dtn 29,17[158]	Wurzel	32	Keine "Wurzel" soll Gift (Götzendienst) hervorbringen.
05	Dtn 31,10-11 (10)[159]	Laubhüttenfest	12	Vorlesen des Gesetzes im Sabbatjahr.
05	Dtn 33,10[160]	Weihrauch	39	Der Segen über die Stämme.
05	Dtn 34,01-03 (03)[161]	Palmenstadt	4	Gott zeigt Mose das verheissene Land vom Nebo aus.

06	Jos 08,29[162]	Baum (2 X)	78	Josua lässt den König von Ai an einem Baum erhängen.
06	Jos 09,21[163]	Holzfäller	2	Die Gibeoniter wurden Sklaven Israels, für das Haus Gottes.
06	Jos 09,23[164]	Holzfäller	2	Die Gibeoniter wurden Sklaven Israels, für das Haus Gottes.
06	Jos 09,26-27 (27)[165]	Holzfällern	1	Die Gibeoniter wurden Sklaven Israels, für das Haus Gottes.
06	Jos 10,26[166]	Bäumen	26	Josua lässt fünf erschlagene Könige an Bäumen aufhängen.
06	Jos 10,27[167]	Bäumen	26	Josua lässt fünf erschlagene Könige, die er an Bäumen aufhängen liess, abnehmen.
06	Jos 17,15	Waldgebiet	1	Landzuteilung an das Haus Josef, Efraim und Manasse.
06	Jos 17,15[168]	rodet	1	Landzuteilung an das Haus Josef, Efraim und Manasse.
06	Jos 17,17-18 (18)	roden	1	Landzuteilung an das Haus Josef, Efraim und Manasse.
06	Jos 17,17-18 (18)[169]	bewaldet	1	Landzuteilung an das Haus Josef, Efraim und Manasse.
06	Jos 19,33[170]	Eiche	18	Eiche als Grenzmarke für die Naftaliter und ihre Sippen.
06	Jos 24,26[171]	Eiche	18	Die Eiche im Heiligtum in Sichem.
07	Ri 01,16[172]	Palmenstadt	4	Wohnort.
07	Ri 03,13[173]	Palmenstadt	4	Die Palmenstadt geht für Israel verloren. - Strafe für Ungehorsam.
07	Ri 04,04-05 (05)[174]	Debora-Palme	1	Unter dieser Palme hatte die Prophetin Debora ihren Richterinnensitz.
07	Ri 04,11[175]	Eiche	18	Das Zelt des Keniter Heber bei der Eiche von Zaanannim.
07	Ri 06,11[176]	Eiche	18	Der Engel des Herrn setzt sich unter die Eiche bei Ofra.
07	Ri 06,19[177]	Eiche	18	Der Engel bekommt das Essen unter der Eiche vorgesetzt. - Er bringt es als "Brandopfer" dar.
07	Ri 06,26[178]	Holz	115	Götter aus Holz - Machwerk aus Menschenhand.
07	Ri 09,06[179]	Eiche	18	Abimelech wird bei der Eiche bei Sichem zum König gemacht.
07	Ri 09,08	Ölbaum	19	Ölbaum soll Baumkönig sein - Fabel vom König der Bäume.
07	Ri 09,08[180]	Bäume	63	Ölbaum soll Baumkönig sein - Fabel vom König der Bäume.
07	Ri 09,09	Ölbaum	19	Ölbaum soll Baumkönig sein - Fabel vom König der Bäume.
07	Ri 09,09[181]	Bäumen	26	Ölbaum soll Baumkönig sein - Fabel vom König der Bäume.
07	Ri 09,10	Feigenbaum	37	Feigenbaum soll Baumkönig sein - Fabel vom König der Bäume.
07	Ri 09,10[182]	Bäume	63	Ölbaum soll Baumkönig sein - Fabel vom König der Bäume.
07	Ri 09,11	Feigenbaum	37	Feigenbaum soll Baumkönig sein - Fabel vom König der Bäume.
07	Ri 09,11[183]	Bäumen	26	Feigenbaum soll Baumkönig sein - Fabel vom König der Bäume.
07	Ri 09,12[184]	Bäume	63	Weinstock soll Baumkönig sein - Fabel vom König der Bäume.

07	Ri 09,13[185]	Bäumen	26	Weinstock soll Baumkönig sein - Fabel vom König der Bäume.
07	Ri 09,14[186]	Bäume	63	Dornstrauch soll Baumkönig sein - Fabel vom König der Bäume.
07	Ri 09,15	Zedern	31	Dornstrauch soll Baumkönig sein - Fabel vom König der Bäume.
07	Ri 09,15[187]	Bäumen	26	Dornstrauch soll Baumkönig sein - Fabel vom König der Bäume.
07	Ri 09,37[188]	Orakel-Eiche	1	Leute kommen von der Eiche her. - Kampf um Sichem.
07	Ri 09,49[189]	Zweige	40	Durch anzünden von Zweigen Feinde ausräuchern. - Kampf um Sichem.
07	Ri 15,05[190]	Ölbäume	14	Simson vernichtet die Ernte.
07	Ri 21,06[191]	Stamm[1200]	9	Ein ganzer Stamm Israels wurde abgehauen.
09	1 Sam 06,14[192]	Holz	115	Das Holz des Wagens für ein Brandopfer für den Herrn.
09	1 Sam 08,14[193]	Ölbäume	14	Der König wird das Beste für sich beanspruchen. - Forderung nach einem König.
09	1 Sam 10,03[194]	Tabor-Eiche	1	Saul geht zur Tabor-Eiche.
09	1 Sam 14,02[195]	Granatapfelbaum	1	Saul sass unter einem Baum.
09	1 Sam 17,02[196]	Terebinthental	3	Saul lagerte im Tal. - David und Goliat.
09	1 Sam 17,07[197]	Weberbaum	4	Goliats Speer war dick wie ein Weberbaum.
09	1 Sam 17,19[198]	Terebinthental	3	Saul kämpft im Tal gegen die Philister. - David und Goliat.
09	1 Sam 21,10[199]	Terebinthental	3	David siegte im Tal über Goliat und nahm sein Schwert.
09	1 Sam 22,06[200]	Tamariske	3	Saul sass unter einer Tamariske. - Sauls Rache an den Priestern von Nob.
09	1 Sam 30,11-12 (12)[201]	Feigen	18	Ein Ägypter bekommt von den Männern Davids gepresste Feigen... - Feldzug gegen die Amalekiter.
09	1 Sam 31,13[202]	Tamariske	3	Die Gebeine Sauls sind unter einer Tamariske begraben.
10	2 Sam 05,11[203]	Zedernholz	21	Gaben für David.
10	2 Sam 05,23-24 (23)[204]	Baka-Bäumen	2	Gott gibt sich David durch die Baka-Bäume zu erkennen.
10	2 Sam 05,23-24 (24)	Baka-Bäume	2	Gott gibt sich David durch die Baka-Bäume zu erkennen.
10	2 Sam 05,23-24 (24)	Wipfeln	2	Gott gibt sich David durch die Baka-Bäume zu erkennen.
10	2 Sam 06,05[205]	zypressenhölzern	1	David tanzte mit seinem ganzen Haus zypressenhölzern "mit ganzer Hingabe".
10	2 Sam 07,01-02 (02)[206]	Zedernholz	21	Der König hat ein Zedernhaus, der Herr ein Zelt.

[1200] Das Wort "Stamm" kommt wesentlich häufiger vor, wie unten angeführt, wird jedoch meist im Sinne von Abstammen verwendet.

10	2 Sam 07,07[207]	Zedernholz	21	Gott will von David noch kein Haus aus Zedernholz.
10	2 Sam 15,30[208]	Ölberg	15	David flieht aus Jerusalem.
10	2 Sam 18,06[209]	Wald	25	Schlacht im Wald Efraim. - Abschaloms Tod.
10	2 Sam 18,08[210]	Wald	25	Der Wald verschlang mehr Krieger als das Schwert. - Abschaloms Tod.
10	2 Sam 18,09	Eiche (2 X)	18	Abschalom verfängt sich mit seinen Haaren in einer Eiche.
10	2 Sam 18,09[211]	Ästen	4	Abschalom verfängt sich mit seinen Haaren in einer Eiche.
10	2 Sam 18,10[212]	Eiche	18	Abschalom hängt an einer Eiche.
10	2 Sam 18,14[213]	Eiche	18	Joab tötete Abschalom, der mit seinen Haaren in einer Eiche hängt.
10	2 Sam 18,17[214]	Wald	25	Abschalom wurde im Wald in einer Grube "verscharrt". - Abschaloms Tod.
10	2 Sam 21,19[215]	Weberbaum	4	Goliats (Bruders) Speer war dick wie ein Weberbaum.
10	2 Sam 24,22[216]	Brennholz	8	Arauna gibt David Brennholz für sein Opfer.
11	1 Kön 05,05[217]	Feigenbaum	37	Unter Salomo hatte jeder seinen Feigenbaum (= Zeichen des Glücks).
11	1 Kön 05,13	Zeder	19	Weisheit Salomos - Salomo ist auch Baumkundiger.
11	1 Kön 05,13[218]	Bäume	63	Weisheit Salomos - Salomo ist auch Baumkundiger.
11	1 Kön 05,20	Zedern	31	Die Leute von Sidon sind die besten Holzfäller.
11	1 Kön 05,20[219]	Holz	115	Die Leute von Sidon sind die besten Holzfäller.
11	1 Kön 05,22	Zypressenholz	8	Vorbereitung zum Tempelbau.
11	1 Kön 05,22[220]	Zedern	31	Vorbereitung zum Tempelbau.
11	1 Kön 05,24	Zypressenholz	8	Vorbereitung zum Tempelbau.
11	1 Kön 05,24[221]	Zedern	31	Vorbereitung zum Tempelbau.
11	1 Kön 05,32[222]	Holz	115	Holzbearbeitung für den Tempel.
11	1 Kön 06,09[223]	Zedernholz	21	Der Tempelbau.
11	1 Kön 06,10[224]	Zedernbalken	5	Der Tempelbau.
11	1 Kön 06,15	Zedernholz	21	Der Tempelbau.
11	1 Kön 06,15	Zypressenholz	8	Der Tempelbau.
11	1 Kön 06,15[225]	Holzvertäfelung	1	Das Innere des Tempels.
11	1 Kön 06,16[226]	Zedernholz	21	Der Tempelbau.
11	1 Kön 06,18	Zedernverkleidung	1	Der Tempelbau.
11	1 Kön 06,18[227]	Zedernholz	21	Der Tempelbau.

11	1 Kön 06,20[228]	Zedernholz	21	Der Tempelbau.
11	1 Kön 06,23[229]	Olivenholz	4	Kerubim in der Gotteswohnung aus Olivenholz.
11	1 Kön 06,29[230]	Palmen	15	Palmendarstellung als Verzierung des Tempels.
11	1 Kön 06,31[231]	Olivenholz	4	Türflügel für die Gotteswohnung aus Olivenholz.
11	1 Kön 06,32	Palmen (2 X)	15	Palmendarstellung als Verzierung des Tempels.
11	1 Kön 06,32[232]	Olivenholz	4	Geschnitzte Türflügel für die Gotteswohnung aus Olivenholz.
11	1 Kön 06,33	Olivenholz	4	Türpfosten des Hauptraumes für die Gotteswohnung aus Olivenholz.
11	1 Kön 06,33-34 (34)[233]	Zypressenholz	8	Der Tempelbau.
11	1 Kön 06,35[234]	Palmen	15	Palmendarstellung als Verzierung des Tempels.
11	1 Kön 06,36[235]	Zedernbalken	5	Der Tempelbau.
11	1 Kön 07,02	Zedernbalken	5	Palastgebäude Salomos. - Zur Zeit Jesajas diente es als Zeughaus. Es war grösser als der Tempel.
11	1 Kön 07,02	Zedernsäulen	1	Palastgebäude Salomos. - Zur Zeit Jesajas diente es als Zeughaus. Es war grösser als der Tempel.
11	1 Kön 07,02[236]	Libanonwaldhaus	3	Palastgebäude Salomos. - Zur Zeit Jesajas diente es als Zeughaus. Es war grösser als der Tempel.
11	1 Kön 07,03[237]	Zedernholz	21	Die Palastgebäude.
11	1 Kön 07,07[238]	Zedernholz	21	Der Tempelbau.
11	1 Kön 07,11[239]	Zedernbalken	5	Palastgebäude Salomos.
11	1 Kön 07,12[240]	Zedernbalken	5	Palastgebäude Salomos.
11	1 Kön 07,18[241]	Granatäpfel	12	Auf den Kapitellen des Tempel sind Granatäpfeln abgebildet.
11	1 Kön 07,36[242]	Palmen	15	Palmendarstellung als Verzierung des Tempels.
11	1 Kön 07,42[243]	Granatäpfel	12	400 Granatäpfelnachbildungen für Tempelverzierung.
11	1 Kön 08,65[244]	Laubhütten	6	Die Feier des Laubhüttenfestes.
11	1 Kön 09,11	Zypressenholz	8	Holz für den Tempel und den Palast.
11	1 Kön 09,11[245]	Zedern	31	Holz für den Tempel und den Palast.
11	1 Kön 09,13[246]	Holz	115	Land "Kabul" bedeutet auch "wie dürres Holz"
11	1 Kön 10,02[247]	Balsam	26	Geschenke der Königin von Saba.
11	1 Kön 10,10[248]	Balsam (2 X)	26	Geschenke der Königin von Saba

11	1 Kön 10,11[249]	Almuggimholz	3	Holz für Tempeleinrichtungen
11	1 Kön 10,12[250]	Almuggimholz (2 X)	3	Holz für Tempeleinrichtungen
11	1 Kön 10,17[251]	Libanonwaldhaus	3	Palastgebäude Salomos. - Zur Zeit Jesajas diente es als Zeughaus. Es war grösser als der Tempel.
11	1 Kön 10,21[252]	Libanonwaldhauses	2	Salomos Reichtum.
11	1 Kön 10,25[253]	Balsam	26	Abgaben für Salomo.
11	1 Kön 10,27	Zedern	31	Salomos Reichtum.
11	1 Kön 10,27[254]	Maulbeerfeigenbäume	4	Salomos Reichtum.
11	1 Kön 13,13-14 (14)[255]	Eiche	18	Der Gottesmann sitzt unter einer Eiche.
11	1 Kön 14,23[256]	Baum	78	Juda errichtet gegen den Willen Gottes Kultpfähle unter jedem üppigen Baum.
11	1 Kön 17,10[257]	Holz	115	Witwe von Sarepta las vor dem Stadttor Holz auf.
11	1 Kön 17,12[258]	Holz	115	Witwe von Sarepta las vor dem Stadttor Holz auf.
11	1 Kön 18,23[259]	Holz (2 X)	115	Das Opfer des Elija und das der Baalspropheten.
11	1 Kön 18,33[260]	Holz (2 X)	115	Das Opfer des Elija und das der Baalspropheten.
11	1 Kön 18,34[261]	Holz	115	Das Opfer des Elija und das der Baalspropheten.
11	1 Kön 18,38[262]	Holz	115	Das Opfer des Elija und das der Baalspropheten.
12	2 Kön 02,24[263]	Wald	25	Bären kamen aus dem Wald. - Elischa verflucht seine Spötter.
12	2 Kön 03,19[264]	Bäume	63	Fällen wertvoller Bäume als Kriegstat.
12	2 Kön 03,25[265]	Bäume	63	Fällen wertvoller Bäume als Kriegstat.
12	2 Kön 05,26[266]	Ölgärten	2	Es ist nicht die Zeit Ölberge anzunehmen. Die Heilung des Aramäers Naaman.
12	2 Kön 06,04[267]	Bäume	63	Bäume fällen für den Wohnungsbau.
12	2 Kön 06,06[268]	Holz	115	Elischa bringt mit Holz Eisen zum Schwimmen.
12	2 Kön 12,11-13 (13)[269]	Holz	115	Holzankauf für die Instandsetzung des Tempels.
12	2 Kön 14,09[270]	Zeder	19	Israel als Zeder, Juda als Dornstrauch. - Israel gegen Juda.
12	2 Kön 16,04[271]	Baum	78	Ahas bringt unter jedem üppigen Baum Schlacht- und Brandopfer dar.
12	2 Kön 17,10[272]	Baum	78	Die Israeliten errichten Kultpfähle unter jedem üppigen Baum.
12	2 Kön 18,31[273]	Feigenbaum	37	Der König von Assur verheisst Glück beim Treffen eines Abkommens.

12	2 Kön 19,17-18 (18)[274]	Holz	115 Götter aus Holz - Machwerk aus Menschenhand.
12	2 Kön 19,23	Zedern	31 Sanherib verhöhnt Gott. - Jesaja verheisst Hilfe.
12	2 Kön 19,23	Zypressen	9 Sanherib verhöhnt Gott. - Jesaja verheisst Hilfe.
12	2 Kön 19,23[275]	Wälder	8 Sanherib verhöhnt Gott. - Jesaja verheisst Hilfe.
12	2 Kön 19,30[276]	Wurzeln	28 Der heilige Rest wird wieder Wurzeln treiben und Frucht tragen.
12	2 Kön 20,13[277]	Balsam	26 Das Schatzhaus des Hiskija.
12	2 Kön 22,05-06 (06)[278]	Holz	115 Holzankauf für die Instandsetzung des Tempels.
12	2 Kön 25,17[279]	Granatäpfel	12 Die Bronzegranatäpfel des Tempels wurden u.a. Beute des Königs von Babel.
13	1 Chr 09,29	Weihrauch	39 Aufsicht über Geräte des Heiligtums.
13	1 Chr 09,29[280]	Balsam	26 Aufsicht über Geräte des Heiligtums.
13	1 Chr 09,30[281]	Balsam	26 Bereitung der Salben.
13	1 Chr 10,11-12 (12)[282]	Terebinthe	3 Saul wir unter der Terebinthe in Jabesch begraben.
13	1 Chr 11,23[283]	Weberbaum	4 Eines Ägypters Speer war dick wie ein Weberbaum.
13	1 Chr 12,41[284]	Feigen-(kuchen)	1 Festbeigaben bei der Königsamtsübernahme Davids in Hebron.
13	1 Chr 14,01[285]	Zedernholz	21 Gaben für David.
13	1 Chr 14,14[286]	Baka-Bäumen	2 Gott gibt sich David durch die Baka-Bäume zu erkennen.
13	1 Chr 14,15	Wipfeln	2 Gott gibt sich David durch die Baka-Bäume zu erkennen.
13	1 Chr 14,15[287]	Baka-Bäume	2 Gott gibt sich David durch die Baka-Bäume zu erkennen.
13	1 Chr 16,33	Waldes	11 Die Bäume sollen jubeln, wenn der Herr kommt um die Erde zu richten.
13	1 Chr 16,33[288]	Bäume	63 Die Bäume sollen jubeln, wenn der Herr kommt um die Erde zu richten.
13	1 Chr 17,01[289]	Zedernholz	21 Der König hat ein Zedernhaus, Gott ein Zelt.
13	1 Chr 17,06[290]	Zedernholz	21 Gott will von David noch kein Zedernhaus.
13	1 Chr 20,05[291]	Weberbaum	4 Goliats Bruders Speer war dick wie ein Weberbaum.
13	1 Chr 21,23[292]	Brennholz	8 Arauna gibt David Brennholz für sein Opfer.
13	1 Chr 22,03-04 (04)	Zedernstämme	2 Vorbereitungen für den Tempelbau.
13	1 Chr 22,03-04 (04)[293]	Zedernholz	21 Vorbereitungen für den Tempelbau.
13	1 Chr 22,14-15 (14)[294]	Holz	115 Vorbereitungen für den Tempelbau.
13	1 Chr 27,28	Ölbäume	14 Verwalter des Königs über die Bäume.
13	1 Chr 27,28[295]	Maulbeerfeigenbäume	4 Verwalter des Königs über die Bäume.
13	1 Chr 29,02	hölzernen	7 Spenden für den Tempelbau.
13	1 Chr 29,02[296]	Holz	115 Spenden für den Tempelbau.
14	2 Chr 01,15	Zedern	31 Salomos Reichtum.
14	2 Chr 01,15[297]	Maulbeerfeigenbäume	4 Salomos Reichtum.
14	2 Chr 02,02[298]	Zedern	31 Bäume fällen für den Tempelbau.

14	2 Chr 02,07	Bäume	63	Bäume fällen für den Tempelbau.
14	2 Chr 02,07	Zedern	31	Bäume fällen für den Tempelbau.
14	2 Chr 02,07	Zypressen	9	Bäume fällen für den Tempelbau.
14	2 Chr 02,07[299]	Algummimholz	2	Bäume fällen für den Tempelbau.
14	2 Chr 02,08[300]	Holz	115	Bäume fällen für den Tempelbau.
14	2 Chr 02,09[301]	Holz	115	Bäume fällen für den Tempelbau.
14	2 Chr 02,12-13 (13)[302]	Holz	115	Bäume fällen für den Tempelbau.
14	2 Chr 02,15[303]	Bäume	63	Bäume werden im Libanon für den Tempelbau im Jerusalem gefällt.
14	2 Chr 03,05	Zypressenholz	8	Hauptraum des Tempels ist mit Zypressenholz getäfelt.
14	2 Chr 03,05[304]	Palmen	15	Palmendarstellung als Verzierung des Tempels.
14	2 Chr 03,16[305]	Granatäpfel	12	100 Granatäpfelnachbildungen für den Tempel.
14	2 Chr 04,13[306]	Granatäpfel	12	400 Granatäpfelnachbildungen für Tempelverzierung.
14	2 Chr 07,08[307]	Laubhütten	6	Die Feier des Laubhüttenfestes.
14	2 Chr 08,13[308]	Laubhüttenfest	12	Salomo bringt ein Brandopfer dar.
14	2 Chr 09,01[309]	Balsam	26	Geschenke der Königin von Saba.
14	2 Chr 09,09[310]	Balsam (2 X)	26	Geschenke der Königin von Saba
14	2 Chr 09,10-11[311]	Algummimholz	2	Anfertigung der vier bzw. fünf Säulen für den Altarraum und das Bundeszelt.
14	2 Chr 09,16[312]	Libanonwaldhaus	3	Palastgebäude Salomos. - Zur Zeit Jesajas diente es als Zeughaus. Es war grösser als der Tempel.
14	2 Chr 09,20[313]	Libanonwaldhauses	2	Salomos Reichtum.
14	2 Chr 09,24[314]	Balsam	26	Abgaben für Salomo.
14	2 Chr 09,27	Zedern	31	Salomos Reichtum.
14	2 Chr 09,27[315]	Maulbeerfeigenbäume	4	Salomos Reichtum.
14	2 Chr 16,14[316]	Balsam	26	Der Tod Asas.
	(2 Chr 24,12[317])	(Zimmerleute)	(7)	(Erneuerung des Tempels)
14	2 Chr 25,18[318]	Zeder	19	Israel als Zeder, Juda als Dornstrauch. - Israel gegen Juda.
14	2 Chr 27,04[319]	Waldgebieten	1	Jotam baute Türme in den Waldgebieten.
14	2 Chr 28,04[320]	Baum	78	Ahas bringt Schlacht- und Rauchopfer unter jedem üppigen Baum dar.
14	2 Chr 28,15[321]	Palmenstadt	4	Die Palmenstadt Jericho.
14	2 Chr 32,27[322]	Balsam	26	Der Reichtum des Hiskija.
14	2 Chr 34,11[323]	Holz	115	Holzankauf für die Instandsetzung des Tempels.
15	Esra 03,04[324]	Laubhüttenfest	12	Die Feier des Laubhüttenfestes.
15	Esra 03,07[325]	Zedernstämme	2	Der Beginn des Kultus und des Tempelbaus.
15	Esra 05,03[326]	Holzwerk	2	Wiederaufnahme der Bauarbeiten am Tempel.
15	Esra 05,08[327]	Holz	115	Wiederaufnahme der Bauarbeiten am Tempel.
15	Esra 05,09[328]	Holzwerk	2	Wiederaufnahme der Bauarbeiten am Tempel.
15	Esra 06,04[329]	Holz	115	Der Weiterbau am Tempel.
16	Neh 02,07-08 (08)	Wälder	8	Bauholz für die Tore der Tempelburg.
16	Neh 02,07-08 (08)[330]	Bauholz	1	Bauholz für die Tore der Tempelburg.
16	Neh 05,11[331]	Ölgärten	2	Schuldenerlass. - Unfrieden in den eigenen Reihen.
16	Neh 08,04[332]	Holz	115	Esra lehrt von einer Kanzel aus.

16	Neh 08,14[333]	Laubhütten	6	Die Feier des Laubhüttenfestes.
16	Neh 08,15	Laubhütten	6	Die Feier des Laubhüttenfestes.
16	Neh 08,15	Myrten	3	Die Feier des Laubhüttenfestes.
16	Neh 08,15	Palmen	15	Die Feier des Laubhüttenfestes.
16	Neh 08,15	Zweige (2 X)	40	Die Feier des Laubhüttenfestes.
16	Neh 08,15[334]	Laubbäumen	1	Die Feier des Laubhüttenfestes.
16	Neh 08,16	Zweige	40	Die Feier des Laubhüttenfestes.
16	Neh 08,16[335]	Laubhütten	6	Die Feier des Laubhüttenfestes.
16	Neh 08,17[336]	Laubhütten	6	Die Feier des Laubhüttenfestes.
16	Neh 09,25	Ölbäume	14	Das Volk lebte gut von dem eroberten Land.
16	Neh 09,25[337]	Obstbäume	1	Das Volk lebte gut von dem eroberten Land.
16	Neh 10,35[338]	Brennholzes	1	Auslosung der Brennholzlieferanten unter den Priestern.
16	Neh 10,36[339]	Baumfrüchte	3	Die ersten Baumfrüchte des Jahres für das Haus des Herrn.
16	Neh 10,38[340]	Bäume	63	Erstlingsgaben für die Priester.
16	Neh 13,04-05 (05)[341]	Weihrauch	39	Aufbewahrungsstätte für den Weihrauch.
16	Neh 13,09[342]	Weihrauch	39	Aufbewahrungsstätte für den Weihrauch.
16	Neh 13,15[343]	Feigen	18	Nehemia warnt Leute, die am Sabbat Lebensmittel verkauften.
16	Neh 13,31[344]	Brennholz	8	Brennholzregelung.
18	Jdt 03,08[345]	Götterhaine	1	Holofernes lässt die Götterhaine umhauen.
18	Jdt 10,05[346]	Feigen	18	Proviant. - Judits Gang ins feindliche Lager.
18	Jdt 15,12	Zweige	40	Der Jubel über Judit.
18	Jdt 15,12[347]	belaubte	1	Der Jubel über Judit.
18	Jdt 15,13[348]	Ölzweigen	1	Der Jubel über Judit.
19	Est 02,07[349]	Myrthe	1	Hadassa (= Myrthe [hebr. Name]), die Adoptivtochter Mordechais, heisst auch Ester (= Stern [babyl. Name]).
19	Est 02,12	Myrrhenöl	1	Pflege der Mädchen für Artaxerxes.
19	Est 02,12[350]	Balsam	26	Pflege der Mädchen für Artaxerxes.
20	1 Makk 01,55[351]	Weihrauch	39	Götzenrauchopfer.
20	1 Makk 04,38[352]	Wald	25	Unkraut wuchs im verwüsteten Tempel wie in einem Wald.
20	1 Makk 06,34[353]	Maulbeeren	1	Der Saft reizte die Elefanten zum Kampf.
20	1 Makk 06,37[354]	Holz	115	Wehrtürme auf Kampfelefanten.
20	1 Makk 10,21[355]	Laubhüttenfest	12	Die Einsetzung Jonatans zum Hohenpriester durch Alexander.
20	1 Makk 10,30[356]	Bäume	63	"Steuerverzicht".
20	1 Makk 11,34[357]	Bäume	63	Steuerverzicht durch Landabtausch.
20	1 Makk 13,37[358]	Palmzweig	4	Palmzweig als Friedensangebot.
20	1 Makk 13,51[359]	Palmzweige	4	Jubelzeichen. - Die Befreiung Israels.

20	1 Makk 14,08[360]	Bäume	63	Reicher Ertrag in den Friedenszeiten des Simeon.
20	1 Makk 14,12[361]	Feigenbaum	37	Simeon brachte dem Land Glück.
21	2 Makk 01,09[362]	Laubhüttenfestes	3	Das Tempelweihfest.
21	2 Makk 01,18[363]	Laubhüttenfestes	3	Das Tempelweihfest.
21	2 Makk 01,21[364]	Brennholz	8	Begiessung des Brennholzes mit Wasser.
21	2 Makk 10,06	Laubhüttenfestes	3	Die Reinigung des entweihten Tempels.
21	2 Makk 10,06[365]	Laubhüttenfest	12	Die Reinigung des entweihten Tempels.
21	2 Makk 10,07	Laubzweige	1	Die Reinigung des entweihten Tempels.
21	2 Makk 10,07	Palmzweige	4	Jubelzeichen. - Die Reinigung des entweihten Tempels.
21	2 Makk 10,07[366]	Blättern	2	Die Reinigung des entweihten Tempels.
21	2 Makk 14,04	Palmzweig	4	Palmzweig als Friedensangebot.
21	2 Makk 14,04[367]	Ölzweige	1	Ölzweige als Friedensangebot.
22	Hiob 05,03[368]	Wurzel	32	Die Toren fassen "Wurzeln". - Die Verantwortlichkeit des Menschen.
22	Hiob 08,16-17 (16)	Zweige	40	Die Wurzeln halten sich im Geröll und zwischen den Steinen fest.
22	Hiob 08,16-17 (17)[369]	Wurzeln	28	Die Wurzeln halten sich im Geröll und zwischen den Steinen fest.
22	Hiob 13,25[370]	Laub	10	Hiob verteidigt seine eigene Unschuld.
22	Hiob 14,07[371]	Baum	78	Hiobs Hoffnungslosigkeit ist grösser, als die eines gefällten Baumes, der noch Sprösslinge austreiben kann.
22	Hiob 14,08-09 (08)[372]	Wurzel	32	Hiobs Hoffnungslosigkeit ist grösser, als die eines gefällten Baumes, der noch Sprösslinge austreiben kann.
22	Hiob 14,08-09 (09)	Zweige	40	Hiobs Hoffnungslosigkeit ist grösser, als die eines gefällten Baumes, der noch Sprösslinge austreiben kann.
22	Hiob 15,32[373]	Palmzweig	4	Dem Frevler grünt der "Palmzweig" nicht mehr.
22	Hiob 15,33[374]	Ölbaum	19	Dem Frevler grünt der "Palmzweig" nicht mehr.
22	Hiob 18,16	Zweige	40	Von unten verdorren die Wurzeln, von oben welken die Zweige. - Das Schicksal des Frevlers.
22	Hiob 18,16[375]	Wurzeln	28	Von unten verdorren die Wurzeln, von oben welken die Zweige. - Das Schicksal des Frevlers.
22	Hiob 18,19[376]	Stamm[1201]	9	Kein Spross, kein Stamm bleibt ihm in seinem Volk, am Ort seines Aufenthaltes keiner, der ihn überlebt.
22	Hiob 19,10[377]	Baum	78	Hiob fühlt sich wie ein von Gott ausgerissener Baum.
22	Hiob 24,20[378]	Holz	115	Frevel wird wie Holz zerschmettert.
22	Hiob 29,19	Zweigen	16	Die Wurzel reiche bis ans Wasser. - Die gesegnete Vergangenheit.

[1201] Das Wort "Stamm" kommt wesentlich häufiger vor, wie unten angeführt, wird jedoch meist im Sinne von Abstammen verwendet.

22	Hiob 29,19[379]	Wurzel	32	Die Wurzel reiche bis ans Wasser. - Die gesegnete Vergangenheit.
22	Hiob 36,30[380]	Wurzeln	28	Gott deckt des Meeres Wurzeln zu. - Über Gottes Grösse.
22	Hiob 40,17[381]	Zeder	19	Die Gestalt des Nilpferdes.
22	Hiob 40,22[382]	Pappeln	2	Versteck für das Nilpferd.
22	Hiob 41,19[383]	Holz	115	Die Kraft des Krokodils achtet Bronze wie morsch gewordenes Holz.
22	Hiob 42,14[384]	Zimtblüte (Kezia)	1	Name einer Tochter Hiobs. - Hiobs neues Glück.
23	Ps 001,03	Blätter	14	Der gerechte Mann ist wie ein Baum an Wasserbächen.
23	Ps 001,03[385]	Baum	78	Der gerechte Mann ist wie ein Baum an Wasserbächen.
23	Ps 029,05[386]	Zedern (2 X)	31	Die Stimme Gottes zerbricht Zedern. - Gottes Herrlichkeit im Gewitter.
23	Ps 029,09	Wälder	8	Die Stimme Gottes reisst ganze Wälder kahl. - Gottes Herrlichkeit im Gewitter.
23	Ps 029,09[387]	Eichen	13	Die Stimme Gottes wirbelt Eichen empor. - Gottes Herrlichkeit im Gewitter.
23	Ps 037,35[388]	Zeder	19	Der Frevler reckte sich hoch wie eine Zeder.
23	Ps 038,01[389]	Weihrauchopfer	2	Ein Psalm zum Weihrauchopfer.
23	Ps 045,09[390]	Myrrhe	11	Lied zur Hochzeit des Königs.
23	Ps 050,10[391]	Waldes	11	Alles gehört dem Herrn, auch das Getier des Waldes.
23	Ps 052,10[392]	Ölbaum	19	Ich aber bin im Haus Gottes wie ein grünender Ölbaum; auf Gottes Huld vertraue ich immer und ewig.
23	Ps 070,01[393]	Weihrauchopfer	2	Ein Psalm zum Weihrauchopfer.
23	Ps 072,16[394]	Bäume	63	Im Reich des Friedenskönigs bringt das Land Frucht wie die Bäume des Libanon.
23	Ps 074,05-06 (05)[395]	Waldes	11	Zerstörung des Heiligtums wie des Unterholzes im Wald mit der Axt. - Klage über die Verwüstung des Heiligtums.
23	Ps 078,47[396]	Maulbeerbäume	2	Hagel zerstört die Bäume. - Plagen in Ägypten.
23	Ps 080,10[397]	Wurzeln	28	Der "Weinstock" (das Volk) hat Wurzeln geschlagen und erfüllt das ganze Land.
23	Ps 080,11	Zweige	40	Der "Weinstock" (das Volk) hat Wurzeln geschlagen und erfüllt das ganze Land.
23	Ps 080,11[398]	Zedern	31	Der "Weinstock" (das Volk) hat Wurzeln geschlagen und erfüllt das ganze Land.
23	Ps 080,14[399]	Wald	25	"Eber aus dem Wald" fressen den "Weinstock Gottes" ab.
23	Ps 083,15-16 (15)[400]	Wälder	8	Wie Feuer ganze Wälder verbrennt, so jage sie davon. - Bitte um Hilfe gegen Feinde des Volkes.
23	Ps 092,13	Zedern	31	Der Gerechte gedeiht wie die Palme, er wächst wie die Zedern des Libanon.
23	Ps 092,13[401]	Palme	11	Der Gerechte gedeiht wie die Palme, er wächst wie die Zedern des Libanon.
23	Ps 096,12-13 (12)	Waldes	11	Die Bäume sollen jubeln, wenn der Herr kommt, um die Erde zu richten.
23	Ps 096,12-13 (12)[402]	Bäume	63	Die Bäume sollen jubeln, wenn der Herr kommt, um die Erde zu richten.
23	Ps 104,12[403]	Zweigen	16	Aus den Zweigen an den Ufern erklingt der Gesang der Vögel.

23	Ps 104,16	Bäume	63	Die Bäume trinken sich satt. - Loblied auf den Schöpfer.
23	Ps 104,16	Zedern	31	Die Bäume trinken sich satt. - Loblied auf den Schöpfer.
23	Ps 104,16-17 (17)[404]	Zypressen	9	Die Bäume trinken sich satt. In ihnen bauen Vögel Nester. - Loblied auf den Schöpfer.
23	Ps 104,20[405]	Waldes	11	In der Nacht regen sich die Tiere des Waldes.
23	Ps 105,33	Feigenbaum	37	Gott zerschlug in Ägypten auch den Feigenbaum und knickte die Bäume um. - Er nahm ihnen das Glück.
23	Ps 105,33[406]	Bäume	63	Die Kraft des Herrn, die Bäume knicken kann. - Loblied auf den Schöpfer.
23	Ps 118,27[407]	Zweigen	16	Mit Zweigen in den Händen zum Reigentanz. - Eine Dankliturgie.
23	Ps 128,03[408]	Ölbäume	14	Wie ein fruchtbarer Weinstock ist deine Frau drinnen in deinem Haus. Wie junge Ölbäume sind deine Kinder rings um deinen Tisch.
23	Ps 144,12[409]	Bäume	63	Die Söhne seien hochgewachsen wie junge Bäume. - Danklied auf das Glück des Gottesvolkes.
23	Ps 148,07.09 (09)	Zedern	31	Die Zedern sollen den Herrn loben.
23	Ps 148,07.09 (09)[410]	Fruchtbäume	2	Die Fruchtbäume sollen den Herrn loben.
24	Spr 03,18[411]	Lebensbaum	4	Weisheit ist ein Lebensbaum.
24	Spr 07,16-17 (17)	Zimt	6	"Parfum" für das Bett. - Die eheliche Treue.
24	Spr 07,16-17 (17)[412]	Myrrhe	11	"Parfum" für das Bett. - Die eheliche Treue.
24	Spr 11,28[413]	Laub	10	Gerechte sprossen wie grünes Laub.
24	Spr 11,30[414]	Lebensbaum	4	Die Frucht der Gerechtigkeit ist ein Lebensbaum.
24	Spr 12,03[415]	Wurzel	32	Die Wurzel der Gerechten sitzt fest.
24	Spr 12,12[416]	Wurzel	32	Die Wurzel der Gerechten hat festen Grund.
24	Spr 13,12[417]	Lebensbaum	4	Erfülltes Verlangen ist ein Lebensbaum.
24	Spr 15,04[418]	Lebensbaum	4	Eine sanfte Zunge ist ein Lebensbaum.
24	Spr 25,11[419]	Äpfel	1	Das richtige Wort zur richtigen Zeit.
24	Spr 25,20[420]	Holz	115	Der Kummer nagt im Menschen wie ein Wurm im Holz.
24	Spr 26,20[421]	Holz	115	Ohne Holz kein Feuer, ohne Verleumder kein Streit.
24	Spr 26,21[422]	Holz	115	Holz nährt das Feuer, ein zänkischer Mensch den Streit.
24	Spr 27,09	Weihrauch	39	Die Herzlichkeit eines Menschen erfreut mehr als duftender Weihrauch.
24	Spr 27,09[423]	Holz	115	Die Herzlichkeit eines Menschen erfreut mehr als duftendes Holz.
24	Spr 27,18[424]	Feigenbaum	37	Wer einen Feigenbaum pflegt, wird seine Frucht essen, wer auf seinen Herrn acht gibt, wird geehrt.
25	Koh 02,05[425]	Bäumen	26	Anlegen von Gärten und Parks. - Menschliches Glück durch Weltgestaltung.
25	Koh 02,06[426]	Baumbestand	2	Bewässerung des Baumbestandes - Menschliches Glück durch Weltgestaltung.
25	Koh 10, 08-09 (09)[427]	Holz	115	Holz spalten birgt Gefahr in sich.

25	Koh 11,03[428]	Baum (2 X)	78	Der gefällte Baum bleibt liegen - Berechenbarkeit und Unberechenbarkeit der Zukunft.
25	Koh 12,05[429]	Mandelbaum	1	Freude in der Jugend im Blick auf Alter und Tod.
26	Hld 01,13[430]	Myrrhe	11	Liebeslied.
26	Hld 01,17	Zypressen	9	Liebeslied.
26	Hld 01,17[431]	Zedern	31	Liebeslied.
26	Hld 02,03	Waldbäumen	1	Liebeslied.
26	Hld 02,03[432]	Apfelbaum	3	Apfelbaum steht über Waldbäumen - Liebeslied.
26	Hld 02,05[433]	Äpfeln	1	Liebeslied.
26	Hld 02,13[434]	Feigenbaum	37	Liebeslied.
26	Hld 02,17[435]	Balsambergen	2	Ortsname.
26	Hld 03,06	Weihrauch	39	Liebeslied.
26	Hld 03,06[436]	Myrrhe	11	Liebeslied.
26	Hld 03,09-10 (09)[437]	Holz	115	Salomo hatte einen Tragsessel aus Holz.
26	Hld 03.09-10 (10)	Holz	115	Holz der Liebe (Textkorrektur zur Einheitsübersetzung, die "Steinen" verwendet).
26	Hld 04,03[438]	Granatapfels	2	Liebeslied.
26	Hld 04,06	Weihrauchhügel	1	Liebeslied.
26	Hld 04,06[439]	Myrrhenberg	1	Liebeslied.
26	Hld 04,10[440]	Balsamdüfte	2	Liebeslied.
26	Hld 04,13	Granatbäume	3	Liebeslied.
26	Hld 04,13-14 (14)[441]	Myrrhe	11	Liebeslied.
26	Hld 04,14	Balsam	26	Brautbeschreibung.
26	Hld 04,14	Weihrauchbäume	1	Brautbeschreibung.
26	Hld 04,14	Zimt	6	Liebeslied.
26	Hld 04,16[442]	Balsamdüfte	2	Liebeslied.
26	Hld 05,01	Myrrhe	11	Liebeslied.
26	Hld 05,01[443]	Balsam	26	Liebeslied.
26	Hld 05,13	Myrrhe	11	Liebeslied.
26	Hld 05,13[444]	Balsambeete	1	Liebeslied.
26	Hld 05,15[445]	Zedern	31	Liebeslied.
26	Hld 06,07[446]	Granatapfels	2	Liebeslied.
26	Hld 06,11	Nussgarten	1	Liebeslied.
26	Hld 06,11	Palme	11	Liebeslied.
26	Hld 06,11[447]	Granatbäume	3	Liebeslied.
26	Hld 07,08[448]	Palme	11	Liebeslied.
26	Hld 07,09	Palme	11	Liebeslied.
26	Hld 07,09[449]	Apfelduft	1	Atem wie Apfelduft - Liebeslied.
26	Hld 07,13[450]	Granatbäume	3	Liebeslied.
26	Hld 07,14[451]	Liebesäpfel	1	Liebeslied.
26	Hld 08,02[452]	Granatapfelmost	1	Liebeslied.
26	Hld 08,05[453]	Apfelbaum	3	Baum, unter dem man Empfängnis und Geburt erlebt.
26	Hld 08,09[454]	Zedernbrett	1	Liebeslied.
26	Hld 08,14[455]	Balsambergen	2	Ortsname.

27	Weish 03,15[456]	Wurzel	32	Die Wurzel der Klugheit ist unvergänglich.
27	Weish 04,03[457]	Wurzeln	28	Die Kinder der Frevler treiben keine Wurzeln in die Tiefe.
27	Weish 04,04[458]	Zweige	40	Die Kinder der Frevler treiben kurze Zeit üppige Zweige aber keine Wurzeln in die Tiefe.
27	Weish 04,05[459]	Äste	7	Die Kinder der Frevler treiben kurze Zeit üppige Zweige aber keine Wurzeln in die Tiefe und die Äste werden geknickt.
27	Weish 07,17.20 (20)[460]	Wurzeln	28	Gott lässt die Kräfte der Wurzeln verstehen.
27	Weish 10,04[461]	Holz	115	Noach wurde auf wertlosem Holz gerettet.
27	Weish 13,11	Holzschnitzer	1	Götter aus Holz - Machwerk aus Menschenhand.
27	Weish 13,11[462]	Baum	78	Gebrauchsgegenstände und tote Götzen sind aus dem selben Holz geschnitzt.
27	Weish 13,13[463]	Holz	115	Götter aus Holz - Machwerk aus Menschenhand.
27	Weish 14,01[464]	Holz	115	Götter aus Holz - Machwerk aus Menschenhand.
27	Weish 14,05[465]	Holz	115	Das Leben dem Holz anvertrauen (Floss).
27	Weish 14,07[466]	Holz	115	Segen ruht auf dem Holz, durch das Gerechtigkeit geschieht.
27	Weish 14,08[467]	Holz	115	Fluch ruht auf dem Holz, das angebetet wird.
27	Weish 14,21[468]	Holz	115	Götter aus Holz - Machwerk aus Menschenhand.
27	Weish 15,03[469]	Wurzel	32	Die Stärke Gottes zu kennen ist die Wurzel der Unsterblichkeit.
27	Weish 17,17	Zweigen	16	Der Gesang der Vögel in den Zweigen macht in der Finsternis Angst.
27	Weish 17,17[470]	Bäume	63	Der Gesang der Vögel in den Zweigen macht in der Finsternis Angst.
28	Sir 01,06 [-07] (06)[471]	Wurzel	32	Die Wurzel der Weisheit ist der Herr.
28	Sir 01,20	Zweige	40	Die Wurzel der Weisheit ist die Gottesfurcht.
28	Sir 01,20[472]	Wurzel	32	Die Wurzel der Weisheit ist die Gottesfurcht.
28	Sir 03,09[473]	Wurzel	32	Der Segen des Vaters festigt die Wurzel der Kinder. - Ehrfurcht gegen die Eltern.
28	Sir 03,28[474]	Wurzeln	28	In den Übermütigen hat ein giftiges Kraut seine Wurzeln.
28	Sir 06,02-03 (03)	Laub	10	Gier lässt dich werden wie einen dürren Baum.
28	Sir 06,02-03 (03)[475]	Baum	78	Gier lässt dich werden wie einen dürren Baum.
28	Sir 08,03[476]	Holz	115	Zank nicht mit einem Schwätzer, und leg nicht noch Holz auf das Feuer!
28	Sir 10,16[477]	Wurzelstock	4	Gott schlägt den Wurzelstock der Völker ab bis auf den Grund und pflanzt Demütige an ihre Stelle.
28	Sir 14,18	Blätter	14	Geschlechter wechseln wie Blätter am Baum.

28	Sir 14,18[478]	Baum	78	Geschlechter wechseln wie Blätter am Baum.
28	Sir 14,20.26 (26)	Zweigen	16	Sein "Nest" in das Laub der Weisheit bauen und in den Zweigen die Nacht verbringen.
28	Sir 14,20.26 (26)[479]	Laub	10	Sein "Nest" in das Laub der Weisheit bauen.
28	Sir 22,16[480]	Holzgebälk	1	Überlegter Rat hält wie ein eingemauerter Balken.
28	Sir 23,25	Zweige	40	Kinder der Unzucht werden keine Wurzeln treiben. - Warnung vor Unzucht.
28	Sir 23,25[481]	Wurzel	32	Kinder der Unzucht werden keine Wurzeln treiben. - Warnung vor Unzucht.
28	Sir 24,12[482]	Wurzel	32	Lob der Weisheit.
28	Sir 24,13	Zeder	19	Lob der Weisheit.
28	Sir 24,13[483]	Ölbaum	19	Lob der Weisheit.
28	Sir 24,14	Palme	11	Aufgrund der Weisheit wachsen.
28	Sir 24,14	Platane	2	Aufgrund der Weisheit wachsen.
28	Sir 24,14[484]	Ölbaum	19	Aufgrund der Weisheit wachsen.
28	Sir 24,15	Weihrauchwolken	2	Die Weisheit strömt "Wohlgeruch" aus.
28	Sir 24,15	Zimt	6	Die Weisheit strömt "Wohlgeruch" aus.
28	Sir 24,15[485]	Myrrhe	11	Die Weisheit strömt "Wohlgeruch" aus.
28	Sir 24,16	Zweige (2 X)	40	Die Weisheit breitet sich voll Pracht und Anmut aus.
28	Sir 24,16[486]	Terebinthe	3	Die Weisheit breitet sich voll Pracht und Anmut aus.
28	Sir 27,06[487]	Baumes	4	Der Art des Baumes entspricht seine Frucht.
28	Sir 37,17[488]	Wurzel	32	Die Wurzel der Pläne ist das Herz.
28	Sir 38,05[489]	Holz	115	Gottes Macht zeigte sich auch in dem Holz, durch welches das Wasser von Mara süss wurde.
28	Sir 39,13[490]	Zeder	19	Wer den Namen Gottes verherrlicht, wird gedeihen wie eine Zeder am Wasser.
28	Sir 39,14[491]	Weihrauch	39	Einladung zum Gotteslob.
28	Sir 40,15[492]	Wurzel	32	Die Wurzel des Ruchlosen liegt auf einem Felsenriff; sie treibt keinen Spross.
28	Sir 45,09[493]	Granatäpfeln	4	Aarons Priestergewand ist mit Bildern von Granatäpfeln verziert.
28	Sir 47,22[494]	Wurzelspross	1	Der Erwählte ist David.
28	Sir 49,01[495]	Weihrauch	39	Treueopfer des Joschijas.
28	Sir 50,05.09 (09)[496]	Weihrachfeuer	1	Hohepriester Simeon.
28	Sir 50,10	Zweigen	16	Die Grösse des Hohenpriesters Simeon.
28	Sir 50,10[497]	Ölbaum (2 X)	19	Die Grösse des Hohenpriesters Simeon.
28	Sir 50,11-14 (12)	Pappeln	2	Die Grösse des Hohenpriesters Simeon.
28	Sir 50,11-14 (12)	Zedern	31	Simeon beim aufgeschichteten Holz.
28	Sir 50,11-14 (12)[498]	Holz	115	Simeon beim aufgeschichteten Holz.
28	Sir 50,11-14 (14)	Opferholz	1	Simeon beim aufgeschichteten Opferholz.
29	Jes 01,29	Haine	1	Jerusalem wird sich schämen wegen der (heiligen) Eichen.

29	Jes 01,29[499]	Eichen	13	Jerusalem wird sich schämen wegen der (heiligen) Eichen.
29	Jes 01,30	Eiche	18	Werden wie eine Eiche deren Blätter verwelken. - Gericht über Jerusalem.
29	Jes 01,30[500]	Blätter	14	Werden wie eine Eiche deren Blätter verwelken. - Gericht über Jerusalem.
29	Jes 02,12-13 (13)	Zedern	31	Der Tag des Herrn kommt über die Zedern des Libanon. - Gegen das Stolze.
29	Jes 02,12-13 (13)[501]	Eichen	13	Der Tag des Herrn kommt über die Eichen des Baschan. - Gegen das Stolze.
29	Jes 03,24[502]	Balsam	26	Die hochmütigen Frauen Jerusalems.
29	Jes 05,24[503]	Wurzel	32	Die Wurzel der Frevler soll verfaulen. - Wehrufe über das trotzige Israel.
29	Jes 06,13	Terebinthe	3	Alle werden vernichtet wie eine Terebinthe, die man fällt.
29	Jes 06,13[504]	Eiche	18	Alle werden vernichtet wie eine Eiche, die man fällt.
29	Jes 07,02	Waldes	11	Das Herz zittert vor Angst wie die Bäume des Waldes im Wind.
29	Jes 07,02[505]	Bäume	63	Das Herz zittert vor Angst wie die Bäume im Wind.
29	Jes 07,04[506]	Holzscheite	1	Das Schicksal der Könige (von Damaskus und Samaria) ist besiegelt.
29	Jes 09,03[507]	Tragholz	1	Die Verheissung des göttlichen Kindes, welches das Tragholz zerbricht.
29	Jes 09,09	Zedern	31	Maulbeerbäume werden gefällt und Zedern gepflanzt. - Ankündigung des Strafgerichts über Israel.
29	Jes 09,09[508]	Maulbeerbäume	2	Maulbeerbäume werden gefällt und Zedern gepflanzt. - Ankündigung des Strafgerichts über Israel.
29	Jes 09,13[509]	Palmzweig	4	Der Palmzweig des Volkes wird abgeschnitten. - Ankündigung des Strafgerichtes über Israel.
29	Jes 09,17[510]	Waldes	11	Die Bosheit entzündet das Dickicht des Waldes. - Ankündigung des Strafgerichtes über Israel.
29	Jes 10,15[511]	Holz	115	Assur ist nur ein Werkzeug in der Hand Gottes.
29	Jes 10,18[512]	Wald	25	Der herrliche "Wald" wird vernichtet. - Androhung der Vernichtung Assurs.
29	Jes 10,19	Wald	25	Nur wenige Bäume bleiben in den Wäldern übrig, selbst ein Kind kann sie zählen. - Androhung der Vernichtung Assurs.
29	Jes 10,19[513]	Bäumen	26	Nur wenige Bäume bleiben in den Wäldern übrig, selbst ein Kind kann sie zählen. - Androhung der Vernichtung Assurs.
29	Jes 10,33	Zweige	40	Bäume werden gefällt. - Strafwort über Juda und Jerusalem.
29	Jes 10,33[514]	Bäume	63	Bäume werden gefällt. - Strafwort über Juda und Jerusalem.
29	Jes 10,34[515]	Waldes	11	Der Wald wird mit Eisen gerodet, der Libanon fällt durch die Hand eines Mächtigen. - Androhung der Vernichtung Assurs.
29	Jes 11,01	Wurzeln	28	Der Baumstumpf Isais: seine Wurzel bringt Frucht hervor.
29	Jes 11,01[516]	Baumstumpf	1	Der Baumstumpf Isais.
29	Jes 11,10[517]	Wurzel	32	Der Spross aus der Wurzel Isais.

29	Jes 14,08	Zypressen	9	Die Bäume machen sich lustig darüber, weil keiner sie mehr fällt. - Spottlied über den König von Babel.
29	Jes 14,08[518]	Zedern	31	Die Bäume machen sich lustig darüber, weil keiner sie mehr fällt. - Spottlied über den König von Babel.
29	Jes 14,29[519]	Wurzel	32	Aus der Wurzel geht eine Natter hervor. - Ankündigung des Gerichts über die Philister.
29	Jes 14,30[520]	Wurzeln	28	Gott lässt die Wurzeln verhungern. - Ankündigung des Gerichts über die Philister.
29	Jes 15,07[521]	Weidenbach	1	Der Weidenbach liegt im Süden Moabs.
29	Jes 17,06	Baumes	4	Wie Früchte für die Nachlese, so bleiben nur wenige Leute übrig.
29	Jes 17,06	Ölbäume	14	Wie Früchte für die Nachlese, so bleiben nur wenige Leute übrig.
29	Jes 17,06	Oliven	9	Wie Früchte für die Nachlese, so bleiben nur wenige Leute übrig.
29	Jes 17,06	Zweigen	16	Wie Früchte für die Nachlese, so bleiben nur wenige Leute übrig.
29	Jes 17,06[522]	Ästen	4	Wie Früchte für die Nachlese, so bleiben nur wenige Leute übrig.
29	Jes 19,15[523]	Palme	11	Niemand wird in Ägypten mehr etwas vollbringen. - Ankündigung des Gerichtes über Ägypten.
29	Jes 22,08[524]	Waldhaus	1	Die Waffen lagern im Waldhaus (Libanonwaldhaus).
29	Jes 22,24[525]	Blätter	14	Kinder wie Blätter an den Schösslingen. (In der Einheitsübersetzung: Kinder und Kindeskindern)
29	Jes 24,13[526]	Oliven	9	Abgeschlagen wie Oliven. - Ankündigung des Weltgerichts.
29	Jes 27,06[527]	Wurzel	32	Jakob wird in künftigen Tagen wieder Wurzeln schlagen.
29	Jes 27,10[528]	Zweige	40	Rinder fressen die Zweige. - Die Bestrafung des Gegners.
29	Jes 27,11[529]	Äste	7	Rinder fressen die Zweige, die Frauen verbrennen die Äste. - Die Bestrafung des Gegners.
29	Jes 28,04[530]	Feige	1	Die frühreife Feige wird vor der Ernte gegessen. - Der Untergang Samarias.
29	Jes 29,17[531]	Wald	25	Der Garten wir in einen Wald verwandelt. - Friede und Glück für Israel.
29	Jes 30,33	Holzstoss / Holzstoß	2	Gericht über Assur.
29	Jes 30,33[532]	Brennholz	8	Gericht über Assur.
29	Jes 32,10[533]	Obsternte	2	Übers Jahr gibt es keine Obsternte mehr. - Die leichtsinnigen Frauen.
29	Jes 32,15[534]	Wald	25	Der Garten wir in einen Wald verwandelt. - Die Wirkung des Geistes aus der Höhe.
29	Jes 32,19[535]	Wald	25	Der Wald stürzt in jähem Sturz. - Die Wirkung des Geistes aus der Höhe.
29	Jes 33,09[536]	Bäume	63	Die Bäume des Libanon verdorren angesichts einer Bedrohung.
29	Jes 33,21.23a (23a)[537]	Mastbaum	1	Bild für Zion.
29	Jes 34,03-04 (04)	Laub	10	Das Heer schrumpft wie Früchte am Feigenbaum. - Gericht über Edom.

29	Jes 34,03-04 (04)[538]	Feigenbaum	37	Das Heer schrumpft wie Früchte am Feigenbaum. - Gericht über Edom.
29	Jes 36,16[539]	Feigenbaum	37	Der König von Assur verheisst Glück beim Treffen eines Abkommens.
29	Jes 37,18-19 (19)[540]	Holz	115	Götter aus Holz - Machwerk aus Menschenhand.
29	Jes 37,24	Zedern	31	Sanherib verhöhnt Gott. - Jesaja verheisst Hilfe.
29	Jes 37,24	Zypressen	9	Sanherib verhöhnt Gott. - Jesaja verheisst Hilfe.
29	Jes 37,24[541]	Wälder	8	Sanherib verhöhnt Gott. - Jesaja verheisst Hilfe.
29	Jes 37,31[542]	Wurzeln	28	Der heilige Rest wird wieder Wurzeln treiben und Frucht tragen.
29	Jes 39,02[543]	Balsam	26	Das Schatzhaus des Hiskija.
29	Jes 40,16[544]	Brennholz	8	Der Libanon reicht nicht aus für das Brennholz für die Opfer. - Preis der Erhabenheit Gottes.
29	Jes 40,20[545]	Holz	115	Götter aus Holz - Machwerk aus Menschenhand.
29	Jes 40,24	wurzelt	1	Gott nimmt den Reichen der Erde den Einfluss.
29	Jes 40,24[546]	Stamm[1202]	9	Der angewurzelte Stamm verdorrt.
29	Jes 41,19	Eschen	2	Der wunderbare Auszug aus Babel - Verheissung einer von Gott gesegneten Zukunft.
29	Jes 41,19	Myrten	3	Der wunderbare Auszug aus Babel - Verheissung einer von Gott gesegneten Zukunft.
29	Jes 41,19	Ölbäume	14	Der wunderbare Auszug aus Babel - Verheissung einer von Gott gesegneten Zukunft.
29	Jes 41,19	Platanen	3	Der wunderbare Auszug aus Babel - Verheissung einer von Gott gesegneten Zukunft.
29	Jes 41,19	Zedern	31	Der wunderbare Auszug aus Babel - Verheissung einer von Gott gesegneten Zukunft.
29	Jes 41,19	Zypressen	9	Der wunderbare Auszug aus Babel - Verheissung einer von Gott gesegneten Zukunft.
29	Jes 41,19[547]	Akazien	1	Der wunderbare Auszug aus Babel - Verheissung einer von Gott gesegneten Zukunft.
29	Jes 43,23[548]	Weihrauch	39	Israel hat Gott nicht wirklich gedient.
29	Jes 44,03-04 (04)[549]	Weidenbäume	1	Die Kinder werden spriessen wie Weidenbäume. - Die Ausgiessung des Geistes.
29	Jes 44,13[550]	Holz	115	Götter aus Holz - Machwerk aus Menschenhand.
29	Jes 44,14	Bäume	63	Ein Baum liefert Holz für Gebrauchsgegenstände und für nutzlose Götzen.
29	Jes 44,14	Eiche	18	Ein Baum liefert Holz für Gebrauchsgegenstände und für nutzlose Götzen.
29	Jes 44,14	Lorbeerbaum	1	Ein Baum liefert Holz für Gebrauchsgegenstände und für nutzlose Götzen.
29	Jes 44,14	Wald	25	Ein Baum liefert Holz für Gebrauchsgegenstände und für nutzlose Götzen.
29	Jes 44,14	Zeder	19	Ein Baum liefert Holz für Gebrauchsgegenstände und für nutzlose Götzen.
29	Jes 44,14[551]	Baum	78	Ein Baum liefert Holz für Gebrauchsgegenstände und für nutzlose Götzen.

[1202] Das Wort "Stamm" kommt wesentlich häufiger vor, wie unten angeführt, wird jedoch meist im Sinne von Abstammen verwendet.

29	Jes 44,15[552]	Holz	115	Götter aus Holz - Machwerk aus Menschenhand.
29	Jes 44,16[553]	Holzes	4	Götter aus Holz - Machwerk aus Menschenhand.
29	Jes 44,17[554]	Holzes	4	Götter aus Holz - Machwerk aus Menschenhand.
29	Jes 44,19	Holzklotz	1	Götter aus Holz - Machwerk aus Menschenhand.
29	Jes 44,19[555]	Holzes	4	Götter aus Holz - Machwerk aus Menschenhand.
29	Jes 44,23	Wälder	8	Die Bäume sollen jubeln über die Erlösung Israels.
29	Jes 44,23[556]	Bäumen	26	Die Bäume sollen jubeln über die Erlösung Israels.
29	Jes 45,20[557]	hölzerne	4	Wer Götzen verehrt hat keine Erkenntnis.
29	Jes 53,02[558]	Wurzeltrieb	1	Der Gottesknecht wächst auf wie ein Wurzeltrieb aus dem Boden.
29	Jes 55,12[559]	Bäume	63	Die Bäume klatschen Beifall.
29	Jes 55,13	Zypressen	9	Bei Vertrauen auf Gottes Wort und Umkehr wachsen "Zypressen" statt "Dornen".
29	Jes 55,13[560]	Myrten	3	Bei Vertrauen auf Gottes Wort und Umkehr wachsen "Myrten" statt "Brennnesseln".
29	Jes 56,03[561]	Baum	78	Fremde und Kinderlose sind "mehr" als ein dürrer Baum.
29	Jes 56,09[562]	Wald	25	Tiere aus dem Wald fressen die Leichen derer, die im Strafgericht Gottes umkommen. - Eine Drohung gegen die Führer des Volkes.
29	Jes 57,05	Eichen	13	"Götzendienstliche" Gier unter einem üppigen Baum.
29	Jes 57,05[563]	Baum	78	"Götzendienstliche" Gier unter einem üppigen Baum.
29	Jes 60,06[564]	Weihrauch	39	Die Völkerwallfahrt nach Jerusalem.
29	Jes 60,13	Platanen	3	Die künftige Herrlichkeit Zions wird geschmückt, Bäumen des Libanon gleich.
29	Jes 60,13	Zypressen	9	Die künftige Herrlichkeit Zions wird geschmückt, Bäumen des Libanon gleich.
29	Jes 60,13[565]	Eschen	2	Die künftige Herrlichkeit Zions wird geschmückt, Bäumen des Libanon gleich.
29	Jes 60,17[566]	Holz	115	Völkerwallfahrt zum gesegneten Jerusalem.
29	Jes 61,01-03 (03)[567]	Eichen	13	Zion wird die Eiche der Gerechtigkeit genannt werden.
29	Jes 64,05[568]	Laub	10	Alle sind wie unreine Menschen geworden, wie verwelktes Laub.
29	Jes 65,06-07 (07)[569]	Weihrauch	39	Gegen die Götzendiener.
29	Jes 65,22[570]	Bäume	63	Die Menschen werden so alt wie die Bäume. - Endzeitliches Heil.
29	Jes 66,03[571]	Weihrauch	39	Die Opfer für JHWH stehen neben Götzenopfern. - Beschreibung der Endzeit.
30	Jer 01,11-12 (11)[572]	Mandelzweig	1	Jeremia sieht in einer Vision einen Mandelzweig zum Zeichen, dass Gott über sein Wort wacht und es ausführt (hebräisches Wortspiel schaked = Mandelbaum, schakad = wachen).
30	Jer 02,20[573]	Baum	78	Unzüchtiger Götzendienst unter jedem üppigen Baum (Fruchtbarkeitsriten).
30	Jer 02,21[574]	Edelrebe	1	Die Edelrebe wandelte sich zum Wildling. - Das treulose Volk.
30	Jer 02,27[575]	Holz	115	Götter aus Holz - Machwerk aus Menschenhand.
30	Jer 03,06[576]	Baum	78	Unzucht unter jedem üppigen Baum.

30	Jer 03,09[577]	Holz	115	Götter aus Holz - Machwerk aus Menschenhand.
30	Jer 03,13[578]	Baum	78	Fremde Götter unter jedem üppigen Baum.
30	Jer 05,06[579]	Waldes	11	Der Löwe des Waldes schlägt die Grossen. - Die schwere Schuld Jerusalems.
30	Jer 05,14[580]	Brennholz	8	Das Volk wird aufgrund seiner Schuld zum Brennholz.
30	Jer 05,17[581]	Feigenbaum	37	Ein fremdes Volk frisst die Ernte. - Schwere Schuld.
30	Jer 06,06[582]	Bäume	63	Bäume werden gefällt. - Kriegsgefahr als Strafe.
30	Jer 06,20[583]	Weihrauch	39	Gott will die Opfer nicht mehr. - Jerusalems Trotz.
30	Jer 07,18[584]	Holz	115	Opferkuchen für die Fruchtbarkeitsgöttin.
30	Jer 07,20[585]	Bäume	63	Der Zorn Gottes ergiesst sich aufgrund des Verhaltens der Menschen auch auf die Bäume.
30	Jer 08,13	Feigenbaum	37	Keine Früchte. - Abkehr und Strafe.
30	Jer 08,13	Laub	10	Keine Früchte, verwelktes Laub. - Abkehr und Strafe.
30	Jer 08,13[586]	Feigen	18	Keine Früchte. - Abkehr und Strafe.
30	Jer 08,22[587]	Balsam	26	Klage über die "Wunde des Volkes".
30	Jer 10,03	Wald	25	Der Wald liefert Holz für Gebrauchsgegenstände und für nutzlose Götzen.
30	Jer 10,03[588]	Holz	115	Götter aus Holz - Machwerk aus Menschenhand.
30	Jer 10,08[589]	Holz	115	Götter aus Holz - Machwerk aus Menschenhand.
30	Jer 10,16[590]	Stamm[1203]	9	Israel ist der Stamm Gottes.
30	Jer 11,16	Zweige	40	Feuer lässt die Zweige hässlich werden. - Gebrochener Bund.
30	Jer 11,16[591]	Ölbaum	19	Feuer lässt die Zweige hässlich werden. - Gebrochener Bund.
30	Jer 11,19[592]	Baum	78	Jeremia soll gleich einem Baum im Saft ausgerottet werden.
30	Jer 12,01-02 (02)[593]	Wurzel	32	Die Frevler haben Wurzeln geschlagen.
30	Jer 12,08[594]	Wald	25	Der Erbteil Gottes wendet sich gegen Gott, wie ein Löwe im Wald. - Klage Gottes über sein Land.
30	Jer 17,01-02 (02)[595]	Bäumen	26	Judas Sünde des Götzendienstes unter den üppigen Bäumen.
30	Jer 17,08	Blätter	14	Der Gerechte ist wie ein Baum an Wasserbächen.
30	Jer 17,08	Wurzeln	28	Der Gerechte ist wie ein Baum an Wasserbächen.
30	Jer 17,08[596]	Baum	78	Der Gerechte ist wie ein Baum an Wasserbächen.
30	Jer 17,26[597]	Weihrauch	39	Die Sabbatheiligung.
30	Jer 21,14[598]	Wald	25	Der Herr legt Feuer an den Wald der Stadt, die Zedernholzpaläste. - Botschaft an die Regierung.
30	Jer 22,07[599]	Zedern	31	Die Zedern (vermutlich der Palastbauten) werden umgehauen. - Drohwort im Königspalast.
30	Jer 22,13-14 (14)[600]	Zedernholz	21	Der Palast darf nicht mit Ungerechtigkeit gebaut werden.
30	Jer 22,15[601]	Zedern	31	Der König ist nicht König geworden, um mit Zedern (vermutlich der Palastbauten) zu prunken. - Drohwort im Königspalast.

[1203] Das Wort "Stamm" kommt wesentlich häufiger vor, wie unten angeführt, wird jedoch meist im Sinne von Abstammen verwendet.

30	Jer 22,23[602]	Zedern	31	Jerusalem "nistet in Zedern", wird aber stöhnen werden. - Jerusalems Sturz.
30	Jer 24,01[603]	Feigen	18	Gute (Die Verbannten bei den Chaldäern) und schlechte (Zidkija) Feigen. - Die beiden Feigenkörbe.
30	Jer 24,02	Frühfeigen	2	Gute (Die Verbannten bei den Chaldäern) und schlechte (Zidkija) Feigen. - Die beiden Feigenkörbe.
30	Jer 24,02[604]	Feigen (2 X)	18	Gute (Die Verbannten bei den Chaldäern) und schlechte (Zidkija) Feigen. - Die beiden Feigenkörbe.
30	Jer 24,03[605]	Feigen (2 X)	18	Gute (Die Verbannten bei den Chaldäern) und schlechte (Zidkija) Feigen. - Die beiden Feigenkörbe.
30	Jer 24,05[606]	Feigen	18	Gute (Die Verbannten bei den Chaldäern) und schlechte (Zidkija) Feigen. - Die beiden Feigenkörbe.
30	Jer 24,08[607]	Feigen	18	Gute (Die Verbannten bei den Chaldäern) und schlechte (Zidkija) Feigen. - Die beiden Feigenkörbe.
30	Jer 27,02[608]	Jochhölzer	1	Das Joch Babels.
30	Jer 28,10[609]	Jochholz	2	Der falsche Prophet Hananja zerbricht das Jochholz und bekommt ein "eisernes".
30	Jer 28,12[610]	Jochholz	2	Der falsche Prophet Hananja zerbricht das Jochholz und bekommt ein "eisernes".
30	Jer 28,13[611]	Holz	115	Das Eisenjoch löst das Holzjoch ab (der falsche Prophet Hananja).
30	Jer 29,17[612]	Feigen	18	Verdorrte Feigen. - Gott bestraft Feinde seines Volkes.
30	Jer 40,10[613]	Obst	4	Obsternte im Land Juda.
30	Jer 40,12[614]	Obst	4	Obsternte im Land Juda.
30	Jer 41,04-05 (05)[615]	Weihrauch	39	Unterwegs zum Opfer.
30	Jer 46,11[616]	Balsam	26	Trauer über eine Niederlage.
30	Jer 46,22[617]	Holzhackern	1	Die Eroberung Ägyptens.
30	Jer 46,23[618]	Wald	25	Der Wald wird gefällt. - Die Eroberung Ägyptens.
30	Jer 51,08[619]	Balsam	26	"Balsam" für Babel.
30	Jer 51,19[620]	Stamm[1204]	9	Israel ist der Stamm Gottes.
30	Jer 52,22	Granatäpfeln	4	Granatäpfelnachbildungen als Tempelverzierung.
30	Jer 52,22[621]	Granatäpfel	12	Auf den Kapitellen des Tempel sind Granatäpfel abgebildet.
30	Jer 52,23[622]	Granatäpfel (2 X)	12	Granatäpfelnachbildungen als Tempelverzierung.
31	Klgl 04,08[623]	Holz	115	Die "Tochter" des Volkes ist trocken wie Holz geworden.
31	Klgl 05,04[624]	Holz	115	Das Land fiel an die Ausländer, nun muss das Holz bezahlt werden.
31	Klgl 05,13[625]	Holzlast	1	Schmach des Volkes.
32	Bar 01,10[626]	Weihrauch	39	Auch nach der Zerstörung des Tempels brachte man an seiner Stelle Opfer dar.
32	Bar 05,08	Wälder	8	Wälder spenden Schatten auf Gottes Geheiss.
32	Bar 05,08[627]	Bäume	63	Bäume spenden Schatten auf Gottes Geheiss.
32	Bar 06,03[628]	Holz	115	Götter aus Holz - Machwerk aus Menschenhand.
32	Bar 06,10[629]	Holz	115	Götter aus Holz - Machwerk aus Menschenhand.

[1204] Das Wort "Stamm" kommt wesentlich häufiger vor, wie unten angeführt, wird jedoch meist im Sinne von Abstammen verwendet.

32	Bar 06,29[630]	Holz	115	Götter aus Holz - Machwerk aus Menschenhand.
32	Bar 06,38[631]	hölzernen	7	Götter aus Holz - Machwerk aus Menschenhand.
32	Bar 06,50[632]	hölzerne	4	Götter aus Holz - Machwerk aus Menschenhand.
32	Bar 06,53-54 (54)[633]	hölzernen	7	Götter aus Holz - Machwerk aus Menschenhand.
32	Bar 06,56[634]	hölzernen	7	Götter aus Holz - Machwerk aus Menschenhand.
32	Bar 06,58[635]	hölzerne	4	Besser ein Gebrauchsgegenstand zu sein, als eine Götzenfigur.
32	Bar 06,62[636]	Wälder	8	Gottes Macht Wälder zu vernichten durch Feuer von oben. - Die Nichtigkeit der Götter.
32	Bar 06,69[637]	hölzernen	7	Götter aus Holz - Machwerk aus Menschenhand.
32	Bar 06,70[638]	hölzernen	7	Götter aus Holz - Machwerk aus Menschenhand.
33	Ez 06,13	Eiche	18	Gott will den Tod der Götzendiener.
33	Ez 06,13[639]	Baum	78	Gott will den Tod der Götzendiener.
33	Ez 08,11[640]	Weihrauchwolken	2	Entweihung des Tempels durch Götzenopfer.
33	Ez 08,17[641]	Zweig	8	Den Zweig an die Nase halten. - Die Entweihung des Tempels.
33	Ez 15,02	Holz (2 X)	115	Jerusalem, das unnütze Holz am Weinstock.
33	Ez 15,02	Waldes	11	"Holz" ist "Holz", wenn es brennt. - Israel ist unnützes Holz am Weinstock, zwischen den Bäumen des Waldes.
33	Ez 15,02[642]	Bäumen	26	"Holz" ist "Holz", wenn es brennt. - Israel ist unnützes Holz am Weinstock.
33	Ez 15,04[643]	Holzes	4	Götter aus Holz - Machwerk aus Menschenhand.
33	Ez 15,06	Holz	115	Jerusalem, das unnütze Holz am Weinstock.
33	Ez 15,06	Waldes	11	Weinstockholz, das im Wald wächst wird verbrannt. - Dies gilt auch für die Bewohner Jerusalems.
33	Ez 15,06[644]	Bäumen	26	Weinstockholz, das im Wald wächst wird verbrannt. - Dies gilt auch für die Bewohner Jerusalems.
33	Ez 16,18[645]	Weihrauch	39	Missbrauch des Opfers. - Gegen Jerusalem, die treulose Frau.
33	Ez 17,03	Zeder	19	Untreue des Königs.
33	Ez 17,03[646]	Wipfel	4	Untreue des Königs.
33	Ez 17,04[647]	Zweig	8	Untreue des Königs.
33	Ez 17,05-06 (06)	Zweige	40	Untreue des Königs.
33	Ez 17,05-06 (06)[648]	Wurzeln	28	Untreue des Königs.
33	Ez 17,07[649]	Wurzeln	28	Untreue des Königs.
33	Ez 17,08[650]	Zweige	40	Untreue des Königs.
33	Ez 17,09[651]	Wurzeln (2 X)	28	Untreue des Königs.
33	Ez 17,22	Wipfel	4	Widerherstellung (des Reiches) durch Gott.
33	Ez 17,22	Zeder	19	Untreue des Königs. - Widerherstellung (des Reiches) durch Gott.
33	Ez 17,22	Zweig	8	Widerherstellung (des Reiches) durch Gott.
33	Ez 17,22[652]	Ästen	4	Untreue des Königs. - Widerherstellung (des Reiches) durch Gott.
33	Ez 17,23	Zweige	40	Untreue des Königs. - Widerherstellung (des Reiches) durch Gott.

33	Ez 17,23[653]	Zeder	19	Untreue des Königs. - Widerherstellung (des Reiches) durch Gott.
33	Ez 17,24	Bäume	63	Die Bäume erkennen den Herrn. - Gott stellt das Volk wieder her, gleich Bäumen.
33	Ez 17,24[654]	Baum (2 X)	78	Die Bäume erkennen den Herrn. - Gott stellt das Volk wieder her, gleich Bäumen.
33	Ez 19,10-11 (11)	Zweige	40	Totenklage über den Fürsten von Israel.
33	Ez 19,10-11 (11)[655]	Laubes	1	Die Mutter war wie ein Weinstock.
33	Ez 19,12[656]	Stamm[1205]	9	Totenklage über den Fürsten von Israel.
33	Ez 19,14	Zweig	8	Die Mutter war wie ein Weinstock. Feuer frisst nun die Früchte.
33	Ez 19,14	Zweigen	16	Die Mutter war wie ein Weinstock. Feuer frisst nun die Früchte.
33	Ez 19,14[657]	Stamm[1206]	9	Die Mutter war wie ein Weinstock. Feuer frisst nun die Früchte.
33	Ez 20,28[658]	Baum	78	Israels Treulosigkeit durch "falsche" Opfer.
33	Ez 20,32[659]	Holz	115	Götter aus Holz - Machwerk aus Menschenhand.
33	Ez 21,02-03 (02)[660]	Wald	25	Juda und Jerusalem wird verbrennen wie Wald. - Gleichnis vom Waldbrand.
33	Ez 21,02-03 (03)	Baum (2 X)	78	Juda und Jerusalem wird verbrennen wie Wald.
33	Ez 21,02-03 (03)	Wald	25	Juda und Jerusalem wird verbrennen wie Wald. - Gleichnis vom Waldbrand.
33	Ez 21,15[661]	Holz	115	Vom "Schwert" des Herrn.
33	Ez 23,41[662]	Weihrauch	39	Missbrauch des Opfers. - Das Gleichnis von den schamlosen Schwestern Israel und Juda.
33	Ez 24,05[663]	(Brennholz)	8	Die vergebliche Reinigung der Stadt.
33	Ez 24,09-10 (09)[664]	Holzstoss	2	Vergebliche Reinigung durch Gott.
33	Ez 24,09-10 (10)	Holz	115	Vergebliche Reinigung durch Gott.
33	Ez 27,05	Zypressenholz	8	Totenklage über Tyrus.
33	Ez 27,05[665]	Zeder	19	Totenklage über Tyrus.
33	Ez 27,06	Eschenholz	1	Totenklage über Tyrus.
33	Ez 27,06[666]	Eichen	13	Totenklage über Tyrus.
33	Ez 27,15[667]	Ebenholz	1	Totenklage über Tyrus.
33	Ez 27,17	(Oliven)	9	Totenklage über Tyrus. - Das prächtige Schiff.
33	Ez 27,17[668]	Mastix	3	Totenklage über Tyrus. - Das prächtige Schiff.
33	Ez 27,19[669]	Zimt	6	Totenklage über Tyrus.
33	Ez 27,22[670]	Balsam	26	Totenklage über Tyrus.
33	Ez 31,03	Esche	1	Eine prächtige Esche im Libanon. - Das Gleichnis vom Pharao, dem prächtigen Baum.

1205 Das Wort "Stamm" kommt wesentlich häufiger vor, wie unten angeführt, wird jedoch meist im Sinne von Abstammen verwendet.

1206 Das Wort "Stamm" kommt wesentlich häufiger vor, wie unten angeführt, wird jedoch meist im Sinne von Abstammen verwendet.

33	Ez 31,03	Wipfel	4	Eine prächtige Esche im Libanon. - Das Gleichnis vom Pharao, dem prächtigen Baum.
33	Ez 31,03	Zeder	19	Eine prächtige Zeder im Libanon. - Das Gleichnis vom Pharao, dem prächtigen Baum.
33	Ez 31,03[671]	Äste	7	Eine prächtige Esche im Libanon. - Das Gleichnis vom Pharao, dem prächtigen Baum.
33	Ez 31,04[672]	Bäumen	26	Das Wasser macht die Bäume gross. - Gleichnis vom Pharao, dem prächtigen Baum.
33	Ez 31,05	Bäume	63	Höherer Baum als alle anderen aufgrund des genügenden Grundwassers. - Bild für den Hochmut.
33	Ez 31,05	Zweige	40	Höherer Baum als alle anderen aufgrund des genügenden Grundwassers. - Bild für den Hochmut.
33	Ez 31,05[673]	Äste	7	Höherer Baum als alle anderen aufgrund des genügenden Grundwassers. - Bild für den Hochmut.
33	Ez 31,06	Zweigen	16	Höherer Baum als alle anderen aufgrund des genügenden Grundwassers. Alle Vögel hatten das Nest in den Zweigen. - Bild für den Hochmut.
33	Ez 31,06[674]	Ästen	4	Höherer Baum als alle anderen aufgrund des genügenden Grundwassers. Alle Vögel hatten das Nest in den Zweigen. - Bild für den Hochmut.
33	Ez 31,07	Wurzeln	28	Höherer Baum als alle anderen aufgrund des genügenden Grundwassers. - Bild für den Hochmut.
33	Ez 31,07[675]	Geäst	1	Höherer Baum als alle anderen aufgrund des genügenden Grundwassers. - Bild für den Hochmut.
33	Ez 31,08	Bäume	63	Höherer Baum als alle anderen aufgrund des genügenden Grundwassers. - Bild für den Hochmut.
33	Ez 31,08	Platane	2	Höherer Baum als alle anderen aufgrund des genügenden Grundwassers. - Bild für den Hochmut.
33	Ez 31,08	Zeder	19	Höherer Baum als alle anderen aufgrund des genügenden Grundwassers. - Bild für den Hochmut.
33	Ez 31,08	Zweige	40	Höherer Baum als alle anderen aufgrund des genügenden Grundwassers. - Bild für den Hochmut.
33	Ez 31,08	Zypresse	2	Höherer (die Zeder nicht die Zypresse) Baum als alle anderen aufgrund des genugenden Grundwassers. - Bild für den Hochmut.
33	Ez 31,08[676]	Äste	7	Höherer Baum als alle anderen aufgrund des genügenden Grundwassers. - Bild für den Hochmut.
33	Ez 31,09	Zweigen	16	Höherer Baum als alle anderen aufgrund des genügenden Grundwassers. - Bild für den Hochmut.
33	Ez 31,09[677]	Bäume	63	Höherer Baum als alle anderen aufgrund des genügenden Grundwassers. - Bild für den Hochmut.
33	Ez 31,10[678]	Wipfel	4	Höherer Baum als alle anderen aufgrund des genügenden Grundwassers. - Bild für den Hochmut.
33	Ez 31,12	Zeder	19	Alle verlassen den Schatten der gefällten Zeder. - Bild für den Hochmut.
33	Ez 31,12	Zweige	40	Alle verlassen den Schatten der gefällten Zeder. - Bild für den Hochmut.
33	Ez 31,12[679]	Äste	7	Alle verlassen den Schatten der gefällten Zeder. - Bild für den Hochmut.
33	Ez 31,13	Zweigen	16	Höherer Baum als alle anderen aufgrund des genügenden Grundwassers. - Bild für den Hochmut.

33	Ez 31,13[680]	Stamm[1207]	9	Höherer Baum als alle anderen aufgrund des genügenden Grundwassers. - Bild für den Hochmut.
33	Ez 31,14	Bäume	63	Kein Baum soll mehr zu gross werden. - Bild für den Hochmut.
33	Ez 31,14[681]	Baum	78	Der Pharao wird als prächtiger Baum geschildert, der zu Grunde geht.
33	Ez 31,15	Zeder	19	Kein Baum soll mehr zu gross werden. - Bild für den Hochmut.
33	Ez 31,15[682]	Bäume	63	Kein Baum soll mehr zu gross werden. - Bild für den Hochmut.
33	Ez 31,16	Bäume (3 X)	63	Kein Baum soll mehr zu gross werden. - Bild für den Hochmut.
33	Ez 31,16[683]	Baum	78	Der Pharao wird als prächtiger Baum geschildert, der zu Grunde geht.
33	Ez 31,17[684]	Zeder	19	Kein Baum soll mehr zu gross werden. - Bild für den Hochmut.
33	Ez 31,18	Bäumen	26	Kein Baum soll mehr zu gross werden. - Bild für den Hochmut.
33	Ez 31,18[685]	Bäume	63	Kein Baum soll mehr zu gross werden. - Bild für den Hochmut.
33	Ez 34,25[686]	Wäldern	1	Im messianischen Reich kann man in den Wäldern schlafen.
33	Ez 34,27[687]	Bäume	63	Die Bäume werden Früchte tragen. - Bild des messianischen Reiches.
33	Ez 36,30[688]	Bäume	63	Gott vermehrt die Früchte der Bäume, um das Volk unabhängiger von anderen zu machen. - Verheissung eines neuen Lebens.
33	Ez 37,16[689]	Holz (3 X)	115	Die Wiedervereinigung Israels und Judas.
33	Ez 37,17[690]	Holz	115	Die Wiedervereinigung Israels und Judas.
33	Ez 37,18-19 (19)[691]	Holz (3 X)	115	Die Wiedervereinigung Israels und Judas.
33	Ez 37,20[692]	Hölzer	2	Wiedervereinigung Israels und Judas.
33	Ez 39,10	Wald	25	Es wird kein Holz mehr gesammelt und im Wald geschlagen (der Untergang Gogs).
33	Ez 39,10[693]	Holz (2 X)	115	Es wird kein Holz mehr gesammelt und im Wald geschlagen (der Untergang Gogs).
33	Ez 40,16[694]	Palmen	15	Palmendarstellung als Verzierung des Tempels.
33	Ez 40,22[695]	Palmenschmuck	1	Palmendarstellung als Verzierung des Tempels.
33	Ez 40,26[696]	Palme	11	Palmendarstellung als Verzierung des Tempels.
33	Ez 40,31[697]	Palmen	15	Palmendarstellung als Verzierung des Tempels.
33	Ez 40,34[698]	Palme	11	Palmendarstellung als Verzierung des Tempels.
33	Ez 40,37[699]	Palme	11	Palmendarstellung als Verzierung des Tempels.
33	Ez 41,15b-18 (16)[700]	Holz	115	Der Tempel war innen mit Holz verkleidet (Vision vom Tempel im neuen Israel).
33	Ez 41,15b-18 (17)	Holztäfelung	1	Das Innere des Tempels.

[1207] Das Wort "Stamm" kommt wesentlich häufiger vor, wie unten angeführt, wird jedoch meist im Sinne von Abstammen verwendet.

33	Ez 41,17b-18 (18)	Palme	11	Palmendarstellung als Verzierung des Tempels.
33	Ez 41,17b-18 (18)	Palmen	15	Palmendarstellung als Verzierung des Tempels.
33	Ez 41,19[701]	Palme	11	Palmendarstellung als Verzierung des Tempels.
33	Ez 41,20[702]	Palmen	15	Palmendarstellung als Verzierung des Tempels.
33	Ez 41,21-22 (22)[703]	Holz (2 X)	115	Der Tempel war innen mit Holz verkleidet (Vision vom Tempel im neuen Israel).
33	Ez 41,25	Palmen	15	Palmendarstellung als Verzierung des Tempels.
33	Ez 41,25[704]	Holz	115	Der Tempel war innen mit Holz verkleidet (Vision vom Tempel im neuen Israel).
33	Ez 41,26[705]	Palmen	15	Palmendarstellung als Verzierung des Tempels.
33	Ez 47,07[706]	Bäume	63	Die Tempelquelle lässt Bäume wachsen. - Vision.
33	Ez 47,12	Laub	10	Die Tempelquelle lässt Bäume wachsen. - Vision.
33	Ez 47,12	Obstbäumen	1	Die Tempelquelle lässt Bäume wachsen. - Vision.
33	Ez 47,12[707]	Blätter	14	Die Tempelquelle lässt Bäume wachsen. - Vision.
34	Dan 02,46[708]	Weihrauch	39	Nebukadnezzar will opfern, in Anerkennung des Herrn.
34	Dan 03,46[709]	Harz	1	Der Ofen für die drei Jünglinge wird geheizt.
34	Dan 04,07[710]	Baum	78	Traum Nebukadnezzars vom stolzen Baum.
34	Dan 04,08[711]	Baum	78	Traum Nebukadnezzars vom stolzen Baum.
34	Dan 04,09	Zweigen	16	Traum Nebukadnezzars vom stolzen Baum.
34	Dan 04,09[712]	Laub	10	Traum Nebukadnezzars vom stolzen Baum.
34	Dan 04,11	Baum	78	Traum Nebukadnezzars vom stolzen Baum. - Der Baum soll gefällt werden.
34	Dan 04,11	Laubwerk	1	Der Baum wird gefällt. - Traum Nebukadnezzars vom stolzen Baum.
34	Dan 04,11	Zweigen	16	Traum Nebukadnezzars vom stolzen Baum.
34	Dan 04,11[713]	Äste	7	Traum Nebukadnezzars vom stolzen Baum. - Der Baum soll gefällt werden.
34	Dan 04,12[714]	Wurzelstock	4	Traum Nebukadnezzars vom stolzen Baum. - Der Baum soll gefällt werden.
34	Dan 04,17[715]	Baum	78	Daniel deutet den Traum Nebukadnezzars vom stolzen Baum.
34	Dan 04,18	Zweigen	16	Traum Nebukadnezzars vom stolzen Baum.
34	Dan 04,18[716]	Laub	10	Traum Nebukadnezzars vom stolzen Baum.
34	Dan 04,19[717]	Baum	78	Daniel deutet den Traum Nebukadnezzars vom stolzen Baum.
34	Dan 04,20	Wurzelstock	4	Traum Nebukadnezzars vom stolzen Baum. - Der Baum soll gefällt werden.
34	Dan 04,20[718]	Baum	78	Daniel deutet den Traum Nebukadnezzars vom stolzen Baum. - Der König wird "gefällt".
34	Dan 04,23	Wurzelstock	4	Traum Nebukadnezzars vom stolzen Baum. - Der Baum soll gefällt werden.
34	Dan 04,23[719]	Baumes	4	Der Wurzelstock (die Herrschaft des Königs) bleibt erhalten.
34	Dan 05,04[720]	Holz	115	Götter aus Holz - Machwerk aus Menschenhand.
34	Dan 05,23[721]	Holz	115	Götter aus Holz - Machwerk aus Menschenhand.
34	Dan 11,07[722]	Wurzeln	28	Ein Spross aus ihren Wurzeln wird auftreten.
34	Dan 13,54	Zeder	19	Die Rettung der Susanna durch Daniel.
34	Dan 13,54[723]	Baum	78	Die Rettung der Susanna durch Daniel.

34	Dan 13,58	Eiche	18	Die Rettung der Susanna durch Daniel.
34	Dan 13,58[724]	Baum	78	Die Rettung der Susanna durch Daniel.
35	Hos 02,14[725]	Feigenbäume	2	Gott verwüstet die Feigenbäume... - Prozess gegen das treulose Israel.
35	Hos 04,12[726]	Holz	115	Götter aus Holz - Machwerk aus Menschenhand.
35	Hos 04,13	Storaxbäume	1	Die Sünde Israels ist auch Götzenopfer unter Storaxbäumen.
35	Hos 04,13	Terebinthen	1	Die Sünde Israels ist auch Götzenopfer unter Terebinthen.
35	Hos 04,13[727]	Eichen	13	Die Sünde Israels ist auch Götzenopfer unter Eichen.
35	Hos 09,10[728]	Feigenbaum	37	Gott liebte das Volk wie die erste Frucht am jungen Feigenbaum.
35	Hos 09,16[729]	Wurzeln	28	Efraims Wurzeln bringen keine Frucht mehr hervor, sie sind zerschlagen.
35	Hos 10,07[730]	Zweig	8	Samaria wird vernichtet, sein König gleicht einem abgebrochenen Zweig auf dem Wasser.
35	Hos 14,06[731]	Wurzeln	28	Israel wird Wurzeln schlagen wie der Libanon. - Umkehr als Bedingung der Rettung.
35	Hos 14,07	Zweige	40	Israel wird Wurzeln schlagen wie der Libanon und Zweige austreiben. - Umkehr als Bedingung der Rettung.
35	Hos 14,07[732]	Ölbaums	1	Israel wird Wurzeln schlagen wie der Libanon und Zweige austreiben. - Umkehr als Bedingung der Rettung.
35	Hos 14,09[733]	Wacholder	1	Der grünende Wacholder bringt reiche Frucht. - Umkehr als Bedingung für Rettung.
36	Joel 01,07	Zweige	40	Fruchtbäume, Freude der Menschen. - Heuschreckenplage - Umkehr und Busse.
36	Joel 01,07[734]	Feigenbaum	37	Fruchtbäume, Freude der Menschen. - Heuschreckenplage - Umkehr und Busse.
36	Joel 01,12	Bäume	63	Fruchtbäume, Freude der Menschen. - Heuschreckenplage - Umkehr und Busse.
36	Joel 01,12	Dattelpalme	1	Fruchtbäume, Freude der Menschen. - Heuschreckenplage - Umkehr und Busse.
36	Joel 01,12	Feigenbaum	37	Fruchtbäume, Freude der Menschen. - Heuschreckenplage - Umkehr und Busse.
36	Joel 01,12	Granatbaum	3	Fruchtbäume, Freude der Menschen. - Heuschreckenplage - Umkehr und Busse.
36	Joel 01,12[735]	Apfelbaum	3	Fruchtbäume, Freude der Menschen. - Heuschreckenplage - Umkehr und Busse.
36	Joel 01,19[736]	Bäume	63	Feuer vernichtete die Bäume.
36	Joel 02,22	Feigenbaum	37	Gott erhört sein Volk und verspricht Früchte.
36	Joel 02,22[737]	Baum	78	Gott erhört sein Volk und verspricht Früchte.
37	Am 02,09	Wurzeln	28	Die Amoriter waren stark wie Eichen, der Herr hat sie vernichtet.
37	Am 02,09	Zedern	31	Die Amoriter waren gross wie Zedern, der Herr hat sie vernichtet.
37	Am 02,09[738]	Eichen	13	Die Amoriter waren stark wie Eichen, der Herr hat sie vernichtet.
37	Am 03,04[739]	Wald	25	Der Löwe im Wald brüllt nur, wenn er Beute hat. - Gott und die Propheten.

37	Am 04,09	Ölbäume	14	Gott verwüstet die Ölbäume... - Er will innere Umkehr.
37	Am 04,09[740]	Feigenbäume	2	Gott verwüstet die Feigenbäume... - Er will innere Umkehr.
37	Am 04,11[741]	Holzscheit	2	Das Volk ist trotz Errettung nicht umgekehrt.
37	Am 07,14[742]	Maulbeerfeigen	1	Amos war Viehzüchter und Maulbeerfeigenpflanzer.
37	Am 08,01[743]	Obst	4	Das Volk ist reif für das Ende.
37	Am 08,02[744]	Obst	4	Das Volk ist reif für das Ende.
39	Jona 02,07[745]	Wurzeln	28	Die Rettung des Propheten.
39	Jona 04,05[746]	Laubdach	1	Jona setzte sich unter ein Laubdach.
40	Micha 04,04[747]	Feigenbaum	37	Jeder wird unter den Feigenbaum sitzen. - Allgemeines Glück bei der Völkerwallfahrt zum Zion.
40	Micha 05,07[748]	Wald	25	Der heilige Rest wird sein wie der Löwe unter den Tieren im Wald.
40	Micha 06,15[749]	Oliven	9	Keine Nutzen von der Ernte. - Gerichtsrede gegen Jerusalem.
40	Micha 07,01	Obsternte	2	Klage des Propheten über sein Volk.
40	Micha 07,01[750]	Frühfeigen	2	Klage des Propheten über sein Volk.
41	Nah 03,12	Feigen	18	Festungen werden mit Feigenbäumen verglichen. - Spott über Ninive.
41	Nah 03,12[751]	Bäume	63	Festungen werden mit Feigenbäumen verglichen. - Spott über Ninive.
42	Hab 02,17[752]	Libanonwald	1	Über die Gewalttätigen.
42	Hab 02,19[753]	Holz	115	Götter aus Holz - Machwerk aus Menschenhand.
42	Hab 03,17-18 (17)	Ölbaum	19	Auch wenn es kein Glück gibt will Habakuk jubeln über Gott. - Gebet des Habakuk.
42	Hab 03,17-18 (17)[754]	Feigenbaum	37	Auch wenn es kein Glück gibt will Habakuk jubeln über Gott. - Gebet des Habakuk.
43	Zef 02,14[755]	Zederngetäfel	1	Das Getäfel ist weg, in den Wänden nisten daher Tiere. - Das Gericht über die Nachbarvölker.
44	Hag 01,08[756]	Holz	115	Holz für den Tempelwiederaufbau freut den Herrn.
44	Hag 02,18-19 (19)	Granatbaum	3	Gott spendet Segen. - Das neue Heil.
44	Hag 02,18-19 (19)	Ölbaum	19	Gott spendet Segen. - Das neue Heil.
44	Hag 02,18-19 (19)[757]	Feigenbaum	37	Gott spendet Segen. - Das neue Heil.
45	Sach 01,08[758]	Myrtenbäumen	3	Das Gericht über die Völker und die Ankündigung des Wiederaufbaus des Hauses des Herrn.
45	Sach 01,10[759]	Myrtenbäumen	3	Das Gericht über die Völker und die Ankündigung des Wiederaufbaus des Hauses des Herrn.
45	Sach 01,11[760]	Myrtenbäumen	3	Das Gericht über die Völker und die Ankündigung des Wiederaufbaus des Hauses des Herrn.
45	Sach 03,02[761]	Holzscheit	2	Jeschua ist ein "Holzscheit", das man aus dem Feuer gerissen hat.
45	Sach 03,10[762]	Feigenbaum	37	In der messianischen Zeit wird man sich gegenseitig unter den Feigenbaum einladen.
45	Sach 04,03[763]	Ölbäume	14	Vision über den Hohenpriester und den Davidssohn.
45	Sach 04,04[764]	Ölbäume	14	Vision über den Hohenpriester und den Davidssohn.
45	Sach 04,11[765]	Ölbäume	14	Vision über den Hohenpriester und den Davidssohn.

45	Sach 04,12[766]	Olivenzweigen	1	Zwei Olivenzweige als Symbol für die beiden Gesalbten vor dem Herrn der ganzen Erde. - Der Hohepriester und der Davidssohn.
45	Sach 05,04[767]	Holz	115	Ausrottung und Vernichtung der Diebe.
45	Sach 11,01[768]	Zedern	31	Das Feuer soll die Zedern des Libanon fressen.
45	Sach 11,02	Wald	25	Die Bäume sollen über den dahingesunkenen Wald klagen.
45	Sach 11,02	Zeder	19	Die Eichen sollen über den dahingesunkenen Wald klagen.
45	Sach 11,02	Zypresse	2	Die Zypresse solle über den dahingesunkenen Wald klagen.
45	Sach 11,02[769]	Eichen	13	Die Eichen sollen über den dahingesunkenen Wald klagen.
45	Sach 12,06[770]	Holzhaufen	1	Jerusalems Not und Errettung.
45	Sach 14,04[771]	Ölberg (2 X)	15	Der Herr wird auf dem Ölberg stehen. - Der Tag des Herrn.
45	Sach 14,16[772]	Laubhüttenfest	12	Die Feier des Laubhüttenfestes.
45	Sach 14,17-18 (18)[773]	Laubhüttenfest	12	Die Feier des Laubhüttenfestes. - Strafe beim Nichtfeiern.
45	Sach 14,19[774]	Laubhüttenfest	12	Die Feier des Laubhüttenfestes. - Strafe beim Nichtfeiern.
46	Mal 03,19	Zweig	8	Weder Wurzel noch Zweig werden von den Frevlern übrig bleiben.
46	Mal 03,19[775]	Wurzel	32	Weder Wurzel noch Zweig werden von den Frevlern übrig bleiben.
47	Mt 02,11	Weihrauch	39	Die Gaben der Magier an Jesus.
47	Mt 02,11[776]	Myrrhe	11	Die Gaben der Magier an Jesus.
47	Mt 03,10	Bäume	63	Der Baum, der keine gute Frucht bringt wird ins Feuer geworfen.
47	Mt 03,10	Wurzel	32	Der Baum, der keine gute Frucht bringt wird ins Feuer geworfen.
47	Mt 03,10[777]	Baum	78	Der Baum, der keine gute Frucht bringt wird ins Feuer geworfen.
47	Mt 07,16[778]	Feigen	18	Von Disteln erntet man keine Feigen. - An ihren Früchten erkennt man die falschen Propheten.
47	Mt 07,17[779]	Baum (2 X)	78	Der gute Baum bringt gute Früchte, der schlechte Baum schlechte Früchte.
47	Mt 07,18[780]	Baum (2 X)	78	Ein guter Baum kann keine schlechten Früchte hervorbringen und umgekehrt.
47	Mt 07,19[781]	Baum	78	Der Baum, der keine gute Frucht bringt, wird ins Feuer geworfen.
47	Mt 12,33[782]	Baum (3 X)	78	An den Früchten erkennt man den guten oder schlechten Baum.
47	Mt 13, 5-6 (6)[783] (Mt 13,55[784])	Wurzeln (Zimmermanns)	28 (1)	Gleichnis vom Sämann. (Der Sohn des Zimmermanns.)
47	Mt 13,20-21 (21)[785]	Wurzeln	28	Gleichnis vom Sämann.
47	Mt 13,31-32 (31)[786]	Senfkorn	5	Das Gleichnis von Senfkorn.

47	Mt 13,31-32 (32)	Baum	78	Das Gleichnis von Senfkorn.
47	Mt 13,31-32 (32)	Zweigen	16	Das Gleichnis von Senfkorn.
47	Mt 17,20[787]	Senfkorn	5	Der Glaube ist nicht einmal so gross wie ein Senfkorn.
47	Mt 21,01[788]	Ölberg	15	Der Einzug in Jerusalem.
47	Mt 21,08	Zweige	40	Einzug Christi in Jerusalem.
47	Mt 21,08[789]	Bäumen	26	Einzug Christi in Jerusalem.
47	Mt 21,19	Feigenbaum (2 X)	37	Der unfruchtbare Feigenbaum (das Volk, das den Glauben verweigert) verdorrt.
47	Mt 21,19[790]	Blätter	14	Der unfruchtbare Feigenbaum (das Volk, das den Glauben verweigert) verdorrt.
47	Mt 21,20[791]	Feigenbaum	37	Der unfruchtbare Feigenbaum (das Volk, das den Glauben verweigert) verdorrt.
47	Mt 21,21[792]	Feigenbaum	37	Der unfruchtbare Feigenbaum (das Volk, das den Glauben verweigert) verdorrt.
47	Mt 24,03[793]	Ölberg	15	Vom Anfang der Not.
47	Mt 24,32	Feigenbaum	37	Das Blättertreiben kündet den Sommer an.
47	Mt 24,32	Zweige	40	Das Blättertreiben kündet den Sommer an.
47	Mt 24,32[794]	Blätter	14	Das Blättertreiben kündet den Sommer an.
47	Mt 26,30[795]	Ölberg	15	Passion.
48	Mk 04,05-06 (06)[796]	Wurzeln	28	Gleichnis vom Sämann.
48	Mk 04,16-17 (17)[797]	Wurzeln	28	Gleichnis vom Sämann.
48	Mk 04,30-32 (31)[798]	Senfkorn	5	Das Gleichnis von Senfkorn.
48	Mk 04,32	Zweige	40	Das Gleichnis von Senfkorn.
	(Mk 6,3[799])	(Zimmermann)	(1)	(Der Sohn der Maria.)
48	Mk 08,24[800]	Bäume	63	Der "halbgeheilte" Blinde erkennt Menschen als umhergehende Bäume.
48	Mk 11,01[801]	Ölberg	15	Der Einzug in Jerusalem.
48	Mk 11,08[802]	Zweige	40	Einzug in Jerusalem.
48	Mk 11,13-14 (13)	Blätter	14	Der unfruchtbare Feigenbaum (das Volk, das den Glauben verweigert) verdorrt.
48	Mk 11,13-14 (13)	Blättern	2	Der unfruchtbare Feigenbaum (das Volk, das den Glauben verweigert) verdorrt.
48	Mk 11,13-14 (13)	Feigenbaum	37	Der unfruchtbare Feigenbaum (das Volk, das den Glauben verweigert) verdorrt.
48	Mk 11,13-14 (13)	Feigenernte	1	Der unfruchtbare Feigenbaum (das Volk, das den Glauben verweigert) verdorrt.
48	Mk 11,13-14 (13)[803]	Baum	78	Verfluchung des fruchtlosen Feigenbaumes. - Das Volk, das den Glauben verweigert verdorrt.
48	Mk 11,20[804]	Feigenbaum	37	Der unfruchtbare Feigenbaum (das Volk, das den Glauben verweigert) verdorrt.
48	Mk 11,21[805]	Feigenbaum	37	Der unfruchtbare Feigenbaum (das Volk, das den Glauben verweigert) verdorrt.
48	Mk 13,03[806]	Ölberg	15	Vom Anfang der Not.
48	Mk 13,28	Feigenbaum	37	Das Blättertreiben kündet den Sommer an.
48	Mk 13,28	Zweige	40	Das Blättertreiben kündet den Sommer an.

48	Mk 13,28[807]	Blätter	14	Das Blättertreiben kündet den Sommer an.
48	Mk 14,26[808]	Ölberg	15	Passion.
48	Mk 15,23[809]	Myrrhe	11	Wein mit Myrrhe zur Betäubung für den zum Kreuzestod Verurteilten.
49	Lk 03,09	Bäume	63	Der Baum, der keine gute Frucht bringt wird ins Feuer geworfen.
49	Lk 03,09	Wurzel	32	Der Baum, der keine gute Frucht bringt wird ins Feuer geworfen.
49	Lk 03,09[810]	Baum	78	Der Baum, der keine gute Frucht bringt wird ins Feuer geworfen.
49	Lk 06,43[811]	Baum (2 X)	78	Ein guter Baum kann keine schlechten Früchte hervorbringen und umgekehrt.
49	Lk 06,44	Feigen	18	Von Disteln erntet man keine Feigen. - An ihren Früchten erkennt man die Bäume (Menschen).
49	Lk 06,44[812]	Baum	78	Jeden guten oder schlechten Baum erkennt man an den Früchten.
49	Lk 08,13[813]	Wurzeln	28	Gleichnis vom Sämann.
49	Lk 13,06[814]	Feigenbaum	37	Der unfruchtbare Baum wird umgehauen.
49	Lk 13,07[815]	Feigenbaum	37	Der unfruchtbare Baum wird umgehauen.
49	Lk 13,18-19 (19)	Senfkorn	5	Das Gleichnis von Senfkorn.
49	Lk 13,18-19 (19)	Zweigen	16	Das Gleichnis von Senfkorn.
49	Lk 13,18-19 (19)[816]	Baum	78	Das Gleichnis vom Senfkorn.
49	Lk 17,06	Senfkorn	5	Der Glaube ist nicht einmal so gross wie ein Senfkorn.
49	Lk 17,06	Wurzeln	28	Von der Macht des Glaubens.
49	Lk 17,06[817]	Maulbeerbaum	1	Von der Macht des Glaubens.
49	Lk 19,04[818]	Maulbeerfeigenbaum	1	Zachäus auf einem Maulbeerfeigenbaum.
49	Lk 19,29[819]	Ölberg	15	Der Einzug in Jerusalem.
49	Lk 19,37[820]	Ölberg	15	Der Einzug in Jerusalem.
49	Lk 21,29	Bäume	63	Das Blättertreiben kündigt den Sommer an. - Mahnung im Hinblick auf das Ende.
49	Lk 21,29-30 (29)[821]	Feigenbaum	37	Das Treiben der Blätter kündet den Sommer.
49	Lk 21,30	Blätter	14	Das Blättertreiben kündet den Sommer an.
49	Lk 21,37[822]	Ölberg	15	Jesus verbrachte die Nacht am Ölberg.
49	Lk 22,39[823]	Ölberg	15	Passion.
49	Lk 23,31[824]	Holz	115	Denn wenn das (Kreuzigung) mit dem grünen Holz geschieht, was wird dann erst mit dem dürren werden?
50	Joh 01,48[825]	Feigenbaum	37	Der Herr kennt Natanaël, der unter dem Feigenbaum war.
50	Joh 01,50[826]	Feigenbaum	37	Der Herr kennt Natanaël, der unter dem Feigenbaum war.
50	Joh 07,02[827]	Laubhüttenfest	12	Jesu Flucht vor der Öffentlichkeit.
50	Joh 08,01[828]	Ölberg	15	Jesus und die Ehebrecherin.
50	Joh 12,13[829]	Palmzweige	4	Jesu Einzug in Jerusalem.
50	Joh 19,39[830]	Myrrhe	11	Salbung des Leichnams Jesu.
51	Apg 01,12[831]	Ölberg	15	Himmelfahrt Jesu.

51	Apg 05,30[832]	Holz	115	Jesus wurde Auferweckt, der am Holz war.
51	Apg 13,29[833]	Kreuzesholz	1	Jesu wird vom Kreuz genommen.
52	Röm 11,16	Zweige	40	Ist die Wurzel heilig, so auch der Zweig. - Das Bild vom Ölbaum.
52	Röm 11,16[834]	Wurzel	32	Ist die Wurzel heilig, so auch der Zweig. - Das Bild vom Ölbaum.
52	Röm 11,17	Ölbaum (2 X)	19	Durch das einpfropfen Anteil erhalten an der Kraft.
52	Röm 11,17	Wurzel	32	Durch das einpfropfen Anteil erhalten an der Kraft.
52	Röm 11,17	Zweig	8	Durch das einpfropfen Anteil erhalten an der Kraft.
52	Röm 11,17	Zweige	40	Durch das einpfropfen Anteil erhalten an der Kraft.
52	Röm 11,17[835]	eingepfropft	5	Durch das einpfropfen Anteil erhalten an der Kraft.
52	Röm 11,18	Zweige	40	Nicht du trägst die Wurzel, sondern die Wurzel trägt dich. - Das Bild vom Ölbaum.
52	Röm 11,18[836]	Wurzel (2 X)	32	Nicht du trägst die Wurzel, sondern die Wurzel trägt dich. - Das Bild vom Ölbaum.
52	Röm 11,19	Zweige	40	Nicht du trägst die Wurzel, sondern die Wurzel trägt dich. - Das Bild vom Ölbaum.
52	Röm 11,19[837]	eingepfropft	5	Ein Zweig wird herausgebrochen, um anderes einpfropfen zu können.
52	Röm 11,21	Zweige	40	Gott verschont die Zweige nicht, die in den edlen Baum eingepfropft werden sollen.
52	Röm 11,21[838]	Baum	78	Gott verschont die Zweige des "edlen Baumes" nicht.
52	Röm 11,23	einzupfropfen	1	Wenn wilde Zweige eingepfropft werden, erst recht edle.
52	Röm 11,23[839]	eingepfropft	5	Ausgebrochenes wieder einpfropfen.
52	Röm 11,24	Ölbaum (3 X)	19	Gott verschont die Zweige nicht, die in den edlen Baum eingepfropft werden sollen.
52	Röm 11,24	Zweige	40	Gott verschont die Zweige nicht, die in den edlen Baum eingepfropft werden sollen.
52	Röm 11,24[840]	eingepfropft (2 X)	5	Wenn wilde Zweige eingepfropft werden, erst recht edle.
52	Röm 15,12[841]	Wurzel	32	Der Spross aus der Wurzel Isais. - Aufruf zur Einmütigkeit der Gemeinde.
53	1 Kor 03,12-13 (12)[842]	Holz	115	Christus ist der Grund, auf dem aufgebaut wird.
61	1 Tim 06,10[843]	Wurzel	32	Die Wurzel aller Übel ist die Habsucht.
62	2 Tim 02,20[844]	Holz	115	In einem grossen Haus gibt es nicht nur Gefässe aus Gold und Silber, sondern auch aus Holz und Ton - die einen für Reines, die anderen für Unreines.
65	Heb 12,15-16 (15)[845]	Wurzel	32	Keine bittere Wurzel soll wachsen. - Warnung vor der Leichtfertigkeit.
66	Jak 03,05[846]	Wald	25	Die Macht der Zunge ist wie die eines kleinen Feuers, das den Wald in Brand steckt.
66	Jak 03,12	Feigenbaum	37	Jedes Gewächs bringt ihm entsprechende Früchte.
66	Jak 03,12	Oliven	9	Jeder Baum bringt die ihm eigenen Früchte. - Aus einem Mund darf nur etwas kommen, nicht Segen und Fluch.
66	Jak 03,12[847]	Feigen	18	Jeder Baum bringt die ihm eigenen Früchte. - Aus einem Mund darf nur etwas kommen, nicht Segen und Fluch.
67	1 Petr 02,24[848]	Holz	115	Christus hat die Sünden auf das Holz hinaufgetragen.

72	Jud 01,12[849]	Bäume	63	Lästerer sind wie Bäume, die im Herbst keine Frucht tragen, zweimal verdorrt und entwurzelt.
73	Offb 02,07[850]	Baum	78	Der Baum des Lebens steht im Paradies Gottes.
73	Offb 05,05[851]	Wurzel	32	Der Spross aus der Wurzel Davids kann das Buch und seine sieben Siegel öffnen.
73	Offb 06,13[852]	Feigenbaum	37	Sterne fallen vom Himmel wie reife Feigen vom Baum.
73	Offb 07,01[853]	Baum	78	Vier Engel halten den Wind über den Bäumen zurück.
73	Offb 07,03[854]	Bäumen	26	Bäume werden noch verschont.
73	Offb 07,09[855]	Palmzweige	4	Palmzweige in den Händen. - Die Bezeichnung der Knechte Gottes.
73	Offb 08,03[856]	Weihrauch	39	Weihrauch begleitet die Gebete.
73	Offb 08,04[857]	Weihrauch	39	Weihrauch begleitet die Gebete.
73	Offb 08,07[858]	Bäume	63	Die "erste Posaune" - ein Drittel der Bäume verbrannte.
73	Offb 09,04[859]	Bäumen	26	Bäume werden noch verschont.
73	Offb 09,20[860]	Holz	115	Götter aus Holz - Machwerk aus Menschenhand.
73	Offb 11,04[861]	Ölbäume	14	Die beiden Propheten vor Gott werden mit Ölbäumen verglichen.
73	Offb 18,11-13 (12)	Hölzer	2	Klage über den Untergang Babylons.
73	Offb 18,11-13 (12)[862]	Edelholz	1	Klage über den Untergang Babylons.
73	Offb 18,12-13 (13)	Balsam	26	Klage über den Untergang Babylons.
73	Offb 18,12-13 (13)	Weihrauch	39	Klage über den Untergang Babylons.
73	Offb 18,12-13 (13)	Zimt	6	Klage über den Untergang Babylons.
73	Offb 22,02	Blätter	14	Im neuen Jerusalem stehen Bäume des Lebens.
73	Offb 22,02[863]	Bäume (2 X)	63	Im neuen Jerusalem stehen Bäume des Lebens.
73	Offb 22,14[864]	Baum	78	Der in der Seele Reine hat Anteil am Baum des Lebens.
73	Offb 22,16	Wurzel	32	Jesus ist die Wurzel und der Stamm Davids.
73	Offb 22,16[865]	Stamm[1208]	9	Jesus ist die Wurzel und der Stamm Davids.
73	Offb 22,19[866]	Baum	78	Wer das Offenbarungswort kürzt, verliert den Anteil am Baum des Lebens.

Fernrer kommen folgende Werkstoffbezeichnungen oder Buschwerke an den nun genannten Bibelstellen vor:

Brett: Ex 26,16.17.25; Ex 36,21.22.30. - Bretter: Ex 26,15.19.20.22.23.25.26.27.28.29; Ex 35,11; Ex 36,20.24.25.27.28.30.31.32.33.34; Ex 40,18; Num 3,36; Num 4,31 - Brettern: Ex 26,17.18.24; Ex 27,8; Ex 36,22.23.29; Ex 38,7; Ex 39,33; 1 Kön 6,9 - Brettes: Ex 26,19.21; Ex 36,24.26 - Busch: Ri 9,48.49 - Dorn: Ez 28,24 - Dornbusch: Ex 3,2.3.4; Dtn 33,16; Bar 6,70; Mk 12,26; Lk 20,37; Apg 7,35 -

[1208] Das Wort "Stamm" kommt wesentlich häufiger vor, wie unten angeführt, wird jedoch meist im Sinne von Abstammen verwendet.

Dornbusches: Apg 7,30 - Dornen: Gen 3,18; 2 Sam 23,6; Hiob 5,5; Hiob 31,40; Spr 22,5; Sir 28,24; Sir 43,19; Jes 7,23.24.25; Jes 9,17; Jes 10,17; Jes 27,4; Jes 32,13; Jes 33,12; Jes 34,13; Jes 55,13; Jer 4,3; Jer 12,13; Hos 9,6; Hos 10,8; Mt 7,16; Mt 13,7.22; Mt 27,29; Mk 4,7.18; Lk 8,7.14; Joh 19,2; Heb 6,8 - Dornengestrüpp: Spr 15,19; Hos 2,8; Micha 7,4; Nah 1,10 - Dornenhecke: Ex 22,5 - Dornenkranz: Mk 15,17 - Dornenkrone: Joh 19,5 - Dornenstrauch: Ri 9,14.15 - Dornstrauch: 2 Kön 14,19; 2 Chr 25,18; Lk 6,44 - Dornenstrauchs: Ps 58,10 - Dornzweig: Spr 26,9 - Fahnenmast: Jes 30,17 - Fahnenstange: Num 21,8.9 - Gebüsch: Jes 21,13 - Gestrüpp: Gen 22,13; Hiob 30,7 - Gesträuch: Hiob 30,4 - Ginsterkohlen: Ps 120,4 - Ginsterstrauch: 1 Kön 19,4.5 - Ginsterwurzeln: Hiob 30,4 - Hecke: Jes 5,5 - Hecken: Jes 7,19 - Herrscherstab: Gen 49,10; Ps 60,9; Ps 108,9 - Kreuzdornbusch: Hiob 40,22 - Kreuzdornbüschen: Hiob 40,21 - Oleandersträucher: Sir 24,14 - Rebe: Num 13,23; Jes 24,7; Joh 15,2.4.6 - Reben: Ps 78,47; Ps 107,37; Hld 2,13.15; Jes 2,5.6.7; Jes 16,8; Jes 18,5; Jes 32,12; Jes 65,21; Jer 5,10; Jer 6,9; Hos 2,14; Hos 14,8; Micha 1,6 - Rebenblüte: Hld 7,13 - Rebenhänge: Jer 5,10 - Rebensaft: Sir 31,25 - Rebstock: Gen 49,11 - Recken: Jdt 16,6 - Schössling: Hiob 15,30; Sir 40,15 - Schösslinge: Ps 80,12 - Strauch: Gen 21,15; Jer 17,6 - Sträucher: Ez 15,2 - Sträuchern: Hiob 30,7 - Wermut: Dtn 29,17; Spr 5,4; Jer 9,14; Jer 23,15; Klgl 3,15.19; Am 5,7; Am 6,12; Offb 8,11 - Wildling: Jer 2,21 - Windengerank: Nah 1,10 - Wüstendornen: Ri 8,7.16 - Ysop: Lev 14,4.6.49.51.52; Num 19,6.18; 1 Kön 5,13; Ps 51,9; Heb 9,19 - Ysopzweig: Ex 12,22; Joh 19,29.

Folgende Wörter, nebst anderen nicht genannten Begriffen, die im Kontext mehr oder weniger mit Baum in Verbindung stehen, werden nicht berücksichtigt, lassen sich in der Einheitsübersetzung jedoch in verschiedenster Anwendung in folgender Anzahl Versen (ohne Titel und Überschriften) finden: Balken 21, Dickicht 15, Frucht 105, Früchte 67, Früchten 27, Garten 49, Gartengründen 1, Gartenland 2, Gartens 7, Gartentor 4, gepflanzt 20, Hofgarten 1, Kreuz 33, Kreuzes 5; kreuzige 4, kreuzigen 8, kreuzigt 1, kreuzigten 5, Kultpfahl 12, Kultpfahls 1, Kultpfähle 20, Kultpfählen 2, Lade 139, Messlatte 7, Messstab 3, Nachlese 13, Öl 173, Pech 6, Pfahl 5, Pflock 8, Pflöcke 2, Pfähle 2, Planken 2, Querbalken 2, Querlatte 2, Querlatten 9, Querleisten 5, Querstangen 9, Ranken 10, Rankengebilde 1, Rankengewächs 1, Rute 11, Ruten 7, Ränken 1, Sperrbalken 5, Splitter 5, Splittern 1, Spross 14, sprosst 6, Sprössling 1, Sprösslinge 4, Stab 41, Stabes 1, Stamm[1209] 224 (in den meisten einfachen Wortschöpfungen in Anlehnung zum Menschen gebraucht, im Sinne der Abstammung und des Stamm Seins), Stammbaum 3, stamme 2, stammen 11, stammenden 1, Stammes 41, Stammesanteile 1, Stammesanteilen 1, Stammesbruder 5, Stammesbrüder 11, Stammesbrüdern 10, Stammeseinteilung 2, Stammesführer 20, Stammesführers 3, Stammesgebiet 1, Stammesgebieten 2, Stammesgenossen 23,

[1209] Neun Stellen wurden oben bereits angeführt.

Stammeshäuptern 2, Stammeslisten 6, Stammesverband 1, Stammesverbände 1, Stamms 2, stammst 3, stammt 37, stammte 24, stammten 14, Stammvater 11, Stammvaters 6, Stammvätern 1, Stange 1, Stangen 33, Stecken 19, Stock 35, Stäbe 8, Stäben 1, Stämme 76, Stämmen 41, Stöcke 1, Torbalken 1, Tragbalken 1, Tragstangen 2, Triebe 5, täfelt 1, täfelte 1, Täfelung 1, vertäfelte 1, Wanderstab 3, Webepflock 1, Weinstock 46, Weinstockes 1, Weinstocks 5, Weinstöcke 2, Zeltpflock 3, Zeltpflöcke 7, Zimmerleute 7, Zimmerleuten 1, Zimmermann 1, Zimmermanns 1, Zwölfstämmevolk 1, Stumpf 8, Setzling 2, Setzlingen 1, Knospen 7, Knospe 4, Gewürzrohr 6, Messlatte 7, Dreschbrett 1, Joch 58, Jochs 2, Jochstangen 3, Reisig 3, Ginsterstrauch 2, Rizinusstrauch 3.

2.3.3.1.1. Das "Bild des Baumes" in der Bibel

Die Auflistung der Stellen, die einen engeren Bezug zum Baum/Wald aufzeigen, verdeutlichen nicht nur, dass zur Zeit der Niederschrift des jeweiligen Textes im von der Heiligen Schrift jeweils bezeichneten Gebiet Wald und Bäume keine Seltenheit waren, sondern vielmehr (noch) grosse bewaldete Gebiete bestanden haben müssen und die offenen Landschaften mit Bäumen gleichsam übersät zu sein schienen. Ist es noch möglich bei einzelnen Bibelstellen wie dem Bericht über das Bdelliumharz[1210] im Paradies von Fiktion auszugehen, so jedoch nicht mehr unbedingt, wenn die Stellen im Überblick gesehen werden. Dies erscheint besonders dann untermauert, wenn der Wald in irgend einer Form als Beispiel wie in der Fabel vom Baumkönig[1211] herangezogen wird. Diese Fabel macht neu erzählt und niedergeschrieben nur dann Sinn, wenn ein praktischer Bezug zum Wald gegeben ist. Fehlt dieser, verfehlt die Fabel zwangsläufig ihr Ziel.[1212] Bäume werden häufig als Bildnis und Vergleich herangezogen, ja sind mitunter gar direkte Offenbarungsstellen Gottes wie die Baka-Bäume, in denen sich Gott David zu erkennen gibt.[1213]

Es lassen sich Waldbestandteile in den verschiedensten Beziehungsfeldern in der Schrift entdecken. So bezeichnen besonders Harze, Früchte und einzelne Baumarten

---

[1210] Vgl. Gen 2,12 "Das Gold jenes Landes ist gut; dort gibt es auch Bdelliumharz und Karneolsteine."

[1211] Vgl. Ri 9,7-21.

[1212] Einem Stadtmenschen eine Fabel mit Rindern, Schafen und Ziegen zu erzählen hat lediglich dann Aussicht auf Erfolg, wenn dieser das Verhalten von Rinder-, Schaf- und Ziegenherden kennt. Umgekehrt wird ein Mensch, der nie eine Grossstadt gesehen hat sich kein Bild von einer Geschichte mit endlosen Häuserfluchten machen können. Der Sinn solcher Vergleiche liegt jedoch zweifellos darin, dass die Adressaten etwas mit diesen Vergleichen anfangen können.

[1213] Vgl. 2 Sam 5,23-24 "David befragte wieder den Herrn und der Herr antwortete ihm: Zieh nicht hinauf, umgeh sie in ihrem Rücken und komm von den Baka-Bäumen her an sie heran! Wenn du dann in den Wipfeln der Baka-Bäume ein Geräusch wie von Schritten hörst, dann beeil dich; denn dann geht der Herr vor dir her, um das Heer der Philister zu schlagen."

verschiedene Charakterbilder. Das Hohe Lied des Alten Testamentes, welches bekanntlich der literarischen Gattung der Liebeslieder zuzuzählen ist, bevorzugt den Apfelbaum, den Granatapfel, den Balsam, die Myrrhe und den Weihrauch als Synonymwörter für Liebe und Liebesbeziehungen.[1214] Die "Würde" zu Gott zeigt sich besonders in Verbindung mit Akazienholz, werden doch die Bundesladen und die Altargeräte aus diesem Holz gefertigt.[1215] Den Himmelswesen, die gleichsam auch Wächter des Paradieses und somit "Eingangspfosten des Tempels"[1216] sind, wird das Olivenholz - in Form des Zweiges Symbol des Friedens und des Lebens[1217] - zugemessen. Die priesterliche Würde und die Würde des Tempels wird wiederum mit dem Liebessymbol des Granatapfels unterstrichen, sind doch das hohepriesterliche Gewand[1218] und verschiedene Tempeleinrichtungen[1219] reich mit diesem Apfelsymbol verziert. Der Tempel weist diesbezüglich als Schmuck häufig Palmendarstellungen[1220] auf. Besonderes Zeichen der Gott-Mensch-Beziehung und des Glücks ist der Feigenbaum.[1221]

Reichtum wird mit grossen Wäldern[1222] in Verbindung gebracht, aber auch durch grosse Bauwerke aus mächtigen Holzsäulen wie der Palast Salomos[1223] und das Libanonwaldhaus.[1224] Zudem ist der Besitz von kostbaren Hölzern und Harzen Zeichen grossen Reichtums.[1225] Ausbleiben der Ernte,[1226] Vernichtung von Wäldern oder das Bild

---

[1214] Vgl. die Stellen im Hld.

[1215] Vgl. Ex 37,1 "Dann machte Bezalel die Lade aus Akazienholz, zweieinhalb Ellen lang, anderthalb Ellen breit und anderthalb Ellen hoch." – Vgl. Ex 37,10 "Er (Bezalel) fertigte auch den Tisch aus Akazienholz an, zwei Ellen lang, eine Elle breit und anderthalb Ellen hoch." – Vgl. Dtn 10,3 "Ich [Mose] fertigte eine Lade aus Akazienholz an, hieb zwei Steintafeln zurecht, so wie die ersten, und stieg auf den Berg. Ich hielt die beiden Tafeln in der Hand."

[1216] Vgl. 1 Kön.

[1217] Vgl. Gen 8,11 "Gegen Abend kam die Taube zu ihm zurück, und siehe da: In ihrem Schnabel hatte sie einen frischen Olivenzweig. Jetzt wusste Noach, dass nur noch wenig Wasser auf der Erde stand." – Vgl. Sach 4,12 "Und weiter fragte ich ihn: Was bedeuten die zwei Büschel von Olivenzweigen bei den beiden goldenen Röhren, durch die das goldene Öl herabfliesst?" Vgl. – 2 Makk 14,4 "Darum kam er um das Jahr 151 zu König Demetrius und überreichte ihm einen goldenen Kranz mit einem Palmzweig, dazu Ölzweige, wie sie am Heiligtum gebräuchlich sind. An diesem Tag unternahm er weiter nichts."

[1218] Vgl. Ex 28-39 – Vgl. Sir 45,9 "Dessen Saum verzierte er mit Glöckchen im Kreis / und mit klingenden Granatäpfeln ringsum. Sie sollten bei seinen Schritten lieblichen Klang geben, / damit er im Heiligtum zu hören war und sein Volk aufmerksam wurde."

[1219] Vgl. 1 Kön; 2 Chr und Jer.

[1220] Vgl. 1 Kön; 2 Chr und Ez.

[1221] Vgl. Gen 3,7; Dtn 8,7-8; 1 Kön 5,5; Hos 9,10; Micha 4,4; Sach 3,10; Mt 21; Mt 24,32; Mk 11; Mk 13,28; Lk 13; Lk 21,29; Joh 1,48-50.

[1222] Vgl. Gen 23,17-18; Jes 60,13.

[1223] Vgl. 1 Kön und 1 Chr.

[1224] Vgl. 1 Kön; 2 Chr und Jos.

[1225] Genannt seien hier Ladanum, Mastix, Tragakant, Balsame, Almuggimholz (Algumimholz), Ebenholz und Maulbeerfeigenbaum.

[1226] Vgl. Dtn 28,40; Micha 6,15.

dafür bedeutete gleichsam Entzug des Wohlstandes und somit Strafe Gottes.[1227] Entstehung von Wäldern oder das Bild dafür wird somit mit dem Segen Gottes und seinem Wohlwollen in Verbindung gebracht.[1228] In Kriegsfällen gab es ein Gesetz zum Schutz der Wälder, welche den Menschen das Überleben nach dem Krieg sichern sollten.[1229] Der Wald bildete auch eine Wirtschaftsgrundlage innerhalb derer Facharbeiter über die Landesgrenzen hinaus eingesetzt wurden.[1230]

Holz wird in verschiedener Hinsicht gesehen. Zum einen dient es lediglich als Baumaterial[1231] oder Brennholz[1232] und zeigt somit auch den Wert von Götzen an,[1233] die genauso brennen, ja es ist sogar besser Nutzholz zu sein, als Holz für eine Götzenfigur.[1234] Ein ganz besonderes Augenmerk legt die Schrift auf die "üppigen Bäume" unter denen heidnische Riten stattfinden. Bemerkenswert dabei ist, dass durchwegs nicht die Bäume als schlecht geschildert werden, sondern fast mit Bedauern ein Missbrauch dieser Bäume zur Kenntnis genommen wird.[1235] Zum anderen dienen die Bäume als Opferholz[1236] oder gar als "Reinigungsholz"[1237] innerhalb von Reinigungsriten. Baumzweige werden auch zu Festen wie dem Laubhüttenfest[1238] verwendet.

Der Stellenwert des Waldes in der Bibel ist durchwegs positiv. Wenn Bäume in vermeintlich negativem Bezug genannt werden, dienen sie als Bild für das Verhalten des Menschen. Der Baum der verdorrt oder umgehauen wird, bezeichnet stets Menschen, die nicht ihrer Natur des Menschseins entsprechen und somit mit Konsequenzen zu rechnen haben.[1239]

[1227] Vgl. Jes 10,18; Jes 10,19; Jes 23,19; Jes 33,9; Ez 21,2-3; Sach 11,2; Ps 29,9; Ez 21,2-3; Ps 83,15-16.

[1228] Vgl. Gen 2,9; Dtn 8,7-8; Ez 39,10; Jes 44,19-23; Ps 72,16; Ps 96, 12-13; Jes 55,12; Jes 65,22; Ez 17,24; Ez 36,30; Offb 22,2.

[1229] Vgl. Dtn 20.

[1230] Vgl. Dtn, 29,9-10; Jos 9,21-27; Jos 17,15-18; 1 Kön 5,20.

[1231] Vgl. die Bauberichte in der Schrift wie Tempel- oder Palastbau.

[1232] Vgl. Neh 13,31.

[1233] Vgl. Bar 6; Dan 5; Dtn 28; Jer 10; Jesaja 37-44.

[1234] Vgl. Bar 6,58 "Besser ist darum ein König, der seine Stärke zeigt, besser ein nützliches Hausgerät, das der Besitzer brauchen kann, als solche trügerischen Götter; besser im Haus eine Tür, die das, was drinnen ist, schützt, als solche trügerischen Götter; besser im Königspalast eine hölzerne Säule als solche trügerischen Götter."

[1235] Vgl. Dtn 12,2; 1 Kön 14,23; 2 Kön 16,4; 2 Kön 17,10; 2 Chr 28,4; Jes 57,5; Jer 2,20; Jer 3,6.13; Jer 17,1-2.

[1236] Vgl. Lev; 1 Kön 18.

[1237] Vgl. Ex 15,25; Lev 14.

[1238] Vgl. Lev 23; Neh 8; 2 Makk 1; u.a.

[1239] Vgl. Mk 11,13-14 und ähnliche Stellen.

An einer Stelle des Neuen Testamentes werden die Bäume gar ganz direkt mit den Menschen in Verbindung gebracht. Es ist die Stelle der Heilung eines Blinden in Betsaida.[1240] Allgemein wird diese Stelle ausgelegt als Zeichen, dass selbst jene, die als Jünger Jesu gelten ohne es zu begreifen blind sein können. Jesus kann auch bei solchen Blinden die Augen öffnen, selbst dann, wenn diesen nicht sofort die Augen aufzugehen scheinen.[1241] Diese theologische Aussage soll nicht in Frage gestellt, sondern lediglich um einen Aspekt erweitert werden, der meist überlesen wird. Es ist schlicht die Tatsache, dass Jesus hier scheinbar, im Gegensatz zu anderen Stellen,[1242] zwei Anläufe für eine Heilung braucht. Wie bereits gesagt wird dies als Zeichen dafür gedeutet, dass Jesus auch in "hartnäckigen Fällen" die "Augen" öffnen kann. Bezeichnend für Mk 8,24 ist jedoch, dass der "Halbgeheilte" die Menschen als "umhergehende Bäume" erkennt. Er ist sich klar, dass diese "umhergehenden Bäume" Menschen sind. Er bringt diese Bäume weder mit Tieren noch mit sonst etwas in Verbindung, sondern augenfällig mit Menschen. Der Mensch ist somit, so scheint es, nichts anderes, als ein Baum mit der Möglichkeit sich frei zu bewegen. Nach dem nunmehrigen Handauflegen erkennt der nun Genesene, dass der Mensch mehr ist als ein Baum, der gehen kann.

In dieser Stelle liegen zwei besondere Tiefen. a) Durch die Handauflegung erkennt der Mensch, dass er nicht nur ein Baum ist, sondern mehr. Es ergibt sich unweigerlich zu diesem Erkennen aufgrund des Heils, das von Christus ausgeht, die Parallele zum Baum der Erkenntnis von Gut und Böse.[1243] b) Durch die Heilung an sich erhält der Genesene eine neue Lebensqualität, sozusagen ein neues, ein anderes, ein besseres Leben. Es ergibt sich unweigerlich zu diesem neuen Leben aufgrund der Gnade, die von Christus ausgeht, die Parallele zum Baum des Lebens.[1244] Christus lässt in diesem dreifachen Bild sich

---

[1240] Vgl. Mk 8,22-26 "Sie kamen nach Betsaida. Da brachte man einen Blinden zu Jesus und bat ihn, er möge ihn berühren. Er nahm den Blinden bei der Hand, führte ihn vor das Dorf hinaus, bestrich seine Augen mit Speichel, legte ihm die Hände auf und fragte ihn: Siehst du etwas? Der Mann blickte auf und sagte: Ich sehe Menschen; denn ich sehe etwas, das wie Bäume aussieht und umhergeht. Da legte er ihm nochmals die Hände auf die Augen; nun sah der Mann deutlich. Er war geheilt und konnte alles ganz genau sehen. Jesus schickte ihn nach Hause und sagte: Geh aber nicht in das Dorf hinein"

[1241] Vgl. Limbeck, Meinrad (^{4}1989); 103.

[1242] Vgl. Mk 7,33-35 "Er [Jesus] nahm ihn beiseite, von der Menge weg, legte ihm die Finger in die Ohren und berührte dann die Zunge des Mannes mit Speichel; danach blickte er zum Himmel auf, seufzte und sagte zu dem Taubstummen: Effata!, das heißt: Öffne dich! Sogleich öffneten sich seine Ohren, seine Zunge wurde von ihrer Fessel befreit und er konnte richtig reden." – Vgl. Joh 9,6-7 "Als er [Jesus] dies gesagt hatte, spuckte er auf die Erde; dann machte er mit dem Speichel einen Teig, strich ihn dem Blinden auf die Augen und sagte zu ihm: Geh und wasch dich in dem Teich Schiloach! Schiloach heißt übersetzt: Der Gesandte. Der Mann ging fort und wusch sich. Und als er zurückkam, konnte er sehen."

[1243] Vgl. Gen 2,9 "Gott, der Herr, ließ aus dem Ackerboden allerlei Bäume wachsen, verlockend anzusehen und mit köstlichen Früchten, in der Mitte des Gartens aber den Baum des Lebens und den <u>Baum der Erkenntnis von Gut und Böse</u>."

[1244] Vgl. Gen 2,9 "Gott, der Herr, ließ aus dem Ackerboden allerlei Bäume wachsen, verlockend anzusehen und mit köstlichen Früchten, in der Mitte des Gartens aber den <u>Baum des Lebens</u> und den Baum der Erkenntnis von Gut und Böse."

selbst als den Baum der Erkenntnis von Gut und Böse und den Baum des Lebens erkennen, gestützt auf den Vergleich, den der "Halbgeheilte" selbst bezeugt, der Mensch als "umhergehender Baum" bzw. Christus als Lebens- und Erkenntnisbaum von Gut und Böse, der im Land "umhergeht". Die Aufforderung Christi, der nun Geheilte solle nicht in das Dorf gehen, unterstreicht diesen Sachverhalt. Der soeben "erneuerte" Mensch muss nun eine zweifache Heilung innerlich verarbeiten: Die von der physischen Blindheit und die der psychisch-seelischen Blindheit - Jesus nicht als den wahren Baum der Erkenntnis von Gut und Böse und des Lebens erkannt zu haben. Die realen Bäume, die vor dem Dorf stehen - aufgrund derer der Vergleich erst möglich war - helfen dem Geheilten beim Verarbeiten dieser Erfahrungen offenbar mehr, als die neugierigen Fragen und Blicke der noch "blinden" Dorfbewohner.

Das Bild des Baumes, welches in der Heiligen Schrift vermittelt wird, kann durchwegs nicht als Grund des Rückganges desselben in Palästina gesehen werden. Wenn ein Grund angegeben werden muss, so bleibt nicht viel mehr als die Bemerkung, dass die Menschen sich nicht an die Weisungen und die vermittelte Achtung vor dem Wald hielten wie dies bereits bei den weiter oben geschilderten Religionen ebenfalls zu bemerken ist. Diese Feststellung macht deshalb nicht die einzelnen Religionen schlecht, sondern muss dazu anregen mehr auf dieselben zu hören, spricht doch alleine schon die grosse Anzahl von "Waldstellen" in der Bibel in ihrer durchwegs positiven Prägung eine eindeutige Sprache.

2.3.3.1.2. Bewahrung der Schöpfung

Im obigen Abschnitt wurden Bibelstellen mit Bezug zum Wald aufgelistet und kurz erläutert. Es ist festgestellt worden, dass der Wald in der Schrift grundsätzlich eine positive Deutung erfährt. In diesem Abschnitt soll nun dem Gedanken der Bewahrung der Schöpfung nachgegangen werden.

Die Schrift betont stark den Aspekt des Landes, welches Gott seinem Volke verheisst und gibt. Diese Verheissung und seine Erfüllung sind Kernpunkte des Alten[1245] und Neuen[1246] Testamentes. Land, besonders eigenes Land, zu haben ist eines der fundamentalsten Bedürfnisse des Menschen, ist er doch auf die Notwendigkeit eines Ortes an dem er leben kann angewiesen. Für den Menschen gibt es prinzipiell nur zwei Bereiche auf der Welt: a) Den Bereich, wo er hingehört, wo er Zu-Hause ist. b) Den

---

[1245] Der eigentliche Beginn der Landverheissung nach der Vertreibung aus dem Paradies kann man mit Gen 12,1 in Verbindung bringen. "Der Herr sprach zu Abram: Zieh weg aus deinem Land, von deiner Verwandtschaft und aus deinem Vaterhaus in das Land, das ich dir zeigen werde."

[1246] Im Neuen Testament lässt sich die Landverheissung schlechterdings in der zweiten Seligpreisung finden: Mt 5,5 "Selig, die keine Gewalt anwenden; / denn sie werden das Land erben."

Bereich, wo er ein Fremder, ein Gast ist. Der Mensch, der kein Zu-Hause hat ist Flüchtling, Strandgut oder Ausgeschlossener. Das Land ist der Ort des Volkes. Ohne einen solchen Ort ist ein Volk "zu viel", hat keinen Platz auf der Erde, ist sich selbst entfremdet, weil es den Ort nicht gibt, der ihm Heimat ist. Dies gilt nicht nur für Menschen, sondern auch für Tiere und in gewissem Sinne ebenfalls für Pflanzen.

2.3.3.1.2.1. Verantwortung für einen bestimmten Ort

Lev 25 regelt den Verlust des Familieneigentums. Landlosigkeit durch Verlust desselben aufgrund wirtschaftlicher oder anderer Gründe entwurzelt ganze Familien, die somit ihren Platz in Volk und Land verlieren, sozusagen entwurzelt werden. Alle 49 Jahre werden verlustiggegangene Orte zurückerstattet.[1247] Mit dieser Massnahme wird der Tragödie der Entwurzelung von Teilen des Volkes entgegengewirkt. Mit dieser Regelung - nebst den Brachjahrregelungen - wird gleichsam eine tiefere Verantwortung für einen Ort einer Familie, Sippe oder Gemeinschaft zugesprochen. Diese Verantwortung für die dauerhafte, sagen wir ruhig nachhaltige, Bewirtschaftung eines wirtschaftlich weniger interessanten Ortes bekräftigt auch das Zinsverbot.[1248] Jedem im Volk soll immer neu ein Ort gestiftet sein, an dem er sein darf, leben kann und für diesen Ort Verantwortung trägt. Das Leihen von Mitteln wird somit zu einer Solidaritätssteuer, einer nichtstaatlich organisierten Sozialabgabe.

Mit dieser Unterstützungspflicht werden gegebenenfalls nicht nur ökonomische Zusammenbrüche im einfachen Sinne verhindert indem jemandem das wirtschaftliche Überleben gesichert wird, sondern im zweifachen Sinn, indem aufgrund einer ausbleibenden zusätzlichen Zinsrückerstattung zusätzlich die Gefahr einer ökologischen Zerstörung gemindert wird. Diese Regelung ermöglicht weitgehende Bewahrung wirtschaftlicher Selbstständigkeit und verhindert das langfristige Fallen in Knechtschaft aufgrund wirtschaftlicher Abhängigkeiten. Auch wenn diese Regelungen im wörtlichen Sinne vermutlich nie richtig zur Anwendung gekommen sind, so bildeten sie doch nicht nur das Gewissen des Einzelnen, sondern der ganzen Gesellschaft. Diese Richtlinien zeigten jedem auf eindrückliche Weise, dass das Volk nur dann wirklich Volk ist, wenn eine gewisse Gleichheit aller - Verhinderung von Sozialfällen und Fruchtbarerhaltung des Landes - gewährleistet sind. Die Nennung der sieben mal sieben Jahre zeigt deutlich,

---

[1247] Vgl. Lev 25,10.13 "Erklärt dieses fünfzigste Jahr für heilig und ruft Freiheit für alle Bewohner des Landes aus! Es gelte euch als Jubeljahr. Jeder von euch soll zu seinem Grundbesitz zurückkehren, jeder soll zu seiner Sippe heimkehren. In diesem Jubeljahr soll jeder von euch zu seinem Besitz zurückkehren."

[1248] Lev 25,35-38 "Wenn dein Bruder verarmt und sich neben dir nicht halten kann, sollst du ihn, auch einen Fremden oder Halbbürger, unterstützen, damit er neben dir leben kann. Nimm von ihm keinen Zins und Wucher! Fürchte deinen Gott und dein Bruder soll neben dir leben können. Du sollst ihm weder dein Geld noch deine Nahrung gegen Zins und Wucher geben. Ich bin der Herr, euer Gott, der euch aus Ägypten herausgeführt hat, um euch Kanaan zu geben und euer Gott zu sein."

dass es dem Volk nicht erspart bleibt, in gewissen Zeitabständen zu überprüfen, ob und inwieweit es sich von diesem Ideal entfernt hat und dies ruft gleichzeitig zu allfällig nötiger Kurskorrektur auf. Diese "Anordnung" ruft zur Lösung öko(nomisch-logisch)sozialer Probleme durch frei gewollte Neuverteilung allen Eigentums und der damit verbundenen Verantwortung auf und nicht durch Revolution.[1249]

2.3.3.1.2.2. Sabbatruhe zu Gunsten der Schöpfung

In gleicher Weise wie die Jubeljahre sind auch die Sabbatjahre ökosoziale Richtlinien, allerdings mehr mit einer ökologischen Ausrichtung.[1250] Der Mensch verliert in diesem Jahr das Nutzungsrecht des Landes zu Gunsten der Natur - das Land ist somit letztlich nicht Besitz der Menschen, sondern Leihung für sechs Jahre.[1251] Dieses Brachjahr hat nichts mit den üblichen landwirtschaftlichen Brachen einzelner Felder alle zwei bis drei Jahre zu tun. Während des Sabbatjahres wird die Ordnung zwischen Mensch und restlicher Natur provisorisch aufgehoben. Dem Menschen macht dies klar, dass er nicht als Kolonisierer der Welt auftreten darf. Alle sechs Jahre tritt ein Moratorium ein, an das sich der Mensch halten muss. Um es mit einem modernen Fremdwort zu sagen: der Mensch hat das Wirtschaftsland lediglich auf die jeweilige Dauer von sechs Jahren geleast.

Dem Volk wird durch die Massnahme des Sabbatjahres klar gemacht, dass der Mensch nur unter Vorbehalt Eigentümer des Landes ist, da die Welt uns vorgegeben ist; d.h. wir kommen auf die Welt, auf eine Welt, die schon da ist. Das Vorgegebene kann nur in unser Eigentum übergehen, wenn es uns ausdrücklich übereignet ist, was jedoch nie geschieht, da dem Menschen niemand ein absolutes Eigentumsrecht - auf die Luft, das Wasser, den Boden - überträgt. Die Menschen nutzen das Geschaffene, das jedoch letztlich Eigentum des Schöpfers bleibt. Mit dem Brachjahr wird der Mensch in den

[1249] Diese Ansicht liess auch Prof. Dr. ADRIAN SCHENKER an seinem Vortrag: "*Das Jubeljahr. Restitutio ad integrum - Wiedergewonnene Ursprünglichkeit. Heilung der Zeit - Bewahrung der Schöpfung - Erlösung des Menschen*" erkennen, den er am 3. Dezember 2000 in Einsiedeln hielt und dessen Manuskript er dem Autor dieses Werkes freundlicherweise zustellte.

[1250] Trotzdem wurde die soziale Ausrichtung nicht ausser Acht gelassen. In diesem Jahr "gehört" das Land auch den Armen des Landes.

[1251] Vgl. Lev 25,1-7 "Der Herr sprach zu Mose auf dem Berg Sinai: Rede zu den Israeliten und sag zu ihnen: Wenn ihr in das Land kommt, das ich euch gebe, soll das Land Sabbatruhe zur Ehre des Herrn halten. Sechs Jahre sollst du dein Feld besäen, sechs Jahre sollst du deinen Weinberg beschneiden und seinen Ertrag ernten. Aber im siebten Jahr soll das Land eine vollständige Sabbatruhe zur Ehre des Herrn halten: Dein Feld sollst du nicht besäen und deinen Weinberg nicht beschneiden. Den Nachwuchs deiner Ernte sollst du nicht ernten und die Trauben deines nicht beschnittenen Weinstockes sollst du nicht lesen. Für das Land soll es ein Jahr der Sabbatruhe sein. Der Sabbat des Landes selbst soll euch ernähren: dich, deinen Knecht, deine Magd, deinen Lohnarbeiter, deinen Halbbürger, alle, die bei dir leben. Auch deinem Vieh und den Tieren in deinem Land wird sein ganzer Ertrag zur Nahrung dienen."

Zustand versetzt, in dem er noch nicht über die Erde "herrschte". Die Schöpfung kehrt regelmässig zum "ursprünglichen" Zustand zurück bevor sie durch die Arbeit der Menschen verwandelt zu werden beginnt. Der Mensch wird gleichsam daran erinnert, dass er die Schöpfung "angetreten" hat, die es so zu bewahren gilt, dass sie eben jedes siebte Jahr in den ursprünglichen Zustand zurückkehren kann. Ist die Natur derart verändert, dass sie es nicht mehr schafft im Sabbatjahr in diesen ursprünglichen Zustand zurückzukehren, ist der Mensch über sein Leihverhältnis zu Gott hinausgegangen.[1252]

2.3.3.1.2.3. Bewahren der Schöpfung

Der Gedanke in der jüdisch-christlichen Tradition die Schöpfung zu bewahren entspringt nicht erst den 80er und 90er Jahren des 20. Jahrhunderts nach Christi Geburt,[1253] sondern bereits dem Jahwisten in Gen 2. Der Jahwist stellt den Menschen in den Mittelpunkt der Schöpfung Gottes, um die Welt, die in der Einheit mit Gott wie ein Paradies sein kann, zu bedienen und sie zu bewahren.[1254] Der Jahwist sieht den Auftrag des Menschen in einer Art Gehorsam hinsichtlich der Natur. Der Mensch hat den Auftrag den "Baum in der Mitte des Gartens" zu respektieren.[1255] In der Mitte des Gartens ist nicht der Mensch, sondern der "Punkt des Respekts". Dieser Respektspunkt stellt nicht Gott selbst dar, sondern eine nichthumane Kreatur: der "Baum".[1256] Die Nichtrespektierung dieses Zentrums macht es nötig zu versöhnen, sich mit der Schöpfung zu versöhnen.[1257]

Der Begriff der "Bewahrung der Schöpfung" ist nicht nur ein anthropologischer oder ethischer, sondern auch ein dogmatischer, ein Terminus der Gotteslehre. Nicht das Handeln des Menschen, sondern das gegenwärtige Schöpfungshandeln Gottes wird hier als "conservatio creaturae" bzw. "conservatio mundi" bezeichnet. Nach diesem Verständnis kann daran gezweifelt werden, ob im Bezug auf menschliches Handeln überhaupt von Bewahrung der Schöpfung gesprochen werden kann, da nach christlichem

---

[1252] Diese Ansicht liess auch Prof. Dr. ADRIAN SCHENKER an seinem Vortrag: "*Das Jubeljahr. Restitutio ad integrum - Wiedergewonnene Ursprünglichkeit. Heilung der Zeit - Bewahrung der Schöpfung - Erlösung des Menschen*" erkennen, den er am 3. Dezember 2000 in Einsiedeln hielt und dessen Manuskript er dem Autor dieses Werkes freundlicherweise zustellte.

[1253] Vgl. Daecke, Sigrud Martin (1992); 234.

[1254] Vgl. Gen 2,15 "Gott, der Herr, nahm also den Menschen und setzte ihn in den Garten von Eden, damit er ihn bebaue und hüte."

[1255] Vgl. Gen 2,16-17; Gen 3,2-3 "Dann gebot Gott, der Herr, dem Menschen: Von allen Bäumen des Gartens darfst du essen, doch vom Baum der Erkenntnis von Gut und Böse darfst du nicht essen; denn sobald du davon isst, wirst du sterben. - Die Frau entgegnete der Schlange: Von den Früchten der Bäume im Garten dürfen wir essen; nur von den Früchten des Baumes, der in der Mitte des Gartens steht, hat Gott gesagt: Davon dürft ihr nicht essen und daran dürft ihr nicht rühren, sonst werdet ihr sterben."

[1256] Vgl. Drewermann, Eugen (^{7}1997); 103-104, 406-407.

[1257] Vgl. Ribaut, Jean-Pierre (1998); 233.

Verständnis die Schöpfung und somit auch ihre Erhaltung als alleiniges Werk Gottes zu gelten hat: als "creatio continua". Es besteht sicherlich kein ernsthafter Zweifel, dass Gott sich nicht als Schöpfer aus der Welt zurückgezogen hat. Das Handeln des Menschen unterscheidet sich jedoch vom Handeln Gottes. Der Mensch hat nicht die Fähigkeit neues aus nichts zu schaffen, er hat aber die Fähigkeit, die bestehende Schöpfung zu verändern wie gerade die Gentechnik eindrucksvoll belegt. Diese Fähigkeit zu verändern, zu bebauen bedarf der Ausgewogenheit des Bewahrens, des Behütens der Schöpfung. Das Bewahren der Schöpfung durch Gott spielt sich somit in einer anderen Dimension ab, als das Bewahren der Schöpfung durch den Menschen. Der Mensch hat zu bewahren, was er bebauen kann - im weitesten Sinne des Wortes - damit er auch weiterhin bebauen kann.[1258]

2.3.3.1.3. Der biblische Herrschaftsauftrag des Menschen von heute

Der biblische Herrschaftsauftrag wurde bereits weiter oben unter dem Aspekt "Der Mensch in der Schöpfung" behandelt. An dieser Stelle soll der Auftrag aus dem Blickwinkel der Heiligen Schrift und vor dem Hintergrund ökologischer Gegenwartsfragen zusätzlich vertieft werden. Die Bibel weist mit dem jahwistischen[1259] und dem priesterschriftlichen[1260] Bericht zwei Schöpfungsberichte auf. Beide Texte sind Teil der Zentralquelle des Pentateuch. Das Thema Schöpfung wird im Alten Testament erst in den nachexilischen Schriften zu einem Zentralthema. Doch bereits beim Jahwisten erscheint Gott nicht nur als Stammesgott, sondern als Lenker des Weltganzen und zumindest ansatzweise wird auch die Grenze eines reinen Sippenethos überschritten. Im zeitgeschichtlichen Kontext, gegenüber der priesterschriftlichen Schöpfungserzählung, steht stärker der bäuerliche Erfahrungshorizont im Vordergrund; theologisch gesehen eher der Zusammenhang von Schöpfung, Schuld und Leid. Die priesterschriftliche Schöpfungsgeschichte zeigt eher die paradiesische Ordnung der ungetrübten Schöpfung auf.

Durch die Sünde - die Gewalttat - gerät der Kosmos in die Verderbtheit. Diese Verdorbenheit des Kosmos durch die Gewalttat macht zumindest teilweise eine Neuordnung der Schöpfung durch den Schöpfer notwendig. Diese Neuordnung geschieht durch die Sintflut, welche als zweite Zentralstelle im priesterschriftlichen

---

[1258] Vgl. Krötner, Ulrich H. J. (1995); 143-159.

[1259] Gen 2,4b-2,25.

[1260] Gen 1,1-2,4a.

Schöpfungsbericht aufscheint und die bis heute grundlegende[1261] gültige Ordnung der Schöpfung darstellt.[1262]

Einen weiteren konkreten Bezug zur Schöpfung stellen die "Schöpfungspsalmen"[1263] dar. Ps 104 weist eine uneingeschränkt gute Sicht der Schöpfung auf. Er hebt hervor, dass die Erde voll von Gottes Geschöpfen ist. Ps 8 zeigt beinahe ein ausgleichendes Bild, in dem der Mensch "als Herr über Gottes Werk" gezeichnet wird, allerdings nicht zu des Menschen Selbstzweck, sondern zur Verherrlichung Gottes.

Das Neue Testament scheint dem Thema Schöpfung auf den ersten Blick eine wenig bedeutende Rolle zukommen zu lassen. Auf den zweiten Blick behandelt jedoch das ganze Neue Testament in seiner Grundlage die neue Schöpfung in Christus, welche die Bestehende nicht ablöst, sondern erlöst. Die bestehende[1264] "seufzende Schöpfung"[1265] soll als Ganzes von der Sklaverei der Sünde und der Verlorenheit befreit werden.[1266] Die Schöpfung, die befreit wird, wird dies durch Christus, durch den und auf den hin sie letztlich geschaffen ist.[1267] Das Erlöstwerden der Schöpfung findet seine neutestamentliche Bestätigung nicht zuletzt in der Offenbarung des Johannes, wenn vom neuen, vom himmlischen Jerusalem die Rede ist. Nach dem Paradies, welches in Gen 1-2 beschrieben ist, der teilweisen Neuschöpfung in der Sintflut und dem Erlösungswerk durch Christus, findet offenbar die Schöpfung im himmlischen Jerusalem seine Vollendung.[1268]

[1261] Durch Christus ändert sich die Ordnung insofern, als die Erlöstheit der Schöpfung nicht mehr nur Verheissung ist, sondern bereits begonnen hat.

[1262] Vgl. Gen 9,1-17.

[1263] Hier stehen besonders Ps 8; 19; 33 und 104 im Vordergrund.

[1264] Die erneuerte Schöpfung nach der Sintflut.

[1265] Vgl. Röm 8,22 "Denn wir wissen, dass die gesamte Schöpfung bis zum heutigen Tag seufzt und in Geburtswehen liegt."

[1266] Vgl. Röm 8,18-27. – Vgl. Kühschelm, Roman (1995); 251-282.

[1267] Vgl. Kol 1,15-20 "Er ist das Ebenbild des unsichtbaren Gottes, / der Erstgeborene der ganzen Schöpfung. Denn in ihm wurde alles erschaffen / im Himmel und auf Erden, / das Sichtbare und das Unsichtbare, / Throne und Herrschaften, Mächte und Gewalten; / alles ist durch ihn und auf ihn hin geschaffen. Er ist vor aller Schöpfung, / in ihm hat alles Bestand. Er ist das Haupt des Leibes, / der Leib aber ist die Kirche. / Er ist der Ursprung, / der Erstgeborene der Toten; / so hat er in allem den Vorrang. Denn Gott wollte mit seiner ganzen Fülle in ihm wohnen, / um durch ihn alles zu versöhnen. Alles im Himmel und auf Erden wollte er zu Christus führen, / der Friede gestiftet hat am Kreuz durch sein Blut."

[1268] Vgl. Offb 21,1-14; 22,1-5.

2.3.3.1.3.1. Die Bibel und die heutigen ökologischen Fragen

Die Bibel zu modernen ökologischen Problemen zu befragen ist zweifellos ein schwieriges Unterfangen. Mit Recht lässt sich einwenden, dass das Ozonloch, die Luftverschmutzung, die Gewässerbelastung, die Verschmutzung der Weltmeere, der saure Regen, die Genmanipulationen und alle anderen gegenwärtigen Umweltprobleme mit der Weidewirtschaft, dem Ackerbau und der Viehzucht vor ca. 3'000[1269] Jahren kaum etwas gemein haben.[1270] Und dennoch sind die Texte von damals für unsere Problembewältigung nicht uninteressant. Die Umweltprobleme der damaligen Zeit wirkten sich mitunter gravierender auf den Einzelnen aus, als die heutigen. War damals ein Land durch Übernutzung ausgelaugt und brachte es keine Frucht mehr hervor, drohte im Land eine Hungersnot. Heute droht deswegen, wenigstens in der westlichen Welt, keine Hungersnot; denn ob die Kartoffel aus dem Waldviertel, dem Schweizer Mittelland oder den USA kommen interessiert den heutigen Konsumenten nur am Rande. Die heutige Technik ermöglicht es, lokal begrenzte Versorgungsengpässe leicht durch Importe aus allen Ländern des Erdballs auszugleichen.

Die Menschen der damaligen Zeit erlebten mitunter Verstösse gegen Gottes Gebote wesentlich ganzheitlicher als wir heute wie Hos 4,1-3[1271] aufzeigt. Die Menschen, welche die Gebote Gottes, auch die Ehrfurchtweisungen[1272] hinsichtlich der Natur, nicht beachten und dagegen handeln, ausbeuterisch sind - von Mensch und Natur mehr verlangen, als diese wirklich geben können - werden über kurz oder lang die Folgen tragen müssen. So gesehen hat sich nichts geändert. Auch die Menschen unserer Zeit werden die Folgen ihres Handelns tragen müssen. Um es lapidar auszudrücken: ob die Menschen damals aus Unwissenheit und der Annahme, die Wälder werden sich schon ohne Mittun des Menschen regenerieren nicht nachhaltig wirtschafteten oder ob wir aus kurzsichtiger Profitgier ganze Waldgebiete vernichten hinterlässt in gleicher Weise verödetes Land, ob vor 3'000 Jahren oder heute. Insoweit lassen sich durchaus Parallelen ziehen.

[1269] Bis vor ca. 5'000 Jahren.

[1270] Vgl. dazu: Halter, Hans (1985); 173-175.

[1271] Hos 4,1-3 "Hört das Wort des Herrn, ihr Söhne Israels! / Denn der Herr erhebt Klage / gegen die Bewohner des Landes: Es gibt keine Treue und keine Liebe / und keine Gotteserkenntnis im Land. Nein, Fluch und Betrug, / Mord, Diebstahl und Ehebruch machen sich breit, / Bluttat reiht sich an Bluttat. Darum soll das Land verdorren, / jeder, der darin wohnt, soll verwelken, samt den Tieren des Feldes / und den Vögeln des Himmels; / auch die Fische im Meer sollen zugrunde gehen."

[1272] Vgl. dazu die oben genannten Bibelstellen.

2.3.3.1.3.2. Herrschen bedeutet nicht ausbeuten

Die Schrift bestätigt, wie die bisherigen Ausführungen zeigten, den Auftrag Gottes an den Menschen über die Schöpfung zu herrschen: Herr zu sein. Dieses Herrschen hat jedoch auf der Grundlage des richtigen und guten Verhältnisses des Menschen zu Gott zu geschehen, im Verhältnis des Abgeordnet-Seins wie dies bereits weiter oben zur Sprache kam.[1273] Der Mensch ist durch sein von Gott bestimmtes Abgeordneter-der-Natur-Sein Hüter seiner Welt. Hüter - Abgeordneter - der Welt zu sein bedeutet Verantwortung dafür zu haben, dass jeder Kreatur der ihr zugedachte Platz prinzipiell erhalten bleibt. Dies schliesst das Nutzen der Kreaturen und Ressourcen nicht aus wie das biblische "untertan machen" zeigt, impliziert aber zwangsläufig auch das Einstehen für das wofür man verantwortlich ist, die Natur. Zeigt das Bild des Paradieses, dass der Mensch von Gott in den Garten gestellt wurde, so bedeutet dies für den heutigen Menschen nichts anderes, als dass er von Gott in die Welt gestellt ist, um immer noch den gleichen Auftrag zu erfüllen: Abgeordneter zu sein. Wenn der Mensch diesen Auftrag nicht erfüllt bedeutet dies nicht, dass der Auftrag nicht richtig oder nicht gut ist, sondern, dass der Mensch ihn falsch und gegebenenfalls böse ausübt, eben nicht gottgefälliger Herr über die Schöpfung ist, sondern eher "gottloser" Despot.

2.3.3.2. Kirchliche Aussagen und Dokumente zu Wald und Umwelt

2.3.3.2.1. "Vorarbeit" der Kirche

In den folgenden Abschnitten sollen nun Stellungnahmen der Kirche aufgezeigt werden, die mit dem Thema dieser Arbeit in Verbindung stehen. Dies geschieht deshalb, weil eine theologische Ethik ohne Berücksichtigung kirchlicher, besonders lehramtlicher Äusserungen nicht im vollen Sinne theologische Ethik ist. Die Kirche hat sich seit geraumer Zeit durch Erklärungen, Hirtenschreiben, Stellungnahmen, päpstliche Aussagen und Enzykliken in der ökologischen Debatte zu Wort gemeldet. So liegen bereits seit den sechziger Jahren des 20. Jahrhunderts Äusserungen des kirchlichen Lehramtes zu Fragen des technischen Fortschrittes, der Kernenergie, der Lebensqualität, des Wohlstandes und der Selbstbeschränkung vor. Diesbezüglich seien lediglich die Enzyklika "Mater et magistra" von JOHANNES XXIII. (1963), die Pastoralkonstitution des Zweiten Vatikanischen Konzils "Gaudium et spes" (1965) und die Enzyklika "Populorum progressio" von PAUL VI. (1967) erwähnt.

1971, also bereits ein Jahr vor der Studie des Club of Rome, wird unter Papst PAUL VI. in expliziten Aussagen auf die Umweltkrise hingewiesen, besonders anlässlich der römischen Bischofssynode im von der internationalen Bischofssynode erarbeiteten

[1273] Vgl. dazu auch: Lohfink, Norbert (1974b); 138-139.

Dokument "De justitia in mundo", in den Abschnitten[1274] 8,[1275] 11[1276] und 64[1277] sowie im Abschnitt 21[1278] des Apostolischen Schreibens "Octogesima adveniens".[1279] Diesen beiden Dokumenten folgten zahlreiche weitere gesamtkirchliche Verlautbarungen. Sozusagen einen Meilenstein bildet die Botschaft von JOHANNES PAUL II. zur Feier des Weltfriedenstages am 1. Januar 1990, in welcher der Papst erstmals ausführlich auf die Probleme hinsichtlich der ökologischen Krise einging.[1280] Wird die Umweltproblematik aus der Sicht des Harrens auf eine Umweltenzyklika gesehen, so muss man wohl trotz aller Bemühungen mit ALFONS AUER sagen, dass die Kirche sich noch im "Frühstadium der Problembewältigung[1281]" befindet. Wird das Engagement im Bereich der Umweltproblematik der Kirche insgesamt betrachtet, so wird man bald erkennen, dass dieses überaus beachtenswert ist. Die folgenden Ausführungen zielen darauf ab dieses Engagement zu verdeutlichen. Da diese Arbeit sich im Wesentlichen mit dem Wald und der Forstwirtschaft auseinander setzt, liegt das Schwergewicht auf den diese Problematik

---

[1274] Vgl. DJM 8, 11, 64.

[1275] "... Neuerdings ... [wird den Menschen] bewusst, wie Naturschätze, beispielsweise so kostbare Güter wie Luft und Wasser, ohne die kein Leben möglich ist, und all die Dinge, die zu der schmalen und gebrechlichen "Biosphäre" alles dessen gehören, was auf dieser Welt lebt, nicht unerschöpflich sind, sondern als einmalige und unersetzliche Ausstattung der gesamten Menschheit sorgsamer Pflege und des Schutzes bedürfen." – DJM 8.

[1276] "... Überdies hat die Nachfrage der Wohlhabenden - gleichviel ob kapitalistischen oder sozialistischen - Länder nach Rohstoffen und Energie (wie auch die schädliche Wirkung ihrer Abfälle auf Atmosphäre und Ozeane) ein solches Ausmass erreicht, dass die wesentlichen Voraussetzungen des Lebens auf dieser Erde wie Luft und Wasser unwiederherstellbar geschädigt würden, wenn diese Höhe des Verbrauchs, dieser Grad der Verschmutzung und diese Schnelligkeit des Wachstums bei der gesamten Menschheit Platz greifen würde. ..." – DJM 11.

[1277] "... So rufen wir denn die Katholiken auf, die folgenden Vorschläge zu überdenken. ... [Zahlung] angemessener Rohstoffpreise ... . Auf eine neue, die Welt in Atem haltende Angelegenheit glauben wir noch hinweisen zu sollen, ...: Umwelt und Umweltschutz. Unerfindlich ist, wie die reichen Völker es rechtfertigen wollen, ihren Zugriff auf die Güter der Erde noch weiter zu steigern, wenn das zur Folge hat, dass entweder die anderen Völker niemals über ihre elende Notlage hinauskommen oder gar die physischen Grundlagen des Lebens auf der Erde Gefahr laufen, zerstört zu werden. Die jetzt schon reichen müssen sich mit einer materiell weniger anspruchsvollen Lebenshaltung bescheiden und weniger verschwenderisch mit den Dingen der Umwelt umgehen, um nicht jenes Erbgut zu zerstören, in das sie sich mit der ganzen übrigen Menschheit nach strenger Gerechtigkeit zu teilen haben. ..." – DJM 64.

[1278] "... Plötzlich wird der Mensch sich heute bewusst, infolge seiner unbedachten Ausbeutung der Natur laufe er Gefahr, diese zu zerstören und selbst zum Opfer ihrer auf ihn selbst zurückzuschlagenden Schändung zu werden. Aber nicht nur die stoffliche Umwelt wird zu einer Bedrohung für den Menschen: die Verschmutzung, die Abfälle, neue Krankheiten, die absolute Zerstörungsgewalt. Dasselbe gilt auch von seiner menschlichen Umgebung, die er nicht mehr meistert und die darum in Kürze zu Lebensbedingungen führen kann, die ihm unerträglich werden. Hier handelt es sich um ein so weit ausgreifendes Problem, dass die ganze Menschenfamilie davon betroffen wird. All diesen neuen Sichten der Dinge muss der Christ seine Aufmerksamkeit zuwenden, um zusammen mit seinen Mitmenschen die Verantwortung für ein hinfort allen gemeinsames Geschick auf sich zu nehmen." – OA 21.

[1279] Vgl. OA 21.

[1280] Vgl. WFB (1990); 261-270 (Nr. 1-16).

[1281] Auer, Alfons 1984; 308.

tangierenden Bereichen und nicht auf den Verbindlichkeitsgraden einzelner Aussagen, die mitunter im übergreifenden ökologischen Kontext als durchwegs relevanter erscheinen mögen.

2.3.3.2.1.1. "Höchstform" benediktinischen Handelns in der Verantwortung für den Wald

Das im Sinne dieser Arbeit wohl interessanteste kirchliche Dokument ist das Kapitel Vier der Konstitutionen der Camaldolenser Benediktiner Eremiten von Camaldoli. Dieses vierte Kapitel der Konstitutionen - des 1012 vom hl. ROMUALD auf der Besitzung eines MALDOLUS aus Arezzo in Norditalien gegründeten Klosters[1282] - war seiner Zeit sehr weit voraus und könnte auch heute noch als aktuell übernommen werden. Die Eremiten sollen grösste Sorgfalt haben, dass die Wälder auf keine Weise verkleinert werden. Im Gegenteil, sie sollen durch Neubestockungen noch vergrössert werden. Die Wälder seien zu ihrem Schutz vor dem (Haus-)Vieh, welches ferngehalten werden müsse zu umzäunen. Ebenfalls sind zu diesem Zwecke Aufseher zu bestellen, die bei ihrer Arbeit keinen Aufwand scheuen dürfen. Wer um dies alles besorgt ist, hat in seiner Aufgabe sehr aufmerksam zu sein. Muss ein Baum gefällt werden, hat der Verantwortliche dabei zu sein, damit die Bäume nur an Orten gefällt werden, wo sie den Wald nicht zu sehr vermindern, auflockern und seine ästhetische, liebliche Form schädigen. Wer ohne Erlaubnis des Priors eine lebendige Pflanze schlagen lässt, muss eine entsprechende Bussübung auf sich nehmen. Zudem sollen die Oberen mit Aufmerksamkeit darüber wachen, dass auf jeden Fall jährlich mindestens mit 4'000 bis 5'000 Jungpflanzen aufgeforstet wird.[1283] Wer in der Ausführung dieser Anordnung Fehler begeht, sei durch das Generalkapitel zu korrigieren und zu bestrafen.[1284] Dass dieses wertschätzende Denken in der benediktinischen Familie nicht nur einem einzigen Kloster zuzuschreiben ist, zeigt auch der Brief des BERNHARD VON CLAIRVAUX an den Magister HEINRICH MURDACH, den er zum Klostereintritt auffordert und dazu die Worte gebraucht: "... Glaube einem Erfahrenen: Du wirst einiges mehr in den Wäldern finden als in den Büchern. Holz und Steine werden dich lehren, was du bei den Lehrern nicht hören kannst. ...[1285]" In diesem Zusammenhang ist als ein weiteres Beispiel auch der HL.

[1282] Vgl. Hilpisch, Stephanus (1929); 158.

[1283] 1857 & 1859 waren es 30'000 Jungpflanzen.

[1284] Originaltext abgedruckt in: Ferruccius, Aloisius Chrysostomus (1864); 89-92, Fn 2 (S. 91+92). "Patres S. Eremi maximam adhibeant curam et diligentiam ut nemora nullo modo imminuantur, sed dilatentur potius et augeantur. Unus propterea ad abietum custodiam deputetur, qui eas fideliter custodiat, et ne parvulae ab hominibus vel a bestiis laedantur solicite sit intentus, et quoties incidendae sunt, adesse procuret, ut in illis locis et illae incidantur, quibus minus sylva imminui, aut dehonestari possit. Procurent praeterea omnino ut singulis annis quatuor aut quinque millia parvulae plantentur solerti cura abietes. (Constitut. Cam. Cap. IV.)"

[1285] Bernhard von Clairvaux (Bd. 2; 1992); 773-775 (Brief 106).

MEINRAD[1286] zu erwähnen, der sich in den "Finstern Wald" als Einsiedler zurückzog. An diesem Ort entstand das Kloster Einsiedeln, welches auch heute noch[1287] wie andere Klöster seinen Klosterwald betreut. Die Maxime dieser heute noch gehandhabten Betreuung des Klosterwaldes ist, dass nicht der Wald als Holzreserve, sondern als Reserve an meditativer unberührter Landschaft im Zentrum steht, also primär der ökologische- und erst sekundär der ökonomische Gedanke.[1288]

2.3.3.2.2. "Rom" und der Wald

Zu behaupten, dass die Kirche speziell zum Thema Wald keine neueren Aussagen vorzuweisen hätte wäre grundfalsch wie, die Ansprache von Erzbischof ALOIS WAGNER, permanenter Beobachter des Heiligen Stuhl an der FAO bei der 13. Sitzung des Komitees der Forstwirtschaft FAO in Rom vom 10. - 13. März 1997 zeigt, die an dieser Stelle in deutscher Übersetzung wiedergegeben werden soll:

> "Herr Vorsitzender! Danke für die Plattform. Ich würde gerne einige Ideen über die Tagesordnungspunkte dieses Komitees formulieren, trotz der Tatsache, dass der Heilige Stuhl keine eigenen Wälder hat, sondern nur die berühmten vatikanischen Gärten!
> Die Wälder werden über die ganze Welt hin zerstört und jedes Jahr verschwindet eine grosse Anzahl von Waldbereichen. Um die Wälder und alle seine Ressourcen in der Welt zu schützen, ist es eine kommende Verpflichtung zu ethischer Verantwortung von Personen, Staaten und internationalen Organisationen:
> 1) Es ist notwendig, die Jugend dazu zu erziehen und zu ermutigen Bäume zu pflanzen, und diese zu achten und zu schützen.
> 2) Die Werbung der Massenmedien sollte das Volk ermutigen Wälder und ihre Ressourcen zu schützen. Wie Sie wissen sind die Bäume für gute Luft, klares Wasser und gesundes Klima sehr wichtig.
> 3) Es ist unsere Verantwortung, die Regierungen dringend zu ersuchen Bäume und Wälder vor unvorsichtiger Ausnutzung zu schützen.

1286 Geboren um das Jahr 800 in Süllchen zwischen Rottenburg und Tübingen und ermordet von zwei Räubern in seiner Klause im "Finstern Wald" am 21. Januar 861.

1287 Seit 934, also nach mehr als 1'000 Jahren.

1288 Vgl. Salzgeber, Joachim (1983); 343-347. – Vgl. Salzgeber, Joachim (1984a); 58-62. – Vgl. Salzgeber, Joachim (1984b); 164-168. – Vgl. Salzgeber, Joachim (1984c); 300-305. – Vgl. Salzgeber, Joachim (1985); 79-87.

4) Wälder zu zerstören verursacht schlechte Änderungen eines grossen Teils des Landes der Erde und ruiniert das menschliche Lebenswohl.
5) Ein grosses Problem ist der Bau von grossen Strassen durch die Wälder. Ohne jeden strukturierten Schutz des Waldes wird die Entwicklung des Landes behindert.
6) Wir fragen die Handelsorganisationen, die verantwortlichen Leute von Handel und Management, ob sie verstehen, dass Holz wichtiger ist als Geld, weil das Zerstören der Wälder zu Unterentwicklung führt und das Leben der Völker ruiniert.
7) Das Fällen der Bäume zerstört Wälder. Nicht aufzuforsten oder Forstwirtschaftsressourcen nicht zu ersetzen ist gegen die Menschenrechte und die nachhaltige Entwicklung. In der Tat haben die zukünftigen Generationen das Recht Wälder und gute Bedingungen zum Leben zu haben, das bedeutet: Bei allen ökonomischen Aktivitäten, beim Handel mit Forstwirtschaftsprodukten oder bei Forstwirtschaftsressourcenbeurteilungen sollte immer der menschliche Aspekt betrachtet werden.
Danke Ihnen Herr Vorsitzender.[1289]"

Diese Zeilen zeigen als ein Beispiel in grosser Deutlichkeit, dass die Kirche nicht nur in Form von päpstlichen Schreiben Stellung zu Umweltfragen nimmt, sondern auch an geeigneten Stellen durch ihre Gesandten interveniert.

2.3.3.2.2.1. Die ökologische Krise im sittlichen Kontext

JOHANNES PAUL II. weist mit Nachdruck darauf hin, dass verschiedene Elemente der heutigen ökologischen Krise ihren sittlichen Charakter verraten, besonders in der unterschiedslosen Anwendung des wissenschaftlichen und technologischen Fortschritts. Hierbei ist festzustellen, dass die Anwendung einiger Entdeckungen im landwirtschaftlichen Bereich - dazu zählt in gewisser Weise auch die Forstwirtschaft - langfristig negative Folgen verursacht. Bei keinem Eingriff in einen Bereich des Ökosystems kann davon abgesehen werden, die Folgen für andere Bereiche und allgemein für das Wohl künftiger Generationen mit zu bedenken. Als ein Bestandteil der Ökokrise ist die unkontrollierte Abholzung der Wälder[1290] und damit eine unvorsichtige

[1289] Diese Übersetzung der Ansprache entspricht dem mir im August 1997 persönlich von Erzbischof Wagner ausgehändigten englischen Originaltext. – In leicht geänderter Fassung ist der Text auch abgedruckt in: DAKSU; Pt. 28.

[1290] Es sind vorwiegend der Amazonasdschungel und die Regenwälder im Allgemeinen gemeint.

Ausnutzung der Ressourcen genannt,[1291] die der Umwelt schadet und durch die damit verbundenen klimatischen Folgen ganze Landstriche unbewohnbar macht. Als grundlegende moralische Forderung zur Behebung der Krise nennt der Papst die Beseitigung des Mangels an Achtung vor dem Leben. Dieser Mangel stellt letztlich auch eine Missachtung des Menschen selbst dar. Mit zu diesem Mangel gehört die gentechnische Manipulation von Pflanzen, deren Folgen nicht abschätzbar sind, aber trotzdem vorgenommen werden. Wirtschaftlicher Fortschritt ist lediglich innerhalb der Achtung des Lebens und der Integrität des Geschaffenen langfristig möglich. Diese Prinzipien nicht zu beachten untergräbt gleichsam die Dauerhaftigkeit gesunder wirtschaftlicher Möglichkeiten.[1292] "Eine Wirtschaft, welche die ethische Dimension unbeachtet lässt und sich nicht darum kümmert, dem Wohl eines jeden Menschen in seiner Ganzheitlichkeit zu dienen, kann sich eigentlich gar nicht 'Ökonomie' nennen, wenn man diese im Sinne einer vernünftigen und wohltätigen Verwaltung des materiellen Reichtums versteht.[1293]"

Die Ordnung des ökologischen Gleichgewichtes gilt es zu respektieren und somit in kluger Umsicht[1294] zu erforschen, zu entdecken und sie schliesslich so zu gebrauchen, dass ihre Integrität erhalten bleibt. JOHANNES PAUL II. unterstreicht und begrüsst zudem die Forderung, das "Recht auf eine sichere Umwelt" in die Charta der Menschenrechte aufzunehmen.[1295] Die Respektierung des Ökosystems - in dem es meist keine Monokulturen gibt[1296] - drückt sich auch im Umweltschutz aus, der eine Erziehung zur Respektierung der Natur beinhalten muss, zeigt als Beispiel doch gerade der Weihnachtsbaum neben der Krippe die Teilhabe der Schöpfung am grossen Fest der Menschheit. Dieses Symbol bringt zudem zum Ausdruck, dass die Wälder und die übrige Natur dem Menschen anvertraut sind, damit er sie respektiere und bewahre. JOHANNES PAUL II. verleiht der Aufforderung die Schöpfung zu bewahren in der Botschaft zum Weltfriedenstag 1999 wie folgt Nachdruck:

> "Die Gegenwart und Zukunft der Welt hängen von der Bewahrung der Schöpfung ab, da zwischen der menschlichen Person und der Natur eine dauernde Wechselwirkung besteht. Das Wohl des Menschen in den Mittelpunkt der Achtung für die Umwelt zu stellen ist in der Tat der sicherste Weg die Schöpfung zu bewahren;

[1291] Vgl. dazu auch: RH ; 15-16.

[1292] Vgl. WFB (1990); 263-265 (Nr. 6-7).

[1293] XXXIV (2001); 16.

[1294] Es führt innerhalb dieser klugen Umsicht kein Weg an einer fundierten Risikoabschätzung in Bezug auf Langfristigkeit vorbei.

[1295] Vgl. WFB (1990); 265-266 (Nr. 8-9).

[1296] Vgl. dazu: PP (bes. 6-11).

`denn auf diese Weise wird das Verantwortungsbewusstsein jedes Einzelnen gegenüber den natürlichen Ressourcen und ihrer gewissenhaften Nutzung verstärkt.[1297]"`

2.3.3.2.3. "Rom" und die Umwelt

2.3.3.2.3.1. Moralischer Charakter der Entwicklung

Die Geschöpfe zu achten gehört wesentlich zum moralischen Charakter der Entwicklung. Der Mensch muss sich immer mehr bewusst werden, dass er nicht ungestraft von den verschiedenen lebenden oder leblosen Geschöpfen, zu denen zwangsläufig auch Wald und Holz gehören, willkürlich Gebrauch machen kann. Der Schöpfung muss in all ihren Wechselbeziehungen Rechnung getragen werden. Zu berücksichtigen ist ebenfalls, dass besonders mit den nichterneuerbaren Ressourcen behutsam umgegangen wird, so dass auch den künftigen Generationen dieses Erbe zur Verfügung steht. Dies bedeutet, die nachwachsenden Rohstoffe sind zu bevorzugen, jedoch in einer Weise, die es ebenfalls den künftigen Generationen ermöglicht, dieselben nachhaltig zu nutzen. Um diese Ressourcen zu erhalten ist es notwendig Verschmutzungen der Umwelt zu vermeiden, da diese nicht nur die Umwelt, sondern auch die Gesundheit der Bevölkerungen schädigen. Es wird deutlich, dass der richtige Gebrauch der Güter nicht von moralischen Forderungen zu lösen ist, wobei eine davon zweifellos Grenzen für den Gebrauch der Naturgüter verlangt. Die vom Schöpfer dem Menschen anvertraute Herrschaft hat nicht nur biologische Grenzen, sondern ist seit jeher auch moralischen Gesetzen unterworfen, die nicht ungestraft übertreten werden dürfen wie bereits das biblische Verbot "von der Frucht des Baumes zu essen"[1298] eindeutig zeigt. Wirtschaftliche Entwicklung bedarf somit der steten Bildung des Gewissens und dessen Hinlenken auf diese moralische Dimension.[1299]

Umwelt und eigenes Handeln in Harmonie zu bringen bedeutet nicht zuletzt sich einst die Frage stellen zu lassen oder sie sich selbst heute schon zu stellen, wie es JOHANNES PAUL II. in seiner Ansprache in Wien-Schwechat am 10. September 1983 formuliert hat: "Die nächste Generation wird euch genauso fragen wie ihr heute die Älteren fragt: Was habt ihr aus eurem Leben und aus der Welt gemacht?[1300]" Innerhalb dieser Frage gilt es zu bedenken, dass die ältere Generation jedoch immer auch von der jüngeren lernen kann.[1301] Um dieser Frage als Gesellschaft mit gutem Gewissen entgegentreten zu können, muss sich die wahre Entwicklung auf die Liebe zu Gott und zum Nächsten

[1297] XXXII (1999) 10.

[1298] Vgl. Gen 2,16-17.

[1299] Vgl. SRS 11-34 (bes. 34). – Vgl. CL 43.

[1300] VAS 50; 4 (S. 46-47).

[1301] Vgl. VAS 80; 5 (S. 17-18).

gründen. Sie muss dazu beitragen, die Beziehungen zwischen den einzelnen und der Gesellschaft zu fördern und letztlich in der "Zivilisation der Liebe[1302]" gipfeln. Dieses christliche Zeugnis verlangt Mut und Tapferkeit, besonders im Sprechen, Handeln und Leben jedes einzelnen.[1303]

Diese Zivilisation der Liebe ist grundlegend gestört bzw. nicht vorhanden, wenn die natürliche Umwelt zerstört wird. Die Menschen kümmern sich viel weniger als notwendig darum, die natürlichen Lebensbedingungen der verschiedenen Arten zu bewahren, obgleich jede Art einen besonderen Beitrag zum allgemeinen Gleichgewicht der Erde erbringt. JOHANNES PAUL II. legt dieser Tatsache gleichsam die Ursache zu Grunde, dass der Mensch vor der natürlichen Umwelt die menschliche Umwelt zerstört und sich viel zu wenig für die Wahrung der moralischen Bedingungen einer glaubwürdigen "Humanökologie"[1304] engagiert.[1305]

Der in "Centesimus annus (38)[1306]" fast beiläufig erscheinende Ausdruck der Humanökologie hat an seiner Stelle durchaus einen tieferen Sinn. Der Papst spielt hier mit diesem Ausdruck auf die Wechselbeziehung der natürlichen und der menschlichen Umwelt an und schlägt mit diesem Terminus technicus gleichsam eine Brücke zwischen den beiden "Umwelten", die beide dem Menschen von Gott selbst geschenkt worden sind. Das eine Geschenk stellt demzufolge die Schöpfung als solches dar und das andere Geschenk bezeichnet den Menschen, der sich aufgrund des freien Willens sich selbst geschenkt ist. Der Mensch liegt sich selbst näher, als ihm beispielsweise der Wald nahe liegt. Respektiert der Mensch nun die natürliche und moralische Struktur nicht, mit der er ausgestattet ist, handelt er primär an sich selbst falsch und kann somit sekundär an der Schöpfung nicht mehr richtig handeln, da bereits die Vorgabe, die er selbst eingeleitet hat, falsch ist.[1307] Der Mensch empfängt von Gott die Fähigkeit über jede Gesellschaftsordnung in Richtung der Wahrheit und des Guten hinauszuschreiten, ist somit auf seinem Weg der genannten Wechselbeziehung nicht mittellos.[1308] Ein ethisch-

---

[1302] SRS; (33-)34. – Vgl. auch: XXXIV (2001). (Diese Botschaft behandelt speziell den Dialog zwischen den Kulturen, für eine Zivilisation der Liebe und des Friedens.)

[1303] Vgl. VAS 80; 2 (S. 22).

[1304] Vgl. zum Begriff "Humanökologie" auch die Ausführungen im Einleitungskapitel, innerhalb der Begriffserklärungen. ("Humanökologie" ist ein Teilgebiet der Ökologie, auf dem man die Beziehungen zwischen Mensch und Umwelt untersucht. HELMUT KNÖTIG formuliert es wie folgt: "Unter Humanökologie soll die Ökologie der Spezies Homo sapiens verstanden werden.")

[1305] Vgl. CA 38.

[1306] CA 38 – Vgl. auch: CA 39.

[1307] Vgl. dazu Lk 16,10 "Wer in den kleinsten Dingen zuverlässig ist, der ist es auch in den großen, und wer bei den kleinsten Dingen Unrecht tut, der tut es auch bei den großen." – Dieser Vers stammt aus der Weisung Christi "vom rechten Gebrauch des Reichtums" (Lk 16,9-13) und bezieht sich damit exakt auf dieses Wechselspiel vom Umgang mit sich selbst und dem Umgang mit den Gütern.

[1308] Vgl. zu diesem Abschnitt: CA 38.

kulturelles System, welches jedoch nur Produktion und Konsum zur Maxime hat, lässt den Menschen aufgrund der Einseitigkeit sich selbst entfremden.[1309] Lediglich mittels der Marktmechanismen können die allen Kreaturen gemeinsamen Güter nicht bewahrt werden.

JOHANNES PAUL II. spricht dem Staat die Aufgabe zu, den Markt zu begrenzen, der die Existenz von Gütern ignoriert, die ihrer Natur nach weder blosse Waren sind, noch sein können. Um diese Begrenzung zu schaffen, ist gegebenenfalls auch ein solidarischer Ausgleich unter den Völkern nötig, welcher bis hin zu einem Verzicht auf Gewinn- und Machtpositionen der Industrie gehen kann. Eine solche Handlungsweise seitens des Staates kann seiner Meinung nach zu tiefgreifenden Veränderungen der überlieferten Lebensstile führen, die wiederum nötig sein können, um so allen Völkern und Menschen der Erde zu ermöglichen in ausreichendem Masse an den Ressourcen der Erde teilzuhaben.[1310]

Zerstörung der Umwelt bezeichnet der Papst als "zum Himmel schreiende soziale Sünde[1311]". Diese Sünde offenbart eine tiefe Krise, die vom Verlust des Sinnes für Gott herrührt und von der Abwesenheit der sittlichen Prinzipien, die das Leben jedes Menschen zu leiten haben. Wenn sittliche Massstäbe fehlen, verfällt der Mensch in eine schrankenlose Gier nach Reichtum und Macht.[1312] Die Gaben Gottes sind stets im Blick auf die zukünftigen Generationen zu gebrauchen. Die Gerechtigkeit und die Menschlichkeit fordern ein Denken an die zukünftigen Generationen, um ihnen lebenswerte Lebensbedingungen zu ermöglichen.[1313]

2.3.3.2.3.2. Das Evangelium vom Leben

Ein weiteres Dokument, welches sich nach der Weltfriedensbotschaft 1990 von JOHANNES PAUL II. tiefgehender mit der Umwelt beschäftigt, ist seine Enzyklika "Evangelium vitae" vom 25. März 1995, in welcher der Papst "die erhöhte Aufmerksamkeit für die Qualität des Lebens und die Umwelt[1314]" wohlwollend begrüsst, welche besonders in den hochentwickelten Gesellschaften festzustellen sei. Unweigerlich wird somit das Prädikat "hochentwickelt" nicht mit "wirtschaftlich führend" in Verbindung gebracht, sondern vielmehr mit dem Einsatz für bessere Lebensqualität und

---

[1309] Vgl. RH 15.

[1310] Vgl. CA 40, 52.

[1311] EA 56.

[1312] Vgl. EA 56.

[1313] Vgl. VAS 22; 7 (S. 152-153).

[1314] EV 27.

dem Einsatz für die Umwelt. Das mit dem Umweltschutz erneuerte einhergehende Engagement für die Bioethik ist nicht nur ein Bestreben in christlichen Ländern, sondern über Glaubensgrenzen hinaus, verbindet somit Gläubige und Nichtgläubige in einem Dialog über grundlegende ethische Probleme und hilft allen Beteiligten sich bewusst zu machen, dass sich die "Kultur des Todes[1315]" und die "Kultur des Lebens[1316]" gegenüberstehen.[1317]

Die Frohe Botschaft vom Leben, die der Botschaft Jesu am Herzen liegt, baut auch in den Fragen der Umwelt auf den Vorgaben des Alten Testamentes auf. Der Grundherrschaftsauftrag des Menschen über die Erde, wie er im Buch Genesis[1318] vorgezeichnet ist, wird im Sinne des Buches der Weisheit[1319] verstanden. Der Herrschaftsauftrag wird als ein Auftrag besonderer Verantwortung - nicht nur in Bezug auf die gegenwärtige Menschheit, sondern auch auf die künftigen Generationen hin - für die Schöpfung verstanden. Diese biblische Botschaft ist eine ethische Anleitung zur Angehung der "ökologischen Frage", damit das grosse Gut des Lebens in seiner ganzen Fülle geachtet wird, von der Bewahrung natürlichen Lebensraumes bis hin zur Humanökologie wie sie bereits in "Centesimus annus"[1320] eingebracht wurde und weiter oben in dieser Arbeit Erläuterung fand. Es ist seit jeher eine grundlegende Wahrheit, dass die Herrschaft des Menschen keine willkürliche ist. Der Mensch ist von Anbeginn seiner Existenz an nicht nur biologischen Gesetzen unterworfen, sondern auch moralischen, die er nicht ungestraft übertreten darf wie das symbolische Verbot in der Genesis,[1321] nicht von jedem Baum essen zu dürfen, zeigt.[1322]

Der Wahrheit kommt im Bereich der Moral eine fundamentale Rolle zu. Die Moraltheologie muss fähig sein bei den dringendsten ethischen Problemen, auch im Bereich der Umwelt, in ihrem Nachdenken auf die Wurzeln im Wort Gottes hinzuweisen. Dazu dient auch eine der Wahrheit des Guten zugewandte philosophische

---

1315 EV 28.

1316 EV 28.

1317 Vgl. EV 27-28.

1318 Vgl. Gen 1,28 "Gott segnete sie [die Menschen] und Gott sprach zu ihnen: Seid fruchtbar und vermehrt euch, bevölkert die Erde, unterwerft sie euch und herrscht über die Fische des Meeres, über die Vögel des Himmels und über alle Tiere, die sich auf dem Land regen."

1319 Vgl. Weish 9,1-3 "Gott der Väter und Herr des Erbarmens, / du hast das All durch dein Wort gemacht. Den Menschen hast du durch deine Weisheit erschaffen, / damit er über deine Geschöpfe herrscht. Er soll die Welt in Heiligkeit und Gerechtigkeit leiten / und Gericht halten in rechter Gesinnung."

1320 Vgl. CA 38.

1321 Vgl. Gen 2,16-17 "Dann gebot Gott, der Herr, dem Menschen: Von allen Bäumen des Gartens darfst du essen, doch vom Baum der Erkenntnis von Gut und Böse darfst du nicht essen; denn sobald du davon isst, wirst du sterben."

1322 Vgl. EV 42, 51.

Ethik, die weder subjektivistisch noch utilitaristisch ist. Die erforderliche Ethik impliziert und setzt eine philosophische Anthropologie und eine Metaphysik des Guten voraus. Diese Grundlagen sind schon daher wichtig, weil sie auch einen Dialog mit Menschen ermöglichen, die einen anderen als den christlichen oder gar keinen Glauben teilen.[1323]

2.3.3.2.4. Die Kirche und der Wald

Dokumente und konkrete Aussagen bzw. Stellungnahmen der Kirche über den Wald, besonders im von dieser Arbeit betroffenen Gebiet, sind recht selten. Dies bedeutet jedoch nicht, dass es solche Aussagen nicht gibt. An dieser Stelle stellt sich die Frage, ob es Aufgabe der Kirche ist, dieses Segment für das von dieser Arbeit betroffene Gebiet ausgelöst zu behandeln oder ob sie nicht besser ihr Augenmerk auf die Natur, die Umwelt als Ganzes, werfen soll. Dies ist auch der Fall. Ausgelöste relevante Aussagen über den Umgang mit dem Wald im deutschsprachigen Raum lassen sich somit vergeblich suchen. Dies heisst jedoch nicht, dass der Umgang mit dem Wald nicht implizite in Forderungen der Kirche eingeschlossen wäre. So melden sich die deutschen Bischöfe mitunter mit ganz klaren Forderungen zu Worte. Im Wort der Deutschen Bischöfe zur Lage der Landwirtschaft - die Forstwirtschaft kann durchaus als ein Teil der Landwirtschaft betrachtet werden - fordern sie auf, Sorge zu tragen für die Bodenfruchtbarkeit und den Wald zu pflegen und gesund zu erhalten.[1324] Die Bischöfe rufen zudem dazu auf, neue Produktionsalternativen für die Landwirtschaft zu nutzen, zumal diese gleichzeitig dem Umweltschutz zugute kommen können. Konkret fordern sie die Nutzung land- oder forstwirtschaftlicher Rohstoffe als CO_2-neutrale Energieträger für Energiezwecke, jedoch nicht nur zu Heizzwecken, zu produzieren.[1325]

Der Kirche in Deutschland liegt nicht nur die umweltgerechte Produktivität der einheimischen Wälder am Herzen, sondern gleichwohl auch die Erhaltung der tropischen Wälder. Zum Schutz dieser Wälder schweben der Kirche Ausgleichszahlungen der reichen Staaten vor, um die momentanen wirtschaftlichen Einbussen wettzumachen.[1326]

[1323] Vgl. FR 98, 104.

[1324] Vgl. DDB H 44; 10.

[1325] Vgl. DDB H 44; 43-46.

[1326] Vgl. DBK K 15; 44. – Vgl. dazu auch: VDB 12; 32-33.

2.3.3.2.5. Die Kirche und die Umwelt

2.3.3.2.5.1. Kirchliche Impulse

Die Kirche ist seit längerer Zeit bestrebt, die Menschen darauf aufmerksam zu machen, dass nicht das anzustreben ist, was technisch möglich ist oder den grössten finanziellen und schnellsten Gewinn bringt, sondern das vor Gott und den kommenden Generationen Verantwortbare. So nimmt sie die von vielen Menschen mit allen Mitteln betriebene Suche nach dem verlorenen Paradies war.[1327] Das vor den künftigen Generationen Verantwortbare ist jedoch nicht erreichbar, wenn nicht christlich gehandelt wird. Christliches Handeln impliziert die Verneinung der Habsucht und des Machthungers bei gleichzeitiger Uneigennützigkeit im Handeln gegenüber den anderen Menschen, sprich: so zu leben, dass auch alle anderen leben können, in der Mitverantwortung für die Welt, bei gleichzeitiger Erkenntnis, dass der menschliche Wille nicht der "Imperativ des Universums[1328]" ist.[1329]

Der menschliche Wille muss sich äussern in der schöpferischen Tätigkeit, die Ehrerbietung vor Gott sein muss, da Gott der Schöpfer in seiner Schöpfung allgegenwärtig ist. Vor Gott dem Schöpfer zu sein hat zu bedeuten, Gottes Schöpfung zu achten, sowohl in der Welt der Natur als auch in der menschlichen Geschichte. Geschichte hat nicht nur einen Aspekt der Vergangenheit, sondern auch der Gegenwart und besonders der Zukunft, gilt es doch, nicht nur unsere Bedürfnisse aus den Möglichkeiten der Umwelt zu befriedigen, sondern ebenfalls die der zukünftigen Generationen, gleichfalls im Energie- und Bauressourcenbereich, zu dem auch der Wald gehört. Die christliche Sittenlehre gibt uns den klaren Auftrag, die Ressourcen in diesem Sinne zu gebrauchen. Die herrschenden Wirtschaftssysteme sind folglich zu überdenken und anzupassen, da sie diesen Grundsätzen nicht folgen. Diesem Reformanliegen hat die Politik zentral Rechnung zu tragen.[1330]

2.3.3.2.5.2. Pastorale Überlegungen

Die Schöpfung, über der gleichsam als Bundeszeichen seit Anbeginn der Geist Gottes schwebt, ist Werk Gottes.[1331] Der Umgang mit der Schöpfung bedingt Entwicklung, welche wiederum ethischen Kriterien untergeordnet sein muss. Eine ökologische Ethik

---

[1327] Vgl. dazu: Danneels, Godfried Kardinal (1991); 212-214.

[1328] SDW 1; 7.

[1329] Vgl. SDW 1; 2-7.

[1330] Vgl. SDW 26; 31-34, 216-238.

[1331] Vgl. Gen 1,1-2 "Im Anfang schuf Gott Himmel und Erde; die Erde aber war wüst und wirr, Finsternis lag über der Urflut und Gottes Geist schwebte über dem Wasser."

beinhaltet nach kirchlicher Sicht das Aufgeben utilitaristischer und individualistischer Moralprinzipien. Die ökologische Ethik fordert die Annahme des Prinzips der universellen Bestimmung der Güter der Schöpfung und die Förderung der Gerechtigkeit und Solidarität als unerlässliche Werte. Als Mitglied der Gesellschaft sind die Christen der Verantwortung für Entwicklungsmodelle nicht enthoben, auch jener nicht, die zu katastrophalen Situationen in Umwelt und Gesellschaft geführt haben. Sie sind vielmehr gehalten durch adäquate Erziehung den Menschen den Wert des Lebens und die Wechselbeziehungen zwischen den einzelnen Ökosystemen nahe zu bringen. Diesem Zweck kann die Vertiefung einer Schöpfungsspiritualität dienen, welche das Bewusstsein fördert, dass Gott in der Natur immer gegenwärtig ist, ja dass Gott in seiner Menschwerdung selber Geschöpf geworden ist. Gleichzeitig stellt sich die Forderung an den Menschen genügsamer zu sein. Dieser Forderung liegt nicht nur Christus als Beispiel zu Grunde, sonder auch der HL. FRANZ VON ASSISI, der christliche Versöhnung mit den Menschen und der Natur vorbildhaft gelebt hat.[1332] Er erreichte sein Ziel, indem er die Gebote Gottes nicht in Frage stellte, sondern im alltäglichen Leben umsetzte.[1333]

Einen besonderen Stellenwert in lokalen pastoralen Schreiben hat die Umwelt zweifellos im Sozialhirtenbrief der Katholischen Bischöfe Österreichs von 1990. Der Hirtenbrief führt gleichsam die Pastoral Gottes ins Feld, indem er darauf hinweist, dass immer, wenn Gott seinem auserwählten Volk Verheissungen und Mahnungen zukommen liess, diese mit dem Hinweis auf das Leben der kommenden Generationen verband. Die Verantwortung für die Nachkommenschaft sollte dem Volk stets bewusst sein. Die Bischöfe unterstreichen als ethisches Leitbild, es gelte zu lernen, dass die Schöpfung und alles was lebt einen gottgewollten Eigenwert besitze und nicht alleine zum Nutzen des Menschen da sei. Aus diesem religiös-ethischen Leitbild ergeben sich Verpflichtungen für konkretes Handeln. Zu den ganz persönlichen Pflichten des Einzelmenschen und seiner unmittelbaren Lebensgemeinschaft gehört die Verantwortung für die Schöpfung, die Natur und die Umwelt. Der Kirche obliegt die Aufgabe, stets auf diese konkrete Einzelverantwortung und auf die Pflicht weltweiten Zusammenarbeitens hinzuweisen, auch durch das eigene Vorbild. Umweltfragen sind nicht nur eine blosse profane Angelegenheit, sondern eine Angelegenheit, die mit dem Willen Gottes zu tun hat.[1334]

2.3.3.2.5.3. Die Deutschen Bischöfe und die Schöpfung

1980 gab die Deutsche Bischofskonferenz eine Erklärung zur Frage der Umwelt und der Energieversorgung ab. Diese Schrift beginnen die Bischöfe mit dem bezeichnenden Satz:

[1332] Vgl. SDW 34; 169-175.

[1333] Vgl. dazu: DDB H 9; 12.

[1334] Vgl. Sozialhirtenbrief der katholischen Bischöfe Österreichs; 48-57.

"Der Mensch darf nicht alles, was er kann. Je mehr er kann, desto grösser wird seine Verantwortung. Mit den Möglichkeiten, Leben zu mehren und zu fördern, wachsen die Möglichkeiten, Leben zu schädigen und zu zerstören.[1335]" Die Bischöfe rufen deutlich zur Solidarität mit der nichthumanen Schöpfung auf. Diese Solidarität kann sich nur im verantwortlichen Umgang mit der Tier-, Pflanzen- und Sachwelt zeigen. Nur so kann der Mensch sich auf die Dauer als Herr der Schöpfung erfahren und wird nicht zum aus der Schöpfung ausgetriebenen Sklaven seines Herrenwahns. Die Schöpfung ist ein Erbe mit dem vorausschauend auf alle künftigen Generationen umgegangen werden muss.[1336] Ein gangbarer Weg, einen verantwortungsbewussteren Weg innerhalb der Schöpfung für dieselbe und somit letztlich für den Menschen selbst zu gehen, lässt sich in einer ausgeprägten Schöpfungsspiritualität finden. Hierbei geht es weniger darum, Einzelantworten auf Einzelfragen geradewegs aus Gottes Offenbarung herauszuholen, als vielmehr eine Spiritualität unseres Verhaltens zur Welt aufzueignen.[1337]

Für eine derartige Spiritualität ist die Quelle unseres Glaubens durchaus wegweisend[1338] und es ergeben sich Eckdaten für ein sittlich verantwortliches Verhalten bezüglich Rohstoffe, Umwelt, Energie und somit auch für den Umgang mit dem Wald. Der Glaube führt uns stets auf die Grundwahrheit, dass wir Menschen primär Geschöpf sind und erst sekundär gewisse Fähigkeiten des Schöpfers haben. Selbstherrliches Schöpfertum des Menschen bezeichnet schlechterdings die Urgestalt der Sünde, da sie stets das Seinwollen wie Gott impliziert, ob bewusst oder unbewusst, gewollt oder ungewollt. Schöpfungsspiritualität akzeptiert daher die Grundverhältnisse der Schöpfungsordnung nicht nur, sondern verinnerlicht dieselben. Dazu gehört auch die liebende Verantwortung für die Pflanzenwelt nicht nur im Blick auf den Menschen selbst, sondern auf die ganze Schöpfung. Die Annahme dieser liebenden Verantwortung liegt auch darin begründet, dass der Mensch die einzige Kreatur ist, welche die Fähigkeit hat, die ganze Welt nachhaltig zu verändern. "Möglichkeiten zu haben" impliziert aus sich selbst Verantwortung. Es kann keine Möglichkeit abgesondert von der damit naturgemäss verbundenen Verantwortung geben. Mit jeder Möglichkeit muss somit parallel das Abwägen der Risiken und die Reflexion aus der Offenbarung einhergehen. Zur Risikoabschätzung hinsichtlich der langfristigen Richtigkeit eines Entscheides hilft das naturwissenschaftliche Wissen, welches auf der Empirie fusst, hinsichtlich der Reflexion aus der Offenbarung nicht zuletzt die Besinnung auf die Kardinaltugenden Mass,[1339] Klugheit,[1340] Starkmut[1341] und Gerechtigkeit[1342] und die evangelischen Räte Armut,[1343]

[1335] DDB H 28; 3. – Vgl. DDB H 46; 31-33.

[1336] Vgl. Jesu Vater - Unser Vater; 9.

[1337] Vgl. dazu auch das Werk: Unsere Verantwortung für die Schöpfung.

[1338] Vgl. Der Mensch und seine Umwelt; 3-12.

[1339] Sparsam zu leben und nichts zu vergeuden. (Recyclinggesellschaft statt Wegwerfgesellschaft)

[1340] Die Langfristigkeit beachten, indem auch das "Morgen" bedacht wird.

Gehorsam[1344] und Reinheit.[1345] Dieses Verhalten gilt es von der Gesellschaft als Ganzes als auch von jedem einzelnen Menschen an den Tag zu legen.[1346]

Grundbegriff einer ökologischen Ethik ist aus der Sicht der deutschen Bischöfe die Verantwortung. Besonderes Kriterium verantwortlichen Handelns gegenüber der Umwelt ist die Umweltverträglichkeit und die Erhaltung der natürlichen Ressourcen, welche ihrerseits wiederum Grundbedingung für eine zukunftsfähige Entwicklung sind. Ökonomie und Ökologie befinden sich in einem engen Verweisungszusammenhang. Die Nachfrage muss sich gleichsam am Angebot der Natur orientieren, damit langfristig ein Angebot erhalten bleiben kann. Wird das Angebot der Natur überbeansprucht, wird es stets kleiner und bewirkt eine Unausgewogenheit, die sowohl ökonomisch als auch ökologisch negative Auswirkungen mit sich bringt. Mass zu halten scheint auch in dieser Frage Mittel des Handelns zu sein. Eine besondere Vorbildrolle kommt, speziell in der Umsetzung einer Schöpfungsspiritualität, den Ordensgemeinschaften zu, welche seit alters her[1347] oftmals die gleichen Flächen nachhaltig und mit spirituellem Hintergrund bewirtschaften.[1348]

2.3.3.2.6. Weitere "Aussagen"

Verantwortungsvolles Eintreten für die Umwelt beginnt nicht erst bei konkreten Handlungen in und an der Natur, sondern muss bereits bei der Änderung der Gesinnung, bei der Bekämpfung der "geistigen" Umweltverschmutzung beginnen. Dabei gilt es, Interesselosigkeit und Gleichgültigkeit gegenüber allgemeinen geistigen und ethischen Werten entgegenzuwirken. Drängender als eine Zustände-Reform scheint eine

---

[1341] Den Mut haben "gegen den Strom zu schwimmen" und die Verpflichtungen für die Umwelt zu leben und entsprechenden Einsatz von den Menschen einzufordern.

[1342] An die Mitmenschen denken und deren Recht nicht zu den eigenen Gunsten beschneiden, aber auch den Dingen gerecht werden und sie das sein lassen, was sie von Gottes Schöpferwillen her sind.

[1343] Die eigenen Bedürfnisse auf das Notwendige beschränken und den Mut haben das Wort "Wir" vor das Wort "Ich" zu setzen. Speziell für ganze Völker bedeut dies auch, nicht auf Kosten anderer Völker und Generationen zu leben.

[1344] Die Ansprüche der Mitmenschen und der ganzen Schöpfung beachten und sich nicht an die eigenen Lebensentwürfe zu versklaven.

[1345] Sinn gewinnen für die Schönheit dessen, was nicht berührt und benutzt wird. Erkennen, dass "verschenkte Möglichkeiten" nicht verlorene Möglichkeiten sind, sondern oft Voraussetzungen einer geistigen und geistlichen Fruchtbarkeit.

[1346] DDB H 28; 3-21. – Vgl. Schnarrer, Johannes Michael (1996b); 9-12.

[1347] Besonders sei die Lebensweise der "stabilitas in congregatione (RB 4,78)" bzw. "stabilitas loci" der benediktinischen Klöster und der Leitsatz des hl. IGNATIUS VON LOYOLA "Gott in allen Dingen finden" in Erinnerung gerufen.

[1348] Vgl. DDB K 19; 204-206. – Vgl. Ah 116; 88-95. – Vgl. dazu auch: GT 9; 224-232.

Gesinnungs-Reform zu sein, da diese der anderen zu Grunde liegen muss um fruchtbar zu sein. Ein wesentlicher Beitrag in dieser Hinsicht leistete die Zweite Europäische Ökumenische Versammlung in Graz, die unter dem Titel "Versöhnung - Gabe Gottes und Quelle neuern Lebens" stand. Ganz deutlich bestätigte die Versammlung die ökologische Verantwortung der Menschen, besonders der Christen, für die kommenden Generationen.[1349] Der Kirche, besonders im Bereich der Ortskirchen,[1350] kommt eine besondere Stellung zu. Ihr ist es aufgetragen, in der Verkündigung in mutiger Weise zur Verantwortung gegenüber der Schöpfung zu mahnen und aufzurufen.[1351] Gruppierungen, welche aktiv für die Bewahrung der Schöpfung eintreten sind aktiv zu unterstützen und in ihrer Arbeit zu ermutigen. Der Einfluss auf die Jugend muss besonders auch zur Erweiterung des ökologischen Bewusstseins geltend gemacht werden. Bei all diesen Arbeiten darf gerade die Kirche nicht vergessen, in ihren eigenen "Wirtschaftsbetrieben" mit gutem Beispiel voran zu gehen.[1352]

Der Kirche wie der Welt und somit der Natur kommt mehr und mehr das mittlerweilen häufigere Bekennen eines personalen Schöpfergottes seitens namhafter Naturwissenschafter zu Hilfe.[1353] Durch solche Bekenntnisse wird auch ausserhalb des Einflussbereiches der Kirche deutlich, wie erhaben die verantwortliche Aufgabe des Menschen für die Schöpfung ist, aber auch, dass die Physik mittlerweilen wieder nach dem "vestigium Dei", der Spur Gottes, sucht, wie dies bereits bei BONAVENTURA eine zentrale Frage war.[1354] Besondere Verantwortung fällt auf die Kirche selber zurück, auf die Laien[1355] und besonders auf jeden einzelnen Priester, der aufgrund seiner Konsekration "alter Christus"[1356] ist, des Christus, in dem Gott Mensch wurde und der so seine Schöpfungsverbundenheit zum Ausdruck brachte, die Gott in Christus erlöst hat. Der Priester Christi muss somit Denken und Handeln wie Christus, auch gegenüber der Schöpfung.

[1349] Vgl. Ribaut, Jean-Pierre (1998); 233-243.

[1350] Aufgrund des noch oft mangelnden Verantwortungsbewusstseins der Einzelnen, nach dem Zusammenbruch des alten Staatswesens.

[1351] Vgl. Golser, Karl (1992); 125-128.

[1352] Vgl. Denk an die fünf Brote; 41. – Vgl. Der Christ und die Schöpfung; 1-4. – Unsere Aufgabe: Die Bewahrung der Schöpfung; 1-4.

[1353] Genannt sei hier der amerikanische Physiker FRANK J. TIPLER, der in seinem 1994 erschienenen Buch "Die Physik der Unsterblichkeit. Moderne Kosmologie, Gott und Auferstehung von den Toten", den Versuch unternimmt, die Existenz Gottes und eines ewigen Lebens auf Grund physikalischer Berechnungen nachzuweisen. – Vgl. das Werk: Tipler, Frank J. (^{2}2002).

[1354] Vgl. dazu: Winkler, Ulrich (1997); 260-477. – Vgl. dazu auch: DDB H 28; 32-35.

[1355] Vgl. CIC Can. 225, 228.

[1356] "alter" im lateinischen Sinne verstanden (anderer/neuer Christus).

Der Kirche als Ganzes, besonders der römisch katholischen Kirche, kann der Vorwurf nicht gemacht werden, nicht ausreichend oder zu spät auf die Herausforderung Umweltfragen eingegangen zu sein, im Gegenteil. Wie die in dieser Arbeit bereits gezeigten Ausführungen verdeutlichen, waren - und sind noch heute - von der Kirche Vorstösse in dieser Richtung zu hören, bereits lange bevor die öffentliche Diskussion begann.[1357] Ein Mangelpunkt, den es von weltlicher Seite aus auf diesem Hintergrund vermehrt zu beseitigen gilt, ist die ungerechte Verteilung der Güter, besonders in globaler Sicht und die Wahrnehmung der wachsenden Verantwortung.[1358]

2.3.3.2.7. Johannes Gualbertus, der Patron der Forstleute

Im Jahre 1951 proklamierte Papst PIUS XII. den Gründer der Benediktinerabtei Vallombrosa, GIOVANNI GUALBERTO (JOHANN GUALBERT), feierlich zum Schutzpatron der Forstleute. Um JOHANNES GUALBERTUS[1359] ranken sich einige Legenden, die an dieser Stelle nicht auf den Wahrheitsgehalt überprüft werden sollen. Trotzdem wird eine hier ganz kurz angerissen. Eine florentinische Familienfehde führte offenbar zur Ermordung des ältesten Bruders von JOHANNES GUALBERTUS. Seine Familie schwor Blutrache. Nach langem Suchen begegnet JOHANNES an einem Karfreitag unvermutet in einer Holgasse[1360] seinem Feind. Im Gegensatz zum unbewaffneten und erschöpften Feind ist er selbst hoch zu Ross und schwer bewaffnet. Der unbewaffnete Mörder sinkt in die Knie und breitet die Arme kreuzweise aus, um den Todesstoss zu empfangen. Angesichts dieses Anblickes erinnert sich der "Rächer" des Herrn, der ermattet mit ausgebreiteten Armen am Baum des Kreuzes hing. Daraufhin senkt er die Waffe, steigt vom Pferd und umarmt den Feind seiner Familie. Beim nächsten Wegkreuz wandelt sich das Einsichtserlebnis in ein volles Umkehrerlebnis und der Bekehrte tritt ins Kloster S. Miniato (Florenz) ein. Aufgrund einer simonistischen Abtseinsetzung verliess er 1035 das Kloster und verweilte einige Monate in Camaldoli, ab 1036 in Vallombrosa, in der Waldeinsamkeit.[1361]

Wie weiter oben bereits aufgezeigt, war und ist besonders das Kloster von Camaldoli vorbildlich im Umgang mit dem Wald. Dies trifft nicht nur für dieses Kloster zu, sondern in gewissem Sinne auch für das Kloster in Vallombrosa. In der Geschichte dieses Klosters gab es zwei Klosteraufhebungen, 1810 durch NAPOLEON und 1866 durch den

---

[1357] Vgl. Lochbühler, Wilfried (1997); 51.

[1358] Vgl. MM 69. – Vgl. GS 9, 34.

[1359] HL. JOHANNES GUALBERTUS, * um 995 in Florenz, † 12. Juli 1073 in Passignano sul Trasimento.

[1360] Meist ausgehauene Wege im Wald.

[1361] Vgl. Engelbert, Pius (^{3}1996); 913. – Vgl. Maschek, Salvator (^{2}1952); 36-38. – Vgl. Fischer, Heinz-Joachim (1998); 15.

italienischen Staat. 1869, nach der zweiten Aufhebung, wurde im Klostergebäude das erste nationale Forst-Institut von Italien errichtet, um, wie es Generalabt LORENZO RUSSO[1362] 1998 äusserte, "das lehren zu lassen, was die Benediktiner jahrhundertelang betrieben hatten[1363]". 1949 sind die Mönche wieder ins Kloster zurückgekehrt und führen die alten Traditionen wieder fort, die es ohne sie an diesem Ort nicht mehr geben würde.[1364]

2.3.4. Das Gewissen

Der Umgang mit der Natur, in unserem Falle mit dem Wald, kann nicht in richtiger Art und Weise gepflegt werden, wenn das Gewissen des Menschen ausser Acht gelassen wird. Ob man vom Begriff rein etymologisch als "Mitwissen[1365]" ausgeht, ihn also als inneres Wissen bzw. Bewusstsein seines Handelns versteht, als Selbstbewusstsein, mit Wissendwerden von sich selbst[1366] oder ob man die verschiedenen Einstellungen und Erwartungen an die Wirklichkeit des sittlichen Lebens in den Begriff einschliesst ist zuförderst sekundär. Prioritär ist, dass der Mensch grundsätzlich weiss, was er tut und dazu "stehen kann", sich somit seines Handelns gewiss ist. "Das Gewissen veranlasst den Menschen zum unmittelbaren Bewusstwerden seiner selbst: Es macht ihn seines Handelns als das seines eigenen Selbst bewusst, und zwar als seines Selbst, das in Konflikt ist mit sich selbst.[1367]" Erst wenn der Mensch sich seines Tuns bezüglich des Waldes sicher - eben gewiss - ist, besteht eine fundierte Möglichkeit einer Bewertung seines Handelns hinsichtlich der Richtigkeit und/oder der Gutheit desselben. Somit kann das Gewissen von der Auffassung KANTS, als Bewusstsein des inneren Gerichtshofes im Menschen, das in dieser Funktion nicht irren kann (die inhaltliche Seite einer Gewisseneinsicht ist ausgeklammert),[1368] bis hin zur Aussage des Vatikanum II, als "die verborgenste Mitte und das Heiligtum im Menschen, wo er allein ist mit Gott, dessen Stimme in diesem seinem Innersten zu hören ist[1369]", verstanden werden. Das alleinige Bewusstsein seines Handelns, vor allem aufgrund der warnenden "Stimme" des Gewissens,[1370] wird für den Menschen letztlich fruchtlos bleiben, wenn er aus seinem

---

[1362] Generalabt von Vallombrosa.

[1363] Fischer, Heinz-Joachim (1998); 15.

[1364] Vgl. Fischer, Heinz-Joachim (1998); 15.

[1365] Duden 7; 241; Wissen.

[1366] Vgl. Messner, Johannes (^{2}1954/^{3}2001); 15.

[1367] Messner, Johannes (^{2}1954/^{3}2001); 14.

[1368] Vgl. Golser, Karl (1990); 282.

[1369] GS 9, 16.

[1370] Vgl. Messner, Johannes (^{2}1954/^{3}2001); 14-16.

Handeln nicht Schlüsse zieht, die dieses gegebenenfalls "verbessern".[1371] Das alleinige Wissen über den "Inhalt" eines Handelns bleibt fruchtlos, wenn dem "Mitwissen" nicht eine innere Wertigkeit[1372] zueigen ist, die den Antrieb für eine Korrektur des Handelns darstellt oder diesen zumindest bilden kann. Für den diese Arbeit betreffenden Umgang mit dem Wald soll innerhalb der gerade genannten und den zudem bekannten Deutungsmöglichkeiten[1373] des Begriffes "Gewissen" die Bedeutung des dem "Mit-Wissen" entsprechenden Handelns besonders beachtet werden, um diesem für die weiteren Ausführungen mehr Gewicht zu verleihen.

Josef Kardinal Ratzinger gewichtet in der ethischen Diskussion die Natur[1374] sehr hoch, er bezeichnet sie als eine "sittliche Instanz[1375]", in der sich auch moralische - und nicht nur mathematische - Vernunft ansagt. Der Schöpfungsakt ist nicht einfach das Auslösen eines Urknalls, sondern von Grund auf etwas Anderes. Schöpfung hat tiefgehendere Aspekte. Diese zeigen sich im Gewissen, welches im rechten Verhältnis zur Natur nicht individualistisches oder kollektivistisches Kalkül ist, sondern ein Mitwissen mit der Schöpfung und durch dieselbe mit Gott, dem Schöpfer. In diesem Bewusstsein wird erkennbar, dass das Wesen des Menschen transparent ist auf die höchste Weisheit, auf die Wahrheit selber hin. Der Mensch wird umso "grösser", je mehr die Hörfähigkeit für die tiefere Botschaft der Schöpfung, für die Botschaft des Schöpfers, in ihm reift. So ist sichtbar, dass der Einklang mit der Schöpfung uns zur Norm wird und nicht Begrenzung unserer Freiheit bedeutet, sondern Ausdruck unserer Vernunft und unserer Würde ist.[1376]

Wenn Gewissen Mitwissen mit der Schöpfung und durch dieselbe mit Gott, dem Schöpfer, bedeutet, wie Ratzinger zu verstehen gibt, dann bedeutet dies notgedrungen, dass das Gewissen eine Grösse ist, die der stetigen Bildung oder Weiterbildung bedarf. Wissen oder Mitwissen ist für den Menschen nicht etwas Einmaliges, Starres, sondern etwas sich stetig Veränderndes, da es zum inneren Streben des Menschen gehört, sein Wissen zu vermehren. Bildet sich der Mensch nun stetig hinsichtlich des Wissens über die Natur weiter, so muss er das Gewissen adäquat mitbilden. Das Wissen über die Natur

[1371] Die alleinige Erkenntnis, dass ein Rechenergebnis vorhanden ist und der Betroffene dazu steht wird nicht zielführend sein, wenn dieses Ergebnis nicht korrekt ist. Zu wissen, dass bei der Rechnung 1+2=4 ein Ergebnis vorhanden ist, bedeutet noch nicht, dass dieses Ergebnis stimmt. Einzusehen, dass das Ergebnis 3 sein sollte, ist bereits ein Fortschritt, bleibt aber fruchtlos, wenn die 4 nicht in eine 3 abgeändert wird.

[1372] Vgl. dazu weiter oben die Ausführungen über den Wert.

[1373] An dieser Stelle soll nicht wiedergegeben werden wie Gewissen weiter und in verschiedener Weise definiert wird. (Zum Themenbereich des Gewissens vgl. auch: Auer, Alfons (^{2}1995). – Vgl. Messner, Johannes (^{2}1954/^{3}2001); 45-48. – Vgl. Laun, Andreas 1984. – Vgl. dazu auch: Golser, Karl (1990); 278-286.)

[1374] Natur als Umwelt verstanden.

[1375] Ratzinger, Josef (1990); 9.

[1376] Vgl. Ratzinger, Josef (1990); 9.

unterscheidet sich ja vom Mitwissen mit der Natur in der Form, dass dem Wissen keine innere Wertung anheim liegt, dem Mitwissen hingegen gerade dieses Werten zu Grunde liegt, das Werten von richtig und falsch und/oder gut und böse. Daraus lässt sich schliessen, dass das Wissen die grundsätzliche Möglichkeit allfälliger Handlungsweisen eröffnet, das Mitwissen hingegen den Sinngehalt, die Sinnhaftigkeit hinsichtlich richtig und falsch und/oder gut und böse eines Handelns vorgibt.

Es stellt sich nun die Frage, ob sich das Gewissen - etymologisch verstanden - lediglich individuell hinsichtlich jedes einzelnen Menschen oder auch kollektivistisch hinsichtlich wenigstens eines Gesellschaftsteiles bilden lässt. Wird davon ausgegangen, dass jeder Mensch lernfähig ist, dann kann jeder Mensch nebst seinem Wissen auch das Mitwissen bilden, insofern er dies will. Die Frage stellt sich daher weitläufiger: Kann eine Gesellschaft, wenigstens ein Teil einer Gesellschaft, als Ganzes lernfähig sein? Ist nicht jedem Menschen letztlich das Lernen selbst überlassen und somit auch die Aus-Bildung des Mit-Wissens? Kann ein Mensch innerhalb einer Gesellschaft wie einem Staat überhaupt genötigt werden zu lernen? Die Frage, ob ein Mensch innerhalb einer Gesellschaft genötigt werden kann zu lernen soll gar nicht angegangen werden, da sie für unseren Fragenkomplex irrelevant ist. Eine Gesellschaft wie ein Staat hat jedoch grundsätzlich die Möglichkeit Gesetze zu erlassen, die zum Lernen eines bestimmten Stoffes verpflichten, um einem konkreten Teil dieser Gesellschaft wie den Forstleuten[1377] angehören zu können. Folglich kann nicht ein Gesellschaftsteil wie die Gruppe der Forstleute an sich lernen, aber ein Lernpensum und die Bereitschaft zum Lernen als Voraussetzung haben um demselben anzugehören. Einem Gesellschaftsteil wie dem der Forstleute kann daher in gewisser Weise ein gemeinsames Wissen und Mitwissen und die damit verbundene Bildung und Weiterbildung durchaus zu Eigen sein. Dies bedeutet, dass den Forstleuten eines Staates ein partieller "gemeinsamer Gewissensstand"[1378] in einer konkreten Richtung wie dem Umgang mit dem Wald zu Eigen sein kann, insofern die entsprechende Bildung dem Einzelnen zuteil wurde, die ihm erlaubt sich so zu den Forstleuten zählen zu dürfen.

Mitwissen im aufgezeigten Sinne würde nun bedeuten, dass ein sich angeeignetes berufsnotwendiges Mitwissen und das damit verbundene Handeln zwar berufsverpflichtend sein kann, aber noch nicht zwingend eine persönliche Überzeugung einschliesst. Somit ist bereits ein allgemeiner Berufsstolz persönlicher als dieses Mitwissen. Zu einem eigentlichen Gewissen braucht es nebst dem Handeln nach dem einfachen Mitwissen und persönlicher Überzeugung, die sich gegebenenfalls im Einklang mit den anerkannten sittlichen Überzeugungen befindet, die Mitwissenseinsicht

---

[1377] Insofern die Bezeichnung "Forstleute" eine gesetzlich geschützte Berufsbezeichnung ist.

[1378] Hier könnte der Begriff "soziales Gewissen" eingeführt werden. Es wird jedoch bewusst darauf verzichtet, um diese Arbeit nicht in die Breite zu treiben.

(Gewissenseinsicht), die ein ganzheitlicher im Seelengrund sich abspielender Vorgang ist, die zuerst einmal Werteinsicht ist. Mit allen Seelenkräften, vor allem mit dem Gemüt, muss der hinter den Normen stehende sittliche Wert vom Einzelnen bejaht und sich zu Eigen gemacht werden.[1379] Der hinter der sittlichen Norm stehende Wert kann sich nur auf den Schöpfer gründen, insofern die Natur zu der auch der Mensch gehört als Schöpfung erkannt wird.

Die Forstleute haben es mit zweierlei Werten zu tun. Zum einen mit dem wirtschaftlichen Wert, der durch seine Bezogenheit auf die existentiellen Zwecke des Menschen und seine Existenzordnung sittlich bestimmt ist, in Beziehung zur wirtschaftlichen Sachrichtigkeit.[1380] Zum anderen mit dem Eigenwert der Natur, der hinsichtlich des Menschen durch den Schöpferwillen des "Abgeordnet-Seins"[1381] des Menschen sittlich bestimmt ist. Für die Forstleute und die damit verbundene Forstwirtschaft, die substantieller als andere Wirtschaftszweige mit der Schöpfung verflochten ist, reicht es daher nicht lediglich die gängigen Wirtschaftswerte wie Kostenwerte[1382] und Gebrauchswerte[1383] einzurechnen; es muss der Kulturwert[1384] und besonders der Eigenwert des Waldes in das Denken und Handeln miteinbezogen werden. Das heisst: Die Forstwirtschaft muss in der Lage sein dem Wald, nebst den nützlichen Aspekten für den Menschen, seine Eigenwertigkeit so zu erhalten, dass der Mensch sein "Abgeordnet-Sein" nicht verletzt, was über einen Einbezug eines ökologischen Wertes hinausgeht. Der ökologische Wert könnte prinzipiell im Sinne eines natürlichen Wertes, eines Tauschwertes gesehen werden, welcher in den Verkauf des Waldproduktes den Tauschwert eines neuen Waldteiles einschliesst und somit lediglich das Prinzip der Nachhaltigkeit bezeichnen würde.[1385]

Das Abgeordnet-Sein geht jedoch über das Prinzip der Nachhaltigkeit hinaus, es schliesst den Umgang mit der Schöpfung in ganzheitlicherer Sicht mit ein. Als von Gott berufener Abgeordneter ist der Mensch ganz besonders gerufen sein Gewissen zu bilden und zwar in der Hinsicht, dass die Willensbildung nicht nur das Gemeinwohl des Menschen,

---

[1379] Vgl. Golser, Karl (1990); 284.

[1380] Vgl. Weiler, Rudolf (1993); 29.

[1381] Der Begriff des "Abgeordnet-Seins" wird hier bewusst wieder aufgenommen. Im 3. Kapitel wird das "Abgeordnet-Sein" noch weiter zur Ausführung kommen, da es wesentlicher Bestandteil und zentrales Ergebnis dieser Arbeit ist.

[1382] Für den Wirtschaftsbetrieb kostendeckend zu arbeiten. Die Kosten des Betriebes werden jedoch weitgehend von Angebot und Nachfrage bestimmt.

[1383] Der wirtschaftliche Nutzen steht hier im Vordergrund. Letztlich bestimmen auch hier Angebot und Nachfrage.

[1384] Kulturwert wird hier nicht im Sinne des forstwirtschaftlichen Kulturbegriffes (Forstkultur: Natürliche Altersstufe, durch Kunstverjüngung begründeter Jungwuchs) verstanden. Als unveräusserliches Gut hat der Wald vor allem einen unschätzbaren Kulturwert (vergleichbar mit Bauern, welche die Landwirtschaft betreiben und für grüne Wiesen mitsorgen).

[1385] Vgl. Weiler, Rudolf (1993); 29-38.

sondern das "Gemeinwohl der Schöpfung" im Blickfeld hat und zwar in der Weise, dass der "abgeordnete Mensch" sich durch die Ausführung seines Abgeordnet-Seins nicht die eigene Entscheidungsfähigkeit einschränkt und dadurch seinen Auftrag selbst behindert oder gar zunichte macht.[1386] Er muss sich seine Freiheit bewahren und zwar so, dass sie ihren wahren Sinn in der Wahl des sittlich Guten findet und als Befreiung gegenüber dem sittlich Bösen dient.[1387] Freiheit darf jedoch nicht so verstanden werden, als ob das eigene "Ich" absolute Autonomie sei, denn dies führt zur Verneinung des Anderen und das "Abgeordnet-Sein" lässt sich nicht mehr glaubwürdig leben.[1388] Die persönliche Autonomie, im Sinne des Vernunftgebrauches für die eigene Erkenntnis, des einzelnen Menschen muss grundsätzlich offen sein. Offen auf andere vernunftbegabte Menschen, deren Vernunftgebrauch gegebenenfalls über die eigenen Fähigkeiten hinaus gehen und so tiefgründigere Normen des Sittlichen erkennen können, als der einzelne Mensch selbst. Die Bereitschaft von anderen erkannte Sittlichkeit anzunehmen gehört somit zur Fähigkeit der Gewissensbildung. Dies bedeutet jedoch nicht automatisch, dass andere stets tiefgründigere Normen des Sittlichen erkennen.

Für eine solche grundlegende Gewissensbildung beim Menschen bedarf es nicht zuletzt des Vorbildes derer, die von Berufeswegen mit der Schöpfung - wie die Forstleute - zu tun haben.[1389] Sie müssen erkennen, dass das Gewissen immer ihr innerer Zeuge des eigenen Handelns ist, Zeuge der eigenen Treue oder Untreue gegenüber dem Auftrag "Abgeordneter" zu sein.[1390] Das Handeln im Sinne des "Abgeordnet-Seins", welches zur Tugend werden will, verlangt als eigentlich sittliches Werk die Durchsittlichung des geist-leiblichen Wesens des Menschen, denn dieser ist dem in ihm stets transzendental aufleuchtenden Guten, dem Ur-Gewissen, in seiner ganzen Verfasstheit zugestaltet.[1391]

[1386] Vgl. dazu auch: Buchheim, Hans (1980); 3-16.

[1387] Vgl. Instruktion der Kongregation für die Glaubenslehre; 27.

[1388] Vgl. EV 20. – Vgl. Auer, Alfons (^{2}1995); 30.

[1389] Vgl. Saier, Oskar (1988); 33-34.

[1390] Vgl. dazu: VS 57.

[1391] Vgl. Balthasar, Hans Urs von (1975); 86-90.

2.4. Beruf und Arbeit hinsichtlich der Verantwortung für die Umwelt

In diesem Abschnitt soll die Fragestellung der Verantwortung der heutigen Forstleute für den Umweltbereich Wald näher angegangen werden. Dazu dienen als Grundlagen die empirischen Erkenntnisse der Förster der Vereinigten Staaten von Amerika, die bereits seit über 100 Jahren einen ethischen Diskurs innerhalb ihrer Berufsgattung führen, besonders mit dem Ziel Ehrenkodexe für Forstleute zu schaffen.

2.4.1. Beruf

Der Beruf der Forstleute[1392] ist die Ausübung einer auf Wissen und Fertigkeit basierenden Kunst. Innerhalb dieser Kunst ist die Ethik jene Führung, welche die Freiheit und die Verantwortung des einzelnen erleichtert. Die ethische Diskussion und das diskursethische Denken, welche für den Wirtschaftszweig der Forstwirtschaft im deutschsprachigen Abendland relativ neu erscheinen, setzten in den Vereinigten Staaten von Amerika bereits Ende des 19., Anfang des 20. Jahrhunderts ein und gipfelten in den Formulierungen mehrerer ethischer Ehrenkodexe für Förster. Die ethischen Ehrenkodexe der Förster entwickelten sich nicht spontan. Der Bedarf dafür wurde intensiv erörtert und diskutiert. Bis schliesslich ein erster ethischer Ehrenkodex schriftlich vorlag vergingen über 30 Jahre. Der erste geschriebene Ehrenkodex (1914) wird B. E. FERNOW zugeschrieben.[1393] 1922 erklärte FREDERICK E. OLMSTED, dass ethische Forstwirtschaft und öffentliches Wohl ein und dieselbe Sache seien.[1394] 1923 wurde dann der erste geschriebene ethische Ehrenkodex an der jährlichen Versammlung der amerikanischen Förster denselben übergeben. THEODOR S. WOOLSEY JR. definierte dabei forstwirtschaftliches Handeln als ethisch, wenn es im Verlauf der Zeit zum Wohl der menschlichen Art sei und normale menschliche Beziehungen ermögliche. Wenn das forstwirtschaftliche Handeln zu Reibungen und sozialem Verlust führe, sei es ein unethisches Handeln.[1395] Der derzeitige[1396] ethische Ehrenkodex der amerikanischen Förster trat mit einstimmigem Beschluss der Versammlung der amerikanischen Förster im Jahre 1948 in Kraft.[1397] Die amerikanischen Förster sind in ihrer Vergangenheit in ihrem Kampf für ethische Verbesserung stark vom Ideal des öffentlichen Dienstes

---

[1392] Die Bezeichnung Forstleute wird in der Regel verwendet, wenn alle - oder mehrere - im Wald tätigen Berufsgruppen wie Förster, Forstwarte, Forstarbeiter etc. gemeint sind.

[1393] Vgl. Anon (1937); 237-239.

[1394] Vgl. Olmsted, Frederick E. (1922); 106-112.

[1395] Vgl. Woolsey, Theodore S. Jr. (1937); 59-61.

[1396] 1992 wurde er zudem etwas revidiert.

[1397] Vgl. Anon (1949); 70-71.

beeinflusst und motiviert worden. An dieser Einstellung änderte sich auch durch die Privatisierung der Forstwirtschaft nicht viel. Sie sind vom Motto "das öffentliche Wohl kommt zuerst" geprägt.[1398]

In dem Ehrenkodex wird "Ethik" unterteilt in Ethik, Moral und Religion,[1399] wobei davon ausgegangen wird, dass Religion stark auf das menschliche Leben abzielt und sich nicht ausdrücklich auf professionelle Führung bezieht. Die Moral wird so gesehen, dass sie sich um die Regeln und das Handeln von der Führung einer Person innerhalb einer Gesellschaft kümmert. Die Ethik bezieht sich andererseits auf einzelne Führungs- und Gruppenaktivitäten in Bezug auf Beiträge zu den Zielen eines besonderen Berufes oder einer menschlichen Gesellschaft als Ganzes.[1400] Ethisches Handeln ist demzufolge wenn im Hinblick auf die Berufsziele oder der menschlichen Gesellschaft Fortschritte erzielt werden. Unethisches Handeln behindert hingegen den Fortschritt. Das Gemeinwohl steht über dem Einzelwohl. Zu den Zielen gehört somit das öffentliche Wohl und die menschliche Zufriedenheit. Andere Ziele sind nachhaltige Nutzung des Rohstoffes Wald, Dienstleistungen und die Bewahrung des "Erbes der Nation[1401]".

Die Kodexe unterteilen unethisches Handeln in drei Kategorien. 1. bewusstes schlechtes Handeln; 2. schlechtes Handeln aufgrund mangelnden Wissens; 3. schlechtes Handeln aufgrund mangelnder Mittel. ad 1: Die abscheulichste Übertretung der ethischen Normen ist das bewusste schlechte Handeln. Dies muss den Ausschluss aus den Berufsgruppen der professionellen Förster mit sich ziehen. ad 2: Schlechtes Handeln aufgrund mangelnden Wissens muss Schulung nach sich ziehen. ad 3: Schlechtes Handeln aufgrund mangelnder Mittel zieht keine direkten Konsequenzen nach sich, es soll jedoch Druck auf die Politiker ausgeübt werden Mittel zur Verfügung zu stellen. – Ein Problem besteht nun darin, dass Verletzungen der Normen nicht prinzipiell verworfen werden, sondern bedingt sogar akzeptiert werden wie Punkt 3 aufzeigt. Die Konzessionen der amerikanischen Förster gehen so weit, dass ein Förster auch gegenüber einem Arbeitgeber loyal sein soll, der die Normen bewusst verletzt. Kann der Arbeitgeber jedoch nicht zu ethischem Handeln gebracht werden, ist der Förster gut beraten einen anderen Arbeitsplatz zu suchen. Das Berufsethos hat heute eine grössere Bedeutung in der Forstwirtschaft als 1914, als B. E. FERNOW die Diskussion darüber definitiv auslöste.[1402]

[1398] Vgl. Lammi, J. O. (1994); 51.

[1399] Der Aspekt der Religion stützt sich weitgehend auf die biblische Schöpfungstheologie wie sie bereits weiter oben behandelt wurde.

[1400] Vgl. Lammi, J. O. (1994); 54.

[1401] Lammi, J. O. (1994); 53.

[1402] Vgl. Lammi, J. O. (1994); 54-56.

2.4.1.1. Arbeiter

Die Diskussion in den USA legt zu Tage, dass jeder in seinem Beruf ethisches Benehmen modellieren soll. Um dies richtig zu erreichen wird eine offene, stützende, reflektierende und konstruktive Kommunikation unter den Förstern als notwendig erachtet. Für die jungen Forstleute wird es gerne gesehen, wenn sie einen persönlichen Mentor haben, um sie in dieses Kommunikationsgeschehen einzubinden. Dieser Mentor sollte auf einige Punkte persönlicher Vorgangsweise besonders hinweisen: 1. Jeder sollte Interesse zeigen, selbstbewusst werden und mehr über den eigenen persönlichen Führungskodex lernen hinsichtlich seiner eigenen Motive, der Wahlmöglichkeiten und der Folgen seines Handelns. Möglichkeiten auf diese Art zu lernen stehen jeden Tag durch Arbeits- und Familienerfahrungen zur Verfügung. 2. Die Gesellschaft von amerikanischen Förstern - Kanon 2 - gibt an, dass das persönliche Wissen und die Fertigkeiten verwendet werden sollen, um der menschlichen Gesellschaft zu nützen. Demzufolge gilt es, die eigene Position daraufhin zu prüfen, was schädlich und nützlich ist in Bezug auf Familie, Organisation, Gemeinschaft und Gesellschaft. Jeder Kanon ist zu studieren und durchzuspielen in der jeweiligen Rolle von Förster, Arbeitgeber, Kunden und der Gesellschaft. Aufmerksamkeit soll darauf gelegt werden, was Form und Gefühle genehmigen wie auch das, was nicht passt oder sich gut anfühlt.[1403] 3. Jeder muss erkennen und lernen, um es als Tatsache zu akzeptieren, dass es Tatsache ist, dass Unkenntnis menschliche und technische Fehler hervorruft. Jeder ist ein unvollkommenes Wesen. Darum muss jeder darum bemüht sein eben so viel von seinen Fehlern wie von den Leistungen zu lernen. Hilfe, Unterstützung und konstruktive Rückmeldung für schwierige und unsichere Situationen zu suchen ist für jeden notwendig. 4. Die Ebenen der Beherrschung anerkennen und jede als eine persönliche Stärke akzeptieren. Jene Bereiche erkennen, in denen man schwach ist und man sich darum bemühen muss besser zu werden. Einem Mentor ist es dabei möglich einen Unterschied zwischen den Stufen der Gelehrsamkeit zu machen. Gute Mentoren sind deshalb innerhalb und ausserhalb der unmittelbaren aktiven Gruppe oder Organisation zu suchen. Der Mut sich mit anderen offen auf eine gemeinsame Linie einzulassen bedeutet, dass Risiken schwinden: wer nicht wagt, der nicht gewinnt. 5. Zuletzt scheint es das Beste zu sein, was Forstleute als Menschen und Berufstätige tun können, nämlich offen zu erörtern worin sie verwickelt sind und was sie dabei tun. Fallüberprüfungsstudien haben das grösste Potential und sind eine gute Möglichkeit ethische Ungewissheiten bei Interessenskonflikten zu verhindern, um so möglichst konstruktiv in aktiven Gruppen zu sein. Es gibt so viel, was man voneinander lernen kann.[1404]

[1403] An dieser Stelle sei an das Gewissen erinnert. Allerdings ist an dieser Stelle noch der Eindruck gegeben, das Gewissen sei lediglich eine Sache des "Bauches", des Gefühls.

[1404] Vgl. Merchant, Roger (1994); 58-62.

2.4.1.2. Rechtliche Überlegungen zu einer Berufsethik

Gründe zur Einführung eines Ehrenkodexes für Berufsgruppen können die Steigerung des Berufsstolzes, der Schutz der Öffentlichkeit und der Umwelt oder eine berufsinterne Hilfe in Entscheidungsfindungsprozessen sein. Freiwillig auf sich genommene Pflichten können auch zur Haftpflicht führen, wenn Normen übertreten werden. In der Regel wird kaum jemand einen Förster wegen der Verletzung des Ehrenkodexes anklagen. Sehr wohl kann aber vor Gericht das nicht Einhalten eines vorhandenen Ehrenkodexes Konsequenzen nach sich ziehen, wenn beispielsweise eine Anklage bei Vertragsbruch mit einem Kunden eingereicht wird. Theoretisch ist die Möglichkeit gegeben, dass aufgrund der Existenz eines Ehrenkodexes, vergleichbar den Ärzten, eine Art "Kunstfehler Gesetz" erlassen werden könnte. Ein Ehrenkodex stellt eine Tätigkeit sozusagen automatisch als "Kunst" hin, in unserem Fall als "Forstkunst", also gibt es auch "Kunstfehler", eben "Forstkunstfehler".[1405] Ein Ehrenkodex steigert die Verantwortung und das Verantwortungsgefühl der Berufstätigen gegenüber der Gesellschaft, vergleichbar der Verantwortung und dem Verantwortungsgefühl eines Staates dem Volk und den anderen Staaten gegenüber.[1406] Eine Verletzung der Verantwortung kann beispielsweise der falsche Einsatz von Pestiziden sein. Die Waldeigner und die Forstleute sind angehalten ernsthaft zu prüfen, ob eine Anwendung von Pestiziden wirklich notwendig ist oder ob es Alternativen gibt. Wenn eine Verwendung von Pestiziden unumgänglich scheint, soll die Menge so gering wie nur möglich und die Anwendung so gezielt als nur möglich gehalten werden. Zudem sollen Arbeiter und Passanten von dem Gefahrenort ferngehalten werden. Anrainer müssen unbedingt Mitspracherecht haben, wenn sie dies wünschen.[1407]

2.4.1.3. Ethische Verpflichtung bei anhaltenden Waldausbeutungen

Der Begriff "ausdauernde Ausbeute"[1408] stammt aus Deutschland und wurde von amerikanischen Umweltschützern im späten 19. Jahrhundert übernommen, um gegen die massive Zerstörung der Wälder anzugehen. W. DAVID KLEMPERER[1409] meint, dass in öffentlichen Waldverwaltungen geplante ausdauernde Ausbeutung kein ethischer Auftrag für die Förster sein kann. KLEMPERER stellt eine Grundthese auf: "Im breitesten Sinn haben Planer eine ethische Verpflichtung, das allgemeine Wohl der Gesellschaft zu

---

[1405] Vgl. dazu den Abschnitt "Verantwortung des Menschen für die Natur" in diesem Kapitel.

[1406] Vgl. Flanagan, David T. (1994); 64-72.

[1407] Vgl. Irland, Lloyd C. (1994); 74-81.

[1408] Vgl. dazu die entsprechenden Abschnitte des ersten Kapitels dieses Arbeit.

[1409] KLEMPERER ist Professor am "Virginia Polytechnic Institute" in Blacksburg, Virginia. Er ist eine führende Persönlichkeit beim Anwenden mathematischer Analysen auf Forstwirtschaftsprobleme.

maximieren und für die Zufriedenheit in der Verteilung der Ressourcen zu sorgen.[1410]" In die Verwirklichung dieser These muss auch der Wald einbezogen werden, da er ein Aspekt der Ressourcenbasis ist. Ausdauernde Ausbeute muss ein Engagement für weiterführende langfristige Holzausgaben einschliessen. Es muss also bei der Ausbeute auch an die Regeneration des Waldes gedacht werden. Bei kleinen Wäldern sind jährliche Ausbeuten unmöglich, da dann eine Regeneration nicht mehr stattfinden kann. Diese Wälder bedürfen einer anderen Ernteregelung, um einen gleichmässigen Fluss der Ernte zu erreichen. Die Frage der optimalen Grösse des "gleichmässigen Flusses" (even-flow) - der "Flussplanungseinheit" - muss nach KLEMPERER jeder Diskussion über ausdauernde Ausbeute zu Grunde liegen. Gemeinschaftsstabilität als hohes Ziel ist die logische Grundlage für den "gleichmässigen Fluss". Stabilität in der Gesellschaft ermöglicht berechenbare Vorlagen über den Holzverbrauch.[1411]

2.4.1.4. Kriterien eines Ehrenkodexes

Der Philosoph JOHN LADD[1412] möchte als so genannte "Viehbremse" wirken. Er meint, dass die ganze Vorstellung von einer organisierten Berufsethik, intellektuell wie moralisch, eine Absurdität sei. Weiterhin ist er der Ansicht, dass es wenig positiven Nutzen gebe einen Ehrenkodex zu haben und dass die Aussicht auf negative Nebenwirkungen, indem man einen Ehrenkodex übernehme, wesentlich seien. LADD stellt fest, dass Ethik und Moral geistige Prinzipien seien und daher naturgemäss im Gegensatz zum "Ding" stehen. Er folgert daraus, dass Ethik im Beruf zu kodifizieren genauso keinen Sinn mache wie Medizin, Anthropologie oder Architektur zu kodifizieren. LADD sagt: "Selbst wenn wesentliche Vereinbarungen auf ethischen Prinzipien erreicht werden konnten und in einen Ehrenkodex eingesetzt werden konnten, widerspricht der Versuch der Vorstellung von Ethik, anderen solche Prinzipien in der Gestalt von Ethik aufzuerlegen, die annimmt, dass Personen autonome, moralische Vertreter sind.[1413]" Trotzdem sieht er einen gewissen Sinn in der Erstellung von ethischen Ehrenkodexen, denn ein Berufstätiger zu sein mache diese Person noch nicht zum

---

[1410] Klemperer, W. David (1994); 91. – My basic thesis is that *in the broadest sense, planners have an ethical obligation to maximize the present value of society's satisfactions from all its resources combined.*

[1411] Vgl. Klemperer, W. David (1994); 90-93.

[1412] JOHN LADD ist Philosoph an der Brown University in den USA.

[1413] Ladd, John (1994); 113. "Even if substantial agreement could be reached on ethical principles and they could be set out in a code, the attempt to impose such principles on others in the guise of ethics contradicts the notion of ethics itself, which presumes that persons are autonomous, moral agents. In Kant's terms, such an attempt makes ethics heteronomous; it confuses ethics with some kind of externally imposed set of rules such as a code of law which, indeed, is heteronomous. To put the point in more popular, language: ethics must, by its very nature, be self-directed rather than other-directed."

Experten der Ethik. Andererseits gebe es aber auch keine Berufsqualifikation, die notwendig sei, um ethisch handeln zu können.[1414]

LADD teilt die Ethik in eine "Makro-Ethik" und eine "Mikro-Ethik". Die Makro-Ethik beinhaltet kollektive oder soziale Probleme. Das heisst Probleme von Mitgliedern eines Berufs als einer Gruppe in ihrer Verbindung mit der Gesellschaft. Die Mikro-Ethik beinhaltet moralische Aspekte - wie Aufrichtigkeit, Anstand, Höflichkeit - von persönlichen Beziehungen zwischen einzelnen Berufstätigen und anderen Personen, die ihre Kunden, ihre Kollegen und ihre Arbeitgeber sind. In beiden Arten der Ethik variieren die Einzelheiten beträchtlich von einem Beruf zum anderen.[1415]

2.4.1.5. Ziele und Nebenziele eines ethischen Ehrenkodexes

LADD gibt fünf Ziele für einen ethischen Ehrenkodex an: 1. Der Kodex soll inspirational sein. Mitglieder sollen dadurch ethischer in ihrer Führung sein. 2. Der Kodex sollte die Berufstätigen sensibilisieren, z.B. im Jargon oder in der Anhebung ihres Bewusstseins. 3. Der Kodex soll ein Disziplinarkodex sein. 4. Ein Kodex sollte Rat in moralischen Unklarheiten anbieten. 5. Der Kodex soll Kunden und Arbeitgebern aufzeigen, was sie nicht von einem Mitglied des betroffenen Berufes erwarten können. Zudem gibt er drei Nebenziele für einen ethischen Ehrenkodex an: 1. Das Bild des Berufes soll im öffentlichen Ansehen verbessert werden. 2. Die Berufsbezeichnungen des betreffenden Berufes sollen geschützt werden; es soll sich nicht jeder Förster so nennen können. 3. Der Kodex dient als Statussymbol. Die Mitglieder der "Kodex-Gesellschaft" sollen dadurch auf den sozialen Status von Rechtsanwälten und Ärzten gehoben werden.[1416]

2.4.1.6. Schlechte Nebenwirkungen ethischer Ehrenkodexe

Vier Nebenwirkungen sind bei Ehrenkodexen zu beachten: 1. Ein Kodex verleitet dazu zu sagen: Wir haben einen ethischen Ehrenkodex, also ist alles was wir tun ethisch... . 2. Ein Kodex kann dazu verleiten nur das Minimum zu tun: Ich tat alles, was der Kodex vorschrieb... . 3. Ein ethischer Ehrenkodex kann dazu missbraucht werden um zu vertuschen, was im Grunde unethisch ist. 4. Je nach Gewichtung und Inhalt kann ein Kodex zur Tyrannei für Mitglieder und Aussenstehende werden. LADD empfiehlt daher, die Berufsgruppen sollten viel mehr Gewicht auf die Aus- und Weiterbildung der Berufstätigen legen, als auf die Formulierung von Kodexen. In erweiterten Diskussionen

---

[1414] Vgl. Ladd, John (1994); 112-114.

[1415] Vgl. Ladd, John (1994); 112-114.

[1416] Vgl. Ladd, John (1994); 119.

sollten die Mitglieder Angelegenheiten von Mikro-Ethik als auch von Makro-Ethik zur Sprache bringen und daraufhin Fragen ihrer eigenen Verantwortung prüfen.[1417]

2.4.1.7. Bedarf ethischer Ehrenkodexe

Anders als JOHN LADD sieht JAMES E. COUFAL[1418] eine grundsätzliche Notwendigkeit für ethische Ehrenkodexe. Er sieht im Bedarf eines ethischen Ehrenkodexes für Förster das Auftauchen eines neuen sozialen Paradigmas, welches einen grossen Wert auf die Natur legt. Beim Versuch des Hoch- und Tiefbaus eine Erklärung zur Umweltethik in Kodexe zu fassen wurden 1987 drei Gründe angegeben: 1. Um das öffentliche Ansehen des Berufs zu verbessern bzw. die öffentlichen Beziehungen zu fördern. 2. Um Führungsregeln und ein System zur Durchsetzung dieser Regeln einzuführen. 3. Um das öffentliche Wohl zu fördern, besonders durch das Stellen des öffentlichen Wohls vor den persönlichen Gewinn. 1981 wurde noch ein zusätzlicher Grund aufgezeigt: 4. Um den Berufsstolz von Praktikern, besonders von Berufstätigen in ihren angestammten Berufen, zu fördern.[1419]

2.4.1.8. Kodexe, öffentliches Ansehen und Berufsstolz

Als ALDO LEOPOLD 1933 seine "Erhaltungsethik (The conservation ethic)[1420]" schrieb, dachte er wohl kaum daran, dass er ein Prophet der Umweltbewegung würde. LEOPOLD glaubte für die Regierung, Regierungsbestimmungen und Beispiele der Regierung einen Anreiz in Bezug auf öffentliches Land zu geben, welcher dann seinerseits ein Rollenbild korrektiver Länderverwaltung für private Grundbesitzer liefern würde. Am meisten glaubte er, dass eine korrekte menschliche Beziehung zum Land - er nannte diese Harmonie - nur kommen würde, wenn die Menschen, besonders die Grundbesitzer, die Länderethik zu einem Teil ihres Wertsystems machen.[1421] COUFAL zählt im Bezug auf die neuen sozialen Paradigmen ("neues soziales Paradigma NSP") fünf Punkte auf: 1. Eine hohe Wertschätzung der Natur. 2. Ein Sinn für Einfühlungsvermögen, welches Mitleid mit anderen Arten, anderen Leuten und zukünftigen Generationen generiert. 3. Ein Wunsch sorgfältig zu planen und darzustellen, um Risiken für die Menschen und die Natur zu vermeiden. 4. Eine Anerkennung von Wachstumsgrenzen und die

---

[1417] Vgl. Ladd, John (1994); 119-120.

[1418] JAMES E. COUFAL, Professor of the State University of New York's College of Environmental Science and Forestry at Syracuse.

[1419] Vgl. Coufal, James E. (1994); 346.

[1420] Leopold, Aldo (1933); 634.

[1421] Vgl. Leopold, Aldo (1933); 634-643.

Notwendigkeit diese unseren Überzeugungen und Taten anzupassen. 5. Eine Überzeugung, dass wir eine neue Gesellschaft brauchen, die neue Möglichkeiten integriert, unsere ökonomischen und politischen Angelegenheiten zu führen. COUFAL meint, dass das neue soziale Paradigma die Wälder höher schätze und in ihnen nicht nur eine ökonomische Ressource sehe, sondern vielmehr eine geistliche und philosophische Ressource.[1422]

Die Durchsetzung der Führungsregeln brachte auch mehrere Einwände: 1. Ethik sei eine strikt persönliche Verantwortung und nicht eine der Gesellschaft. 2. Eine solche Erklärung würde in unserer prozesssüchtigen Gesellschaft die Tür zu vielen strittigen, kostspieligen und zeitraubenden Klagen öffnen. 3. Umweltethik oder Ethik sei subjektiv, während Wissenschaft das vorgegebene Ziel sei. Wissenschaft sei rational, umweltabhängige Ethik sei dagegen emotional und deshalb irrational. COUFAL gibt diesbezüglich zur Antwort, dass "ethische Wahrheiten" Jahrtausende standhalten, "wissenschaftliche Wahrheiten" jedoch jährlich wechseln, wenn nicht häufiger, womit die Antwort wer rationaler handelt wohl gegeben sei.[1423]

2.4.1.9. Wildnis (Natur)

Erhaltung der Wildnis - der Natur - ist ein Zustand der Harmonie zwischen Mensch und Land. Erhaltung der Wildnis - sie zu verstehen und zu erhalten - muss unsere Anstrengung sein, denn Wildnis im Wald ist eine Beziehung zwischen intellektuellem Prozess und einer Tat. Wildnis ist auch der Ort unserer Herkunft; wir brauch(t)en sie um unsere entstandenen Werte zu entwickeln. Als alle wild waren, gab es nichts um Wildheit zu messen, noch gab es jemanden, der sich Sorgen darüber machte, dass sie nicht gemessen werden kann. Jetzt wird Wildheit im Vergleich zur Zivilisation gemessen. Das sehen wir auch an unserer heutigen Beachtung von Kunstschätzen alter Zivilisationen. Wildnis ist ein intellektueller Prozess auf mindestens drei Weisen: 1. Als ein wissenschaftliches Ausgangsniveau, 2. als eine Quelle in Bezug auf die Schöpfung und 3. als ein philosophischer Anreiz. – Änderung jeglicher Art muss in Bezug auf Etwas gemessen werden. Die Veränderung des Wildnisökosystems muss auch immer wieder daraufhin gesehen werden, dass es ein Reservoir von Genen ist. Wildnis ist Tat, da sie stets dynamisch ist. Sie kann nicht konserviert werden, da sie ein steter dynamischer Prozess ist. Das ethische Denken kann lediglich helfen, die Natürlichkeit dieses dynamischen Prozesses zu erhalten, besonders in den Wäldern. "Land ist eine

---

[1422] Vgl. Coufal, James E. (1994); 348.

[1423] Vgl. Coufal, James E. (1994); 349-352.

Gemeinschaft", ist der Grundbegriff der Ökologie; dass Land aber geliebt und respektiert werden soll, ist laut COUFAL eine Erweiterung der Ethik.[1424]

2.4.2. Kodexe

Wie bereits weiter oben angeführt stammt die Idee für ethische Ehrenkodexe für Forstleute aus den USA.[1425] Die amerikanischen Förster waren es somit auch, die aufgrund der gerade aufgezeigten Überlegungen ethische Ehrenkodexe formulierten. Die Gesellschaft Amerikanischer Förster war diesbezüglich federführend. Im Folgenden sollen die wichtigsten Kodexe genannt und aufgezeigt werden.

2.4.2.1. Grundsätze für Forstleute

GIFFORD PINCHOT[1426] bot folgenden Rat an, um das Benehmen von Förstern in öffentlichen Ämtern zu verbessern. Obwohl die Regeln in den frühen 1900ern entstanden, können viele dieser Richtlinien heute noch problemlos angewendet werden:[1427] 1. Ein öffentlicher Beamter soll der Öffentlichkeit dienen und sie nicht führen. 2. Öffentliche Unterstützung von Taten, die öffentliche Rechte beeinflussen, ist unbedingt erforderlich. 3. Es ist schwieriger, die Öffentlichkeit zu konsultieren, als sie zu ignorieren, aber das ist das, wofür sie eingestellt sind. 4. Finden sie im Voraus heraus, was die Öffentlichkeit will. Wenn es richtig ist, die Öffentlichkeit aber nicht dazu steht, verschieben sie die Taten und erziehen sie die Öffentlichkeit. 5. Verwenden sie die Nachrichtenmedien am Anfang, am Schluss und immer dann, wenn sie die Öffentlichkeit erreichen wollen. 6. Befreien sie sich von einer Einstellung persönlicher Arroganz, von Stolz über ihre Kenntnisse oder ihr Wissen. 7. Versuchen sie keine verschlagenen oder schlaue politische Winkelzüge zu machen; ein Förster ist kein Politiker. 8. Lernen sie Takt einfach dadurch, indem sie unbedingt aufrichtig und ehrlich sind und indem sie den Standpunkt anderer zu verstehen suchen. Begegnen sie ihnen mit Argumenten, die sie verstehen können. 9. Fürchten sie sich nicht, jemand anderem zu vertrauen. Ermutigen sie andere zu handeln. Sie können vieles durch andere erreichen, was sie nicht durch eigene Initiative erreichen können. 10. Seien sie kein Kritikaster. Verwenden sie wenn möglich eher Überzeugung anstatt Gewalt. Es gibt viele Kritikaster. Ihre eigene Aufgabe

---

1424 Vgl. Coufal, James E. (1994); 355-358.

1425 Alle "angeführten" Kodexe in deutscher Sprache wollen nicht als Übersetzungen verstanden werden, sondern lediglich als Hinweise. Zur exakten Anwendung halte man sich an die englischen Originaltexte, die in den jeweiligen Fussnoten als Vergleichsstellen angeführt sind.

1426 GIFFORD PINCHOT war der erste Präsident der Gesellschaft amerikanischer Förster.

1427 Vgl. Pinchot, Gifford (1994); 2.

ist es die Einheit zu fördern. 11. Machen sie sich nicht unnötigerweise und aus trivialen Gründen Feinde. Wenn sie zu jedem freundlich sind, bringen sie viele von ihnen mit offener Aufrichtigkeit in öffentlichen Angelegenheiten und in der Politik dazu, dass sie guten Willens sind. Sie brauchen alle Unterstützung, die sie bekommen können.[1428]

2.4.2.2. Ethischer Ehrenkodex der Mitglieder der Gesellschaft amerikanischer Förster

Präambel: Die Verwaltung von Land ist der Eckstein des Forstwirtschaftsberufes. Der Zweck dieser Kanons[1429] ist es, das professionelle Verhalten der Mitglieder der Gesellschaft amerikanischer Förster zu leiten in ihren Beziehungen zur Öffentlichkeit, zu ihren Arbeitgebern, einschliesslich der Kunden und untereinander wie es in Artikel VIII der Verfassung der Gesellschaft vorgesehen ist. Die Einhaltung dieser Kanons demonstriert unsere Achtung vor dem Land und unser Engagement für die kluge Leitung von Ökosystemen und sichert gerechte und ehrbare professionelle und menschliche Beziehungen, gegenseitiges Vertrauen und Achtung und kompetente Dienstleistung für die Gesellschaft.

Diese Kanons sind von den Mitgliedern der Gesellschaft angenommen worden und können nur von den Mitgliedern geändert werden. Die Verfahren für das Erheben von Gebühren wegen Übertretungen dieser Kanons sind in den vom Rat eingeführten Verordnungen enthalten. Die Kanons und das Verfahren gelten für alle Mitgliedschaftskategorien in allen der Forstwirtschaft verwandten Disziplinen, ausser für Ehrenmitglieder.

Alle Mitglieder, die der Gesellschaft beitreten wollen, verpflichten sich, sich an diesen Kodex zu halten, als eine Bedingung der Mitgliedschaft.[1430]

1. Ein Mitglied befürwortet und übt nur Länderverwaltung aus, die mit ökologisch gesunden Prinzipien übereinstimmt.

2. Das Wissen und die Erfahrung eines Mitgliedes werden zum Nutzen der Gesellschaft angewandt. Ein Mitglied strebt genaue, zeitgemässe und wachsende Kenntnisse der Forstwirtschaft an, übermittelt solches Wissen wenn es nicht vertraulich ist und wird falsche Erklärungen über Forstwirtschaft als solche benennen und sie korrigieren.

[1428] Vgl. Pinchot, Gifford (1994); 2.

[1429] Da es sich hier jeweils weder um einen explizit kirchenrechtlichen- noch um einen rein theologischen Terminus technicus handelt, wird jeweils im Plural "Kanons" und nicht "Kanones" verwendet.

[1430] Kanons in dieser Form wirksam seit dem 2. November 1992.

3. Ein Mitglied wird nur in einer würdevollen und ehrlichen Art Reklame machen. Es bietet Dienstleistungen für die Mitglieder, die dafür qualifiziert und gut vorbereitet sind an. Solche Anzeigen können auch Angaben über Gebühren enthalten.

4. Ein Mitglied wird öffentliche Kommentare über Forstwirtschaftsangelegenheiten auf genaues Wissen stützen und wird keine relevante Information verzerren oder verweigern, um einen Standpunkt zu erhärten. Bevor man öffentliche Erklärungen zum Umgang mit dem Wald abgibt, legt ein Mitglied offen in wessen Interesse diese abgegeben werden.

5. Ein Mitglied führt Dienstleistungen aus, die dem höchsten Standard von Qualität und der Loyalität gegenüber dem Arbeitgeber entsprechen.

6. Ein Mitglied führt nur jene Dienstleistungen aus, für die es die nötige Bildung oder Erfahrung hat.

7. Ein Mitglied, das darum gebeten wird in Forstwirtschaftsbetrieben mitzuarbeiten, die von anerkannten professionellen Standards abweichen, muss den Arbeitgeber zum Voraus vor den Folgen solcher Abweichung warnen.

8. Ein Mitglied gibt nicht absichtlich Informationen bekannt, welche Angelegenheiten des Arbeitgebers des jeweiligen Mitgliedes betrifft, ohne die ausdrückliche Erlaubnis des Arbeitgebers.

9. Ein Mitglied muss Interessenskonflikte oder sogar den Anschein eines Konfliktes vermeiden. Wenn trotz solcher Vorsichtsmassnahmen ein Interessenskonflikt entdeckt wird, muss dies prompt und vollständig dem Arbeitgeber des Mitgliedes bekannt gegeben werden und das Mitglied muss bereit sein, sofort zu handeln um den Konflikt zu lösen.

10. Ein Mitglied akzeptiert keine Belohnung oder Bezahlung von mehr als einem Arbeitgeber für die gleichen Dienste, ausser, die involvierten Parteien seien informiert und willigen ein.

11. Ein Mitglied zieht andere Experten und Spezialisten für Forstwirtschaft oder für verwandte Gebiete bei, immer dann, wenn damit dem Interesse des Arbeitgebers am besten damit gedient ist oder er rät seinem Arbeitgeber gar solche beizuziehen. Die Mitglieder arbeiten kooperativ mit anderen Fachleuten zusammen.

12. Ein Mitglied wird nicht durch falsche Angaben oder unehrliche Handlungen den Ruf oder die beruflichen Beziehungen eines anderen Mitgliedes schädigen.

13. Ein Mitglied anerkennt, dass er Methoden, Ideen oder andere Hilfeleistungen von anderen erhalten hat.

14. Ein Mitglied, das im Konkurrenzkampf mit andern steht um Forstwirtschaftsdienstleistungen zu erbringen, ermutigt den potenziellen Arbeitgeber sich für die Wahl auf den Vergleich der Qualifikationen und die Verhandlungen über Gebühren und Gehalt zu stützen.

15. Von einem Mitglied abgegebene Informationen über einen Kandidaten für eine voraussichtliche Anstellung, einen voraussichtlichen Lohn oder eine Aufgabe, werden genau, korrekt und objektiv sein.

16. Ein Mitglied, welches Kenntnis hat von einer Übertretung dieser Kanons durch ein anderes Mitglied, informiert den Rat entsprechend den Verordnungen.[1431]

2.4.2.3. Ethischer Ehrenkodex des Verbandes beratender Förster

Diese Kanons formulieren die Prinzipien für ein professionelles Verhalten für die ACF beratenden Förster in ihren Beziehungen zueinander, ihren Arbeitgebern, der Öffentlichkeit und mit anderen Förstern. Die Befolgung dieser Kanons sichert anständige und ehrbare, professionelle und menschliche Beziehungen, schafft dauerhaftes gegenseitiges Vertrauen und Achtung und ermöglicht den Berufsleuten beste Leistung zu erbringen.

Um diese Kanons auf die unterschiedlichen Umstände anzuwenden, die sich in der Praxis ergeben, werden von Zeit zu Zeit vom geschäftsführenden Komitee Richtlinien herausgegeben. Sie werden als Hinweise integriert und zu einem Teil der Kanons gemacht.[1432]

Berufsleben

1. Die ACF beratenden Förster machen Gebrauch von ihrem Wissen und ihren Fähigkeiten zum Nutzen der Gesellschaft.

2. Ein ACF beratender Förster arbeitet durch den Austausch von Informationen und Erfahrungen mit anderen Förstern auf die Erweiterung des Wirkungskreises der Forstwirtschaftsberufe hin und leistet durch seine Arbeit zudem einen Beitrag für die Forstwirtschaftsgesellschaften, ihre Vereinigung, Schulen und Veröffentlichungen.

[1431] Vgl. Irland, Lloyd C. (1994a); 25-27.

[1432] Wirksam seit dem 31. Mai 1991.

3. Ein ACF beratender Förster macht nur in einer würdigen Art und Weise Reklame. Er setzt sich durch ehrliche und tatsächliche Dienstleistungen ein, den zukünftigen Kunden und der Öffentlichkeit zur Verfügung zu stehen.

4. Professionell arbeitende ACF beratende Förster sollten aufgrund ihrer Erfahrung und ihrer Kompetenz zu ihrem guten Rufe kommen. Das Äussern von Kritik über den Konkurrenten, Selbstlob oder das Vertreten von Interessengruppen degradiert den Beruf und ist unethisch.

Das Handeln in der Öffentlichkeit

5. Ein ACF beratender Förster strebt richtige und zunehmende Kenntnis der Forstwirtschaft und die Vertretung seines Wissens an. Er verhindert und verurteilt das Verbreiten von unwahren, unfairen und übertriebenen Erklärungen über die Forstwirtschaft.

6. ACF beratende Förster geben keine Erklärungen, Kritiken oder Argumente über Angelegenheiten ab, die mit der öffentlichen Forstwirtschaftspolitik zusammen hängen ohne gleichzeitig anzuzeigen, zu wessen Gunsten diese gemacht werden.

7. Wenn ein ACF beratender Förster Sachverständiger für Forstwirtschaftsangelegenheiten ist, in einem Verfahren, welches der Öffentlichkeit oder einem privaten Interesse dient, soll seine Aussage auf adäquater Kenntnis der Sache basieren und seine Ansicht soll auf ganzer Überzeugung beruhen.

8. Ein ACF beratender Förster wird es unterlassen sich öffentlich über ein technisches Problem zu äussern, es sei denn er sei über alle Tatsachen informiert. Er wird auch keine Daten verzerren oder verheimlichen, um einen Standpunkt zu begründen.

9. Forstwirtschaftspläne und Berichte sollten eindeutig sein und sollten keine Doppelbedeutung enthalten.

Das Umgehen mit Kunden, Direktoren und Arbeitgebern

10. ACF beratende Förster werden gegenüber ihren Kunden wie auch gegenüber der Organisation, in der sie sind loyal sein und ihre Arbeit und die ihnen zugewiesenen Aufgaben treu erfüllen.

11. ACF beratende Förster werden die zu erwartenden Folgen eindeutig aufzeigen, wenn ihre professionelle Ansicht von technisch nicht zuständigen Autoritäten verworfen wird, falls sie verantwortlich sind für die technische Richtigkeit ihrer Arbeit.

12. ACF beratende Förster geben vertrauliche Informationen nicht absichtlich bekannt, die Geschäftsangelegenheiten ihrer Arbeitgeber, Direktoren oder Kunden betreffen, es sei denn sie haben zuvor ausdrücklich die Erlaubnis dazu erhalten.

13. Ein ACF beratender Förster muss Interessenskonflikte, ja sogar den Anschein solcher Konflikte vermeiden.

14. ACF beratende Förster akzeptieren ohne volle Mitteilung, Wissen und Zustimmung aller betroffenen Parteien für denselben Dienst keine Entschädigung, welcher Art auch immer, sondern nur von ihren Kunden, Direktoren oder Arbeitgebern.

15. Ein ACF beratender Förster empfiehlt oder rät dem Arbeitgeber oder den Kunden andere Experten und Spezialisten für Forstwirtschaft oder verwandte Gebiete jedes Mal dann zu engagieren, wenn dem Interesse des Arbeitgebers oder der Kunden am besten damit gedient wäre und er wird freiwillig mit ihnen zusammenarbeiten.

16. Ein ACF beratender Förster soll gegen eine Gebühr keinen Auftrag annehmen, wenn keine zufrieden stellende professionelle Ausführung möglich ist.

17. ACF beratende Förster sollen mit einem Nichtförster, einer Gesellschaft oder Partnerschaft keine Zusammenarbeit leisten, die als Deckmantel für unethische Handlungen dient. Jeder Försterberater muss jedoch die Verantwortung für das Handeln der anderen übernehmen.

18. Unter keinen Umständen sollte es ein ACF beratender Förster wagen, eine Beurteilung abzugeben, wenn seine Arbeit aufgrund des Gutachtensinhaltes bezahlt wird.

19. Es ist unethisch, wenn ein ACF beratender Förster um Arbeit zu erhalten oder zu vermitteln etwas bezahlt oder auf eine Gebühr oder Kommission Anspruch erhebt.

Der Umgang mit professionellen Förstern

20. Ein ACF beratender Förster bemüht sich jederzeit den Forstwirtschaftsberuf kollektiv und individuell vor Verfälschung und Missverständnis zu schützen.

21. Ein ACF beratender Förster wird dazu beitragen den Berufsstand vor der Zulassung zur Berufsausübung durch Personen zu schützen, die keinen guten moralischen Charakter oder keine adäquate Ausbildung haben.

22. Bei Veröffentlichungen oder in Reden werden ACF beratende Förster die Verdienste anderer gewissenhaft anerkennen, was deren Wissen und Erfindungen für Verfahren und Methoden, fortschrittliche Ideen oder deren geleistete Hilfe betrifft.

23. Ein ACF beratender Förster wird nicht absichtlich und nicht ohne gerechten Grund, direkt oder indirekt, den Ruf oder das Geschäft eines anderen Försters schädigen.

24. Wenn ACF beratende Förster wesentliche und überzeugende Beweise für unprofessionelles Verhalten eines anderen Försters haben, werden sie diese Information der richtigen Autorität anzeigen, damit diese handelt.

25. Ein ACF beratender Förster versucht nicht einen anderen Förster aus einer Stellung zu verdrängen, wenn er erfahren hat, dass dieser definitiv eingestellt worden ist.

26. Ein ACF beratender Förster gibt alle schriftlichen oder mündlichen Empfehlungen nur aufgrund einer fairen und unvoreingenommenen Untersuchung ab.

27. Ein ACF beratender Förster erbittet für politische Zwecke keine finanziellen Beiträge und nimmt von Untergebenen oder Angestellten keine an.

28. Ein ACF beratender Förster wahrt das Prinzip eines entsprechenden und adäquaten Lohnes für alle, die im Forst beschäftigt sind, auch für jene in untergeordneten Positionen, weil das im öffentlichen Interesse liegt und den Berufsstandard sichert.[1433]

2.4.2.4. Ethischer Ehrenkodex für Regierungsdienste

1. Loyalität soll eines der höchsten moralischen Prinzipien sein. Stellen sie das Land über die Loyalität gegenüber Personen, Parteien oder Regierungsabteilungen.

2. Wahren Sie die Verfassung, die Gesetze und die Bestimmungen der Vereinigten Staaten und aller ihrer Regierungen und ergreifen sie nie Partei für eine Umgehung der Gesetze.

3. Arbeiten sie einen ganzen Tag für den Lohn eines vollen Tages; widmen sie der Erfüllung ihrer Pflichten ernsthaftes Bemühen und beste Gesinnung.

4. Bemühen sie sich stets effizientere und sparsamere Möglichkeiten zu finden, um ihre Aufgaben zu erfüllen.

5. Benachteiligen sie nie jemanden ungerecht durch das Erweisen von speziellen Gefallen oder Privilegien an irgend jemanden, ob sie dafür bezahlt werden oder nicht. Akzeptieren sie für sich oder andere oder für Familienmitglieder nie einen Gefallen oder

[1433] Vgl. Irland, Lloyd C. (1994a); 29-32.

Nutzen unter Umständen, die vernünftigerweise als eine Leistung zur Beeinflussung staatlicher Pflichten angesehen werden könnte.

6. Machen Sie keine privaten Versprechen, welche die Weisungen eines Büros verpflichten, da ein Regierungsangestellter keine private Arbeit leisten darf, die für die Öffentlichkeit verbindlich sein kann.

7. Beschäftigen sie sich nie mit Geschäften, welche die Regierung, direkt oder indirekt, zu Leistungen verpflichten, die im Widerspruch zur gewissenhaften Erfüllung stehen.

8. Verwenden sie nie vertrauliches Insiderwissen, welches sie aus der Erfüllung staatlicher Verpflichtungen erlangt haben, um privaten Gewinn zu machen.

9. Entlarven sie Korruption, wo immer sie solche entdecken.

10. Wahren sie diese Prinzipien und seien sie sich immer bewusst, dass ein öffentliches Amt ein öffentliches Vertrauen beinhaltet.

PL 96-303 unterschrieben durch den Präsidenten am 3. Juli 1980.[1434]

2.4.2.5. Wissenschaftlicher Ethik-Kodex der Vereinigten Staaten für das Departement für Landwirtschaft und landwirtschaftliche Forschung

* Ich widme mich der Verwirklichung und Förderung von nützlicher wissenschaftlicher Untersuchungen, die mit dem Auftrag des landwirtschaftlichen Forschungsdienstes übereinstimmen.

* Ich behindere nie die nützliche Forschung anderer.

* Ich behandle, erörtere, verwalte, beurteile und berichte meine wissenschaftlichen Erkenntnisse und die meiner Kollegen in einer Art und Weise, dass Harmonie und Qualität innerhalb einer wissenschaftlichen Debatte gefördert werden.

* Ich anerkenne vergangene und gegenwärtige Beiträge der Mitarbeiter zu meiner wissenschaftlichen Erkenntnis und akzeptiere keine ungerechtfertigte Anerkennung für sie.

* Ich pflege und verbessere meine beruflichen Fähigkeiten und bin ein Mentor für andere.

[1434] Vgl. Irland, Lloyd C. (1994a); 33.

* Ich garantiere Sicherheit und humane Behandlung von Menschen und Tieren und verhindere Missbrauch von mir anvertrauten Forschungsmitteln.

Quelle: Vereinigte Staaten, Abteilung der Landwirtschaft, landwirtschaftlicher Forschungsdienst 129.0, "Verfahren für Berichte und Umgang mit möglichem Missverhalten in der Wissenschaft".[1435]

2.4.2.6. Erweiterungsmöglichkeiten

Der gegenwärtige Kodex der Gesellschaft amerikanischer Förster handelt von menschlichen Beziehungen; Förster und Gesellschaft, Kollegen, Kunden und sogar Chefs. Es ist modern geworden, die menschlichen Dimensionen der Forstwirtschaft zu betonen. COUFAL schlägt eine Erweiterung der Präambel des SAF Ehrenkodex vor: Gegenwärtig: Der Zweck dieser Kanons ist es, das professionelle Verhalten der Mitglieder der Gesellschaft amerikanischer Förster zu leiten in ihren Beziehungen zur Öffentlichkeit, zu ihren Arbeitgebern, einschliesslich der Kunden und untereinander wie es in Artikel VIII der Verfassung der Gesellschaft vorgesehen ist. Die Einhaltung dieser Kanons demonstriert unsere Achtung vor dem Land und unser Engagement für die kluge Leitung von Ökosystemen und sichert gerechte und ehrbare professionelle und menschliche Beziehungen, gegenseitiges Vertrauen, Achtung und kompetente Dienstleistungen für die Gesellschaft.[1436]

Vorschlag: Dieser ethische Ehrenkodex basiert auf der Überzeugung, dass Förster sich darum bemühen müssen drei grössere Aufgaben simultan zu erfüllen: 1. Alternativen zu liefern & durchzuführen, um Grundbesitzern zu helfen, ihre Ziele zu erreichen; 2. einen entsprechenden Warenfluss, Dienstleistungen & Werte sichern, um den Bedarf der Gesellschaft zu decken; und 3. die Integrität der Ökosysteme zu bewahren & zu verbessern, mit denen sie arbeiten, denn beide umfassen das Land & menschliche Elemente dieser Ökosysteme. Der Zweck dieser Kanons soll die professionelle Führung von Mitgliedern der Gesellschaft der amerikanischen Förster in ihren Beziehungen zur Öffentlichkeit beherrschen; ihre Arbeitgeber einschliesslich der Kunden, sie selbst und das Land, das ihrer Sorge anvertraut ist wie es in Artikel VIII der Verfassung der Gesellschaft heisst. Die Einhaltung dieser Kanons hilft gerechte und ehrbare professionelle, menschliche und umweltabhängige Beziehungen, gegenseitiges Vertrauen und Achtung und den zuständigen Dienst an der Gesellschaft zu sichern.[1437]

[1435] Vgl. Irland, Lloyd C. (1994a); 34.

[1436] Vgl. Coufal, James E. (1994); 353-354.

[1437] Vgl. Coufal, James E. (1994); 353-354.

2.4.2.7. Länderethikkanon

Die Gesellschaft der amerikanischen Förster SAF übernahm im Herbst 1992 einen Länderethikkanon in ihren ethischen Ehrenkodex.[1438] ALBERT C. WORRELL[1439] sieht in der Landverwaltung grundsätzlich ein moralisches Problem, da das Land der Erde nur von wenigen Menschen kontrolliert wird, aber alle Menschen auf das Land dieser Erde angewiesen sind. Der Umgang mit dem Land verlangt eine gute Verwaltung desselben. Nicht immer stellt die wirtschaftliche Verwendung eines Grundstückes eine gute Länderverwaltung dar. Folglich muss im Falle der Wirtschaft die Landverwaltung gerade speziell wirtschaftlich angegangen werden, indem immer ALLE Kosten auf den Erzeuger eines Produktes fallen müssten, auch die externen Kosten. Erzeugern von jeglichen Produkten müsste eine Art Verschmutzungsgebühr verrechnet werden, mit der die Schäden, die er verursacht unverzüglich rückgängig gemacht würden. Zu solchen Verschmutzungen sind auch die Verunreinigung der Luft, des Wassers und des Bodens zu zählen. Wenn diese durch eine adäquate Verschmutzungsgebühr verrechneten Folgekosten die Gesamtkosten eines Produktes höher machen, als die Verbraucher zu zahlen bereit sind, würde es nicht produziert oder es würde ein günstigeres, auch im ökologischen Sinne, Produkt erstellt, um den Handel doch zu handhaben. WORRELL erachtet es als eindeutig unmoralisch, um der Zerstörung willen zu zerstören oder Landschaften unwürdig zu belasten. Land nun einfach nicht zu nutzen, obwohl die Menschheit seine Produkte dringend braucht, erachtet er als ebenso unmoralisch. Die Verwalter dieses Landes müssen seiner Meinung nach vor jeder Nutzung ernsthaft prüfen, ob das Land - und gerade das betreffende Land - wirklich für den vorgesehenen Zweck gebraucht wird.

Folgende sechs Punkte ergeben sich aus den genannten Überlegungen als moralisch falsch: 1. Bodenressourcen ohne jeden Zweck zu zerstören oder abzubauen. 2. Länderverwaltungskosten irgend jemandem für unwürdige oder unmoralische Zwecke aufzuerlegen. 3. Bodenressourcen zu zerstören oder abzubauen, wenn es ohne Rücksicht auf den Zweck nicht notwendig ist. 4. Irgend jemandem Länderverwaltungskosten aufzuerlegen, ausser die entstandenen Nutzen sind für den Betroffenen höher, als die Gesamtkosten. 5. Bodenressourcen zu verwalten, die Menschen Güter entziehen, die durch falsche Verwaltung nur wenigen zu gute kommen, die jedoch für das Gemeinwohl notwendig sind. 6. Ressourcen zu nutzen, die in erster Linie der gegenwärtigen Erzeugung oder bestimmten Teilen der Gesellschaft nützen, der zukünftigen Generation jedoch unverhältnismässig schaden.[1440]

[1438] Vgl. Ethischer Ehrenkodex der Mitglieder der Gesellschaft der amerikanischen Förster weiter oben.

[1439] ALBERT C. WORRELL ist langjähriger Professor an der "Yale School of Forestry and Environmental Studies" und Professor für Waldpolitik an der "Yale University New Haven (CT)" in den USA.

[1440] Vgl. Worrell, Albert C. (1994); 287-291.

2.4.2.8. Feststellung

Es ist in den oben aufgezeigten US-Amerikanischen ethischen Ehrenkodexen festzustellen, dass der Grundtenor weniger in einer tieferen Verantwortung gegenüber der Umwelt liegt, als vermehrt in der Pflege des Image der Forstwirtschaft im Allgemeinen. Zur Pflege dieses Rufes der Berufsstände der Forstleute werden oftmals grössere Konditionen in ökologischen Fragen gemacht. Somit kann mitunter der Gedanke aufkommen, dass die "Ethik", wenigstens manchmal, eher als Hilfe zur Verbesserung der Ansehensfrage der einzelnen Berufsstände dient, als zur Hebung des Verantwortungsbewusstseins der Forstleute für die Umwelt. Hier scheint durchaus noch Handlungsbedarf seitens der Forstleutevereinigungen zu bestehen.

2.4.3. Die Arbeit als Teilnahme am Werk des Schöpfers

Wurde oben das Bemühen der Forstleute in den USA um eine Ethik in der Forstwirtschaft dargestellt, so gilt es nun Menschen als ein mit Gott verbundenes Wesen, hinsichtlich der Arbeit, näher in Betracht zu ziehen. Das zweite Vatikanum formuliert:

> "Eines steht für die Glaubenden fest: das persönliche und gemeinsame menschliche Schaffen, dieses gewaltige Bemühen der Menschen im Lauf der Jahrhunderte, ihre Lebensbedingungen stets zu verbessern, entspricht als solches der Absicht Gottes. Der nach Gottes Bild geschaffene Mensch hat ja den Auftrag erhalten, sich die Erde mit allem, was zu ihr gehört, zu unterwerfen, die Welt in Gerechtigkeit und Heiligkeit zu regieren und durch die Anerkennung Gottes als des Schöpfers aller Dinge sich selbst und die Gesamtheit der Wirklichkeit auf Gott hinzuordnen, so dass alles dem Menschen unterworfen und Gottes Name wunderbar sei auf der ganzen Erde.[1441]"

Der Mensch als Abbild Gottes nimmt durch seine Arbeit am Werk des Schöpfers teil. Dieses Teilnehmen am Werk Gottes belegt bereits der biblische Schöpfungsbericht, wenn er die Schöpfung als eine Form der Arbeit darstellt, die Gott in verschiedenen Schritten, symbolisiert durch die "sechs Tage", verrichten lässt, und ihn am siebten Tag mit "Ruhe"[1442] bedenkt. Diese Sicht des "Arbeiten Gottes" lässt sich nicht nur im ersten

---

[1441] GS 34.

[1442] Vgl. Gen 2,3 "Und Gott segnete den siebten Tag und erklärte ihn für heilig; denn an ihm ruhte Gott, nachdem er das ganze Werk der Schöpfung vollendet hatte."

Buch der Bibel finden, sondern auch im letzten Buch.[1443] Die Beschreibung des Schöpfungswerkes im Buch Genesis kann somit in gewissem Sinne als "das erste 'Evangelium der Arbeit'[1444]" bezeichnet werden. Der Mensch wird aufgefordert Gott seinen Schöpfer nachzuahmen, ist der Mensch doch Ebenbild Gottes. Als dieses Ebenbild soll der Mensch Gott nachahmen und nicht Gott selbst sein wollen. Ist Gott der, der alles ins Dasein ruft, so ist der Mensch der, der mit dem ins Dasein Gerufenen arbeiten soll. Der Mensch ist nicht gerufen, selbst ein ins Daseinrufender - sprich Gott - sein zu wollen oder zu sein, denn er ist eben nicht Gott, sondern Ebenbild. Der Mensch soll Gott nachahmen, indem er arbeitet, aber auch ruht. Das Arbeiten ist nicht nur ein Akt von einer Woche. Dies zeigt uns Christus, wenn er sagt: "Mein Vater ist noch immer am Werk und auch ich bin am Werk.[1445]" Gott ist somit immer noch "an der Arbeit". Wie dieses ebenbildliche Mitarbeiten auszusehen hat, zeigt Christus selbst, wenn er bekundet, dass auch er an der Arbeit ist.

Von Christus wird mehrfach bekundet, dass er ein Mann der Arbeit war.[1446] Das Evangelium, welches Jesus verkündete, unterstrich er stets durch sein eigenes Handeln, durch sein Werk und durch seine Arbeit. Somit ist sein Evangelium auch Evangelium der Arbeit. Freilich berichtet die Schrift mehr von Zeichen (Wundern), die Jesus wirkte, als von seinem handwerklichen Tun. Gerade aber das Wirken der Zeichen ist eine Sache, die uns heutige Menschen in der Arbeitswelt beschäftigen kann. Jesus mit Pflanzenzucht oder gar Gentechnik in Verbindung bringen zu wollen könnte, wenn überhaupt, lediglich im allegorischen Sinn geschehen. Die Schrift braucht zwar das Bild von der "Veredelung von Pflanzen",[1447] will jedoch nicht das scheinbar Unmögliche, gerade im Bereich der Lebensversorgung, als Sehnsucht im Menschen wecken.[1448] Dennoch wendet Jesus selbst

[1443] Vgl. Offb 15,3b "*Groß und wunderbar sind deine Taten, /* Herr, Gott und Herrscher über die ganze Schöpfung."

[1444] LE 25.

[1445] Joh 5,17b.

[1446] Vgl. Mk 6,2-3 "Am Sabbat lehrte er in der Synagoge. Und die vielen Menschen, die ihm zuhörten, staunten und sagten: Woher hat er das alles? Was ist das für eine Weisheit, die ihm gegeben ist! Und was sind das für Wunder, die durch ihn geschehen! Ist das nicht der Zimmermann, der Sohn der Maria und der Bruder von Jakobus, Joses, Judas und Simon? Leben nicht seine Schwestern hier unter uns? Und sie nahmen Anstoß an ihm und lehnten ihn ab." – Vgl. Mt 13,55 "Ist das nicht der Sohn des Zimmermanns? Heißt nicht seine Mutter Maria, und sind nicht Jakobus, Josef, Simon und Judas seine Brüder?"

[1447] Vgl. Röm 11,17-18 "Wenn aber einige Zweige herausgebrochen wurden und wenn du als Zweig vom wilden Ölbaum in den edlen Ölbaum eingepfropft wurdest und damit Anteil erhieltest an der Kraft seiner Wurzel, so erhebe dich nicht über die anderen Zweige. Wenn du es aber tust, sollst du wissen: Nicht du trägst die Wurzel, sondern die Wurzel trägt dich."

[1448] Vgl. Mt 6,25-34 "Deswegen sage ich euch: Sorgt euch nicht um euer Leben und darum, dass ihr etwas zu essen habt, noch um euren Leib und darum, dass ihr etwas anzuziehen habt. Ist nicht das Leben wichtiger als die Nahrung und der Leib wichtiger als die Kleidung? Seht euch die Vögel des Himmels an: Sie säen nicht, sie ernten nicht und sammeln keine Vorräte in Scheunen; euer himmlischer Vater ernährt sie. Seid ihr nicht viel mehr wert als sie? Wer von euch kann mit all seiner Sorge sein Leben auch nur um eine kleine Zeitspanne verlängern? Und was sorgt ihr euch um eure Kleidung? Lernt von den Lilien, die auf dem Feld wachsen: Sie

"unorthodoxe Methoden"[1449] an, um den Menschen zu helfen. Der Grund dafür könnte in einem Wissen liegen, das den anderen Menschen nicht zu Eigen war. Wahrscheinlicher ist es jedoch, das Wirken aus dem Glauben des Geschöpfes an den Schöpfer, des "Abbildes an das Urbild Gott", denn genau dieser Glaube ist es, den er bei anderer Gelegenheit als Begründung anführt.[1450]

Diese Kraft Zeichen (Wunder) zu wirken, ist keinesfalls eine Gabe, die nur Jesus zu Eigen war. Auch die Apostel fanden durch Jesus Christus[1451] in ihrer Arbeit als Abbild Gottes zu der innigen Beziehung mit Gott selbst, dem Glauben der nötig war, um solche Zeichen wirken zu können.[1452] Wenn der heutige Mensch diese Werke nicht mehr vollbringen kann, liegt es nicht an Gott, sondern am Beziehungsmangel des Ebenbildes zum Urbild: Gott.

Der Wille des Ebenbildes zur Arbeit in einer gottgefälligen Form unterstreichen die Apostel zudem wenn sie sagen: "Ihr erinnert euch, Brüder, wie wir uns gemüht und geplagt haben. Bei Tag und Nacht haben wir gearbeitet, um keinem von euch zur Last zu

---

arbeiten nicht und spinnen nicht. Doch ich sage euch: Selbst Salomo war in all seiner Pracht nicht gekleidet wie eine von ihnen. Wenn aber Gott schon das Gras so prächtig kleidet, das heute auf dem Feld steht und morgen ins Feuer geworfen wird, wie viel mehr dann euch, ihr Kleingläubigen! Macht euch also keine Sorgen und fragt nicht: Was sollen wir essen? Was sollen wir trinken? Was sollen wir anziehen? Denn um all das geht es den Heiden. Euer himmlischer Vater weiß, dass ihr das alles braucht. Euch aber muss es zuerst um sein Reich und um seine Gerechtigkeit gehen; dann wird euch alles andere dazugegeben. Sorgt euch also nicht um morgen; denn der morgige Tag wird für sich selbst sorgen. Jeder Tag hat genug eigene Plage."

[1449] Vgl. Joh 9,6-7 "Als er dies gesagt hatte, spuckte er auf die Erde; dann machte er mit dem Speichel einen Teig, strich ihn dem Blinden auf die Augen und sagte zu ihm: Geh und wasch dich in dem Teich Schiloach! Schiloach heißt übersetzt: Der Gesandte. Der Mann ging fort und wusch sich. Und als er zurückkam, konnte er sehen." – Vgl. Mk 8,23-25 "Er nahm den Blinden bei der Hand, führte ihn vor das Dorf hinaus, bestrich seine Augen mit Speichel, legte ihm die Hände auf und fragte ihn: Siehst du etwas? Der Mann blickte auf und sagte: Ich sehe Menschen; denn ich sehe etwas, das wie Bäume aussieht und umhergeht. Da legte er ihm nochmals die Hände auf die Augen; nun sah der Mann deutlich. Er war geheilt und konnte alles ganz genau sehen."

[1450] Vgl. Mt 17,20 "Er [Jesus] antwortete: Weil euer Glaube so klein ist. Amen, das sage ich euch: Wenn euer Glaube auch nur so groß ist wie ein Senfkorn, dann werdet ihr zu diesem Berg sagen: Rück von hier nach dort!, und er wird wegrücken. Nichts wird euch unmöglich sein." – Lk 17,5-6 "Die Apostel baten den Herrn: Stärke unseren Glauben! Der Herr erwiderte: Wenn euer Glaube auch nur so groß wäre wie ein Senfkorn, würdet ihr zu dem Maulbeerbaum hier sagen: Heb dich samt deinen Wurzeln aus dem Boden und verpflanz dich ins Meer!, und er würde euch gehorchen."

[1451] Vgl. Joh 14,12-14 "Amen, amen, ich sage euch: Wer an mich glaubt, wird die Werke, die ich vollbringe, auch vollbringen und er wird noch größere vollbringen, denn ich gehe zum Vater. Alles, um was ihr in meinem Namen bittet, werde ich tun, damit der Vater im Sohn verherrlicht wird. Wenn ihr mich um etwas in meinem Namen bittet, werde ich es tun."

[1452] Vgl. Apg 9,33-34 "Dort [in Lydda] fand er [Petrus] einen Mann namens Äneas, der seit acht Jahren lahm und bettlägerig war. Petrus sagte zu ihm: Äneas, Jesus Christus heilt dich. Steh auf und richte dir dein Bett! Sogleich stand er auf." – Vgl. Apg 3,6-8 "Petrus aber sagte: Silber und Gold besitze ich nicht. Doch was ich habe, das gebe ich dir: Im Namen Jesu Christi, des Nazoräers, geh umher! Und er fasste ihn an der rechten Hand und richtete ihn auf. Sogleich kam Kraft in seine Füße und Gelenke; er sprang auf, konnte stehen und ging umher. Dann ging er mit ihnen in den Tempel, lief und sprang umher und lobte Gott." – Vgl. Apg 9,40 "Petrus aber schickte alle hinaus, kniete nieder und betete. Dann wandte er sich zu dem Leichnam und sagte: Tabita, steh auf! Da öffnete sie ihre Augen, sah Petrus an und setzte sich auf."

fallen, und haben euch so das Evangelium Gottes verkündet.[1453]" "Ihr selbst wisst, wie man uns nachahmen soll. Wir haben bei euch kein unordentliches Leben geführt und bei niemand unser Brot umsonst gegessen; wir haben uns gemüht und geplagt, Tag und Nacht haben wir gearbeitet, um keinem von euch zur Last zu fallen. Nicht als hätten wir keinen Anspruch auf Unterhalt; wir wollten euch aber ein Beispiel geben, damit ihr uns nachahmen könnt. Denn als wir bei euch waren, haben wir euch die Regel eingeprägt: Wer nicht arbeiten will, soll auch nicht essen. Wir hören aber, dass einige von euch ein unordentliches Leben führen und alles Mögliche treiben, nur nicht arbeiten. Wir ermahnen sie und gebieten ihnen im Namen Jesu Christi, des Herrn, in Ruhe ihrer Arbeit nachzugehen und ihr selbst verdientes Brot zu essen.[1454]"

Die Apostel nutzten den Glauben nicht dazu, sich ein bequemeres Leben zu verschaffen, sondern dazu, den Menschen dort zu helfen, wo nur mehr der Schöpfer helfen kann, nicht aber das Geschöpf. Die Apostel machten sich nicht selbst zu Gott, sondern wussten wohl zu unterscheiden zwischen ihren Aufgaben und der Aufgabe Gottes. Hier liegt auch eine Frage an unsere Zeit: Wann wird unsere Arbeit, unser Handeln und unser Wirken zur Anmassung selber Schöpfer sein zu wollen und wo fehlt uns der Glaube, der den Aposteln Eigen war, um den Schöpfer um sein Wirken zu bitten, damit nicht etwas entsteht was negativ ist, aber doch allgemeinen Nutzen bringt? Eine Antwort bietet uns die Spiritualität des Evangeliums, die besagt, dass jede Arbeit, die der Mensch tun darf unvermeidlich mit Mühen verbunden ist und die Weisung des Alten Bundes, die besagt, dass der Mensch alle Tage seines Lebens unter Mühsal[1455] sein Brot vom Ackerboden essen wird.[1456]

2.4.4. Arbeit

Arbeit - und somit auch forstwirtschaftliches Arbeiten - im Sinne des Vorbildes Christi und der Apostel ist legitime Teilnahme am Werk des Schöpfers wie die obigen Ausführungen zeigten. Nicht nur das vom Schöpfer Geschaffene - die Arbeit des Schöpfers - hat einen Wert an sich, der sich zum einen in der alleinigen Existenz des jeweiligen Seienden und der damit verbundenen Wertschätzung von Geschöpfen selbst äussert und zum andern in dem Wert, den das Geschaffene vor dem Schöpfer hat,

---

[1453] 1 Thess 2,9.

[1454] 2 Thess 3,7-12.

[1455] Vgl. Gen 3,17 "Zu Adam sprach er [Gott]: Weil du auf deine Frau gehört und von dem Baum gegessen hast, von dem zu essen ich dir verboten hatte: So ist verflucht der Ackerboden deinetwegen. / Unter Mühsal wirst du von ihm essen / alle Tage deines Lebens."

[1456] LE 24-27.

begründet durch die Würde des Schöpfers. Auch die Arbeit der Geschöpfe[1457] hat einen Wert, besonders die des Menschen.

2.4.4.1. Der Wert der menschlichen Arbeit in der Forstwirtschaft

Zum einen zeigt sich der Wert der menschlichen Arbeit durch das Geleistete, mit dem der Mensch durch und in der Arbeit Herrschaft über die Erde gewinnt. Der Mensch ist aus diesem Blickwinkel "Objekt der Arbeit[1458]". Zum anderen ist der Mensch "Subjekt der Arbeit[1459]", da der Mensch nicht um des Herrschens willen über die Erde herrschen soll, sondern aufgrund dessen, dass er Abbild Gottes ist. Dieser Blickwinkel führt wesentlich die Personenwürde des Menschen zu Tage, mit welcher der Wert der Arbeit des Menschen untrennbar verbunden ist. Dieser zweite Blickwinkel ist der zentralere, da er die Arbeit nicht um des Selbstzweckes des Herrschens willens sieht, sondern in der Bezugnahme auf den Schöpfer, der dem Menschen die Arbeit als eine abbildliche - aber eben doch nicht identische - Arbeit des schöpferischen Tuns Gottes zuweist. Somit kommt der Arbeit des Menschen[1460] der höchste Stellenwert unter den Produktionsmitteln zu. Menschliche Arbeit kann folglich nicht nur als Produktionsfaktor in Verbindung mit Kapital gesehen werden. Eine solche eingeengte Sicht, lediglich auf diese beiden Faktoren gerichtet, würde einen ökonomistischen Fehlschluss darstellen. Eine alleinige Betrachtung aus einem Blickwinkel des abbildlichen Arbeitens ist auch nicht zielführend und käme dem Schöpferauftrag nicht nach, der im Arbeiten inhaltlich die existentiellen Zwecke klar inkludiert.[1461] Der Mensch muss auch um seines Lebens und Überlebens willen arbeiten. Arbeit stellt dementsprechend ein Gut dar, welches zur Lebensbewältigung des Menschen zählt. Die Zuteilung dieses Gutes lässt sich rein politisch (ausserwirtschaftlich),[1462] lediglich marktwirtschaftlich (Angebot und Nachfrage),[1463] oder sozialwirtschaftlich[1464] angehen.

[1457] Hier wurde bewusst zuerst der Begriff "Geschöpfe" gewählt, hat doch beispielsweise ein von einem Biber erarbeiteter Damm für diesen den "Wert" der für ihn gesicherten eigenen Lebensgrundlage, insoweit ein Biber überhaupt in der Lage ist, Wert zu erfassen. Die Arbeit des Bibers kann aber auch für Menschen einen Wert haben, wenn beispielsweise der Biberdamm und der dazugehörige Biber einen Bach in seinem Wasserfluss reguliert und so dem Menschen die Arbeit einer künstlichen Regulierung, wenigstens teilweise, abnimmt.

[1458] LE 5.

[1459] LE 6.

[1460] Im weitesten Sinne kann unter Arbeit das gesamte Tun des Menschen eingeschlossen werden.

[1461] Vgl. Gen 3,17c-19ab "Unter Mühsal wirst du [der Mensch] von ihm [dem Ackerboden] essen / alle Tage deines Lebens. Dornen und Disteln läst er dir wachsen / und die Pflanzen des Feldes musst du essen. Im Schweiße deines Angesichts / sollst du dein Brot essen, / bis du zurückkehrst zum Ackerboden; / von ihm bist du ja genommen."

[1462] Dieses System findet seine Beheimatung im Kommunismus.

[1463] Im Kapitalismus ist dieses System anzusiedeln.

Die Bewertung der Arbeit ist nicht nur wirtschaftlich zu sehen, sondern sie ist immer auch von ausserwirtschaftlichen, kulturellen Wertvorstellungen abhängig. Es stellt sich nebst der Grundfrage, der Überlebensfrage, immer auch eine darüber hinausgehende Sinnfrage der Arbeit, die zur Spiritualität, zur Theologie der Arbeit führt.[1465] Die Arbeit in der Forstwirtschaft zählt in den Gegenden, in denen nach ökologischen Kriterien gehandelt wird grundsätzlich zu einer Tätigkeit in der Primärproduktion, da der Grundrohstoff Holz erzeugt wird.[1466] Diese Tatsache ist für die Arbeitsethik im Bereich der Forstwirtschaft daher relevant, weil sich dadurch notgedrungen eine Sinnerweiterung der Arbeit ergibt. Arbeit, besonders in der Forstwirtschaft, hat somit nicht nur den Sinn des Rohstoffnutzbarmachens, sondern auch des Rohstoffermöglichens und ist somit dem Gemeinwohl langfristig positiver zugetan, da so die Möglichkeit eines Arbeitsbereiches im weitesten Sinne in sich aufrechterhalten wird. Der christliche Sinn der Arbeit liegt nicht darin, sie so zu gestalten, dass sie eines Tages überflüssig wird oder darin, um ihrer selbst willen da zu sein, sondern darin, am Schöpfungswerk des Schöpfers teilzunehmen. Durch dieses bewusste Teilnehmen am Schöpfungswerk im Sinne Christi - wie es weiter oben bereits geschildert wurde - findet der Mensch selbst näher zum Schöpfer der in allem ist,[1467] wird ihm ähnlicher werden, jedoch nie gleich, da selbst Christus nicht daran festhielt Gott gleich zu sein.[1468]

Die Arbeit als im volkswirtschaftlichen Zusammenhang ranghöchstes, aber gleichberechtigtes Ordnungsprinzip der Sozialwirtschaft bedarf ihrer Regelung. Einen sittlichen Lösungsansatz bietet hier für den Einzelnen der Arbeitsvertrag und gesamtwirtschaftlich die Sozialpartnerschaft. Der Arbeitsvertrag betrifft die abhängige Arbeit. Er bestimmt die Pflichten und Rechte von Arbeitgebern und Arbeitnehmern, bei dessen Abschluss beide Parteien gleichberechtigt vertreten sein müssen. Die Notwendigkeit eines Arbeitsvertrages ist schon alleine daher gegeben, da nur mit ihm eine Einordnung der Arbeit in die Organisation der Sozialwirtschaft und in die Sozialordnung des Betriebes, im Sinne einer Über- und Unterordnung, wirklich möglich

---

[1464] Die gegenwärtigen Bestrebungen im von dieser Arbeit betroffenen Gebiet lassen sich in dieser Form in der sozialen Marktwirtschaft finden. Zur sozialen Marktwirtschaft kommt mehr und mehr der Aspekt einer ökologischen Marktwirtschaft hinzu. – Vgl. dazu: Huber, Joseph (1991).

[1465] Vgl. Weiler, Rudolf (1993); 102-103.

[1466] Für Gegenden, in denen nicht nach ökologischen Kriterien gehandelt wird kann die forstwirtschaftliche Arbeit mitunter zum sekundären Sektor, der Industrieproduktion, gezählt werden, da lediglich der vorhandene Rohstoff Holz zur Verarbeitung zurechtgemacht wird, nicht aber zur "Produktion" dieses Rohstoffes beigetragen wird.

[1467] Vgl. Eph 4,6 "Ein Gott und Vater aller, der über allem und durch alles und in allem ist."

[1468] Vgl. Phil 2,5-8 "Seid untereinander so gesinnt, wie es dem Leben in Christus Jesus entspricht: Er war Gott gleich, / hielt aber nicht daran fest, wie Gott zu sein, sondern er entäußerte sich / und wurde wie ein Sklave / und den Menschen gleich. / Sein Leben war das eines Menschen; er erniedrigte sich / und war gehorsam bis zum Tod, / bis zum Tod am Kreuz."

ist.[1469] In der den Arbeitsvertrag betreffenden abhängigen Arbeit kann es jedoch nicht nur um Pflichten und Rechte der beiden Vertragspartner zueinander gehen, sondern diese Rechte und Pflichten sind immer auch im Bezug auf das nichthumane Arbeitsfeld zu sehen. Nichthumanes Arbeitsfeld, das Feld in dem die Arbeit stattfindet bzw. geleistet wird und ihren Hauptbezug hinsichtlich der mit der Arbeit verbundenen Tätigkeit aufweist, meint also nicht technische Arbeitsgeräte, sondern die Forstwirtschaft betreffend, primär den Wald. Die beiden Vertragspartner müssen folglich, um eine sittliche Berechtigung des Arbeitsvertrages hinsichtlich der Verantwortung für die Umwelt zu erlangen, die Belange des Waldes bzw. der Umwelt in ihren Vertrag mit einbeziehen, insofern diese nicht durch für beide verbindliche übergeordnete Normen geregelt sind.

Als Grundlage oder übergeordnete Norm von Arbeitsvertrag und Sozialpartnerschaft innerhalb der Forstwirtschaft kann durchaus eine Variante wie die der US-Amerikanischen ethischen Ehrenkodexe dienen. In etwas anderer Art und Weise gibt es bereits einen Vorschlag aus Zentraleuropa, der wesentlich mehr als die amerikanischen Vorlagen umweltbezogen ist. Zentraler Gedanke ist die Erhaltung des Lebens, worin das in rund vier Milliarden Jahren entstandene biologische Informationsnetz (das Genpool) vorrangigen Wert hat. Die Unternehmer wie die Arbeiter sind in diesem Denken gefordert, in ihrer Arbeit die neuen Prioritäten zu erkennen, die der geänderten Situation entsprechen. Dazu gehört die Anerkennung der Schwellenwerte. Dies ist die Erreichung jener Werte, ab denen die Natur das Tun des Menschen nicht mehr kompensieren kann. Die soziale Marktwirtschaft muss dabei zur ökosozialen Marktwirtschaft werden, die mit der Natur und nicht gegen dieselbe arbeitet.[1470]

2.4.4.2. Konkrete Handlungsmaximen für eine ökosoziale Marktwirtschaft

Heinrich Wohlmeyer macht diesbezüglich konkrete Vorschläge für **Handlungsmaximen**, die hier nun dargestellt werden:

> *1. Die **Ziele** seien **eindeutig zu definieren** und die zu deren Erreichung notwendigen Massnahmen konkret und langfristig zu verankern, damit die Wirtschaft wisse, woran sie sei. Dies gelte für den Katalog der neuen Wirtschaftsethik[1471] über die Anreizsysteme bis zu den Zwangsmassnahmen. Die geänderten Rahmenbedingungen müssten klar sein, um als Grundlage für die*

[1469] Vgl. Weiler, Rudolf (1993); 105.

[1470] Vgl. Wohlmeyer, Heinrich (1988); 143-147.

[1471] Eine solche fordert Heinrich Wohlmeyer.

einzelbetrieblichen unternehmerischen Entscheidungen - vor allem für längerfristige Entscheidungen - dienen zu können.

2. Wir müssten vom "Prüfen der Vorschläge" (auch im kirchlichen Bereich!), was in Wirklichkeit eine Politik des Hinausschiebens von unbequemen und auf den ersten Blick unpopulären Massnahmen sei, zur konkreten Aktion kommen.

3. Die Aktionen dürften nicht nur deklaratorischen Charakter haben (weitere Stufe der Alibiaktionen), weil es bereits "brenne". Für die Kirchen komme hierbei die hohe moralische Pflicht hinzu, mitzuhelfen zu verhindern, dass den kommenden Generationen die Lebensgrundlagen weggerafft würden. (Du sollst nicht stehlen!)

4. Bei Gefahr im Verzug müsse das Prinzip der Plausibilität und die Handlungsmaxime "Handle so gut Du kannst und so unvollkommen Du musst!" (Zu wenig Zeit und Mittel, um die perfekte Sicherung der Entscheidungsgrundlagen zu erlangen) zum Tragen kommen.

Die notwendigen und wesentlichen Pfeiler einer ökosozialen Marktwirtschaft sollten hierbei sein:

1. Eine Ethik der Achtung vor dem Leben in der Vielfalt seiner Ausformungen. (Die vorgegebene genetische Information erkennen und mit ihr optimal rückzukoppeln sei die zentrale Herausforderung des Informationszeitalters.)

2. Steuerliche Bestrafung (Pönalisierung) der Plünderung der fossilen Reserven dieser Erde (Ressourcensteuer) und Förderung der Bedarfsdeckung aus nachwachsenden Rohstoffen. (Dadurch würde auch die sich ausbreitende Arbeitslosigkeit der Bauern an der Wurzel beseitigt und ein Ende der scheinbaren Überschussproblematik erreicht, die nur solange bestehe, als wir Bedarfsdeckung durch Plünderung des Energie- und Rohstoffstockes dieser Erde betrieben.)

3. Die einzuhebende Ressourcensteuer auf Erdöl, Erdgas, Kohle und endliche Mineralien sollte zur Übernahme von Lohnnebenkosten und von Sozialversicherungsbeiträgen der Arbeitnehmer, Bauern und Gewerbetreibenden zwecks Verbilligung der menschlichen Arbei, eingesetzt werden. Dieser würde hierdurch eine grundsätzliche Chance gegeben (Verbilligung des Produktionsfaktoreneinstandspreises und Unterlaufen der Schattenwirtschaft, d.h. der Schwarzarbeit). Damit würde der drohenden strukturellen Massenarbeitslosigkeit auf breiter Front gegengesteuert (Arbeiter, Angestellte, Gewerbetreibende und Bauern).

4. Neben der Besteuerung des Verbrauches endlicher Ressourcen des Raumschiffes Erde müssten nachstehende Umweltabgaben (-steuern) greifen, deren Erträge einerseits zur Umweltreparatur verwendet werden sollten

und andererseits zur Verbilligung der menschlichen Arbeit; insbesondere aber zur Verstärkung der reissenden Stränge des sozialen Netzes.
Hierdurch (Punkte 3 und 4) stünde die menschliche Arbeit auch für die individuelle und behutsame Naturbewirtschaftung billiger zur Verfügung. Vor allem würde volkswirtschaftliche Preisneutralität erzielt (ein Kostenfaktor würde erhöht und dafür ein anderer verbilligt - siehe auch Ressourcensteuer).
Die Umweltabgaben, welche die notwendige drastische Änderung der Lebensgewohnheiten herbeiführen sollten, müssten insbesondere nachstehende sein:
4.1. Differenzierte Umwelt-, Produktsteuern, welche die bisher "externalisierten" (d.h. auf die Allgemeinheit überwälzten) Kosten der "Entsorgung" und Umweltreparatur der (generell zu verbilligenden) Mehrwertsteuer produktgruppenspezifisch Zuschlägen.
4.2. Abgabe auf Luftinanspruchnahme für technische Zwecke. Diese müsste auch für die Verbrennungskraftmaschinen in Kraftfahrzeugen gelten. (Hiermit würden plötzlich luftsparende Konstruktionen bis hin zum Elektroauto eine Chance bekommen.)
4.3. Wasserverbrauchsabgabe - ausgenommen die häuslichen Trink- und Hygienebedürfnisse. Hierdurch würde es neben dem Wassersparen auch zu einer Trennung der Trink- und Nutzwasserkreisläufe kommen (Techniken der internen Wasserwiederverwendung) sowie zu einer Speicherung und langsamen Entlassung des Regenwassers (weiches Wasser zum sparsamen Waschen etc.)
4.4. Bodennutzungsabgabe: Alle Bodennutzungen, die lebensfeindlich seien und keiner naturnahen Bewirtschaftung dienten - insbesondere keine Pflanzendecke tragen sowie die Möglichkeiten der Gewährung von Lebensraum für Tiere nicht ausschöpften - seien einer Zusatzabgabe zu unterwerfen.
In unseren Grundverkehrsgesetzen stehe zwar, dass die für die land- und forstwirtschaftliche Produktion geeigneten Flächen zu schonen seien, aber man kümmere sich in der Praxis nicht darum. Die Verbetonierung von Lebensräumen werde sogar noch als erwünschte Flächenstillegung im Angesicht der selbstverschuldeten (kurzfristigen) Überschussproblematik gerechtfertigt. Diese Massnahme würde einen Boom des Rückbaues zu naturnahen Flächen auslösen (Ende der Verbetonierung der Lebensräume bis auf echte Bedarfsflächen).
5. Verankerung des Kreislaufprinzipes als eine der wesentlichsten Handlungsmaximen eines ökologisch geordneten Wirtschaftens quer durch die Rechtsordnung:
Güter dürften nur in Verkehr gebracht werden, wenn nachgewiesen würde, dass sie nach Ge- oder Verbrauch entweder in industriell-gewerbliche Wiederverwendungskreisläufe oder in natürliche Kreisläufe geordnet eingingen.

6. Bevorzugung von kleinen, dezentral in das Ökosystem eingekoppelten ***Bedarfsdeckungssystemen*** *(Produktions-, Verteilungs- und Wohnsysteme), um das Schliessen von Kreisläufen zu ermöglichen und der "Grundregel" des Umweltschutzes zu entsprechen, Belastungen für die Natur verdaubar (integrierbar) zu verteilen.*
7. Einsetzung einer Sachverständigenkommission in Analogie zur ***Kodex-Kommission****, welche die* ***Mindeststandards für ökologisch geordnete Bedarfsdeckungssysteme*** *beriete und empfähle sowie um deren internationale Akzeptanz analog dem Kodex mundialis bemüht sei und für diese werbe.*
8. Handelspolitische Umsetzung (Verteidigung) der vorstehenden Massnahmen, um ihre Einhaltung im grenzüberschreitenden Güterverkehr zu gewährleisten. Herstellung gerechter Wettbewerbsverhältnisse durch den Ausgleich der zur Erhaltung der Lebensgrundlagen notwendigen Mehrkosten beim Import (Zuschlag zur Mehrwertsteuer) und beim Export (analoge Exporterstattung).
9. "Intellektueller Export" der Neuordnung, das hiesse nach genauer Durchrechnung der Auswirkungen und Herstellung des nationalen Konsenses Werbung für eine gesamteuropäische Akzeptanz in den überregionalen Institutionen und in den einzelnen Staaten. Bei Erfolg des "intellektuellen Exportes" könnten auch die unter 8. aufgezählten Massnahmen wegfallen, weil europaweit die gleichen Standards gelten würden.
Die Beschränkung auf Europa bedeutete nicht, dass die Neuordnung unserer Bedarfsdeckungssysteme nicht weltweit notwendig wäre. Die Klugheit und das Augenmass empfählen jedoch, dass Europa strategisch die erste Stufe sein sollte. Von Europa aus könnte sodann die Neuordnung in die übrige Welt exportiert werden.
Wenn wir diesen Massnahmenkatalog rasch umsetzten, würden wir die Lebensgrundlagen erhalten, wenn nicht - würden wir sie schleichend und zum Teil schon galoppierend (Waldsterben, Artensterben) verspielen.
Durch die Verschiebung der Anreize würden wir Umstellungsopfer zu bringen haben - aber ohne Opfer gäbe es keine Erneuerung. Das Opfer würde uns leichter fallen, wenn wir es aus Liebe zur Natur und den Menschen brächten. Es würde aber auch jene Beglückung bringen, welche die bisherige, unsinnig gewordene Ansammlung toter Güter nicht bringen könne. AUGUSTINUS habe uns bereits vor 1'500 Jahren den Satz mitgegeben: "Zuerst lerne lieben und dann tue, was Du willst!" Wir müssten diese Zentralmaxime wiederentdecken...
Für Österreich als immerwährend neutrales Land mit ausgewogener wirtschaftstheoretischer, naturwissenschaftlicher und musischer Tradition - also ein Land, dem man die Fähigkeit zu einem neuen menschenwürdigen und naturgerechten Zivilisationsentwurf abnähme, ergäbe sich aber auch eine internationale Vorbildspflicht. Ein Kollege aus Australien, der viel von

der Welt gesehen habe, sagte angeblich anlässlich eines UNIDO-Symposiums vor gut 10 Jahren: Lieber Freund! Die grösste Verantwortung lädten wir derzeit dadurch auf uns, dass wir den Entwicklungsländern Verhaltensmuster vorlebten, die bei der höheren Labilität ihrer Ökosysteme bzw. wegen des Nichtvorhandenseins der Mittel für unsere "Intensivstationstechnik" viel rascher tödlich endeten als bei uns.
Wir seien also national und international gefordert!
National seien das Absterben der Schutzwälder in unseren Gebirgsregionen und die zunehmende Grundwassergefährdung sowie die Gefahr einer strukturellen Arbeitslosigkeit das Menetekel an der Wand. International seien es die Auswirkungen des Entwurfes unserer Plünderungszivilisation, die zum Teil mehr Armut als Wohlstand verbreiteten (bis zu 50% Arbeitslose in einzelnen Entwicklungsländern) und den Keim des vielleicht "letzten" Krieges in sich trügen.
Aus beiden Gründen sei es an der Zeit mutig zu handeln - insbesondere für Christen, die einen Zivilisationsentwurf der umfassenden Brüderlichkeit trügen und verwirklichen sollten. In diesem Sinne trage jeder von uns nicht nur konkrete Verantwortung für die Umwelt in der Wirtschaft, sondern auch konkrete Weltverantwortung. Die bisherigen Selbstentschuldigungsmuster dürften nicht mehr angenommen werden![1472]

Der Aufruf zum sorgsameren Arbeiten mit und in der Natur ist im Christentum nicht neu. HEINRICH WOHLMEYER reiht sich mit seinen Forderungen und Befürchtungen unter grosse Gestalten der Geschichte ein. So schrieb TERTULLIAN, die Menschen seien der Erde zur Last geworden, die Rohstoffe reichten kaum noch aus, die Natur vermöge uns nicht mehr zu ernähren.[1473] Auch CYPRIAN teilte diese Ansicht indem er sagte, dass der Erdkreis vollgestopft und die Welt überbevölkert sei.[1474] Tatsächlich haben die Menschen oftmals in der Geschichte über die Kapazität der Natur gelebt. Das Ergebnis war eigentlich stets ein Anpassen der Förderungsmethoden zur Erhöhung von Produktionen und nicht ein Anpassen der Bedürfnisse des Menschen an die natürliche Leistungsfähigkeit der Natur. Was über Jahrmillionen im natürlichen Verlauf an Ressourcen auf der Erde gebildet wurde, ist im Begriffe vom Menschen in wenigen Jahrhunderten unwiderruflich verbraucht zu werden. Aus christlicher Sicht gelten daher für das Verhältnis des Menschen zur sichtbaren Schöpfung, auch hinsichtlich der Arbeit mit ihr, folgende Grundsätze: 1. Zerstörung und Schädigung der Natur widersprechen dem christlichen Verständnis der sichtbaren Schöpfung. 2. Das

[1472] Vgl. Wohlmeyer, Heinrich (1988); 147-151.

[1473] "onerosi sumus mundo, vix nobis elementa sufficiunt..., dum iam nos natura non sustinet" – Abgedruckt in: VDB 21; 47.

[1474] "cum iam refertus est orbis et mundus impletus" – Abgedruckt in: VDB 21; 47.

Verantwortungsbewusstsein aller Menschen und Völker der Natur gegenüber muss geweckt und gestärkt werden. 3. Für Fragen, auf welche Weise der Verwüstung und Verschmutzung der Natur Einhalt geboten werden kann und wie zerstörerische Auswirkungen von forstwirtschaftlichen Eingriffen verhütet werden können, ist nicht die Theologie, sondern die jeweilige Fachwissenschaft zuständig. Eine Dämonisierung der Wirtschaft und ihrer Forschung ist unsachlich. Die Theologie ist jedoch verpflichtet, die jeweiligen Sachwissenschaften auf den Wert und die Würde der Schöpfung hinzuweisen und die Wissenschaftsgebiete, so wie die jeweiligen Wirtschaftszweige zur Respektierung, zum adäquaten Umgang und zu einer daran angepassten Nutzung der irdischen Güter, dieser Würde und dieses Wertes entsprechend, aufzurufen.[1475] Für die Berufstätigen ergibt sich daraus, als ein Aktionskriterium, sich zu öffnen für die Charismen und Gaben des Heiligen Geistes im Hinblick auf die Aufgaben und Entscheidungen im ökosozialen Leben.[1476]

[1475] Vgl. VDB 12; 32-33.

[1476] Vgl. VAS 91; 60.

2.5. Zusammenfassung des Kapitels

Im ersten Kapitel wurde eingehend das Verhältnis des Menschen zur Schöpfung Wald berücksichtigt. Dabei waren weniger theoretische Aspekte der Thematik wichtig, als vielmehr der praktische Zugang, um aufzuzeigen wie sich das Verhältnis im Konkreten ausprägte und auch heute noch ausprägt. Im zweiten Kapitel wurde nun das Verhältnis des Schöpfers zum Wald beleuchtet, um dann in einem dritten Kapitel ethische Schlussfolgerungen ziehen zu können.

Zentrale Betrachtungspunkte in diesem Kapitel waren die Kultur, Gott und seine Schöpfung, der Mensch in der Schöpfung und der Beruf und die Arbeit hinsichtlich der Verantwortung für die Umwelt.

Zu Beginn dieses Kapitels wurde die "Kultur" wieder aufgegriffen, die bereits, jedoch unter anderen Gesichtspunkten, im ersten Kapitel einen nicht unbedeutenden Platz einnahm. Im ersten Kapitel wurde die Frage des Waldes als Kulturraum aufgeworfen. Hier fand nun der Wald als Kulturträger und Kulturlandschaft Platz.[1477] Der Begriff "Kultur" wird aufgrund der verschiedenen Verständnisse - wie es sich gezeigt hat - durchaus sehr unterschiedlich gebraucht und weist eine grosse Vielfalt an Sinngehalten auf. Dies schien auf den ersten Blick etwas verwirrend, ergibt letztlich jedoch einen Sinn, da sich forstwirtschaftliches- und theologisch-philosophisches Denken und Argumentieren nicht immer kongruent verhalten wie eben aufgezeigt wurde.

Wie im ersten Kapitel bereits ausführlich beleuchtet bedeutet Kultur bzw. Forstkultur natürliche Altersstufe, durch Kunstverjüngung (Saat oder Pflanzung) begründeter Jungwuchs (Jungbestand): Verjüngung.[1478] Der Kulturwald ist im Gegensatz zum Naturwald (oder auch dem Urwald) ein Wald, der mehr oder weniger anthropogen entstanden ist und der einer ständigen forstbetrieblichen Bewirtschaftung unterliegt.[1479] Aus Sicht der Forstwirtschaft ist somit der Mensch der, der den Wald kultiviert, sprich künstlich verjüngt. Menschliche Kulturtätigkeit "beschränkt" sich somit auf das künstliche Verjüngen des Waldes, um dem Menschen längerfristig den Wald als wirtschaftliche Grösse zu erhalten. Die Definitionen von Kultur sind somit nicht deckungsgleich mit theologischen Deutungen, dass Kultur "die gesellschaftlich-geschichtliche Form der Lebensentfaltung eines Volkes als Ganzheit[1480]" mit dem Grundziel der Persönlichkeitsentfaltung seiner Glieder durch Anteilnahme an dieser Lebensentfaltung auf den einzelnen Lebensgebieten ist. Kultur ist Werteverwirklichung,

[1477] Zu Kultur allgemein: Vgl. Scherer, Robert (^{6}1960); 164-178. – Vgl. Rassem, Mohammed (^{7}1987); 746-757.

[1478] Vgl. KWFL; 438; Kultur.

[1479] Vgl. KWFL; 438; Kulturwald.

[1480] Messner, Johannes (^{2}1954/^{3}2001); 343.

also Lebensform, Ordnung und Aufgabe; in allen dreien sind sittliche Bezüge erkennbar.[1481] Nach dieser Sicht muss menschliche Kulturtätigkeit am Wald etwas Komplementäres besagen. Kulturtätigkeit am Wald kann nicht "nur" Verjüngung des Waldbestandes bedeuten, sondern muss gleichsam zur gesellschaftlich-geschichtlichen Form der Lebensentfaltung eines Volkes als Ganzheit hinsichtlich einer Werteentwicklung beitragen. Gerade in diesen Punkten zeigte sich, dass sich die Forstwirtschaft offenbar recht schwer tut, innerhalb ihres Aufgabenfeldes die Verantwortung gegenüber der Gesellschaft nicht nur aus dem Blickwinkel der Verjüngung des Waldbestandes zu sehen, trotz ihrer steten Bemühung ökologischer zu handeln, als dies durch das Nachhaltigkeitsprinzip bereits gegeben ist. Der Wert des Waldes wird von der Forstwirtschaft nur sehr langsam nicht nur finanzwirtschaftlich gesehen wie die kulturgeschichtlichen Aspekte um den Wald verdeutlichten. Volksdichtung und Kunst, um nur zwei Beispiele aus den Erläuterungen dieses Kapitels zu nennen, sehen bereits seit langer Zeit nebst anderen vermehrt auch ästhetische Werte des Waldes, die von der Forstwirtschaft wie es den Anschein macht noch nicht in adäquater Weise geteilt werden.

Im Weiteren wurde das Verhältnis Gottes zur Schöpfung aufgezeigt. Es wurde festgestellt, dass Irdisches seine Existenz nicht sich selbst verdankt. Die gesamte Natur findet sich als je schon ins Dasein gestellt vor. Christlicher Glaube deutet dieses "sich ins Dasein gestellt finden" als Geschaffen-Sein durch Gott, als Kreatürlichkeit. Schöpfungsglaube wird als Schöpferglaube verstanden und erklärt. Der christliche Schöpferglaube richtet sich somit primär auf den Schöpfer, auf Gott, als den "Ursprung aller Dinge", als den "Schöpfer der sichtbaren und unsichtbaren, der körperlichen und geistigen[1482]" Wesen. Innerhalb dieser Schöpfung obliegt dem Menschen eine besondere Stellung. Zu nennen sind als entscheidende Aspekte, welche die Sonderstellung des Menschen begründen, besonders die Punkte "Selbsterschliessung des Schöpfers", "Gottebenbildlichkeit des Menschen", "Göttlicher Herrschaftsauftrag an den Menschen", "Benennung der Tiere" und "Gutheit der Welt".[1483]

Das Schwergewicht dieses Kapitels beschäftigt sich mit eben diesem Geschöpf, welches eine Sonderstellung in der Schöpfung inne hat, mit dem Menschen. Es wurde erkannt, dass die Natur des Menschen, mit einem Wort gesagt, die Liebe ist.[1484] In adäquater Weise konnte nahegelegt werden, dass die Natur des Baumes das Fruchtbringen ist, das gute Frucht bringen. Da die Natur des Menschen die Liebe ist, kann er daher der Natur des Baumes in rechter Weise nur in Liebe begegnen sowie der Baum dem Menschen

[1481] Vgl. Messner, Johannes (1955); 152.

[1482] DH 800.

[1483] Vgl. Auer, Alfons (1984); 212-221. – Vgl. auch: Krätzl, Helmut (1995); 235-249.

[1484] Vgl. Messner, Johannes (^{7}1984); 70-72.

seiner Natur nach in rechter Weise nur mit Fruchtbringen begegnen kann. Diese Festsstellung lässt sich nicht zuletzt durch die mehr als 1200 angeführten Bibelstellen, in denen "Baum" oder "Wald" bzw. ein anderer entsprechender Begriff in einer relevanten Form genannt werden, erhärten.

Haupterkenntnis dieses Kapitels ist schliesslich das Abgeordnet-Sein des Menschen. Der Mensch ist durch sein von Gott bestimmtes Abgeordneter-der-Natur-Sein Hüter seiner Welt. Hüter, Abgeordneter der Welt zu sein bedeutet, Verantwortung dafür zu haben, dass jeder Kreatur der ihr zugedachte Platz grundsätzlich erhalten bleibt. Dies schliesst das Nutzen der Kreaturen und Ressourcen, wie das biblische untertan machen zeigt, nicht aus, impliziert aber zwangsläufig auch das Einstehen für das, wofür man verantwortlich ist, die Natur. Dieses Verhältnis wird durch die in die Arbeit integrierten kirchlichen Stellungnahmen wesentlich untermauert.

Den Abschluss dieses Kapitels bildete die Reflektion über Beruf und Arbeit hinsichtlich der Verantwortung für die Umwelt. Es zeigte sich, anhand des Beispieles der Bemühungen in den USA um ethische Ehrenkodexe für Förster, dass seitens der Forstwirtschaft erheblicher Handlungsbedarf besteht, was die Erarbeitung einer adäquaten "Ethik der Forstwirtschaft" betrifft, da die Bewertung der Arbeit nicht nur wirtschaftlich zu sehen ist, sondern sie ist immer auch von ausserwirtschaftlichen, kulturellen Wertvorstellungen abhängig. Es stellt sich nebst der Grundfrage, der Überlebensfrage, immer auch eine darüber hinausgehende Sinnfrage der Arbeit, die zur Spiritualität, zur Theologie der Arbeit führt.[1485]

2.5.1. Kurzer Ausblick auf das dritte Kapitel

Im folgenden und letzten Kapitel wird als ethische Schlussfolgerung der Versuch unternommen, das "Abgeordnet-Sein" des Menschen, welches im zweiten Kapitel als Anlage dargestellt wurde, welche der Interpretation bedarf, auf hermeneutischen Wegen zum Prinzip zu erheben.

Diese Arbeit führte somit zu drei wesentlichen Erkenntnissen, wovon eine - (a) - bereits offen zu Tage gebracht worden ist:

a) Die Forstwirtschaft und ihre dazugehörigen wissenschaftlichen Disziplinen wird sich bemühen müssen, ihr Ethos, welches in aufgezeigter Weise durchaus vorhanden ist, zu einer glaubwürdigen Ethik zu bringen.

[1485] Vgl. Weiler, Rudolf (1993); 102-103.

b) Die Forstwirtschaft mit ihren dazugehörigen wissenschaftlichen Disziplinen und auch alle anderen Wirtschaftszweige mit den dazugehörigen wissenschaftlichen Disziplinen werden sich mit dem "Abgeordnet-Sein" des Menschen tiefgehend auseinander setzen müssen.

c) Diese Arbeit wird, nicht zuletzt aufgrund der vielen Fragen, die sie aufgeworfen hat, zu einer breiten Diskussion, mitunter auch einer öffentlichen, Anstoss geben, über die Verantwortung des Menschen für die Umwelt aus ethischer Sicht, unter Miteinbezugnahme des im nächsten Kapitel neu begründeten Prinzips des Abgeordnet-Seins, nachzudenken, besonders die Disziplinen, die sich mit dem Wald beschäftigen.

Kapitel 3

ETHISCHE SCHLUSSFOLGERUNGEN

3. Forstwirtschaftlich-"ökosoziale" Ethik - Abgeordnet-Sein ein Prinzip?

Im ersten Kapitel wurde eingehend das Verhältnis des Menschen zur Schöpfung Wald berücksichtigt. Dabei waren weniger theoretische Aspekte der Thematik wichtig, als vielmehr der praktische Zugang, um aufzuzeigen wie sich das Verhältnis in einzelnen Bereichen ausprägte und auch heute noch ausprägt. Im zweiten Kapitel wurde dann das Verhältnis des Schöpfers zum Wald beleuchtet. Zentrale Betrachtungspunkte im zweiten Kapitel waren die Kultur, Gott und seine Schöpfung, der Mensch in der Schöpfung und der Beruf sowie die Arbeit hinsichtlich der Verantwortung für die Umwelt.

Haupterkenntnisse des zweiten Kapitels sind das Erkennen des gehäuften Auftretens kulturgeschichtlicher Aspekte um den Wald in der Vergangenheit sowie das Zueinander von Schöpfung und Schöpfer, welches sich nicht zuletzt in den Aussageinhalten der Religionen widerspiegelt. Dies ist auch gegründet auf die mannigfaltige Präsenz des "Baumes" in der Bibel und dessen durchwegs positivem Stellenwert und den sich daraus ergebenden Aussagen der Kirche katholischerseits, mit deren Auswirkungen in direkter wie indirekter Weise auf das Gewissen des Menschen und schliesslich das "Abgeordnet-Sein des Menschen". Der Mensch ist durch sein von Gott bestimmtes Abgeordneter-der-Natur-Sein Hüter der Welt. Hüter, Abgeordneter der Welt zu sein bedeutet Verantwortung dafür zu tragen, dass jeder Kreaturgattung der ihr zugedachte Platz erhalten bleibt. Dies schliesst das Nutzen der Kreaturen und Ressourcen, wie das biblische Untertan machen zeigt, nicht aus, impliziert aber zwangsläufig auch das Einstehen für das, wofür man verantwortlich ist: die Natur. Dieses Verhältnis wurde durch die in die Arbeit integrierten kirchlichen Stellungnahmen und den aufgezeigten Bemühungen der US-Amerikanischen Forstleute wesentlich untermauert.

In diesem Kapitel wird als ethische Schlussfolgerung der Versuch unternommen, das "Abgeordnet-Sein" des Menschen, welches im zweiten Kapitel als Anlage dargestellt wurde, welche der Interpretation bedarf, auf hermeneutischen Wegen zum Prinzip zu erheben, unter Mitbeachtung des bereits vorhandenen und gebräuchlichen Begriffs "Mandat". Zudem sollen einige bereits vorhergehende praxisbezogene Umsetzungsansätze dieses Prinzips aufgezeigt werden. Diese Ansätze können durchaus als Brücke zwischen dem "Altland" und dem "Neuland", welches diese Arbeit betritt, betrachtet werden.[1486]

[1486] Vgl. den "Prolog" dieser Arbeit.

3.1. Der bereits vorhandene Begriff "Mandat"

Im Sprachgebrauch innerhalb schöpfungs- und berufstheologischer Texte wird für die Stellung des Menschen hinsichtlich der Schöpfung gerne der Begriff "Mandatar" verwendet. Dem Menschen wird ein "Mandat" zugesprochen.[1487]

3.1.1. Die Bedeutung des Begriffes "Mandat"

Das Wort "Mandat" beinhaltet grundsätzlich die Bedeutungen, die ihm aus dem lateinischen Wort "Mandatum" zu eigen sind: (mündlich) Auftrag, Weisung, Order, Befehl, Instruktion; speziell als juristischer Terminus technicus "Bevollmächtigungsvertrag", durch den man die Besorgung der Geschäfte anderer unentgeltlich übernimmt.[1488] Zudem wird allgemein darunter Auftrag,[1489] Vollmacht; Sitz im Parlament; Amt eines (gewählten) Abgeordneten; in Treuhand von einem Staat verwaltetes Gebiet; (historisch) Erlass sowie Auftrag an einen Untergebenen verstanden.[1490]

Für den Begriff "Mandat" lassen sich somit drei Deutungsrichtungen erkennen, eine der Politik, eine des bürgerlichen Rechtes und eine der Geschichte:

1) Politik: Amt und Auftrag des Abgeordneten. Im Repräsentativsystem gilt das *freie Mandat*, das heisst, die Abgeordneten sind an Weisungen nicht gebunden. Das *imperative Mandat*, das heisst, das Mandat eines an die Weisung seiner Partei, seiner Wähler oder einer Interessengruppe gebundenen Abgeordneten spielt im Rahmen der direkten Demokratie und des Rätesystems eine bedeutende Rolle.[1491]

2) Bürgerliches Recht: Ein Mandat als Auftrag ist eine Vereinbarung nach welcher der Beauftragte (Mandatar) für den Auftraggeber (Mandant) unentgeltlich ein Geschäft, sei es rechtlicher oder tatsächlicher Natur, zu besorgen hat. Im allgemeinen Sprachgebrauch werden auch Dienstvertrag, Werkvertrag und Maklervertrag als Auftrag bezeichnet.[1492]

[1487] Vgl. Schlitt, Michael (1992); 159. – Vgl. Häring, Bernhard (1989[3]); 181.

[1488] Vgl. Wörterbuch Latein; mandatum.

[1489] Vgl. Mandat und Markt. (1997); 16.

[1490] Vgl. LROM[1]; Mandat.

[1491] Vgl. LROM[1]; Mandat.

[1492] Vgl. Bertelsmann; Mandat.

3) Geschichte: (Mandatsgebiet) nach dem 1. Weltkrieg von der Türkei bzw. vom Deutschen Reich abgetrennte Gebiete, die einem besonderen Verwaltungssystem unterstellt wurden, das von einigen Siegermächten unter Aufsicht des Völkerbundes ausgeübt wurde. So genannten *A-Mandaten* (Irak, Palästina/Transjordanien, Syrien, Libanon) wurde die staatliche Unabhängigkeit fest in Aussicht gestellt, sie besassen eine vom Mandatar beaufsichtigte Selbstverwaltung; die so genannten *B-Mandate* (Kamerun, Togo, Tanganjika, Ruanda-Urundi) unterstanden einer besonderen Verwaltung des Mandatars, während die so genannten *C-Mandate* (Südwestafrika und die Inseln im Pazifik) als zu integrierender Bestandteil des Mandatars zu verwalten waren.[1493]

Innerhalb der katholischen Kirche wird unter dem Begriff "Mandatum" vornehmlich die "Missio canonica" bzw. eine "kirchenrechtliche Vollmacht" verstanden.[1494] Das Mandat wird somit juristisch gesehen. Der kirchenrechtliche Ausdruck "Missio canonica" ist eine nicht eindeutige Sammelbezeichnung für verschiedene Formen der kirchlichen Sendung und hat im CIC/1983 keine explizite Verwendung mehr gefunden. Die mit diesem Begriff gemeinten Sachverhalte sind lediglich noch in umschreibenden Bezeichnungen zu finden und beinhalten im Sinne kirchlicher Sendung Vorgänge, die verschiedene Arten der rechtlichen Teilnahme am kirchenamtlichen Sendungsauftrag bezeichnen.[1495] Die "kirchenrechtliche Vollmacht" wird ihrerseits wiederum als "sacra potestas", als eine "heilige oder geistliche Vollmacht" gesehen und bestimmt den Dienst der ordinierten Amtsträger näher.[1496]

3.1.2. Hinweis auf den Gebrauch des Begriffes "Mandat" bzw. deren Inhalte

Innerhalb der theologischen Diskussion wird das Verhältnis des Menschen zur Schöpfung wiederholt im Sinne eines "Mandates" oder eines "Treuhänders" verstanden. MICHAEL SCHLITT bezeichnet den Menschen als Treuhänder oder Mandatar und gibt ihm aus dieser Verantwortung für die Natur "eine Verpflichtung gegenüber Gott, gegenüber sich selbst und gegenüber den Mitmenschen, nicht aber gegenüber der Natur[1497]". Diese Verpflichtung des Menschen wird allgemein in der imperativischen Form des Auftrages zur Herrschaft über die Erde gesehen.[1498] Im Schöpfungsglauben lässt sich nach SCHLITT

[1493] Vgl. LROM[1]; Mandat. – Vgl. dazu auch: Jakob, E. G. (1991); 398.

[1494] Vgl. Kasper, Walter (^{3}1997); 1263.

[1495] Vgl. Riedel-Spangenberger, Ilona (^{3}1998); 287.

[1496] Vgl. Krämer, Peter (^{3}2001); 880-881.

[1497] Schlitt, Michael (1992); 159.

[1498] Vgl. Gen 1,28 "Gott segnete sie und Gott sprach zu ihnen: Seid fruchtbar und vermehrt euch, bevölkert die Erde, unterwerft sie euch und herrscht über die Fische des Meeres, über die Vögel des Himmels und über alle Tiere, die sich auf dem Land regen."

kein klar umrissener Pflichtenkatalog finden wie der Mensch diese Verantwortung konkret wahrnehmen kann oder soll, sondern es sind lediglich Konsequenzen ersichtlich.[1499] Der Mensch wird als Vertreter Gottes gesehen, der Gott allem gegenüber vertritt was existiert und neben ihm auf Erden lebt. Er wird als Beauftragter und Verwalter Gottes verstanden.[1500] Nach der "Vollendung" des Schöpfungswerkes interveniert der Schöpfer sozusagen nicht mehr selbst in dasselbe, um ihm Gestalt und Form zu geben. Darum "bedarf" der Schöpfer eines "Gouverneurs" auf Erden, der nach seinen Absichten handelt.[1501] Diese Deutungen finden ihren Urgrund nicht zuletzt, nebst der genannten Genesisstelle,[1502] im Buch der Weisheit, in dem es heisst: "Er [der Mensch] soll die Welt in Heiligkeit und Gerechtigkeit leiten / und Gericht halten in rechter Gesinnung.[1503]" Der Mensch ist somit nicht selbst uneingeschränkter Souverän, sondern ist der Beauftragte Gottes.[1504]

BERNHARD IRRGANG weist darauf hin, dass die beiden grossen christlichen Kirchen den Menschen als Mandatar, als Beauftragten Gottes sehen, was er auch im technischen Zeitalter bleiben könne. Zudem stellt er fest, dass innerhalb kirchlicher Verlautbarungen Diskussionsansätze für eine ökologisch orientierte theologische Ethik vorhanden seien, welche jedoch immer an ein christliches Ethos als Rahmenbedingung zurückgebunden würden. IRRGANG hält fest, dass bei PHILIPP SCHMITZ aus dem Sein kein Sollen folge. Nach PHILIPP SCHMITZ lege ein derartiges naturrechtliches Vorgehen auch der Schöpfungsbericht nicht nahe. Hier sei der Mensch als Mandatar, als Beauftragter und Stellvertreter Gottes verstanden. Die Solidarität Gottes garantiere den Menschen ein freies Handeln, wenn auch der Sündenfall deutlich mache, dass der Mensch den Sinn der Schöpfung verfehlen könne.[1505] IRRGANG geht von einer Bedeutung "christlicher Anthropozentrik" aus, welche zwar auf inhaltlich-materieller Ebene den Menschen als Spitzengeschöpf betrachtet, der mit einem Gestaltungsauftrag, einem Mandat, über die Welt ausgestattet ist. Hiermit ist jedoch auch zu berücksichtigen, dass damit bereits eine Ethosform im Sinne einer Verantwortung vor Gott, für die Mitmenschen und für die übrige Schöpfung mitimpliziert. Der Mensch, speziell der Ethiker, wird als "Anwalt der Natur und der Menschheit" gesehen.[1506] Der Physiker und Philosoph KLAUS MICHAEL

[1499] Vgl. Schlitt, Michael (1992); 158-60.

[1500] Vgl. Peschke, Karl-Heinz (1995); 825.

[1501] Vgl. Steck, Odil Hannes (1980); 104.

[1502] Vgl. Gen 1,28 "Gott segnete sie und Gott sprach zu ihnen: Seid fruchtbar und vermehrt euch, bevölkert die Erde, unterwerft sie euch und herrscht über die Fische des Meeres, über die Vögel des Himmels und über alle Tiere, die sich auf dem Land regen."

[1503] Weish 9,3.

[1504] Vgl. Steck, Odil Hannes (1980); 105-108.

[1505] Vgl. Irrgang, Bernhard (1992); 20-34, 83-86. – Vgl. Schmitz, Philipp (1985); 126-134.

[1506] Vgl. Irrgang, Bernhard (1992); 16-17, 63-64, 66, 69-72, 176-179.

MEYER-ABICH geht noch etwas weiter. Für ihn besteht zwischen dem Menschen und der Natur eine Rechtsgemeinschaft. Jedes Lebewesen, jede Art ist für ihn Teil des Baumes des Lebens. Er bekennt sich somit zu einem physiozentrischen Weltbild.[1507] Wie SCHMITZ kennt auch UDO KROLZIK einen Eigenwert der Natur, der jedoch im Laufe der "industriellen Revolution" verloren gegangen sei. Besonders hebt er die Mönche hervor, welche den Menschen als Mitarbeiter Gotte sähen, sozusagen im Sinne eines Mandates.[1508]

Für GÜNTER ALTNER ist die Säkularisierung eine Funktion jüdisch-christlichen Schöpfungsglaubens, der zur Verwaltung der Natur ermündige, somit sei der Säkularismus der Versuch sich jener Ermündigung zu entledigen, um die Geschichte selbst in die Hand zu nehmen. Die Vergänglichkeit kreatürlicher Existenz werde durch den Anspruch naturferner Geistigkeit und Überlegenheit überspielt und die Zeitlichkeit des übernommenen Verwaltungsauftrages (Mandat) gerate zum ewigen Dekret.

Bei DIETRICH BONHOEFFER werden vier Mandate Gottes ganz auf den Menschen bezogen gesehen, die sich seiner Ansicht nach aus der Heiligen Schrift ableiten lassen und die er zur "Lehre von den vier göttlichen Mandaten[1509]" erhebt: die Arbeit (Kultur), die Ehe (und die Familie), die Obrigkeit und die Kirche. BONHOEFFER spricht von göttlichen Mandaten und nicht von göttlichen Ordnungen. Er stellt somit seine vier Mandate als "Auftrag" und nicht als "gegebene" Ordnung dar. Es fällt jedoch auf, dass bei seinen Ausführungen kein unmittelbarer Schöpfungsbezug gegeben ist, sondern lediglich ein mittelbarer, über die Arbeit, über die Kultur.[1510] BONHOEFFER nennt in seinem Manuskript das Mandat, das sonst bei ihm "Arbeit" heisst, auch "Kultur".[1511] Somit ist bei BONHOEFFER ein Schöpfungs- bzw. Umweltzugang in erster Linie über die Kultur zu sehen. Unter dem Begriff "Mandat" versteht er den konkreten in der Christusoffenbarung begründeten und durch die Heilige Schrift bezeugten göttlichen Auftrag, die Ermächtigung und Legitimierung zur Ausrichtung eines bestimmten göttlichen Gebotes, die Verleihung göttlicher Autorität an eine irdische Instanz. Zugleich ist unter "Mandat" bei ihm die Inanspruchnahme, die Beschlagnahmung und die Gestaltung eines bestimmten irdischen Bereiches durch das göttliche Gebot zu verstehen. Der Mandatar ist somit auch Stellvertreter, Platzhalter des Auftraggebers.[1512]

[1507] Vgl. Meyer-Abich, Klaus Michael (1984); 19-21, 95-99, 160-161, 173-174, 187-189

[1508] Vgl. Krolzik, Udo (1979); 80-84.

[1509] Dietrich Bonhoeffer - Werke; Bd. 16; 561.

[1510] Vgl. Dietrich Bonhoeffer - Werke; Bd. 6; 54-61. – Vgl. dazu auch: Häring, Bernhard (1989^3); 181.

[1511] Vgl. Dietrich Bonhoeffer - Werke; Bd. 6; 392 (Fn 2).

[1512] Vgl. Dietrich Bonhoeffer - Werke; Bd. 6; 392-398.

3.1.3. Hinweis auf den Begriff "Verwaltung"

Der Begriff "Verwaltung" hat eine längere Entwicklungsgeschichte hinter sich. Verwaltung in seiner rudimentären Bedeutung bezieht sich auf Leitung, eine Leitung, welche nicht mehr als die verfügbaren Ressourcen schonend, sanierend, respektvoll (mögend) und teilend zum Gebrauch verwendet und somit die Treue zu dem erweist, was es zu verwalten gilt und zu dem, in dessen Auftrag etwas verwaltet wird.[1513]

Historische Entwicklung des Verwaltungsbegriffs[1514]

Jahrhundert	*Historische Situation*	*Ideale christliche "ethische Antwort"*
1. - 4.	Feindseligkeit von heidnischem Imperium	Sie lernen in verfolgten Umständen zu leben und geistliche Ressourcen zu bewahren.
5. - 7.	Barbarische Invasionen des Westens	Sie übernehmen flexible Bildungsmethoden (Klöster), um die Kultur zu zivilisieren und zu bewahren.
8. - 12.	Arabische und türkische Konflikte	Sie integrieren alte Philosophie und Literatur in gegenwärtige christliche Gedanken.
13. - 15.	Handel mit dem Osten	Sie dehnen die Vision des Westens auf ganz neue und angesehene Kulturen aus.
16.	Weltumsegelung	Sie akzeptieren den Begriff eines begrenzten Globus, auf dem eine beschränkte Anzahl von Menschen lebt.
17. und 18.	Wissenschaftliche Revolution	Sie entwickeln ein kosmisches Bewusstsein mit der Erde, als einem Teil des Universums.
18. - 20.	Industrielle Revolution	Sie bewahren menschliche Arbeit und sie benutzen die Maschinenarbeit zur menschlichen (Lebens-)Verbesserung.
19.	Evolutionstheorie	Sie wissen von der gewaltigen Spanne der Zeit, der Entwicklung der Arten.
20. - weiter	Zeitalter der Knappheit	Sie erfahren von der Notwendigkeit Ressourcen und Macht mit weniger glücklichen Mitgliedern der menschlichen Familie zu teilen.

[1513] Vgl. 1 Kor 4,2 "Von Verwaltern aber verlangt man, dass sie sich treu erweisen."

[1514] Vgl. Fritsch, A. J. (1994); 310.

3.2. Erweiterung des "mandatarischen Verständnisses"

Der kirchliche Gebrauch des Begriffes "Mandat" ist fast ausschliesslich - wie oben aufgezeigt wurde - auf das sakramentale Amt bezogen. Er eignet sich daher alleine schon aus diesem Grund nicht besonders gut für das Inhaltsspektrum, welches für einen adäquaten Ausdruck hinsichtlich der zu bedenkenden Bandbreite an Sinngehalten notwendig ist. In der theologischen Diskussion wird der Begriff in enger Verbundenheit mit Auftrag, Weisung, Order, Befehl, Instruktion, "Bevollmächtigungsvertrag", Vollmacht, Sitz im Parlament, Amt eines [gewählten] Abgeordneten, in Treuhand von einem Staat verwaltetes Gebiet, (historisch) Erlass, Auftrag an einen Untergebenen, Treuhand, Gouverneur, Vikar (Stellvertreter), Platzhalter des Auftraggebers, kirchlich sakramentalem Amt[1515] und Ähnlichem gesehen und eignet sich daher ebenfalls nicht wirklich für das Inhaltsspektrum, welches für einen adäquaten Ausdruck hinsichtlich der zu bedenkenden Bandbreite an Sinngehalten notwendig ist. Diese Ausdrucksfülle, die der Begriff "Mandat" inkludiert, reicht zudem nicht aus, um der Aufgabe, dem Stellenwert und der Berufung des Menschen hinsichtlich der Schöpfung und des Schöpfers gerecht zu werden. Er bewegt sich zu stark im Bereich eines "Auftrages" und zu wenig im Bereich eines ausgewogenen Selbstverständnisses des Menschen, welches besonders den Stellenwert und die Berufung aus dem Glauben des Menschen innerhalb der Schöpfung berücksichtigt.

3.2.1. Sinngehalte des Begriffes "Abgeordnet-Sein"

Der Begriff, den es zu wählen gilt und der den besagten Stellenwert und die benannte Berufung - hinsichtlich der Mitgeschöpfe[1516] wie des Schöpfers - adäquat berücksichtigt, muss zum bezeichneten Sinngehalt[1517] folgende Bedeutungen in zeitgenössischer Sprache mit einschliessen: Vertreter (Patronus, Schutzherr, Anwalt), Defensor (Abwehrer, Verteidiger, Beschützer), Kurator (Verwalter, Aufseher, Pfleger, Fürsorger, "Vormund[1518]"), Advokat (Sachverständiger, Beistand, Fürsprecher), Lobbyist (Interessenvertreter, Supplent), Verantwortung (in gewissem Sinne Solidarität und

---

[1515] Vgl. dazu die obigen Ausführungen.

[1516] Unter Mitgeschöpfen sind durchaus auch die Mitmenschen zu verstehen, kann es doch kein nachhaltig fruchtbares Handeln für die Umwelt und somit auch für den Wald geben, wenn die menschliche Sozialkomponente vernachlässigt wird.

[1517] Auftrag, Weisung, Order, Befehl, Instruktion, "Bevollmächtigungsvertrag", Vollmacht; Sitz im Parlament; Amt eines [gewählten] Abgeordneten; in Treuhand von einem Staat verwaltetes Gebiet; (historisch) Erlass, Auftrag an einen Untergebenen, Treuhand, Gouverneur, Vikar (Stellvertreter), Platzhalter des Auftraggebers, kirchlich sakramentales Amt.

[1518] Im Sinne des richtig verstandenen Herr-Seins wie es im zweiten Kapitel bereits beschrieben ist, verstanden im Lichte der Väterlichkeit.

Subsidiarität) sowie Partner des Bundesgottes. Da der Begriff "Mandat" diesen komplexen Sinngehalt nicht in gewünschter Weise abdeckt, wird ein Begriff gewählt, der im Verständnis der Menschen der heutigen Zeit und in dem von der Arbeit betroffenen Gebiet dieser notwendigen Sinnfülle am ehesten gerecht zu werden scheint. Da diese Arbeit sich geographisch gesehen vorwiegend mit Fragestellungen in deutschsprachigen Ländern auseinander setzt, kann der Begriff um des allgemeinen Verständnisses und Nachvollzuges wegen in rechter Weise nur der deutschen Sprache entspringen. Somit wird bewusst der Begriff "Abgeordnet-Sein" verwendet, da dieser am ehesten den Anforderungen zu genügen scheint.

Die Notwendigkeit für eine solche Begriffsbegründung ergibt sich aus den Erkenntnissen der menschlichen Stellung innerhalb der Schöpfung, die in den ersten beiden Kapiteln gewonnen wurden. Zudem ist der Begriff "Abgeordnet-Sein" in der theologischen Diskussion in dieser Art und Weise wie er in der vorliegenden Arbeit zur Geltung kommt neu und daher weitgehend nicht mit Sinnbelegungen "vorbelastet".

3.3. Prinzip

Der Begriff "Prinzip" leitet sich vom lateinischen "principium" ab und bedeutet zunächst: 1. im Allgemeinen (eigentlich und bildlich) Anfang, Ursprung, Grundlage, Fundament, Grundsatz, Grundnorm, Regel, Grundregel, Richtschnur; oft principio "zuerst, zunächst, zuvörderst"; a principio "von Anfang an, anfangs"; 2. Im Speziellen a) (philosophisch) Grund, Anstoss, Urkraft; den Anfang allen Handelns und Begehrens; Grundstoff, pluralistische Elemente; speziell principia naturae (Natualia) "Grundtriebe"; b) die zuerst stimmende (Kurie); c) (militärisch) I) Vordertreffen, Front, II) Hauptquartier, Hauptplatz oder -strasse im Lager; d) In der Physik Aussage oder Gesetzmässigkeit sehr allgemeiner Art; e) Gesetzmässigkeit, Idee, die einer Sache zu Grunde liegt, nach der etwas wirkt; Schema, nach dem etwas aufgebaut ist.

Denkprinzipien (Axiom[1519]) sind wiederum Formalprinzipien; Materialprinzipien sind z.B. das Kausal-Prinzip, das Individualitäts-Prinzip (principium individuationis), die Seins-(Wirklichkeits-) und Erkenntnisprinzipien. In der Ethik wird Prinzip als Norm[1520] verstanden.[1521]

Ein Prinzip ist somit dasjenige woraushehr, woraufhin oder mittels dessen etwas wirklich, möglich oder notwendig ist oder wird. All dies kann sich auf blosses Dass- und/oder Was-(So-)Sein beziehen. Dieser Aspekt des "aufgrund (von)" kann methodologisch beschreibend, erklärend und/oder sachgegeben fungieren, wobei Mischverhältnisse durchaus möglich sind. Somit können Prinzipien erstanfänglich (Ursprung) oder nachgeordnet bzw. abgeleitet sein. Prinzipien können das "Wesen" einer Sache, die Innenstruktur, betreffen oder zu ihr hinzutreten. Was somit "Prinzip" ist, kann nicht Zufälligkeit sein, da dies gerade das Gegenteil von Prinzip bedeuten würde.[1522] Der Begriff "Prinzip" ist in einer Thematik, der Grundlagen insgesamt oder in bestimmten Fragehinsichten ontologisch zu Grunde liegen bzw. konstruktiv innewohnen, die sich mit der Schöpfungsordnung befassen unverzichtbar, sind doch Prinzipien ein Erstes, auf dessen Grundlagen etwas entweder existiert oder entsteht oder gewusst wird.[1523]

[1519] Das Axiom ist in der alten Logik und Mathematik (ARISTOTELES, EUKLID) ein unbeweisbarer, in sich einsichtiger und unbestreitbarer Grundsatz, der als Ausgangspunkt für deduktive Systeme dient; so die logischen Axiome (der Satz der Identität, des Widerspruchs, des ausgeschlossenen Dritten) oder die geometrischen Axiome EUKLID'S. - In der modernen Grundlagenforschung heisst Axiom jeder beliebige Satz, der in einem System als absolute Prämisse verwendet wird. Axiomatik. - Wert-Axiome (FRANZ BRENTANO, MAX SCHELER) sind evidente Grundsätze sittlichen Fühlens und Wollens.

[1520] Norm (allgemein) bedeutet Durchschnittsmass, Richtschnur, Forderung; als Regel für das Durchschnittliche (normal, mit der Norm übereinstimmend; Gegensatz: abnorm, anomal) oder als Gesetz für den Willen und das Handeln.

[1521] Vgl. LROM[1]; Prinzip. – Vgl. Bertelsmann; Prinzip. – Vgl. Wörterbuch Latein; principium.

[1522] Vgl. Holz, Harald (^{3}2001); 595.

[1523] Vgl. Seckler, Max (^{3}2001); 595-598.

Prinzipien, Kriterien und Normen beinhalten das sittlich Richtige; Haltungen und Motive bringen das sittlich Gute auf den Begriff. Prinzipien wie Haltungen sind in der ethischen Sprache Entfaltungen der Verantwortung.

3.3.1. Hinweise auf vorhandene Prinzipien der Soziallehre

Bewusst wird an dieser Stelle Bezug auf Prinzipien der Soziallehre genommen und nicht auf "ökologische/ökonomische Prinzipien" wie beispielsweise das Nachhaltigkeitsprinzip, da das Handeln des Menschen innerhalb der Schöpfung stets, in mehr oder weniger heftiger Intensität, Auswirkungen auf die Gesellschaft hat. So gesehen sind "ökologisch/ökonomische Prinzipien" und Sozialprinzipien, welche die Umwelt tangieren, stets ökosoziale Prinzipien.

Die christliche und die katholische Sozialethik weisen ein systematisches christlich-sozialethisches Grundkonzept auf, welches den Charakter eines Prinzipientraktates hat. Dabei geht es letztlich um die sozialethische Systematisierung jener Grundweisheiten über Wesen und Bestimmung des Menschen, welche die Basis der Disziplin bilden.

Die Ausarbeitung von Prinzipientraktaten kann vernünftigerweise nur auf den aktuellen sozialen Kontext bezogen sein. Prinzipientraktate sind daher in ihren Feinheiten ständig zu aktualisieren und gegebenenfalls umzuschreiben, was jedoch noch nicht besagt, dass die Grundverhaltensstrukturen des Menschen - die in gewisser Weise evolutionsbedingt mitunter wenig Veränderungen erkennen lassen - nicht in gebührender Weise berücksichtigt werden müssen und somit die Veränderlichkeit eines solchen Traktates durchwegs auch einschränken kann. Es gibt Stimmen, die besagen, dass eine Ethik für das technologische Zeitalter drei Bedingungen erfüllen muss: "a) Die Prinzipienorientierung wird durch eine Problemorientierung ersetzt, d.h. formale (universelle) und materielle (situative) Prinzipien werden integriert, um differenziert entscheiden zu können. b) Im Dissensermöglichungspluralismus ist ein ethisches Verfahrensmodell zu entwickeln. c) Die Folgeorientierung des technologischen Handelns erhält Priorität; d.h. es ist eine Frage der Gesinnung, verantwortungsethisch zu denken.[1524]" Dieser Ansatzpunkt darf sicherlich nicht unbeachtet bleiben, doch braucht es zur Integration etwas, das integriert werden soll und kann, denn ohne das Integrierbare gibt es auch keine Integration. Folglich ist es schon alleine deshalb immer noch opportun sich mit Prinzipien auseinander zu setzen.

[1524] Zimmerli, Walther Ch. (^{2}1993); 316.

Zentrale Prinzipien der Sozialethik sind die vier Prinzipien Personalität, Solidarität, Subsidiarität und Gemeinwohl.[1525] Im Folgenden sollen die Inhalte dieser Prinzipien kurz zusammengefasst in Erinnerung gerufen werden, geht es doch im Raum des Sozialen mit seinen Teilbereichen immer um Interaktion von Menschen. Es scheint sinnvoll zu sein, die Prinzipienfrage eher aus der Sicht der Sozialethik anzugehen, als aus der Sicht der Umweltethik, haben doch menschliches Handeln und Handlungsnotwendigkeiten in der Natur zumeist auch gesellschaftliche Auswirkungen wie weiter oben bereits aufgezeigt wurde.

3.3.1.1. Personprinzip (Individualprinzip / Personalprinzip)

Da es im Raum des Sozialen mit all seinen Teilbereichen immer um Interaktion von Menschen geht, setzt jede ethische Reflexion des Sozialen einen Begriff vom Menschen und seiner Bestimmung voraus, welcher aufgrund seiner Bezogenheit zum Daseinsverhältnis und der Handlungsrationalität des Menschen stets weltanschauliche Implikationen hat, die wiederum in der christlichen Sozialethik als weltanschauliche Standpunkte bewusst einbezogen werden. In der christlich-sozialethischen Reflexion bildet der Begriff des Menschen als "Person" den Schwerpunkt. Als solcher fand er auch im Päpstlichen Rundschreiben "Mater et magistra" von JOHANNES XXIII. zentralen Niederschlag:

> "Die Soziallehre, die die katholische Kirche überliefert und verkündet, bleibt ohne Zweifel für alle Zeiten in Geltung. Nach dem obersten Grundsatz dieser Lehre muss der Mensch der Träger, Schöpfer und das Ziel aller gesellschaftlichen Einrichtungen sein. Und zwar der Mensch, sofern er von Natur aus auf Mit-Sein angelegt und zugleich zu einer höheren Ordnung berufen ist, die die Natur übersteigt und diese zugleich überwindet. Dieses oberste Prinzip trägt und schützt die unantastbare Würde der menschlichen Person.[1526]"

[1525] Innerhalb der Prinzipientraktate sind noch weitere Begriffe bekann, die hier nicht berücksichtigt werden wie Freiheitsprinzip und Partizipationsprinzip. – Vgl. Weiler, Rudolf (2001a); 23-24.

[1526] MM 18-20.

Das Personprinzip (Individualprinzip / Personalprinzip[1527]) definiert den Menschen als ein in geistig-sittlicher Natur sowie durch Würde und in Verantwortung handelndes Wesen, um den Lebenszweck, der übergesellschaftlich ausgerichtet ist, jedes Einzelnen verfolgen zu können. Jeden Menschen gilt es seinem Wesen nach als Person zu anerkennen, wenn die menschliche Existenz geordnet oder fruchtbar sein soll; auf diesem Prinzip muss die Existenz des Menschen basieren. Der Mensch hat eine Natur, die mit Vernunft und Willensfreiheit ausgestattet ist, wodurch Rechte und Pflichten sowie Verantwortlichkeiten, welche aus dieser Natur hervorgehen, zu deduzieren sind. Die Rechte und Pflichten sind allgemein gültig und unverletzlich und können daher nicht, in welcher Weise auch immer, veräussert werden.[1528] Das Personprinzip soll nun helfen, der Begründung der Person als Gott ebenbildliches, natürliches Wesen mit Eigenständigkeit, Selbstverwirklichung und Verantwortlichkeit nicht zu mangeln.

3.3.1.2. Solidaritätsprinzip (Solidarismus)

Das Solidaritätsprinzip geht auf HEINRICH PESCH'S Gedanken des Solidarismus[1529] zurück, den JOHANNES PAUL II. ausdrücklich zum Prinzip der Solidarität erhebt, wenn er sagt: "...Unmittelbar leistet der Staat seinen Beitrag, wenn er nach dem Prinzip der Solidarität zur Verteidigung des Schwächeren Grenzen setzt...[1530]" und er bestimmt dies

[1527] Dieser Begriff wird von JOHANNES MESSNER vorgezogen, da Persönlichkeit mit Selbstverwirklichung eng in Zusammenhang zu sehen ist. – "Sein wahres Selbst ist der Mensch nicht schon seiner Natur nach, diese zeichnet es ihm nur vor; sein wahres Selbst zu verwirklichen, ist seine sittliche Bestimmung. 'Selbstverwirklichung' wird damit zu einem Grundbegriff unserer Ethik. Die Richtung der Selbstverwirklichung ist dem Menschen durch seine wesenhafte Natur gewiesen...; kraft der Bestimmung zu dieser Selbstverwirklichung in Selbstverantwortung ist der Mensch Persönlichkeit. Weil dieser Selbstverwirklichung im wahren Selbst als Persönlichkeit zugeordnet, sind die sittlichen Werte Persönlichkeitswerte, und zwar die für das wahrhafte Menschsein entscheidenden." – Messner, Johannes (^{2}1954/^{3}2001); 176-177.

[1528] Vgl. PT 9.

[1529] Vgl. Pesch, Heinrich ($^{3+4}$1924); 432-433. "Der Solidarismus, ganz allgemein gefasst, ist jenes soziale System, welches die solidarische Verbindung der Menschen als solcher sowie als Glieder der natürlichen Gemeinschaft von Familie und Staat zur rechten, d.h. dem Wesen der jedesmaligen Gemeinschaft entsprechenden Geltung bringt, zugleich eine dem geschichtlichen Bedürfnis angepasste, möglichst reiche Entfaltung der durch Gemeinsinn starken, aber auch rechtlich geordneten, kooperativen, repräsentativen und korporativen Assoziation nach Stand und Beruf befürwortet. Ergänzung der Schwäche, Regelung der Kraft durch die solidarische Verbindung der Menschen, durch gegenseitige Rücksichtnahme und Berücksichtigung, nach den Forderungen der Gerechtigkeit und der Liebe, durch geordnete Zusammen- und Wechselwirkung in den verschiedenen Formen der natürlichen und freien, öffentlichen und privaten Gemeinschaft, deren natürlicher und geschichtlicher Eigenart gemäss, mit Hinordnung auf die wahre Wohlfahrt aller Beteiligten als Endzweck - kurz der Gemeinschaftsgedanke , ohne Übertreibung, den Rechten des Einzelmenschen und zugleich der sozialen Gesamtheit, der Freiheit wie der sozialen Verantwortung genügend und Rechnung tragend, das ist in weiteren Zügen der wesentliche Inhalt des solidarischen Systems."

[1530] CA 15.

als "...die feste und beständige Entschlossenheit, sich für das 'Gemeinwohl' einzusetzen, das heisst für das Wohl aller und eines jeden, weil wir für alle verantwortlich sind.[1531]"

Solidarität besagt, dass der Mensch zum "Mit-Sein", zur existentiellen Anteilnahme fähig ist. Der Mensch ist wie das Individualprinzip aufzeigte zum einen Individualstand, zum andern Sozialstand wie das Solidaritätsprinzip verdeutlicht. Beides kann jedoch durchaus in einem Spannungsverhältnis zueinander liegen. Zum Person-Sein gehört jedoch das Sozial-Sein wesensmässig dazu und wird im Solidaritätsprinzip ausgesagt, was ebenfalls im gemeinsamen Verhalten für die Umwelt eine grosse Rolle spielt. Solidarität ist als Prinzip nebst der Einsicht in bestimmte Notwendigkeiten zwischenmenschlicher Grundbeziehungen auch, und noch viel mehr, eine der Würde des Einzelnen und des daraus sich ergebenden Ganzen zu realisierende Haltung, welche sowohl theoretisch als auch praktisch zu verwirklichen ist.[1532] Aus der ethischen Konsequenz der Sozialität der individuellen Person erwächst das Solidaritätsprinzip.

3.3.1.3. Subsidiaritätsprinzip

Der Gedanke, der in diesem Prinzip genannt ist, geht relativ weit in die Vergangenheit zurück.[1533] Die grundlegende Formulierung des Subsidiaritätsprinzips findet sich jedoch wohl in der Enzyklika "Quadragesimo anno" von 1931. Aufgrund seiner Aussagekraft soll hier den entscheidenden Stellen Raum gegeben werden:

> "Wenn es nämlich auch zutrifft, was ja die Geschichte deutlich bestätigt, dass unter den veränderten Verhältnissen manche Aufgaben, die früher leicht von kleineren Gemeinwesen geleistet wurden, nur mehr von grossen bewältigt werden können, so muss doch allzeit unverrückbar jener höchst gewichtige sozialphilosophische Grundsatz festgehalten werden, an dem nicht zu rütteln noch zu deuteln ist: wie dasjenige, was der Einzelmensch aus eigener Initiative und mit seinen eigenen Kräften leisten kann, ihm nicht entzogen und der Gesellschaftstätigkeit zugewiesen werden darf, so verstösst es gegen die Gerechtigkeit, das, was die kleineren und untergeordneten Gemeinwesen leisten und zum guten Ende führen können, für die weitere und übergeordnete Gemeinschaft in Anspruch zu nehmen; zugleich ist es überaus nachteilig und verwirrt die ganze Gesellschaftsordnung. Jedwede Gesellschaftstätigkeit ist ja ihrem Wesen und Begriff nach subsidiär; sie soll die Glieder des Sozialkörpers

---

[1531] SRS 38.

[1532] Vgl. Weiler, Rudolf (1986¹); 77-81.

[1533] Vgl. Nell-Breuning, Oswald von (⁶1962); 826-833.

unterstützen, darf sie aber niemals zerschlagen oder aufsaugen. Angelegenheiten von untergeordneter Bedeutung, die nur zur Abhaltung von wichtigeren Aufgaben führen müssten, soll die Staatsgewalt also den kleineren Gemeinwesen überlassen. Sie selbst steht dadurch nur umso freier, stärker und schlagfertiger da für diejenigen Aufgaben, die in ihre ausschliessliche Zuständigkeit fallen, weil sie allein ihnen gewachsen ist: durch Leitung, Überwachung, Nachdruck und Zügelung, je nach Umständen und Erfordernis. Darum mögen die staatlichen Machthaber sich überzeugt halten: je besser durch strenge Beobachtung des Prinzips der Subsidiarität die Stufenordnung der verschiedenen Vergesellschaftungen innegehalten wird, umso stärker stehen gesellschaftliche Autorität und gesellschaftliche Wirkkraft da, umso besser und glücklicher ist es auch um den Staat bestellt.[1534]"

In diesem Prinzip geht es darum, dass das, was die kleinere Einheit leisten kann nicht von einer grösseren adäquat geleistet werden soll. Das Subsidiaritätsprinzip ist kein rein formales Rechtsprinzip, sondern vielmehr ein die Gerechtigkeit anstrebendes Prinzip. Es grenzt gewisse Vorausregeln für das Verhalten in bestimmten Situationen und die jeweiligen Zuständigkeiten ab. Dadurch bestimmt es jedoch ebenfalls die Struktur und die Funktion der pluralistischen Gesellschaft essenziell und erhält dort Gesetzescharakter. Die Rechte werden grundsätzlich von der Natur und ihrer Ordnung sowie aus der Gesellschaft abgeleitet, so dass es sich hier um Normen der positiven Rechtssetzung handelt, die von Autoritäten der politischen Instanzen aufgestellt werden und durch ihr sittlich-rechtliches Wesen legitimiert sind. Dies zieht nach sich, dass das Prinzip veränderbar bleibt und für die Praxis nicht unbeweglich sein kann.[1535]

3.3.1.4. Gemeinwohlprinzip

Aus den genannten drei Prinzipien[1536] ergibt sich das Gemeinwohlprinzip. Der Gemeinwohlbegriff stammt aus der Tradition des ARISTOTELES und wurde bei THOMAS VON AQUIN als "bonum commune" Angelpunkt der Systematik. So erlangte der Begriff grossen Einfluss auf die philosophische Prägung des Naturrechtdenkens und findet auch in der modernen Sozialethik Verwendung, die sich wie der Name bereits inkludiert mit der Gesellschaft beschäftigt. Der Zweck der Gesellschaft ist "die Hilfe, die alle für die

---

[1534] QA 79-80.

[1535] Vgl. Weiler, Rudolf (1986[1]); 87.

[1536] Personprinzip (Individualprinzip / Personalprinzip), Solidaritätsprinzip (Solidarismus) und Subsidiaritätsprinzip.

eigenverantwortliche Erfüllung der in den existentiellen Zwecken begründeten Lebensaufgaben benötigen. Da diese Hilfe durch die Verbundenheit aller Glieder der gesellschaftlichen Einheit ermöglicht, aber auch von allen benötigt wird, heisst sie Gemeinwohl oder Gemeinnutzen oder Sozialwohl.[1537]" Das Gemeinwohl erhält somit seine Bestimmung durch das Wesen des Menschen, an das es gebunden ist. Diese Bestimmung ihrerseits muss über das Formalelement der Gesellschaft hinausgehen. Dem Gemeinwohl ist somit ein Wertcharakter gegeben, da es auf jenes ausgerichtet ist, was den Menschen immer mehr Mensch sein lässt und somit jede Verwirklichung einer Person ad absurdum führt, die gegen die Zweckerfüllung des Gemeinwohls geht. Das Gemeinwohl beruht auf der Würde des Menschen und birgt somit Verpflichtendes in sich, in allen Grössen der Gesellschaft, angefangen von der Grundzelle der Gesellschaft, der Familie über alle Bereiche des öffentlichen Lebens bis hin zur grösstmöglichen Einheit,[1538] welche durchaus die ganze Menschheit in globo sein kann.

Gemeinwohl lässt sich in zweierlei Hinsicht grundverstehen: Zum einen kann es verstanden werden hinsichtlich des guten Befundes oder Zustandes eines gesellschaftlichen Gebildes oder Gemeinwesens aufgrund dessen dieses im Stande ist, seinen Gliedern zu helfen, zu erleichtern oder überhaupt zu ermöglichen durch ihre eigenen Anstrengungen das, was sie erstreben, das ist ihr eigenes Wohl oder ihre eigene Vervollkommnung oder ein von ihnen gemeinsam erstrebtes Ziel, zu erreichen.[1539] Zum andern kann es verstanden werden hinsichtlich dessen, dass sein Begriff das Ziel einschliesst, auf das diese Instrumentalität verweist: das den vergesellschafteten Personen gemeinsame Wohl aller Gesellschaftsglieder, sofern es nur in sozialer Kooperation erstrebt werden kann. Ungeachtet oder gerade aufgrund dieser Verständnisbandbreite geht es beim Begriff des Gemeinwohls darum ein Gutes zu erkennen, welches nicht durch den Einzelnen allein, sondern vielmehr in gegenseitiger Absprache und Gemeinschaftsarbeit (Kooperation), also in der Einbindung von mehreren möglich wird. Das Zusammenwirken auf gesellschaftlicher Ebene darf nicht im Leerlauf enden, sondern ist nach dem Gerechtigkeitsprinzip so zu gestalten, dass es für alle Beteiligten, wenn auch nicht im jeweils gleichen Ausmass, einen Nutzen bringt. Jede Art von Wertverwirklichung strebt in diesem Sinne nach der Erreichung eines Gemeinwohlzweckes, insofern sie wenigstens durch zwei Handelnde auf ein Ziel, welches ein Gut darstellt, hingeordnet und realisiert wird.[1540] Dem Gemeinwohlprinzip ist ein ethischer Sollensanspruch eigen, damit die Gesellschaft immer "menschlicher" und das einzelne Individuum dieser Gesellschaft mehr Mensch wird , kann doch die

---

[1537] Messner, Johannes (^{7}1984); 189.

[1538] Vgl. Messner, Johannes (^{7}1984); 189-217. – Vgl. Weiler, Rudolf (1986^{1}); 81-85.

[1539] Vgl. GS 26.

[1540] Vgl. Kerber, Walter (1993); 339.

menschliche Person nie zum blossen Mittel des Gemeinwohls werden, ohne dass diese selbst seine wesentlichste Seinsgrundlage einbüssen würde.[1541]

3.3.1.5. Ergänzungsnotwendiges zum "Abgeordnetenprinzip" in den bestehenden Prinzipien

Grundsätzlich besteht der Inhalt der sozialethischen Prinzipien - kurz Sozialprinzipien genannt - in jenen Grundgewissheiten über Wesen und Bestimmung des Menschen, welche die Basis der Disziplin bilden. Es geht dabei um die mannigfaltigen Wechselwirkungen zwischen den Individuen, welche ihrerseits wiederum die Gesellschaft bilden.[1542] Alle bisher genannten Prinzipien sind daher "reine" Sozialprinzipien, beziehen somit "ausser" den Menschen und deren Wechselwirkungen keine anderen Einflussbereiche konkreter Art mit ein. Damit ist nicht gemeint, dass beispielsweise die Arbeit kein Einflussbereich ist, ist diese doch in mehr oder weniger starker Weise den Wechselwirkungen des menschlichen Miteinanders verpflichtet und daher nicht unter direkter Einbezugnahme der Umwelt, sondern steht lediglich unter indirekter. Es geht letztlich - wie bereits angedeutet - um die sozialethische Systematisierung jener Grundgewissheiten über Wesen und Bestimmung des Menschen - wesentlich auf den Menschen bezogen ohne explizite Einschliessung der Umwelt und deren Wechselwirkung auf die Mitwelt des Menschen - welche die Basis der Disziplin bilden.[1543] Damit ist bereits der eigentliche "Mangel", insofern überhaupt von Mangel gesprochen werden kann, der bisher genannten Sozialprinzipien auf den Punkt gebracht. Dies soll keineswegs eine Kritik an den erwähnten Sozialprinzipien sein, gilt es doch diese im Lichte der Tradition zu sehen.

Eine allfällige Neubeurteilung oder Erweiterung der Sicht hängt wesentlich mit der Frage der Wertigkeit zusammen, mit der Frage eines Eigenwertes der Umwelt, wie dies hinsichtlich des Waldes bereits im zweiten Kapitel dieser Arbeit behandelt und geklärt wurde. Was keinen Wert besitzt, dem kann, wenn überhaupt, nicht in gleicher Qualität eine Wechselwirkung anhaften wie dies der Fall ist, wenn ein Wert besteht. Dass jedes menschliche Individuum ein und denselben Wert im Sinne eines Eigenwertes hat, dürfte wohl spätestens seit der Deklaration der Menschenrechte[1544] unbestritten sein, wenngleich selbige nicht von allen den anderen gegenüber eingehalten werden. Somit besteht

---

[1541] Vgl. Messner, Johannes (^{7}1984); 189-217.

[1542] Vgl. Anzenbacher, Arno (1997); 11, 178.

[1543] Vgl. Anzenbacher, Arno (1997); 11, 178.

[1544] Am 10. 12. 1948 wurde (ohne Gegenstimme, aber bei Enthaltung der kommunistischen Staaten) die *Allgemeine Erklärung der Menschenrechte (Deklaration der Menschenrechte*, englisch: *Declaration of human rights)* in Form einer völkerrechtlichen unverbindlichen Empfehlung verabschiedet.

zwischen jedem, was einen Eigenwert hat eine Wechselwirkung. Da der Mensch einen Eigenwert aufweist besteht unter den Menschen eine Wechselwirkung im obigen Sinne. Da nun auch der Natur, wie das zweite Kapitel dieser Arbeit zeigte, ebenfalls ein Eigenwert anhaftet, aufgrund dessen es den Menschen gibt, der diesen erkennen kann, besteht notgedrungen eine adäquate, wenn auch nicht gleich geartete Wechselwirkung zwischen Mensch und Natur wie zwischen Mensch und Mensch. Einem "Ökosozialprinzip[1545]" geht es somit folglich um die mannigfaltigen Wechselwirkungen zwischen dem Menschen und dessen Mitwelt einerseits und der Umwelt bzw. der Natur andererseits, welche in ihrer Gesamtheit wiederum die Schöpfung ausmachen, Geschöpfe sind. Somit muss das neue Prinzip, welches als "Ökosozialprinzip" ein echtes Sozialprinzip und somit innerhalb der Ethik auch ein sozialethisches Prinzip ist diesen bislang nicht explizit inkludierten Wechselwirkungen gerecht werden.

3.3.2. Definition des Begriffes "Abgeordnet-Sein" als Prinzip

Da Prinzipien ein Erstes sind auf dessen Grundlagen etwas entweder existiert oder entsteht oder gewusst wird, muss auch das den Prinzipien zugezählt werden, was Fundament des Gegenüberstehens der und des gleichzeitigen Drinstehens in der Schöpfung ist: das "nachhaltig existentielle Dasein" des Menschen. Dieses "nachhaltig existentielle Dasein" des Menschen seinerseits ist wiederum nichts anderes, als das Leben des "Erhaltungstriebes". Von Pflanzen und Tieren kann grundsätzlich angenommen werden, dass sie nicht primär die eigene Art erhalten, sondern die je eigenen Gene weitergeben wollen und dies zudem unbewusst, allenfalls instinktiv. Das Dasein der Pflanzen und Tiere, unbeachtet der Hingeordnetheit der ganzen Schöpfung auf den Menschen,[1546] kann in ihrer Ganzheit auf diesen Punkt der Weitergabe der eigenen Gene abstrahiert werden. Somit baut der "ganze Wille" - besser gesagt das ganze Instinktverhalten bzw. der Lebenstrieb - der nichthumanen Lebewesen in seinem "nachhaltig existentiellen Dasein" auf diesem Grundpfeiler auf. Als Untermauerung dessen kann angesehen werden, dass die nichthumanen Lebewesen, abgesehen von den evolutionsbedingten Veränderungen, keine Umwelt-Veränderungen im nennenswerten Sinne, im Gegensatz zum Menschen, zu Stande bringen, die auch als Kulturleistung gesehen werden könnten, insofern man evolutionsbedingte Veränderungen überhaupt als Kulturleistung bezeichnen will und kann, wie dies bereits in den beiden vorausgegangenen Kapiteln ausreichend behandelt wurde.

Die Fähigkeit des Menschen, über ein andauerndes instinktbedingtes Verhalten hinaus an und mit der Umwelt zu handeln erweitert in sich den entsprechenden "Willen" in seinen

[1545] Dieser Terminus soll hier lediglich als Hilfsterminus dienen.

[1546] Spätestens seit Gott in Jesus Christus Mensch geworden ist. – Vgl. dazu das zweite Kapitel dieser Arbeit.

Möglichkeiten - bzw. den Lebenstrieb - was sich wiederum auf das "nachhaltig existentielle Dasein" auswirkt, da der Mensch stetig nach neuen Möglichkeiten der Lebensgestaltung sucht, was sich wiederum darin bestätigt, dass der Mensch das einzige Lebewesen auf Erden ist, das immer wieder neue Werkzeuge erfindet.[1547] Diese Tatsache der stetig wechselnden Lebensgestaltung beinhaltet jedoch nicht, dass der Mensch frei von den Triebanteilen ist, die ihn grundsätzlich dazu bewegen sich zu vermehren.[1548] Die Möglichkeit des konkreten Eingreifens in die Umwelt mittels seiner stets neuen Werkzeuge hebt den Menschen aus der lediglich evolutionsverbundenen Veränderung der anderen Lebewesen heraus und gibt ihm mehr als allen anderen Kreaturen die Möglichkeit "existentielles Dasein" zu beeinflussen, im positiven wie im negativen Sinne, für sich selber, aber auch für die anderen Kreaturen. Somit hat der Mensch die Möglichkeit das "nachhaltig existentielle Dasein" seines eigenen Wesens wie das der anderen Wesen konkret zu beeinflussen, sprich, aus einem "nachhaltigen existentiellen Dasein" ein "befristetes existentielles Dasein"[1549] zu machen. Freilich ist diese Fähigkeit, allerdings nicht in bewusster Weise, auch anderen Kreaturen möglich. Alleine der Mensch ist jedoch in der Lage eine solche Veränderung bewusst und absichtlich herbeizuführen oder ihr bewusst und absichtlich entgegen zu wirken.

Da die Natur des Menschen jedoch nicht in der Zerstörung liegt, wenngleich ihm die Fähigkeit zur völligen Zerstörung der Erde zu Eigen ist, sondern in der Liebe - wie im zweiten Kapitel dieser Arbeit verdeutlicht wurde - kann es nicht dem "ganzen Willen" des Menschen entsprechen, das "nachhaltig existentielle Dasein" einzuschränken und in ein "befristetes existentielles Dasein" zu wandeln. Folglich gehört es zum Fundament des Mensch-Seins, das "nachhaltig existentielle Dasein" zu fördern.[1550]

Dies kann der Mensch in rechter Weise jedoch nur, wenn er das arteigene oder spezifische Verhalten mittels seiner Vernunft - denn der Mensch ist ein Vernunftwesen - zum Tragen bringt. Das aus der Vernunft unabdingbare Verhalten bestimmt sich nach den in den geistigen und körperlichen Trieben seiner Natur vorgezeichneten Zwecken, der Zweckrichtigkeit, denn durch seine Vernunfterkenntnis und seinen Vernunftwillen bedingt erhält für den Menschen das von der Vollwirklichkeit seiner Natur geforderte Verhalten das Wesen des Sittlichen, die Triebrichtigkeit bzw. die Vernunftrichtigkeit wie

---

[1547] Eines von diesen immer wieder neuen Werkzeugen halten Sie als Leser dieses Werkes übrigens gerade in den Händen . – Vgl. dazu besonders: Aiello, Leslie (1998); 1-85.

[1548] Eingeschlossen die Menschen, die freiwillig und bewusst auf die Möglichkeit der Weitergabe der eigenen Gene verzichten, indem sie in voller Konsequenz zölibatär leben, was wiederum nicht besagt, dass diese Menschen frei von den besagten Trieben sind, diese jedoch freiwillig zu überwinden suchen.

[1549] Eben ein "nicht nachhaltig existentielles Dasein" zu machen.

[1550] Es liesse sich auch sagen, dass es folglich zum Fundament des Mensch-Seins, des Wasseins, gehört, das "nachhaltige existentielle Dasein (Existenz in Aktualität)" zu fördern, welches im naturgemässen Sosein (Essenz als Realität - Etwas) fusst und dadurch Daseinsgrund ist.

MESSNER aufzeigt.[1551] Die in der Natur des Menschen vorgezeichneten Zwecke, nach MESSNER existentielle Zwecke, sind Selbsterhaltung, Selbstvervollkommnung, Wohlfahrt, Erfahrungserweiterung, Wissensvermehrung, Fortpflanzung, Friedenssicherung, Ordnungssicherung und Gotteserkenntnis.[1552] Zuerst nennt MESSNER jedoch die Selbsterhaltung.

Die Umsetzung der Selbsterhaltung im realen Leben kann somit für den Menschen nicht nur instinktgemässes Handeln sein, sondern muss vernunftgemässes Handeln sein, welches sich immer wieder empirisch fundiert. Die Erfahrungen des Menschen im Umgang mit dem Wald - wie die Ausführungen des ersten und zweiten Kapitels ausführlich ins Licht rückten - zeigen deutlich, dass der Mensch den Wald zu seiner Selbsterhaltung braucht. Diese empirische Erkenntnis gilt es nun mittels der Vernunft umzusetzen. Die Vernunft hilft dem Menschen jedoch nicht nur diese Erkenntnis umzusetzen, indem er die Arten - ja die ganze Schöpfung - "schützt", um sich selbst zu "schützen" und sein Leben nachhaltig zu erhalten, sondern sie zeigt gleichsam auf welches Fundament, welches Prinzip dieser Erhaltung zu Grunde liegt.

Zur Selbsterhaltung ist der Mensch wie aufgezeigt wurde genötigt seine Umwelt zu erhalten. Das "Umwelt erhalten" ist jedoch nicht in sich Fundament des menschlichen Handelns, sondern Ergebnis dieses Handelns. Fundament des Handelns kann nur ein Erkenntnisgrund sein, eine Grundlage, eine Grundregel des Handelns selbst. Fundament, Prinzip ist somit dasjenige woraushehr, woraufhin oder mittels dessen etwas wirklich, möglich oder notwendig ist oder wird. Das Prinzip betrifft somit das "Wesen", die Innenstruktur des Handelns. Diese Innenstruktur des Handelns hinsichtlich der Umwelt begründet sich in der Stellung, im Verhältnis des Menschen zur Umwelt. Diese Stellung bzw. das Verhältnis kann nicht übergeordneter (unbeteiligter), gleichgeordneter oder untergeordneter Art sein, sondern muss auf der Tatsache der auf der Vernunft aufbauenden empirischen Erkenntnis ein anderes sein.

3.3.3. Das "Abgeordnet-Sein" als Prinzip

Sieht sich der Mensch als "gleichgeordnetes" Glied aller Kreatur in der Natur, muss er entsprechend dieser Sicht handeln. Er wäre demnach dazu bestimmt, die Lebensgrundlagen in einer den Mitgeschöpfen adäquaten Weise zu nutzen. Nutzung der Naturgüter, die über das Überleben hinausgingen wären somit nicht opportun. Es müsste jeder andere Zweck verneint werden, speziell der einer höheren kulturellen Lebensweise. Dass eine derart ausgerichtete Lebensweise der Natur des Menschen widerspricht,

---

[1551] Vgl. Messner, Johannes (^{7}1984); 41.

[1552] Vgl. Messner, Johannes (^{7}1984); 42. – Weiler, Rudolf (1996); 81-88 (besonders 85-86).

braucht wohl kaum speziell hervorgehoben zu werden. Ein Verhältnis "übergeordneter" Art führt zwangsläufig zu einer gewissen Ignoranz hinsichtlich der Umwelt und folglich zu einer ignoranten Behandlung derselben, also zur Zerstörung und widerspricht somit der Triebrichtigkeit der Selbsterhaltung. Ein striktes "Übergeordnet-Sein" führt somit zur Vernichtung des Menschen und ein "Gleichgeordnet-Sein" zu einer der menschlichen Natur widersprechenden "Stagnation",[1553] einem Tier gleich. So bedarf es offenbar eines anderen Verhältnisses des Menschen mit/zu der Natur. Ein Verhältnis "untergeordneter" Art kommt seinerseits einem Diktat der Umwelt über das menschliche Handeln gleich und widerspricht somit der Triebrichtigkeit der Selbstvervollkommnung und der Wohlfahrt. Der Mensch muss darum einen anderen Weg finden, will er nicht dem Tier gleich werden, sich aber auch nicht selbst seiner Lebensgrundlage berauben; er muss vom der Natur "Übergeordneten" zum "Abgeordneten" der Natur werden. Ein der Natur "übergeordneter" Mensch wird die "Anliegen" der Mitgeschöpfe niemals konsequent ernst nehmen, sondern in erster Linie seine momentan auf sich alleine bezogenen, egoistischen. Ein der Natur "gleichgeordneter" Mensch nimmt weder die ihm und seiner inneren Natur entsprechenden "Anliegen" noch die der Mitgeschöpfe wirklich wahr und hilft somit weder sich selbst noch den Mitgeschöpfen. Ein der Natur "untergeordneter" Mensch ist in seiner Selbstvervollkommnung und in der Wohlfahrt wesentlich gehemmt, wenn nicht gar ganz gehindert.

Das Verhältnis zur Natur/Umwelt muss folgerichtig eines sein, welches sowohl die Daseinsberechtigung der Umwelt und die Freiheit des Menschen nicht beschneidet. Dieses Verhältnis findet sich weder im "Übergeordnet-Sein" oder im "Gleichgeordnet-Sein" noch im "Untergeordnet-Sein" wie soeben verdeutlicht, jedoch im "Abgeordnet-Sein", somit bleibt wiederum nur das, was weiter oben als "abgeordnet" bezeichnet worden ist.

Der Mensch muss gleichsam einem parlamentarischen Abgeordneten seine Verantwortung für die Mitgeschöpfe wahrnehmen und sich selber zweckmässig weiterbringen. Zu dieser Verantwortung innerhalb des Abgeordnet-Seins gehören nun Sinngehalte wie sie oben angeführt sind.[1554] Der Mensch gibt somit sich selber und der Natur Sinn und lässt diese durch ihn letztlich zu sich selbst kommen. Dem Menschen ist nicht nur die Fähigkeit gegeben, das vielseitige Wechselspiel im ökologischen Haushalt

---

[1553] Die Veränderung im Sinne der biologischen Evolution durchaus mit einbezogen.

[1554] Auftrag, Weisung, Order, Befehl, Instruktion, "Bevollmächtigungsvertrag", Vollmacht, Sitz im Parlament, Amt eines [gewählten] Abgeordneten, in Treuhand von einem Staat verwaltetes Gebiet, (historisch) Erlass, Auftrag an einen Untergebenen, Treuhand, Gouverneur, Vikar (Stellvertreter), Platzhalter des Auftraggebers, kirchlich sakramentales Amt. – Vertreter (Patronus, Schutzherr, Anwalt), Defensor (Abwehrer, Verteidiger, Beschützer), Kurator (Verwalter, Aufseher, Pfleger, Fürsorger, "Vormund [Im Sinne des richtig verstandenen Herr-Seins - wie es im zweiten Kapitel bereits beschrieben ist - verstanden im Lichte der Väterlichkeit.]"), Advokat (Sachverständiger, Beistand, Fürsprecher), Lobbyist (Interessenvertreter, Supplent), Verantwortung (in gewissem Sinne Solidarität und Subsidiarität), Partner des Bundesgottes.

der Natur nachhaltig zu stören, sondern auch - und das als einzigem Lebewesen auf der Erde - die Fähigkeit dieses Geschehen in seine Verantwortung zu nehmen. Diese Fähigkeit der Verantwortung ist nur dem Menschen gegeben. Verantwortung ist immer Verantwortung für etwas und vor jemandem.[1555] Das "für etwas" betrifft das "Handeln" und das "vor jemandem" wurde im zweiten Kapitel bereits mit dem Begriff "Rechenschaft schulden" unter dem Abschnitt "Es gehört 'religiöses' dazu, der Mensch kann den Wald nicht nur wirtschaftlich sehen" ausführlich behandelt. Von Verantwortung ist nicht dort die Rede, wo genaue Handlungsanweisungen zu befolgen sind, sondern wo ein Ermessensspielraum in eigener Kompetenz auszufüllen ist und dafür letztlich Rechenschaft abgelegt werden muss.[1556] Verantwortung kann nicht ohne die Pflicht gesehen werden, denn unter den sittlichen Tatsachen tritt die Verantwortung unmittelbar neben die Pflicht. Sittliche Verantwortung ist gar in doppelter Art zu sehen: "einmal, dass der Mensch sich für eine bestimmte Handlung verantwortlich weiss; ausserdem aber, dass er sich in tieferem Sinne für die Entfaltung seiner sittlichen Anlagen und seines Charakters verantwortlich weiss, wodurch Art und Auswirkung seiner augenblicklichen Affekte bedingt sind[1557]". Somit ist ein Verantwortungsbewusstsein für die einzelne Handlung und ein Verantwortungsbewusstsein für das sittliche Selbst des Menschen erkennbar. Dies besagt, dass sich das Verantwortungsbewusstsein nicht nur auf eine Handlung im eigentlichen Sinn bezieht, sondern auch auf gewohnheitsmässige Haltungen, Gesinnungen, Wünsche und Gedanken, auch hinsichtlich der Umwelt.[1558]

Kein Lebewesen ausser dem Menschen kann sich selbst vertreten, geschweige andere. Da der Mensch nicht nur sich, sondern auch andere Lebewesen vertreten kann, ist in diese Einzigartigkeit die Bestimmung aus sich selbst impliziert, die Mitgeschöpfe zu vertreten; es ist ihm daher die Verantwortung für alle Lebewesen und deren Lebensgrundlagen, also alles Geschaffene aufgegeben. Der Sinn des menschlichen Lebens beinhaltet somit nicht nur ihn selbst, sondern die gesamte aussermenschliche Natur ist in diesen Sinn eingebunden. Das Wirkungsfeld des Ethos erweitert sich für den Menschen nicht nur quantitativ, sondern auch qualitativ. Nimmt der Mensch diese ihm eigene Verantwortung nicht nur einfach wahr, sondern bewusst - verantwortungsbewusst - wahr, besteht nicht die Gefahr einer arroganten Einstellung gegenüber der Natur, vielmehr gedeiht eine Symbiose mit der Natur. In dieser "symbiotischen Haltung" wird der Mensch die Natur auch nicht zu "vermenschlichen" suchen noch sich selbst zu "entmenschlichen", da er sehr wohl unterscheidet zwischen "Mitwelt" und "Umwelt".

[1555] Vgl. Spaemann, Robert (^{2}1993); 113-118.

[1556] Vgl. Spaemann, Robert (^{2}1993); 113-118.

[1557] Messner, Johannes (^{2}1954/^{3}2001); 65.

[1558] Vgl. Messner, Johannes (^{2}1954/^{3}2001); 64-67.

Die "Mitwelt", die aus seinen Mitmenschen besteht, gilt es, da dieses Verhältnis nicht "symbiotisch" ist, menschlich zu vertreten; die "Umwelt", die aus der übrigen Natur besteht, gilt es, da dieses Verhältnis "symbiotisch" ist, als Mensch zu vertreten. Das menschliche Handeln muss von Vernünftigkeit und Verantwortlichkeit geprägt sein und nicht von willkürlicher Verfügung bestimmt, da das humane Ethos sich nicht aus einem biologischen Sachverhalt aufbauen darf, sondern nur vom Menschen als moralischem Subjekt her. Der Natur und somit dem Wald, der ein nicht unbedeutender Teil dieser Natur darstellt, kommt ein Eigenwert zu,[1559] der vom Menschen nicht nur anerkannt zu werden, sondern den der Mensch vor sich selbst und der Umwelt zu vertreten hat und sein Handeln in Verantwortung denselben gegenüber ausüben muss. Mit anderen Worten: der Mensch steht in einem "Abgeordnetenverhältnis" zur Natur und somit zum Wald.[1560]

Was für den Menschen von Wert ist, dem bringt er auch eine gewisse Achtung entgegen, wie bereits im Abschnitt "Es gehört 'religiöses' dazu, der Mensch kann den Wald nicht nur wirtschaftlich sehen" des zweiten Kapitels dargelegt wurde.

Es wurde in diesem Abschnitt der Bezug zu Freundschaft aufgezeigt. Eine Freundschaft dehnt sich, da sie um ihrer selbst willen existiert und daher an allem den Anderen betreffenden Anteil haben will, auf alle Bereiche des Freundes aus - in unserem Falle die der höheren Wesenhaftigkeit,[1561] deren Freunde wir zu sein die Möglichkeit haben[1562] - auch auf die Natur. Nötig für diese "erweiterte" Freundschaft ist es nun, die Natur zu kennen wie sie ist, wenn der Mensch nicht eingreift. Was man kennt, kann man leichter lieben und was man liebt, ist man auch bereit zu schützen, zu verteidigen, zu heilen, zu vertreten: abgeordnet zu sein. Die Freundschaft zur Natur pflegt selbst Naturschutz nicht als etwas, was ein Übergeordneter dem Zugeordneten zukommen lässt, sondern als ein Schützen im abgeordneten Sinne innerhalb einer echten Freundschaft des bedrohten Freundes, den man vertritt.

Die Erschaffung des Menschen[1563] mit all seinen Fähigkeiten alleine betrachtet lässt zwar eine besondere Stellung desselben erkennen, verrät jedoch nicht unbedingt etwas über eine besondere Beziehung des Schöpfers zu diesem Geschöpf. Die biblische Feststellung, dass der Mensch Abbild Gottes[1564] ist, zeigt jedoch eine klare, den anderen

[1559] Vgl. dazu die entsprechenden Ausführungen des zweiten Kapitels.

[1560] Vgl. dazu auch: Auer, Alfons (1984); 54-56.

[1561] Als diese höhere Wesenhaftigkeit kann Gott gesehen werden.

[1562] Vgl. Joh 15,15 Christus sagte: "Ich nenne euch nicht mehr Knechte; denn der Knecht weiß nicht, was sein Herr tut. Vielmehr habe ich euch Freunde genannt; denn ich habe euch alles mitgeteilt, was ich von meinem Vater gehört habe."

[1563] "Erschaffung des Menschen" "versteht" im evolutionären Sinn Menschentstehung.

[1564] Gen 1,26a "Dann sprach Gott: Lasst uns Menschen machen als unser Abbild, uns ähnlich."

Geschöpfen gegenüber hervorhebende, höhere Beziehungsqualität. Klar ist auch, dass die ganze Schöpfung auf den Schöpfer hin geschaffen ist.[1565] Mit der Menschwerdung des Schöpfers in seinem Wort[1566] erhält dieses Verhältnis nochmals eine andere Note. Gott ist nun nicht mehr nur Gott und der Mensch nur sein Abbild. Gott ist vielmehr "Mensch" und der Mensch ist vergöttlicht.[1567] Dies bringt freilich nicht nur die Würde dieser Vergöttlichung mit sich, sondern auch die "Bürde" die Schöpfung zu bewahren, zu hegen und zu pflegen, in einem dem paradiesischen Menschen adäquaten Masse.[1568] Der Mensch, der im Gegensatz zur subhumanen Welt in einem durch die Menschwerdung Gottes ausgezeichneten "intimen Verhältnis" zum Schöpfergott lebt, erhält somit sein "Abgeordnet-Sein" vom Schöpfer selbst bestätigt. Der Mensch wird aufgrund seiner besonderen Beziehung zum Schöpfer und seinem vom Schöpfer erhaltenen Auftrag zu recht als "Krone der Schöpfung" bezeichnet. Diese Krone der Schöpfung ist der Mensch jedoch stets zur Würdigung, d.h. zur Verherrlichung Gottes.[1569] Selbst nach dem sich die Kreaturen nicht an seine Weisungen halten und Gott reinigend eingreift, billigt er die Schöpfung weiterhin und bezeichnet die Menschen mit seinem Segen,[1570] wie schon bei der Erschaffung.[1571] Darüber hinaus bezieht er nun alle Kreaturen in seinen Bund mit ein. Stellvertretend für alle Kreaturen spricht Gott jedoch nur die Menschen an, sozusagen als deren Abgeordnete.[1572]

[1565] Die Schöpfung ist auf Gott hin geschaffen und nicht auf einen Zustand vor der Schöpfung, also nicht auf einen "Zustand des Nichts" hin. Die Schöpfung wird daher auch nicht in ein "Nichts" hin geführt, sondern auf ein Sein in Gott. Mit anderen Worten: die Schöpfung, die in Christus neu geschaffen ist, wird neu. – Vgl. Mt 19,28 "Jesus erwiderte ihnen [den Aposteln]: Amen, ich sage euch: Wenn die Welt neu geschaffen wird und der Menschensohn sich auf den Thron der Herrlichkeit setzt, werdet ihr, die ihr mir nachgefolgt seid, auf zwölf Thronen sitzen und die zwölf Stämme Israels richten."

[1566] Vgl. Joh 1,1.14: "Im Anfang war das Wort, / und das Wort war bei Gott, / und das Wort war Gott. Und das Wort ist Fleisch geworden / und hat unter uns gewohnt / und wir haben seine Herrlichkeit gesehen, / die Herrlichkeit des einzigen Sohnes vom Vater, / voll Gnade und Wahrheit."

[1567] Vgl. Joh 10,34: "Jesus erwiderte ihnen: Heißt es nicht in eurem Gesetz: *Ich habe gesagt: Ihr seid Götter?*" – Vgl. Ps 82,6 "Wohl habe ich gesagt: Ihr seid Götter, / ihr alle seid Söhne des Höchsten."

[1568] Vgl. Gen 2,15: "Gott, der Herr, nahm also den Menschen und setzte ihn in den Garten von Eden, damit er ihn bebaue und hüte [bewahre]."

[1569] Vgl. Schlitt, Michael (1992); 156-160.

[1570] Vgl. Gen 9,1 "Dann segnete Gott Noach und seine Söhne und sprach zu ihnen: Seid fruchtbar, vermehrt euch und bevölkert die Erde!"

[1571] Vgl. Gen 1,22.28 "Gott segnete sie und sprach: Seid fruchtbar und vermehrt euch und bevölkert das Wasser im Meer und die Vögel sollen sich auf dem Land vermehren. Gott segnete sie und Gott sprach zu ihnen: Seid fruchtbar und vermehrt euch, bevölkert die Erde, unterwerft sie euch und herrscht über die Fische des Meeres, über die Vögel des Himmels und über alle Tiere, die sich auf dem Land regen."

[1572] Vgl. Gen 9,9-10.16-17 "Hiermit schließe ich meinen Bund mit euch und mit euren Nachkommen und mit allen Lebewesen bei euch, mit den Vögeln, dem Vieh und allen Tieren des Feldes, mit allen Tieren der Erde, die mit euch aus der Arche gekommen sind. Steht der Bogen in den Wolken, so werde ich auf ihn sehen und des ewigen Bundes gedenken zwischen Gott und allen lebenden Wesen, allen Wesen aus Fleisch auf der Erde. Und Gott sprach zu Noach: Das ist das Zeichen des Bundes, den ich zwischen mir und allen Wesen aus Fleisch auf der Erde geschlossen habe."

Die Schrift bestätigt - wie die bisherigen Ausführungen zeigten - das Mandat Gottes an den Menschen über die Schöpfung zu herrschen, Herr zu sein. Dieses Herrschen hat jedoch auf der Grundlage des richtigen und guten Verhältnisses des Menschen zu Gott zu geschehen: im Verhältnis des Abgeordnet-Seins, wie dies bereits weiter oben ins Licht gerückt wurde.[1573] Der Mensch ist durch sein von Gott bestimmtes Abgeordneter-der-Natur-Sein Hüter der Welt. Hüter, Abgeordneter der Welt zu sein bedeutet, Verantwortung dafür zu haben, dass jeder Kreatur der ihr zugedachte Platz prinzipiell erhalten bleibt. Dies schliesst das Nutzen der Kreaturen und Ressourcen, wie das biblische "Untertan machen" zeigt, nicht aus, impliziert aber zwangsläufig auch das Einstehen für das, wofür man verantwortlich ist: die Natur. Zeigt das Bild des Paradieses, dass der Mensch von Gott in den Garten gestellt wurde, so bedeutet dies für den heutigen Menschen nichts anderes, als dass er von Gott in die Welt gestellt ist, um immer noch den gleichen Auftrag zu erfüllen, Abgeordneter zu sein. Wenn der Mensch diesen Auftrag nicht erfüllt, bedeutet dies nicht, dass der Auftrag nicht richtig oder nicht gut ist, sondern, dass der Mensch ihn falsch und gegebenenfalls böse ausübt, eben nicht gottgefälliger Herr über die Schöpfung ist, sondern eher "gottloser" Despot.

Wie bereits in den vorangegangenen Kapiteln aufgezeigt wurde haben es die Forstleute grundsätzlich mit zweierlei "Werten" zu tun. Zum einen mit dem wirtschaftlichen Wert, der durch seine Bezogenheit auf die existenziellen Zwecke des Menschen und seine Existenzordnung sittlich bestimmt ist, in Beziehung zur wirtschaftlichen Sachrichtigkeit.[1574] Zum anderen mit dem Eigenwert der Natur, der hinsichtlich des Menschen durch den Schöpferwillen des Abgeordnet-Seins des Menschen sittlich bestimmt ist. Für die Forstleute und die damit verbundene Forstwirtschaft, die substantieller als andere Wirtschaftszweige mit der Schöpfung verflochten ist, genügt es daher nicht lediglich die gängigen Wirtschaftswerte wie Kostenwerte[1575] und Gebrauchswerte[1576] einzurechnen; es muss der Kulturwert[1577] und besonders der Eigenwert des Waldes in das Denken und Handeln miteinbezogen werden, wie bereits aufgezeigt wurde. Das heisst: Die Forstwirtschaft muss in der Lage sein, dem Wald nebst den nützlichen Aspekten für den Menschen seine Eigenwertigkeit so zu erhalten, dass der Mensch seinen Auftrag des "Abgeordnet-Seins" nicht verletzt, was über einen Einbezug eines ökologischen Wertes hinausgeht. Der ökologische Wert könnte

---

[1573] Vgl. dazu auch: Lohfink, Norbert (1974b); 138-139.

[1574] Vgl. Weiler, Rudolf (1993); 29.

[1575] Für den Wirtschaftsbetrieb kostendeckend zu arbeiten. Die Kosten des Betriebes werden jedoch weitgehend von Angebot und Nachfrage bestimmt.

[1576] Der wirtschaftliche Nutzen steht hier im Vordergrund. Letztlich bestimmen auch hier Angebot und Nachfrage.

[1577] Kulturwert wird hier nicht im Sinne des forstwirtschaftlichen Kulturbegriffes (Forstkultur: Natürliche Altersstufe, durch Kunstverjüngung begründeter Jungwuchs.) verstanden. Als unveräusserliches Gut hat der Wald vor allem einen unschätzbaren Kulturwert (vergleichbar mit Bauern, welche die Landwirtschaft betreiben und für grüne Wiesen mitsorgen).

prinzipiell im Sinne eines natürlichen Wertes, eines Tauschwertes gesehen werden, welcher in den "Verkauf" des Waldproduktes den Tauschwert eines neuen Waldteiles inkludiert und somit lediglich das Prinzip der Nachhaltigkeit bezeichnen würde.[1578]

Das "Abgeordnet-Sein" geht jedoch - wie bereits aufgezeigt - über das Prinzip der Nachhaltigkeit hinaus, es schliesst den Umgang mit der Schöpfung in ganzheitlicherer Sicht mit ein. Als von Gott berufener Abgeordneter ist der Mensch ganz besonders gerufen, sein Gewissen zu bilden und zwar in der Hinsicht, dass die Willensbildung nicht nur das Gemeinwohl des Menschen, sondern das "Gemeinwohl der Schöpfung" im Blickfeld hat und zwar in der Weise, dass der "Abgeordnete Mensch" sich durch die Ausführung seines "Abgeordnet-Seins" nicht die eigene Entscheidungsfähigkeit einschränkt und dadurch sein Mandat selbst behindert oder gar zunichte macht.[1579] Er muss sich seine Freiheit bewahren und zwar so, dass sie ihren wahren Sinn in der Wahl des sittlich Guten findet und als Befreiung gegenüber dem sittlich Bösen dient.[1580] Freiheit darf jedoch nicht so verstanden werden, als ob das eigene "Ich" absolute Autonomie sei, denn dies führt zur Verneinung des anderen und das "Abgeordnet-Sein" liesse sich nicht mehr glaubwürdig leben.[1581] Die persönliche Autonomie, im Sinne des Vernunftgebrauches für die eigene Erkenntnis des einzelnen Menschen, muss grundsätzlich offen sein. Offen auf andere vernunftbegabte Menschen hin, deren Vernunftgebrauch gegebenenfalls über die eigenen Fähigkeiten hinaus gehen und so tiefgründigere Normen des Sittlichen erkennen können, als der einzelne Mensch selbst. Die Bereitschaft von anderen erkannte Sittlichkeit anzunehmen gehört somit zur Fähigkeit der Gewissensbildung. Dies bedeutet jedoch nicht automatisch, dass Menschen stets tiefgründigere Normen des Sittlichen erkennen.

Für eine solche grundlegende Gewissensbildung bei den Menschen bedarf es nicht zuletzt des Vorbildes derer, die von Berufs wegen mit der Schöpfung - wie die Forstleute - zu tun haben.[1582] Sie müssen erkennen, dass das Gewissen immer ihr innerer Zeuge des eigenen Handelns ist, Zeuge seiner Treue oder Untreue gegenüber der Bestimmung "Abgeordneter" zu sein.[1583] Das Handeln im Sinne des "Abgeordnet-Seins", welches zur Tugend werden will, verlangt als eigentlich sittliches Werk die Durchsittlichung des geistleiblichen Wesens des Menschen, denn dieser ist dem in ihm

[1578] Vgl. Weiler, Rudolf (1993); 29-38.

[1579] Vgl. Buchheim, Hans (1980); 3-16.

[1580] Vgl. VAS 70; 27.

[1581] Vgl. EV 20. – Vgl. Auer, Alfons (^{2}1995); 30.

[1582] Vgl. Saier, Oskar (1988); 33-34.

[1583] Vgl. dazu: VS; 57.

stets transzendental aufleuchtenden Guten, dem Ur-Gewissen, in seiner ganzen Verfasstheit zugestaltet.[1584]

Das Abgeordnet-Sein und all das, was dem Begriffe sinnhaft innewohnt, stellt eine Lebensgrundlage des menschlichen Lebens dar. Ohne das Abgeordnet-Sein im Leben des Menschen umzusetzen stört der Mensch seine eigene Lebensgrundlage und behindert dadurch ein "nachhaltiges existentielles Dasein" desselben - wie es bereits oben bezeichnet wurde - wodurch das Überleben des Menschen langfristig vielleicht nicht gerade verunmöglicht, aber doch beeinträchtigt wird. Das Abgeordnet-Sein gilt es nicht nur als einzelner Mensch zu leben, es bildet somit nicht nur Grundlage, Fundament des einzelnen Menschen, sondern die Gesellschaft als Ganzes hat das Abgeordnet-Sein im jeweils einzelnen Leben (jedes Menschen) zur Umsetzung zu bringen, um ein "nachhaltig existentielles Dasein" zu sichern. Somit ist das Abgeordnet-Sein ein Fundament in der Gesellschaft - das in den Wechselwirkungen (Interaktionen) konstant und regelmässig zwischen den Individuen zum Ausdruck kommt; in unserer Betrachtung gar über den Aspekt der Mitwelt hinaus, in den der Umwelt - ob bewusst oder unbewusst, und stellt folglich eine Norm menschlichen Handelns innerhalb der Gesellschaft - mit ihren Bereichen Familie, Wissen und Können, Ökonomie, Politik und Recht, sowie Kultur und Religion[1585] - dar, da das Handeln nach der Grundlage des Abgeordnet-Seins primär ein Handeln für die Menschen, die Gesellschaft, die Mitwelt und deren Zukunft ist und erst sekundär ein Handeln für die Umwelt, stellt also somit ein sozialethisches Prinzip dar. Rein als sozialethisches Prinzip könnte das Abgeordnet-Sein mitunter jedoch auch als Weiterführung des Gemeinwohlprinzips gesehen werden. Aus dem Blickwinkel der Umweltethik ist dies jedoch nicht mehr möglich, da die Sozialethik ihren Blick zurecht, denn dies ist ihre Hauptaufgabe, auf die Wechselwirkung der Individuen der menschlichen Gesellschaft richtet. Die Umweltethik muss jedoch mehr Gewicht auf die Wechselwirkung der Mitwelt des Menschen und seiner Umwelt legen.[1586]

Das Handeln nach sozialethischen Prinzipien ist stets ein Handeln für und innerhalb der Gesellschaft. Ein Handeln nach dem Prinzip des Abgeordnet-Seins ist primär ein Handeln für den Menschen, die Gesellschaft, die Mitwelt und erst sekundär für die Umwelt, da menschliches Handeln nie ohne den Bezug zum Handelnden, eben dem Menschen, gesehen werden kann. Menschliches Handeln an der Umwelt wirkt sich zudem früher oder später allzu oft auf den Menschen aus, wenngleich nicht davon ausgegangen werden kann, dass menschliches Handeln notgedrungen den gerade handelnden "Einzelmenschen" selbst tangiert. Somit ist das Abgeordnet-Sein nicht nur

---

[1584] Vgl. Balthasar, Hans Urs von (1975); 86-90.

[1585] Vgl. Anzenbacher, Arno (1997); 12.

[1586] Zu Mit- und Umwelt vgl. die Definitionen im Einleitungskapitel dieser Arbeit.

Option, da die Einhaltung des Abgeordnet-Seins oder die nicht Beachtung desselben über das Leben und sogar das Überleben des Menschen und damit auch der Gesellschaft entscheidet und daher Prinzip ist.

3.4. Hinweis auf existierende Handlungsvorschläge

Die gewonnene Erkenntnis, dass der Mensch nicht "nur" ein Mandat hinsichtlich des Umgangs mit der Natur - im Konkreten mit dem Wald - hat, sondern vielmehr als Teil der Natur Abgeordneter der Natur selbst ist, mit Rechenschaftsverpflichtung gegenüber Gott, bedingt ein neues Denken und Handeln betreffs der Kriterien und Haltungen des Menschen. Die christliche Ethik, welche sich auch auf faktisch gelebte Überzeugungen bezieht und im glaubensbezogenen Kontext offen für Abwägungen sein muss, ist gefordert diesen neu gewonnenen ethischen Grundsatz - dieses Prinzip - des "Abgeordnet-Seins" als allgemein gültig in ihre künftigen Erwägungen mit einzubeziehen, zumal das Prinzip des "Abgeordnet-Seins" durch diese Arbeit allgemein einsichtig gemacht worden ist. Dies trifft in adäquater Weise auch für die Synökologie und die Humanökologie innerhalb der wissenschaftlichen Disziplinen der Ökologie, der Biologie und der Soziologie zu. Das verantwortliche gegeneinander Abwägen der Eigenbedeutung und Ziele aller Geschöpfe, entsprechend ihrer Verschiedenheit im Konfliktfall durch den Menschen, hat künftig im Bewusstsein des "Abgeordnet-Seins" zu geschehen. Der Mensch hat aufgrund der in dieser Arbeit errungenen Erkenntnisse nicht nur eine sittlich zu fordernde Option für die Umwelt in einzelne Kriterien aufzuschlüsseln, nach denen ethische Urteile und Normeinsichten gewonnen werden, sondern auch die einzelnen aufgeschlüsselten Kriterien und Haltungen am Prinzip des "Abgeordnet-Seins" zu messen.[1587]

Sinn und Zweck innerhalb dieser Arbeit ist es nicht, die mannigfaltigen Kriterien hinsichtlich der Forstwirtschaft detailliert aufzuschlüsseln. In dieser Arbeit wurde vielmehr der Versuch unternommen, das Prinzip des "Abgeordnet-Seins" anhand besonderer Einzelfälle und zahlreicher aufgeworfener Fragen, die teils bewusst offengelassen wurden, zu induzieren, um eine neue Ansatz- und Bewertungsmöglichkeit zur Kriterienaufschlüsselung und -findung sowie den Haltungen des Menschen zu ermöglichen, welche über eine Option für die Umwelt - und somit auch für den Wald - hinausgehen und dadurch ein tiefgreifenderes und verbindlicheres Erarbeiten und Umsetzen gegebener und neuer Kriterien und damit verbundener Haltungen bietet, zumal teilweise bereits in den vorangegangenen Kapiteln Hinweise im Sinne der Kriterienaufschlüsselung und -findung sowie den Haltungen des Menschen gegeben wurden.

Es ist es nun Aufgabe weiterer wissenschaftlicher Arbeiten, sei es im Bereich der theologischen oder der forstwirtschaftlichen Disziplinen, die jeweils bereits gewonnenen oder nunmehr neu zu erarbeitenden Erkenntnisse am Prinzip des "Abgeordnet-Seins" zu messen und gegebenenfalls auszurichten, unter Miteinbezugnahme diskursethischer und

[1587] Vgl. dazu auch: Virt, Günter (1988b); 22-23.

sozialwissenschaftlicher Erkenntnisse sowie Erkenntnissen aus den Bereichen der Soziologie, der Psychologie und den Wirtschaftswissenschaften. Dabei ist darauf zu achten, dass ökologische Gesetzmässigkeiten im sittlichen Urteil natürlich mit Sachrichtigkeit verbunden sein müssen.

Auf einige Kriterien[1588] und Forderungen, die durch andere Autoren bereits bekannt gemacht worden sind, soll nun kurz verwiesen werden;[1589] nicht zuletzt um Zielrichtungsmöglichkeiten aufzuzeigen, mit welcher Vielfalt an Kriterien ethische Urteilsbildung angesichts der gegenwärtigen Umweltsituation im Wald zu arbeiten hat. GÜNTER VIRT zählt hierzu einige Kriterien auf und weist darauf hin, dass verantwortliche und vernünftige Abwägung im Problem- und Konfliktfall klare Vorzugsregeln für die Urteilsfindung voraussetzten. Diese Kriterien, die in Bezug auf die Umweltverantwortung eigentlich immer noch Selbstverständlichkeiten sein sollten, seien hier erwähnt:

> *1. Fundierungskriterium: Schutz und Pflege jener Wirklichkeiten, welche die Basis abgeben, hätten unter sonst gleichen Voraussetzungen Vorrang vor jenen, die erst darauf aufbauten ('primum vivere, deinde philosophari').*
> *2. Integrationskriterium: Weiterreichende Sicherungen der Lebensgrundlagen verdienten im Konfliktfall den Vorrang vor solchen auf schmalerer Basis. Daraus ergäbe sich der Vorzug der Verwirklichung und Respektierung jener Ansprüche, die sich vom System Mensch - Pflanze - Tier - Erde her ergäben, vor jenen, die sich nur aus menschlichen Sozialsystemen ableiteten.*
> *Die von menschlichen Interessen her geschaffenen Gesetzmässigkeiten in der Wirtschaft seien daher im Konfliktfall den Gesetzmässigkeiten der Ökologie ein- und unterzuordnen. Denn der Mensch und alle noch so wichtigen sozialen Institutionen des Menschen hätten nur Zukunft, wenn auch die aussermenschliche Schöpfung Zukunft habe.*
> *Eine ökologische Ethik könne daher nicht als Teil einer Wirtschaftsethik entfaltet, sondern nur aus der Problematik selbst heraus eigens begründet werden.*
> *3. Dringlichkeitskriterium: Existentielle Interessen der Armen in der Gegenwart und der kommenden Generationen hätten Vorrang vor weniger dringlichen Bedürfnissen, die wir uns heute erfüllen könnten.*
> *4. Vorsorgekriterium: Die Vorsorge zur Vermeidung von Umweltschäden und Belastungen habe Vorrang vor der nachträglichen, mühsamen und viel teureren und oft nur mehr sehr reduziert wirksamen Beseitigung von Schäden.*

[1588] Die nun angeführten Kriterien erheben keineswegs den Anspruch auf Vollständigkeit. Zudem sind in konkreten Fällen meist mehrere Kriterien heranzuziehen.

[1589] Diese Kriterien und Forderungen können durchaus als eine gewisse Rückschau auf das "Altland" betrachtet werden. – Vgl. dazu auch den "Prolog" sowie den Abschnitt "Forstwirtschaftlich-'ökosoziale' Ethik - Abgeordnet-Sein ein Prinzip?" dieser Arbeit.

5. Verursacherkriterium: Die Verursacher von Umweltschäden seien auch vom Recht her wirksam vor allen anderen haftbar zu machen. Erst wenn nach ernsthafter Prüfung kein Verursacher mehr ausfindig gemacht werden könne oder auch keine Verursachergruppe, dürften die Kosten auf die Gemeinschaft abgewälzt werden.
6. Kooperationskriterium: Da Umweltschäden vor Landesgrenzen meist nicht Halt machten, verdienten Massnahmen der Zusammenarbeit zwischen den Völkern und Staaten Vorrang vor allen bloss einzelstaatlichen Regelungen. (Ökumenische Versammlung von Basel Nr. 74: 'Unser Ziel ist eine internationale Umweltordnung')
7. Reversibilitätskriterium: Bei unvermeidbarer Inkaufnahme von Schäden hätten reversible Massnahmen Vorrang vor solchen, die irreversible oder langdauernde Folgen bewirkten (z.B. Atommüll,[1590] für dessen Endlagerung noch keine wirklichen Lösungen gefunden worden seien).
8. Kreislaufkriterium: Bei vorhersehbarem Anfall von Abfällen sei auf die Möglichkeit ihrer Einbringung in den Kreislauf der Natur zu achten. Solange die Natur in Ordnung sei, wäre deren Selbstheilung noch möglich. Es sollten daher keine grösseren Einheiten geschaffen werden als solche, innerhalb derer eine Einbringung in Kreisläufe noch bewältigt werden könnten, ohne zu grossen Transportaufwand.
9. Regenerationskriterium: Regenerierbare Energieträger hätten unter sonst gleichen Voraussetzungen den Vorrang vor nicht erneuerbarer Energie. Forschungen und Investitionen auf dem Gebiet der erneuerbaren und umweltverträglichen Energie hätten Vorrang vor Massnahmen bezüglich anderer Energieträger.
10. Sparsamkeitskriterium: Energiesparen habe in jedem Fall Vorrang vor allen anderen Massnahmen.[1591]

Innerhalb eines Vortrages an der Wiener Katholischen Akademie fasste HEINRICH NOLLER 12 Thesen zusammen, in denen er "Antikörper gegen das selbstmörderische Tun[1592]" aktivieren möchte. Er weiss, gemessen an dem, was heute geschieht, sind seine Forderungen an den Menschen, seine Verantwortung für die Schöpfung wahrzunehmen, geradezu unrealistisch. Er meint dennoch, dass seine Darlegungen eigentlich einleuchten müssten, wenn die Menschen nur in sich hineinhorchen und wenn sie ihrem gesunden Menschenverstand vertrauen, der ihnen doch sagen müsste, dass der Weg, auf dem sie sind, nicht mehr gar weit führen könne:

[1590] Für den Wald ist hier eher an die Art der Kulturen zu denken wie die "Fichtenmonokultur" und das Auftreten des Borkenkäfers.

[1591] Vgl. Virt, Günter (1991); 8-9. – Ähnlich auch in: Virt, Günter (1988b); 23-24.

[1592] Noller, Heinrich (1997); 8.

1) Der hemmungslose Einsatz unserer übermächtigen Technik habe weltweite Umweltzerstörung zur Folge.
2) Unser Wirtschaftssystem (Freie Marktwirtschaft genannt) fordere und fördere diesen hemmungslosen Einsatz und sei darum ethisch nicht vertretbar.
3) Unser Wirtschaftssystem sei nicht in der Lage, allen Menschen Wohlstand zu bringen. Es verfehle damit die Erfüllung seiner imposantesten Verheissung. Es mache zwar die Reichen reicher, zugleich aber die Armen ärmer. – Illustration: die derzeitig von der Caritas plakatierte Feststellung, dass in Österreich jährlich 30'000 Menschen unter die Armutsgrenze fielen.
4) Unsere Wirtschaft sei somit nicht nur ökologisch, sondern auch sozial unverträglich. Sie zerstöre ihre eigenen Grundlagen.
5) Der Zerstörung könne nicht durch eine als umweltfreundlich bezeichnete Technik begegnet werden, zumindest nicht, solange diese dann ebenso hemmungslos eingesetzt würde.
6) Solle die vielfältige Zerstörung aufgehalten werden, so bedürfe es einer tiefgreifenden Änderung von Einstellungen und Verhaltensweisen. Von grundlegender Wichtigkeit sei das ethische Gebot eines äusserst behutsamen Einsatzes der Technik.
7) Die heutige Weltwirtschaft sei eine Megamaschine, die unserer Erde jährlich wachsende Mengen an Ressourcen entreisse und diese letztendlich in Berge von Müll und unzählige Schadstoffe in Luft, Wasser und Erde umwandle. – Permanentes Wirtschaftswachstum sei darum ein grundsätzlich verkehrtes - und auch unerreichbares - Ziel.
8) Die - heute so bejubelte - Globalisierung bedeute vermehrten internationalen Wettbewerb im globalen Zerstörungswerk.
9) Mindestforderung an eine sozialverträgliche Wirtschaft müsse sein, die zum Leben unabdingbaren Güter allen Menschen verfügbar zu machen, ohne die Würde der Menschen zu verletzen. Darüber hinaus könne grundsätzlich nur so viel an Gütern verfügbar sein, wie ökologisch tragbar sei. Verschwendung sei unverantwortbar.
10) Überleben aller müsse Vorrang haben vor einem immer besseren Leben für wenige.
11) Unsere Wirtschaft erhebe den Anspruch, die Welt immer noch weiter zu vervollkommnen, indem sie der ohnehin unübersehbaren Menge an Gütern immer noch weitere hinzufüge. Besser wäre Orientierung an dem Satz von SAINT EXUPERY (sinngemäss): Eine Sache sei nicht dann vollkommen, wenn man ihr nichts mehr hinzufügen könne, sondern wenn man nichts mehr weglassen könne. Erst innerhalb einer solchen Orientierung könne Behutsamkeit, vielleicht die höchste und wichtigste der Tugenden in einer Welt voll von übermächtiger Technik, zu einem erstrebenswerten Ideal werden.

12) Von den Mächten, die uns zu hemmungslosem Einsatz der Technik animierten und uns blind machten gegen die weltweite Zerstörung der Schöpfung, sei die Werbung eine der stärksten und zugleich der am wenigsten wahrgenommenen. Sie spiegle uns eine heile Welt vor, die durch Technik ständig weiter vervollkommnet werde und in der wir unbesorgt verschwenden könnten. – Die Werbung zu zügeln sei darum eine hohe ethische Forderung.[1593]

Für HEINRICH WOHLMEYER hat die Kreislaufwirtschaft keine Alternative. Wenn wir sie nicht mutig zu verwirklichen versuchen, wird Europa seiner Meinung nach in bürgerkriegsähnliche Verhältnisse schlittern und in diesem Zustande auch potenzielles Opfer von Terror und militärischer Aggression sein. Die zentralen Elemente für die notwendige Kurskorrektur sind seiner Meinung nach:

- *Reform der Welthandelsordnung in Richtung fairer Handel, der eigenständige Wohlstandspfade zulasse.*
- *Reform der Weltfinanzwirtschaft in Richtung Akkumulationsabschöpfung und Transferbesteuerung.*
- *Auf diesem Hintergrund Verwirklichung der Prinzipien der Kreislaufwirtschaft, wobei die solare Orientierung der Energieversorgung, die Senkung und Kreislauforientierung der Materialströme und die Dezentralisierung (Regionalisierung) Kernstrategien darstellten.*
- *Damit könne auch den Geisseln unserer Zeit, der strukturell steigenden Arbeitslosigkeit sowie der Zunahme der sozialen und regionalen Ungleichheit begegnet werden.*[1594]

In seiner Arbeit "Umweltethik" zählt MICHAEL SCHLITT neun Kriterien für menschliches Eingreifen in die Natur auf:

1) *Pflicht zur Wissensbeschaffung - Ressortübergreifendes Vorgehen: Um den von der Natur vorgegebenen Rahmen, innerhalb dessen menschliches Leben möglich sei, zu erforschen, bedürfe es der Kenntnis der ökologischen Systeme und Gesetzmässigkeiten. Dazu gehörten auch die Prüfung ökologischer Belastungsgrenzen und Risiken. In den hier genannten Bereichen bestünde eine Pflicht zur Wissensbeschaffung, wobei ein ressortübergreifendes Vorgehen unverzichtbar sei. ...*
2) *Das Prinzip der Doppelwirkung und einige Vorzugsregeln: Handlungen mit Doppelwirkung seien nur dann zu verantworten, wenn sie nicht den*

[1593] Vgl. Noller, Heinrich (1997); 8-12.

[1594] Vgl. Wohlmeyer, Heinrich (1996); 25.

(universal zu formulierenden) Wert, der durch sie verwirklicht werden solle (und vielleicht auch in partikulärer Hinsicht und kurzfristig erreicht werde), im Ganzen und auf die Dauer untergrüben. ... Das Prinzip der Doppelwirkung rechtfertige bzw. toleriere die Inkaufnahme eines bestimmten Übels, das zur Erreichung eines notwendigen Gutes unverzichtbar sei, unter vier Bedingungen...:

1. *Die Handlung, aus der sich die schlechte Wirkung ergebe, dürfe nicht in sich (d.h. unter allen Umständen) schlecht sein.*
2. *Die Intention des Handelnden müsse sich ausschliesslich auf den positiven Folgeaspekt richten. Die schlechte Wirkung dürfe nicht beabsichtigt, sondern nur zugelassen sein.*
3. *Die schlechte Wirkung müsse sich ebenso unmittelbar ergeben wie die gute Wirkung, denn sonst wäre sie ein Mittel zur Erreichung der guten Wirkung und somit intendiert.*
4. *Es müsse ein entsprechend schwerwiegender Grund vorliegen, um die schlechte Wirkung in Kauf zu nehmen. Die auf die Erreichung eines bestimmten Zwecks zielende Handlung müsse unterlassen werden, wenn die Nebenwirkungen in keiner vernünftigen Proportion dazu stünden.*[1595]

Um zu ermitteln auf welche Weise *man im Ganzen und auf Dauer gesehen den angestrebten Wert am besten verwirklichen könne, erweisten sich u.a. die folgenden* Vorzugsregeln *als hilfreich...:*

1. *Unter sonst gleichen Umständen sei einer fehlerfreundlichen Vorgehensweise gegenüber einer fehlerfeindlichen der Vorzug zu geben (vgl. Kriterium 7).*
2. *Unter sonst gleichen Umständen sei eine Vorgehensweise, die ein bestimmtes Übel nur wahrscheinlich zur Folge habe, einer anderen Vorgehensweise vorzuziehen, die das Übel mit Sicherheit verursache.*
3. *Unter sonst gleichen Umständen sei bei Übeln, die unvermeidlich seien, das kürzer dauernde dem länger dauernden vorzuziehen.*
4. *Unter sonst gleichen Umständen käme derjenigen Vorgehensweise Vorrang zu, die das Wohl vieler und nicht weniger Personen mit sich brächte.*

3) Unter bestimmten Umständen hätten die Ansprüche, die sich vom naturalen Bedingungsfeld her ergäben Vorrang: Naturprozesse oder als "natürlich" angesehene Verhältnisse könnten für sich genommen niemals zu verbindlichen Normen menschlichen Verhaltens werden. - Die Verwirklichung und Respektierung der Ansprüche, die sich vom naturalen

[1595] Vgl. dazu auch: Böckle, Franz (1985); 311-315.

Bedingungsfeld her ergäben, hätten unter bestimmten Umständen Priorität vor jenen Ansprüchen, die sich aus dem sozialen Bedingungsfeld ableiteten. Sowohl das quantitative (Bevölkerungswachstum) als auch das qualitative (Lebensstandard) materielle Wachstum des Menschen seien von den Ansprüchen des naturalen Bedingungsfeld her bestimmt. ...

4) *Das Wohl künftiger Generationen: Menschliche Lebensgestaltung und Indienstnahme der Umwelt dürften nicht auf Kosten bzw. zu Lasten der künftigen Generationen erfolgen. ...*
5) *Schutz der Tier- und Pflanzenarten und deren Biotope: Der Mensch dürfe die Artenvielfalt nicht vernichten. - Da gegenwärtig eine Vielzahl von Arten vom Aussterben bedroht sei, der Mensch aber nicht gleichzeitig für alle diese Arten Schutzmassnahmen ergreifen könne, habe er bei der Beurteilung der Schutzwürdigkeit wildlebender Tiere und Pflanzen sowie der verschiedenen Landschaften und Landschaftskomplexe mehrere Kriterien zu berücksichtigen.*[1596] *...*
6) *Kriterien zur Verantwortbarkeit von Risiken der modernen Technik:*[1597]*...*
7) *Fehlerfreundliches Vorgehen bei Eingreifen in die Natur: Um auch die ungewollten negativen Folgen menschlichen Eingreifens in die Natur verantworten zu können, sei ein fehlerfreundliches Vorgehen notwendig. ...*
8) *Aktive und Kreative Gestaltung der Schöpfung: Nicht nur das Bewahren der Schöpfung sei gefordert, sondern daneben auch aktive und kreative Gestaltung und Veränderung. ...*
9) *Schönheit: Die Schönheit der Natur sei keine zufällige, sondern eine notwendige Bedingung menschlichen Lebens. Deshalb dürften ästhetische Werte bei der Gestaltung der Umwelt nicht unberücksichtigt bleiben. ...*[1598]

In seiner Schrift "Das Stöhnen der Natur" zählt HANS KESSLER zwei ökologische Imperative auf:

1) "Vermindere den Verbrauch, die Belastung, Verschmutzung und Zerstörung von Natur und Kreaturen, wo und wann immer es bei dir selbst und in deinem Einflussbereich möglich ist. Es darf nur noch so viel Umweltbelastung erlaubt sein, als für ein menschenwürdiges Leben unumgänglich ist (etwa nach der von MATTHIAS CLAUDIS

1596 Natürlichkeit, Gefährdung, Unersetzbarkeit, Vielfalt, Seltenheit, Vollkommenheit, Repräsentanz, Flächengrösse und Isolationsgrad.

1597 Hierzu zählt er 11 Thesen auf.

1598 Vgl. Schlitt, Michael (1992); 183-261.

gültig formulierten Einstellung: 'Gott gebe mir nur jeden Tag, so viel ich brauch' zum Leben').
2) Verringere drastisch deine Verbräuche an Energie, Wasser, Boden und anderen Gütern der Erde, stelle dich auf spürbar geringere Belastungen unserer natürlichen Lebensgrundlagen um! Baue die Verschwendung ab! Lebe einfacher![1599]"

Die gemeinsame Erklärung "Verantwortung wahrnehmen für die Schöpfung" der evangelischen und katholischen Kirchen fordert einen neuen Lebensstil und stellt für ein grundlegendes Umdenken folgende Kriterien auf:

- *Das Erkennen ökologischer Systemzusammenhänge und das verantwortliche Leben und Handeln in dem Bewusstsein eben dieser Zusammenhänge.*
- *Den Verzicht auf Verhaltens- und Konsumgewohnheiten, die auf Kosten der natürlichen Umwelt gehen, Einüben neuer Verhaltensweisen.*
- *Eine Änderung der gebräuchlichen Entsorgungsgewohnheiten (z. B. Vermeidung unnötiger Abfälle, Abschaffung oder zumindest Reduzierung von Mischabfall zu Gunsten des aufwändigeren Sortierens von Abfällen in Glas, Papier, Kompost, Metall, Sondermüll u. a.).*
- *Die Bereitschaft, den Preis für umweltfreundlich produzierte und damit teurere Produkte zu bezahlen.*
- *Eine Hinwendung zu Mässigkeit, Bescheidenheit, Lebensdisziplin, Naturnähe, Mitmenschlichkeit (Solidarität mit den armen Völkern der Dritten Welt).*
- *Die Aneignung neuer Fähigkeiten und den tätigen umweltbewussten Einfallsreichtum (z.B. die Tugend des Sichhelfens und Improvisierens mit umständlicheren, einfacheren, aber umweltnäheren Mitteln).*
- *Das verantwortliche Engagement des mündigen Staatsbürgers, das den demokratischen Widerspruch gegen Schädigung und Belastung der Umwelt vor Ort und im weiteren Kontext einschliesst und den politischen Willensbildungsprozess durch umweltpolitisches Engagement mit beeinflusst.*[1600]

Für RUDOLF WEILER ist die Kostenseite des Problems, was die Erhaltung des ökologischen Gleichgewichts und den Umweltschutz betrifft, erkannt worden, so dass

[1599] Kessler, Hans (1998); 80, 82.

[1600] Vgl. Verantwortung wahrnehmen für die Schöpfung (1985); 43-44.

das Handeln nach dem grundsätzlich anerkannten Verursacherprinzip zu richten ist. Demnach sind die Kosten des Umweltschutzes zuerst über den (Kauf-)Preis und erst in zweiter Linie über die Allgemeinheit oder die Steuerzahlenden abzudecken. Das Zweite trifft besonders dann zu, wenn Verursacher von Schäden nur schwer festzustellen sind bzw. nicht im eigenen Land beheimatet sind und somit ein Land für grenzüberschreitende Schäden aufkommen muss, welches es nicht verursacht hat. Eine besondere Versuchung stellt das kurzfristige Profitdenken bei Gütern der Primärproduktion dar sowie bei der Wahl industrieller Anlagen ohne Rücksicht auf Umweltbelastungen als auch die Belastungen von Monokulturen. Umweltschäden, wie der jährliche Verlust von Millionen von Hektaren Wald, treffen nicht nur die Länder in denen der Wald konkret nicht mehr da ist, sondern alle Nationen.

In der Verantwortung vor künftigen Generationen trifft nach RUDOLF WEILER die Aufgabe für Reformen die Politik von heute, indem diese dafür sorgt, dass alles vorhandene Wissen und alle Ressourcen voll genutzt werden. Sozusagen zum Ausgleich des zehnmal höheren fossilen und mineralischen Brennstoffverbrauchs der Durchschnittsbürger in den Industrieländern gegenüber derer in den Entwicklungsländern gilt es, die Gewichte durch solidarische Beiträge zum Umweltschutz zu verschieben beispielsweise durch multilaterale Massnahmen wie einem Weltfonds und weltweiter Umweltschutzplanung. Zur Finanzierung eines solchen Projektes wird die Möglichkeit gesehen, Geld aus der militärischen Rüstung in den Umweltschutz umzuleiten.

Vorrang geniessen muss vor einer allfälligen Reparatur jedoch die Verhinderung von Umweltschäden. Dazu gilt es diese Devise in die breiten Schichten der Bevölkerung zu tragen, angefangen bei der kleinsten Einheit der Gesellschaft, der Familie, da letztlich jeder Mensch in seinem kleinen lokalen Bereich zur Pflege der Umwelt aufgerufen ist.[1601]

All diese soeben aufgelisteten Beiträge verdeutlichen die grossen Anstrengungen und Bemühungen, welche aufgrund einer Option für die Umwelt zu Stande gekommen sind. Lässt eine Option für die Umwelt, denn das gehört auch zum Wesen einer Option, viele Unsicherheiten offen, so gibt - wie dieses Werk ausführlich zeigt - das Prinzip des Abgeordnet-Seins klarere Strukturen im künftigen Umgang mit Umweltproblemen, mit dem Waldumgang der Forstwirtschaft und anderer hier nicht genannter Bereiche des menschlichen Lebens, die mit der Natur, eben der Umwelt des Menschen, verbunden sind.

[1601] Vgl. Weiler, Rudolf (1989²); 199-201.

3.5. Schlussüberlegung

Prophetische Stimmen sagen, dass alle Menschen ein Recht auf Grundnotwendigkeiten haben.[1602] Unter Beachtung des Prinzips des Abgeordnet-Seins erweitert sich dies dazu, dass der Mensch nicht nur ein Recht auf Grundnotwendigkeiten hat, sondern auch die Pflicht dafür zu sorgen, dass nebst den Menschen auch der aussermenschlichen Natur die Grundnotwendigkeiten nicht abgehen, zumal diese sonst letztlich dadurch auch dem Menschen wiederum fehlen würden. Die Tradition, die das prophetische Wort fördert, zeigt auf, dass dieses mit entsprechenden Taten verbunden sein muss.[1603] Diese Tat, welche sich im Sinne des Abgeordnet-Seins auf die ganze Schöpfung ausdehnt,[1604] kommt letztlich wiederum dem Menschen selbst zugute.[1605] So gesehen ist aufgrund des Abgeordnet-Seins eine Art Harmonie der Lebewesen, ja des Menschen mit der gesamten Schöpfung - insbesondere mit dem Wald wie die ersten beiden Kapitel aufzeigten - notwendig, wie sie in den Worten Bruderschaft,[1606] Friede / Heil (Shalom[1607]),[1608] messianische Zeit[1609] oder Freude[1610] angesprochen werden. Harmonie und Wohlstand bestehen nicht bloss aus Wohlstand und Glück, sondern auch aus Dienst und Gemeinschaft wie das Handeln Christi zeigte.[1611] Dieses Handeln ist im Sinne des Abgeordnet-Seins durchaus auch auf die Schöpfung hin auszuweiten.

Die Bibel bietet verschiedene Vorschläge und Weisungen des Handelns des Menschen an der Schöpfung, die bereits auf dem Prinzip des Abgeordnet-Seins aufbauen. Als Erstes sei das sparsame Verwenden der Ressourcen genannt. Viele der Grundvorstellungen, wie man nicht menschliche Kreaturen behandeln kann, finden wir

---

[1602] Vgl. Fritsch, A.J. (1994); 300.

[1603] Vgl. Apg 2,44-45 "Und alle, die gläubig geworden waren, bildeten eine Gemeinschaft und hatten alles gemeinsam. Sie verkauften Hab und Gut und gaben davon allen, jedem so viel, wie er nötig hatte."

[1604] Vgl. Röm 8,19 "Denn die ganze Schöpfung wartet sehnsüchtig auf das Offenbarwerden der Söhne Gottes."

[1605] Vgl. Röm 8,23 "Aber auch wir, obwohl wir als Erstlingsgabe den Geist haben, seufzen in unserem Herzen und warten darauf, dass wir mit der Erlösung unseres Leibes als Söhne offenbar werden."

[1606] Vgl. Ps 133,1 "Seht doch, wie gut und schön ist es, / wenn Brüder miteinander in Eintracht wohnen."

[1607] שָׁלוֹם

[1608] Vgl. Ps 35,27 "Alle sollen sich freuen und jubeln, / die wünschen, dass ich im Recht bin. Sie sollen jederzeit sagen: 'Groß ist der Herr, / er will das Heil seines Knechtes.'"

[1609] Vgl. Jes 11,6 "Dann wohnt der Wolf beim Lamm, / der Panther liegt beim Böcklein. Kalb und Löwe weiden zusammen, / ein kleiner Knabe kann sie hüten."

[1610] Vgl. Joël 2,21-22 "Fürchte dich nicht, fruchtbares Land! / Freu dich und juble; / denn der Herr hat Großes getan. Fürchtet euch nicht, ihr Tiere auf dem Feld! / Denn das Gras in der Steppe wird wieder grün, der Baum trägt seine Frucht, / Feigenbaum und Weinstock bringen ihren Ertrag."

[1611] Vgl. Joh 13,13-15 "Ihr sagt zu mir Meister und Herr und ihr nennt mich mit Recht so; denn ich bin es. Wenn nun ich, der Herr und Meister, euch die Füße gewaschen habe, dann müsst auch ihr einander die Füße waschen. Ich habe euch ein Beispiel gegeben, damit auch ihr so handelt, wie ich an euch gehandelt habe."

besonders im Buch Genesis: Gen 1,1-25:[1612] ...Gott ist der Schöpfer aller Dinge der Erde...; Gen 1,26-31:[1613] Die Erde ist gut und spielt eine Rolle bei der ganzen menschlichen Geschichte.; Gen 1,27:[1614] Mann und Frau sind als Abbild Gottes geschaffen.; Gen 1,31:[1615] Alles, was Gott gemacht hat, ist gut.; Gen 2,15:[1616] Die Menschheit wurde auf die Erde gestellt, um sie zu hegen und zu pflegen.; Gen 2,20:[1617] Die Menschheit hat Macht über die Kreaturen und den Auftrag die Tiere zu benennen.;

[1612] Gen 1,1-25 "Im Anfang schuf Gott Himmel und Erde; die Erde aber war wüst und wirr, Finsternis lag über der Urflut und Gottes Geist schwebte über dem Wasser. Gott sprach: Es werde Licht. Und es wurde Licht. Gott sah, dass das Licht gut war. Gott schied das Licht von der Finsternis und Gott nannte das Licht Tag und die Finsternis nannte er Nacht. Es wurde Abend und es wurde Morgen: erster Tag. Dann sprach Gott: Ein Gewölbe entstehe mitten im Wasser und scheide Wasser von Wasser. Gott machte also das Gewölbe und schied das Wasser unterhalb des Gewölbes vom Wasser oberhalb des Gewölbes. So geschah es und Gott nannte das Gewölbe Himmel. Es wurde Abend und es wurde Morgen: zweiter Tag. Dann sprach Gott: Das Wasser unterhalb des Himmels sammle sich an einem Ort, damit das Trockene sichtbar werde. So geschah es. Das Trockene nannte Gott Land und das angesammelte Wasser nannte er Meer. Gott sah, dass es gut war. Dann sprach Gott: Das Land lasse junges Grün wachsen, alle Arten von Pflanzen, die Samen tragen, und von Bäumen, die auf der Erde Früchte bringen mit ihrem Samen darin. So geschah es. Das Land brachte junges Grün hervor, alle Arten von Pflanzen, die Samen tragen, alle Arten von Bäumen, die Früchte bringen mit ihrem Samen darin. Gott sah, dass es gut war. Es wurde Abend und es wurde Morgen: dritter Tag. Dann sprach Gott: Lichter sollen am Himmelsgewölbe sein, um Tag und Nacht zu scheiden. Sie sollen Zeichen sein und zur Bestimmung von Festzeiten, von Tagen und Jahren dienen; sie sollen Lichter am Himmelsgewölbe sein, die über die Erde hin leuchten. So geschah es. Gott machte die beiden großen Lichter, das größere, das über den Tag herrscht, das kleinere, das über die Nacht herrscht, auch die Sterne. Gott setzte die Lichter an das Himmelsgewölbe, damit sie über die Erde hin leuchten, über Tag und Nacht herrschen und das Licht von der Finsternis scheiden. Gott sah, dass es gut war. Es wurde Abend und es wurde Morgen: vierter Tag. Dann sprach Gott: Das Wasser wimmle von lebendigen Wesen und Vögel sollen über dem Land am Himmelsgewölbe dahinfliegen. Gott schuf alle Arten von großen Seetieren und anderen Lebewesen, von denen das Wasser wimmelt, und alle Arten von gefiederten Vögeln. Gott sah, dass es gut war. Gott segnete sie und sprach: Seid fruchtbar und vermehrt euch und bevölkert das Wasser im Meer und die Vögel sollen sich auf dem Land vermehren. Es wurde Abend und es wurde Morgen: fünfter Tag. Dann sprach Gott: Das Land bringe alle Arten von lebendigen Wesen hervor, von Vieh, von Kriechtieren und von Tieren des Feldes. So geschah es. Gott machte alle Arten von Tieren des Feldes, alle Arten von Vieh und alle Arten von Kriechtieren auf dem Erdboden. Gott sah, dass es gut war."

[1613] Gen 1,26-31 "Dann sprach Gott: Lasst uns Menschen machen als unser Abbild, uns ähnlich. Sie sollen herrschen über die Fische des Meeres, über die Vögel des Himmels, über das Vieh, über die ganze Erde und über alle Kriechtiere auf dem Land. Gott schuf also den Menschen als sein Abbild; als Abbild Gottes schuf er ihn. Als Mann und Frau schuf er sie. Gott segnete sie und Gott sprach zu ihnen: Seid fruchtbar und vermehrt euch, bevölkert die Erde, unterwerft sie euch und herrscht über die Fische des Meeres, über die Vögel des Himmels und über alle Tiere, die sich auf dem Land regen. Dann sprach Gott: Hiermit übergebe ich euch alle Pflanzen auf der ganzen Erde, die Samen tragen, und alle Bäume mit samenhaltigen Früchten. Euch sollen sie zur Nahrung dienen. Allen Tieren des Feldes, allen Vögeln des Himmels und allem, was sich auf der Erde regt, was Lebensatem in sich hat, gebe ich alle grünen Pflanzen zur Nahrung. So geschah es. Gott sah alles an, was er gemacht hatte: Es war sehr gut. Es wurde Abend und es wurde Morgen: der sechste Tag."

[1614] Gen 1,27 "Gott schuf also den Menschen als sein Abbild; als Abbild Gottes schuf er ihn. Als Mann und Frau schuf er sie."

[1615] Gen 1,31 "Gott sah alles an, was er gemacht hatte: Es war sehr gut. Es wurde Abend und es wurde Morgen: der sechste Tag."

[1616] Gen 2,15 "Gott, der Herr, nahm also den Menschen und setzte ihn in den Garten von Eden, damit er ihn bebaue und hüte."

[1617] Gen 2,20: "Der Mensch gab Namen allem Vieh, den Vögeln des Himmels und allen Tieren des Feldes. Aber eine Hilfe, die dem Menschen entsprach, fand er nicht."

Gen 2,16-17:[1618] Die Menschheit ist verpflichtet übermässiger Verwendung entgegenzutreten (Baum der Erkenntnis von Gutem und Bösem). Da wir an eine Zukunft glauben, können wir die Erde nicht einfach ausbeuten, als wären wir morgen tot.[1619] Gleichzeitig können wir Güter aber auch nicht über den Tod hinaus mitnehmen, folglich lohnt es sich nicht, mehr anzuschaffen, als zum Leben notwendig ist.[1620] Gott setzte bereits seinem Volk eine Grenze des Sammelns.[1621] Gott selbst sieht sich als letztendlicher Eigentümer des Landes, der Mensch ist lediglich Verwalter und daher Rechenschaft schuldig.[1622] Zudem gibt die Bibel den Auftrag, das Land nicht über die Massen auszubeuten, sondern zu schonen.[1623] Genauso legt die Bibel wert darauf Eigentumsungerechtigkeiten periodisch auszugleichen.[1624]

Als Zweites sei auf das "Sanieren" der Erde hingewiesen, im Sinne des Sanierens von Umweltschäden. Der konstante Anruf zu Einschränkung und Selbstdisziplin in der Bibel hat einen sehr tiefen Grund: Die menschliche Neigung zu sündigen und Grenzen zu übertreten. Wenn die Menschen sündigen ist die Erde verletzt; wenn Gott verzeiht, wird die Erde geheilt und Menschheit und Erde bilden wieder eine Einheit.[1625] Die Sünde

---

[1618] Gen 2,16-17 "Dann gebot Gott, der Herr, dem Menschen: Von allen Bäumen des Gartens darfst du essen, doch vom Baum der Erkenntnis von Gut und Böse darfst du nicht essen; denn sobald du davon isst, wirst du sterben."

[1619] Vgl. 1 Kor 15,32-33 "Was habe ich dann davon, dass ich in Ephesus, wie man so sagt, mit wilden Tieren gekämpft habe? Wenn Tote nicht auferweckt werden, dann *lasst uns essen und trinken; denn morgen sind wir tot*. Lasst euch nicht irreführen! Schlechter Umgang verdirbt gute Sitten."

[1620] Vgl. Lk 12,20 "Da sprach Gott zu ihm: Du Narr! Noch in dieser Nacht wird man dein Leben von dir zurückfordern. Wem wird dann all das gehören, was du angehäuft hast?" – Vgl. Spr 23,4 "Müh dich nicht ab, um Reichtum zu erwerben / und dabei deine Einsicht aufzugeben."

[1621] Vgl. Ex 16,16 "Das ordnet der Herr an: Sammelt davon so viel, wie jeder zum Essen braucht, ein Gomer je Kopf. Jeder darf so viel Gomer holen, wie Personen im Zelt sind."

[1622] Vgl. Lev 25,23 "Das Land darf nicht endgültig verkauft werden; denn das Land gehört mir und ihr seid nur Fremde und Halbbürger bei mir."

[1623] Vgl. Lev 25,4 "Aber im siebten Jahr soll das Land eine vollständige Sabbatruhe zur Ehre des Herrn halten: Dein Feld sollst du nicht besäen und deinen Weinberg nicht beschneiden."

[1624] Vgl. Lev 25,24-31 "Für jeden Grundbesitz sollt ihr ein Rückkaufrecht auf das Land gewähren. Wenn dein Bruder verarmt und etwas von seinem Grundbesitz verkauft, soll sein Verwandter als Löser für ihn eintreten und den verkauften Boden seines Bruders auslösen. Hat einer keinen Löser, hat er aber die nötigen Mittel für den Rückkauf selbst aufgebracht, dann soll er die Jahre seit dem Verkauf anrechnen und den Restbetrag dem Käufer zurückzahlen; sein Grundbesitz fällt an ihn zurück. Bringt er die nötigen Mittel für diese Ersatzleistung nicht auf, dann soll der verkaufte Grund bis zum Jubeljahr im Besitz des Käufers bleiben. Im Jubeljahr wird das Grundstück frei und es kommt wieder zu seinem Besitz. Verkauft jemand ein Wohnhaus in einer ummauerten Stadt, so besteht das Rückkaufrecht bis zum Ablauf des Jahres, das dem Verkauf folgt; sein Rückkaufrecht ist zeitlich beschränkt. Erfolgt der Rückkauf bis zum Ablauf des Jahres nicht, dann soll das Haus innerhalb der ummauerten Stadt dem Käufer und seinen Nachkommen endgültig verbleiben; er braucht es im Jubeljahr nicht zu verlassen. Aber die Häuser in Dörfern, die nicht von Mauern umgeben sind, werden als Bestandteil des freien Feldes betrachtet; für sie besteht ein Rückkaufrecht und der Käufer muss es im Jubeljahr verlassen."

[1625] Vgl. Röm 8,22 "Denn wir wissen, dass die gesamte Schöpfung bis zum heutigen Tag seufzt und in Geburtswehen liegt."

schafft Disharmonie, die Reue führt den Wohlstand oder das Umweltgleichgewicht wieder ein, denn Reue beinhaltet Wiedergutmachung. Jeder Mensch ist für seine eigenen Vergehen verantwortlich. Jeder muss seine eigenen Sünden sühnen.[1626] "Soziale Sünden" müssen daher auch von der Gemeinschaft gesühnt werden. Eine zerbrechliche Ökologie fordert daher rasche Sanierungen, so dass die Erde auch schnell sein kann im "Verzeihen".

Als Drittes gelte das "Mögen" der Erde, in dem Sinne, dass die Erde zu schätzen die Sorge aller zu sein hat. Mit der sozialen Sünde verbunden müssen wir anerkennen, dass wir die Verpflichtung haben die Erde künftigen Generationen zu erhalten, denn Gott ist nicht nur unser Gott, er ist ein beständiger Gott.[1627] Die Erde zu mögen umfasst die Verantwortung für diese und für die zukünftigen Generationen sowie für die Ressourcen der Erde. Jeder muss besorgt sein, besonders wenn der Nachbar vergisst selbstverschuldete Umweltschäden zu sanieren. Jeder Umweltmissbrauch ist eine soziale Sünde und verletzt die ganze ökologische Struktur. Soziale Verantwortung wird nie gleichermassen von allen geteilt. Daher müssen die Christen sich speziell der sozialen Sünde annehmen und besonders besorgt sein, angespornt durch Kol 1,24.[1628] Wenn wir dies vernachlässigen und schweigen werden wir zu Komplizen im "sozialen Verbrechen". Die Treue zur jüdisch-christlichen Tradition umfasst eine Anzahl von Handlungen wie das Veröffentlichen von Umweltverschmutzern von Luft, Wasser und Land (insbesondere den Wald), das Unterstützen von Verordnungen die Lärm- und andere Belastungen beschränken, anspruchsvolle korrekte Bezeichnungen von Hausschadstoffen, Umwelterziehung in der Familie etc. Schweigen im Angesicht der Übeltat ist ein Ausdruck von Untreue und leugnet den prophetischen Aufruf und entkräftet somit die Gemeinschaft.

Als Viertes ist das "Aufteilen" der Erde zu sehen, im Sinne der Güterteilung mit minderbemittelten Menschen und Ländern.[1629] Die Erde gehört uns nicht bedingungslos. Wir erhalten sie für eine bestimmte Zeit "anvertraut" und dann sterben wir wie das ausdörrende Gras; die Erde aber bleibt über unseren je einzelnen Tod hinaus bestehen. Bereits in den Tagen der Apostel gab es einen Sinn dafür mit entfernten Leuten zu Teilen. So bat PAULUS die Christen in Griechenland die Kirche von Jerusalem zu

---

[1626] Vgl. Dtn 24,16 "Väter sollen nicht für ihre Söhne und Söhne nicht für ihre Väter mit dem Tod bestraft werden. Jeder soll nur für sein eigenes Verbrechen mit dem Tod bestraft werden."

[1627] Vgl. 2 Makk 1,2 "Gott möge euch Gutes erweisen und seines Bundes gedenken, den er mit seinen treuen Dienern Abraham, Isaak und Jakob geschlossen hat." – Vgl. Mt 22,32 "*Ich bin der Gott Abrahams, der Gott Isaaks und der Gott Jakobs ?* Er ist doch nicht der Gott der Toten, sondern der Gott der Lebenden."

[1628] Kol 1,24 "Jetzt freue ich mich in den Leiden, die ich für euch ertrage. Für den Leib Christi, die Kirche, ergänze ich in meinem irdischen Leben das, was an den Leiden Christi noch fehlt."

[1629] Hier sei besonders an die "Option für die Armen" erinnert.

unterstützen.[1630] Auch die Geschichte des LAZARUS[1631] spricht vom Teilen, ja sogar von Strafe bei versäumtem Teilen. Es gibt viele Stellen in der Schrift, die zum Teilen ermahnen.[1632] Das Teilen ist ein integraler Teil der biblischen Botschaft. Das Teilen ist innerhalb der jüdisch-christlichen Tradition die beste Form der Kommunikation zwischen denen, die etwas haben und denen, die bedürftig sind. Auch Christus bestätigte diese nach unserer eigenen Anfrage selber.[1633] Nach dem Prinzip des Abgeordnet-Seins kann durchaus auch die Natur bedürftig sein.

Als Fünftes ist das "Verwalten" der Erdengüter zu beachten, im Bewusstsein, dass der Mensch Abgeordneter und somit dem Prinzip des Abgeordnet-Seins verpflichtet ist. Mit wachsendem Bewusstsein lediglich Verwalter und nicht Besitzer der Erde zu sein kann man erwarten, dass sich die persönliche Einstellung zur Umgebung verbessert: Weniger Abfall, mehr Gewinn (bessere Nutzung dessen, was man nutzt), besserer Pflanzen- und Tierschutz, besseres Aufteilen der Ressourcen (ganz besonders der Waldbestände und somit der Holzressourcen) etc. Mit der Änderung der Herzen muss auch das Bewusstsein

---

[1630] Vgl. Röm 15,26 "Denn Mazedonien und Achaia haben eine Sammlung beschlossen für die Armen unter den Heiligen in Jerusalem."

[1631] Vgl. Lk 16,19-31 "Es war einmal ein reicher Mann, der sich in Purpur und feines Leinen kleidete und Tag für Tag herrlich und in Freuden lebte. Vor der Tür des Reichen aber lag ein armer Mann namens Lazarus, dessen Leib voller Geschwüre war. Er hätte gern seinen Hunger mit dem gestillt, was vom Tisch des Reichen herunterfiel. Stattdessen kamen die Hunde und leckten an seinen Geschwüren. Als nun der Arme starb, wurde er von den Engeln in Abrahams Schoß getragen. Auch der Reiche starb und wurde begraben. In der Unterwelt, wo er qualvolle Schmerzen litt, blickte er auf und sah von weitem Abraham, und Lazarus in seinem Schoß. Da rief er: Vater Abraham, hab Erbarmen mit mir und schick Lazarus zu mir; er soll wenigstens die Spitze seines Fingers ins Wasser tauchen und mir die Zunge kühlen, denn ich leide große Qual in diesem Feuer. Abraham erwiderte: Mein Kind, denk daran, dass du schon zu Lebzeiten deinen Anteil am Guten erhalten hast, Lazarus aber nur Schlechtes. Jetzt wird er dafür getröstet, du aber musst leiden. Außerdem ist zwischen uns und euch ein tiefer, unüberwindlicher Abgrund, sodass niemand von hier zu euch oder von dort zu uns kommen kann, selbst wenn er wollte. Da sagte der Reiche: Dann bitte ich dich, Vater, schick ihn in das Haus meines Vaters! Denn ich habe noch fünf Brüder. Er soll sie warnen, damit nicht auch sie an diesen Ort der Qual kommen. Abraham aber sagte: Sie haben Mose und die Propheten, auf die sollen sie hören. Er erwiderte: Nein, Vater Abraham, nur wenn einer von den Toten zu ihnen kommt, werden sie umkehren. Darauf sagte Abraham: Wenn sie auf Mose und die Propheten nicht hören, werden sie sich auch nicht überzeugen lassen, wenn einer von den Toten aufersteht."

[1632] Vgl. Dtn 24,19 "Wenn du dein Feld aberntest und eine Garbe auf dem Feld vergisst, sollst du nicht umkehren, um sie zu holen. Sie soll den Fremden, Waisen und Witwen gehören, damit der Herr, dein Gott, dich bei jeder Arbeit deiner Hände segnet. " – Vgl. Dtn 24,20-21 "Wenn du einen Ölbaum abgeklopft hast, sollst du nicht auch noch die Zweige absuchen. Was noch hängt, soll den Fremden, Waisen und Witwen gehören. Wenn du in deinem Weinberg die Trauben geerntet hast, sollst du keine Nachlese halten. Sie soll den Fremden, Waisen und Witwen gehören." – Vgl. ferner: Jak 2,15-16 "Wenn ein Bruder oder eine Schwester ohne Kleidung ist und ohne das tägliche Brot und einer von euch zu ihnen sagt: Geht in Frieden, wärmt und sättigt euch!, ihr gebt ihnen aber nicht, was sie zum Leben brauchen - was nützt das?" – Vgl. auch: 1 Tim 6,18 "Sie sollen wohltätig sein, reich werden an guten Werken, freigebig sein und, was sie haben, mit anderen teilen." – Vgl. ebenfalls: Lev 25,35 "Wenn dein Bruder verarmt und sich neben dir nicht halten kann, sollst du ihn, auch einen Fremden oder Halbbürger, unterstützen, damit er neben dir leben kann."

[1633] Vgl. Mt 25,37.40 "Dann werden ihm die Gerechten antworten: Herr, wann haben wir dich hungrig gesehen und dir zu essen gegeben, oder durstig und dir zu trinken gegeben? ... Darauf wird der König ihnen antworten: Amen, ich sage euch: Was ihr für einen meiner geringsten Brüder getan habt, das habt ihr mir getan."

der ganzen Tradition kommen, in der die Vision eines "neuen Himmels und einer neuen Erde" enthalten ist.[1634] Das Alte ist nicht gut genug, obwohl die Schöpfung gut war. Die kreative Tat ist ein andauernder Prozess. Es ist ein Teil der Natur, dass Verbesserungen auftreten und es ist ein Teil der menschlichen Natur, Pflanzen als auch Tieren zu helfen sowie auch anderen Leuten zu einer besseren Lebensqualität zu verhelfen.

Es mag richtig sein, dass der in unserer jüngeren Kulturgeschichte sich dokumentierende Wille zur Naturbewahrung sich schliesslich als ein ohnmächtiger Wille erweisen könnte und zu spät kommt. Aber wenn, "kantisch wie christlich", die Güte eines guten Willens nicht am Erfolg, vielmehr an seinen Motiven zu messen ist, so ist, soweit der gute Wille zur Herstellung und Erhaltung kultureller Harmonie mit der Natur in Frage steht, gerade die postmoderne Kultur, die Kultur des Atomzeitalters also von Bekundungen dieses Willens erfüllt.[1635] Bleibt nur noch dem Willen die entsprechende Tat folgen zu lassen.[1636]

Im zweiten Kapitel wurde eingehend auf das Mitwissen mit der Natur, im Sinne der eigenen Gewissensbildung, verwiesen. Wird dieses Mitwissen mit der Natur bei der jeweils persönlichen Gewissensbildung vernachlässigt, so ergibt sich ein irriges Gewissen. Nur unter Einbezugnahme dieses Mitwissens mit der Natur kann der Mensch zu einem wahren Gewissen gelangen und dadurch die richtige Grundlage zur freien Gewissensentscheidung hinsichtlich des Umganges mit dem Wald erhalten. So kann die im Gewissensurteil zu treffende sittliche Entscheidung in richtiger Weise ein schöpferischer und autonomer Akt sein. Nicht das subjektive Urteil entscheidet somit über die Wahrheit, sondern die Seins- und Wertgrundlage des Urteils, welche die sittlich gut und richtig gelebte Sittlichkeit bestimmt. Diese Seins- und Wertgrundlage bedarf ihrerseits wieder der Basis des Prinzips des Abgeordnet-Seins, gerade hinsichtlich der Sittlichkeit die den Wald tangiert, um die den Menschen in den kulturellen Lebensformen persönlich vorgegebenen Werte, die das Leben als Ideal bestimmen, tatsächlich zu nachhaltig positiv fruchtbaren Werten zu machen. Die Grundlagen des Abgeordnet-Seins müssen somit die Konstanten des menschlichen Verhaltens beeinflussen und darin erkennbar sein. Unter Anwendung des Prinzips des Abgeordnet-Seins geht es somit ganz konkret um eine Zustände- und Sittenreform hinsichtlich des Umgangs des Menschen mit den Mitmenschen den Wald betreffend, aber auch des Menschen mit dem Wald und der Natur; um die Lösung der Sozialen

---

[1634] Vgl. Jes 65,17 "Ja, vergessen sind die früheren Nöte, / sie sind meinen Augen entschwunden. Denn schon erschaffe ich einen neuen Himmel / und eine neue Erde. Man wird nicht mehr an das Frühere denken, / es kommt niemand mehr in den Sinn." – Vgl. Offb 21,1 "Dann sah ich *einen neuen Himmel und eine neue Erde;* denn der erste Himmel und die erste Erde sind vergangen, auch das Meer ist nicht mehr."

[1635] Vgl. Lübbe, Hermann (1986); 14.

[1636] Vgl. dazu (im analogen Sinne): Jak 2,18.24 "Nun könnte einer sagen: Du hast Glauben und ich kann Werke vorweisen; zeig mir deinen Glauben ohne die Werke und ich zeige dir meinen Glauben aufgrund der Werke. Ihr seht, dass der Mensch aufgrund seiner Werke gerecht wird, nicht durch den Glauben allein."

Frage, wobei in Ergänzung nicht die Möglichkeiten des Diskurses verwehrt sein dürfen. Das Handeln nach dem Prinzip des Abgeordnet-Seins hinsichtlich des Waldes wurzelt in der "Liebensnatur"[1637] des Menschen und liegt in der "Natur der Sache"[1638] und bedingt somit Sachrichtigkeit. Die Grundlage ist somit erkannt und dient nun dazu, dass die interdisziplinären Beiträge jeglicher Art mit den ökologischen Gesetzmässigkeiten im sittlichen Urteil verbunden werden können.[1639]

Das Prinzip des Abgeordnet-Seins schmälert keineswegs die Grundpflichten, die Grundtugenden, die Grundgüter oder die Grundsituationen der sittlichen Persönlichkeitserfüllung, sondern weitet diese vielmehr aus und bezieht neben der bereits inkludierten Mitwelt auch die Umwelt, in unserem Falle besonders den Wald, mit ein. Zu den Grundpflichten des Menschen gehören die Selbstbesinnung, die Selbsterkenntnis, die Selbstzucht und die Selbstlosigkeit. Die Selbstbesinnung bezieht sich auf das menschliche Dasein und im erweiterten Sinne auf das Dasein mit der Natur. Zuerst muss der Mensch gegen sich selbst wahrhaftig sein. Mit der Erlangung und Entwicklung seines Selbstbewusstseins darf er nicht den inneren Fragen entfliehen, sondern muss sich auf den Grund seines Seins besinnen, der auch das Abgeordnet-Sein beinhaltet. Selbsterkenntnis ist die Voraussetzung, dass der Mensch von seiner Freiheit Gebrauch machen kann und sein besseres Selbst oder Ich gegen Einflüsse von aussen, auch im Abgeordnet-Sein hinsichtlich der Natur, verwirklichen kann. Die Selbstzucht bezieht sich ganz besonders auf das Verhalten hinsichtlich der Natur, gilt es doch die Willensbildung zu erarbeiten, um in Selbstzucht sein Leben im Abgeordnet-Sein zu meistern und echte Freude zu gewinnen. Die Selbstlosigkeit bezieht sich auf die Ordnung und Pflege der inneren Geltungstriebe in Verbindung mit wertbewusster und wahrhaftiger Selbstliebe, wobei Verachtung der Natur - dazu ist auch der Wald zu zählen - Lebensgrundlagen zerstört und somit gegen die wahrhaftige Selbstliebe handelt und alleine dadurch der Selbstlosigkeit widerspricht.

Zu den Grundtugenden des Menschen gehört das Verantwortungsbewusstsein, die Nächstenliebe, die Demut und die Ehrfurcht. Das Verantwortungsbewusstsein wird durch gefestigten Willen zur Tugend und so zur Voraussetzung sittlich guten Verhaltens. Im Sinne der Kardinaltugenden muss sich die Verantwortung auf die sinnlichen Triebe durch Zucht und Mass, auf die Zaghaftigkeit und innere Schwäche durch Mut und Tapferkeit, angesichts des menschlichen Zusammenlebens auf Gerechtigkeit, um die nötige Erkenntnis jeweils zu haben und anzuwenden auf die Klugheit, also auf vier Schwierigkeiten des menschlichen Lebens richten. Ein geschärftes Verantwortungsbewusstsein zur Wahrung der Sittlichkeit braucht Massstäbe, objektive

[1637] Vgl. dazu die Ausführungen über die Natur des Menschen und die Natur des Baumes.

[1638] Vgl. dazu besonders die Ausführungen des zweiten Kapitels dieser Arbeit.

[1639] Vgl. Weiler, Rudolf (2001a); 13-26.

Wertziele für das Verhalten. Diese Verantwortung dehnt sich - wie oben bereits gezeigt wurde - auch auf die nichtmenschliche Schöpfung aus im Sinne des Abgeordnet-Seins, welches durch seine Erhebung zum Prinzip zum Massstab, zum objektiven Wertziel geworden ist. Die Nächstenliebe, welche durch die Gleichordnung der Liebespflicht zum Mitmenschen mit der Liebe zu Gott[1640] eine transzendente Dimension und Vertiefung gewinnt, ist Ausdruck der Menschlichkeit, welche sich über die Generationen erhalten muss und bezieht somit die Zuneigung des Menschen zur nichthumanen Schöpfung aufgrund des Verkündigungsauftrages der Frohen Botschaft mit ein.[1641] Demut beinhaltet die Dimension des Mutes zum Dienen,[1642] ist somit nicht auf menschlichen Lohn aus, sondern auf innere Bereicherung, Wertgewinn im menschlichen Leben oder gar im Glauben fundiert auf ewiges Leben.[1643] Die Ehrfurcht zeichnet die Haltung gegenüber wirklichen Werten aus, nicht nur gegenüber der eigenen Würde und die jeder anderen Person, sondern auch gegenüber des Eigenwertes der Schöpfung wie er bereits weiter oben behandelt wurde.

Zu den Grundgütern des Menschen zählt das Leben in der Liebe, das Leben im wohlgeordneten Gemeinwesen und das Leben innerhalb des Lebensraumes. Das Leben in der Liebe bedeutet in einer für alle Menschen geltenden Grundordnung zu stehen, denn die Liebe ist ein Grundtrieb und eine Grundlage in der menschlichen Natur, die auf der Wechselbeziehung zwischen Lieben und Geliebtwerden beruht und so die Erfüllung der Liebeskraft des Menschen entscheidet und ermöglicht. Die Veranlagung zur Liebe sucht nach einer endgültigen und vollkommenen Erfüllung, die in Gott ist.[1644] Das Leben im wohlgeordneten Gemeinwesen gehört ebenfalls zu den Grundgütern des Menschen, denn dieses ist immer angewiesen auf Gesellschaft. Gute Gesellschaftsordnung bedarf der Wertsicherung und sachgerechter Ausrichtung im Hinblick auf die Menschenwürde, ist gute Gesellschaftsordnung doch eine entscheidende Voraussetzung, die nicht Beliebigkeiten oder Ideologien überlassen werden kann. Das Leben innerhalb des Lebensraumes zählt zu den wesentlichsten Grundgütern des Menschen, kann er doch

---

[1640] Vgl. Mt 22,37-39 "Er (Jesus) antwortete ihm (dem Gesetzeslehrer): *Du sollst den Herrn, deinen Gott, lieben mit ganzem Herzen, mit ganzer Seele und mit all deinen Gedanken.* Das ist das wichtigste und erste Gebot. Ebenso wichtig ist das zweite: *Du sollst deinen Nächsten lieben wie dich selbst.*"

[1641] Vgl. Mk 13,10; 16,15 "Vor dem Ende aber muss allen Völkern das Evangelium verkündet werden. ... Dann sagte er (Jesus) zu ihnen (den Aposteln): Geht hinaus in die ganze Welt, und verkündet das Evangelium allen Geschöpfen!"

[1642] Vgl. Mt 20,26-27 (Mk 10,43-44) "Bei euch soll es nicht so sein, sondern wer bei euch groß sein will, der soll euer Diener sein, und wer bei euch der Erste sein will, soll euer Sklave sein."

[1643] Vgl. Lk 18,28-30 (Mt 19,27-30; Mk 10,28-31) "Da sagte Petrus: Du weißt, wir haben unser Eigentum verlassen und sind dir nachgefolgt. Jesus antwortete ihnen: Amen, ich sage euch: Jeder, der um des Reiches Gottes willen Haus oder Frau, Brüder, Eltern oder Kinder verlassen hat, wird dafür schon in dieser Zeit das Vielfache erhalten und in der kommenden Welt das ewige Leben."

[1644] Vgl. 1 Kor 13,13 "Für jetzt bleiben Glaube, Hoffnung, Liebe, diese drei; / doch am größten unter ihnen ist die Liebe." – Vgl. 1 Joh 4,8.16b "Wer nicht liebt, hat Gott nicht erkannt; denn Gott ist die Liebe. ... Gott ist die Liebe, und wer in der Liebe bleibt, bleibt in Gott und Gott bleibt in ihm."

nicht ohne einen lebensfreundlichen Lebensraum in unserem Sinne menschenwürdig und nachhaltig existieren. Entbehrt die Menschheit dieses lebensfreundlichen Lebensraumes auf Dauer, wird sie früher oder später das Leben "verlieren". Daher ist der Mensch genötigt, einen lebensfreundlichen und somit einen lebenserhaltenden Lebensraum zu haben oder gegebenenfalls zu schaffen. Dies kann jedoch in richtiger und guter Weise nur nach dem Prinzip des Abgeordnet-Seins geschehen.

Zur Grundsituationen der sittlichen Persönlichkeitserfüllung des Menschen gehören die geistige Situiertheit, die psychologischen Anlagen, die biologischen Anlagen und die soziologische Befindlichkeit. Die geistige Situiertheit bedeutet die jedem Menschen eigene Vernunftnatur, die zwar Entwicklungen und Einflüssen unterliegt, sich aber richtig entfalten soll. Die psychologischen Anlagen beschreiben die Psyche, welche sich in der Gefühlswelt zeigt und nach Ordnung, nicht nach Labilität verlangt. Zu dieser Ordnung gehört auch die Besinnung auf Wertziele und deren Sinnhaftigkeit. Zu diesen sinnhaften Wertzielen ist auch die gefühlsmässige Verinnerlichung des Abgeordnet-Seins des Menschen zu zählen, die dem Menschen über die zwischenmenschlichen und göttlichen Beziehungen hinaus eine besondere Naturbeziehung eröffnet. Die biologischen Anlagen bestimmen die Sinnlichkeit im Verhalten des Menschen mit. Durch biologische Triebhaftigkeit können sie sich auch entgegen die sittliche Ordnung der Natur des Menschen ins rein Triebhafte auswirken. Bezüglich des Abgeordnet-Seins des Menschen liegt in dieser Triebhaftigkeit auch ein Potential, das berücksichtigt werden kann. So kann beispielsweise das Beachten des Ernährungstriebes lehren, dass es nicht zur Übersättigung kommen soll, sprich: Nach benediktinischer Lebensregel Mass gehalten werden soll. Die soziologische Befindlichkeit spricht die sozialwirtschaftliche Kooperation an, durch die der gesunde Mensch in die Gesellschaft eingeordnet ist, ist doch wirtschaftliche Tätigkeit immer auch verbunden mit sittlicher und schöpferischer Lebenserfüllung und Sinngebung. Gerade hier liegt eine besondere Kraft im Abgeordnet-Sein, welches jeder Arbeit eine Sinnerweiterung bezüglich einer besonderen Verantwortung des Menschen für die Schöpfung beimisst.[1645]

Der Mensch steht innerhalb der Schöpfungsordnung in einer Sonderstellung, hat er doch beachtlichen Anteil daran, aber eben "nur" Anteil, denn er ist nicht deren Urheber und kann es auch nicht sein. Er kann lediglich Bestehendes verändern, jedoch nicht wirklich Neues[1646] ins Dasein rufen, wodurch ihm bereits eine absolute Autonomie abgeht und nur mehr eine relative Autonomie erkennbar ist und er somit durch die Vernunftnatur zum mitschöpferischen Wesen bestellt ist, behaftet mit dem Prädikat des "Abgeordneten" der Mitgeschöpfe. Jeder Mensch ist somit in die Verantwortung hineingenommen, was sich

---

[1645] Vgl. Weiler, Rudolf (2001b); 70-78.

[1646] Vgl. weiter oben.

auch aus der Person- und Sozialnatur des Menschen erkennen lässt.[1647] Angewandte Ethik im Bereich der Forstwirtschaft, denn um den Menschen und den Wald geht es ja in dieser Arbeit, muss nicht nur davon ausgehen, dass der Mensch Person und nicht Rohstoff ist, sondern auch davon, dass den Mitgeschöpfen ein Eigenwert[1648] zukommt und diese daher vom Menschen, alleine schon aus diesem Grund nicht willkürlich verwendet werden dürfen, ganz zu schweigen von der Tatsache, dass der Mensch sich durch einen rein willkürlichen Gebrauch sein nachhaltig existentielles Dasein verunmöglicht.[1649]

[1647] Zudem ist dieser Ansatz auch im heute zumeist allgemein anerkannten Gleichheitsprinzip der Menschen (alle Menschen sind vor dem Gesetze gleich und haben die selben Menschenrechte und somit auch die selben Menschenpflichten) verankert.

[1648] Vgl. weiter oben.

[1649] Vgl. dazu auch: Weiler, Rudolf (2001c); 95-96.

3.6. Epilog

Man mag mitunter beim aufmerksamen Studium dieser Arbeit den Vorwurf in sich aufkommen lassen haben, es mangle ihr bezüglich der Unterscheidung zwischen empirischer und intellektueller/rationaler Ethik an Genauigkeit. Philosophisch gesehen beruht intellektuelle Leistung zwangsläufig auf Erfahrung, die, in welcher Form auch immer, expandiert wird. So gesehen gibt es "keine" intellektuelle, sondern nur, zwar in Variationen, empirische Normfindung. Der Leserschaft dieses Werkes dürfte jedoch aufgefallen sein, dass innerhalb dieser Niederschrift dem Wort "intellektuell" stets ein transzendenter Charakterzug innewohnt. Diese Begebenheit ist keineswegs zufällig und auch nicht deplaziert, sondern der Ansicht des Verfassers nach geradezu kausal. Ethik allgemein, speziell jedoch im Bereich der Umwelt und Wirtschaft, darf um der Sittlichkeit willen, als sittliche Grundsätze (Normen) betreffende Abhandlung und wissenschaftliche Disziplin, die Transzendenz und den Gottesglauben nicht ausser Acht lassen; mit anderen Worten: Sie muss in gewisser Weise prophetische Wesenszüge in sich eingeschlossen wissen. Dies soll in beinahe paradoxer Weise begründet werden. Hätte Noach sein Leben und sein sittliches Handeln lediglich, dies aber mit voller Kraft und Überzeugung, empirisch ausgerichtet und dabei alle damals in seiner Umgebung allgemeinen Wissenselemente oder wissenschaftlichen Erkenntnisse angewandt, wäre ihm das gleiche Schicksal bestimmt gewesen wie seinem mittelbaren Umfeld, er wäre in der grossen Flut ertrunken, umgekommen. Es gab keinen auch nur im entferntesten ersichtlichen Grund, mitten in trockenem Land die Arche mit ihren "grossen" Ausmassen zu bauen, was ihm seine Zeitgenossen durch ihren Hohn deutlich genug zu erkennen gegeben haben dürften.[1650] Weil er jedoch auf die übernatürliche Stimme, Gottes Stimme, hörte und die damals allgemein "wissenschaftlich" gesehen völlig überrissene Vorsichtsmassnahme - gegen das allgemeine Ethos - ergriff, wurden er und die Seinen gerettet.[1651] Wem dieses Beispiel zu weltfremd ist, der sei auf Lot hingewiesen, der Sodom nicht verlassen hätte, wäre er nicht von den Boten gewarnt worden. Es gibt keine erkennbare naturwissenschaftliche Begründung, die das ausschweifende Leben der Bevölkerung Sodoms in unmittelbaren Zusammenhang mit der Zerstörung der Stadt bringt. Das "überstürzte" Verlassen der Stadt scheint auch hier unangemessen zu sein. Doch gerade das Hören auf diese im menschlichen Sinne nicht naturwissenschaftlich argumentierenden "Propheten" (Boten) rettet Lot und den Seinen das Leben.[1652] Die Ursache dieser Lebensrettungen, wenn weiter argumentiert werden soll wie bei Noach, ist in einem eines der üblichen Gesellschaft innewohnenden höheren Ethos zu suchen;

[1650] Vorausgesetzt man anerkennt die reale Möglichkeit eines Sintflutereignisses beispielsweise in der Region des heutigen schwarzen Meeres und somit die Existenzmöglichkeit des/eines "Noach".

[1651] Vgl. Gen 6,1-9,29.

[1652] Vgl. Gen 19,1-29.

durch das innere Reflektieren der Ge- und Begebenheiten eine "bessere" Ethik. Diese Ethik ist jedoch nicht etwas "vom Himmel gefallenes", sondern beruht wiederum auf Erfahrung, allerdings nicht nur auf einer immanenten, sondern auch auf einer besonderen transzendenten Erfahrung: der Gotteserfahrung. Ethik kann daher weder rein empirisch noch rein intellektuell/rational sein, sondern muss beide Erkenntnistheorien in sich vereinen und darüber hinaus die Möglichkeit "göttlicher Transmittierung"[1653] anerkennen und ernst nehmen.

[1653] Unter "göttlicher Transmittierung" wird die Übertragung und die Übermittlung göttlicher "Botschaften" an den Menschen verstanden, die auch vermittelt, also allgemein gesprochen offenbart oder inspiriert werden können. Solche Botschaften enthalten stets Wissen für den Menschen, welches er als neue (oder bereits bekannte) Erkenntnis, die er durch die Transmittierung erfahren hat, in seinem Leben umsetzen kann. Wird davon ausgegangen, dass es ohne Gott kein Leben gibt, gibt es ohne ihn auch kein Wissen. Gott selbst lässt das "Wissen" dem Menschen zukommen, der durch seine grösseren oder kleineren Fähigkeiten, die er wiederum von Gott hat, da alles von Gott gegeben ist und zum Guten oder Schlechten gebraucht werden kann, dieses Wissen erringt. Somit stünde vor jeder Erkenntnis und Erfahrung, sei sie rational/intellektuell, empirisch oder direkt von Gott in seinen transzendenten Übertragungsmöglichkeiten (wie Inspirierung), göttliche Transmittierung. Dies kommt auch in verschiedensten Traktaten über Ursache und Wirkung zum Ausdruck. Ohne Ursache gibt es keine Wirkung. Das, was "zwischen" der Ursache und der Wirkung geschieht, kann im allgemeinsten Sinne als Transmittierung bezeichnet werden.

4. Verzeichnisse

4.1. Abkürzungsverzeichnis

Die verwendeten Abkürzungen richten sich - sofern nicht anders im Abkürzungsverzeichnis und im Literaturverzeichnis definiert bzw. allgemein üblich - nach dem Abkürzungsverzeichnis des Werkes: Lexikon für Theologie und Kirche; Kasper, Walter / Baumgartner, Konrad / Bürkle, Horst / Ganzer, Klaus / Kertelge, Karl / Kroff, Wilhelm / Walter, Peter (Hg.); 3. Auflage, 11 Bände; Freiburg, Basel, Rom, Wien 1993ff. und dem Nachschlagewerk: Duden - Taschenbücher: Wörterbuch der Abkürzungen: Rund 38'000 Abkürzungen und was sie bedeuten; Werlin, Josef; 3. Auflage Mannheim, Wien, Zürich 1987. Alle auf die Bibel bezogenen richten sich grundsätzlich nach den Verwendungen in: Die Bibel; Freiburg, Basel, Wien 1980 (Einheitsübersetzung). Sie sind weiter unten aufgeführt, da nicht vorausgesetzt werden kann, dass alle Leserinnen und Leser dieses Werkes profunde Kenntnisse darin haben.

Unterstrichene Abkürzungserklärungen verweisen stets auf das Literaturverzeichnis. Um der Leserschaft den Umgang möglichst zu erleichtern, wurden bis auf Teile der benannten Ausnahmen alle verwendeten Abkürzungen hier angeführt.

4.1.1. Sonderzeichen

&	und
≙	entspricht
*	geboren am
@	Klammeraffe (Zeichen in E-Mail-Adressen)
+	plus / und
=	gleich / gehört zu
§	Paragraph
©	Copyright
®	eingetragenes Warenzeichen
°C	Grad Celsius
†	verstorbnen am / Vorzeichen für einen Abt oder Bischof
€	Euro
™	Warenzeichen (trademark)
⚔	gefallen am
◘	vermutlich / in der Nähe von / annähernd

4.1.2. Allgemeine Abkürzungen

a	Are
A	Österreich (Austria)
AAS	Acta Apostolicae Sedis
Abs.	Absatz
ACF	Verband beratender Förster (Association of Consulting Foresters)
AG	Ad gentes
AG	Aktiengesellschaft
AGDW	Arbeitsgemeinschaft Deutscher Waldbesitzerverbände
AGÖF	Arbeitsgemeinschaft Ökologischer Forschungsinstitute
Ah	Arbeitshilfen
aid	Auswertungs- und Informationsdienst
AKV	Arbeitsgemeinschaft der Katholischen Verbände
AKW / AKWs	Atomkraftwerk
APA / apa	Austria Presse Agentur
ARGE SVA	Arbeitsgemeinschaft Schöpfungsverantwortung
ARGE	Arbeitsgemeinschaft
Art.	Artikel
As	Arsen
As_2O_3	Arsenoxid
ASS	Acta Sanctae Sedis
Aufl.	Auflage
Aug.	August
babyl.	babylonisch / babylonischer
BD Holz	Bundesverband Deutscher Holzhandel
Bertelsmann	Bertelsmann Universallexikon in 20 Bänden
bes.	besonders
Bibel	Wenn nicht anders vermerkt: Einheitsübersetzung: Für die im Text verwendeten Bibelstellen der Einheitsübersetzung gilt: © 1980 Katholische Bibelanstalt GmbH, Stuttgart.
BOKU / BoKu	Universität für Bodenkultur
BRD	Bundesrepublik Deutschland
Brockhaus	Brockhaus Enzyklopädie in 24 Bänden
BUND	Bund für Umwelt und Naturschutz Deutschland
Buwal	Bundesamt für Umwelt, Wald und Landschaft
bzw.	beziehungsweise
C-14-Methode	Radiokarbonmethode (Kohlenstoff-14-Methode)
ca.	zirka
cal	Kalorie
Can.	Canon / Kanon
Cap. / c.	Kapitel
CCD	Konvention über den Kampf gegen die Wüstenausbreitung
CCEE	Rat der Europäischen Bischofskonferenzen
CDB	Konvention über biologische Vielfalt

CD-ROM / CD-Rom	Compact Disc - Read Only Memory
CEA	Verband der Europäischen Landwirtschaft
CEF	Europäische Forstkommission
CEPF	Zentralverband der Europäischen Waldbesitzer
CH	Schweiz (Confoederatio Helvetica)
CIC	Codex Iuris Canonici - Codex des kanonischen Rechtes
Cites / CITES	Convention on International Trade in Endangered Species of Wild Flora and Fauna (Washingtoner Artenschutzabkommen)
CL	Christifideles laici
cm^3	Kubikzentimeter
CO	Kohlenmonoxid
CO_2	Kohlendioxid (Kohlensäure)
Constitut. Cam.	Konstitutionen der Camaldolenser Benediktiner Eremiten von Camaldoli
CSD	Commission on Sustainable Development
CSEL	Corpus scriptorum ecclesiasticorum latinorum
CSFR	Tschechische und Slowakische Föderative Republik (1990 bis 1992)
CT	Connecticut
D	Deutschland
d. Ä.	der Ältere (dem Älteren)
DAKSU	Dokumente und Aussagen der Kirche zu Schöpfungs- und Umweltfragen - Eine Sammlung der Aussagen des katholischen Lehramtes über ökologische und ökosoziale Probleme unserer Gegenwart
DDB	Die Deutschen Bischöfe
DDBH	Die Deutschen Bischöfe. Hirtenschreiben, Erklärungen
DDBK	Die Deutschen Bischöfe. Erklärungen der Kommission
DDR	Deutsche Demokratische Republik
DDr.	Doktor, Doktor
Dez.	Dezember
DFWR	Deutsche Forstwirtschaftsrat
DH	Kompendium der Glaubensbekenntnisse und kirchlichen Lehrentscheidungen
d.h.	das heisst
Di.	Dienstag
DIN	Deutsche Industrie-Norm(en) / Deutsches Institut für Normung
Dipl.-Des.	Diplomdesignatus
Dipl.-Ing.	Diplomingenieur
Dipl.-Theol.	Diplom Theologe
DJM	De justitia in mundo
DM	Deutsche Mark
DNA	Desoxyribonukleinsäure (Desoxyribonucleic acid)
DNS	Desoxyribonukleinsäure
Do.	Donnerstag

Dr.	Doktor
Dr. h. c.	Ehrendoktor (Doktor honoris causa)
DRS	Vgl. SR DRS
Duden 7	Duden - Etymologie
Duden T 23	Duden - Taschenbücher: Wörter und Gegenwörter: Wörterbuch der sprachlichen Gegensätze
Duden T 4	Duden - Taschenbücher: Lexikon der Vornamen
EA	Ecclesia in America
EDV	elektronische Datenverarbeitung
Effor2	siehe: NFA
EFI	Europäisches Forstinstitut
EG	Europäische Gemeinschaft
Eidg. / eidg.	Eidgenössische / eidgenössisch(e)
E-Mail / e-meil	elektronische Post (electronic mail)
EMAS	Umwelt-Management- und Kontrollsystem (Environmental Management- and Audit-System)
EMAS-System	fälschlicherweise auch Öko-Audit genannt
em. / emer.	emeritierter
En	Endnote
EN	europäische Norm
Erkenntnisbaum	Baum der Erkenntnis von Gut und Böse
etc.	et cetera
ETH (L / Z)	Eidgenössische Technische Hochschule (Lausanne / Zürich)
EU	Europäische Union
Eur Ing	Europäischer Ingenieur
EuS	Ethik und Sozialwissenschaften
EV	Evangelium vitae
e.V.	eingetragener Verein
evtl.	eventuell
EWG	Europäische Wirtschaftsgemeinschaft
FAO	Food and Agriculture Organization of the United Nations
FAZ	Frankfurter Allgemeine Zeitung für Deutschland; Frankfurt 1 (1949)ff. [(Nr. ... Wochentag, T. M. J.; S.)]
FCCC	UN-Rahmenkonvention über die Klimaveränderung
Feb.	Februar
Febo	Europäischer Holzhandelsverband (Federation Europénne du Négoce de Bois)
Fm / fm	Festmeter (1 Fm = 1 m^3 feste Holzmasse ohne Schichtungszwischenräume)
Fn / FN	Fussnote
FR	Fides et ratio
Fr.	Freitag
Freiburg (i. Br.)	Freiburg im Breisgau
Fribourg	Freiburg in der Schweiz
FSC	Weltforstrat (Forest Stewardship Council)

g	Gramm
GAU	grösster, anzunehmender Unfall
Gen	Erbanlage / Erbeinheit / Generation
gr.	griechisch
GS	Gaudium et spes
GT	Gemeinsame Texte
GUS	Gemeinschaft Unabhängiger Staaten (ab 1991)
Gut Zitiert!	Gut Zitiert!
h / std.	Stunde
ha	Hektar
hbr.	hebräisch / hebräischer
HDRG	Handwörterbuch zur deutschen Rechtsgeschichte
HDSW	Handwörterbuch der Sozialwissenschaften
HeLa	Helene Lang
HeLa-Zellen	Krebszellen des Gebärmutterhalses von Helene Lang
Hg.	Herausgeber
Hg. et al.	Herausgeber und andere ungenannte Herausgeber
HKG	Handbuch der Kirchengeschichte
Hl. / hl.	heilig
Hl. Geist	Heiliger Geist
htm / html / HTM(L)	HyperText Markup Language
http://www.	Internetseite (Hypertext Transport Protokoll://World Wide Web)
HZB	Holz-Zentralblatt. Unabhängiges Organ für Forst- und Holzwirtschaft; Stuttgart, 1 (1874)ff. [(Nr. ; S.)]
i. Br.	im Breisgau
IFAD	International Fonds for Agricultural Development
IffA	Institut für forstliche Arbeitswissenschaft
IKWL	Immanuel Kant's sämtliche Werke
IKWP	Kant's Werke
IM	Inter mirifica
Ing / Ing.	Ingenieur
inkl.	inklusive
I.O.H.E.	International Organisation for Human Ecology
IPF / IPF4	Intergovernmental Panel on Forests
ISO	internationale Normierungsorganisation (International Organization for Standardization)
ITW	Initiative Tropenwald
J	Joule
Jan.	Januar
Jerusalem IA	Jerusalem - Eine interaktive Reise durch 5000 Jahre
Jh.	Jahrhundert
Jr / Jr. / jr. / Jnr / jun.	junior / der Jüngere
Jul.	Juli
Jun.	Juni
K_2CO_3	Pottasche (Kaliumcarbonat)

KAB	Katholische Arbeitnehmer-Bewegung
Kap.	Kapitel
kath.	katholisch
Kathpress	Katholische Presseagentur
KEK	Konferenz Europäischer Kirchen
kg	Kilogramm
kipa / KiPa	Katholische Internationale Presseagentur
kJ	Kilojoules
KK	Kleines Konzilskompendium
KKK	Katechismus der Katholischen Kirche
KKT	Katechismus nach dem Beschluss des Konzils von Trient für die Pfarrer
km	Kilometer
km^2	Quadratkilometer
Know-how	Auf Forschung u. Erfahrung beruhendes Wissen über die Herstellung u. den Einsatz von Erzeugnissen.
KSL	Katholisches Soziallexikon
Ktn.	Kärnten
KU	Kritik der Urteilskraft
k. u. k.	kaiserlich und königlich
KWFL	Das Kosmos Wald- und Forstlexikon
kWh	Kilowattstunde
KZ	Konzentrationslager
lat.	lateinisch
LBE	Lexikon der Bioethik
LE	Laborem Exercens
LROM	LexiROM
LThK	Lexikon für Theologie und Kirche
LUP	Lebensräume unseres Planeten: Wälder
LWE	Lexikon der Wirtschaftsethik
LWF	langfristige Waldökosystem-Forschung
m	Meter
m^2	Quadratmeter
m^3	Kubikmeter
Mag.	Magister
Mi.	Mittwoch
Mia. / Mrd.	Milliarde(n)
Mio. / Mill.	Million(en)
MJ	Megajoules
MM	Mater et magistra
Mo.	Montag
NC	North Carolina
n. Chr.	nach Christus
NFA	neuer Finanzausgleich (Effor2)

NGO / NGOs	Nichtregierungsorganisationen (non-governmental organization / non-governmental organizations associated with the United Nations)
NLChM	Neues Lexikon der christlichen Moral
Nov.	November
NO_x	Stickstoffe / Stickstoffoxide
Nr.	Nummer
NSP	neues soziales Paradigma
O	Sauerstoff (Oxygenium)
O_3	Ozon
OA	Octogesima adveniens
Oberfürstl. Durchl.	Oberfürstliche Durchlaucht
öko	ökologisch / ökonomisch
Öko-Audit	Umwelt-Managementsystem (Vgl. EMAS-System)
Öko-Institut	Institut für Angewandte Ökologie
Okt.	Oktober
OÖ	Oberösterreich
ORD	L'Osservatore Romano. Wochenausgabe in deutscher Sprache; Vatikanstadt 1 (1971)ff. [(Nr./Jahr; S.)]
ORF	Österreichischer Rundfunk
O. Univ.-Prof.	Ordentlicher Universitäts-Professor
ÖS	Österreichische Schillinge
OSB	Benediktiner (Ordo Sancti Benedicti)
ÖVAF	Österreichische Vereinigung für Agrarwissenschaftliche Forschung (Austrian Association for Agricultural Research)
PEFC	europäisches Nachhaltigkeitszeichen (Pan-European-Forest-Certification)
PEFCC	Pan-Europäischer Forst-Zertifizierungsrat (Pan European Forest Certification Framework - Common Elements)
PJ	Petajoule
PP	Papst
PP	Populorum progressio
Prof.	Professor
PT	Pacem in terris
QA	Quadragesimo anno
RB	Benedicti Regula
RGG	Die Religion in Geschichte und Gegenwart
RH	Redemptor Hominis
Rm	Raummeter (1 Rm ≙ 1 m^3 gestapeltes Holz)
S.	heilig
Sa.	Samstag
SAF	Gesellschaft amerikanischer Förster (Society of American Foresters)
Sbg.	Salzburg
SDW	Stimmen der Weltkirche

Sen. / sen.	senior / der Ältere
Sept.	September
SG	Kanton St. Gallen (Schweiz)
SJ	Jesuit / Gesellschaft Jesu (Societas Jesu)
So.	Sonntag
SO_2	Schwefeldioxid
SR DRS	Schweizer Radio der deutschen und rätoromanischen Schweiz
SRG	Schweizer Radio- und Fernsehgesellschaft
Sr. Königl. Maj.	Seiner königlichen Majestät
SRS	Sollicitudo rei socialis
St.	Sankt
STh.	Summa theologiae (Thomas von Aquin)
Super-GAU	allergrösster (übergrösster), anzunehmender Unfall
t	Tonne
TKSL	Texte zur katholischen Soziallehre
TV	Television
u.	und
u.a.	unter anderem / unter anderen
u.a.m.	und anderes mehr
übers.	Übersetzung
UdSSR	Union der Sozialistischen Sowjetrepubliken (bis 1991)
UN	Vereinte Nationen (United Nations) - (Vgl. UNO)
UNCED	UN-Konferenz über Umwelt und Entwicklung (UN-Conference on Environment and Development)
UNESCO / Unesco	Organisation der Vereinten Nationen für Erziehung, Wissenschaft und Kultur (United Nations Educational, Scientific and Cultural Organization)
UNIDO	Organisation der UN für industrielle Entwicklung (United Nations Industrial Development Organization)
UNO	Organisation der Vereinten Nationen (United Nations Organization)
USA	Vereinigte Staaten von Amerika (United States of America)
usw. / u.s.w.	und so weiter
u.v.a.m.	und vieles andere mehr
v.	von
v.a.	vor allem
VAS	Verlautbarungen des Apostolischen Stuhls
Vat. II	Vatikanum II (Vgl. Literaturverzeichnis - Konzilskompendium)
v. Chr.	vor Christus
VDB	Der Vorsitzende der Deutschen Bischofskonferenz
Vgl. / vgl.	vergleiche
Vgl. auch:	Zusatzverweis
Vgl. dazu auch:	erweiterter Nebenverweis
Vgl. dazu besonders:	spezifischer Nebenverweis
Vgl. dazu das Werk:	Verweis auf ein ganzes Werk

Vgl. dazu u.a.	exemplarischer Nebenverweis
Vgl. dazu:	Nebenverweis
Vgl. ebenfalls:	ergänzender Zusatzverweis
Vgl. ferner:	erweiterter Zusatzverweis
vorm.	vormals
VS	Veritatis splendor
WaG	Bundesgesetz über den Wald (Waldgesetz)
WaV	Verordnung über den Wald (Waldverordnung)
WCED	Weltkommission für Umwelt und Entwicklung
WFB	Botschaft seiner Heiligkeit Papst Johannes Paul II. zur Feier des Weltfriedenstages
WFC	World Food Council
WFP	World Food Programme (Welternährungsprogramm)
XXXII	Botschaft seiner Heiligkeit Johannes Paul II. zur Feier des Weltfriedenstages 1. Januar 1999; (1.1.1999).
XXXIII	Botschaft seiner Heiligkeit Johannes Paul II. zur Feier des Weltfriedenstages 1. Januar 2000; (1.1.2000).
XXXIV	Botschaft seiner Heiligkeit Johannes Paul II. zur Feier des Weltfriedenstages 1. Januar 2001; (1.1.2001).
z.B.	zum Beispiel
z.Z.	zur Zeit / zur zeit

4.1.3. Abkürzungen der Bibelstellen

1 Chr	Das erste Buch der Chronik
1 Joh	Der erste Brief des Johannes
1 Kön	Das erste Buch der Könige
1 Kor	Der erste Brief an die Korinther
1 Makk	Das erste Buch der Makkabäer
1 Petr	Der erste Brief des Petrus
1 Sam	Das erste Buch Samuel
1 Thes / 1 Thess	Der 1. Brief an die Thessalonicher
1 Tim	Der erste Brief an Timotheus
2 Chr	Das zweite Buch der Chronik
2 Joh	Der zweite Brief des Johannes
2 Kön	Das zweite Buch der Könige
2 Kor	Der zweite Brief an die Korinther
2 Makk	Das zweite Buch der Makk.
2 Petr	Der zweite Brief des Petrus
2 Sam	Das zweite Buch Samuel
2 Thes / 2 Thess	Der 2. Brief an die Thessalonicher
2 Tim	Der zweite Brief an Timotheus
3 Joh	Der dritte Brief des Johannes
Am	Das Buch Amos

Apg	Die Apostelgeschichte
Bar	Das Buch Baruch
Dan	Das Buch Daniel
Dtn	Das Buch Deuteronomium
Eph	Der Brief an die Epheser
Esra	Das Buch Esra
Est	Das Buch Ester
Ex	Das Buch Exodus
Ez	Das Buch Ezechiel
Gal	Der Brief an die Galater
Gen	Das Buch Genesis
Hab	Das Buch Habakuk
Hag	Das Buch Haggai
Hebr	Der Brief an die Hebräer
Hiob	Das Buch Hiob (Ijob)
Hld	Das Hohelied
Hos	Das Buch Hosea
Ijob	Das Buch Ijob (Hiob)
Jak	Der Brief des Jakobus
Jdt	Das Buch Judit
Jer	Das Buch Jeremia
Jes	Das Buch Jesaja
Joël	Das Buch Joël
Joh / Jh	Das Evangelium nach Johannes
Jona	Das Buch Jona
Jos	Das Buch Josua
Jud	Der Brief des Judas
Klgl	Die Klagelieder
Koh	Das Buch Kohelet
Kol	Der Brief an die Kolosser
Lev	Das Buch Levitikus
Lk	Das Evangelium nach Lukas
Mal	Das Buch Maleachi
Mi / Micha	Das Buch Micha
Mk	Das Evangelium nach Markus
Mt	Das Evangelium nach Matthäus
Nah	Das Buch Nahum
Neh	Das Buch Nehemia
Num	Das Buch Numeri
Obd	Das Buch Obadja
Off / Offb	Die Offenbarung des Johannes
Phil	Der Brief an die Philipper
Phlm	Der Brief an Philemon
Ps	Die Psalmen
Ri	Das Buch der Richter

Röm	Der Brief an die Römer
Rut	Das Buch Rut
Sach	Das Buch Sacharja
Sir	Das Buch Jesus Sirach
Spr	Das Buch der Sprichwörter
Tit	Der Brief an Titus
Tob	Das Buch Tobit
Weish	Das Buch der Weisheit
Zef	Das Buch Zefanja

4.2. Literaturverzeichnis

Zitierhinweise:

- Anmerkungen: Innerhalb der Anmerkungen wird auf den Beitrag nur durch die Nennung des (ersten) Autors - bzw. des Titelbeginnes des Quellwerkes oder wissenschaftlichen Hilfsmittels - mit dem Erscheinungsjahr seiner Publikation verwiesen, dem bei Mehrfachpublikationen desselben Verfassers in einem Jahr ein Buchstabe zur Identifikation des Titels anhand des Literaturverzeichnisses beigefügt ist.

- Artikel: Die Bezeichnung "Artikel" vor einem kursiv gedruckten Titel innerhalb der Literaturangabe weist auf einen Beitrag innerhalb einer Zeitschrift hin. Ohne die Bezeichnung "Artikel" handelt es sich bei kursiv gedruckten Titeln stets um Beiträge in Büchern.

- Auflage: Eine hochgestellte Zahl vor einer innerhalb einer Klammer stehenden Jahreszahl bezeichnet die Auflage. Ebenfalls gibt eine hochgestellte Zahl hinter einem Titel bzw. einer Titelabkürzung die Auflage an.

- Band: Eine allfällige hochgestellte Zahl hinter einer innerhalb einer Klammer stehenden Jahreszahl bezeichnet den Band. Wird eine Bandangabe hinter einem Titel vorgenommen, so steht diese unmittelbar hinter dem Titel wie folgt: (Bd. ...)

- Internetzitate: Internetzitate werden jeweils nach den Gebräuchen der Universitäten der USA vorgenommen.

- Spezielle Angaben: Gesondert notwendige Angaben werden entsprechen der im Literaturverzeichnis innerhalb der eckigen Klammern gesetzten, wiederum in Klammern stehenden, Hinweisen vorgenommen.

- Fussnoten, die "Vgl." bzw. "Vgl. ...:" enthalten, insofern dieses "Vgl." Literaturangaben bezeichnet wie das Prädikat 'vergleiche' bereits impliziert, verweisen in erster Linie Hinweise auf weiterführende oder ergänzende Literatur und in zweiter Line auch Verweise auf beweisende Literatur. Literaturstellen, auf die verwiesen wird, sind somit oftmals - wie bereits aufgezeigt - vielmehr hinweisend als beweisend.

4.2.1. Quellen

Texte aus der Heiligen Schrift werden, sofern nicht explizit anders vermerkt, nach der Einheitsübersetzung der Katholischen Bibelanstalt GmbH, Stuttgart 1980, zitiert.

Soweit Quelltexte in der Arbeit mit Abkürzungen zitiert sind, werden diese im Anschluss an die bibliographischen Angaben in eckigen Klammern [Abk.: ...] angegeben.

Die Bibel; Freiburg, Basel, Wien 1980.

Der Koran (übersetzt von Rudi Paret); Paret, Rudi; 5. Auflage Stuttgart, Berlin, Köln 1989. [Abk.: Koran (Kapitel, Vers)]

4.2.1.1. Quellensammlungen

Acta Apostolicae Sedis; Rom 1909ff. [Abk.: AAS]

Acta Sanctae Sedis; Rom 1865-1908. [Abk.: ASS]

Arbeitshilfen, Sekretariat der Deutschen Bischofskonferenz (Hg.), Bonn 1970ff. [Abk.: Ah]

Bernhard von Clairvaux. Sämtliche Werke lateinisch/deutsch; Winkler, Gerhard B. / Altermatt, Alberich / Farkasfalvy, Denis / Zakar, Polykarp (Hg.); 10 Bände Innsbruck 1990-1999.

Corpus scriptorum ecclesiasticorum latinorum; (Hg.) Geroldi, C. Filius et.al; Editum consilio et impensis Academiae litterarum caesareae Vindobonensis - Wien, Prag, Wien 1866ff. [Abk.: CSEL (Vol.)]

Der Vorsitzende der Deutschen Bischofskonferenz, Sekretariat der Deutschen Bischofskonferenz (Hg.), Bonn 1974ff. [Abk.: VDB]

Die Deutschen Bischöfe. Erklärungen der Kommission, Sekretariat der Deutschen Bischofskonferenz (Hg.), Bonn 1991ff. [Abk.: DDBK]

Die Deutschen Bischöfe. Hirtenschreiben, Erklärungen, Sekretariat der Deutschen Bischofskonferenz (Hg.), Bonn 1967ff. [Abk.: DDBH]

Gemeinsame Texte, Sekretariat der Deutschen Bischofskonferenz (Hg.), Bonn 1990ff. [Abk.: GT]

Kleines Konzilskompendium; Rahner, Karl / Vorgrimler, Herbert (Hg.); 19. Auflage Freiburg, Basel, Wien 1986. [Abk.: KK]

Kompendium der Glaubensbekenntnisse und kirchlichen Lehrentscheidungen; Denzinger, Heinrich; 37. Auflage Freiburg, Basel, Rom, Wien 1991. [Abk.: DH]

Stimmen der Weltkirche, Sekretariat der Deutschen Bischofskonferenz (Hg.), Bonn 1977ff. [Abk.: SDW]

Texte zur katholischen Soziallehre; Bundesverband der Katholischen Arbeitnehmer-Bewegung Deutschlands - KAB (Hg.); 7. Auflage Kevelar 1989. [Abk.: TKSL]

Verlautbarungen des Apostolischen Stuhls, Sekretariat der Deutschen Bischofskonferenz (Hg.), Bonn 1975ff. [Abk.: VAS]

Dietrich Bonhoeffer - Werke; Bonhoeffer, Dietrich; (Bethge, Eberhard / Feil, Ernst / Gremmels, Christian / Huber, Wolfgang / Pfeifer, Hans / Schönherr, Albrecht / Tödt, Heinz Eduard (Hg.); 17 Bände; München 1986ff.

Synode 72; Bistum Chur (Hg.); Chur 1977.

Die Weltfriedensbotschaften; Johannes Paul II. PP; Squicciarini, Donato (Hg.); Berlin 1992. [Abk.: WFB]

4.2.1.2. Quelltexte der Päpste und des Zweiten Vatikanum

Pius XI.:

Quadragesimo anno (15.5.1931); in: AAS 23 (1931) 177-228. Dt. Übers. in: TKSL 101-162. [Abk.: QA]

Johannes XXIII.:

Mater et magistra (15.5.1961); in: AAS 53 (1961) 401-464. Dt. Übers. in: TKSL 211-280. [Abk.: MM]

Pacem in terris (11.4.1963); in: AAS 55 (1963) 257-304. Dt. Übers. in: TKSL 281-330. [Abk.: PT]

Zweites Vatikanisches Konzil:

Ad gentes (7.12.1965); in: AAS 58 (1966) 947-990. Dt. Übers. in: KK 607- 653. [Abk.: AG]

Gaudium et spes (7.12.1965); in: AAS 58 (1966) 1025-1120. Dt. Übers. in: KK 449-552. [Abk.: GS]

Inter mirifica (4.12.1963); in AAS 56 (1964) 145-157. Dt. Übers. in: KK 95-104. [Abk.: IM]

Paul VI.:

Populorum progressio (26.3.1967); in: AAS 59 (1967) 257-299. Dt. Übers. in: KK 445-480. [Abk.: PP]

Octogesima adveniens (14.5.1971); in: AAS 63 (1971) 401-441. Dt. Übers. in: KK 497-533. [Abk.: OA]

Johannes Paul II.:

Redemptor Hominis 4.3.1979; in AAS 71 (1979) 257-324. Dt. Übers. in: VAS 6. [Abk.: RH]

Predigten und Ansprachen von Papst Johannes Paul II. bei seiner apostolischen Reise nach Brasilien (30.6. bis 11.7.1980); Dt. Übers. in: VAS 22.

Laborem Exercens (14.9.1981); in: AAS 73 (1981) 577-647. Dt. Übers. in: VAS 32. [Abk.: LE]

Ansprachen und Predigt von Papst Johannes Paul II. aus Anlass seines Besuches bei internationalen Organisationen in Genf (15.6.1982); Dt. Übers. in: VAS 40.

Predigten und Ansprachen von Papst Johannes Paul II. bei seiner Pilgerreise nach Lourdes am 14. und 15. August 1983 und seiner Pastoralreise nach Österreich vom 10. bis 13. September 1983 (14./15.8., 10.-13.9.1983); Dt. Übers. in: VAS 50.

Sollicitudo rei socialis (30.12.1987); in: AAS 80 (1988) 513-586. Dt. Übers. in: KK 659-727; bzw. in: VAS 82. [Abk.: SRS]

Christifideles laici (30.12.1988); in AAS 81 (1989) 396-431. Dt. Übers. in: VAS 87. [Abk.: CL]

Drei Ansprachen beim Rombesuch der deutschen Bischöfe (1.1988); Dt. Übers. in: VAS 80.

Botschaft seiner Heiligkeit Papst Johannes Paul II. zur Feier des Weltfriedenstages am 1. Jänner 1990 (1.1.1990 (8.12.1989)); Dt. Übers. in: WFB 261-270 (Nr. 1-16). [Abk.: WFB (1990)]

Botschaft seiner Heiligkeit Papst Johannes Paul II. zur Feier des Weltfriedenstages am 1. Jänner 1991 (1.1.1991 (8.12.1990)); Dt. Übers. in: WFB 277-288. [Abk.: WFB (1991)]

Centesimus annus (1.5.1991); in: AAS 83 (1991) 793-867. Dt. Übers. in: VAS 101. [Abk.: CA]

Botschaft seiner Heiligkeit Papst Johannes Paul II. zur Feier des Weltfriedenstages am 1. Jänner 1992 (1.1.1992 (8.12.1991)); Dt. Übers. in: WFB 301-308 (Nr. 1-9). [Abk.: WFB (1992)]

Veritatis splendor (6.8.1993); in: AAS 85 (1993) 1133-1228. Dt. Übers. in: VAS 111. [Abk.: VS]

Evangelium vitae (25.3.1995); in: AAS 87 (1995) 401-522. Dt. Übers. in: VAS 120. [Abk.: EV]

Fides et ratio (14.9.1998); in: AAS 91 (1999) 5-88. Dt. Übers. in: VAS 135. [Abk.: FR]

Ecclesia in America (22.1.1999); in: AAS 91 (1999) 737-815. Dt. Übers. in: VAS 141. [Abk.: EA]

Botschaft seiner Heiligkeit Johannes Paul II. zur Feier des Weltfriedenstages 1. Januar 1999; (1.1.1999). Dt. Übers. in: <http://www.vatican.va/holy_father/john_paul_ii/messages/peace/documents/hf_jp-ii_mes_14121998_xxxii-world-day-for-peace_ge.html>; 07. April 2001. [Abk.: XXXII (1999)]

Botschaft seiner Heiligkeit Johannes Paul II. zur Feier des Weltfriedenstages 1. Januar 2000; (1.1.2000). Dt. Übers. in: <http://www.vatican.va/holy_father/john_paul_ii/messages/peace/documents/hf_jp-ii_mes_08121999_xxxiii-world-day-for-peace_ge.html>; 07. April 2001. [Abk.: XXXIII (2000)]

Botschaft seiner Heiligkeit Johannes Paul II. zur Feier des Weltfriedenstages 1. Januar 2001; (1.1.2001). Dt. Übers. in: <http://www.vatican.va/holy_father/john_paul_ii/messages/peace/documents/hf_jp-ii_mes_20001208_xxxiv-world-day-for-peace_ge.html>; 07. April 2001. [Abk.: XXXIV (2001)]

Die Schöpfung ist das erste Buch der Offenbarung Gottes, die Gott dem Geist und dem Herzen des Menschen anvertraut hat. Vor dem Angelusgebet in Les Combes im Aosta-Tal am 15. Juli; (15.7.2001) Dt. Übers. in: ORD; Vatikanstadt 29/2001; 1.

4.2.1.3. Sonstige lehramtliche und kirchliche Quelltexte

De justitia in mundo (Dokument der römischen Bischofssynode 1971); in: AAS 63 (1971) 923-942. Dt. Übers. in: TKSL 535-559. [Abk.: DJM]

Codex Iuris Canonici - Codex des kanonischen Rechtes [auctoritate Ioannis Pauli PP. II. promulgatus]; 2. verbesserte und vermehrte Auflage Kevelaer 1984. [Abk.: CIC]

Katechismus der Katholischen Kirche; Ecclesia Catholica (Hg.); München, Wien, Leipzig, Fribourg, Linz 1993. [Abk.: KKK]

Katechismus nach dem Beschluss des Konzils von Trient für die Pfarrer; Pius V. (Hg.); deutsche Ausgabe Kirchen/Sieg 1970. [Abk.: KKT]

4.2.1.3.1. Texte von der Deutschen Bischofskonferenz

4.2.1.3.1.1. Die Deutschen Bischöfe

Gesellschaftliche Grundwerte und Menschliches Glück (7.5.1976). [Abk.: DDB H 9]

Zukunft der Schöpfung - Zukunft der Menschen (1980). [Abk.: DDB H 28]

Pastorale Anregungen zum Problem der Arbeitslosigkeit (2.3.1982). [Abk.: DDB H 31]

Zur Lage der Landwirtschaft (25.9.1989). [Abk.: DDB H 44.]

Christliche Verantwortung in veränderter Welt (27.9.1990). [Abk.: DDB H 46]

Bevölkerungswachstum und Entwicklungsförderung (12.1993). [Abk.: DDB K 15]

Handeln für die Zukunft der Schöpfung (22.10.1998). [Abk.: DDB K 19]

4.2.1.3.1.2. Verlautbarungen des Apostolischen Stuhls

Instruktion der Kongregation für die Glaubenslehre über die christliche Freiheit und die Befreiung (22.3.1986); in: AAS 79,1 (1986) 554-559. Dt. Übers. in: VAS ^{2}70. [Abk.: VAS 70]

Leitlinien für das Studium und den Unterricht der Soziallehre der Kirche in der Priesterausbildung (27.6.1989). Dt. Übers. in: VAS 91. [Abk.: VAS 91]

4.2.1.3.1.3. Stimmen der Weltkirche

Wort zu Europa; Europäische Bischofskonferenzen (29.6.1977.). [Abk.: SDW 1]

Wirtschaftliche Gerechtigkeit für alle: Die Katholische Soziallehre und die amerikanische Wirtschaft; Bischofskonferenz der Vereinigten Staaten von Amerika (13.11.1986). Dt. Übers. in: SDW 26. [Abk.: SDW 26]

Die europäischen Bischöfe und die Neu-Evangelisierung Europas; Rat der europäischen Bischofskonferenzen - CCEE (10.1991). [Abk.: SDW 32]

Neue Evangelisierung - Förderung des Menschen - Christliche Kultur; Lateinamerikanische Bischöfe (12.-28.10.1992). Dt. Übers. in: SDW 34. [Abk.: SDW 34]

Christentum und Kultur in Europa. Gedächtnis - Bewusstsein - Aufgabe; (1.1.1993). [Abk.: SWD 33]

4.2.1.3.1.4. Der Vorsitzende der Deutschen Bischofskonferenz

Bischof Kettelers Erbe verpflichtet; Höffner, Josef Kardinal (1977). [Abk.: VDB 5]

Wirtschaftsordnung und Wirtschaft; Höffner, Josef Kardinal; (23.9.1985). [Abk.: VDB 12]

Der Staat Diener der Ordnung; Höffner, Josef Kardinal (22.9.1986). [Abk.: VDB 13]

4.2.1.3.1.5. Arbeitshilfen

Arbeitslosigkeit (5.11.1982). [Abk.: Ah 29]

Rahmenordnung für eine Mitarbeitervertretungs-Ordnung (25.11.1985). [Abk.: Ah 47]

Im Dienst der menschlichen Gemeinschaft; Justitia et Pax, Päpstliche Kommission (27.1.1997).Dt. Übers. in: Ah 50. [Abk.: Ah 50]

Die Kirche und die Menschenrechte; Justitia et Pax, Päpstliche Kommission (3.10.1991). Dt. Übers. in: Ah 90. [Abk.: Ah 90]

Das Recht auf Entwicklung; Justitia et Pax, Päpstliche Kommission (16.3.1992). Dt. Übers. in: Ah 95. [Abk.: Ah 95]

Gesellschaftliche und ethische Aspekte der Ökonomie; Justitia et Pax, Päpstliche Kommission (1.4.1993). Dt. Übers. in: Ah 107. [Abk.: Ah 107]

Die Verantwortung des Menschen für das Tier. Positionen - Überlegungen - Anregungen (4.10.1993). [Abk.: Ah 113)

Unsere Verantwortung für Wirtschaft und Gesellschaft (12.1993). [Abk.: Ah 116]

Rahmenordnung für eine Mitarbeitervertretungsordnung (20.11.1995). [Abk.: Ah 128]

Ethik in der Werbung; Päpstlicher Rat für die Sozialen Kommunikationsmittel (22.2.1997). Dt. Übers. in: Ah 135. [Abk.: Ah 135]

Für eine bessere Landverteilung - Die Herausforderung der Agrarreform; Päpstlicher Rat Justitia et Pax (23.11.1997). Dt. Übers. in: Ah 140. [Abk.: Ah 140]

4.2.1.3.1.6. Gemeinsame Texte

Berechtigte Ansprüche zu einem gerechten Ausgleich bringen (1991). [Abk.: GT 2]

Zur wirtschaftlichen und sozialen Lage in Deutschland (1994). [Abk.: GT 3]

Für eine Zukunft in Solidarität und Gerechtigkeit (1997). [Abk.: GT 9]

4.2.1.3.2. Sonstige kirchliche Texte

„All ihr Gewächse auf Erden, preiset den Herrn!“ (Dan 3,76). Ansprache beim Eröffnunfgsgottesdienst zur Bundesgartenschau in Bonn am 27.4.1979; Höffner, Josef Kardinal; Presseamt des Erzbistums Köln (Hg.); Köln 1979.

Beiträge zu Umweltfragen; Kommissariat der deutschen Bischöfe (Hg.); Bonn 1983.

Denk an die fünf Brote - Sozialhirtenbrief; Egger, Wilhelm; Bozen-Brixen 1992.

Der Christ und die Schöpfung - Fastenhirtenbrief; Stecher, Reinhold; Innsbruck 1992.

Der Mensch und seine Umwelt - Hirtenbrief der Schweizer Bischöfe zum Eidgenössischen Bettag 1982; Die Schweizer Bischöfe; Informationsstelle der Schweizer Bischofskonferenz (Hg.); Freiburg 1982.

Dokumente und Aussagen der Kirche zu Schöpfungs- und Umweltfragen - Eine Sammlung der Aussagen des katholischen Lehramtes über ökologische und ökosoziale Probleme unserer Gegenwart; ARGE Schöpfungsverantwortung (Hg.); Wien 2000. [Abk. DAKSU (/ Pt.)]

Dresden - Basel - Seoul; Kommission JUSTITIA ET PAX der Berliner Bischofskonferenz (Hg.); Bonn 1990.

Jesu Vater - Unser Vater. Hirtenbrief zur Fastenzeit 1999; Grab, Amédée; Chur 1999.

Katholischer Erwachsenenkatechismus - Das Glaubensbekenntnis der Kirche; Deutsche Bischofskonferenz (Hg.); 4. Auflage Kevelar, München, Stuttgart, Limburg, Regensburg, Köln 1989.

Katholischer Erwachsenenkatechismus - Zweiter Band - Leben aus dem Glauben; Deutsche Bischofskonferenz (Hg.); Band 2, Freiburg, Basel, Wien, Kevelar, München, Stuttgart, Limburg, Regensburg, Köln 1995.

Katholischer Katechismus - Ehedem herausgegeben für das Bistum Basel (1947); Franziskus, Bischof von Basel und Lugano (Hg.); Nachdruck Regensburg 1982.

Mandat und Markt. Perspektiven evangelischer Publizistik; Kirchenamt der Evangelischen Kirche in Deutschland (Hg.); Frankfurt am Main 1997.

Sozialhirtenbrief der katholischen Bischöfe Österreichs - Der Mensch ist der Weg der Kirche; Sekretariat der Österreichischen Bischofskonferenz; Wien 1990.

Unsere Aufgabe: Die Bewahrung der Schöpfung. Eine Handreichung für Pfarrgemeinden; Diözesanrat (Hg.); Graz 1992.

Unsere Verantwortung für die Schöpfung; Diözesanrat der Katholiken im Bistum Passau (Hg.); Passau 1987.

Verantwortung wahrnehmen für die Schöpfung; Kirchenamt der Evangelischen Kirche in Deutschland / Sekretariat der Deutschen Bischofskonferenz (Hg.); Köln 1985.

Versöhnung; Konferenz der Europäischen Kirchen / Rat der Europäischen Bischofskonferenz (Hg.);Genf, St. Gallen 1995.

4.2.1.4. Sonstige Quelltexte

4.2.1.4.1. Gesetzestexte und Texte mit Gesetzescharakter

Benedicti Regula; Hanslik, Rudolphus; Editio altera emendata Wien 1977; in: CSEL LXXV (75). [Abk.: RB (Kapitel, Vers)]

Bundesgesetz über den Wald (Waldgesetz); Bundeskanzlei (der Schweizerischen Eidgenossenschaft) (Hg.); Bern 4. Oktober 1991. [Abk.: WaG]

Bundesverfassung der Schweizerischen Eidgenossenschaft; Bundeskanzlei (der Schweizerischen Eidgenossenschaft) (Hg.); Bern 2000.

Forstgesetz; Der Grosse Rat des Kantons St. Gallen (Hg.); St. Gallen 1995.

Verordnung über den Wald (Waldverordnung); Bundeskanzlei (der Schweizerischen Eidgenossenschaft) (Hg.); Bern 30. November 1992. [Abk.: WaV]

Vollzugsverordnung zum Forstgesetz; Der Grosse Rat des Kantons St. Gallen (Hg.); St. Gallen 1995.

4.2.1.4.2. Statistiken und Texte Statistikcharakter

Gesamte Waldfläche der Gemeinden und Korporationen 1995; Bundesamt für Statistik (Hg.); Bern 1995.

Gesamte Waldfläche nach Eigentümern 1995; Bundesamt für Statistik (Hg.); Bern 1995.

Land- und Forstwirtschaftliche Betriebszählung 1990 - Hauptergebnisse Österreich - Teil Forstwirtschaft; Österreichisches Statistisches Zentralamt (Hg.); Wien 1993.

Ökobilanz Wald - 1995; Österreichisches Statistisches Zentralamt / Forstliche Bundesversuchsanstalt (Hg.); Wien 1995.

Österreichischer Waldbericht 1995; Bundesministerium für Land- und Forstwirtschaft (Hg.); Wien 1996.

Statistisches Handbuch für die Republik Österreich - 1980; Österreichisches Statistisches Zentralamt (Hg.); Wien 1980.

Statistisches Jahrbuch 1995; Wirtschaftskammer Österreich (Hg.); Wien 1996.

Statistisches Jahrbuch für die Republik Österreich - 1996; Österreichisches Statistisches Zentralamt (Hg.); Wien 1996.

Umwelt in Österreich - Daten und Trends 1994; Österreichisches Statistisches Zentralamt / Umweltbundesamt (Hg.); Wien 1994.

Umweltdaten - Schnellbericht 1996; Österreichisches Statistisches Zentralamt (Hg.); Wien 1996.

4.2.1.4.3. Gesammelte Werke

Immanuel Kant's sämtliche Werke; Gross, Felix (Hg.); 6 Bände; Leipzig 1920-1921. [Abk.: IKWL]

Kant's Werke; königlich preussische Akademie der Wissenschaften (Hg.); 1 Auflage, 23 Bände; Berlin 1902-55. [Abk.: IKWP]

Sämtliche Werke; Shakespeare, William; Schlösser, Anselm (Hg.); Schlegel, Wilhelm, Tieck, Dorothea, Baudissin, Wolf Graf (Übersetzer); 4 Bände; 5. Auflage Berlin, Weimar 1994.

Sancti Thomae Aquinatis, Doctoris Angelici (= Ed. Marietti), Turin, Rom 1948ff.

4.3. Wissenschaftliche Hilfsmittel

Bautabellen - Ein Handbuch für Planung, Bauausführung und Bauüberwachung unter besonderer Berücksichtigung der österreichischen Baunormung; Krapfenbauer, Robert (H.); 9. Auflage, Wien 1991.

Bertelsmann Universallexikon in 20 Bänden; Bertelsmann Discovery CD-ROM; Weltbildverlag (Hg.); Gütersloh, München 1995. [Abk. Bertelsmann (; Begriff.)]

Bibel-Lexikon; Haag, Herbert (Hg.); Einsiedeln 1951.

BibleWorks for Windows 3.5.026; Bushell, Michael / Hermeneutika Computer Bible Research Software; Big Fork MT U.S.A. 1996.

Brockhaus Enzyklopädie in 24 Bänden; F.A. Brockhaus GmbH (Hg.); 19. Auflage Mannheim 1986ff. [Abk.: Brockhaus (; Bd., Jg., S.; Begriff.]

Chronik für Windows 4.02; Breitler, Thomas; Uetendorf 1995.

Das Kosmos Wald- und Forstlexikon; Erlbeck, Reinhold / Haseder, Ilse E. / Stinglwagnder, Erhard K. F.; Stuttgart 1998. [Abk. KWFL (; S.; Begriff.)]

Die Bibel - Einheitsübersetzung der Heiligen Schrift; Frey, Matthias; Reutlingen, Stuttgart (1980) 1993-2000.

Die Religion in Geschichte und Gegenwart; Galling, Kurt (Hg.); 7 Bände; 3. Auflage Tübingen 1956ff. [Abk. RGG^3]

Duden - Etymologie; Drosdowski, Günther (Hg.); 2. Auflage Mannheim, Leipzig, Wien, Zürich 1989. [Abk.: Duden 7 (; S.; Begriff.)]

Duden - Lexikon in 3 Bänden; Lexikonredaktion des Bibliographischen Institutes (Hg.); 7. Auflage, Mannheim, Leipzig, Wien, Zürich 1983.

Duden - Taschenbücher: Lexikon der Vornamen; Drosdowski, Günther (Hg. et al.); 2. Auflage Mannheim, Wien, Zürich 1974. [Abk. Duden T 4 (; S.; Begriff.)]

Duden - Taschenbücher: Wörter und Gegenwörter: Wörterbuch der sprachlichen Gegensätze; Agricola, Christiane / Agricola, Erhard; 2. Auflage Mannheim, Wien, Zürich 1992. [Abk. Duden T 23 (; S.; Begriff.)]

Duden - Taschenbücher: Wörterbuch der Abkürzungen: Rund 38'000 Abkürzungen und was sie bedeuten; Werlin, Josef; 3. Auflage Mannheim, Wien, Zürich 1987.

Elbikon 4.10 - Elektronische Bibelkonkordanz; Demgensky, Norbert / Thiess, Hans-Jürgen; Berlin, Stuttgart (1980) 1989-1995.

Enzyklopädie der Religionen; Elser, M. / Ewald, S. / Murrer, G (Hg.); Augsburg 1990.

Gut Zitiert!; Hemming EDV-Beratung GmbH (Hg.); Speyer 1997. [Abk. Gut Zitiert! (; Begriff.)]

Handbuch der Kirchengeschichte; Jedin, Hubert (Hg.); 7 Bände; Freiburg, Basel, Wien 1985. [Abk.: HKG]

Handbuch der Schweizer Geschichte; Hürbin, Joseph; Band 1; Stans 1900.

Handwörterbuch der Sozialwissenschaften; Beckerath, Erwin von / Bente, Hermann (Hg. et al.); 13 Bände; Stuttgart, Tübingen, Göttingen 1965. [Abk.: HDSW]

Handwörterbuch des deutschen Aberglaubens; Hoffmann-Krayer, E / Bächtold-Stäubli, Hanns (Hg.); 10 Bände; Berlin, Leipzig 1927-1942.

Handwörterbuch zur deutschen Rechtsgeschichte; Erler, Adalbert / Kaufmann, Ekkehard / Werkmüller, Dieter (Hg.); 5 Bände; Berlin 1971-1998. [Abk.: HDRG]

Jerusalem - Eine interaktive Reise durch 5000 Jahre; New World Vision GmbH; The MultiMedia Corporation Pic; Navigo Multimedia GmbH, München 1995. [Abk.: Jerusalem IA (; Begriff.)]

Katholisches Soziallexikon; Klose, Alfred / Mantl, Wolfgang / Zsifkovits, Valentin (Hg.); 2. Auflage Innsbruck, Wien, München, Graz, Köln 1980. [Abk.: KSL]

Kleines Philosophisches Wörterbuch; Müller, Max / Halder, Alois (Hg.); 11. Auflage Freiburg, Basel, Wien 1984.

Konkordanz zur Einheitsübersetzung der Bibel; Schierse, Franz Joseph; Düsseldorf, Stuttgart 1985.

Lebensräume unseres Planeten: Wälder; Bertelsmann Lexikon Verlag GmbH, Bertelsmann Elektronik Publishing; Gütersloh, München 1995. [Abk.: LUP (; Begriff.)]

Leitfaden für die Anfertigung von Diplomarbeiten und Dissertationen in der Forstwirtschaft und verwandten Fachgebieten; Huss, Jürgen; 2. Auflage Frankfurt am Man 1994.

Lexikon der Bioethik; Kroff, Wilhelm / Beck, Lutwin / Mikat, Paul (Hg.); 3Bände, Gütersloh 1998. [Abk.: LBE]

Lexikon der Ethik; Höffe, Otfried (Hg.); 4. Auflage München1992.

Lexikon der katholischen Dogmatik; Beinert, Wolfgang (Hg.), Freiburg 1987.

Lexikon der Öko-Irrtümer, Fakten statt Umweltmythen; Maxeiner, Dirk / Miersch, Michael; München, Zürich 2000.

Lexikon der sprichwörtlichen Redensarten; Röhrich, L.; 2 Bände; Freiburg i. Br. 1973.

Lexikon der Wirtschaftsethik; Enderle, Georges / Homann, Karl / Honecker, Martin / Kerber, Walter / Steinmann, Horst (Hg.) Freiburg, Basel, Wien 1993. [Abk.: LWE]

Lexikon für Theologie und Kirche; Buchberger, Michael (Hg.); 10 Bände; Freiburg ^{1}1930ff. [Abk.: LThK^{1}]

Lexikon für Theologie und Kirche; Höfer, Josef / Rahner, Karl (Hg.); 14 Bände; Freiburg ²1957ff. [Abk.: LThK²]

Lexikon für Theologie und Kirche; Kasper, Walter / Baumgartner, Konrad / Bürkle, Horst / Ganzer, Klaus / Kertelge, Karl / Kroff, Wilhelm / Walter, Peter (Hg.); 11 Bände; Freiburg, Basel, Rom, Wien ³1993ff. [Abk.: LThK³]

LexiROM 1.0; Microsoft Corporation und Bibliographisches Institut & F.A. Brockhaus AG; Mannheim 1995. [Abk.: LROM¹ (; Begriff.)]

LexiROM 2.0; Microsoft Corporation und Bibliographisches Institut & F.A. Brockhaus AG; Mannheim 1996. [Abk.: LROM² (; Begriff.)]

Neues Handbuch theologischer Grundbegriffe; Eicher, Peter; 5 Bände; München 1991.

Neues Lexikon der christlichen Moral; Rotter, Hans / Virt, Günter (Hg.); Innsbruck, Wien 1990. [Abk.: NLChM]

Österreichische Geschichte 378 - 907, Grenzen und Räume; Wolfram, Herwig; Wolfram Herwig (Hg.); Wien 1995.

Österreichische Geschichte, Ökonomie und Politik; Sandgruber, Roman; Wolfram, Herwig (Hg.); Wien 1995.

Staatslexikon⁶; Görres-Gesellschaft (Hg.); 6. Auflage, 11 Bände; Freiburg 1957-1970.

Staatslexikon⁷; Görres-Gesellschaft (Hg.); 7. Auflage, 5 Bände; Freiburg, Basel, Wien 1985-1989.

Taschenbuch theologischer Fremdwörter; Brändle, Werner; Gütersloh 1982.

Umwelt. Lexikon ökologisches Grundwissen; Kuchenbuch, Michaela (Hg.); München 1995.

Wörterbuch Latein; Rossipaul, Lothar; Version 1.0 München 1993.

4.4. Sekundärliteratur

Abdullah, Muhammed Salim (1999[1]); "*Der Mensch als verantwortlicher Statthalter Gottes auf der Erde*" in: Halter, Hans / Lochbühler, Wilfried; Hunold, Gerfried W. (Hg.); Ökologische Theologie und Ethik I; Graz, Wien, Köln; 265-268.

Abetz, Karl (1965); "*Forstwirtschaft*" in: HDSW (Bd. 4); 64-98.

Adenauer, Lothar / Trendelkamp, Maria (1983); Sondernummer: "*Ökologie Konkret*"; in aksb-inform; Bonn, September 1983.

Aiello, Leslie / Bennike, Pia (Hg.) (1998); 4 Millionen Jahre Mensch; Wien.

Altner, Günter (1974); Schöpfung am Abgrund. Die Theologie vor der Umweltfrage; Neukirchen, Vluyn.

Amery, Carl (1972); Das Ende der Vorsehung. Die gnadenlosen Folgen des Christentums; Reinbek-Hamburg.

Anon (1937); Artikel: "*The foundation of professional ethics*"; in: Journal of Forestry 35; Durham (NC - USA); 237-239.

Anon (1949); Artikel: "*Code of ethics adopted by foresters*"; in: Journal of Forestry 47; Durham (NC - USA); 70-71.

Anzenbacher, Arno (1992); Einführung in die Ethik; Düsseldorf.

Anzenbacher, Arno (1997); Christliche Sozialethik. Eine Einführung; München, Wien, Zürich.

Aquin, Thomas von; Bernhart, Josef (Hg.) ([3]1985); Summa theologiae; Stuttgart.

Arenhoevel, Diego (51988); Ur-Geschichte. Genesis 1-11; Stuttgart.

ARGE Schöpfungsverantwortung (Hg.) (1996a); Artikel: "*10 Punkte für ein ökologisch gestaltetes Weihnachtsfest*"; in: Wir machen Schöpfung zum Thema; Wien Nr. 5/Nov.'96; 4.

ARGE Schöpfungsverantwortung (Hg.) (1996b); Artikel: "*Position der ARGE Schöpfungsverantwortung zur Gentechnik im Allgemeinen und zum Gentechnikvolksbegehren im besonderen*"; in: Wir machen Schöpfung zum Thema; Wien Nr. 5/Nov.'96; 4.

Arndt, Ernst Moritz (1820); Ein Wort über die Pflegung und Erhaltung der Forsten und der Bauern im Sinne einer höheren d.h. menschlichen Gesetzgebung; Schleswig.

Auer, Alfons (1966); Christsein im Beruf; Düsseldorf.

Auer, Alfons (1984); Umweltethik; Düsseldorf.

Auer, Alfons ([2]1995); Autonome Moral und christlicher Glaube; Düsseldorf.

Balasubramanian, Rajangam (1999[1]); "'*Um des Menschen willen...': Die Anthropozentrik hinduistischer Erlösungslehre*" in: Halter, Hans / Lochbühler, Wilfried; Hunold, Gerfried W. (Hg.); Ökologische Theologie und Ethik I; Graz, Wien, Köln; 272-274.

Balthasar, Hans Urs von (1975); "*Neun Sätze zur christlichen Ethik*" in: Ratzinger, Josef; Prinzipien christlicher Moral; Einsiedeln; 67-93.

Bargatzky, Thomas (1992); Artikel: "'*Naturvölker' und Umweltschutz - ein modernes Missverständnis*" in: Rotta, Christian (Hg.); Universitas - Zeitschrift für interdisziplinäre Wissenschaft; Stuttgart 9/1992; 876-886.

Baumgart, W. (1936); Der Wald in der deutschen Dichtung; Berlin, Leipzig.

Becker, Michel / Häberle, Siegfried; (1997); Artikel: "*Zertifizierung von Holz aus nachhaltiger Forstwirtschaft*" in: HZB; Nr. 44/1997; 653, 654.

Berg, E. (1869); Pürschgang im Dickicht der Jagd- und Forstgeschichte; Dresden.

Biervert, Bernd / Held, Martin (Hg.) (1994); Das Naturverständnis der Ökonomik; Frankfurt, New York.

Birnbacher, Dieter (Hg.) (1996); Ökologie und Ethik; Stuttgart.

Bischofberger, Otto (1999[1]); "*Ahimsa-Gebot und Mitleidsethos im Hinduismus und Buddhismus*" in: Halter, Hans / Lochbühler, Wilfried; Hunold, Gerfried W. (Hg.); Ökologische Theologie und Ethik I; Graz, Wien, Köln; 278-282.

Bleistein, Roman ([3]1995); "*Generationenkonflikt*" in: LThK[3] (Bd. 4); 451-452.

Blouin, Anabel (1999); Les arbres de la Bible; Fribourg.

Bobek, Hans Peter / Johann, Elisabeth ([2]1994); "*Forstgesetze*" in: Österreichischer Forstverein (Hg.); Österreichs Wald - Vom Urwald zur Waldwirtschaft; Wien; 190-200.

Bobek, Hans Peter; Österreichisches Statistisches Zentralamt / Forstliche Bundesversuchsanstalt (Hg.) (1995); "*Gesetzliche Grundlagen der Forstwirtschaft*" in: Ökobilanz Wald - 1995; Wien; 111-113.

Böckle, Franz (1985); Fundamentalmoral; München.

Bondolfi, Alberto; Glaube & Wirtschaft / Interkonfessionelle Informationsstelle (Hg.) (1996); Gentechnik auf den ethischen Prüfstand; Bern.

Brück, Michael von (1992); "*Religiöse Voraussetzungen für Gerechtigkeit, Frieden und Naturbewahrung im Hinduismus*" in: Golser, Karl (Hg.); Verantwortung für die Schöpfung in den Weltreligionen; Innsbruck, Wien; 81-101.

Bruenig, Eberhard F. (1998a); Artikel: "*Tropischer Regenwald und nachhaltige Forstwirtschaft (1)*" in: HZB; Nr. 48/1998; 705, 706, 707.

Bruenig, Eberhard F. (1998b); Artikel: "*Tropischer Regenwald und nachhaltige Forstwirtschaft (2)*" in: HZB; Nr. 51/52/1998; 745, 747.

Buchheim, Hans (1980); Gewissen und Politik; Katholische sozialwissenschaftliche Zentralstelle Mönchengladbach (Hg.); Köln.

Buff, Joachim (1997); Artikel: "*Holzkirchen auf chilenischen Briefmarken*" in: HZB; Nr. 52/53/1997; 838.

Butscheck, Felix (1985); Die österreichische Wirtschaft im 20. Jahrhundert; Stuttgart.

Carson, Rachel (1968); Der stumme Frühling; München.

Coreth, E. (1959); "Ethik" in: LThK^2 (Bd. 3); 1126-1129.

Coufal, James E. (1994); "*Wilderness Management, Environmental Ethics, and the SAF Code of Ethics*"; in: Irland, Lloyd C. (Hg.); Ethics in Forestry; Portland, Oregon; 344-360.

Daecke, Sigrud Martin (1992); Artikel: "*Natur und Schöpfung im Christentum. Auf dem Weg von der Ausbeutung der Schöpfung zur Versöhnung mit ihr*" in: Deutscher Katecheten-Verein e. V. / Arbeitsstelle für Jugendseelsorge der Deutschen Bischofskonferenz (Hg.); Katechetische Blätter; München, Nr. 4/92; 234-241.

Daecke, Sigurd Martin (1999^2); "*Die Natur ist Heilig: Schöpfungstheologische und christologische Begründung des Holismus*" in: Halter, Hans / Lochbühler, Wilfried; Hunold, Gerfried W. (Hg.); Ökologische Theologie und Ethik II; Graz, Wien, Köln; 81-83.

De Laubier, Patrick (1982); Das Soziale Denken der Katholischen Kirche; Fribourg.

Danneels, Godfried Kardinal (1991); "*Evangelisierung in einem 'säkularisierten' Europa*" in: SDW 32; 201-226.

Dinkler v. Schubert, Erika (^{3}1960); "*Lebensbaum*" in: RGG; 250-251.

Dorn, Michael (2000); Überlegungen zu ethischen Problemen in der Forstwirtschaft; Berlin.

Döhrer, Karl (1998); Artikel: "*Forstbetriebsgemeinschaft oder Aktiengesellschaft*" in: HZB; Nr. 108/1998; 1497, 1503,1504.

Drabarczyk, Liselotte / Weinbrenner, Karl-Heinz (1996); Artikel: "*Wie natürlich ist der österreichische Wald? - Ergebnisse eines Unesco-Waldforschungsprojektes vorgestellt*" in: HZB; Nr. 152/1996; 2447.

Drabarczyk, Liselotte / Weinbrenner, Karl-Heinz (1997a); Artikel: "*Mehr Beschäftigung in der Forstwirtschaft durch Öko-Steuern*" in: HZB; Nr. 127/1997; 1858.

Drabarczyk, Liselotte / Weinbrenner, Karl-Heinz (1997b); Artikel: "*Waldbesitzerverbände in Österreich gehen das Thema 'Mondholz' an*" in: HZB; Nr. 21/1997; 303.

Drabarczyk, Liselotte / Weinbrenner, Karl-Heinz (1997c); Artikel: "*Ökologisch sinnvolle Verwertung von Altholz als Ziel*" in: HZB; Nr. 42/1997; 607.

Drabarczyk, Liselotte / Weinbrenner, Karl-Heinz (1997d); Artikel: "*Österreichs Messe im Wald informierte umfassend - Schwerpunkte Gebirgsforstwirtschaft mit Seilbringung und mechanisierter Holzernte*" in: HZB; Nr. 8/1997; 133.

Drabarczyk, Liselotte / Weinbrenner, Karl-Heinz (1997e); Artikel: "*Österreichs Sieben-Punkte-Programm für eine ökologische Waldbewirtschaftung*" in: HZB; Nr. 128/1997; 1875.

Drabarczyk, Liselotte / Weinbrenner, Karl-Heinz (1997f); Artikel: "*Nachhaltige Forstwirtschaft - ein globales Thema*" in: HZB; Nr. 80/1997; 1245, 1250, 1256.

Drabarczyk, Liselotte / Weinbrenner, Karl-Heinz (1997g); Artikel: "*Waldpflege auf Dauer nicht mehr sichergestellt*" in: HZB; Nr. 34/1997; 507, 508.

Drabarczyk, Liselotte / Weinbrenner, Karl-Heinz (1997h); Artikel: "*Forstlicher Naturschutz in Hessen wird gestärkt*" in: HZB; Nr. 19/1997; 269.

Drabarczyk, Liselotte / Weinbrenner, Karl-Heinz (1997i); Artikel: "*Naturprodukte auf natürliche Weise veredeln*" in: HZB; Nr. 86/1997; 1316.

Drabarczyk, Liselotte / Weinbrenner, Karl-Heinz (1997j); in Artikel: "*Vielfalt für die Zukunft: Genetische Inventur der Fichte*" in: HZB; Nr. 122/1997; 1772.

Drabarczyk, Liselotte / Weinbrenner, Karl-Heinz (1997k); in Artikel: "*Ölbäume - uralte Zeichen des Friedens*" in: HZB; Nr. 37/38/1997; 561.

Drabarczyk, Liselotte / Weinbrenner, Karl-Heinz (1997l); in Artikel: "*Wir geben Chancen, um Ideen im Umweltschutz umzusetzen*" in: HZB; Nr. 81/82/1997; 1261, 1262.

Drabarczyk, Liselotte / Weinbrenner, Karl-Heinz (1997m); in Artikel: "*Waldwirtschaft Verband Schweiz - Forstdefizit um 40% gestiegen*" in: HZB; Nr. 122/1997; 1770.

Drabarczyk, Liselotte / Weinbrenner, Karl-Heinz (1998a); Artikel: "*Persönliche Verantwortung der Waldbesitzer - Grundlage nachhaltiger Forstwirtschaft in Europa*" in: HZB; Nr. 73/1998; 1071.

Drabarczyk, Liselotte / Weinbrenner, Karl-Heinz (1998b); Artikel: "*Ökobilanzierung als Instrument für glaubhaftes Marketing (Teil 1)*" in: HZB; Nr. 8/1998; 105, 108.

Drabarczyk, Liselotte / Weinbrenner, Karl-Heinz (1998c); in Artikel: "*Bundesregierung will umweltgerechte Holznutzung fördern*" in: HZB; Nr. 85/1998; 1213.

Drabarczyk, Liselotte / Weinbrenner, Karl-Heinz (1999a); in Artikel: "*125 Jahre Holz-Zentralblatt - Es stand im Holz-Zentralblatt*" in: HZB; Nr. 142/1999; 15.

Drabarczyk, Liselotte / Weinbrenner, Karl-Heinz (1999b); in Artikel: "*Nachhaltigkeit bremst Waldflächenverlust*" in: HZB; Nr. 29/1999; 393.

Drabarczyk, Liselotte / Weinbrenner, Karl-Heinz (1999c); in Artikel: "*FSC - Zertifizierung soll heraus aus Öko-Nische*" in: HZB; Nr. 49/1999; 698.

Drabarczyk, Liselotte / Weinbrenner, Karl-Heinz (1999d); in Artikel: "*Umweltverbände strikt gegen europäisches Waldzertifikat*" in: HZB; Nr. 79/1999; 1153.

Drabarczyk, Liselotte / Weinbrenner, Karl-Heinz (1999e); in Artikel: "*Deutsches Holz bald mit PEFC-Zertifikat, Nationaler Forstzertifizierungsrat gegründet*" in: HZB; Nr. 89/90/1999; 1241.

Drabarczyk, Liselotte / Weinbrenner, Karl-Heinz (1999f); in Artikel: "*Intakter Bergwald als Schutzschild unverzichtbar*" in: HZB; Nr. 89/90/1999; 1241.

Drabarczyk, Liselotte / Weinbrenner, Karl-Heinz (1999g); in Artikel: "*Forstwirtschaftsrat gründet PEFC-Zertifizierungsrat*" in: HZB; Nr. 71/1999; 1045.

Drabarczyk, Liselotte / Weinbrenner, Karl-Heinz (1999h); in Artikel: "*Start für 'FSC-zertifizierte Forstwirtschaft'*" in: HZB; Nr. 47/1999; 677.

Drabarczyk, Liselotte / Weinbrenner, Karl-Heinz (1999i); in Artikel: "*Das Öko-Audit muss bekannter werden*" in: HZB; Nr. 48/1999; 685.

Drabarczyk, Liselotte / Weinbrenner, Karl-Heinz (1999j); in Artikel: "*Förderprogramm für erneuerbare Energie drängt*" in: HZB; Nr. 48/1999; 685.

Drabarczyk, Liselotte / Weinbrenner, Karl-Heinz (1999k); in Artikel: "*Pan-Europäische Waldzertifizierung begründet*" in: HZB; Nr. 80/81/1999; 1165.

Drabarczyk, Liselotte / Weinbrenner, Karl-Heinz (1999l); in Artikel: "*Mehr Nutzen aus Biomasse ziehen*" in: HZB; Nr. 80/81/1999; 1165.

Drabarczyk, Liselotte / Weinbrenner, Karl-Heinz (1999m); in Artikel: "*Waldbewirtschaftung nicht mehr finanzierbar*" in: HZB; Nr. 138/1999; 1877.

Drabarczyk, Liselotte / Weinbrenner, Karl-Heinz (1999n); in Artikel: "*Trittin will Wald an Naturschutzverbände verschenken*" in: HZB; Nr. 144/1999; 1933.

Drabarczyk, Liselotte / Weinbrenner, Karl-Heinz (1999o); in Artikel: "*Waldschäden auf hohem Niveau - Auch 1999 ist jeder fünfte Baum deutlich sichtbar geschädigt*" in: Holz-Zentralblatt; Nr. 144/1999; 1933.

Drabarczyk, Liselotte / Weinbrenner, Karl-Heinz (1999p); in Artikel: "*EU-Parlament: Nachhaltige Forstwirtschaft wichtig*" in: HZB; Nr. 150/1999; 2041.

Drabarczyk, Liselotte / Weinbrenner, Karl-Heinz (1999q); in Artikel: "*Ziel der Waldwirtschaft im Wandel der Zeit*" in: HZB; Nr. 141/1999; 1917.

Drewermann, Eugen ([7]1997); Der tödliche Fortschritt - Von der Zerstörung der Erde und des Menschen im Erbe des Christentums; Freiburg, Basel, Wien.

Dykstra, Dennis, P. / Heinrich, Rudolf; Food an Agriculture Organization of the United Nations - FAO (Hg.) (1996); Forest codes of practice - Contributing to environmentally sound forest operations - FAO Forestry papeer 133; Rom.

Dykstra, Dennis, P. / Heinrich, Rudolf; Food an Agriculture Organization of the United Nations - FAO (Hg.) ([2]1997); model code of forest harvesting practice; Rom.

Edsman, C.-M. ([3]1962); "*Weltenbaum*" in: RGG (Bd. 6); 1629-1630.

Eidg. Forschungsanstalt WSL, Buwal (1997); Artikel: "*Langfristige Waldökosystem - Forschung des Bundes gestartet*" in: HZB; Nr. 122/1997; 1770.

Eidgenössisches Departement des Innern (Hg.) (1960); Schweizerisches Lehrbuch für Förster; Bern.

Eisenhauer, G. (1985); "*Ergebnisse bisheriger Forschung und Forschungsbedarf zur Humanisierung des Arbeitslebens in der Forstwirtschaft*" in: Bundesanstalt für Arbeitsschutz (Hg.); Humanisierung des Arbeitslebens in der Forstwirtschaft; Dortmund; 25-33.

Eliade, M. ([3]1961); "*Schamanismus*" in: RGG (Bd. 5); 1387-1388.

Enders, Max ([2]1922); Handbuch der Forstpolitik mit besonderer Berücksichtigung der Gesetzgebung und Statistik; Berlin.

Enders, Max (1926); Artikel: "*Die gesetzlichen Grundlagen zur Pflege und Förderung der Waldwirtschaft*"; in: Centralblatt für das gesamte Forstwesen; Wien, München Nr. 48/1926; 441-449.

Engelbert, Pius ([3]1996); "*Johannes Gualbertus*" in: LThK[3] (Bd. 5); 913.

Felber, Matthias (1995); Ausgewählte Texte der kirchlichen Soziallehre, untersucht auf ihren schöpfungstheologischen und ökologieethischen Gehalt im Hinblick auf die Öko-krise; Wien.

Ferruccius, Aloisius Chrysostomus (1864); Cenni storici del sacro Eremo di Camalduli; Firenze.

Fischer, Franz (1994); "*Naturwaldreservate aus der Sicht des Forstamtes der Stadt Wien, Entstehung überwirtschaftlicher forstlicher Ziele im Wienerwald*" in: Verein "Freunde der Wienerwaldkonferenz zur Erhaltung der Wienerwald-Landschaft" (Hg.); "Urwälder" für die Zukunft: Naturwaldreservate im Wienerwald; Wien; 55-60.

Fischer, Heinz-Joachim (1998); Artikel: "*Flucht aus der Welt, Dienst in der Welt. Fünfzehn Mönche und ein altes Erfolgsrezept*" in: FAZ; Nr. 248/15 Montag, 26. Oktober 1998; 15.

Flanagan, David T. (1994); "*Legal Considerations of Professional Ethics*"; in: Irland, Lloyd C. (Hg.); Ethics in Forestry; Portland, Oregon; 64-72.

Food an Agriculture Organization of the United Nations - FAO (Hg.) (1995); "*Use of the construction crane for wood extraction on mountainous terrain*"; in: Forest harvesting case-study 4; Rom.

Food an Agriculture Organization of the United Nations - FAO (Hg.) (1997); State of the World's Forests 1997; Rom.

Forest Stewardship Council Arbeitsgruppe Deutschland e.V. (Hg.) (1996); Waldzertifizierung - Leitfaden für Waldbesitzer & Forstbetriebe. © FSC Trademark; Deutschland.

Forest Stewardship Council (2000); "*Welcome - Bienvenidos a la página electrónica de Forest Stewardship Council A.C.*" in: <http://www.fscoax.org/>; November 2000.

Freistetter, Werner / Weiler Rudolf (Hg.) (1993); Die Einheit der Kulturethik in vielen Ethosformen; Berlin.

Fritsch, A.J. (1994); "*Theological Foundation for an Environmental Ethics*" in: Irland, Lloyd C. (Hg.); Ethics in Forestry; Portland, Oregon; 296-312.

Fröhlich, H. J. (1985); "*Erfordernisse und Grundsätze für die Gestaltung der Arbeitsbedingungen in der Forstwirtschaft*" in: Bundesanstalt für Arbeitsschutz (Hg.); Humanisierung des Arbeitslebens in der Forstwirtschaft; Dortmund; 15-24.

Furger, Franz (1989); Die katholische Soziallehre - eine Einführung; Fribourg.

Furger, Franz (1990); "*Natur*" in: NLChM; 542-543.

Furger, Franz / Wiemeyer, Joachim (1994); Wirtschaft: global und ökologisch; Wissenschaftliche Arbeitsgruppe für weltkirchliche Aufgaben der Deutschen Bischofskonferenz (Hg.); Bonn.

Gabriel, Ingeborg (1992); "*Eigentum im Dienst des Menschen. Die Lehre zum Eigentum in den päpstlichen Enzykliken von Rerum novarum bis Centesimus annus und die Entwicklung in Österreich im Überblick*"; in: Schambeck, Herbert / Weiler, Rudolf (Hg.); Der Mensch ist der Weg der Kirche - Festschrift für Johannes Schasching; Berlin; 17-33.

Gabriel, Ingeborg (1993); "*Kirche und Kultur. Überlegungen zum Thema Inkulturation*" in: Freistetter, Werner / Weiler Rudolf (Hg.); Die Einheit der Kulturethik in vielen Ethosformen; Berlin; 127-144.

Gabriel, Ingeborg / Steurer, Josef (Hg.) (1997); Demokratie als Herausforderung; Wien.

Gebhardt, Karl; Forschungsinstitut für schnellwachsende Baumarten (Hg.) (1990); In-vitro-Kultur bei Waldbäumen; Untersuchungen über In-vitro-Techniken zur Züchtung und Anzucht von Waldbäumen; München.

Gehlen, Arnold (1955); Der Mensch. Seine Natur und seine Stellung in der Welt; Bonn.

Gehlen, Arnold (1961); Anthropologische Forschung; Reinbek.

Gercke, Hans (1985); Der Baum in Mythologie, Kunstgeschichte und Gegenwartskunst; Heidelberg.

Gfeller, Nicolas (1986); "Du sollst..." Eine kleine Geschichte der Ethik von Buddha bis Ernst Bloch; Zürich.

Giesen, Karl (1996); Artikel: "*Besinnung auf die forstwirtschaftlichen Grundlagen*" in: HZB; Nr. 156/157/1996; 2488, 2489, 2490.

Gohl, Heinrich / Krebs, E. (1973); Lebende Wälder; Rüschlikon-Zürich, Stuttgart, Wien.

Golser, Karl (1990); "*Gewissen*" in: NLChM; 278-286.

Golser, Karl (1992); "*Nachwort*" in: Ders. (Hg.); Verantwortung für die Schöpfung in den Weltreligionen; Innsbruck, Wien 1992; 125-128.

Greenpeace (2000); "*Wald Forest Stewardship Council*" in: < http://www.greenpeace.de/GP_DOK_3P/HINTERGR/C13HI31.HTM >; November 2000.

Grimm, Jacob / Grimm, Wilhelm (1812[1]); Kinder- und Hausmärchen; Band 1; Göttingen.

Grimm, Jacob / Grimm, Wilhelm (1815[2]); Kinder- und Hausmärchen; Band 2; Göttingen.

Günthör, Anselm (1993[1]); Anruf und Antwort. Handbuch der katholischen Moraltheologie. Band I. Allgemeine Moraltheologie. Der Christ - gerufen zum Leben; 3 Bände; Vallendar-Schönstatt.

Günthör, Anselm (1993[2]); Anruf und Antwort. Handbuch der katholischen Moraltheologie. Band II. Spezielle Moraltheologie. Der Christ vor Gott; 3 Bände; Vallendar-Schönstatt.

Günthör, Anselm (1993[3]); Anruf und Antwort. Handbuch der katholischen Moraltheologie. Band III. Spezielle Moraltheologie. Der Christ in der Gemeinschaft; 3 Bände; Vallendar-Schönstatt.

Gweder, Edwin (^{2}1984); Advent - Feiern christlicher Feste; Freiburg, Konstanz, Mödling.

Häberle, Siegfried (1997); Artikel: "*Neue Chancen für den Forstbetrieb durch flexible Arbeitszeitmodelle*" in: HZB; Nr. 39/40/1997; 574.

Hachenberg, Friedrich; Löber, Ulrich (Hg.) (1992); 2000 Jahre Waldwirtschaft am Mittelrhein; Koblenz.

Haeckel, Ernst (1866^{11}); Generelle Morphologie der Organismen; 286. Abgedruckt in: Umwelt. Lexikon ökologisches Grundwissen; Ökologie.

Haekel, J. (^{3}1959); "*Herr der Tiere*" in: RGG (Bd. 3); 270-271.

Halter, Hans (1985); Artikel: "*Theologie, Kirchen und Umweltproblematik. Der Beitrag der Theologie zu einer ökologischen Ethik*" in: Pfammatter, J. / Furger, F. (Hg.); Katholische Soziallehre in neuen Zusammenhängen; Zürich; 165-212.

Hangartner, Guido Harold (1991); 100 Jahre Rerum Novarum - Die Aktualität von Rerum Novarum; Wien, Kloster Einsiedeln.

Hangartner, Guido Harold (1993); Adolph Kolping; Chur, Kloster Einsiedeln.

Häring, Bernhard (1989^1); Frei in Christus. Moraltheologie für die Praxis des christlichen Lebens; 3 Bände; Basel, Wien.

Häring, Bernhard (1989^2); Frei in Christus. Moraltheologie für die Praxis des christlichen Lebens; 3 Bände; Basel, Wien.

Häring, Bernhard (1989^3); Frei in Christus. Moraltheologie für die Praxis des christlichen Lebens; 3 Bände; Basel, Wien.

Harte, John / Socolow, Robert (Hg.) (1971); Patient Earth; New York, Holt, Rinehart, Winston.

Hartmann, Friedrich-Karl (1974); Mitteleuropäische Wälder; Stuttgart.

Hasenmayer, Herbert / Göhring, Walter (1988); Altertum - Ein Lehr- und Arbeitsbuch für Geschichte und Sozialkunde; Wien.

Hauer, Christian (1996); "*Klimawandel*" in: ARGE Schöpfungsverantwortung (Hg.); Klima Symposium - Die Kirche auf dem Weg zur nachhaltigen Energieversorgung; Wien; 1-14.

Hauser, Albert; Wald und Feld in der alten Schweiz. Beiträge zur schweizerischen Agrar- und Forstgeschichte; Zürich, München 1972.

Hausrath, Hans (1911); Pflanzengeographische Wandlungen der deutschen Landschaft; Leipzig, Berlin.

Heider, Gerhard (1996); Tabelle: "*Deutscher Aussenhandel mit Nadelholz*" in: HZB; Nr. 156/157/1996; 2492.

Heider, Placidus ([3]1997); "*Lang*" in: LThK[3] (Bd. 6); 638-639.

Heil, K. (1985); "*Arbeiterschutz und Ergonomie in Aus- und Fortbildung*" in: Bundesanstalt für Arbeitsschutz (Hg.); Humanisierung des Arbeitslebens in der Forstwirtschaft; Dortmund; 151-158.

Heine, Günter (1986); "*Ökologie und Recht in historischer Sicht*" in: Lübbe, Hermann / Ströker, Elisabeth (Hg.); Ökologische Probleme im kulturellen Wandel; Paderborn, München, Wien, Zürich; 116-134.

Helbling, Paul (1972); Der Wald in Dichtung und Geschichte. Forst- und Jagdgeschichte; Rapperswil.

Hertz, R. ([3]1959); "*Kelten*" in: RGG (Bd. 3); 1240.

Hilgenreiner, K. (1931); "*Eigentum*" in: LThK[1] (Bd. 3); 593-598.

Hilpisch, Stephanus (1929); Geschichte des benediktinischen Mönchtums in ihren Grundzügen dargestellt; Freiburg im Breisgau.

Hirsch, Samson Raphael; Rosenzweig, Ernst (Hg.) (1988); Die Psalmen; Frankfurt/Main.

Hirschberger, Johannes ([14]1987); Geschichte der Philosophie; Teil 1, Freiburg.

Hirschberger, Johannes ([13]1988); Geschichte der Philosophie; Teil 2, Freiburg.

Hollstein, Bettina (1995); Wirtschaftsethik und Umwelt; Wiesbaden.

Holz, Harald ([3]2001); "*Prinzip*" in: LThK[3] (Bd. 8); 595.

Hölzel, Markus (1997a); Artikel: "*Sozialpflichtigkeit beutelt Waldeigentümer*" in: HZB; Nr. 33/1997; 497, 498.

Hölzel, Markus (1997b); Artikel: "*Wieviel Naturschutz verträgt der Wirtschaftswald?*" in: HZB; Nr. 95/1997; 1403, 1409.

Holzherr, Georg ([2]1998); Sozialethik; Kloster Einsiedeln.

Holzhey, Helmut / Jauch, Ursula Pia / Würgler, Hans (Hg.) (1991); Forschungsfreiheit - Ein ethisches und politisches Problem der modernen Wissenschaft; Zürich.

Honecker, Martin (1993); "*Ethik*" in: LWE; 249-258.

Hornsmann, Erich (1958); Allen hilft der Wald; München, Bonn, Wien.

Horváth, Alexander (1929); Eigentumsrecht nach dem hl. Thomas von Aquin; Graz.

Hösle, Vittorio (1997); Moral und Politik - Grundlagen einer politischen Ethik für das 21. Jahrhundert; München.

Huber, Joseph (1991); Unternehmen Umwelt. Weichenstellungen für eine ökologische Marktwirtschaft; Frankfurt.

Hug, Heinz ([2]1997); Der tägliche Ökohorror - So werden wir manipuliert; München.

Hultkranz, A. (31958); "*Geburt*" in: RGG (Bd. 2); 1240.

Huter, Alois (1990); "*Kultur*" in: NLChM; 407-413.

Irland, Lloyd C. (1994a); "*Code of Ethics*"; in: Ders. (Hg.); Ethics in Forestry; Portland, Oregon; 20-34.

Irland, Lloyd C. (1994b); "*Pesticides: Ethical Problems for Foresters*"; in: Ders. (Hg.); Ethics in Forestry; Portland, Oregon; 74-81.

Irrgang, Bernhard (1992); Christliche Umweltethik. Eine Einführung; München, Basel.

Irrgang, Bernhard / Göttfert, M. / Kunz, M. / Lege, J. / Rödel, G. / Vondran I. (2000); Gentechnik in der Pflanzenzucht. Eine interdisziplinäre Studie; Dettelbach.

Jägerschmid, K.F.V. (1800); Das Murgthal besonders in der Hinsicht auf Naturgeschichte und Statistik; Nürnberg.

Jakob, E. G. (1991); "*Kolonialismus*" in: LThK2 (Bd. 6); 397-399.

Jeiter, W. (1985); "*Begrüssung durch den Präsidenten der Bundesanstalt für Arbeiterschutz, Dipl.-Ing. W. Jeiter*" in: Bundesanstalt für Arbeitsschutz (Hg.); Humanisierung des Arbeitslebens in der Forstwirtschaft; Dortmund; 7-14.

Johann, Elisabeth (21994a); "*Die Erzeugung von Holz*" in: Österreichischer Forstverein (Hg.); Österreichs Wald - Vom Urwald zur Waldwirtschaft; Wien; 81-107.

Johann, Elisabeth (21994b); "*Die Forstvereine*" in: Österreichischer Forstverein (Hg.); Österreichs Wald - Vom Urwald zur Waldwirtschaft; Wien; 417-426.

Johann, Elisabeth (21994c); "*Weistümer*" in: Österreichischer Forstverein (Hg.); Österreichs Wald - Vom Urwald zur Waldwirtschaft; Wien; 157-162.

Johann, Elisabeth (21994d); "*Zur Entstehungsgeschichte des Eigentums am Wald*" in: Österreichischer Forstverein (Hg.); Österreichs Wald - Vom Urwald zur Waldwirtschaft; Wien; 51-78.

Junker, Hubert (1949); Genesis; Würzburg.

Juros, H. (21980); "*Ethik*" in: KSL; 590-598.

Kaiser, Helmut (1992); Die ethische Integration ökonomischer Rationalität: Grundelemente und Konkretion einer "modernen" Wirtschaftsethik; Bern.

Kaiser, Helmut (1997a); "*Deregulierung... Globalisierung... Revitalisierung*" in: Herchen, Hans Alfred; Zeichen der Zeit erkennen; Frankfurt am Main; 121-135.

Kaiser, Helmut (1997b); Artikel: "*Gentechnik und Ethik*" in: Schweizerischer Studentenverein (Hg.); Civitas Monatszeitschrift für Politik und Kultur; Brig 12/1997; 278-283.

Kaiser, Rudolf (1992); Artikel: "*Freundschaft mit der Erde - Indianische Naturfrömmigkeit*" in: Deutscher Katecheten-Verein e.V. / Arbeitsstelle für

Jugendseelsorge der Deutschen Bischofskonferenz (Hg.); Katechetische Blätter; München, Nr. 4/92; 257-258, 260-226.

Kalchhauser, Wolfgang (1997); Geheimnisvoller Wienerwald - Auf den Spuren ur- und frühgeschichtlicher Menschen; Wien.

Karl, Friedrich ([2]1994a); "*Besiedelung und Wald*" in: Österreichischer Forstverein (Hg.); Österreichs Wald - Vom Urwald zur Waldwirtschaft; Wien; 41-48.

Karl, Friedrich ([2]1994b); "*Der Wald im Spiegel der Waldgeschichte*" in: Österreichischer Forstverein (Hg.); Österreichs Wald - Vom Urwald zur Waldwirtschaft; Wien; 11-40.

Karrer, Otto (1975); Franz v. Assisi, Legenden und Lande; Zürich.

Kasper, Walter ([3]1997); "*Mandatum*" in: LThK[3] (Bd. 6); 1263.

Keel, Othmar (1987); Artikel: "*Anthropozentrik? Die Stellung des Menschen in der Bibel*" in: Institut für Weltanschauliche Fragen (Hg.); Orientierung; Zürich Nr. 20/1987; 221-222.

Kerber, Walter ([2]1980); "*Natur*" in: KSL; 1882-1887.

Kerber, Walter (1982); Sittliche Normen; Düsseldorf.

Kerber, Walter (1993); "*Gemeinwohl*" in: LWE; 339-342.

Kerber, Walter / Schüller, Alfred (1993); "*Eigentum*" in: LWE; 216-225.

Kessler, Hans (1998); Das Stöhnen der Natur. Plädoyer für eine Schöpfungsspiritualität und Schöpfungsethik; Wien.

Klein, Diethard H. (Hg.) ([6]1990); Das grosse Hausbuch der Heiligen; Augsburg.

Klemperer, W. David (1994); "*Is Sustained Yield an Ethical Obligation in Public Forest Management Planning?*"; in: Irland, Lloyd C. (Hg.); Ethics in Forestry; Portland, Oregon; 90-103.

Klose, Alfred (1988); Unternehmerethik - Heute gefragt?; Linz.

Knöppel, V. (1998); "*Waldgerechtsame*" in: HBRG (Bd. 5); 1117-1120.

Knorring, Ekkehard (1997); "*Umweltschutz als politische Aufgabe*" in: Stengel, Martin / Wüstner, Kerstin (Hg.); Umweltökonomie; München; 7-33.

Knötig, Helmut ([2]1980); "*Humanökologie*" in: KSL; 1131-1140.

Kohler, Georg (1986); "*(Staatlicher) Umweltschutz und (privater) Eigennutz*" in: Lübbe, Hermann / Ströker, Elisabeth (Hg.); Ökologische Probleme im kulturellen Wandel; Paderborn, München, Wien, Zürich; 135-141.

Kommission der Europäischen Gemeinschaft (Hg.) (1993); Schutz unserer Umwelt; Luxemburg.

Kommission für gesellschaftliche und sozial-caritative Frage der Deutschen Bischofskonferenz (1989); "*Landwirtschaft in schwerer Zeit - Orientierung*" in: DDB H 44; 15-61.

Köstler, Josef Nikolaus (1941); Offenbarung des Waldes. Ein Beitrag zur künstlerischen Gestaltung deutschen Naturerlebens; München.

Kral, Friedrich (^{2}1994); "*Besiedelung und Wald*" in: Österreichischer Forstverein (Hg.); Österreichs Wald - Vom Urwald zur Waldwirtschaft; Wien; 41-48.

Krämer, Peter (^{3}2001); "*Vollmacht - III. Kirchenrechtlich*" in: LThK^{3} (Bd. 10); 880-881.

Kramer, Rolf (1998); Umwelt, Wirtschaft und Technik – Sozialethische Überlegungen; Berlin.

Krapfenbauer, Anton (1996); Österreichs Wald - Umwelt und Zukunftsperspektiven; Wien.

Krätzl, Helmut (1995); "*'Gott sah, dass es gut war...'*"; in: Schmetterer, Eva / Faber, Roland / Mantler, Nicole (Hg.); Variationen zur Schöpfung der Welt; Innsbruck, Wien; 235-250.

Kreppold, Guido (1986); Kranke Bäume - kranke Seelen: Franziskus von Assisi eine Antwort?; Münsterschwarzach.

Krolzik, Udo (1979); Umweltkrise - Folge des Christentums?; Stuttgart, Berlin.

Kronberger, Hans / Nagler, Hans (^{2}1997); Der Sanfte Weg – Österreichs Aufbruch ins Solarzeitalter; Wien.

Krötner, Ulrich H. J. (1995); "*Bewahrung der Schöpfung. Anmerkungen zur ethischen Transformation der Lehre von der creatio mundi*" in: Schmetterer, Eva / Faber, Roland / Mantler, Nicole (Hg.); Variationen zur Schöpfung der Welt; Innsbruck, Wien; 143-161.

Küng, Hans (1997); Weltethos für Weltpolitik und Weltwirtschaft; München, Zürich.

Kühschelm, Roman (1995); "*Das sehnsüchtige Harren der Schöpfung. Exegetische und bibeltheologische Erwägung zu Röm 8,18-22*" in: Schmetterer, Eva / Faber, Roland / Mantler, Nicole (Hg.); Variationen zur Schöpfung der Welt; Innsbruck, Wien; 251-284.

Küster, Jürgen (1986): Bräuche im Kirchenjahr - Historische Anregungen für die Gestaltung christlicher Festtage; Freiburg, Basel, Wien.

Ladd, John (1994); "*The Quest for a Code of Professional Ethics: An Intellectual and Moral Confusion*"; in: Irland, Lloyd C. (Hg.); Ethics in Forestry; Portland, Oregon; 112-120.

Lammi, J. O. (1994); "*Professional Ethics in Forestry*" in: Irland, Lloyd C. (Hg.); Ethics in Forestry; Portland, Oregon; 48-57.

Lanczkowski, G. (^{3}1962); "*Symbolismus - I. Religionsgeschichtlich*" in: RGG (Bd. 6); 549-550.

Lange, Werner (1996); Artikel: "*Natürliche Baumharze - potentielle Erzeugnisse einer forstlichen Nebennutzung*" in: HZB; Nr. 153/1996; 2462.

Laun, Andreas (1984); Das Gewissen - Oberste Norm sittlichen Handelns; Innsbruck, Wien.

Lauterwasser, Erwin (1986); "*Die Ausbeutung und die Wiederkultivierung des Schwarzwaldes*" in: Lübbe, Hermann / Ströker, Elisabeth (Hg.); Ökologische Probleme im kulturellen Wandel; Paderborn, München, Wien, Zürich; 35-46.

Lehmann, F.R. (^{3}1957); "*Bäume und Pflanzen*" in: RGG (Bd. 1); 842-843.

Lehmann, Karl (1981); "*Kreatürlichkeit des Menschen als Verantwortung für die Erde*" in: Schmitz, P. (Hg.); Schöpfungsglaube und Umweltkrise; Würzburg; 65-88.

Lehnhausen, Hubertus (1997a); Artikel: "*Förster sollen ihr Schicksal selbst in die Hand nehmen (Teil 1)*" in: HZB; Nr. 125/1997; 1821, 1826.

Lehnhausen, Hubertus (1997b); Artikel: "*Förster sollen ihr Schicksal selbst in die Hand nehmen (Teil 2)*" in: HZB; Nr. 136/1997; 2052-2053.

Leisch, Walter (1990); "*Methoden der Ethik*" in: NLChM; 493-501.

Leopold, Aldo (1933); Artikel: "*The conservation ethic*"; in Journal of Forestry 31; Durham (NC - USA); 634-643.

Limbeck, Meinrad (^{4}1989); Markus-Evangelium; Stuttgart.

Linckh, Günther / Sprich, Hubert / Flaig, Holger / Mohr, Hans (Hg.) (1996); Nachhaltige Land- und Forstwirtschaft - Expertisen; Berlin, Heidelberg, New York, Barcelona, Budapest, Hongkong, London, Mailand, Paris, Santa Clara, Singapur, Tokio.

Lipietz, Alain (1993); Berlin, Bagdad, Rio; Münster.

Lochbühler, Wilfried (1997); Artikel: "*Theologische Durchblicke. Verlautbarungen des katholischen Lehramtes zur Umweltproblematik. Eine Übersicht Dr. Kurt Koch, dem neuen Bischof von Basel gewidmet*" in: Philosophisch- Theologische Hochschule der Redemptoristen in Hennef/Sieg (Hg.); Theologie der Gegenwart; Kevelar Heft 97/1; 37-53.

Lohfink, Norbert (1974a); Artikel: "*Die Priesterschrift und die Grenzen des Wachstums*" in: Stimmen der Zeit; Band 192 1974; 435-450.

Lohfink, Norbert (1974b); Artikel: "*Macht euch die Erde untertan*" in: Institut für Weltanschauliche Fragen (Hg.); Orientierung; Zürich Nr. 38/1974; 137-141.

Loth, Heinz-Jürgen (1999[1]); "*Umwelt als Rechtsgut in rabbinischer Literatur*" in: Halter, Hans / Lochbühler, Wilfried; Hunold, Gerfried W. (Hg.); Ökologische Theologie und Ethik I; Graz, Wien, Köln; 257-259.

Löw, Reinhard (1999[2]); "*Ein Eigenrecht der Natur lässt sich nur religiös begründen*" in: Halter, Hans / Lochbühler, Wilfried; Hunold, Gerfried W. (Hg.); Ökologische Theologie und Ethik II; Graz, Wien, Köln; 85-88.

Lübbe, Hermann (1986); "*Ökologische Probleme im kulturellen Wandel*" in: Lübbe, Hermann / Ströker, Elisabeth (Hg.); Ökologische Probleme im kulturellen Wandel; Paderborn, München, Wien, Zürich; 9-14.

Lüthi, M. ([5]1974); Märchen; Stuttgart.

Lüthi, M. ([3]1975); Volksmärchen und Volkssage. Zwei Grundformen erzählender Dichtung; Bern, München.

Makkonen-Spiecker, Kaisu (1996); Artikel: "*Ökologische und ökonomische Folgen der aktuellen Wachstumstrends in europäischen Wäldern*" in: HZB; Nr. 154/155/1996; 2474.

Mannhardt, Wilhelm (1858); Germanische Mythen, Forschungen; Berlin.

Mannhardt, Wilhelm (1860); Die Götterwelt der deutschen und nordischen Völker - Erster Theil. Die Götter; Berlin.

Mannhardt, Wilhelm (1963[1]); Wald- und Feldkulte; 2 Bände; Darmstadt.

Mannhardt, Wilhelm (1963[2]); Wald- und Feldkulte; 2 Bände; Darmstadt.

Mannhardt, Wilhelm (1864); Weihnachtsblüten in Sitte und Sage; Berlin.

Mannhardt, Wilhelm (1884); Mythologische Forschung; Patzig, Hermann (Hg.); Strassburg.

Mannsberger, Gerhard (1997); Artikel: "*Forstwirtschaft in der EU-Politik weit unter wirklichem Stellenwert präsent)*" in: HZB; Nr. 128/1997; 1861,1862.

Mantel, Kurt (1937); Artikel: "*Waldverbreitung und Waldeigentum im deutschen Raumplanungsrecht*"; in: Centralblatt für das gesamte Forstwesen; Wien, München Nr. 59/1937; 248-265, 273-291, 416-434, 488-497, 616-625, 644-656, 684-692, 703-713, 735-745, 769-777.

Mantel, Kurt (1990); Wald und Forst in der Geschichte - Ein Lehr- und Handbuch; Hannover.

Marschütz, Gerhard (2000); Familie humanökologisch. Theologisch-ethische Perspektiven; Münster, Hamburg, London.

Maschek, Salvator ([2]1952); Nachahmer Gottes; Band 3, Innsbruck.

Meadows, Donella (Hg.) (1972); Die Grenzen des Wachstums; Stuttgart.

Meadows, Donella H. / Meadows, Dennis L. / Randers, Jørgen ([7]1993); Die neuen Grenzen des Wachstums; Stuttgart.

Merchant, Roger (1994); "*Personal and Professional Ethics*"; in: Irland, Lloyd C. (Hg.); Ethics in Forestry; Portland, Oregon; 58-62.

Messner, Johannes (1928); Soziale Frage und soziale Ordnung - Tatsachen und Prinzipien; Innsbruck, Wien, München.

Messner, Johannes (1934); Die soziale Frage der Gegenwart - Eine Einführung; Innsbruck, Wien, München.

Messner, Johannes (1955); Ethik - Kompendium der Gesamtethik; Innsbruck, Wien, München.

Messner, Johannes ([2]1980); "Naturrecht" in: KSL; 1890-1902.

Messner, Johannes (1981); Die Magna Charta der Sozialordnung; Katholische sozialwissenschaftliche Zentralstelle Mönchengladbach (Hg.); Köln.

Messner, Johannes ([7]1984); Das Naturrecht; Berlin.

Messner, Johannes ([2]1954/[3]2001); Kulturethik mit Grundlegung durch Prinzipienethik und Persönlichkeitsethik; (Innsbruck,) Wien, München.

Metz, J. B. (1962); "*Natur*" in: LThK[2] (Bd. 7); 805-808.

Meyer-Abich, Klaus Michael (1984); Wege zum Frieden mit der Natur. Praktische Naturphilosophie für die Umweltpolitik; München.

Miaskowski, August von (1878); Die Verfassung der Land-, Alpen- und Forstwirtschaft der deutschen Schweiz in ihrer geschichtlichen Entwicklung des XIII. Jahrhunderts bis zur Gegenwart; Basel.

Müller, Ferdinand (1994); "*Forstgenetische Aspekte von Naturwaldreservaten*" in: Verein "Freunde der Wienerwaldkonferenz zur Erhaltung der Wienerwald-Landschaft" (Hg.); "Urwälder" für die Zukunft: Naturwaldreservate im Wienerwald; Wien; 67-70.

Müller, Frank B. (1996); Artikel: "*Tropenwälder durch Nutzung schützen*" in: HZB; Nr. 150/1996; 2426-2427.

Müller, J. H. ([2]1980); "*Eigentum*" in: KSL; 502-510.

Münk, Hans-Jürgen (1987); "*Umweltkrise - Folge und Erbe des Christentums? Historisch-systematische Überlegungen zu einer umstrittenen These im Vorfeld ökologischer Ethik*" in: Jahrbuch für christliche Sozialwissenschaften 28; Aschendorf; 133-206.

Münk, Hans-Jürgen (1990); "*Umweltethik*" in: NLChM; 808-816.

Näckel, G. (1985); "*Berufliche Qualifikation und Verbesserung des Arbeitsschutzes*" in: Bundesanstalt für Arbeitsschutz (Hg.); Humanisierung des Arbeitslebens in der Forstwirtschaft; Dortmund; 159-161.

Nell-Breuning, Oswald von (^{6}1962); "*Subsidiarität*" in: Staatslexikon; Görres-Gesellschaft (Hg.); Band 7; Freiburg; 826-833.

Neumann, Erich (1953); Kulturentwicklung und Religion; Zürich.

Noller, Heinrich (1997); Ethik im Zeitalter der Technik; Wiener Katholische Akademie (Hg.); Wien.

Olmsted, Frederick E. (1922); "*Professional ethics*"; in: Journal of Forestry 20; Durham (NC - USA); 106-112.

ORF-Nachlese (1998); "*Bäume 98 - Kalender*" Beilage in: Ders. (Hg.); ORF-Nachlese; Wien Januar 1998.

Österreichischer Informationsdienst für Entwicklungspolitik (Hg.) (1992); Umwelt und Entwicklung Agenda 21 - Eine Zusammenfassung der Ergebnisse der UN-Konferenz zu Umwelt und Entwicklung; Wien.

Ott, Ludwig (^{10}1981); Grundriss der katholischen Dogmatik; Freiburg, Basel Wien.

Pan European Forest Certification (2000); "*PEFC - Pan-Europäische Zertifizierung nachhaltiger Forstwirtschaft - Das Zertifikat für Europas Wälder*" in: <http://www.dfzr.de/>; November 2000.

Pesch, Heinrich ($^{1+2}$1913); Lehrbuch der Nationalökonomie; 5 Bände; Band 3; Freiburg im Breisgau.

Pesch, Heinrich ($^{2+3}$1920); Lehrbuch der Nationalökonomie; 5 Bände; Band 2; Freiburg im Breisgau.

Pesch, Heinrich ($^{1+2}$1922); Lehrbuch der Nationalökonomie; 5 Bände; Band 4; Freiburg im Breisgau.

Pesch, Heinrich ($^{1+2}$1923); Lehrbuch der Nationalökonomie; 5 Bände; Band 5; Freiburg im Breisgau.

Pesch, Heinrich ($^{3+4}$1924); Lehrbuch der Nationalökonomie; 5 Bände; Band 1; Freiburg im Breisgau.

Peschke, Karl-Heinz (1995); Christliche Ethik. Spezielle Moraltheologie; Trier.

Petzold, L. (1970); Deutsche Volkssagen; München.

Philberth, Karl (1990); Im Anfang schuf Gott Himmel und Erde; Ulm.

Pinchot, Gifford (1994); Artikel: "*Maxims for Foresters*"; in Journal of Forestry 92; Durham (NC - USA); 2.

Pinker, Wolfram / Lewark, Siegfried (1999); Artikel: "*Umweltschutz und Mittarbeitern eine Chance geben*" in: HZB; Nr. 97/1999; 1299.

Pitterle, Alfred (1993); Nachhaltig-multifunktionale Waldwirtschaft; Wien.

Plattner, Gerald (1994); "*Die Naturwaldreservate der Bundesforste*" in: Verein "Freunde der Wienerwaldkonferenz zur Erhaltung der Wienerwald-Landschaft" (Hg.); "Urwälder" für die Zukunft: Naturwaldreservate im Wienerwald; Wien; 77-82.

Praast, Siegfried (1997a); Artikel: "*Das europäische integrierte Umwelt - Managementsystem (Teil 1)*" in: HZB; Stuttgart Nr. 150/1997; 2305, 2308.

Praast, Siegfried (1997b); Artikel: "*Das europäische integrierte Umwelt - Managementsystem (Teil 2)*" in: HZB; Stuttgart Nr. 152/1997; 2344, 2345.

Praast, Siegfried (1998a); Artikel: "*Das europäische integrierte Umwelt - Managementsystem (Teil 3)*" in: HZB; Stuttgart Nr. 6/1998; 37, 46.

Praast, Siegfried (1998b); Artikel: "*Das europäische integrierte Umwelt - Managementsystem (Teil 4)*" in: HZB; Stuttgart Nr. 10/1998; 140, 142.

Prabhupada, A. C. Bhaktivedanta Swami (Hg.) (1987); Bhagavad-gita wie sie ist; Heidelberg, Jandelsbrunn, Zürich, Wien.

Rad, Gerhard von (1976); Das erste Buch Mose. Genesis; Göttingen.

Radkau, Joachim (1986); "*Warum wurde die Gefährdung der Natur durch den Menschen nicht rechtzeitig erkannt? Naturkult und Angst vor Holznot um 1800*" in: Lübbe, Hermann / Ströker, Elisabeth (Hg.); Ökologische Probleme im kulturellen Wandel; Paderborn, München, Wien, Zürich; 47-78.

Rahmeyer, Fritz (1997); "*Volkswirtschaftstheoretische Grundlagen der Umweltökonomie*" in: Stengel, Martin / Wüstner, Kerstin (Hg.); Umweltökonomie; München; 35-66.

Rapp, Friedrich (1979); "*Technik als Mythos*" in: Poser, H. (Hg.); Philosophie und Mythos. Ein Kolloquium; Berlin; 110-129.

Rappel, Simone (1996); Macht euch die Erde untertan; Paderborn, München, Wien, Zürich.

Rassem, Mohammed / Fries, Heinrich (^{7}1987); "*Kultur*" in: Staatslexikon; Görres-Gesellschaft (Hg.); Band 3; Freiburg; 746-757.

Ratzinger, Josef (1975); Prinzipien christlicher Moral; Einsiedeln.

Ratzinger, Josef (1990); Artikel: "*Die verdrängte Schöpfungslehre. Das Thema Schöpfung als Herausforderung für die Theologie*" in: Die Furche; Nr. 29 / 19. Juli 1990; 9.

Ratzinger, Josef (1996); Im Anfang schuf Gott - Konsequenzen des Schöpfungsglaubens; Einsiedeln, Freiburg.

Rauch, F.A. (1818[1]); Régénération de la nature végétale; 2 Bände; Paris.

Rebholz, D. (1944); Der Wald im deutschen Märchen; Heidelberg.

Reininger, Heinrich ([5]1992); Zielstärken-Nutzung; Wien.

Ribaut, Jean-Pierre (1998); "*'Versöhnung mit der Schöpfung - die biologische Vielfalt schützen*"' in: Noll, Rüdiger / Vesper, Stefan; Rat der Europäischen Bischofskonferenzen, CCEE / Konferenz Europäischer Kirchen, KEK (Hg.); Versöhnung - Gabe Gottes und Quelle neuen Lebens - Dokumente der Zweiten Europäischen Versammlung in Graz; Graz, Wien, Köln 1998; 233-243.

Riedel-Spangenberger, Ilona ([3]1998); "*Missio canonica*" in: LThK[3] (Bd. 7); 287.

Riederer, Albert (o.J.); Forstkapelle Altstätten; Altstätten.

Riehl, Wilhelm Heinrich von (1935); Die Naturgeschichte des deutschen Volkes; Leipzig.

Ring-Eifel, Ludwig (2001); Artikel: "*Seit über sieben Jahrhunderten pflegen die Päpste ihre Gärten*" in: ORD; 30/31/2001; 2.

Roetz, Heiner (1996); "*Natur und Kultur in Philosophie und Praxis Chinas*" in: Kessler, Hans (Hg.); Ökologisches Weltethos im Dialog der Kulturen und Religionen; Darmstadt; 146-163.

Röhrich, L. (1958); Die deutsche Volkssage. Ein methodischer Abriss. Studium Generale; Berlin, Göttingen, Heidelberg.

Röhrich, L. ([2]1971); Sage; Stuttgart.

Röhrich, L. / Mieder, W. (1977); Sprichwort; Stuttgart.

Roos, Lothar (1981); Katholische Soziallehre und Kirche in der Welt; Katholische sozialwissenschaftliche Zentralstelle Mönchengladbach (Hg.); Köln.

Roset, Crollius, Arij, A. ([3]1997); "*Kultur*" in: LThK[3] (Bd. 6); 515-516.

Rotter, Hans (1990); "*Inkulturation*" in: NLChM; 361.

Ruckenbauer, Peter (1997); Artikel: "*Forschung und Patentierung am Beispiel 'Pflanzenzüchtung*"' in: April 1997 -- katholisch aktuell -- Die Schriftenreihe der AKV; Wien Nr. 5/1997; 18-28.

Rützler, Hanni / Schmatzberger, Alice; Kammer für Arbeit und Angestellte für Niederösterreich (Hg.) ([2]1995); Gentechnik; Wien.

Rützler, Hanni / Schmatzberger, Alice / Bohacek, Helmut; Kammer für Arbeit und Angestellte für Niederösterreich (Hg.) (1996); Gentechnik; Wien.

Saier, Oskar (1988); "*Grussansprache für die Bischöfe Südwestdeutschlands*" in: VAS 80; Bonn; 33-34.

Salzgeber, Joachim (1983); Artikel: "*Vom Einsiedler Klosterwald - Teil 1*" in: Maria Einsiedeln; Einsiedeln Nr. 11/1983; 343-347.

Salzgeber, Joachim (1984a); Artikel: "*Vom Einsiedler Klosterwald - Teil 2*" in: Maria Einsiedeln; Einsiedeln Nr. 2/1984; 58-62.

Salzgeber, Joachim (1984b); Artikel: "*Vom Einsiedler Klosterwald -- Teil 3*" in: Maria Einsiedeln; Einsiedeln Nr. 5/1984; 164-168.

Salzgeber, Joachim (1984c); Artikel: "*Vom Einsiedler Klosterwald - Teil 4*" in: Maria Einsiedeln; Einsiedeln Nr. 10/1984 300-305.

Salzgeber, Joachim (1985); Artikel: "*Vom Einsiedler Klosterwald - Teil 5*" in: Maria Einsiedeln; Einsiedeln Nr. 3/1985 79-87.

Salzmann, René / Ledergerber, Urs (1997); Artikel: "*Die neue forstliche Subventionspolitik in der Schweiz*" in: HZB; Nr. 122/1997; 1766, 1767.

Sandgruber, Roman; Wolfram, Herwig (Hg.) (1995); Österreichische Geschichte, Ökonomie und Politik; Wien.

Sauer, Hans Dieter (1997); "*Waldschadensstatistik wissenschaftlich nicht haltbar*" in: FAZ; Nr. 251 Mittwoch, 29. Oktober 1997; 1.

Scheffczyk, Leo (1994); "*Gott der Schöpfer. Das Gottesbild der Schöpfung.*" in: Breid, Franz (Hg.); Gottes Schöpfung; Steyr; 13-38.

Scheler, Max (^{2}1960); "*Probleme einer Soziologie des Wissens*" in: Ders. (Hg.); Die Wissensformen und die Gesellschaft; Bern; 61-104.

Scherer, Robert / Köhler, Oskar (^{6}1960); "*Kultur*" in: Staatslexikon; Görres-Gesellschaft (Hg.); Band 5; Freiburg; 164-178.

Scherzinger, Wolfgang (1994); "*Grossräumige Schutzgebiete - ein geeignetes Instrument zur Sicherung natürlicher Dynamik in der Waldentwicklung*" in: Verein "Freunde der Wienerwaldkonferenz zur Erhaltung der Wienerwald-Landschaft" (Hg.); "Urwälder" für die Zukunft: Naturwaldreservate im Wienerwald; Wien; 17-29.

Scherzinger, Wolfgang (1996); Naturschutz im Wald; Stuttgart.

Schlitt, Michael (1992); Umweltethik; Paderborn, München, Wien, Zürich.

Schmider, P. / Burnand, J. (1988); Waldgesellschaften im Fürstentum Lichtenstein. Kommentar zur vegetationskundlichen Kartierung der Wälder; Vaduz.

Schmidt-Vogt, H. (1955); Artikel: "*Das Waldthema in der Musik*"; in: Centralblatt für das gesamte Forstwesen; Wien, München Nr. 74/1955; 129-235.

Schminke, Karl Hermann (1997a); Artikel: "*Überblick über die globalen Bemühungen um nachhaltige Waldbewirtschaftung (1)*" in: HZB; Nr. 98/1997; 1431, 1434.

Schminke, Karl Hermann (1997b); Artikel: "*Überblick über die globalen Bemühungen um nachhaltige Waldbewirtschaftung (2)*" in: HZB; Nr. 99/100/1997; 1441, 1446.

Schmithausen, Lambert (1999[1]); "*Buddhistische Daseinsanalyse und Mensch-Natur-Verhältnis*" in: Halter, Hans / Lochbühler, Wilfried; Hunold, Gerfried W. (Hg.); Ökologische Theologie und Ethik I; Graz, Wien, Köln; 275-278.

Schmithüsen, Franz (1998); Artikel: "*Urwald und Waldkultur. Geschichte und Möglichkeit nachhaltiger Entwicklung*"; in: Deutscher Forstverein (Hg.); Waldfacetten - Begegnung mit dem Wald; Leinfelden-Echterdingen; 26-51, 222-225.

Schmitz, Philipp (1985); Ist die Schöpfung noch zu retten? Umweltkrise und christliche Verantwortung; Würzburg.

Schnarrer, Johannes Michael (1996a); Arbeit und Wertewandel im postmodernen Deutschland; Hamburg, Wien.

Schnarrer, Johannes Michael (1996b); Artikel "*Die ökologische Debatte als Prüfstein der Verantwortung - der Umgang mit Werten und Gütern*"; in: Agemus Nachrichten Wien; Nr. 43; Wien 1996; 9-12.

Schnarrer, Johannes Michael; Johannes Messner Gesellschaft (Hg.) (1997); Gemeinwohl und Gesellschaftsordnung; Wien.

Schnarrer, Johannes Michael (Hg.) (1998); Allianz für den Sonntag; Wien.

Schnarrer, Johannes Michael (1999a); Norm und Naturrecht verstehen - Eine Studie zur Herausforderung der Fundamentalethik; Frankfurt am Main, Berlin, New York, Paris, Wien.

Schnarrer, Johannes Michael ([3]1999b); Aktuelle Herausforderungen der Ethik in Wirtschaft und Politik: Perspektiven für das 21. Jahrhundert; Wien.

Schönbrunner Tiergarten (Hg.) (1998); 4 Millionen Jahre Mensch; Wien.

Schrader, Jürgen (1998a); Artikel: "*Perspektiven für ein Ökomarketing von Forst und Holz: FSC-Zertifizierung und Europäisches Nachhaltigkeitszeichen - zwei Seiten einer Medaille*" in: HZB; Nr. 41/1998; 633, 634.

Schrader, Jürgen (1998b); Signet: "*Entwurf eines universellen Nachhaltigkeitszeichens*" in: HZB; Nr. 41/1998; 633.

Schramm, Michael (1994); Der Geldwert der Schöpfung; Paderborn, München, Wien, Zürich.

Schron, Brigit (1996); Artikel: "*Zertifizierung für Forstwirtschaft und Holzprodukte - trotz intensiver Diskussion noch viele Unklarheiten*" in: HZB; Nr. 152/1996; 2439, 2440.

Seckler, Max (^{3}2001); "*Prinzipienlehre, theologische Prinzipienlehre*" in: LThK^{3} (Bd. 8); 595-598.

Seifert, Josef (1976); Was ist und was motiviert eine sittliche Handlung?; Salzburg, München.

Seitz-Weinzierl, Beate (1984); "*Umweltethische Texte zum 'Tag der Schöpfung' am 31.5.84*"; in: Aufruf des Bund für Umwelt und Naturschutz Deutschland e.V.; Wiesenfelden 15. Mai 1984.

Singer, Peter (^{2}1994); Praktische Ethik; Stuttgart.

Skirbekk, Gunnar (^{5}1989); Wahrheitstheorien - Eine Auswahl aus den Diskussionen über Wahrheit im 20. Jahrhundert; Frankfurt.

Spaemann, Robert (^{2}1993); "*Christliche Verantwortungsethik*" in: Gründel, Johannes (Hg.); Leben aus christlicher Verantwortung. Ein Grundkurs der Moral (Bd. 1); 3 Bände; Düsseldorf; 113-134.

Spiegel TV / Universität Innsbruck (Hg.) (1998); Der Mann aus dem Eis - Aktualisierte Fassung; Aufzeichnung; Deutschland.

Steck, Odil Hannes (1980); World and Environment; Abington.

Steiner, Jürg (1996); Gewissen in der Politik; Bern, Stuttgart, Wien.

Steinlin, Hansjürg (1985); "*Wald und Mensch heute*" in: Bundesanstalt für Arbeitsschutz (Hg.); Humanisierung des Arbeitslebens in der Forstwirtschaft; Dortmund; 34-46.

Steinlin, Hansjürg (^{7}1989); "*Wald*"; in: Staatslexikon; Görres-Gesellschaft (Hg.); 7 Bände, Band 5; Freiburg, Basel, Wien; 863-875.

Strauch, D. (1998); "*Waldgänger*" in: HBRG (Bd. 5); 1111-1113.

Strittmatter, Werner (1986); "*Wurde die Gefährdung der Natur durch den Menschen nicht rechtzeitig erkannt ? Zur Diskussion der Thesen Radkaus*" in: Lübbe, Hermann / Ströker, Elisabeth (Hg.); Ökologische Probleme im kulturellen Wandel; Paderborn, München, Wien, Zürich; 79-92.

Sturm, Bischof ev. luth. (1997); Artikel: "*Bischof Sturm: Gentechnik ist ‚Opium für das Volk'*"; Zitat wörtlich abgedruckt in: Kathpress; Wien, Artikel 1827 Nr. 069 25.3.1997; 7-8.

Tersch, Fritz (^{2}1994); "*Infrastrukturleistungen des Waldes*" in: Österreichischer Forstverein (Hg.); Österreichs Wald - Vom Urwald zur Waldwirtschaft; Wien; 129-140.

Tester, Urs (1994); "*Naturwaldreservate in der Schweiz - Bedarf und Realisierungschancen*" in: Verein "Freunde der Wienerwaldkonferenz zur Erhaltung der Wienerwald-Landschaft" (Hg.); "Urwälder" für die Zukunft: Naturwaldreservate im Wienerwald; Wien; 10-16.

Thoma, Clemens (1992); "*Gott: Schöpfer, Lenker, Richter und Verderber*" in: Golser, Karl (Hg.); Verantwortung für die Schöpfung in den Weltreligionen; Innsbruck, Wien; 34-52.

Tipler, Frank J. ([2]2002); Die Physik der Unsterblichkeit. Moderne Kosmologie, Gott und Auferstehung von den Toten; München, Zürich.

Trillhaas, Wolfgang ([3]1970); Ethik; Berlin.

Türk, Hans Joachim ([3]1997); "*Kultur*" in: LThK[3] (Bd. 6); 514-515.

United Nations (Hg.) (1992a); Agenda 21 - Rio Declaration - Forest Principles; Rio de Janeiro.

United Nations (Hg.) (1992b); Agenda 21 - Rio Declaration - Forest Principles; New York.

United Nations (Hg.) (1992c); Earth summit Agenda 21 the United Nations Programme of Action from Rio - Agenda 21: Programme of Action for Sustainable Development. Rio Declaration on Environment and Development. Statement of Forest Principles. The final text of agreements negotiated by Governments at the United Nations Conference on Environment and Development (UNCED), 3-14 June 1992, Rio de Janeiro/ Brazil.; New York.

Valet, Klaus (1998); Artikel: "*Aktiver Klimaschutz durch energetische Nutzung von Holz*" in: HZB; Nr. 1/2/1998; 8.

Vallorbe, J. Combe; Bundesamt für Forstwesen und Landschaftsschutz / MAB-Programmleitung / Geographisches Institut der Universität Bern (Hg.) (1987); Bergwald; Bern.

Vietinghoff-Riesch, A. (1940); Forstliche Landschaftsgestaltung; Neudamm, Berlin.

Virt, Günter (1990); "*Moraltheologie*" in: NLChM; 522-535.

Virt, Günter; Pillmann / Burgstaller (Hg.) (1991); "*Umwelt - eine Gewissensfrage?*"; in: Energieressourcen und Europäische Marktwirtschaft; Wien.

Virt, Günter (Hg.) (1993); Historische Verantwortung vor der Gegenwart; Frankfurt.

Virt, Günter (1997a); Artikel: " *Patentierte Lebewesen? Ein Bericht - 1. Teil. Einleitung zur Frühjahrsenquete 'Patentierte Lebewesen?' der AKV*" in: April 1997 -- katholisch aktuell -- Die Schriftenreihe der AKV; Wien Nr. 5/1997; 3-4.

Virt, Günter (1997b); Katholisches Bildungswerk Wien (Hg.); "*Gentechnik heute - aktuelle Gedanken aus ethischer Sicht*"; in: Bildungswerkzeug; Nr. 2 Wien 1997.

Virt, Günter (1992/98a); "*Enquete-Kommission. Ethik / Bioethik - 'Technikfolgeabschätzung am Beispiel der Gentechnologie' - Ethische Probleme der Gentechnologie*"; Do. 11. Juni 1992/98; Institut für Moraltheologie, Wien.

Virt, Günter (1988b); "*Umwelt - eine Gewissensfrage? Analyse - Vision - Folgerung*" in: Bauer, Dolores M. / Virt, Günter; Kommission Justitia et Pax (Hg.); Für ein Lebensrecht der Schöpfung; Salzburg; 16-38.

Vries, J. de ([3]1959); "*Haine*" in: RGG (Bd. 3); 30-31.

Wagner, Alois (1997); Statement to FAO to the 13th Session of the committee on forestry FAO; FAO Rom 10.-13. March 1997.

Wagner, Alois (1988); Die ständige Beobachter-Mission des Heiligen Stuhls bei den Internationalen Organisationen und Organismen der Vereinten Nationen FAO, IFAD, WFP, WFC; Rom.

Wagner, Friedrich ([2]1969); Die Wissenschaft und die gefährdete Welt. – Eine Wissenschaftssoziologie der Atomphysik; München.

WCED (1987); Artikel: "*Our Common Future*" in: Oxford University Press; Oxford; 102.

Weber, Helmut (1991); Allgemeine Moraltheologie. Ruf und Antwort; Graz, Wien, Köln.

Weber, Helmut (1999); Spezielle Moraltheologie; Graz, Wien, Köln.

Weidinger, Hermann - Josef (1997); Mensch und Baum; Karlstein/Thaya.

Weiler, Rudolf (1986[1]); Internationale Ethik; 2 Bände; Berlin.

Weiler, Rudolf (1989[2]); Internationale Ethik; 2 Bände; Berlin.

Weiler, Rudolf (1991); Einführung in die katholische Soziallehre; Graz.

Weiler, Rudolf (1992); Einführung in die politische Ethik; Graz.

Weiler, Rudolf (1993); Wirtschaftsethik; Graz.

Weiler, Rudolf (Hg.) (1996); Herausforderung Naturrecht - Beiträge zur Erneuerung und Anwendung des Naturrechts in der Ethik; Graz.

Weiler, Rudolf (2001a); "*Das natürliche Sittengesetz in der Naturrechtslehre Johannes Messners: Fundament des christlichen Sozialhumanismus*" in: Weiler, Rudolf / Schambeck, Herbert; Naturrecht in Anwendung. "Johannes-Messner-Vorlesungen" 1996 bis 2001; Graz; 12-26.

Weiler, Rudolf (2001b); "*Kultur des Lebens - gemeinsames Wertziel im Ethos der Kulturen*" in: Weiler, Rudolf / Schambeck, Herbert; Naturrecht in Anwendung. "Johannes-Messner-Vorlesungen" 1996 bis 2001; Graz; 70-78.

Weiler, Rudolf (2002); "*Prinzipienethik und Bindestrichethiken*" in: Kapellari, Egon / Herbert Schambeck (Hg.); Diplomatie im Dienste der Seelsorge; Graz 2002, 400-408.

Weiler, Rudolf (2001c); "*Sozialhumanismus: Grundwerte und Prinzipien im gesellschaftlichen Wandel*" in: Weiler, Rudolf / Schambeck, Herbert; Naturrecht in Anwendung. "Johannes-Messner-Vorlesungen" 1996 bis 2001; Graz; 94-104.

Weish, Peter (1995); Humanökologie; BoKu Wien.

Weizsäcker, Ernst Ulrich von ([4]1994); Erdpolitik; Darmstadt.

White, Lynn jr. (1999[1]); "*Die ökologische Krise ist Auswirkung jüdisch-christlicher Glaubensvorstellungen*" in: Halter, Hans / Lochbühler, Wilfried; Hunold, Gerfried W. (Hg.); Ökologische Theologie und Ethik I; 2 Bände; Graz, Wien, Köln; 24-30.

Winkler, Gerhard B. / Altermatt, Alberich / Farkasfalvy, Denis / Zakar, Polykarp (Hg.) (1992); Bernhard von Clairvaux. Sämtliche Werke lateinisch/deutsch; Band 2 Innsbruck; 773-775 (Brief 106).

Winkler, Ulrich (1997); Vom Wert der Welt - Das Verständnis der Dinge in der Bibel und bei Bonaventura - ein Beitrag zu einer ökologischen Schöpfungstheologie; Innsbruck, Wien.

Wodarz, S. (1985); "*Betriebliche Gesichtspunkte bei der Humanisierung der Arbeit im Privatwald*" in: Bundesanstalt für Arbeitsschutz (Hg.); Humanisierung des Arbeitslebens in der Forstwirtschaft; Dortmund; 148-150.

Wohlmeyer, Heinrich (1988); "*Die Verantwortung von Gesellschaft und Wirtschaft für die Umwelt. Plädoyer für grundsätzliche Kurskorrekturen in der Ordnungspolitik*" in: Bauer, Dolores M. / Virt, Günter; Kommission Justitia et Pax (Hg.); Für ein Lebensrecht der Schöpfung; Salzburg; 143-157.

Wohlmeyer, Heinrich (1994); Artikel "*Wirtschaft und Ökologie*"; in: Diakonia; Freiburg 25. Jahrgang, Heft 4, Juli 1994; 221-232.

Wohlmeyer, Heinrich (1996); "*Kreislaufwirtschaft als Wohlstandspfad*"; in: Österreichische Vereinigung für Agrarwissenschaftliche Forschung - ÖVAF; Nr. 1879 Wien; 25.

Wohlmeyer, Heinrich (1997); Artikel: "*Patentierte Lebewesen? Ein Bericht - 2. Teil. Gentechnik-Patentierung von Lebewesen - Ernährungs- und landwirtschaftliche Perspektiven*" in: Arbeitsgemeinschaft der Katholischen Verbände Österreichs - AKV (Hg.); Mai/Juni/Juli 1997 -- katholisch aktuell -- Die Schriftenreihe der AKV; Wien Nr. 7/1997; 15-27.

Wolbert, Werner (1990a); "*Ethik*" in: NLChM; 158-164.

Wolbert, Werner (1990b); "*Ethos*" in: NLChM; 165.

Wolfram, Herwig (1995); Österreichische Geschichte 378 - 907, Grenzen und Räume; Wien.

Wolkinger, Alois (1996); Erdethik; Rotter, Hans (Hg.); Thaur, Wien, München.

Wolkinger, Alois (1997); "*Bemerkungen zu einer ökologischen Ethik*" in: Kolb, Anton / Erstbauer, Reinhold / Ruckenbauer, Hans-Walter (Hg.); Ökonomie - Ökologie - Ethik; Innsbruck, Wien; 163-203.

Woolsey, Theodore S. Jr. (1937); "*A forester's code of ethics*"; in: Journal of Forestry 22; Durham (NC - USA); 59-61.

Worldwatch Institut (Hg.) (1996); Zur Lage der Welt - 1996; Frankfurt.

Worrell, Albert C. (1994); "*Ethical and Legal Aspects of Forest Land Management*"; in: Irland, Lloyd C. (Hg.); Ethics in Forestry; Portland, Oregon; 286-294.

Yamada, Hideshi / Schnarrer, Johannes Michael (1996); Zur Naturrechtslehre von Johannes Messner; Wien.

Yong-Xiang Liau, Timothy (1996); "*Die Bioregion Taiwan und eine heutige chinesische Theologie der Erde*" in: Kessler, Hans (Hg.); Ökologisches Weltethos im Dialog der Kulturen und Religionen; Darmstadt; 164-182.

Zentrale Verwaltung - Universitätsdirektion der Universität für Bodenkultur (Hg.) (1996); Personal- und Vorlesungsverzeichnis für das Studienjahr 1996/97; Wien.

Zimmerli, Walther Ch. / Wolf, Stefan ([2]1993); "*Die Bedeutung der empirischen Wissenschaften und der Technologie für die Ethik*" in: Hertz, Anselm / Kroff, Wilhelm / Rendtorff, Trutz / Ringeling, Hermann (Hg.); Handbuch der christlichen Ethik; Band 1; Freiburg, Basel Wien; 297-316.

Zsifkovits, Valentin (1990a); "*Eigentum*" in: NLChM; Rotter, Hans / Virt, Günter (Hg.); Innsbruck, Wien; 122-130.

Zsifkovits, Valentin (1990b); "*Wirtschaftsethik*" in: NLChM; 863-73.

Zwierlein, Karl Anton (1806); Vom grossen Einfluss der Wandlung auf Cultur und Beglückung der Staaten mit besonderer Hinsicht auf Polizei; Würzburg.

4.5. Abbildungsverzeichnis

Bildtitel *Seite*

Nachwort von Abt MARTIN WERLEN OSB

Das Kloster Einsiedeln ist seit Anfang seines Bestehens engstens mit dem Wald verbunden. Im 9. Jahrhundert zog sich der hl. Meinrad als Einsiedler in ein so dicht bewaldetes Gebiet zurück, dass es "Im Finsteren Wald" genannt wurde. Mitten in diesem Finsteren Wald, am Ort der Einsiedlerzelle, wurde im Jahre 934 das Kloster Einsiedeln gegründet. Das Kloster wurde bereits im 10. Jahrhundert mit Schenkungen bedacht, zu denen auch grosse Waldpartien gehörten. Das Kloster Einsiedeln ist der grösste private Waldbesitzer in der Schweiz.

Der Wald hat heute nicht mehr die wirtschaftliche Bedeutung, die er während vieler Jahrhunderte der Klostergeschichte hatte. Aber auch heute ist dem Kloster der Wald zur Pflege anvertraut.

Es überrascht, wie wenig diese Pflege auch theologisch aufgearbeitet wurde. In der Schöpfungstheologie wurde die Frage weitgehend vernachlässigt. Die Arbeit von P. ADAM (GUIDO H.) HANGARTNER OSB ist meines Wissens die erste, die sich in dieser Ausführlichkeit mit der Ethik in Forstfragen auseinandersetzt.

Der Wald ist in den vergangenen Jahren in die Negativschlagzeilen gekommen. Die Gründe für die Erkrankung des Waldes sind vielfältig. So können auch nur verschiedene Ansätze miteinander zur Gesundung beitragen. Nicht zu unterschätzen ist dabei der Beitrag der Waldbesitzer. Kirchliche Waldbesitzer sind in besonderer Weise aufgerufen, vorbildliche Betriebe zu sein, die Natur - hier im Speziellen den Wald - in Verantwortung vor Gott zu pflegen.

Möge die vorliegende Arbeit dazu beitragen, diese Verantwortung bewusst wahrzunehmen!

Einsiedeln, 6. November 2002 † Abt von Einsiedeln Lic. psych. Martin Werlen OSB.

WALDSTELLENÜBERSICHT IN DER BIBEL

[1] Gen 1,11 "Dann sprach Gott: Das Land lasse junges Grün wachsen, alle Arten von Pflanzen, die Samen tragen, und von Bäumen, die auf der Erde Früchte bringen mit ihrem Samen darin. So geschah es."

[2] Gen 1,12 "Das Land brachte junges Grün hervor, alle Arten von Pflanzen, die Samen tragen, alle Arten von Bäumen, die Früchte bringen mit ihrem Samen darin. Gott sah, dass es gut war."

[3] Gen 1,29 "Dann sprach Gott: Hiermit übergebe ich euch alle Pflanzen auf der ganzen Erde, die Samen tragen, und alle Bäume mit samenhaltigen Früchten. Euch sollen sie zur Nahrung dienen."

[4] Gen 2,4-5 "Das ist die Entstehungsgeschichte von Himmel und Erde, als sie erschaffen wurden. Zur Zeit, als Gott, der Herr, Erde und Himmel machte, gab es auf der Erde noch keine Feldsträucher und wuchsen noch keine Feldpflanzen; denn Gott, der Herr, hatte es auf die Erde noch nicht regnen lassen und es gab noch keinen Menschen, der den Ackerboden bestellte."

[5] Gen 2,9 "Gott, der Herr, ließ aus dem Ackerboden allerlei Bäume wachsen, verlockend anzusehen und mit köstlichen Früchten, in der Mitte des Gartens aber den Baum des Lebens und den Baum der Erkenntnis von Gut und Böse."

[6] Gen 2,12 "Das Gold jenes Landes ist gut; dort gibt es auch Bdelliumharz und Karneolsteine."

[7] Gen 2,16-17 "Dann gebot Gott, der Herr, dem Menschen: Von allen Bäumen des Gartens darfst du essen, doch vom Baum der Erkenntnis von Gut und Böse darfst du nicht essen; denn sobald du davon isst, wirst du sterben."

[8] Gen 3,1 "Die Schlange war schlauer als alle Tiere des Feldes, die Gott, der Herr, gemacht hatte. Sie sagte zu der Frau: Hat Gott wirklich gesagt: Ihr dürft von keinem Baum des Gartens essen?"

[9] Gen 3,2 "Die Frau entgegnete der Schlange: Von den Früchten der Bäume im Garten dürfen wir essen;..."

[10] Gen 3,3 "...nur von den Früchten des Baumes, der in der Mitte des Gartens steht, hat Gott gesagt: Davon dürft ihr nicht essen und daran dürft ihr nicht rühren, sonst werdet ihr sterben."

[11] Gen 3,6 "Da sah die Frau, dass es köstlich wäre, von dem Baum zu essen, dass der Baum eine Augenweide war und dazu verlockte, klug zu werden. Sie nahm von seinen Früchten und aß; sie gab auch ihrem Mann, der bei ihr war, und auch er aß."

[12] Gen 3,7 "Da gingen beiden die Augen auf und sie erkannten, dass sie nackt waren. Sie hefteten Feigenblätter zusammen und machten sich einen Schurz."

[13] Gen 3,8 "Als sie Gott, den Herrn, im Garten gegen den Tagwind einherschreiten hörten, versteckten sich Adam und seine Frau vor Gott, dem Herrn, unter den Bäumen des Gartens."

[14] Gen 3,11 "Darauf fragte er: Wer hat dir gesagt, dass du nackt bist? Hast du von dem Baum gegessen, von dem zu essen ich dir verboten habe?"

[15] Gen 3,12 "Adam antwortete: Die Frau, die du mir beigesellt hast, sie hat mir von dem Baum gegeben und so habe ich gegessen."

[16] Gen 3,17 "Zu Adam sprach er: Weil du auf deine Frau gehört und von dem Baum gegessen hast, von dem zu essen ich dir verboten hatte: So ist verflucht der Ackerboden deinetwegen. / Unter Mühsal wirst du von ihm essen / alle Tage deines Lebens."

[17] Gen 3,22 "Dann sprach Gott, der Herr: Seht, der Mensch ist geworden wie wir; er erkennt Gut und Böse. Dass er jetzt nicht die Hand ausstreckt, auch vom Baum des Lebens nimmt, davon isst und ewig lebt!"

[18] Gen 3,24 "Er vertrieb den Menschen und stellte östlich des Gartens von Eden die Kerubim auf und das lodernde Flammenschwert, damit sie den Weg zum Baum des Lebens bewachten."

[19] Gen 6,14 "Mach dir eine Arche aus Zypressenholz! Statte sie mit Kammern aus, und dichte sie innen und außen mit Pech ab!"

[20] Gen 8,11 "Gegen Abend kam die Taube zu ihm zurück, und siehe da: In ihrem Schnabel hatte sie einen frischen Olivenzweig. Jetzt wusste Noach, dass nur noch wenig Wasser auf der Erde stand."

[21] Gen 12,6 "Abram zog durch das Land bis zur Stätte von Sichem, bis zur Orakeleiche. Die Kanaaniter waren damals im Land."

[22] Gen 13,18 "Da zog Abram mit seinen Zelten weiter und ließ sich bei den Eichen von Mamre in Hebron nieder. Dort baute er dem Herrn einen Altar."

[23] Gen 14,13 "Ein Flüchtling kam und berichtete es dem Hebräer Abram; Abram wohnte bei den Eichen des Amoriters Mamre, des Bruders Eschkols und Aners, die seine Bundesgenossen waren."

[24] Gen 18,1 "Der Herr erschien Abraham bei den Eichen von Mamre. Abraham saß zur Zeit der Mittagshitze am Zelteingang."

[25] Gen 18,4 "Man wird etwas Wasser holen; dann könnt ihr euch die Füße waschen und euch unter dem Baum ausruhen."

[26] Gen 18,8 "Dann nahm Abraham Butter, Milch und das Kalb, das er hatte zubereiten lassen, und setzte es ihnen vor. Er wartete ihnen unter dem Baum auf, während sie aßen."

[27] Gen 21,33 "Abraham aber pflanzte eine Tamariske in Beerscheba und rief dort den Herrn an unter dem Namen: Gott, der Ewige."

[28] Gen 22,3 "Frühmorgens stand Abraham auf, sattelte seinen Esel, holte seine beiden Jungknechte und seinen Sohn Isaak, spaltete Holz zum Opfer und machte sich auf den Weg zu dem Ort, den ihm Gott genannt hatte."

[29] Gen 22,6 "Abraham nahm das Holz für das Brandopfer und lud es seinem Sohn Isaak auf. Er selbst nahm das Feuer und das Messer in die Hand. So gingen beide miteinander."

[30] Gen 22,7 "Nach einer Weile sagte Isaak zu seinem Vater Abraham: Vater! Er antwortete: Ja, mein Sohn! Dann sagte Isaak: Hier ist Feuer und Holz. Wo aber ist das Lamm für das Brandopfer?"

[31] Gen 22,9 "Als sie an den Ort kamen, den ihm Gott genannt hatte, baute Abraham den Altar, schichtete das Holz auf, fesselte seinen Sohn Isaak und legte ihn auf den Altar, oben auf das Holz."

[32] Gen 23,17-18 "So ging das Grundstück Efrons in Machpela bei Mamre, das Feld mit der Höhle darauf und mit allen Bäumen auf dem Grundstück in seiner ganzen Ausdehnung ringsum, in den Besitz Abrahams über, in Gegenwart der Hetiter, aller, die zum Tor seiner Stadt Zutritt hatten."

[33] Gen 30,37 "Nun holte sich Jakob frische Ruten von Silberpappeln, Mandelbäumen und Platanen, schälte weiße Streifen heraus und legte so das Weiße an den Ruten bloß."

[34] Gen 35,4 "Sie übergaben Jakob alle fremden Götter, die sie hatten, und die Ringe an ihren Ohren. Jakob vergrub sie unter der Eiche bei Sichem."

[35] Gen 35,8 "Debora, die Amme Rebekkas, starb. Man begrub sie unterhalb von Bet-El unter der Eiche. Er gab ihr den Namen Träneneiche."

[36] Gen 37,25 "Als sie dann beim Essen saßen und aufblickten, sahen sie, dass gerade eine Karawane von Ismaelitern aus Gilead kam. Ihre Kamele waren mit Tragakant, Mastix und Ladanum beladen. Sie waren unterwegs nach Ägypten."

[37] Gen 40,19 "Noch drei Tage, dann wird der Pharao dich vorladen und dich an einem Baum aufhängen; die Vögel werden von dir das Fleisch abfressen."

[38] Gen 43,11 "Da sagte ihr Vater Israel zu ihnen: Wenn es schon sein muss, dann macht es so: Nehmt von den besten Erzeugnissen des Landes in eurem Gepäck mit und überbringt es dem Mann als Geschenk: etwas Mastix, etwas Honig, Tragakant und Ladanum, Pistazien und Mandeln."

[39] Gen 49,22 "Ein junger Fruchtbaum ist Josef, / ein junger Fruchtbaum am Quell, / ein junger Zweig an der Mauer."

[40] Gen 50,2 "Darauf befahl er den Ärzten, die ihm zu Dienste standen, seinen Vater einzubalsamieren. Die Ärzte balsamierten also Israel ein."

[41] Gen 50,26 "Josef starb im Alter von hundertzehn Jahren. Man balsamierte ihn ein und legte ihn in Ägypten in einen Sarg."

[42] Ex 7,19 "Dann sprach der Herr zu Mose: Sag Aaron: Nimm deinen Stab und streck deine Hand über die Gewässer Ägyptens aus, über ihre Flüsse und Nilarme, über ihre Sümpfe und alle Wasserstellen; sie sollen zu Blut werden. Blut soll es geben in ganz Ägypten, in den Gefäßen aus Holz und Stein."

[43] Ex 9,25 "Der Hagel erschlug in ganz Ägypten alles, was auf dem Feld war. Menschen, Vieh und alle Feldpflanzen erschlug der Hagel und alle Feldbäume zerbrach er."

[44] Ex 10,5 "Sie werden die Oberfläche der Erde bedecken, sodass man den Erdboden nicht mehr sehen kann. Sie werden auch noch das verzehren, was der Hagel verschont hat, und alle Bäume kahl fressen, die auf euren Feldern wachsen."

[45] Ex 10,15 "Sie bedeckten die Oberfläche des ganzen Landes und das Land war schwarz von ihnen. Sie fraßen allen Pflanzenwuchs des Landes und alle Baumfrüchte auf, die der Hagel verschont hatte, und an den Bäumen und Feldpflanzen in ganz Ägypten blieb nichts Grünes."

[46] Ex 15,25 "Er schrie zum Herrn und der Herr zeigte ihm ein Stück Holz. Als er es ins Wasser warf, wurde das Wasser süß. Dort gab Gott dem Volk Gesetz und Rechtsentscheidungen und dort stellte er es auf die Probe."

[47] Ex 15,27 "Dann kamen sie nach Elim. Dort gab es zwölf Quellen und siebzig Palmen; dort am Wasser schlugen sie ihr Lager auf."

[48] Ex 25,3-7 "Das ist die Abgabe, die ihr von ihnen erheben sollt: Gold, Silber, Kupfer, violetten und roten Purpur, Karmesin, Byssus, Ziegenhaare, rötliche Widderfelle, Tahaschhäute und Akazienholz; Öl für den Leuchter, Balsame für das Salböl und für duftendes Räucherwerk; Karneolsteine und Ziersteine für Efod und Lostasche."

[49] Ex 25,10-11 "Macht eine Lade aus Akazienholz, zweieinhalb Ellen lang, anderthalb Ellen breit und anderthalb Ellen hoch! Überzieh sie innen und außen mit purem Gold und bring daran ringsherum eine Goldleiste an!"

[50] Ex 25,13 "Fertige Stangen aus Akazienholz an und überzieh sie mit Gold!"

[51] Ex 25,23-24 "Fertige auch einen Tisch aus Akazienholz an, zwei Ellen lang, eine Elle breit und anderthalb Ellen hoch! Überzieh ihn mit purem Gold und bring daran ringsherum eine Goldleiste an!"

[52] Ex 25,28 "Mach die Stangen aus Akazienholz und überzieh sie mit Gold! Mit ihnen soll man den Tisch tragen."

[53] Ex 25,33 "Der erste Arm soll drei mandelblütenförmige Kelche mit je einer Knospe und einer Blüte aufweisen und der zweite Arm soll drei mandelblütenförmige Kelche mit je einer Knospe und einer Blüte aufweisen; so alle sechs Arme, die von dem Leuchter ausgehen."

[54] Ex 25,34-35 "Auf dem Schaft des Leuchters sollen vier mandelblütenförmige Kelche, Knospen und Blüten sein, je eine Knospe unten zwischen zwei Armen, entsprechend den sechs Armen, die vom Leuchter ausgehen."

[55] Ex 26,15 "Mach für die Wohnstätte Bretter aus Akazienholz zum Aufstellen!"

[56] Ex 26,26-27 "Verfertige Querlatten aus Akazienholz, fünf für die Bretter auf der einen Seite der Wohnstätte, fünf für die Bretter der zweiten Seite der Wohnstätte und fünf für die Bretter der Rückseite der Wohnstätte, der Westseite!"

[57] Ex 26,32 "Häng ihn an die vier mit Gold überzogenen Akaziensäulen, die auf vier Sockeln aus Silber stehen sollen. Auch die Nägel der Säulen sollen aus Gold sein."

[58] Ex 26,37 "Für den Vorhang mach fünf Akaziensäulen, überzieh sie mit Gold und gieß für sie fünf kupferne Sockel! Auch die Nägel der Säulen sollen aus Gold sein."

[59] Ex 27,01 "Dann mach aus Akazienholz den Altar, fünf Ellen lang und fünf Ellen breit - der Altar soll also quadratisch sein - und drei Ellen hoch."

[60] Ex 27,6 "Verfertige für den Altar Stangen - Stangen aus Akazienholz - und überzieh sie mit Kupfer!"

[61] Ex 27,20 "Du aber befiehl den Israeliten, dass sie dir reines Öl aus gestoßenen Oliven für den Leuchter liefern, damit immer Licht brennt."

[62] Ex 28,33-34 "An seinem unteren Saum mach Granatäpfel aus violettem und rotem Purpur und aus Karmesin, an seinem Saum ringsum, und dazwischen goldene Glöckchen ringsum: ein Goldglöckchen und ein Granatapfel abwechselnd ringsum am Saum des Mantels."

[63] Ex 29,39-40 "Das eine Lamm sollst du am Morgen, das andere zur Zeit der Abenddämmerung darbringen, dazu ein Zehntel Feinmehl, das mit einem viertel Hin Öl aus gestoßenen Oliven vermengt ist, und als Trankopfer ein viertel Hin Wein für ein Lamm."

[64] Ex 30,1 "Mach auch einen Altar zum Verbrennen von Räucherwerk; aus Akazienholz sollst du ihn machen."

[65] Ex 30,5 "Mach die Stangen aus Akazienholz und überzieh sie mit Gold!"

[66] Ex 30,23-25 "Nimm dir Balsam von bester Sorte: fünfhundert Schekel erstarrte Tropfenmyrrhe, halb so viel, also zweihundertfünfzig Schekel, wohlriechenden Zimt, zweihundertfünfzig Schekel Gewürzrohr und fünfhundert Schekel Zimtnelken, nach dem Schekelgewicht des Heiligtums, dazu ein Hin Olivenöl, und mach daraus ein heiliges Salböl, eine würzige Salbe, wie sie der Salbenmischer bereitet. Ein heiliges Salböl soll es sein."

[67] Ex 30,34-35 "Der Herr sprach zu Mose: Nimm dir Duftstoffe, Staktetropfen, Räucherklaue, Galbanum, Gewürzkräuter und reinen Weihrauch, von jedem gleich viel, und mach Räucherwerk daraus, ein Würzgemisch, wie es der Salbenmischer herstellt, gesalzen, rein und heilig."

[68] Ex 31,1-5 "Der Herr sprach zu Mose: Siehe, ich habe Bezalel, den Sohn Uris, den Enkel Hurs, vom Stamm Juda, beim Namen gerufen und ihn mit dem Geist Gottes erfüllt, mit Weisheit, mit Verstand und mit Kenntnis für jegliche Arbeit: Pläne zu entwerfen und sie in Gold, Silber und Kupfer auszuführen und durch Schneiden und Fassen von Steinen und durch Schnitzen von Holz allerlei Werke herzustellen."

[69] Ex 35,4-9 "Mose sagte zur ganzen Gemeinde der Israeliten: Der Herr hat Folgendes befohlen: Erhebt von euch eine Abgabe für den Herrn! Jeder, den sein Herz dazu bewegt, soll eine Abgabe für den Herrn bringen: Gold, Silber, Kupfer, violetten und roten Purpur, Karmesin, Byssus, Ziegenhaare, rötliche Widderfelle, Tahaschhäute und Akazienholz, Öl für den Leuchter, Balsam für das Salböl und für das duftende Räucherwerk, Karneolsteine und Ziersteine für Efod und Lostasche."

[70] Ex 35,24 "Alle, die eine Abgabe an Silber oder Kupfer leisten wollten, brachten die Abgabe für den Herrn; alle, die Akazienholz beschaffen konnten, geeignet für jede Bearbeitung, brachten es herbei."

[71] Ex 35,28 "Balsam und Öl für den Leuchter, für das Salböl und für das duftende Räucherwerk."

[72] Ex 35,30-33 "Dann sagte Mose zu den Israeliten: Seht, der Herr hat Bezalel, den Sohn Uris, des Sohnes Hurs, vom Stamm Juda, beim Namen gerufen und ihn mit dem Geist Gottes erfüllt, mit Weisheit, Klugheit und Kenntnis für jegliche Arbeit, Pläne zu entwerfen und sie in Gold, Silber und Kupfer auszuführen und durch Schneiden und Fassen von Steinen und durch Schnitzen von Holz allerlei Kunstwerke herzustellen."

[73] Ex 36,20 "Er machte für die Wohnstätte Bretter aus Akazienholz zum Aufstellen."

[74] Ex 36,31-32 "Er verfertigte Querlatten aus Akazienholz, fünf für die Bretter auf der einen Seite der Wohnstätte, fünf für die Bretter auf der zweiten Seite der Wohnstätte und fünf für die Bretter der Rückseite der Wohnstätte, der Westseite."

[75] Ex 36,36-38 "Er machte für ihn vier Akaziensäulen, überzog sie mit Gold - auch die Nägel waren aus Gold - und goss für sie vier Sockel aus Silber. Für den Eingang des Zeltes machte er einen Vorhang aus violettem und rotem Purpur, Karmesin und gezwirntem Byssus in Buntwirkerarbeit sowie seine fünf Säulen mit ihren Nägeln und überzog ihre Kapitelle und ihre Querstangen mit Gold; ihre fünf Sockel waren aus Kupfer."

[76] Ex 37,1 "Dann machte Bezalel die Lade aus Akazienholz, zweieinhalb Ellen lang, anderthalb Ellen breit und anderthalb Ellen hoch."

[77] Ex 37,4 "Er fertigte Stangen aus Akazienholz an und überzog sie mit Gold."

[78] Ex 37,10 "Er fertigte auch den Tisch aus Akazienholz an, zwei Ellen lang, eine Elle breit und anderthalb Ellen hoch."

[79] Ex 37,15 "Er machte die Stangen aus Akazienholz und überzog sie mit Gold, sodass man den Tisch tragen konnte."

[80] Ex 37,19 "Der erste Arm wies drei mandelblütenförmige Kelche auf mit je einer Knospe und einer Blüte und der zweite Arm wies drei mandelblütenförmige Kelche auf mit je einer Knospe und einer Blüte; so alle sechs Arme, die von dem Leuchter ausgingen."

[81] Ex 37,20-21 "An dem Leuchter waren vier mandelblütenförmige Kelche, Knospen und Blüten: je eine Knospe unten zwischen zwei Armen, entsprechend den sechs Armen, die vom Leuchter ausgingen."

[82] Ex 37,25 "Auch machte er den Räucheraltar aus Akazienholz, eine Elle lang, eine Elle breit - also quadratisch - und zwei Ellen hoch; seine Hörner bildeten mit ihm eine Einheit."

[83] Ex 37,28 "Er machte die Stangen aus Akazienholz und überzog sie mit Gold."

[84] Ex 38,1 "Dann machte er den Brandopferaltar aus Akazienholz, fünf Ellen lang, fünf Ellen breit - also quadratisch - und drei Ellen hoch."

[85] Ex 38,6 "Er verfertigte die Stangen aus Akazienholz und überzog sie mit Kupfer."

[86] Ex 39,24 "An seinem unteren Saum machten sie Granatäpfel aus violettem und rotem Purpur und aus gezwirntem Karmesin."

[87] Ex 39,25-26 "Sie machten Glöckchen aus reinem Gold und befestigten die Glöckchen zwischen den Granatäpfeln am Saum des Mantels, ringsum zwischen den Granatäpfeln: ein Glöckchen und ein Granatapfel abwechselnd ringsum am Saum des Mantels für den Dienst, wie es der Herr dem Mose befohlen hatte."

[88] Lev 1,7 "Die Söhne Aarons, die Priester, sollen Feuer auf den Altar bringen und Holz darauf schichten."

[89] Lev 1,8 "Hierauf sollen die Söhne Aarons, die Priester, die Stücke sowie den Kopf und das Fett auf das Holz über dem Altarfeuer legen."

[90] Lev 1,12 "Dann soll der Priester es in Stücke zerlegen und diese sowie den Kopf und das Fett auf das Holz über dem Altarfeuer legen."

[91] Lev 1,17 "Darauf soll der Priester den Vogel an den Flügeln einreißen, ohne ihn dabei zu teilen, und ihn auf dem Altar, auf dem Holz über dem Feuer, in Rauch aufgehen lassen. Ein Brandopfer ist es, ein Feueropfer zum beruhigenden Duft für den Herrn."

[92] Lev 2,1 "Wenn jemand dem Herrn ein Speiseopfer darbringt, muss seine Opfergabe aus Feinmehl bestehen, auf das er Öl gießen und Weihrauch legen soll."

[93] Lev 2,2 "Er bringe es zu den Söhnen Aarons, den Priestern. Er nehme davon eine Hand voll, vom Feinmehl und vom Öl mit dem ganzen Weihrauch, und der Priester lasse sie auf dem Altar als Gedächtnisanteil in Rauch aufgehen, als ein Feueropfer zum beruhigenden Duft für den Herrn."

[94] Lev 2,15 "Du sollst Öl darauf gießen und Weihrauch darauf geben. Ein Speiseopfer ist es."

[95] Lev 2,16 "Der Priester soll den Gedächtnisanteil mit einem Teil der Grütze und des Öls mit dem ganzen Weihrauch als ein Feueropfer für den Herrn in Rauch aufgehen lassen."

[96] Lev 3,5 "Die Söhne Aarons sollen diesen Teil mit dem Brandopfer, das auf dem Holz über dem Feuer liegt, auf dem Altar in Rauch aufgehen lassen. Es ist ein Feueropfer zum beruhigenden Duft für den Herrn."

[97] Lev 4,11-12 "Das Fell des Stiers aber, sein ganzes Fleisch mit dem Kopf, den Beinen, den Eingeweiden und dem Mageninhalt, also den ganzen Stier, soll er aus dem Lager hinaus an einen reinen Ort, nämlich den Abfallplatz der Fett-Asche, schaffen und ihn auf einem Holzfeuer verbrennen; auf dem Abfallplatz der Fett-Asche soll es verbrannt werden."

[98] Lev 5,11 "Falls seine Mittel für zwei Turteltauben oder zwei junge Tauben nicht ausreichen, soll er als Opfergabe für seine Verfehlung ein Zehntel Efa Feinmehl darbringen, aber weder Öl noch Weihrauch darauftun, denn es ist ein Sündopfer."

[99] Lev 6,5 "Das Feuer soll auf dem Altar brennen bleiben, es darf nicht erlöschen und der Priester soll jeden Morgen Holz nachlegen. Er lege darauf das Brandopfer und lasse auf ihm die Fetteile des Heilsopfers in Rauch aufgehen."

[100] Lev 6,7-8 "Für das Speiseopfer gilt folgendes Gesetz: Einer der Söhne Aarons bringt es vor den Herrn zur Vorderseite des Altars, hebt von ihm eine Hand voll Feinmehl, zusammen mit dem Öl und dem ganzen darauf

befindlichen Weihrauch ab und lässt es als Gedächtnisanteil für den Herrn auf dem Altar zum beruhigenden Duft in Rauch aufgehen."

[101] Lev 11,32 "Jeder Gegenstand, auf den eines dieser Tiere fällt, wenn sie tot sind, wird unrein, jedes Holzgerät, Kleid, Fell, grobes Zeug und jeder Gebrauchsgegenstand. Man muss einen solchen Gegenstand in Wasser tauchen; er ist unrein bis zum Abend und erst dann wieder rein."

[102] Lev 14,4 "...soll er [Der Priester soll] anordnen, dass man für den, der sich der Reinigung unterzieht, zwei lebende reine Vögel, Zedernholz, Karmesin und Ysop nimmt."

[103] Lev 14,6 "Den lebenden Vogel, das Zedernholz, das Karmesin und den Ysop soll er nehmen und alles, auch den lebenden Vogel, in das Blut des über dem Quellwasser geschlachteten Vogels tauchen."

[104] Lev 14,49 "Um das Haus zu entsündigen, soll er zwei Vögel, Zedernholz, Karmesin und Ysop nehmen."

[105] Lev 14,51 "Dann soll er das Zedernholz, den Ysop, das Karmesin und den lebenden Vogel nehmen, um sie in das Blut des geschlachteten Vogels und in das Quellwasser zu tauchen. Er soll das Haus siebenmal besprengenund, ..."

[106] Lev 14,52 "... nachdem er [der Priester] das Haus mit dem Blut des Vogels, dem Quellwasser, dem lebenden Vogel, dem Zedernholz, dem Ysop und dem Karmesin entsündigt hat, ..."

[107] Lev 15,12 "Ein Tongefäß, das der Kranke berührt, muss zerbrochen und jedes Holzgerät mit Wasser abgespült werden."

[108] Lev 19,23-25 "Wenn ihr in das Land kommt und einen Fruchtbaum pflanzt, sollt ihr seine Früchte behandeln, als ob sie seine Vorhaut wären. Drei Jahre lang sollen sie für euch etwas Unbeschnittenes sein, das man nicht essen darf. Im vierten Jahr sollen alle Früchte als Festgabe für den Herrn geheiligt sein. Erst im fünften Jahr dürft ihr die Früchte essen und den Ertrag für euch ernten. Ich bin der Herr, euer Gott."

[109] Lev 23,33-34 "Der Herr sprach zu Mose: Sag zu den Israeliten: Am fünfzehnten Tag dieses siebten Monats ist sieben Tage hindurch das Laubhüttenfest zur Ehre des Herrn."

[110] Lev 23,40 "Am ersten Tag nehmt schöne Baumfrüchte, Palmwedel, Zweige von dicht belaubten Bäumen und von Bachweiden und seid sieben Tage lang vor dem Herrn, eurem Gott, fröhlich!"

[111] Lev 24,2 "Befiehl den Israeliten, dass sie dir für den Leuchter reines Öl aus zerstoßenen Oliven bringen, damit man ständig eine Lampe brennen lassen kann."

[112] Lev 26,4 "... so gebe ich euch Regen zur rechten Zeit; die Erde liefert ihren Ertrag, und der Baum des Feldes gibt seine Früchte; ..."

[113] Lev 26,20 "Eure Kraft verbraucht sich vergeblich, euer Land liefert keinen Ertrag mehr und die Bäume im Land tragen keine Früchte mehr."

[114] Lev 26,36 "In das Herz derer, die von euch überleben, bringe ich Angst in den Ländern ihrer Feinde; das bloße Rascheln verwelkter Blätter jagt sie auf und sie fliehen, wie man vor dem Schwert flieht; sie fallen, ohne dass jemand sie verfolgt."

[115] Lev 27,30 "Jeder Zehnt des Landes, der vom Ertrag des Landes oder von den Baumfrüchten abzuziehen ist, gehört dem Herrn; es ist etwas Heiliges für den Herrn."

[116] Num 5,15 "In einem solchen Fall soll der Mann seine Frau zum Priester bringen und soll zugleich die für sie vorgesehene Opfergabe mitbringen: ein zehntel Efa Gerstenmehl. Er darf kein Öl darauf gießen und keinen Weihrauch darauf streuen; denn es ist ein Eifersuchtsopfer, ein Opfer zur Ermittlung der Schuld."

[117] Num 11,7 "Das Manna war wie Koriandersamen und es sah wie Bdelliumharz aus."

[118] Num 13,20 "... und ob das Land fett oder mager ist, ob es dort Bäume gibt oder nicht. Habt Mut und bringt Früchte des Landes mit! Es war gerade die Zeit der ersten Trauben."

[119] Num 13,23 "Von dort kamen sie in das Traubental. Dort schnitten sie eine Rebe mit einer Weintraube ab und trugen sie zu zweit auf einer Stange, dazu auch einige Granatäpfel und Feigen."

[120] Num 15,32 "Als die Israeliten in der Wüste waren, entdeckten sie einmal, dass einer am Sabbat Holz sammelte."

[121] Num 15,33 "Die Leute, die ihn beim Holz Sammeln angetroffen hatten, brachten ihn vor Mose und Aaron und vor die ganze Gemeinde."

[122] Num 16,6-7 "Du, Korach, und dein ganzer Anhang, macht Folgendes: Nehmt euch Räucherpfannen, tut Feuer hinein und legt Weihrauch für den Herrn darauf, und zwar morgen! Dann wird sich zeigen, wen der Herr erwählt und wer der Heilige ist. Ihr nehmt euch zu viel heraus, ihr Leviten!"

[123] Num 16,17 "Nehmt eure Räucherpfannen mit, tut Weihrauch hinein und bringt eure Räucherpfannen vor den Herrn, jeder seine eigene Räucherpfanne, im Ganzen also zweihundertfünfzig Räucherpfannen, auch du und Aaron, bringt eure Räucherpfannen mit!"

[124] Num 16,18 "Jeder nahm also seine Räucherpfanne, sie taten Feuer hinein, legten Weihrauch darauf und traten an den Eingang des Offenbarungszeltes, zusammen mit Mose und Aaron."

[125] Num 16,35 "Vom Herrn ging ein Feuer aus und fraß die zweihundertfünfzig Männer, die den Weihrauch dargebracht hatten."

[126] Num 17,5 "Das sollte den Israeliten ein mahnendes Zeichen dafür sein, dass kein Unbefugter, keiner, der nicht zu den Nachkommen Aarons gehört, sich dem Herrn nähern darf, um für ihn Weihrauch zu verbrennen; sonst geht es ihm genauso, wie es der Herr durch Mose dem Korach und seinem Anhang angekündigt hatte."

[127] Num 17,10-11 "Verlasst diese Gemeinde, denn ich will sie in einem einzigen Augenblick vernichten. Da warfen sich Mose und Aaron auf ihr Gesicht nieder und Mose sagte zu Aaron: Nimm die Räucherpfanne, tu Feuer vom Altar hinein, und leg Weihrauch darauf; dann geh schnell zur Gemeinde und entsühne sie! Denn vom Herrn ist ein Zorngericht ausgegangen und die Plage hat schon begonnen."

[128] Num 17,12 "Da nahm Aaron die Räucherpfanne, wie Mose gesagt hatte, und lief mitten unter die Leute, die versammelt waren. Und wirklich, die Plage hatte im Volk schon begonnen. Aaron legte Weihrauch in die Pfanne und entsühnte das Volk."

[129] Num 17,20 "Dann wird der Stab dessen, den ich erwähle, Blätter bekommen. So will ich vor mir das Murren zum Schweigen bringen, mit dem sie euch belästigen."

[130] Num 17,23 "Als Mose am nächsten Tag zum Zelt der Bundesurkunde kam, da war der Stab Aarons, der das Haus Levi vertrat, grün geworden; er trieb Zweige, blühte und trug Mandeln."

[131] Num 19,6 "Der Priester nimmt Zedernholz, Ysop und Karmesin und wirft alles in das Feuer, in dem die Kuh verbrannt wird."

[132] Num 20,5 "Wozu habt ihr uns aus Ägypten hierher geführt? Nur um uns an diesen elenden Ort zu bringen, eine Gegend ohne Korn und Feigen, ohne Wein und Granatäpfel? Nicht einmal Trinkwasser gibt es."

[133] Num 24,5-6 "Jakob, wie schön sind deine Zelte, / wie schön deine Wohnstätten, Israel! Wie Bachtäler ziehen sie sich hin, / wie Gärten am Strom, / wie Eichen, vom Herrn gepflanzt, / wie Zedern am Wasser."

[134] Num 31,20 "Auch alle Kleidungsstücke, alle Lederwaren, alle Erzeugnisse aus Ziegenhaaren und alle Holzgeräte müsst ihr entsündigen."

[135] Num 33,9 "Von Mara brachen sie auf und kamen nach Elim. In Elim gab es zwölf Quellen und siebzig Palmen; daher schlugen sie dort ihr Lager auf."

[136] Num 35,18 "Auch wenn er ihn mit einem hölzernen Gegenstand, der geeignet ist, einen Menschen zu töten, so geschlagen hat, dass er stirbt, ist er ein Mörder. Der Mörder ist mit dem Tod zu bestrafen."

[137] Dtn 4,28 "Dort müsst ihr Göttern dienen, Machwerken von Menschenhand, aus Holz und Stein. Sie können nicht sehen und nicht hören, nicht essen und nicht riechen."

[138] Dtn 6,10-12 "Und wenn der Herr, dein Gott, dich in das Land führt, von dem du weißt: er hat deinen Vätern Abraham, Isaak und Jakob geschworen, es dir zu geben - große und schöne Städte, die du nicht gebaut hast, mit Gütern gefüllte Häuser, die du nicht gefüllt hast, in den Felsen gehauene Zisternen, die du nicht gehauen hast, Weinberge und Ölbäume, die du nicht gepflanzt hast -, wenn du dann isst und satt wirst: nimm dich in Acht, dass du nicht den Herrn vergisst, der dich aus Ägypten, dem Sklavenhaus, geführt hat."

[139] Dtn 8,7-8 "Wenn der Herr, dein Gott, dich in ein prächtiges Land führt, ein Land mit Bächen, Quellen und Grundwasser, das im Tal und am Berg hervorquillt, ein Land mit Weizen und Gerste, mit Weinstock, Feigenbaum und Granatbaum, ein Land mit Ölbaum und Honig, ..."

[140] Dtn 10,1 "Damals sagte der Herr zu mir: Hau zwei Steintafeln zurecht, so wie die ersten, und steig zu mir auf den Berg! Fertige auch eine hölzerne Lade an!"

[141] Dtn 10,3 "Ich fertigte eine Lade aus Akazienholz an, hieb zwei Steintafeln zurecht, so wie die ersten, und stieg auf den Berg. Ich hielt die beiden Tafeln in der Hand."

[142] Dtn 11,30 "[Liegen denn beide nicht jenseits des Jordan, hinter der Straße, im Westen, im Gebiet der Kanaaniter, die in der Araba wohnen, gegenüber Gilgal bei den Orakel-Eichen?] "

[143] Dtn 12,2 "Ihr sollt alle Kultstätten zerstören, an denen die Völker, deren Besitz ihr übernehmt, ihren Göttern gedient haben: auf den hohen Bergen, auf den Hügeln und unter jedem üppigen Baum."

[144] Dtn 16,13 "Das Laubhüttenfest sollst du sieben Tage lang feiern, nachdem du das Korn von der Tenne und den Wein aus der Kelter eingelagert hast."

[145] Dtn 16,16 "Dreimal im Jahr sollen alle deine Männer hingehen, um das Angesicht des Herrn, deines Gottes, an der Stätte, die er auswählt, zu schauen: am Fest der Ungesäuerten Brote, am Wochenfest und am Laubhüttenfest. Man soll nicht mit leeren Händen hingehen, um das Angesicht des Herrn zu schauen, ..."

[146] Dtn 16,21 "Du sollst neben dem Altar des Herrn, deines Gottes, den du dir baust, keinen Kultpfahl, keinerlei Holz einpflanzen."

[147] Dtn 19,4-5 "Und so lautet die Bestimmung für einen, der jemand getötet hat und dorthin flieht, um am Leben zu bleiben: Wenn er den andern ohne Vorsatz erschlagen hat und nicht schon früher mit ihm verfeindet gewesen ist, zum Beispiel wenn er mit einem andern in den Wald gegangen ist, um Bäume zu fällen, seine Hand mit der Axt ausgeholt hat, um einen Baum umzuhauen, das Eisenblatt sich vom Stiel gelöst und den andern getroffen hat und dieser gestorben ist, dann kann er in eine dieser Städte fliehen, um am Leben zu bleiben."

[148] Dtn 20,19 "Wenn du eine Stadt längere Zeit hindurch belagerst, um sie anzugreifen und zu erobern, dann sollst du ihrem Baumbestand keinen Schaden zufügen, indem du die Axt daran legst. Du darfst von den Bäumen essen, sie aber nicht fällen mit dem Gedanken, die Bäume auf dem Feld seien der Mensch selbst, sodass sie von dir belagert werden müssten."

[149] Dtn 20,20 "Nur den Bäumen, von denen du weißt, dass sie keine Fruchtbäume sind, darfst du Schaden zufügen. Du darfst sie fällen und daraus Belagerungswerk bauen gegen die Stadt, die gegen dich kämpfen will, bis sie schließlich fällt."

[150] Dtn 22,6 "Wenn du unterwegs auf einem Baum oder auf der Erde zufällig ein Vogelnest mit Jungen oder mit Eiern darin findest und die Mutter auf den Jungen oder auf den Eiern sitzt, sollst du die Mutter nicht zusammen mit den Jungen herausnehmen."

[151] Dtn 24,20 "Wenn du einen Ölbaum abgeklopft hast, sollst du nicht auch noch die Zweige absuchen. Was noch hängt, soll den Fremden, Waisen und Witwen gehören."

[152] Dtn 28,36 "Der Herr bringt dich und den König, den du über dich eingesetzt hast, zu einem Volk, das du und deine Väter früher nicht einmal gekannt haben, und dort musst du anderen Göttern dienen, Göttern aus Holz und Stein."

[153] Dtn 28,40 "Ölbäume wachsen überall in deinem Land, aber du hast kein Öl, um dich zu salben. Dein Ölbaum hat die Oliven abgeworfen."

[154] Dtn 28,42 "Alle deine Bäume und Feldfrüchte nimmt das Ungeziefer in Besitz."

[155] Dtn 28,64 "Der Herr wird dich unter alle Völker verstreuen, vom einen Ende der Erde bis zum anderen Ende der Erde. Dort musst du anderen Göttern dienen, die du und deine Väter vorher nicht einmal gekannt haben, Göttern aus Holz und Stein."

[156] Dtn 29,9-10 "Ihr habt euch heute alle vor dem Herrn, eurem Gott, aufgestellt: eure Anführer, Stammesführer, Ältesten und Listenführer, alle Männer Israels, eure Kinder und Greise, eure Frauen und auch die Fremden in deinem Lager, vom Holzarbeiter bis zum Wasserträger."

[157] Dtn 29,16 "Ihr habt bei ihnen Scheusale und Götzen aus Holz und Stein, aus Silber und Gold gesehen."

[158] Dtn 29,17 "Es soll keinen unter euch geben, weder Mann noch Frau, weder Sippe noch Stamm, der heute sein Herz vom Herrn, unserem Gott, abwendet und anfängt, den Göttern dieser Völker zu dienen. Es soll bei euch keine Wurzel wachsen, die Gift und Wermut hervorbringt, ..."

[159] Dtn 31,10-11 "Mose schrieb ihnen vor: In jedem siebten Jahr, in einer der Festzeiten des Brachjahres, beim Laubhüttenfest, wenn ganz Israel zusammenkommt, um an der Stätte, die der Herr auswählt, das Angesicht des Herrn, deines Gottes zu schauen, sollst du diese Weisung vor ganz Israel laut vortragen."

[160] Dtn 33,10 "Sie lehren Jakob deine Rechtsvorschriften, / Israel deine Weisung. / Sie legen Weihrauch auf, damit du ihn riechst, / legen das Ganzopfer auf deinen Altar."

[161] Dtn 34,1-3 "Mose stieg aus den Steppen von Moab hinauf auf den Nebo, den Gipfel des Pisga gegenüber Jericho, und der Herr zeigte ihm das ganze Land. Er zeigte ihm Gilead bis nach Dan hin, ganz Naftali, das Gebiet von Efraim und Manasse, ganz Juda bis zum Mittelmeer, den Negeb und die Jordangegend, den Talgraben von Jericho, der Palmenstadt, bis Zoar."

[162] Jos 8,29 "Den König von Ai aber ließ er an einem Baum aufhängen; dort hing er bis zum Abend. Als die Sonne unterging, nahm man die Leiche auf Befehl Josuas von dem Baum ab und warf sie vor das Tor der Stadt. Man errichtete über ihr einen großen Steinhaufen, der noch heute da ist."

[163] Jos 9,21 "Die Vorsteher sagten also zu ihnen: Sie sollen am Leben bleiben. So wurden sie Holzfäller und Wasserträger für die ganze Gemeinde, wie es ihnen die Vorsteher sagten."

[164] Jos 9,23 "Nun seid ihr verflucht; ihr müsst für immer Sklaven, Holzfäller und Wasserträger für das Haus meines Gottes sein."

[165] Jos 9,26-27 "Daraufhin tat er Folgendes: Er rettete sie zwar aus der Gewalt der Israeliten, sodass sie sie nicht töteten; doch er machte sie an jenem Tag zu Holzfällern und Wasserträgern für die Gemeinde und für den Altar des Herrn an dem Ort, den er erwählen würde. Das sind sie bis zum heutigen Tag geblieben."

[166] Jos 10,26 "Danach erschlug Josua die Könige und liess die Leichen an fünf Bäumen aufhängen. Dort blieben sie bis zum Abend hängen."

[167] Jos 10,27 "Bei Sonnenuntergang befahl Josua, sie von den Bäumen abzunehmen und in die Höhle zu werfen, in der sie sich zuvor versteckt hatten. Dann wälzte man große Steine vor den Eingang der Höhle; sie liegen dort bis zum heutigen Tag."

[168] Jos 17,15 "Josua antwortete ihnen: Wenn ihr ein so zahlreiches Volk seid, dann steigt doch hinauf in das Waldgebiet und rodet für euch dort im Land der Perisiter und Rafaïter, wenn euch das Gebirge Efraim zu eng ist."

[169] Jos 17,17-18 "Josua erwiderte dem Haus Josef, Efraim und Manasse: Ihr seid ein zahlreiches Volk und habt große Kraft. Ihr erhaltet nicht nur einen einzigen Anteil; denn auch das Bergland soll euch gehören. Es ist bewaldet; ihr könnt es roden. Das so gewonnene Land soll euch gehören, wenn ihr auch die Kanaaniter nicht vertreiben könnt, weil sie eiserne Kampfwagen haben und weil sie stark sind."

[170] Jos 19,33 "Ihre Grenze geht von Helef, von der Eiche bei Zaanannim, aus über Adami-Nekeb und Jabneel bis nach Lakkum und läuft am Jordan aus."

[171] Jos 24,26 "Josua schrieb alle diese Worte in das Buch des Gesetzes Gottes und er nahm einen großen Stein und stellte ihn in Sichem unter der Eiche auf, die im Heiligtum des Herrn steht."

[172] Ri 1,16 "Die Söhne des Keniters (Hobab), des Schwiegervaters des Mose, waren mit den Judäern von der Palmenstadt zur Wüste Juda südlich von Arad hinaufgezogen; nun zogen sie weiter und ließen sich bei den Amalekitern nieder."

[173] Ri 3,13 "Eglon verbündete sich mit den Ammonitern und Amalekitern, zog in den Kampf, schlug Israel und eroberte die Palmenstadt."

[174] Ri 4,4-5 "Damals war Debora, eine Prophetin, die Frau des Lappidot, Richterin in Israel. Sie hatte ihren Sitz unter der Debora-Palme zwischen Rama und Bet-El im Gebirge Efraim und die Israeliten kamen zu ihr hinauf, um sich Recht sprechen zu lassen."

[175] Ri 4,11 "Der Keniter Heber aber, der sich von Kain, von den Söhnen Hobabs, des Schwiegervaters des Mose, getrennt hatte, hatte sein Zelt an der Eiche von Zaanannim bei Kedesch aufgeschlagen."

[176] Ri 6,11 "Der Engel des Herrn kam und setzte sich unter die Eiche bei Ofra, die dem Abiësriter Joasch gehörte. Sein Sohn Gideon war gerade dabei, in der Kelter Weizen zu dreschen, um ihn vor Midian in Sicherheit zu bringen."

[177] Ri 6,19 "Gideon ging (ins Haus) hinein und bereitete ein Ziegenböckchen zu sowie ungesäuerte Brote von einem Efa Mehl. Er legte das Fleisch in einen Korb, tat die Brühe in einen Topf, brachte beides zu ihm hinaus unter die Eiche und setzte es ihm vor."

[178] Ri 6,26 "Bau einen Altar für den Herrn, deinen Gott, auf der Höhe der Burg hier, entsprechend der vorgeschriebenen Ordnung, nimm den fetten Farren und bring ihn mit dem Holz des Kultpfahls, den du umhaust, als Brandopfer dar."

[179] Ri 9,6 "Da versammelten sich alle Bürger von Sichem und Bet-Millo, zogen zu der Eiche, die bei Sichem steht, und machten Abimelech zum König."

[180] Ri 9,8 "Einst machten sich die Bäume auf, / um sich einen König zu salben, / und sie sagten zum Ölbaum: / Sei du unser König!"

[181] Ri 9,9 "Der Ölbaum sagte zu ihnen: / Soll ich mein Fett aufgeben, / mit dem man Götter und Menschen ehrt, / und hingehen, um über den anderen Bäumen zu schwanken?"

[182] Ri 9,10 "Da sagten die Bäume zum Feigenbaum: / Komm, sei du unser König!"

[183] Ri 9,11 "Der Feigenbaum sagte zu ihnen: / Soll ich meine Süßigkeit aufgeben / und meine guten Früchte / und hingehen, um über den anderen Bäumen zu schwanken?"

[184] Ri 9,12 "Da sagten die Bäume zum Weinstock: / Komm, sei du unser König!"

[185] Ri 9,13 "Der Weinstock sagte zu ihnen: / Soll ich meinen Most aufgeben, / der Götter und Menschen erfreut, / und hingehen, um über den anderen Bäumen zu schwanken?"

[186] Ri 9,14 "Da sagten alle Bäume zum Dornenstrauch: / Komm, sei du unser König!"

[187] Ri 9,15 "Der Dornenstrauch sagte zu den Bäumen: / Wollt ihr mich wirklich zu eurem König salben? / Kommt, findet Schutz in meinem Schatten! / Wenn aber nicht, dann soll vom Dornenstrauch Feuer ausgehen / und die Zedern des Libanon fressen."

[188] Ri 9,37 "Doch Gaal redete weiter und sagte: Sieh doch, da kommen Leute vom Nabel des Landes herab und eine Abteilung kommt aus der Richtung der Orakel-Eiche."

[189] Ri 9,49 "Da hieben auch alle seine Leute einen Busch ab und zogen hinter Abimelech her. Sie legten die Zweige auf das Gewölbe und zündeten sie an und steckten das Gewölbe über der Besatzung in Brand. So kam auch die ganze Besatzung der Burg von Sichem um, etwa tausend Männer und Frauen."

[190] Ri 15,5 "Er zündete die Fackeln an und ließ die Füchse in die Getreidefelder der Philister laufen. So verbrannte er die Garben und das noch stehende Korn, ebenso die Weingärten und die Ölbäume."

[191] Ri 21,6 "Nun aber hatten die Israeliten Mitleid mit ihrem Bruder Benjamin und sagten: Heute ist ein ganzer Stamm von Israel abgehauen worden."

[192] 1 Sam 6,14 "Als der Wagen bis zum Feld Joschuas von Bet-Schemesch gekommen war, blieb er stehen. Dort lag ein großer Stein. Sie spalteten das Holz des Wagens und brachten die Kühe dem Herrn als Brandopfer dar."

[193] 1 Sam 8,14 "Eure besten Felder, Weinberge und Ölbäume wird er euch wegnehmen und seinen Beamten geben."

[194] 1 Sam 10,3 "Wenn du dann von dort weiterziehst und zur Tabor-Eiche kommst, werden dir dort drei Männer begegnen, die zu Gott nach Bet-El hinaufziehen. Einer trägt ein Böckchen, einer trägt drei Laib Brot und einer trägt einen Schlauch Wein."

[195] 1 Sam 14,2 "Saul saß an der Flurgrenze von Gibea unter dem Granatapfelbaum, der bei Migron steht. Das Volk, das er bei sich hatte, zählte etwa sechshundert Mann."

[196] 1 Sam 17,2 "Auch Saul und die Männer Israels sammelten sich; sie schlugen ihr Lager im Terebinthental auf und traten zum Kampf gegen die Philister an."

[197] 1 Sam 17,7 "Der Schaft seines Speeres war (so dick) wie ein Weberbaum und die eiserne Speerspitze wog sechshundert Schekel. Sein Schildträger ging vor ihm her."

[198] 1 Sam 17,19 "Saul ist mit ihnen und all den anderen Israeliten im Terebinthental und sie kämpfen gegen die Philister."

[199] 1 Sam 21,10 "Der Priester antwortete: Das Schwert des Philisters Goliat, den du im Terebinthental erschlagen hast, liegt hier, in einem Mantel eingewickelt, hinter dem Efod. Wenn du es nehmen willst, nimm es! Außer diesem gibt es keines hier. David sagte: Kein anderes kommt ihm gleich; gib es mir!"

[200] 1 Sam 22,6 "Saul hörte, David und die Männer, die er bei sich hatte, seien entdeckt worden. Er saß gerade in Gibea unter der Tamariske auf der Höhe. Er hatte den Speer in der Hand und alle seine Diener standen um ihn herum."

[201] 1 Sam 30,11-12 "Man griff dort im Gelände einen Ägypter auf und brachte ihn zu David. Sie gaben ihm Brot zu essen und Wasser zu trinken, außerdem gepresste Feigen und zwei Rosinenkuchen. Als er gegessen hatte, kehrten seine Lebensgeister zurück; er hatte nämlich schon drei Tage und drei Nächte keinen Bissen Brot mehr gegessen und keinen Schluck Wasser getrunken."

[202] 1 Sam 31,13 "Dann nahmen sie die Gebeine, begruben sie unter der Tamariske von Jabesch und fasteten sieben Tage lang."

[203] 2 Sam 5,11 "Hiram, der König von Tyrus, schickte eine Gesandtschaft zu David und ließ ihm Zedernholz überbringen; auch Zimmerleute und Steinmetzen schickte er und sie bauten für David einen Palast."

[204] 2 Sam 5,23-24 "David befragte wieder den Herrn und der Herr antwortete ihm: Zieh nicht hinauf, umgeh sie in ihrem Rücken und komm von den Baka-Bäumen her an sie heran! Wenn du dann in den Wipfeln der Baka-Bäume ein Geräusch wie von Schritten hörst, dann beeil dich; denn dann geht der Herr vor dir her, um das Heer der Philister zu schlagen."

[205] 2 Sam 6,5 "David und das ganze Haus Israel tanzten und sangen vor dem Herrn mit ganzer Hingabe [zypressenhölzern] und spielten auf Zithern, Harfen und Pauken, mit Rasseln und Zimbeln."

[206] 2 Sam 7,1-2 "Als nun der König in seinem Haus wohnte und der Herr ihm Ruhe vor allen seinen Feinden ringsum verschafft hatte, sagte er zu dem Propheten Natan: Ich wohne in einem Haus aus Zedernholz, die Lade Gottes aber wohnt in einem Zelt."

[207] 2 Sam 7,7 "Habe ich in der Zeit, als ich bei den Israeliten von Ort zu Ort zog, jemals zu einem der Richter Israels, die ich als Hirten über mein Volk Israel eingesetzt hatte, ein Wort gesagt und sie gefragt: Warum habt ihr mir kein Haus aus Zedernholz gebaut?"

[208] 2 Sam 15,30 "David stieg weinend und mit verhülltem Haupte den Ölberg hinauf; er ging barfuß und alle Leute, die bei ihm waren, verhüllten ihr Haupt und zogen weinend hinauf."

[209] 2 Sam 18,6 "Die Leute zogen ins Feld, den Israeliten entgegen, und im Wald Efraim kam es zur Schlacht."

[210] 2 Sam 18,8 "Der Kampf breitete sich über die ganze dortige Gegend aus und der Wald verschlang an jenem Tag mehr Krieger als das Schwert."

[211] 2 Sam 18,9 "Plötzlich kam Abschalom in das Blickfeld der Krieger Davids; er ritt auf einem Maultier. Als das Maultier unter den Ästen einer großen Eiche hindurchlief, blieb Abschalom mit dem Kopf fest an der Eiche hängen, sodass er zwischen Himmel und Erde schwebte und das Maultier unter ihm weglief."

[212] 2 Sam 18,10 "Jemand sah es und meldete Joab: Ich habe gerade Abschalom an einer Eiche hängen sehen."

[213] 2 Sam 18,14 "Joab erwiderte: Ich kann mich nicht noch länger mit dir aufhalten. Und er nahm drei Spieße in die Hand und stieß sie Abschalom, der noch lebend an der Eiche hing, ins Herz."

[214] 2 Sam 18,17 "Sie nahmen Abschalom und warfen ihn im Wald in eine tiefe Grube und errichteten über ihm einen riesigen Steinhaufen. Alle Israeliten aber flohen, jeder in sein Zelt. - ..."

[215] 2 Sam 21,19 "Als es wieder einmal bei Gob zum Kampf gegen die Philister kam, erschlug Elhanan, der Sohn Jaïrs aus Betlehem, den Goliat aus Gat, dessen Speer einem Weberbaum glich."

[216] 2 Sam 24,22 "Arauna antwortete David: Mein Herr, der König, möge alles nehmen, was er für gut findet, und es (als Opfer) darbringen. Sieh her, hier sind die Rinder für das Brandopfer und die Dreschschlitten und das Geschirr der Rinder als Brennholz."

[217] 1 Kön 5,5 "Juda und Israel lebten in Sicherheit von Dan bis Beerscheba; ein jeder saß unter seinem Weinstock und seinem Feigenbaum, solange Salomo lebte."

[218] 1 Kön 5,13 "Er redete über die Bäume, von der Zeder auf dem Libanon bis zum Ysop, der an der Mauer wächst. Er redete über das Vieh, die Vögel, das Gewürm und die Fische."

[219] 1 Kön 5,20 "Befiehl nun, dass man auf dem Libanon Zedern für mich fällt. Meine Knechte sollen mit deinen Knechten arbeiten. Den Lohn für deine Knechte werde ich dir geben, ganz wie du bestimmst. Du weißt ja selbst, dass wir niemand haben, der so gut Holz fällen kann wie die Leute von Sidon."

[220] 1 Kön 5,22 "Er ließ Salomo sagen: Ich habe die Botschaft vernommen, die du an mich gesandt hast, und werde deinen Wunsch nach Zedern- und Zypressenholz erfüllen."

[221] 1 Kön 5,24 "Also lieferte Hiram so viel Zedern- und Zypressenholz, wie Salomo wollte, ..."

[222] 1 Kön 5,32 "Die Bauleute Salomos bearbeiteten mit den Bauleuten Hirams und den Gebalitern das Holz und die Steine und richteten sie her für den Bau des Tempels."

[223] 1 Kön 6,9 "Als er den Bau des Hauses vollendet hatte, überdeckte er es mit Balken und Brettern aus Zedernholz."

[224] 1 Kön 6,10 "Den Anbau führte er um das ganze Haus. Seine Höhe betrug (in jedem Stockwerk) fünf Ellen, und Zedernbalken verbanden ihn mit dem Haus."

[225] 1 Kön 6,15 "Er täfelte seine Innenwände mit Zedernholz aus; vom Fußboden bis zu den Balken der Decke ließ er eine Holzvertäfelung anbringen. Den Fußboden belegte er mit Zypressenholz."

[226] 1 Kön 6,16 "Zwanzig Ellen vor der Rückseite des Hauses errichtete er vom Fußboden bis zum Gebälk eine Wand aus Zedernholz und schuf so die Gotteswohnung, das Allerheiligste."

[227] 1 Kön 6,18 "Im Innern hatte das Haus Zedernverkleidung mit eingeschnitzten Blumengewinden und Blütenranken. Alles war aus Zedernholz, kein Stein war zu sehen."

[228] 1 Kön 6,20 "Die Wohnung war zwanzig Ellen lang, zwanzig Ellen breit und zwanzig Ellen hoch; er überzog sie mit bestem Gold. Auch ließ er einen Altar aus Zedernholz herstellen."

[229] 1 Kön 23 "In der Gotteswohnung ließ er zwei Kerubim aus Olivenholz anfertigen. Ihre Höhe betrug zehn Ellen."

[230] 1 Kön 6,29 "An allen Wänden des Hauses, im inneren wie im äußeren Raum, ließ er ringsum Kerubim, Palmen und Blütenranken einschnitzen."

[231] 1 Kön 6,31 "Für den Eingang zur Gotteswohnung ließ er Türflügel aus Olivenholz anfertigen. Die Giebelbalken und die Seitenpfosten bildeten ein Fünfeck."

[232] 1 Kön 6,32 "An den beiden Türflügeln aus Olivenholz ließ er Kerubim, Palmen und Blütenranken einschnitzen und sie mit Gold überziehen, indem er auf die Kerubim und die Palmen Gold auftragen ließ."

[233] 1 Kön 6,33-34 "Ebenso ließ er für den Eingang zum Hauptraum Türpfosten aus Olivenholz anfertigen, die ein Viereck bildeten, dazu zwei Türflügel aus Zypressenholz. Zwei drehbare Teile hatte der eine Türflügel und zwei drehbare Teile der andere."

[234] 1 Kön 6,35 "Er ließ auf ihnen Kerubim, Palmen und Blütenranken einschnitzen und auf das Schnitzwerk dünnes Blattgold legen."

[235] 1 Kön 6,36 "Er legte den inneren Hof an (und umgab ihn mit einer Mauer) aus drei Lagen Quadern und einer Lage Zedernbalken."

[236] 1 Kön 7,2 "Er baute das Libanonwaldhaus, hundert Ellen lang, fünfzig Ellen breit und dreißig Ellen hoch, mit drei Reihen von Zedernsäulen und mit Zedernbalken über den Säulen."

[237] 1 Kön 7,3 "Eine Decke aus Zedernholz war über den Kammern, die über den Säulen lagen; es waren fünfundvierzig Säulen, fünfzehn in jeder Reihe."

[238] 1 Kön 7,7 "Er schuf die Thronhalle, das ist die Gerichtshalle, um darin Recht zu sprechen. Sie war vom Fußboden bis zum Gebälk mit Zedernholz ausgetäfelt."

[239] 1 Kön 7,11 "Darüber lagen wertvolle Steine in der Größe von Quadern sowie Zedernbalken."

[240] 1 Kön 7,12 "Der grosse Hof war rings von einer Mauer aus drei Lagen Quadern und einer Lage Zedernbalken umgeben; ebenso der innere Hof um das Haus des Herrn und der Hof um die Palasthalle."

[241] 1 Kön 7,18 "Ferner machte er Granatäpfel und legte sie in zwei Reihen ringsum über die Geflechte, sodass sie die Kapitelle oben auf den Säulen bedeckten. Ebenso verfuhr er mit dem zweiten Kapitell."

[242] 1 Kön 7,36 "Auf die Wandflächen, Halter und Querleisten ließ Salomo Bilder von Kerubim, Löwen und Palmen eingravieren ..."

[243] 1 Kön 7,42 "... die vierhundert Granatäpfel für die beiden Flechtwerke, die in zwei Reihen an jedem Flechtwerk angebracht waren und die beiden beckenförmigen Kapitelle auf den Säulen bedeckten, ..."

[244] 1 Kön 8,65 "Salomo feierte damals mit ganz Israel, das von Lebo-Hamat bis zum Grenzbach Ägyptens zu einer großen Versammlung vor dem Herrn, unserem Gott, erschienen war, das (Laubhütten-)Fest sieben Tage lang [und nochmals sieben Tage, zusammen vierzehn Tage]."

[245] 1 Kön 9,11 "Der König Hiram von Tyrus hatte ihn dabei mit Zedern- und Zypressenholz sowie mit Gold in der gewünschten Menge unterstützt. Damals trat König Salomo zwanzig Städte in der Landschaft Galiläa an Hiram ab."

[246] 1 Kön 9,13 "Er meinte: Was sind das für Städte, die du mir gegeben hast, mein Bruder? - Man nennt sie Land Kabul [wie dürres Holz] bis zum heutigen Tag."

[247] 1 Kön 10,2 "Sie kam nach Jerusalem mit sehr großem Gefolge, mit Kamelen, die Balsam, eine gewaltige Menge Gold und Edelsteine trugen, trat bei Salomo ein und redete mit ihm über alles, was sie sich vorgenommen hatte."

[248] 1 Kön 10,10 "Sie gab dem König hundertzwanzig Talente Gold, dazu eine sehr große Menge Balsam und Edelsteine. Niemals mehr kam so viel Balsam in das Land, wie die Königin von Saba dem König Salomo schenkte."

[249] 1 Kön 10,11 "Auch die Flotte Hirams, die Gold aus Ofir holte, brachte von dort große Mengen Almuggimholz und Edelsteine."

[250] 1 Kön 10,12 "Der König ließ aus dem Almuggimholz Schnitzarbeiten für das Haus des Herrn und den königlichen Palast sowie Zithern und Harfen für die Sänger anfertigen. Solches Almuggimholz ist nie wieder in das Land gekommen und bis zum heutigen Tag nicht mehr gesehen worden."

[251] 1 Kön 10,17 "Dazu machte er dreihundert kleinere Schilde aus gehämmertem Gold; drei Minen Gold verwandte er für jeden. Er brachte sie in das Libanonwaldhaus."

[252] 1 Kön 10,21 "Alle Trinkgefäße des Königs Salomo waren aus Gold; ebenso waren alle Geräte des Libanonwaldhauses aus bestem Gold. Silber galt in den Tagen Salomos als wertlos; ..."

[253] 1 Kön 10,25 "Alle brachten ihm Jahr für Jahr ihre Gaben: silberne und goldene Gefäße, Gewänder, Waffen, Balsam, Pferde und Maultiere."

[254] 1 Kön 10,27 "Der König machte das Silber in Jerusalem so häufig wie die Steine und die Zedern so zahlreich wie die Maulbeerfeigenbäume in der Schefela."

[255] 1 Kön 13,13-14 "Da befahl er ihnen: Sattelt mir den Esel! Sie taten es und er stieg auf, ritt dem Gottesmann nach und traf ihn unter einer Eiche sitzend an. Er fragte ihn: Bist du der Gottesmann, der aus Juda gekommen ist? Jener antwortete: Ich bin es."

[256] 1 Kön 14,23 "Denn auch sie errichteten Kulthöhen, Steinmale und Kultpfähle auf allen hohen Hügeln und unter jedem üppigen Baum. "

[257] 1 Kön 17,10 "Er machte sich auf und ging nach Sarepta. Als er an das Stadttor kam, traf er dort eine Witwe, die Holz auflas. Er bat sie: Bring mir in einem Gefäß ein wenig Wasser zum Trinken!"

[258] 1 Kön 17,12 "Doch sie sagte: So wahr der Herr, dein Gott, lebt: Ich habe nichts mehr vorrätig als eine Hand voll Mehl im Topf und ein wenig Öl im Krug. Ich lese hier ein paar Stücke Holz auf und gehe dann heim, um für mich und meinen Sohn etwas zuzubereiten. Das wollen wir noch essen und dann sterben."

[259] 1 Kön 18,23 "Man gebe uns zwei Stiere. Sie sollen sich einen auswählen, ihn zerteilen und auf das Holz legen, aber kein Feuer anzünden. Ich werde den andern zubereiten, auf das Holz legen und kein Feuer anzünden."

[260] 1 Kön 18,33 "Sodann schichtete er das Holz auf, zerteilte den Stier und legte ihn auf das Holz."

[261] 1 Kön 18,34 "Nun befahl er: Füllt vier Krüge mit Wasser und gießt es über das Brandopfer und das Holz! Hierauf sagte er: Tut es noch einmal! Und sie wiederholten es. Dann sagte er: Tut es zum dritten Mal! Und sie taten es zum dritten Mal."

[262] 1 Kön 18,38 "Da kam das Feuer des Herrn herab und verzehrte das Brandopfer, das Holz, die Steine und die Erde. Auch das Wasser im Graben leckte es auf."

[263] 2 Kön 2,24 "Er wandte sich um, sah sie an und verfluchte sie im Namen des Herrn. Da kamen zwei Bären aus dem Wald und zerrissen zweiundvierzig junge Leute."

[264] 2 Kön 3,19 "Ihr werdet alle Festungen und ihre besten Städte erobern, alle wertvollen Bäume fällen, alle Wasserquellen zuschütten und alle guten Äcker mit Steinen verderben."

[265] 2 Kön 3,25 "Sie zerstörten die Städte und auf alle guten Äcker warf jeder seinen Stein, bis sie ganz bedeckt waren. Auch schütteten sie alle Wasserquellen zu und fällten alle wertvollen Bäume. Zuletzt blieb nur noch Kir-Heres übrig; diese Stadt umstellten und beschossen die Schleuderer."

[266] 2 Kön 5,26 "Da sagte Elischa zu ihm: War nicht mein Geist zugegen, als sich jemand von seinem Wagen aus dir zuwandte? Ist es denn Zeit, Geld anzunehmen und Kleider, Ölgärten, Weinberge, Schafe und Rinder, Knechte und Mägde zu erwerben?"

[267] 2 Kön 6,4 "Er ging also mit ihnen und sie kamen an den Jordan und fällten Bäume."

[268] 2 Kön 6,6 "Der Gottesmann fragte: Wohin ist es gefallen? Er zeigte ihm die Stelle; Elischa schnitt ein Stück Holz ab, warf es dorthin und brachte das Eisen zum Schwimmen."

[269] 2 Kön 12,11-13 "Wenn sie dann sahen, dass viel Geld im Kasten war, kam der Schreiber des Königs mit dem Hohenpriester. Sie leerten den Kasten, zählten das Geld, das sich im Haus des Herrn befand, und übergaben es abgewogen den Werkmeistern, die die Arbeiten im Haus des Herrn beaufsichtigten. Diese verwendeten es für die Zimmerleute und Bauarbeiter, die im Haus des Herrn beschäftigt waren, für die Maurer und Steinmetzen, ebenso zum Ankauf von Holz und Bruchsteinen, die man zur Beseitigung der Schäden am Haus des Herrn benötigte, und zur Bestreitung aller Unkosten, die bei der Ausbesserung des Hauses entstanden."

[270] 2 Kön 14,9 "Doch Joasch, der König von Israel ließ dem König Amazja von Juda sagen: Der Dornstrauch auf dem Libanon ließ der Zeder auf dem Libanon sagen: Gib deine Tochter meinem Sohn zur Frau! Aber die Tiere des Libanon liefen über den Dornstrauch und zertraten ihn."

[271] 2 Kön 16,4 "Auf den Kulthöhen und Hügeln und unter jedem üppigen Baum brachte er Schlacht- und Rauchopfer dar."

[272] 2 Kön 17,10 "... errichteten Steinmale und Kultpfähle auf jedem hohen Hügel und unter jedem üppigen Baum."

[273] 2 Kön 18,31 "Hört nicht auf Hiskija! Denn so spricht der König von Assur: Trefft mit mir ein Abkommen und ergebt euch! Dann kann jeder von euch von seinem Weinstock und von seinem Feigenbaum essen und Wasser aus seiner Zisterne trinken, ..."

[274] 2 Kön 19,17-18 "Es ist wahr, Herr, die Könige von Assur haben die Völker vernichtet, ihre Länder verwüstet und ihre Götter ins Feuer geworfen. Aber das waren keine Götter, sondern Werke von Menschenhand, aus Holz und Stein; darum konnte man sie vernichten."

[275] 2 Kön 19,23 "Durch deine Gesandten hast du den Herrn verhöhnt; / du hast gesagt: / Mit meinen zahlreichen Wagen fuhr ich / auf die Höhen der Berge, / in die fernsten Winkel des Libanon. / Ich fällte seine hohen Zedern, / seine schönsten Zypressen, / kam bis zu seinen entlegensten Hütten, / in das Dickicht seiner Wälder."

[276] 2 Kön 19,30 "Wer vom Haus Juda entronnen und übrig geblieben ist, wird wieder unten Wurzeln treiben und oben Frucht tragen."

[277] 2 Kön 20,13 "Hiskija freute sich darüber und zeigte den Gesandten sein ganzes Schatzhaus, das Silber und das Gold, die Vorräte an Balsam und feinem Öl, sein Waffenlager und alle anderen Schätze, die er besaß. Es gab nichts in seinem Haus und in seinem Herrschaftsbereich, das er ihnen nicht gezeigt hätte."

[278] 2 Kön 22,5-6 "Man soll es den Werkmeistern geben, die im Haus des Herrn angestellt sind, und diese sollen es für die Arbeiter verwenden, die im Tempel die Schäden des Hauses zu beseitigen haben, für die Zimmerleute, Bauarbeiter, Maurer, sowie zum Ankauf von Holz und Bruchsteinen, die man zur Beseitigung der Schäden am Haus des Herrn benötigt."

[279] 2 Kön 25,17 "Achtzehn Ellen betrug die Höhe der einen Säule, und oben hatte sie ein Kapitell aus Bronze. Die Höhe des einen Kapitells betrug fünf Ellen; das Kapitell umgaben Flechtwerk und Granatäpfel, alles aus Bronze. Ebenso war es bei der zweiten Säule auf dem Flechtwerk."

[280] 1 Chr 9,29 "Andere waren zur Aufsicht über die sonstigen Geräte und alle Geräte des Heiligtums bestellt. Sie hatten das Feinmehl, den Wein und das Öl, den Weihrauch und verschiedenartigen Balsam zu besorgen."

[281] 1 Chr 9,30 "Einige von den Söhnen der Priester bereiteten die Salben für den Balsam."

[282] 1 Chr 10,11-12 "Als die Einwohner von Jabesch-Gilead hörten, was die Philister mit Saul gemacht hatten, brachen alle kriegstüchtigen Männer auf, nahmen die Leiche Sauls und die Leichen seiner Söhne und brachten sie nach Jabesch. Sie begruben ihre Gebeine unter der Terebinthe in Jabesch und fasteten sieben Tage lang."

[283] 1 Chr 11,23 "Auch erschlug er einen riesenhaften Ägypter, der fünf Ellen groß war. Der Ägypter hatte einen Speer gleich einem Weberbaum in der Hand. Benaja aber ging nur mit einem Stock auf ihn los, riss ihm den Speer aus der Hand und tötete ihn mit diesem Speer."

[284] 1 Chr 12,41 "Auch jene, die bis nach Issachar, Sebulon und Naftali hin in ihrer Nähe wohnten, brachten auf Eseln, Kamelen, Maultieren und Rindern Lebensmittel zum Unterhalt herbei: Mehl, Feigen- und Traubenkuchen, Wein, Öl und eine große Menge Rinder und Schafe; denn es herrschte Freude in Israel."

[285] 1 Chr 14,1 "Hiram, der König von Tyrus, schickte eine Gesandtschaft zu David und ließ ihm Zedernholz überbringen; auch Maurer und Zimmerleute schickte er, die ihm einen Palast bauen sollten."

[286] 1 Chr 14,14 "David befragte Gott wieder und Gott antwortete ihm: Zieh nicht hinter ihnen her, sondern umgeh sie und komm von den Baka-Bäumen her an sie heran!"

[287] 1 Chr 14,15 "Wenn du dann in den Wipfeln der Baka-Bäume ein Geräusch wie von Schritten hörst, dann rück zum Kampf aus; denn Gott geht vor dir her, um das Heer der Philister zu schlagen."

[288] 1 Chr 16,33 "Jubeln sollen alle Bäume des Waldes vor dem Herrn, / wenn er kommt, um die Erde zu richten."

[289] 1 Chr 17,1 "Als nun David in seinem Haus wohnte, sagte er zu dem Propheten Natan: Ich wohne in einem Haus aus Zedernholz, die Bundeslade des Herrn aber steht in einem Zelt."

[290] 1 Chr 17,6 "Habe ich in der Zeit, als ich bei den Israeliten von Ort zu Ort zog, jemals zu einem der Richter Israels, die ich als Hirten über mein Volk eingesetzt hatte, ein Wort gesagt und sie gefragt: Warum habt ihr mir kein Haus aus Zedernholz gebaut?"

[291] 1 Chr 20,5 "Als es wieder einmal zum Kampf gegen die Philister kam, erschlug Elhanan, der Sohn Jaïrs, den Lachmi, den Bruder Goljats aus Gat, dessen Speer einem Weberbaum glich."

[292] 1 Chr 21,23 "Arauna antwortete David: Du magst ihn nehmen; mein Herr und König tue, was er für gut findet. Ich gebe dir die Rinder für die Brandopfer, die Dreschschlitten als Brennholz und den Weizen zum Speiseopfer; ich will dir alles geben."

[293] 1 Chr 22,3-4 "Auch ließ er eine Menge Eisen für die Nägel, für die Torflügel und für die Klammern bereitstellen, dazu Bronze in einer Menge, dass sie nicht mehr gewogen werden konnte, und ungezählte Zedernstämme. Die Bewohner von Sidon und Tyrus lieferten David Zedernholz in Menge."

[294] 1 Chr 22,14-16 "Sieh her, trotz aller Not konnte ich für das Haus des Herrn hunderttausend Talente Gold und eine Million Talente Silber bereitstellen. Bronze und Eisen sind in solchen Mengen vorhanden, dass sie nicht gewogen werden können. Auch Holz und Steine habe ich herbeigeschafft und du wirst noch mehr dazutun. Du

hast Handwerker in großer Anzahl, Steinmetzen, Maurer, Zimmerleute und zahllose Künstler, die jede Arbeit in Gold, Silber, Bronze und Eisen ausführen können. Auf denn, geh ans Werk und der Herr sei mit dir."

[295] 1 Chr 27,28 "Baal-Hanan aus Bet-Gader über die Öl- und Maulbeerfeigenbäume in der Schefela, Joasch über die Ölvorräte, ..."

[296] 1 Chr 29,2 "Nach meinen besten Kräften habe ich nun für das Haus meines Gottes Gold beschafft für die goldenen, Silber für die silbernen, Bronze für die bronzenen, Eisen für die eisernen und Holz für die hölzernen Gegenstände, dazu Schohamsteine mit Einfassungen, Malachit und buntfarbige Steine sowie allerlei Edelsteine und Alabaster in Menge."

[297] 2 Chr 1,15 "Der König machte das Silber und das Gold in Jerusalem so häufig wie die Steine und die Zedern so zahlreich wie die Maulbeerfeigenbäume in der Schefela."

[298] 2 Chr 2,2 "Dann sandte er Boten zu Hiram, dem König von Tyrus, und ließ ihm sagen: Du hast meinem Vater David geholfen und ihm Zedern geliefert, damit er sich ein Haus als Wohnung bauen konnte."

[299] 2 Chr 2,7 "Liefere mir auch Zedern, Zypressen und Algummimholz vom Libanon! Ich weiß, dass deine Leute die Bäume des Libanon zu fällen verstehen. Meine Leute sollen deinen Leuten dabei helfen."

[300] 2 Chr 2,8 "Sie sollen eine Menge Holz herrichten; denn das Haus, das ich bauen will, soll groß und wunderbar werden."

[301] 2 Chr 2,9 "Den Arbeitern, die das Holz fällen, gebe ich zum Unterhalt für deine Knechte 20'000 Kor Weizen, 20'000 Kor Gerste, 20'000 Bat Wein und 20'000 Bat Öl."

[302] 2 Chr 2,12-13 "Ich schicke dir einen fähigen, klugen Mann, Hiram-Abi, den Sohn einer danitischen Frau. Sein Vater stammt aus Tyrus. Er versteht es, Arbeiten in Gold, Silber, Bronze, Eisen, Stein, Holz, rotem und blauem Purpur, Byssus und Karmesin auszuführen, alle Gravierungen zu besorgen und jeden Plan zu entwerfen, der ihm aufgetragen wird. Er wird mit deinen Künstlern und den Künstlern meines Herrn, deines Vaters David, zusammenarbeiten."

[303] 2 Chr 2,15 "Wir aber werden die Bäume auf dem Libanon fällen, so viele du nötig hast, und sie dir in Flößen auf dem Meer nach Jafo schaffen. Du magst sie dann nach Jerusalem hinaufbringen."

[304] 2 Chr 3,5 "Den Hauptraum vertäfelte er mit Zypressenholz, überzog dieses mit echtem Gold und brachte Palmen und kettenförmige Bänder darauf an."

[305] 2 Chr 3,16 "Dazu schuf er kettenförmige Bänder und brachte sie oben auf den Säulen an. Auch machte er hundert Granatäpfel und befestigte sie an den kettenförmigen Bändern."

[306] 2 Chr 4,13 "... die vierhundert Granatäpfel für die beiden Flechtwerke, die in zwei Reihen an jedem Flechtwerk angebracht waren und die die beiden beckenförmigen Kapitelle auf den Säulen bedeckten, ..."

[307] 2 Chr 7,8 "Salomo feierte damals mit ganz Israel, das von Lebo-Hamat bis zum Grenzbach Ägyptens zu einer sehr großen Versammlung erschienen war, auch das (Laubhütten-)Fest sieben Tage lang."

[308] 2 Chr 8,13 "Auch an den Sabbaten und Neumondtagen ließ er die Opfer darbringen, die nach dem Befehl des Mose für diese Tage angeordnet waren. Das Gleiche tat er dreimal im Jahr, jeweils an den Festen, am Fest der Ungesäuerten Brote, am Wochenfest und am Laubhüttenfest."

[309] 2 Chr 9,1 "Die Königin von Saba hörte vom Ruf Salomos und kam mit sehr großem Gefolge, mit Kamelen, die Balsam, eine Menge Gold und Edelsteine trugen, nach Jerusalem, um ihn mit Rätselfragen auf die Probe zu stellen. Sie trat bei Salomo ein und redete mit ihm über alles, was sie sich vorgenommen hatte."

[310] 2 Chr 9,9 "Sie gab dem König hundertzwanzig Talente Gold, dazu eine sehr große Menge Balsam und Edelsteine. Balsam, wie ihn die Königin von Saba dem König Salomo schenkte, gab es nicht wieder."

[311] 2 Chr 9,10-11 "Auch die Leute Hirams und die Leute Salomos, die Gold aus Ofir holten, brachten Algummimholz und Edelsteine. Der König ließ aus dem Algummimholz Schnitzarbeiten für das Haus des Herrn und den königlichen Palast sowie Zithern und Harfen für die Sänger anfertigen. Dergleichen hatte man vordem im Land Juda nicht gesehen."

[312] 2 Chr 9,16 "Dazu machte er dreihundert kleinere Schilde aus gehämmertem Gold. Dreihundert Schekel Gold verwendete er für jeden. Er brachte sie in das Libanonwaldhaus."

[313] 2 Chr 9,20 "Alle Trinkgefäße des Königs Salomo waren aus Gold; ebenso waren alle Geräte des Libanonwaldhauses aus bestem Gold. Silber galt in den Tagen Salomos als wertlos; ..."

[314] 2 Chr 9,24 "Alle brachten ihm Jahr für Jahr ihre Gaben: silberne und goldene Gefäße, Gewänder, Waffen, Balsam, Pferde und Maultiere."

[315] 2 Chr 9,27 "Salomo machte das Silber in Jerusalem so häufig wie die Steine und die Zedern so zahlreich wie die Maulbeerfeigenbäume in der Schefela."

[316] 2 Chr 16,14 "Man setzte ihn bei in seiner Grabstätte, die er sich in der Davidstadt angelegt hatte. Man legte ihn auf ein Lager, das mit Balsam und allerlei kunstvoll zubereiteten Salben ausgestattet war, und zündete zu seiner Ehre ein gewaltiges Feuer an."

[317] 2 Chr 24,12 "Der König und Jojada übergaben es den Werkmeistern, die am Haus des Herrn tätig waren, und diese bestellten Maurer und Zimmerleute sowie Eisen- und Bronzeschmiede, die das Haus des Herrn erneuern und seine Schäden beseitigen sollten."

[318] 2 Chr 25,18 "Doch Joasch, der König von Israel, ließ dem König Amazja von Juda sagen: Der Dornstrauch auf dem Libanon ließ der Zeder auf dem Libanon sagen: Gib deine Tochter meinem Sohn zur Frau! Aber die Tiere des Libanon liefen über den Dornstrauch und zertraten ihn."

[319] 2 Chr 27,4 "Ebenso baute er Städte im Gebirge Juda aus, errichtete Burgen und Türme in den Waldgebieten, ..."

[320] 2 Chr 28,4 "Auf den Kulthöhen und Hügeln und unter jedem üppigen Baum brachte er Schlacht- und Rauchopfer dar."

[321] 2 Chr 28,15 "Männer, die namentlich dazu bestimmt waren, gingen hin und nahmen sich der Gefangenen an. Sie bekleideten alle, die nackt waren, aus der Beute und versahen sie mit Gewändern und Schuhen. Sie gaben ihnen zu essen und zu trinken, salbten die Schwachen unter ihnen und setzten sie auf Esel. So brachten sie die Gefangenen in die Palmenstadt Jericho in die Nähe ihrer Stammesbrüder. Sie selbst kehrten nach Samaria zurück."

[322] 2 Chr 32,27 "Hiskija wurden Reichtum und Ehre in hohem Maß zuteil. Er erwarb Schätze an Silber, Gold, Edelsteinen, Balsam, Schilden und allerlei kostbaren Geräten."

[323] 2 Chr 34,11 "Sie gaben es den Zimmerleuten und Bauarbeitern zum Ankauf von Bruchsteinen und Holz zur Beschaffung der Klammern und zur Erneuerung des Gebälks in den Gebäuden, die von den Königen von Juda vernachlässigt worden waren."

[324] Esra 3,4 "Dann feierten sie der Vorschrift entsprechend das Laubhüttenfest und brachten Tag für Tag so viele Opfer dar, wie es für die einzelnen Tage festgesetzt ist."

[325] Esra 3,7 "Darum nahmen sie Steinhauer und Zimmerleute in Dienst; den Sidoniern und Tyrern lieferten sie Nahrungsmittel, Getränke und Öl, damit sie Zedernstämme vom Libanon über das Meer nach Jafo brachten; das hatte ihnen der König Kyrus von Persien erlaubt."

[326] Esra 5,3 "In dieser Zeit kamen Tattenai, der Statthalter des Gebiets jenseits des Stroms, und Schetar-Bosnai sowie ihre Amtsgenossen zu den Juden und fragten sie: Wer hat euch die Erlaubnis erteilt, dieses Haus wieder aufzubauen und das Holzwerk innen zu vollenden?"

[327] Esra 5,8 "Dem König sei gemeldet, dass wir in der Provinz Juda das Haus des großen Gottes besichtigt haben. Die Leute bauen es mit Quadersteinen und belegen die Wände mit Holz. Sie betreiben diese Arbeit mit Eifer und sie geht unter ihren Händen gut voran."

[328] Esra 5,9 "Wir befragten die Ältesten: Wer hat euch die Erlaubnis erteilt, dieses Haus wieder aufzubauen und das Holzwerk innen zu vollenden?"

[329] Esra 6,4 "Auf drei Lagen Quadersteinen soll eine Lage Holz kommen. Die Kosten bestreitet der königliche Hof."

[330] Neh 2,7-8 "Ich sagte dem König noch: Wenn der König es für gut findet, dann gebe man mir Briefe mit an die Statthalter des Gebiets jenseits des Stroms, damit sie mich bis nach Juda durchreisen lassen; ferner einen Brief an Asaf, den Verwalter der königlichen Wälder: Er soll mir Bauholz liefern für die Tore der Tempelburg, für

die Stadtmauer und für das Haus, in das ich ziehen will. Der König bewilligte es mir, weil die gütige Hand meines Gottes über mir war."

[331] Neh 5,11 "Gebt ihnen unverzüglich ihre Äcker und Weinberge, ihre Ölgärten und Häuser zurück und erlasst ihnen die Schuld an Geld und Getreide, Wein und Öl, die sie bei euch haben."

[332] Neh 8,4 "Der Schriftgelehrte Esra stand auf einer Kanzel aus Holz, die man eigens dafür errichtet hatte. Neben ihm standen rechts Mattitja, Schema, Anaja, Urija, Hilkija und Maaseja und links Pedaja, Mischaël, Malkija, Haschum, Haschbaddana, Secharja und Meschullam."

[333] Neh 8,14 "Da fanden sie im Gesetz, das der Herr durch Mose geboten hat, die Stelle, an der es heißt: Die Israeliten sollen während des Festes im siebten Monat in Laubhütten wohnen."

[334] Neh 8,15 "Wie man sie unterrichtet hatte, ließen sie nun in all ihren Städten und in Jerusalem ausrufen: Geht in die Berge und holt Zweige von veredelten und von wilden Ölbäumen, Zweige von Myrten, Palmen und Laubbäumen zum Bau von Laubhütten, wie es vorgeschrieben ist."

[335] Neh 8,16 "Da ging das Volk hinaus; man holte Zweige und baute sich Laubhütten, der eine auf seinem flachen Dach, andere in ihren Höfen, in den Vorhöfen des Gotteshauses, auf dem Platz am Wassertor und auf dem Platz am Efraimtor."

[336] Neh 8,17 "Die ganze Gemeinde, alle, die aus der Gefangenschaft heimgekehrt waren, bauten Laubhütten und wohnten darin. So hatten die Israeliten es nicht mehr gehalten seit den Tagen Josuas, des Sohnes Nuns, bis zu diesem Tag, und die Freude war überaus groß."

[337] Neh 9,25 "Sie eroberten befestigte Städte und fruchtbares Ackerland. Häuser mit all ihrem Reichtum nahmen sie in Besitz, ausgehauene Zisternen, Weinberge, Ölbäume und Obstbäume in Menge. Sie aßen sich satt, wurden fett und lebten gut von deinen reichen Gaben."

[338] Neh 10,35 "Die Lieferung des Brennholzes haben wir ausgelost unter den Priestern, den Leviten und dem Volk. Jede Familie soll es jährlich zu der für sie bestimmten Zeit zum Haus unseres Gottes bringen. Es soll auf dem Altar des Herrn, unseres Gottes, brennen, wie es im Gesetz vorgeschrieben ist."

[339] Neh 10,36 "Ferner bringen wir jährlich zum Haus des Herrn die ersten Erträge unserer Felder und die ersten Erträge aller Baumfrüchte, ..."

[340] Neh 10,38 "Den Erstanteil von unserem Brotteig und von den Früchten aller Bäume sowie von Wein und Öl bringen wir für die Priester in die Kammern des Hauses unseres Gottes. Den Leviten geben wir den Zehnten vom Ertrag unseres Bodens. Die Leviten selbst erheben den Zehnten an allen Orten, wo wir das Feld bebauen."

[341] Neh 13,4-5 "Früher hatte der Priester Eljaschib die Kammern des Hauses unseres Gottes betreut; er war verwandt mit Tobija und hatte darum für ihn eine große Kammer einrichten lassen. Dort bewahrte man früher das Opfermehl und den Weihrauch auf sowie die Behälter und den Zehnten von Getreide, Wein und Öl, der den Leviten, Sängern und Torwächtern gesetzlich zukam, außerdem die Abgaben für die Priester."

[342] Neh 13,9 "Dann ließ ich die Kammer reinigen und brachte die Behälter des Hauses Gottes, das Opfermehl und den Weihrauch wieder dorthin."

[343] Neh 13,15 "Damals sah ich in Juda Leute, die am Sabbat die Kelter traten. Andere brachten Getreide ein und luden es auf Esel; auch Wein, Trauben, Feigen und Lasten aller Art brachten sie am Sabbattag nach Jerusalem. Ich verwarnte sie, weil sie an diesem Tag Lebensmittel verkauften."

[344] Neh 13,31 "Auch habe ich angeordnet, wie man an den festgesetzten Zeiten das Brennholz liefern und die ersten Erträge bringen soll. Denk daran, mein Gott, und halt es mir zugute!"

[345] Jdt 3,8 "Doch er ließ alle ihre Kulthöhen zerstören und ihre Götterhaine umhauen. Ihm war die Macht gegeben, alle Götter der Erde zu vernichten. Alle Völker sollten nur Nebukadnezzar verehren und alle Stämme und Nationen ihn als Gott anrufen."

[346] Jdt 10,5 "Ihrer Dienerin gab sie einen Schlauch Wein und ein Gefäß mit Öl; sie füllte einen Sack mit Gerstenmehl, getrockneten Feigen und reinen Broten, verpackte all diese Dinge sorgfältig und lud sie ihrer Dienerin auf."

[347] Jdt 15,12 "Alle Frauen in Israel eilten herbei, um Judit zu sehen, und sangen ihr Lob. Als sie sich ihr zu Ehren zu einem Festreigen aufstellten, nahm Judit belaubte Zweige in die Hand und gab auch den umstehenden Frauen davon."

[348] Jdt 15,13 "Sie und ihre Begleiterinnen setzten sich Kränze von Ölzweigen auf, und so ging sie vor dem ganzen Volk her und führte den Festreigen der Frauen an. Ihr folgten alle Männer von Israel in Waffen und mit Kränzen geschmückt. Von allen Lippen ertönten Loblieder."

[349] Est 2,7 "Er war der Vormund von Hadassa [Myrthe], der Tochter seines Onkels, die auch Ester hieß. Sie hatte keinen Vater und keine Mutter mehr. Das Mädchen war von schöner Gestalt und großer Anmut. Nach dem Tod ihres Vaters und ihrer Mutter hatte Mordechai sie als seine Tochter angenommen."

[350] Est 2,12 "Der Reihe nach wurden alle Mädchen zu König Artaxerxes geholt. Zuvor waren sie, wie es für die Frauen Vorschrift war, zwölf Monate lang gepflegt worden; denn so lange dauerte ihre Schönheitspflege: sechs Monate Myrrhenöl und sechs Monate Balsam und andere Schönheitsmittel der Frauen."

[351] 1 Makk 1,55 "Vor den Haustüren und auf den Plätzen opferte man Weihrauch."

[352] 1 Makk 4,38 "Da sahen sie das Heiligtum verödet daliegen. Der Brandopferaltar war entweiht; die Tore hatte man verbrannt. In den Vorhöfen wuchs Unkraut wie in einem Wald oder auf einem Berg und die Nebengebäude waren verfallen."

[353] 1 Makk 6,34 "Den Elefanten hielt man den Saft von Trauben und Maulbeeren vor, um sie zum Kampf zu reizen."

[354] 1 Makk 6,37 "Jedes Tier trug einen befestigten, gut gesicherten Turm aus Holz, der kunstfertig angeschnallt war, dazu vier Soldaten, die von dem Turm aus kämpften, sowie seinen indischen Lenker."

[355] 1 Makk 10,21 "Im siebten Monat des Jahres 160 legte Jonatan am Laubhüttenfest das heilige Gewand an. Er hob Truppen aus und verschaffte sich eine Menge Waffen."

[356] 1 Makk 10,30 "Von heute an verzichte ich für immer auf den dritten Teil der Erträge der Felder und auf die Hälfte der Erträge der Bäume, die mir aus Judäa zustehen sowie aus den drei Bezirken Samariens und Galiläas, die an Judäa angeschlossen worden sind."

[357] 1 Makk 11,34 "Wir bestätigen ihnen den Besitz von Judäa und den drei Bezirken Efraim, Lod und Ramatajim. Diese sind mit allem, was zu ihnen gehört, von Samarien abgetrennt und zu Judäa geschlagen worden. Für alle, die in Jerusalem opfern, gelte das als Ersatz für die königlichen Steuern, die der König bei ihnen bisher jährlich von den Erträgen der Felder und Bäume erhoben hat."

[358] 1 Makk 13,37 "Den goldenen Kranz und den Palmzweig, den ihr gesandt habt, haben wir erhalten. Wir sind bereit, ein für alle Mal Frieden mit euch zu schließen und die Behörden anzuweisen, euch Nachlass zu gewähren."

[359] 1 Makk 13,51 "Am dreiundzwanzigsten Tag des zweiten Monats im Jahr 171 zogen die Israeliten unter der Musik von Harfen, Zimbeln und Zithern mit Hymnen und Gesängen in die Burg ein; sie trugen Palmzweige in den Händen und sangen Freudenlieder. Denn Israel war von einem gefährlichen Feind befreit. "

[360] 1 Makk 14,8 "Sie bebauten in Frieden ihr Land; / der Boden gab seinen Ertrag, / die Bäume auf dem Feld ihre Frucht."

[361] 1 Makk 14,12 "Jeder saß unter seinem Weinstock und seinem Feigenbaum, / und niemand schreckte sie auf."

[362] 2 Makk 1,9 "Und nun begeht die Tage des Laubhüttenfestes im Monat Kislew! Geschrieben im Jahr 188."

[363] 2 Makk 1,18 "Wir wollen nun am fünfundzwanzigsten Kislew die Reinigung des Tempels feiern. Darum hielten wir es für unsere Pflicht, euch davon zu benachrichtigen, damit auch ihr sie wie die Tage des Laubhüttenfestes feiern könnt und wie die Tage des Feuers. (Letztere erinnern an den Tag,) an dem Nehemia nach dem Aufbau von Tempel und Altar erstmals wieder Opfer darbrachte."

[364] Makk 1,21 "Als sie uns erklärten, kein Feuer gefunden zu haben, sondern nur eine dicke Flüssigkeit, befahl er ihnen, etwas davon zu schöpfen und zu ihm zu bringen. Das Opfer wurde hergerichtet. Dann ließ Nehemia von den Priestern das Brennholz, und was darauf lag, mit diesem zähflüssigen Wasser begießen."

[365] 2 Makk 10,6 "Sie feierten acht Tage lang ein fröhliches Fest nach Art des Laubhüttenfestes; dabei dachten sie daran, dass sie noch vor kurzem das Laubhüttenfest wie wilde Tiere in den Höhlen der Berge verbracht hatten."

[366] 2 Makk 10,7 "Sie nahmen Stäbe, die sie mit grünen Blättern umwunden hatten, in die Hand und Laubzweige - auch Palmzweige - und brachten dem Loblieder dar, der den Weg zur Reinigung des Ortes bereitet hatte, der sein Eigentum ist."

[367] 2 Makk 14,4 "Darum kam er um das Jahr 151 zu König Demetrius und überreichte ihm einen goldenen Kranz mit einem Palmzweig, dazu Ölzweige, wie sie am Heiligtum gebräuchlich sind. An diesem Tag unternahm er weiter nichts."

[368] Hiob 5,3 "Wohl sah ich einen Toren Wurzel fassen, / doch plötzlich musste ich seine Wohnstatt verwünschen."

[369] Hiob 8,16-17 "Er steht im Saft vor der Sonne, / seine Zweige überwuchern den Garten, im Geröll verflechten sich seine Wurzeln, / zwischen Steinen halten sie sich fest."

[370] Hiob 13,25 "Verwehtes Laub willst du noch scheuchen, / dürre Spreu noch forttreiben?"

[371] Hiob 14,7 "Denn für den Baum besteht noch Hoffnung, / ist er gefällt, so treibt er wieder, / sein Sprössling bleibt nicht aus."

[372] Hiob 14,8-9 "Wenn in der Erde seine Wurzel altert / und sein Stumpf im Boden stirbt, vom Dunst des Wassers sprosst er wieder / und wie ein Setzling treibt er Zweige."

[373] Hiob 15,32 "Bevor sein Tag kommt, welkt er hin / und sein Palmzweig grünt nicht mehr."

[374] Hiob 15,33 "Er stößt ihn ab wie der Weinstock saure Trauben, / wie der Ölbaum wirft er seine Blüten fort."

[375] Hiob 18,16 "Von unten her verdorren seine Wurzeln, / von oben welken seine Zweige."

[376] Hiob 18,19 "Kein Spross, kein Stamm bleibt ihm in seinem Volk, / am Ort seines Aufenthaltes keiner, der ihn überlebt."

[377] Hiob 19,10 "Er brach mich ringsum nieder, ich muss dahin; / er riss mein Hoffen aus wie einen Baum."

[378] Hiob 24,20 "Der Mutterschoß vergisst ihn, / Gewürm labt sich an ihm; nie mehr wird an ihn gedacht; / ja, wie Holz wird Frevel zerschmettert."

[379] Hiob 29,19 "Meine Wurzel reiche bis an das Wasser, / auf meinen Zweigen nächtige Tau."

[380] Hiob 36,30 "Sieh, darüber breitet er sein Licht / und deckt des Meeres Wurzeln zu."

[381] Hiob 40,17 "Wie eine Zeder lässt es hängen seinen Schwanz; / straff sind verflochten seiner Schenkel Sehnen."

[382] Hiob 40,22 "Kreuzdornbüsche decken es mit Schatten, / die Pappeln am Fluss umgeben es."

[383] Hiob 41,19 "Eisen achtet es wie Stroh, / Bronze wie morsch gewordenes Holz."

[384] Hiob 42,14 "Die erste nannte er Jemima, die zweite Kezia [Zimtblüte] und die dritte Keren-Happuch."

[385] Ps 1,3 "Er ist wie ein Baum, / der an Wasserbächen gepflanzt ist, der zur rechten Zeit seine Frucht bringt / und dessen Blätter nicht welken. Alles, was er tut, / wird ihm gut gelingen."

[386] Ps 29,5 "Die Stimme des Herrn zerbricht die Zedern, / der Herr zerschmettert die Zedern des Libanon."

[387] Ps 29,9 "Die Stimme des Herrn wirbelt Eichen empor, / sie reißt ganze Wälder kahl. / In seinem Palast rufen alle: O herrlicher Gott! "

[388] Ps 37,35 "Ich sah einen Frevler, bereit zu Gewalttat; / er reckte sich hoch wie eine grünende Zeder."

[389] Ps 38,1 "[Ein Psalm Davids. Zum Weihrauchopfer.]"

[390] Ps 45,9 "Von Myrrhe, Aloe und Kassia duften all deine Gewänder, / aus Elfenbeinhallen erfreut dich Saitenspiel."

[391] Ps 50,10 "Denn mir gehört alles Getier des Waldes, / das Wild auf den Bergen zu Tausenden."

[392] Ps 52,10 "Ich aber bin im Haus Gottes wie ein grünender Ölbaum; / auf Gottes Huld vertraue ich immer und ewig."

[393] Ps 70,1 "[Für den Chormeister. Von David. Zum Weihrauchopfer.]"

394 Ps 72,16 "Im Land gebe es Korn in Fülle. / Es rausche auf dem Gipfel der Berge. Seine Frucht wird sein wie die Bäume des Libanon. / Menschen blühn in der Stadt wie das Gras der Erde."

395 Ps 74,5-6 "Wie einer die Axt schwingt im Dickicht des Waldes, / so zerschlugen sie all das Schnitzwerk mit Beil und Hammer."

396 Ps 78,47 "Ihre Reben zerschlug er mit Hagel, / ihre Maulbeerbäume mit Körnern aus Eis."

397 Ps 80,10 "Du schufst ihm weiten Raum; / er hat Wurzeln geschlagen / und das ganze Land erfüllt."

398 Ps 80,11 "Sein Schatten bedeckte die Berge, / seine Zweige die Zedern Gottes."

399 Ps 80,14 "Der Eber aus dem Wald wühlt ihn um, / die Tiere des Feldes fressen ihn ab."

400 Ps 83, 15-16 "Wie das Feuer, das ganze Wälder verbrennt, / wie die Flamme, die Berge versengt, so jage sie davon mit deinem Sturm / und schrecke sie mit deinem Wetter!"

401 Ps 92,13 "Der Gerechte gedeiht wie die Palme, / er wächst wie die Zedern des Libanon."

402 Ps 96,12-13 "Es jauchze die Flur und was auf ihr wächst. / Jubeln sollen alle Bäume des Waldes vor dem Herrn, wenn er kommt, / wenn er kommt, um die Erde zu richten. Er richtet den Erdkreis gerecht / und die Nationen nach seiner Treue."

403 Ps 104,12 "An den Ufern wohnen die Vögel des Himmels, / aus den Zweigen erklingt ihr Gesang."

404 Ps 104,16-17 "Die Bäume des Herrn trinken sich satt, / die Zedern des Libanon, die er gepflanzt hat. In ihnen bauen die Vögel ihr Nest, / auf den Zypressen nistet der Storch."

405 Ps 104,20 "Du sendest Finsternis und es wird Nacht, / dann regen sich alle Tiere des Waldes."

406 Ps 105,33 "Er zerschlug ihnen Weinstock und Feigenbaum / und knickte in ihrem Gebiet die Bäume um."

407 Ps 118,27 "Gott, der Herr, erleuchte uns. Mit Zweigen in den Händen / schließt euch zusammen zum Reigen / bis zu den Hörnern des Altars! "

408 Ps 128,3 "Wie ein fruchtbarer Weinstock ist deine Frau / drinnen in deinem Haus. Wie junge Ölbäume sind deine Kinder / rings um deinen Tisch."

409 Ps 144,12 "Unsre Söhne seien wie junge Bäume, / hoch gewachsen in ihrer Jugend, unsre Töchter wie schlanke Säulen, / die geschnitzt sind für den Tempel."

410 Ps 148,7.9 "Lobt den Herrn, ihr auf der Erde, / ihr Seeungeheuer und all ihr Tiefen, ... ihr Berge und all ihr Hügel, / ihr Fruchtbäume und alle Zedern, ..."

411 Spr 3,18 "Wer nach ihr greift, dem ist sie ein Lebensbaum, / wer sie festhält, ist glücklich zu preisen."

412 Spr 7,16-17 "Ich habe Decken über mein Bett gebreitet, / bunte Tücher aus ägyptischem Leinen; ich habe mein Lager besprengt mit / Myrrhe, Aloe und Zimt."

413 Spr 11,28 "Wer auf seinen Reichtum vertraut, der fällt, / die Gerechten aber sprossen wie grünes Laub."

414 Spr 11,30 "Die Frucht der Gerechtigkeit ist ein Lebensbaum, / Gewalttat raubt die Lebenskraft."

415 Spr 12,3 "Wer unrecht tut, hat keinen Bestand, / doch die Wurzel der Gerechten sitzt fest."

416 Spr 12,12 "Schwankender Lehm ist die Burg der Bösen, / die Wurzel der Gerechten hat festen Grund."

417 Spr 13,12 "Hingehaltene Hoffnung macht das Herz krank, / erfülltes Verlangen ist ein Lebensbaum."

418 Spr 15,4 "Eine sanfte Zunge ist ein Lebensbaum, / eine falsche Zunge bricht das Herz."

419 Spr 25,11 "Wie goldene Äpfel auf silbernen Schalen / ist ein Wort, gesprochen zur rechten Zeit."

420 Spr 25,20 "Essig auf Laugensalz - / (so ist,) wer Lieder singt vor einem missmutigen Herzen. [Wie die Motte am Kleid, der Wurm im Holz, / so nagt der Kummer am Herzen des Menschen.]"

421 Spr 26,20 "Ist kein Holz mehr da, erlischt das Feuer; / wo kein Verleumder ist, legt sich der Streit."

422 Spr 26,21 "Wie Kohlen die Glut und Holz das Feuer, / so schürt ein zänkischer Mensch den Streit."

[423] Spr 27,9 "Salböl und Weihrauch erfreuen das Herz, / die Herzlichkeit eines Freundes erfreut mehr als duftendes Holz."

[424] Spr 27,18 "Wer einen Feigenbaum pflegt, wird seine Frucht essen, / wer auf seinen Herrn Acht gibt, wird geehrt."

[425] Koh 2,5 "Ich legte mir Gärten und Parks an, / darin pflanzte ich alle Arten von Bäumen."

[426] Koh 2,6 "Ich legte Wasserbecken an, / um aus ihnen den sprossenden Baumbestand zu bewässern."

[427] Koh 10,8-9 "Wer eine Grube gräbt, kann hineinfallen, / wer eine Mauer einreißt, den kann die Schlange beißen, wer Steine bricht, kann sich dabei verletzen, / wer Holz spaltet, bringt sich dadurch in Gefahr."

[428] Koh 11,3 "Wenn die Wolken sich mit Regen füllen, / schütten sie ihn auch über das Land aus; wenn ein Baum nach Süden oder Norden fällt - / wohin der Baum auch fällt, da bleibt er liegen."

[429] Koh 12,5 "... selbst vor der Anhöhe fürchtet man sich und vor den Schrecken am Weg; / der Mandelbaum blüht, / die Heuschrecke schleppt sich dahin, / die Frucht der Kaper platzt, / doch ein Mensch geht zu seinem ewigen Haus / und die Klagenden ziehen durch die Strassen - ..."

[430] Hld 1,13 "Mein Geliebter ruht wie ein Beutel mit Myrrhe / an meiner Brust."

[431] Hld 1,17 "Zedern sind die Balken unseres Hauses, / Zypressen die Wände."

[432] Hld 2,3 "Ein Apfelbaum unter Waldbäumen / ist mein Geliebter unter den Burschen. In seinem Schatten begehre ich zu sitzen. / Wie süß schmeckt seine Frucht meinem Gaumen!"

[433] Hld 2,5 "Stärkt mich mit Traubenkuchen, / erquickt mich mit Äpfeln; / denn ich bin krank vor Liebe."

[434] Hld 2,13 "Am Feigenbaum reifen die ersten Früchte; / die blühenden Reben duften. Steh auf, meine Freundin, / meine Schöne, so komm doch!"

[435] Hld 2,17 "Wenn der Tag verweht / und die Schatten wachsen, komm du, mein Geliebter, / der Gazelle gleich, dem jungen Hirsch / auf den Balsambergen."

[436] Hld 3,6 "Wer ist sie, / die da aus der Steppe heraufsteigt / in Säulen von Rauch, umwölkt von Myrrhe und Weihrauch, / von allen Wohlgerüchen der Händler?"

[437] Hld 3,9-10 "Einen Tragsessel ließ König Salomo zimmern / aus Holz vom Libanon, die Pfosten in Silber, / die Lehne in Gold, der Sitz in Purpur, / das Innere mit Steinen [mit Holz der Liebe] belegt."

[438] Hld 4,3 "Rote Bänder sind deine Lippen; / lieblich ist dein Mund. Dem Riss eines Granatapfels gleicht deine Schläfe / hinter dem Schleier."

[439] Hld 4,6 "Wenn der Tag verweht und die Schatten wachsen, / will ich zum Myrrhenberg gehen, / zum Weihrauchhügel."

[440] Hld 4,10 "Wie schön ist deine Liebe, / meine Schwester Braut; wie viel süßer ist deine Liebe als Wein, / der Duft deiner Salben köstlicher als alle Balsamdüfte."

[441] Hld 4,13-14 "Ein Lustgarten sprosst aus dir, / Granatbäume mit köstlichen Früchten, / Hennadolden, Nardenblüten, Narde, Krokus, Gewürzrohr und Zimt, / alle Weihrauchbäume, Myrrhe und Aloe, / allerbester Balsam."

[442] Hld 4,16 "Nordwind, erwache! Südwind, herbei! / Durchweht meinen Garten, / lasst strömen die Balsamdüfte! Mein Geliebter komme in seinen Garten / und esse von den köstlichen Früchten."

[443] Hld 5,1 "Ich komme in meinen Garten, Schwester Braut; / ich pflücke meine Myrrhe, den Balsam; esse meine Wabe samt dem Honig, / trinke meinen Wein und die Milch. Freunde, esst und trinkt, / berauscht euch an der Liebe!"

[444] Hld 5,13 "Seine Wangen sind wie Balsambeete, / darin Gewürzkräuter sprießen, seine Lippen wie Lilien; / sie tropfen von flüssiger Myrrhe."

[445] Hld 5,15 "Seine Schenkel sind Marmorsäulen, / auf Sockeln von Feingold. Seine Gestalt ist wie der Libanon, / erlesen wie Zedern."

[446] Hld 6,7 "Dem Riss eines Granatapfels gleicht deine Schläfe / hinter deinem Schleier."

[447] Hld 6,11 "In den Nussgarten stieg ich hinab, / um nach dem Sprossen der Palme zu sehen, / um zu sehen, ob der Weinstock treibt, / die Granatbäume blühen."

[448] Hld 7,8 "Wie eine Palme ist dein Wuchs; / deine Brüste sind wie Trauben."

[449] Hld 7,9 "Ich sage: Ersteigen will ich die Palme; / ich greife nach den Rispen. Trauben am Weinstock seien mir deine Brüste, / Apfelduft sei der Duft deines Atems, ..."

[450] Hld 7,13 "Früh wollen wir dann zu den Weinbergen gehen / und sehen, ob der Weinstock schon treibt, ob die Rebenblüte sich öffnet, / ob die Granatbäume blühen. / Dort schenke ich dir meine Liebe."

[451] Hld 7,14 "Die Liebesäpfel duften; / an unsrer Tür warten alle köstlichen Früchte, frische und solche vom Vorjahr; / für dich hab ich sie aufgehoben, Geliebter."

[452] Hld 8,2 "Führen wollte ich dich, / in das Haus meiner Mutter dich bringen, / die mich erzogen hat. Würzwein gäbe ich dir zu trinken, / Granatapfelmost."

[453] Hld 8,5 "Wer ist sie, / die aus der Steppe heraufsteigt, / auf ihren Geliebten gestützt? Unter dem Apfelbaum hab ich dich geweckt, / dort, wo deine Mutter dich empfing, / wo deine Gebärerin in Wehen lag."

[454] Hld 8,9 "Ist sie eine Mauer, / bauen wir silberne Zinnen auf ihr. Ist sie eine Tür, / versperren wir sie mit einem Zedernbrett."

[455] Hld 8,14 "Fort, fort, mein Geliebter, / der Gazelle gleich, dem jungen Hirsch / auf den Balsambergen."

[456] Weish 3,15 "Denn ruhmreich ist der Lohn guter Mühe / und unvergänglich die Wurzel der Klugheit."

[457] Weish 4,3 "Doch die große Kinderschar der Frevler bringt keinen Nutzen; / sie ist ein unechtes Gewächs, / treibt keine Wurzeln in die Tiefe / und fasst keinen sicheren Grund."

[458] Weish 4,4 "Breitet es auch eine Zeitlang üppig seine Zweige aus, / so wird es doch vom Wind hin und her geschüttelt / und von der Gewalt der Stürme entwurzelt."

[459] Weish 4,5 "Die Äste, die noch schwach sind, werden geknickt; / ihre Frucht ist unbrauchbar, unreif und ungenießbar, / zu gar nichts geeignet."

[460] Weish 7,17.20 "Er verlieh mir untrügliche Kenntnis der Dinge, / sodass ich den Aufbau der Welt und das Wirken der Elemente verstehe, ... die Natur der Tiere und die Wildheit der Raubtiere, / die Gewalt der Geister und die Gedanken der Menschen, / die Verschiedenheit der Pflanzen und die Kräfte der Wurzeln."

[461] Weish 10,4 "Die Weisheit hat die Erde, die seinetwegen überflutet wurde, wieder gerettet und den Gerechten auf wertlosem Holz durch die Wasser gesteuert."

[462] Weish 13,11 "Da sägte ein Holzschnitzer einen geeigneten Baum ab, entrindete ihn ringsum geschickt, bearbeitete ihn sorgfältig und machte daraus ein nützliches Gerät für den täglichen Gebrauch."

[463] Weish 13,13 "Was dann noch übrig blieb und zu nichts brauchbar war, ein krummes, knotiges Stück Holz, das nahm er, schnitzte daran so eifrig und fachgemäß, wie man es tut, wenn man am Abend von der Arbeit abgespannt ist, formte es zum Bild eines Menschen ..."

[464] Weish 14,1 "Ein anderer, der sich zu einer Seefahrt rüstet, auf der er wilde Wogen durchqueren wird, ruft ein Holz an, das gebrechlicher ist als das Fahrzeug, das ihn trägt."

[465] Weish 14,5 "Du willst, dass die Werke deiner Weisheit nicht ungenutzt bleiben. Darum vertrauen Menschen ihr Leben sogar einem winzigen Holz an und fahren wohlbehalten auf einem Floß durch die Brandung."

[466] Weish 14,7 "Denn Segen ruht auf dem Holz, durch das Gerechtigkeit geschieht."

[467] Weish 14,8 "Fluch hingegen trifft das von Händen geformte Holz und seinen Bildner, ihn, weil er es bearbeitet hat, jenes, weil es Gott genannt wurde, obwohl es vergänglich ist."

[468] Weish 14,21 "Der Welt ist dies zum Verhängnis geworden: Die Menschen haben, unter dem Druck von Unglück oder Herrschermacht, Stein und Holz den Namen beigelegt, der mit niemand geteilt werden kann."

[469] Weish 15,3 "Denn es ist vollendete Gerechtigkeit, dich zu verstehen; und deine Stärke zu kennen ist die Wurzel der Unsterblichkeit."

[470] Weish 17,17 "Das Pfeifen des Windes, der wohlklingende Gesang der Vögel auf den Zweigen der Bäume, das Rauschen ungestüm strömender Wasser, das wilde Donnern stürzender Felsen, ..."

[471] Sir 1,6 [-7] "Die Wurzel der Weisheit - wem wurde sie enthüllt, / ihre Pläne - wer hat sie durchschaut?"

[472] Sir 1,20 "Wurzel der Weisheit ist die Gottesfurcht, / ihre Zweige sind langes Leben."

[473] Sir 3,9 "Der Segen des Vaters festigt die Wurzel, / doch der Fluch der Mutter reißt die junge Pflanze aus."

[474] Sir 3,28 "Für die Wunde des Übermütigen gibt es keine Heilung, / denn ein giftiges Kraut hat in ihm seine Wurzeln."

[475] Sir 6,2-3 "Verfall nicht der Macht deiner Gier; / sie wird wie ein Stier deine Kraft abweiden. Dein Laub wird sie fressen, deine Früchte verderben / und dich zurücklassen wie einen dürren Baum."

[476] Sir 8,3 "Zank nicht mit einem Schwätzer / und leg nicht noch Holz auf das Feuer!"

[477] Sir 10,16 "Gott verwischt die Spuren der Völker, / ihren Wurzelstock schlägt er ab bis auf den Grund."

[478] Sir 14,18 "Wie sprossende Blätter am grünen Baum / - das eine welkt, das andere wächst nach -, so sind die Geschlechter von Fleisch und Blut: / das eine stirbt, das andere reift heran."

[479] Sir 14,20.26 "Wohl dem Menschen, der nachsinnt über die Weisheit, / der sich bemüht um Einsicht, ... der sein Nest in ihr Laub baut / und in ihren Zweigen die Nacht verbringt, ..."

[480] Sir 22,16 "Holzgebälk, eingelassen ins Mauerwerk, / löst sich bei keiner Erschütterung: So ist ein Herz, gestützt auf überlegten Rat; / zu keiner Zeit verzagt es."

[481] Sir 23,25 "Ihre Sprösslinge werden keine Wurzel treiben / und ihre Zweige keine Frucht bringen."

[482] Sir 24,12 "Ich fasste Wurzel bei einem ruhmreichen Volk, / im Eigentum des Herrn, in seinem Erbbesitz."

[483] Sir 24,13 "Wie eine Zeder auf dem Libanon wuchs ich empor, / wie ein wilder Ölbaum auf dem Hermongebirge."

[484] Sir 24,14 "Wie eine Palme in En-Gedi wuchs ich empor, / wie Oleandersträucher in Jericho, wie ein prächtiger Ölbaum in der Schefela, / wie eine Platane am Wasser wuchs ich empor."

[485] Sir 24,15 "Wie Zimt und duftendes Gewürzrohr, / wie beste Myrrhe strömte ich Wohlgeruch aus, wie Galbanum, Onyx und Stakte, / wie Weihrauchwolken im heiligen Zelt."

[486] Sir 24,16 "Ich breitete wie eine Terebinthe meine Zweige aus / und meine Zweige waren voll Pracht und Anmut."

[487] Sir 27,6 "Der Art des Baumes entspricht seine Frucht; / so wird ein jeder nach seiner Gesinnung beurteilt."

[488] Sir 37,17 "Die Wurzel der Pläne ist das Herz. /"

[489] Sir 38,5 "Wurde nicht durch ein Holz das Wasser süß, / sodass Gottes Macht sich zeigte?"

[490] Sir 39,13 "Hört mich, ihr frommen Söhne, und ihr werdet gedeihen / wie die Zeder, die am Wasserlauf wächst."

[491] Sir 39,14 "Ihr werdet Duft verströmen wie der Weihrauch, / ihr werdet Blüten treiben wie die Lilie. Erhebt die Stimme und singt im Chor, / preist den Herrn für all seine Werke!"

[492] Sir 40,15 "Der Schössling des Gewalttätigen treibt keinen Spross; / denn die Wurzel des Ruchlosen liegt auf einem Felsenriff, ..."

[493] Sir 45,9 "Dessen Saum verzierte er mit Glöckchen im Kreis / und mit klingenden Granatäpfeln ringsum. Sie sollten bei seinen Schritten lieblichen Klang geben, / damit er im Heiligtum zu hören war und sein Volk aufmerksam wurde."

[494] Sir 47,22 "Gott aber hat seine Huld nicht aufgegeben / und keines seiner Worte unerfüllt gelassen. Er hat seinem Erwählten den Spross und Sohn nicht ausgerottet, / die Nachkommen seine Freundes nicht ausgetilgt. So hat er Jakob einen Rest gelassen / und David einen Wurzelspross aus ihm selbst."

[495] Sir 49,1 "Der Name Joschija gleicht duftendem Weihrauch, / würzig und vom Salbenmischer zubereitet. Sein Andenken ist süß wie Honig im Mund / und wie ein Lied beim Weingelage."

[496] Sir 50,5.9 "Wie herrlich, wenn er herausschaute aus dem Zelt, / wenn er heraustrat zwischen dem Vorhang: ... wie Weihrauchfeuer auf dem Speiseopfer, / wie ein vergoldetes Gefäß, mit dem Hammer getrieben / und mit Edelsteinen besetzt, ..."

[497] Sir 50,10 "... wie ein üppiger Ölbaum voll von Früchten, / wie ein wilder Ölbaum mit saftigen Zweigen."

[498] Sir 50,11-14 "(Wie herrlich,) wenn er die Prachtgewänder angelegt / und sich mit allem Schmuck bekleidet hatte, wenn er emporstieg zum erhabenen Altar / und die Einfassung des heiligen Raumes mit Glanz erfüllte, wenn er die Opferstücke aus der Hand seiner Brüder nahm, / während er selbst bei dem aufgeschichteten Holz stand. Rings umgab ihn der Kranz seiner Söhne / wie junge Zedern auf dem Libanon. Wie Pappeln am Bach umstanden ihn / alle Söhne Aarons in ihrer Pracht, die Feueropfer des Herrn in ihrer Hand / vor der ganzen Versammlung Israels, bis er den Dienst am Altar vollendet / und das Opferholz für den Höchsten geordnet hatte."

[499] Jes 1,29 "Ihr werdet in Schande stürzen / wegen der Eichen, die euch gefallen, und werdet euch schämen / wegen der (heiligen) Haine, die ihr so gern habt."

[500] Jes 1,30 "Ihr werdet wie eine Eiche, deren Blätter verwelken, / und wie ein Garten, dessen Wasser versiegt ist."

[501] Jes 2,12-13 "Denn der Tag des Herrn der Heere kommt / über alles Stolze und Erhabene, / über alles Hohe - es wird erniedrigt -, über alle hoch ragenden Zedern des Libanon / und alle Eichen des Baschan, ..."

[502] Jes 3,24 "Dann habt ihr Moder statt Balsam, / Strick statt Gürtel, Glatze statt kunstvolle Locken, Trauergewand statt Festkleid, / ja, Schande statt Schönheit."

[503] Jes 5,24 "Darum: Wie des Feuers Zunge die Stoppeln frisst / und wie das Heu in der Flamme zusammensinkt, so soll ihre Wurzel verfaulen / und ihre Blüte wie Staub aufgewirbelt werden. Denn sie haben die Weisung des Herrn der Heere von sich gewiesen / und über das Wort des Heiligen Israels gelästert."

[504] Jes 6,13 "Bleibt darin noch ein Zehntel übrig - / auch sie werden schließlich vernichtet, wie bei einer Eiche oder Terebinthe, / von der nur der Stumpf bleibt, wenn man sie fällt. [Ihr Stumpf ist heiliger Same.]"

[505] Jes 7,2 "Als man dem Haus David meldete: Aram hat sich mit Efraim verbündet!, da zitterte das Herz des Königs und das Herz seines Volkes, wie die Bäume des Waldes im Wind zittern."

[506] Jes 7,4 "Sag zu ihm: Bewahre die Ruhe, fürchte dich nicht! Dein Herz soll nicht verzagen wegen dieser beiden Holzscheite, dieser rauchenden Stummel, wegen des glühenden Zorns Rezins von Aram und des Sohnes Remaljas."

[507] Jes 9,3 "Denn wie am Tag von Midian zerbrichst du das drückende Joch, / das Tragholz auf unserer Schulter und den Stock des Treibers."

[508] Jes 9,9 "Die Ziegelmauern sind gefallen, / jetzt bauen wir mit Quadern; die Maulbeerbäume hat man gefällt, / jetzt pflanzen wir Zedern."

[509] Jes 9,13 "Da schnitt der Herr dem Volk Israel den Kopf und den Schwanz ab, / Palmzweig und Binse am selben Tag: ..."

[510] Jes 9,17 "Denn ihre Bosheit loderte auf wie ein Feuer, / das Dornen und Disteln verzehrt. Es entzündete das Dickicht des Waldes, / sodass es in Rauchschwaden aufging."

[511] Jes 10,15 "Prahlt denn die Axt gegenüber dem, der mit ihr hackt, / oder brüstet die Säge sich vor dem, der mit ihr sägt? Das wäre, wie wenn der Stock den Mann schwingt, der ihn hochhebt, / oder wie wenn der Knüppel den hochhebt, der nicht aus Holz ist."

[512] Jes 10,18 "Seinen herrlichen Wald, seinen fruchtbaren Garten, / mit Stumpf und Stiel vernichtet er ihn; / es ist, wie wenn ein Kranker dahinsiecht."

[513] Jes 10,19 "Von den Bäumen in seinem Wald / bleiben nur wenige übrig, / selbst ein Kind kann sie zählen."

[514] Jes 10,33 "Seht, Gott, der Herr der Heere, / schlägt mit schrecklicher Gewalt die Zweige ab. Die mächtigen Bäume werden gefällt / und alles, was hoch ist, wird niedrig."

[515] Jes 10,34 "Das Dickicht des Waldes wird mit dem Eisen gerodet, / der Libanon fällt durch die Hand eines Mächtigen."

[516] Jes 11,1 "Doch aus dem Baumstumpf Isais wächst ein Reis hervor, / ein junger Trieb aus seinen Wurzeln bringt Frucht."

[517] Jes 11,10 "An jenem Tag wird es der Spross aus der Wurzel Isais sein, / der dasteht als Zeichen für die Nationen; die Völker suchen ihn auf; / sein Wohnsitz ist prächtig."

[518] Jes 14,8 "Selbst die Zypressen und die Zedern des Libanon / machen sich über dich lustig: Seit du am Boden liegst, kommt keiner mehr her, / um uns zu fällen."

[519] Jes 14,29 "Freu dich nicht, Land der Philister, / weil der Stock zerbrochen ist, der dich schlug; denn aus der Schlange geht wie aus einer Wurzel eine Natter hervor / und ihre Frucht ist ein fliegender Drache."

[520] Jes 14,30 "Auf meiner Wiese weiden die Schwachen, / dort leben die Armen in Sicherheit; deine Wurzeln aber lasse ich verhungern, / den Rest von dir werde ich erschlagen."

[521] Jes 15,7 "Darum schleppen sie ihre letzte Habe / und ihre Vorräte über den Weidenbach fort."

[522] Jes 17,6 "Nur ein Rest bleibt für die Nachlese übrig / wie beim Abernten der Ölbäume: zwei, drei reife Oliven an den oberen Ästen des Baumes, / vier oder fünf an seinen Zweigen - / Spruch des Herrn, des Gottes Israels."

[523] Jes 19,15 "So wird in Ägypten niemand mehr etwas vollbringen, niemand, weder Kopf noch Schwanz, weder Palme noch Binse."

[524] Jes 22,8 "So nahm er Juda jeden Schutz. / Ihr aber habt an jenem Tag nach euren Waffen im 'Waldhaus' gesehen; ..."

[525] Jes 22,24 "Wenn sich aber all die vielen Mitglieder seines Vaterhauses mit Kindern und Kindeskindern [Kinder wie Blätter an den Schösslingen] an ihn hängen, alle die Kännchen, die Töpfe und Krüge, ..."

[526] Jes 24,13 "Dann ist es unter den Völkern auf der Erde, / wie wenn man Oliven abschlägt, / wie bei der Nachlese, wenn die Ernte vorbei ist."

[527] Jes 27,6 "In künftigen Tagen schlägt Jakob wieder Wurzel, / Israel blüht und gedeiht / und der Erdkreis füllt sich mit Früchten."

[528] Jes 27,10 "Ja, die befestigte Stadt ist einsam geworden, / ein entvölkerter Ort, verlassen wie die Steppe. Dort weiden die Rinder und legen sich nieder. / Sie fressen die Zweige ab."

[529] Jes 27,11 "Wenn dann die Äste verdorren, bricht man sie ab / und die Frauen kommen und machen Feuer damit. Es ist ein Volk ohne Einsicht; / deshalb hat sein Schöpfer kein Erbarmen mit ihm, / er, der es geformt hat, ist ihm nicht gnädig."

[530] Jes 28,4 "Dann geht es dem verwelkten Kranz von prächtigen Blumen, / auf dem Gipfel über dem fruchtbaren Tal, / wie einer frühreifen Feige vor der Ernte: Wer sie erblickt, der verschlingt sie, / kaum dass er sie in der Hand hat."

[531] Jes 29,17 "Nur noch kurze Zeit, / dann verwandelt sich der Libanon in einen Garten / und der Garten wird zu einem Wald."

[532] Jes 30,33 "Ja, schon längst ist eine Feuerstelle bereitet, / auch für den König ist sie bestimmt; / tief ist sie und weit; ein Holzstoß ist da, Feuer und Brennholz in Menge, / der Atem des Herrn brennt darin wie ein Schwefelstrom."

[533] Jes 32,10 "Über Jahr und Tag werdet ihr zittern, / auch wenn ihr jetzt so selbstsicher seid; denn die Weinernte ist vernichtet, / es gibt keine Obsternte mehr."

[534] Jes 32,15 "Wenn aber der Geist aus der Höhe über uns ausgegossen wird, / dann wird die Wüste zum Garten / und der Garten wird zu einem Wald."

[535] Jes 32,19 "Aber der Wald stürzt in jähem Sturz, / die Stadt versinkt in der Tiefe."

[536] Jes 33,9 "Das Land welkt in Trauer dahin, / der Libanon ist beschämt, seine Bäume verdorren. Die Scharon-Ebene ist zur Steppe geworden, / entlaubt sind Baschan und Karmel."

[537] Jes 33,21.23a "Ja, dort wird der Herr unser mächtiger Gott sein. / Es ist ein Ort mit breiten Flüssen und Strömen. Keine Ruderboote fahren auf ihnen; / kein Prunkschiff segelt darauf, denn die Taue sind schlaff, / sie halten den Mastbaum nicht fest, / man kann kein Segel mehr spannen."

[538] Jes 34,3-4 "Die Erschlagenen wirft man hinaus, / der Gestank ihrer Leichen steigt auf, die Berge triefen von ihrem Blut, / alle Hügel zerfließen. Wie eine Buchrolle rollt sich der Himmel zusammen, / sein ganzes Heer welkt dahin, wie Laub am Weinstock verwelkt, / wie Früchte am Feigenbaum schrumpfen."

[539] Jes 36,16 "Hört nicht auf Hiskija! Denn so spricht der König von Assur: Trefft mit mir ein Abkommen und ergebt euch! Dann kann jeder von euch von seinem Weinstock und von seinem Feigenbaum essen und Wasser aus seiner Zisterne trinken, ..."

[540] Jes 37,18-19 "Es ist wahr, Herr, die Könige von Assur haben alle Völker vernichtet und ihre Länder verwüstet und ihre Götter ins Feuer geworfen. Aber das waren keine Götter, sondern Werke von Menschenhand, aus Holz und Stein; darum konnte man sie vernichten."

[541] Jes 37,24 "Durch deine Gesandten hast du den Herrn verhöhnt; / du hast gesagt: Mit meinen zahlreichen Wagen fuhr ich auf die Höhen der Berge, / in die fernsten Winkel des Libanon. Ich fällte seine hohen Zedern, / seine schönsten Zypressen, kam bis zu seinen entlegensten Höhen, / in das Dickicht seiner Wälder."

[542] Jes 37,31 "Wer vom Haus Juda entronnen und übrig geblieben ist, wird unten wieder Wurzeln treiben und oben Frucht tragen."

[543] Jes 39,2 "Hiskija freute sich darüber und zeigte den Gesandten sein Schatzhaus, das Silber und das Gold, die Vorräte an Balsam und feinem Öl, sein ganzes Waffenlager und alle anderen Schätze, die er besaß. Es gab nichts in seinem Haus und in seinem ganzen Herrschaftsbereich, das er ihnen nicht gezeigt hätte."

[544] Jes 40,16 "Der Libanon reicht nicht aus für das Brennholz, / sein Wild genügt nicht für die Opfer."

[545] Jes 40,20 "Wer arm ist, wählt für ein Weihegeschenk / ein Holz, das nicht fault; er sucht einen fähigen Meister, / der ihm das Götterbild aufstellt, / sodass es nicht wackelt."

[546] Jes 40,24 "Kaum sind sie gesät und gepflanzt, / kaum wurzelt ihr Stamm in der Erde, da bläst er sie an, sodass sie verdorren; / der Sturm trägt sie fort wie Spreu."

[547] Jes 41,19 "In der Wüste pflanze ich Zedern, / Akazien, Ölbäume und Myrten. In der Steppe setze ich Zypressen, / Platanen und auch Eschen."

[548] Jes 43,23 "Du brachtest mir keine Lämmer als Brandopfer dar / und mit Schlachtopfern hast du mich nicht geehrt. Ich habe dich nicht zu Speiseopfern gezwungen / und von dir keinen Weihrauch gefordert und dich dadurch geplagt."

[549] Jes 44,3-4 "Denn ich gieße Wasser auf den dürstenden Boden, / rieselnde Bäche auf das trockene Land. Ich gieße meinen Geist über deine Nachkommen aus / und meinen Segen über deine Kinder. Dann sprossen sie auf wie das Schilfgras, / wie Weidenbäume an Wassergräben."

[550] Jes 44,13 "Der Schnitzer misst das Holz mit der Messschnur, / er entwirft das Bild mit dem Stift / und schnitzt es mit seinem Messer; er umreißt es mit seinem Zirkel / und formt die Gestalt eines Mannes, das prächtige Bild eines Menschen; / in einem Haus soll es wohnen."

[551] Jes 44,14 "Man fällt eine Zeder, wählt eine Eiche / oder sonst einen mächtigen Baum, den man stärker werden ließ / als die übrigen Bäume im Wald. Oder man pflanzt einen Lorbeerbaum, / den der Regen groß werden lässt."

[552] Jes 44,15 "Das Holz nehmen die Menschen zum Heizen; / man macht ein Feuer und wärmt sich daran. Auch schürt man das Feuer und bäckt damit Brot. / Oder man schnitzt daraus einen Gott / und wirft sich nieder vor ihm; man macht ein Götterbild / und fällt vor ihm auf die Knie."

[553] Jes 44,16 "Den einen Teil des Holzes wirft man ins Feuer / und röstet Fleisch in der Glut / und sättigt sich an dem Braten. Oder man wärmt sich am Feuer und sagt: / Oh, wie ist mir warm! Ich spüre die Glut."

[554] Jes 44,17 "Aus dem Rest des Holzes aber macht man sich einen Gott, / ein Götterbild, vor das man sich hinkniet, zu dem man betet und sagt: / Rette mich, du bist doch mein Gott!"

[555] Jes 44,19 "Sie überlegen nichts, / sie haben keine Erkenntnis und Einsicht, / sodass sie sich sagen würden: Den einen Teil habe ich ins Feuer geworfen, / habe Brot in der Glut gebacken / und Fleisch gebraten und es gegessen. Aus dem Rest des Holzes aber habe ich mir / einen abscheulichen Götzen gemacht / und nun knie ich nieder vor einem Holzklotz."

[556] Jes 44,23 "Jauchzt, ihr Himmel, denn der Herr hat gehandelt; / jubelt, ihr Tiefen der Erde! Brecht in Jubel aus, ihr Berge, / ihr Wälder mit all euren Bäumen! Denn der Herr hat Jakob erlöst / und an Israel bewiesen, wie herrlich er ist."

[557] Jes 45,20 "Versammelt euch, kommt alle herbei, / tretet herzu, die ihr aus den Völkern entkommen seid. Wer hölzerne Götzen umherträgt, hat keine Erkenntnis, / wer einen Gott anbetet, der niemanden rettet."

[558] Jes 53,2 "Vor seinen Augen wuchs er auf wie ein junger Spross, / wie ein Wurzeltrieb aus trockenem Boden. Er hatte keine schöne und edle Gestalt, / sodass wir ihn anschauen mochten. Er sah nicht so aus, / dass wir Gefallen fanden an ihm."

[559] Jes 55,12 "Voll Freude werdet ihr fortziehen, / wohlbehalten kehrt ihr zurück. Berge und Hügel brechen bei eurem Anblick in Jubel aus, / alle Bäume auf dem Feld klatschen Beifall."

[560] Jes 55,13 "Statt Dornen wachsen Zypressen, / statt Brennnesseln Myrten. Das geschieht zum Ruhm des Herrn / als ein ewiges Zeichen, das niemals getilgt wird."

[561] Jes 56,3 "Der Fremde, der sich dem Herrn angeschlossen hat, soll nicht sagen: / Sicher wird der Herr mich ausschließen aus seinem Volk. Der Verschnittene soll nicht sagen: / Ich bin nur ein dürrer Baum."

[562] Jes 56,9 "Ihr Tiere auf dem Feld, kommt alle, und fresst, / kommt alle, ihr Tiere im Wald!"

[563] Jes 57,5 "Ihr geratet in Gier unter den Eichen, / unter jedem üppigen Baum. Ihr schlachtet Kinder in den Schluchten / und in den Klüften der Felsen."

[564] Jes 60,6 "Zahllose Kamele bedecken dein Land, / Dromedare aus Midian und Efa. Alle kommen von Saba, / bringen Weihrauch und Gold / und verkünden die ruhmreichen Taten des Herrn."

[565] Jes 60,13 "Die Pracht des Libanon kommt zu dir, / Zypressen, Platanen und Eschen zugleich, um meinen heiligen Ort zu schmücken; / dann ehre ich den Platz, wo meine Füße ruhen."

[566] Jes 60,17 "Statt Kupfer bringe ich Gold, / statt Eisen bringe ich Silber, / statt Holz Kupfer und statt Steine Eisen. Ich setze den Frieden als Aufsicht über dich ein / und die Gerechtigkeit als deinen Vogt."

[567] Jes 61,1-3 "Der Geist Gottes, des Herrn, ruht auf mir; / denn der Herr hat mich gesalbt. Er hat mich gesandt, damit ich den Armen eine frohe Botschaft bringe / und alle heile, deren Herz zerbrochen ist, damit ich den Gefangenen die Entlassung verkünde / und den Gefesselten die Befreiung, damit ich ein Gnadenjahr des Herrn ausrufe, / einen Tag der Vergeltung unseres Gottes, / damit ich alle Trauernden tröste, die Trauernden Zions erfreue, / ihnen Schmuck bringe anstelle von Schmutz, Freudenöl statt Trauergewand, / Jubel statt der Verzweiflung. Man wird sie 'Die Eichen der Gerechtigkeit' nennen, / 'Die Pflanzung, durch die der Herr seine Herrlichkeit zeigt'."

[568] Jes 64,5 "Wie unreine (Menschen) sind wir alle geworden, / unsere ganze Gerechtigkeit ist wie ein schmutziges Kleid. Wie Laub sind wir alle verwelkt, / unsere Schuld trägt uns fort wie der Wind."

[569] Jes 65,6-7 "Seht her, alles ist aufgeschrieben bei mir / und ich werde nicht schweigen, / sondern zahle ihnen heim, wie sie es verdienen; ich zahle ihnen den Lohn aus für ihre Schuld / und die Schuld ihrer Väter, spricht der Herr. Weil sie auf den Bergen Weihrauch verbrannten / und mich auf den Hügeln verhöhnten, messe ich ihnen ihren Lohn zu / und zahle ihnen heim, wie sie es verdienen."

[570] Jes 65,22 "Sie bauen nicht, / damit ein anderer in ihrem Haus wohnt, und sie pflanzen nicht, / damit ein anderer die Früchte genießt. In meinem Volk werden die Menschen so alt / wie die Bäume. Was meine Auserwählten mit eigenen Händen erarbeitet haben, / werden sie selber verbrauchen."

[571] Jes 66,3 "Man opfert Rinder - und erschlägt Menschen; / man opfert Schafe - und erwürgt Hunde; man bringt Speiseopfer dar - / und auch Schweineblut; man spendet Weihrauch - / und preist einen Götzen. Wie diese Menschen ihre eigenen Wege wählen / und an ihren Götterbildern Gefallen haben, ..."

[572] Jer 1,11-12 "Das Wort des Herrn erging an mich: Was siehst du, Jeremia? Ich antwortete: Einen Mandelzweig sehe ich. Da sprach der Herr zu mir: Du hast richtig gesehen; denn ich wache über mein Wort und führe es aus."

[573] Jer 2,20 "Von jeher hast du dein Joch zerbrochen, deine Stricke zerrissen und gesagt: Ich will nicht dienen. Auf jedem hohen Hügel und unter jedem üppigen Baum hast du dich als Dirne hingestreckt."

574 Jer 2,21 "Ich aber hatte dich als Edelrebe gepflanzt, als gutes, edles Gewächs. Wie hast du dich gewandelt zum Wildling, zum entarteten Weinstock!"

575 Jer 2,27 "Sie sagen ja zum Holz: «Du bist mein Vater», und zum Stein: «Du hast mich geboren». Sie kehren mir den Rücken zu und nicht das Gesicht; sind sie aber in Not, dann rufen sie: Erheb dich und hilf uns!"

576 Jer 3,6 "Der Herr sprach zu mir zur Zeit des Königs Joschija: Hast du gesehen, was Israel, die Abtrünnige, getan hat? Sie begab sich auf jeden hohen Berg und unter jeden üppigen Baum und trieb dort Unzucht."

577 Jer 3,9 "Durch ihre leichtfertige Unzucht hat sie das Land entweiht und mit Stein und Holz Ehebruch getrieben."

578 Jer 3,13 "Doch erkenne deine Schuld: Dem Herrn, deinem Gott, hast du die Treue gebrochen, überallhin bist du zu den fremden Göttern gelaufen [unter jeden üppigen Baum], auf meine Stimme aber hast du nicht gehört Spruch des Herrn."

579 Jer 5,6 "Darum schlägt sie der Löwe des Waldes, / der Steppenwolf überwältigt sie. Vor ihren Städten lauert der Panther, / alle, die herauskommen, werden zerfleischt. Denn zahlreich sind ihre Verbrechen, / schwer wiegt ihre Abtrünnigkeit."

580 Jer 5,14 "Darum - so spricht der Herr, / der Gott der Heere: Weil man solche Reden führt, / seht, darum mache ich meine Worte / in deinem Mund zu Feuersglut und dieses Volk da zum Brennholz, / das von ihr verzehrt wird."

581 Jer 5,17 "Es frisst deine Ernte und dein Brot, / es frisst deine Söhne und Töchter, es frisst deine Schafe und Rinder, / es frisst deinen Weinstock und Feigenbaum, es zerschlägt mit dem Schwert / deine befestigten Städte, auf die du vertraust."

582 Jer 6,6 "Denn so spricht der Herr der Heere: Fällt ihre Bäume / und werft einen Wall auf gegen Jerusalem! Das ist die Stadt, von der erwiesen ist: / Alles in ihr ist Unterdrückung."

583 Jer 6,20 "Was soll mir der Weihrauch aus Saba / und das gute Gewürzrohr aus fernem Land? Eure Brandopfer gefallen mir nicht, / eure Schlachtopfer sind mir nicht angenehm."

584 Jer 7,18 "Die Kinder sammeln Holz, die Väter zünden das Feuer an, und die Frauen kneten den Teig, um Opferkuchen für die Himmelskönigin zu backen. Anderen Göttern spendet man Trankopfer, um mir wehzutun."

585 Jer 7,20 "Darum - so spricht Gott der Herr: Seht, mein Zorn und Grimm ergießt sich über diesen Ort, über Menschen und Vieh, über die Bäume des Feldes und die Früchte des Ackers; er brennt und wird nicht erlöschen."

586 Jer 8,13 "Will ich bei ihnen ernten - Spruch des Herrn -, / so sind keine Trauben am Weinstock, keine Feigen am Feigenbaum, / und das Laub ist verwelkt. / Darum habe ich für sie Verwüster bestellt."

587 Jer 8,22 "Gibt es denn keinen Balsam in Gilead, / ist dort kein Wundarzt? Warum schließt sich denn nicht / die Wunde der Tochter, meines Volkes?"

588 Jer 10,3 "Denn die Gebräuche der Völker sind leerer Wahn. / Ihre Götzen sind nur Holz, das man im Wald schlägt, / ein Werk aus der Hand des Schnitzers, / mit dem Messer verfertigt."

589 Jer 10,8 "Sie alle sind töricht und dumm. / Was die nichtigen Götzen zu bieten haben - Holz ist es."

590 Jer 10,16 "Anders der Gott, der Jakobs Anteil ist. / Denn er ist der Schöpfer des Alls und Israel der Stamm, der ihm gehört. / Herr der Heere ist sein Name."

591 Jer 11,16 "Einen üppigen Ölbaum von schöner Gestalt hatte der Herr dich genannt. Wenn der gewaltige (Kriegs-)Lärm ertönt, legt er Feuer an ihn, sodass seine Zweige hässlich werden."

592 Jer 11,19 "Ich selbst war wie ein zutrauliches Lamm, das zum Schlachten geführt wird, und ahnte nicht, dass sie gegen mich Böses planten: Wir wollen den Baum im Saft verderben; wir wollen ihn ausrotten aus dem Land der Lebenden, sodass man seinen Namen nicht mehr erwähnt."

593 Jer 12,1-2 "Du bleibst im Recht, Herr, wenn ich mit dir streite; / dennoch muss ich mit dir rechten. Warum haben die Frevler Erfolg, / weshalb können alle Abtrünnigen sorglos sein? Du hast sie eingepflanzt und sie

schlagen Wurzel, / sie wachsen heran und bringen auch Frucht. Nur ihrem Mund bist du nah, / ihrem Herzen aber fern."

594 Jer 12,8 "Mein Erbteil wandte sich gegen mich / wie ein Löwe im Wald. Es erhob gegen mich seine Stimme; / deshalb bin ich ihm Feind."

595 Jer 17,1-2 "Judas Sünde ist aufgeschrieben mit eisernem Griffel, / mit diamantenem Stift eingegraben in die Tafel ihres Herzens / und in die Hörner ihrer Altäre, damit auch ihre Söhne noch denken an ihre Altäre und Kultpfähle / bei den üppigen Bäumen und auf den hohen Hügeln des Berglands."

596 Jer 17,8 "Er ist wie ein Baum, der am Wasser gepflanzt ist / und am Bach seine Wurzeln ausstreckt: Er hat nichts zu fürchten, wenn Hitze kommt; / seine Blätter bleiben grün; auch in einem trockenen Jahr ist er ohne Sorge, / unablässig bringt er seine Früchte."

597 Jer 17,26 "Dann kommen von den Städten Judas und aus der Umgebung Jerusalems, vom Land Benjamin, von der Schefela, vom Gebirge und vom Negeb her Wallfahrer, die Brandopfer, Schlachtopfer und Speiseopfer samt Weihrauch bringen; auch Dankopfer bringen sie dar im Haus des Herrn."

598 Jer 21,14 "Ich zahle euch heim, wie es eure Taten verdienen / - Spruch des Herrn. Ich lege Feuer an den Wald dieser Stadt, / das ringsum alles verzehrt."

599 Jer 22,7 "Ich biete Verwüster gegen dich auf, die mit ihren Äxten kommen, deine auserlesenen Zedern umhauen und ins Feuer werfen."

600 Jer 22,13-14 "Weh dem, der seinen Palast mit Ungerechtigkeit baut, / seine Gemächer mit Unrecht, der seinen Nächsten ohne Entgelt arbeiten lässt / und ihm seinen Lohn nicht gibt, der sagt: Ich baue mir einen stattlichen Palast / und weite Gemächer. Er setzt ihm hohe Fenster ein, / täfelt ihn mit Zedernholz / und bemalt ihn mit Mennigrot."

601 Jer 22,15 "Bist du König geworden, / um mit Zedern zu prunken? Hat dein Vater nicht auch gegessen und getrunken, / dabei aber für Recht und Gerechtigkeit gesorgt? / Und es ging ihm gut."

602 Jer 22,23 "Die du auf dem Libanon thronst (Jerusalem), / in Zedern nistest, wie wirst du stöhnen, wenn Wehen über dich kommen, / Schmerzen wie die einer Gebärenden."

603 Jer 24,1 "Der Herr ließ mich schauen: Da standen zwei Körbe mit Feigen vor dem Tempel des Herrn. Dies geschah, nachdem Nebukadnezzar, der König von Babel, Jojachin, den Sohn Jojakims, den König von Juda, sowie die Großen von Juda samt den Schmieden und Schlossern aus Jerusalem weggeführt und nach Babel gebracht hatte."

604 Jer 24,2 "In dem einen Korb waren sehr gute Feigen, wie Frühfeigen, im andern Korb sehr schlechte Feigen, so schlecht, dass sie ungenießbar waren."

605 Jer 24,3 "Der Herr fragte mich: Was siehst du, Jeremia? Feigen, antwortete ich. Die guten Feigen sind sehr gut, die schlechten aber sehr schlecht, so schlecht, dass sie ungenießbar sind."

606 Jer 24,5 "So spricht der Herr, der Gott Israels: Wie auf diese guten Feigen, so schaue ich liebevoll auf die Verschleppten aus Juda, die ich von diesem Ort vertrieben habe ins Land der Chaldäer."

607 Jer 24,8 "Aber wie mit den schlechten Feigen, die so schlecht sind, dass sie ungenießbar sind, [ja, so spricht der Herr] so verfahre ich mit Zidkija, dem König von Juda, mit seinen Großen und dem Rest Jerusalems, mit denen, die in diesem Land übrig geblieben sind, und denen, die sich in Ägypten niedergelassen haben."

608 Jer 27,2 "So sprach der Herr zu mir: Mach dir Stricke und Jochhölzer, und leg sie dir auf den Nacken!"

609 Jer 28,10 "Da nahm der Prophet Hananja das Jochholz vom Nacken des Propheten Jeremia und brach es entzwei."

610 Jer 28,12 "Nachdem nun der Prophet Hananja das Jochholz vom Nacken des Propheten Jeremia genommen und zerbrochen hatte, erging das Wort des Herrn an Jeremia:"

611 Jer 28,13 "Geh und sag zu Hananja: So spricht der Herr: Jochstangen aus Holz hast du zerbrochen, dafür aber musst du nun Jochstangen aus Eisen machen."

612 Jer 29,17 "... so spricht der Herr der Heere: Seht, ich schicke unter sie Schwert, Hunger und Pest und ich behandle sie wie verdorbene Feigen, die so schlecht sind, dass sie ungenießbar sind."

613 Jer 40,10 "Seht, ich selber bleibe in Mizpa und vertrete euch vor den Chaldäern, die zu uns kommen. Ihr aber, erntet Wein, Obst und Öl, sammelt es in euren Gefäßen und bleibt in den Ortschaften, die ihr besiedelt."

614 Jer 40,12 "Daher kehrten alle Judäer aus sämtlichen Orten, wohin sie versprengt waren, zurück und kamen ins Land Juda zu Gedalja nach Mizpa. Man erntete Wein und Obst in großer Menge."

615 Jer 41,4-5 "Am zweiten Tag nach Gedaljas Ermordung, als noch niemand etwas erfahren hatte, kamen Männer aus Sichem, Schilo und Samaria, achtzig Mann, mit geschorenen Bärten, zerrissenen Kleidern und eingeritzten Wunden. Sie trugen in ihren Händen Opfergaben und Weihrauch, um sie zum Haus des Herrn zu bringen."

616 Jer 46,11 "Zieh hinauf nach Gilead und hole Balsam, / Jungfrau, Tochter Ägypten! Umsonst verbrauchst du viele Arzneien, / du findest keine Genesung."

617 Jer 46,22 "Ägyptens Stimme gleicht dem Zischen der Schlange, / wenn jene anrücken mit Macht, wenn sie mit Äxten einfallen, / Holzhackern gleich."

618 Jer 46,23 "Sie fällen seinen Wald - Spruch des Herrn -, / den undurchdringlichen. Zahlreicher als Heuschrecken sind sie, / man kann sie nicht zählen."

619 Jer 51,8 "Jählings fällt Babel und wird zerschmettert. / Klagt laut darüber! Holt Balsam für seine Wunde, / vielleicht ist es zu heilen."

620 Jer 51,19 "Anders der Gott, der Jakobs Anteil ist. / Denn er ist der Schöpfer des Alls / und Israel der Stamm, der ihm gehört. / Herr der Heere ist sein Name."

621 Jer 52,22 "Oben hatte sie ein Kapitell aus Bronze. Die Höhe des einen Kapitells betrug fünf Ellen; das Kapitell umgaben Flechtwerk und Granatäpfel, alles aus Bronze. Ebenso war es bei der zweiten Säule [und den Granatäpfeln]."

622 Jer 52,23 "Es waren sechsundneunzig frei hängende Granatäpfel; im Ganzen waren hundert Granatäpfel rings um das Flechtwerk."

623 Klgl 4,8 "Schwärzer als Ruß sehen sie aus, / man erkennt sie nicht auf den Straßen. Die Haut schrumpft ihnen am Leib, / trocken wie Holz ist sie geworden."

624 Klgl 5,4 "Unser Wasser trinken wir für Geld, / unser Holz müssen wir bezahlen."

625 Klgl 5,13 "Junge Männer mussten die Handmühlen schleppen, / unter der Holzlast brachen Knaben zusammen."

626 Bar 1,10 "Dazu ließen (die Spender) sagen: Hier senden wir euch Geld. Kauft dafür Brandopfer, Sündopfer und Weihrauch und bereitet Speiseopfer; bringt sie dar auf dem Altar des Herrn, unseres Gottes, ..."

627 Bar 5,8 "Wälder und duftende Bäume aller Art spenden Israel Schatten auf Gottes Geheiß."

628 Bar 6,3 "Nun werdet ihr in Babel Götterbilder aus Silber, Gold und Holz sehen, die man auf den Schultern trägt und die den Völkern Furcht einflößen."

629 Bar 6,10 "Man schmückt sie auch, die Götter aus Silber, Gold und Holz, mit Gewändern wie Menschen. Diese Götter können sich aber nicht vor Schmutz und Wurmfraß schützen."

630 Bar 6,29 "Wie könnte man sie Götter nennen? Sogar Frauen bringen ihnen Opfer dar, diesen Göttern aus Silber, Gold und Holz."

631 Bar 6,38 "Den Steinen aus den Bergen gleichen die hölzernen, mit Gold und Silber überzogenen Götter. Wer sie verehrt, wird zuschanden."

632 Bar 6,50 "Sie sind ja nur hölzerne, mit Gold und Silber überzogene Gebilde; man wird nach alldem erkennen, dass sie Trug sind. Allen Völkern und Königen wird es dann offenbar, dass jene keine Götter sind, sondern Werke von Menschenhand, und dass ihnen keine göttliche Wirkkraft innewohnt."

633 Bar 6,53-54 "Sie halten nicht Gericht bei ihnen und befreien keinen, dem Unrecht geschah; denn sie sind machtlos wie die Krähen zwischen Himmel und Erde. Ergreift gar Feuer den Tempel der hölzernen, mit Gold und Silber überzogenen Götter, dann fliehen zwar ihre Priester und retten sich, sie selbst aber verbrennen darin wie die Balken."

[634] Bar 6,56 "Wie kann einer da annehmen oder glauben, dass sie Götter sind? Weder vor Dieben noch vor Räubern können sie sich retten, diese hölzernen, mit Silber und Gold überzogenen Götter."

[635] Bar 6,58 "Besser ist darum ein König, der seine Stärke zeigt, besser ein nützliches Hausgerät, das der Besitzer brauchen kann, als solche trügerischen Götter; besser im Haus eine Tür, die das, was drinnen ist, schützt, als solche trügerischen Götter; besser im Königspalast eine hölzerne Säule als solche trügerischen Götter."

[636] Bar 6,62 "Wird endlich das Feuer von oben ausgesandt, um Berge und Wälder zu verzehren, so tut es, was befohlen war. All dem kommen aber diese Götter weder an Schönheit gleich noch an Kraft."

[637] Bar 6,69 "Wie im Gurkenfeld eine Vogelscheuche, die nichts behütet, so sind ihre hölzernen, mit Gold und Silber überzogenen Götter."

[638] Bar 6,70 "Ebenso gleichen sie einem Dornbusch im Garten, auf den sich Vögel jeder Art niederlassen; oder auch einem Toten, der ins Dunkel geworfen ist, gleichen diese hölzernen, mit Gold und Silber überzogenen Götter."

[639] Ez 6,13 "Wenn die Erschlagenen mitten unter ihren Götzenbildern liegen, rings um ihre Altäre, auf allen Hügeln, auf allen Bergeshöhen, unter jedem üppigen Baum und jeder schattigen Eiche, an den Stellen, wo sie all ihren Götzen den beruhigenden Duft ihrer Opfer spendeten, dann werdet ihr erkennen, dass ich der Herr bin."

[640] Ez 8,11 "Siebzig Männer von den Ältesten des Hauses Israel, darunter auch Jaasanja, der Sohn Schafans, standen davor. Jeder hatte seine Räucherpfanne in der Hand und der Duft der Weihrauchwolken stieg empor."

[641] Ez 8,17 "Er sagte zu mir: Hast du es gesehen, Menschensohn? Waren dem Haus Juda die Gräueltaten, die es hier beging, immer noch nicht genug? Mussten sie auch noch das Land mit ihrer Gewalttätigkeit anfüllen, mussten sie mich immer wieder beleidigen und sich den Zweig an die Nase halten?"

[642] Ez 15,2 "Menschensohn, was hat das Holz des Weinstocks / vor dem Holz aller anderen Sträucher voraus, / die zwischen den Bäumen des Waldes wachsen?"

[643] Ez 15,4 "Nein, man wirft es dem Feuer zum Fraß vor. / Sind dann die beiden Enden des Holzes vom Feuer verzehrt und hat die Glut seine Mitte erfasst, / ist es dann noch geeignet, / um etwas daraus zu machen?"

[644] Ez 15,6 "Darum - so spricht Gott, der Herr: / Wie ich das Holz des Weinstocks, / das zwischen den Bäumen des Waldes heranwuchs, dem Feuer zum Fraß übergab, / so behandle ich auch die, die in Jerusalem wohnen."

[645] Ez 16,18 "Deine bunten Gewänder hast du genommen und sie damit bekleidet. Mein Öl und meinen Weihrauch hast du vor sie hingestellt."

[646] Ez 17,3 "Sag: So spricht Gott, der Herr: Ein mächtiger Adler mit gewaltigen Flügeln, / mit weiten Schwingen, mit dichtem, buntem Gefieder kam zum Libanon / und nahm den Wipfel der Zeder weg."

[647] Ez 17,4 "Den obersten Zweig riss er ab. / Ins Land der Krämer brachte er ihn, / in die Stadt der Händler legte er ihn."

[648] Ez, 17,5-6 "Dann nahm er vom Samen des Landes / und streute ihn auf ein Saatfeld. Er setzte ihn an reichlich strömendes Wasser, / als Uferpflanze pflanzte er ihn und er wuchs heran / und wurde zum üppigen Weinstock / von niedrigem Wuchs. Er sollte seine Ranken dem Adler zuwenden, / seine Wurzeln sollten in die Tiefe wachsen. Und er wurde zum Weinstock, / bildete Triebe, entfaltete Zweige."

[649] Ez 17,7 "Doch es kam noch ein anderer mächtiger Adler / mit gewaltigen Flügeln und dichtem Gefieder. Da drehte jener Weinstock seine Wurzeln ihm zu, / trieb ihm seine Ranken entgegen: Der Adler sollte ihn tränken, / mehr als das Beet, in das der Weinstock gepflanzt war."

[650] Ez 17,8 "Er war doch auf guten Boden gepflanzt, / an reichlich fließendem Wasser, um Zweige zu treiben und Früchte zu tragen / und ein herrlicher Weinstock zu werden."

[651] Ez 17,9 "Sag: So spricht Gott, der Herr: / Wird das gelingen? Wird der Adler nicht seine Wurzeln ausreißen / und seine Früchte vernichten, / sodass all seine grünenden Triebe verdorren? Man braucht keinen starken Arm und nicht viele Menschen, / um ihn von den Wurzeln zu reißen."

[652] Ez 17,22 "So spricht Gott, der Herr: Ich selbst nehme ein Stück / vom hohen Wipfel der Zeder / und pflanze es ein. Einen zarten Zweig aus den obersten Ästen breche ich ab, / ich pflanze ihn auf einen hoch aufragenden Berg."

[653] Ez 17,23 "Auf die Höhe von Israels Bergland pflanze ich ihn. / Dort treibt er dann Zweige, / er trägt Früchte und wird zur prächtigen Zeder. Allerlei Vögel wohnen darin; / alles, was Flügel hat, wohnt im Schatten ihrer Zweige."

[654] Ez 7,24 "Dann werden alle Bäume auf den Feldern erkennen, / dass ich der Herr bin. Ich mache den hohen Baum niedrig, / den niedrigen mache ich hoch. Ich lasse den grünenden Baum verdorren, / den verdorrten erblühen. / Ich, der Herr, habe gesprochen und ich führe es aus."

[655] Ez 19,10-11 "Deine Mutter war wie ein Weinstock im Garten, / der am Wasser gepflanzt ist. Voll von Früchten und Ranken war er / wegen des Reichtums an Wasser. Er hatte kräftige Zweige, / für Zepter von Herrschern geeignet; sein Wuchs war hoch, / er ragte bis in die Wolken. Weithin war er sichtbar wegen seiner Höhe / und wegen seines dichten Laubes."

[656] Ez 19,12 "Doch im Zorn riss man ihn aus / und warf ihn auf die Erde. Der Ostwind dörrte ihn aus, / seine Früchte riss man ab. Sein kräftiger Stamm verdorrte. / Feuer verzehrte ihn."

[657] Ez 19,14 "Und Feuer ging aus von den Zweigen am Stamm / und fraß seine Früchte. Kein kräftiger Zweig war mehr an ihm, / kein Zepter für Herrscher. - Eine Totenklage ist dieses Lied; / zur Totenklage ist es geworden."

[658] Ez 20,28 "Als ich sie in das Land gebracht hatte - ich hatte ja meine Hand erhoben (und geschworen), es ihnen zu geben -, schlachteten sie, sobald sie irgendeinen hohen Hügel und einen dichtbelaubten Baum sahen, dort ihre Opfer; dort brachten sie ihre ärgerlichen Gaben dar, legten ihre duftenden Spenden nieder, um mich zu beruhigen, und gossen dort ihre Trankopfer aus."

[659] Ez 20,32 "Niemals soll geschehen, was euch eingefallen ist, als ihr sagtet: Wir wollen wie die anderen Völker sein, wie die Völkerstämme in anderen Ländern, und wollen Holz und Stein verehren."

[660] Ez 21,2-3 "Menschensohn, richte dein Gesicht nach Süden, weissage gegen das Südland, tritt als Prophet auf gegen den Wald im Süden und sag zum Wald des Südlands: Höre das Wort des Herrn: So spricht Gott, der Herr: Ich will Feuer an dich legen, jeden grünen Baum und jeden dürren Baum in dir wird es verzehren. Seine lodernde Flamme wird nicht erlöschen. Alle Gesichter sollen von ihr versengt werden, vom Süden bis zum Norden."

[661] Ez 21,15 "Zum Schlachten, zum Schlachten ist es geschärft; / um wie ein Blitz zu leuchten, ist es poliert. [Oder sollen wir uns freuen? / Der Stock meines Sohnes verachtet jedes andere Holz.]"

[662] Ez 23,41 "Du hast dich auf ein prunkvolles Lager gesetzt; davor stand ein Tisch bereit, auf den du meinen Weihrauch und mein Öl gestellt hattest."

[663] Ez 24,5 "Nimm auserlesene Schafe! / Auch Brennholz leg ringsum unter den Kessel! Lass die Fleischstücke kochen! / Auch die Knochen koch mit.)"

[664] Ez 24,9-10 "Darum - so spricht Gott, der Herr: Weh der Stadt voll Blutschuld. / Auch ich schichte einen großen Holzstoß auf, ich häufe das Holz, / ich entzünde das Feuer, ich koche das Fleisch, / ich gieße die Brühe ab / [und die Knochen sollen verbrennen]."

[665] Ez 27,5 "Aus Zypressenholz vom Senirgebirge / bauten sie all deine Planken, eine Zeder vom Libanon nahmen sie, / um auf dir den Mast zu errichten."

[666] Ez 27,6 "Deine Ruder machten sie aus Eichen vom Baschan, / dein Deck aus Elfenbein und Eschenholz / von den Inseln der Kittäer."

[667] Ez 27,15 "Die Söhne von Rhodos waren deine Händler. Viele Inseln standen als Kaufleute in deinem Dienst; als Abgaben brachten sie dir Elfenbein und Ebenholz."

[668] Ez 27,17 "Juda und das Land Israel waren deine Händler. Weizen, Oliven, Wachs, Honig, Öl und Mastix gaben sie für deine Handelswaren."

[669] Ez 27,19 "Wein aus Usal gaben sie für deine Waren. Gehämmertes Eisen, Zimt und Gewürzrohr gehörte zu deinen Handelswaren."

[670] Ez 27,22 "Händler von Saba und Ragma trieben Handel mit dir. Für den besten Balsam, für alle Arten von Edelsteinen und Gold gaben sie deine Waren."

[671] Ez 31,3 "Auf dem Libanon stand eine [Esche] Zeder. Die Pracht ihrer Äste gab reichlichen Schatten. / Hoch war ihr Wuchs / und in die Wolken ragte ihr Wipfel."

[672] Ez 31,4 "Das Wasser machte sie groß. / Die Flut in der Tiefe ließ sie hoch emporwachsen. Die Tiefe ließ ihre Ströme fließen / rings um den Ort, wo sie gepflanzt war, sie leitete (von dort) ihre Kanäle / zu allen anderen Bäumen des Feldes."

[673] Ez 31,5 "So war sie höher gewachsen / als alle anderen Bäume des Feldes. Ihre Zweige wurden sehr zahlreich / und ihre Äste breiteten sich aus wegen des Reichtums an Wasser, / als sie emporwuchs."

[674] Ez 31,6 "Alle Vögel des Himmels / hatten ihr Nest in den Zweigen. Alle wilden Tiere brachten unter den Ästen ihre Jungen zur Welt. / All die vielen Völker wohnten in ihrem Schatten."

[675] Ez 31,7 "Schön war sie in ihrer Größe mit ihrem breiten Geäst; / denn ihre Wurzeln hatten viel Wasser."

[676] Ez 31,8 "Keine Zeder im Garten Gottes war ihr vergleichbar. / Keine Zypresse hatte Zweige wie sie, / keine Platane so mächtige Äste. Keiner der Bäume im Garten Gottes / glich ihr an Schönheit."

[677] Ez 31,9 "Ja, ich hatte sie herrlich gemacht / mit ihren zahlreichen Zweigen. Voll Eifersucht auf sie waren im Garten Gottes / alle Bäume von Eden."

[678] Ez 31,10 "Darum - so spricht Gott, der Herr: Weil sie so hoch emporwuchs und mit ihrem Wipfel in die Wolken ragte und wegen ihrer Höhe überheblich wurde, ..."

[679] Ez 31,12 "Fremde, die gewalttätigsten unter den Völkern, werden sie umhauen und hinwerfen. Ihre Zweige fallen auf die Berge und in alle Täler, ihre Äste zerbrechen in allen Schluchten der Erde. Alle Völker der Erde verlassen den Schatten der Zeder und lassen sie liegen."

[680] Ez 31,13 "Auf ihren gefällten Stamm setzen sich alle Vögel des Himmels, die wilden Tiere hausen in ihren Zweigen."

[681] Ez 31,14 "Darum soll kein Baum mehr am Wasser emporwachsen und mit seinem Wipfel in die Wolken ragen, keiner der Bäume am Wasser soll mehr so mächtig und hoch dastehen. Denn alle werden dem Tod ausgeliefert, sie müssen hinab in die Unterwelt zu den Menschen, die ins Grab gesunken sind."

[682] Ez 31,15 "So spricht Gott, der Herr: Wenn die Zeder in die Unterwelt stürzt, dann lasse ich die Flut in der Tiefe versiegen, ich decke sie zu; ich halte ihre Ströme zurück, sodass der Reichtum an Wasser versiegt. Ihretwegen hülle ich den Libanon in Trauer und alle Bäume des Feldes sinken in Ohnmacht."

[683] Ez 31,16 "Durch das Getöse ihres Sturzes lasse ich die Völker erzittern, wenn ich den Baum in die Unterwelt stürze, hinab zu denen, die ins Grab gesunken sind. Dann trösten sich in der Unterwelt alle Bäume von Eden, die erlesenen und besten Bäume des Libanon, alle Bäume am Wasser."

[684] Ez 31,17 "Denn auch sie stürzen zusammen mit ihr in die Unterwelt, hinab zu denen, die vom Schwert erschlagen wurden. Alle aber, die im Schatten der Zeder wohnten, werden unter die Völker zerstreut."

[685] Ez 31,18 "Welcher der Bäume von Eden glich dir an Größe und Pracht? Und doch wirst du zusammen mit den Bäumen von Eden in die Unterwelt gestürzt. Dort wirst du mitten unter den Unbeschnittenen liegen, unter denen, die vom Schwert erschlagen wurden. So geht es dem Pharao und seinem ganzen Gefolge - Spruch Gottes, des Herrn."

[686] Ez 34,25 "Ich schließe mit ihnen einen Friedensbund: Ich rotte die wilden Tiere im Land aus. Dann kann man in der Steppe sicher wohnen und in den Wäldern schlafen."

[687] Ez 34,27 "Die Bäume des Feldes werden ihre Früchte tragen und das Land wird seinen Ertrag geben. Sie werden auf ihrem Grund und Boden sicher sein. Wenn ich die Stangen ihres Jochs zerbreche und sie der Gewalt derer entreiße, von denen sie versklavt wurden, werden sie erkennen, dass ich der Herr bin."

[688] Ez 36,30 "Ich vermehre die Früchte der Bäume und den Ertrag des Feldes, damit ihr nicht mehr unter den Völkern die Schande einer Hungersnot ertragen müsst."

[689] Ez 37,16 "Du, Menschensohn, nimm dir ein Holz und schreib darauf: Juda und die mit ihm verbündeten Israeliten. Dann nimm dir ein anderes Holz, und schreib darauf: Josef [Holz Efraims] und das ganze mit ihm verbündete Haus Israel."

[690] Ez 37,17 "Dann füge beide zu einem einzigen Holz zusammen, sodass sie eins werden in deiner Hand."

[691] Ez 37,18-19 "Und wenn die Söhne deines Volkes dich fragen: Willst du uns nicht erklären, was das bedeuten soll?, dann antworte ihnen: So spricht Gott, der Herr: Ich nehme das Holz Josefs [das in der Hand Efraims ist] und der mit ihm verbündeten Stämme Israels und lege es auf das Holz Judas. Ich mache sie zu einem einzigen Holz und sie werden eins in meiner Hand."

[692] Ez 37,20 "Die Hölzer, auf die du geschrieben hast, sollst du vor ihren Augen in deiner Hand halten."

[693] Ez 39,10 "Sie sammeln kein Holz auf den Feldern, sie schlagen kein Holz im Wald, sondern verbrennen die Waffen. Sie plündern die Plünderer und berauben die Räuber - Spruch Gottes, des Herrn."

[694] Ez 40,16 "Die Torkammern ringsum hatten verschließbare Fenster, ebenso innen die Pfeiler und die Vorhalle. Ringsum befanden sich innen Fenster. Die Pfeiler waren mit Palmen verziert."

[695] Ez 40,22 "Seine Fenster, seine Vorhalle und sein Palmenschmuck hatten die gleichen Maße wie die des Osttors. Man musste sieben Stufen zu ihm hinaufsteigen. Auf der Innenseite lag seine Vorhalle."

[696] Ez, 40,26 "Sieben Stufen führten zu ihm hinauf. Auf der Innenseite lag seine Vorhalle. Die beiden Pfeiler dieses Tors waren hüben und drüben mit je einer Palme verziert."

[697] Ez 40,31 "Seine Vorhalle lag auf der Seite zum Vorhof. Seine Pfeiler waren mit Palmen verziert und acht Stufen führten zu ihm hinauf."

[698] Ez 40,34 "Seine Vorhalle lag auf der Seite zum Vorhof. Seine beiden Pfeiler waren hüben und drüben mit je einer Palme verziert und acht Stufen führten zu ihm hinauf."

[699] Ez 40,37 "Seine Vorhalle lag auf der Seite zum Vorhof, seine beiden Pfeiler waren hüben und drüben mit je einer Palme verziert und acht Stufen führten zu ihm hinauf."

[700] Ez 41,15b-18 "Das Innere der Tempelhalle und der Vorhalle, die aus dem Innenhof in den Tempel führt, waren getäfelt. Die Rahmen der verschließbaren Fenster und die drei Gesimse, die von der Schwelle an ringsum liefen, waren aus Holz; ebenso gab es vom Fußboden bis zu den Fenstern - die Fenster waren verdeckbar - und bis über die Türöffnungen hinauf eine Holztäfelung. Auf allen Wänden ringsum, auch auf den Wänden zum Innenraum und nach draußen, war die Täfelung in Felder eingeteilt, auf denen geschnitzte Kerubim und Palmen zu sehen waren, je eine Palme zwischen zwei Kerubim. Jeder Kerub hatte zwei Gesichter: ..."

[701] Ez 41,19 "... Ein Menschengesicht (blickte) zur einen Palme und ein Löwengesicht zur andern. So war das ganze Haus ringsum ausgestaltet."

[702] Ez 41,20 "Vom Fußboden bis über die Türöffnungen hinauf waren an der Tempelwand Kerubim und Palmen angebracht."

[703] Ez 41,21-22 "Die Tür der Tempelhalle hatte einen vierfach gestuften Türrahmen. Vor dem Allerheiligsten war etwas, das aussah wie ein Altar aus Holz, drei Ellen hoch, zwei Ellen lang und zwei Ellen breit. Seine Ecken, sein Sockel und seine Wände waren aus Holz. Der Mann sagte zu mir: Das ist der Tisch, der vor dem Herrn steht."

[704] Ez 41,25 "An den Türen der Tempelhalle waren Kerubim und Palmen angebracht wie an den Wänden. Außen, an der Vorderseite der Vorhalle, war ein Vordach aus Holz."

[705] Ez 41,26 "An den beiden Seitenwänden der Vorhalle und an den Nebenräumen des Tempels [und an den Vordächern] waren verschließbare Fenster und Palmen."

[706] Ez 47,7 "Als ich zurückging, sah ich an beiden Ufern des Flusses sehr viele Bäume."

[707] Ez 47,12 "An beiden Ufern des Flusses wachsen alle Arten von Obstbäumen. Ihr Laub wird nicht welken und sie werden nie ohne Frucht sein. Jeden Monat tragen sie frische Früchte; denn das Wasser des Flusses kommt aus dem Heiligtum. Die Früchte werden als Speise und die Blätter als Heilmittel dienen."

[708] Dan 2,46 "Da warf sich König Nebukadnezzar auf sein Gesicht nieder, huldigte Daniel und befahl, man sollte ihm Opfer und Weihrauch darbringen."

[709] Dan 3,46 "Die Knechte des Königs, die die drei Männer in den Ofen geworfen hatten, hörten inzwischen nicht auf, den Ofen mit Harz und Werg, Pech und Reisig zu heizen."

[710] Dan 4,7 "Was ich auf meinem Lager vor Augen hatte, war dies: Da stand ein Baum mitten auf der Erde; er war sehr hoch."

[711] Dan 4,8 "Der Baum wuchs zusehends und wurde immer mächtiger; seine Höhe reichte bis an den Himmel; er war bis ans Ende der ganzen Erde zu sehen."

[712] Dan 4,9 "Er hatte prächtiges Laub und trug so viele Früchte, dass er Nahrung für alle bot. Unter ihm fanden die wilden Tiere des Feldes Schatten; die Vögel nisteten in seinen Zweigen; alle Lebewesen ernährten sich von ihm."

[713] Dan 4,11 "Er befahl mit mächtiger Stimme: Fällt den Baum und schlagt seine Äste ab! Streift sein Laubwerk ab und zerstreut seine Früchte! Die Tiere sollen aus seinem Schatten fliehen und die Vögel aus seinen Zweigen."

[714] Dan 4,12 "Aber lasst ihm den Wurzelstock in der Erde, im Gras des Feldes, mit einer Fessel aus Eisen und Bronze. Der Tau des Himmels soll ihn benetzen und mit den Tieren soll er teilhaben am Gras der Erde."

[715] Dan 4,17 "Du hast einen Baum gesehen; er wuchs zusehends und wurde immer mächtiger. Seine Höhe reichte bis an den Himmel und er war auf der ganzen Erde zu sehen."

[716] Dan 4,18 "Er hatte prächtiges Laub und trug so viele Früchte, dass er Nahrung für alle bot. Unter ihm fanden die wilden Tiere des Feldes Zuflucht, und in seinen Zweigen wohnten die Vögel des Himmels."

[717] Dan 4,19 "Dieser Baum bist du, König; du bist groß und mächtig geworden; deine Größe ist immer mehr gewachsen; sie reicht bis zum Himmel und deine Herrschaft bis ans Ende der Erde."

[718] Dan 4,20 "Dann hat der König gesehen, wie ein Wächter, ein Heiliger, vom Himmel herabstieg und befahl: Fällt den Baum und vernichtet ihn! Aber lasst ihm in der Erde, im Gras des Feldes, den Wurzelstock, mit einer Fessel aus Eisen und Bronze. Der Tau des Himmels soll ihn benetzen und mit den Tieren des Feldes soll er teilhaben (am Gras der Erde), bis sieben Zeiten über ihn hingegangen sind."

[719] Dan 4,23 "Schließlich hieß es, man solle den Wurzelstock des Baumes stehen lassen; das bedeutet: Deine Herrschaft bleibt dir erhalten, sobald du anerkennst, dass der Himmel die Macht hat."

[720] Dan 5,4 "Sie tranken Wein und lobten die Götter aus Gold und Silber, aus Bronze, Eisen, Holz und Stein."

[721] Dan 5,23 "Du hast dich gegen den Herrn des Himmels erhoben und dir die Gefäße aus seinem Tempel herbeischaffen lassen. Du und deine Großen, deine Frauen und Nebenfrauen, ihr habt daraus Wein getrunken. Du hast die Götter aus Gold und Silber, aus Bronze, Eisen, Holz und Stein gepriesen, die weder sehen noch hören können und keinen Verstand haben. Aber den Gott, der deinen Lebensatem in seiner Hand hat und dem all deine Wege gehören, den hast du nicht verherrlicht."

[722] Dan 11,7 "Aber an seiner Stelle tritt ein Spross aus ihren Wurzeln auf; er zieht gegen das Heer aus, dringt in die Festung des Königs des Nordens ein und verfährt mit ihnen, wie es ein Sieger tut."

[723] Dan 13,54 "Wenn du also diese Frau wirklich gesehen hast, dann sag uns: Was für ein Baum war das, unter dem du die beiden zusammen gesehen hast? Er antwortete: Unter einer Zeder."

[724] Dan 13,58 "Nun sag mir: Was für ein Baum war das, unter dem du die beiden ertappt hast? Er antwortete: Unter einer Eiche."

[725] Hos 2,14 "Ich verwüste ihre Reben und Feigenbäume, / von denen sie sagte: Das ist mein Lohn, / den mir meine Liebhaber gaben. Ich mache ihre Weingärten zur Wildnis; / die wilden Tiere fressen sie kahl."

[726] Hos 4,12 "Es befragt sein Götzenbild aus Holz, / von seinem Stock erwartet es Auskunft. Ja, der Geist der Unzucht führt es irre. / Es hat seinen Gott verlassen / und ist zur Dirne geworden."

[727] Hos 4,13 "Sie feiern Schlachtopfer auf den Höhen der Berge, / auf den Hügeln bringen sie Rauchopfer dar, unter Eichen, Storaxbäumen und Terebinthen, / deren Schatten so angenehm ist. So werden eure Töchter zu Dirnen / und eure Schwiegertöchter brechen die Ehe."

[28] Hos 9,10 "Wie man Trauben findet in der Wüste, / so fand ich Israel; wie die erste Frucht am jungen Feigenbaum, / so sah ich eure Väter. Sie aber kamen nach Baal-Pegor / und weihten sich dem schändlichen Gott; / sie wurden so abscheulich wie der, den sie liebten."

[29] Hos 9,16 "Efraim ist zerschlagen, seine Wurzeln sind verdorrt, / sie bringen keine Frucht mehr hervor. Auch wenn sie gebären, / töte ich die geliebte Frucht ihres Schoßes."

[30] Hos 10,7 "Samaria wird vernichtet, / sein König gleicht einem abgebrochenen Zweig auf dem Wasser."

[31] Hos 14,6 "Ich werde für Israel da sein wie der Tau, / damit es aufblüht wie eine Lilie / und Wurzeln schlägt wie der Libanon."

[32] Hos 14,7 "Seine Zweige sollen sich ausbreiten, / seine Pracht soll der Pracht des Ölbaums gleichen / und sein Duft dem Duft des Libanon."

[33] Hos 14,9 "Was hat Efraim noch mit den Götzen zu tun? / Ich, ja ich, erhöre ihn, ich schaue nach ihm. Ich bin wie der grünende Wacholder, / an mir findest du reiche Frucht."

[34] Joel 1,7 "Es hat meinen Weinstock verwüstet, / meinen Feigenbaum völlig verstümmelt. Abgeschält ließ es ihn liegen, / die Zweige starren bleich in die Luft."

[35] Joel 1,12 "Der Weinstock ist dürr, der Feigenbaum welk. / Granatbaum, Dattelpalme und Apfelbaum, alle Bäume auf dem Feld sind verdorrt; / ja, verdorrt ist die Freude der Menschen."

[36] Joel 1,19 "Zu dir rufe ich, Herr; / denn Feuer hat das Gras der Steppe gefressen, / die Flammen haben alle Bäume der Felder verbrannt."

[37] Joel 2,22 "Fürchtet euch nicht, ihr Tiere auf dem Feld! / Denn das Gras in der Steppe wird wieder grün, der Baum trägt seine Frucht, / Feigenbaum und Weinstock bringen ihren Ertrag."

[38] Am 2,9 "Dabei bin ich es gewesen, / der vor ihren Augen die Amoriter vernichtete, die groß waren wie die Zedern / und stark wie die Eichen; ich habe oben ihre Frucht vernichtet / und unten ihre Wurzeln."

[39] Am 3,4 "Brüllt der Löwe im Wald / und er hat keine Beute? Gibt der junge Löwe Laut in seinem Versteck, / ohne dass er einen Fang getan hat?"

[40] Am 4,9 "Ich vernichtete euer Getreide durch Rost und Mehltau, / ich verwüstete eure Gärten und Weinberge; eure Feigenbäume und eure Ölbäume / fraßen die Heuschrecken kahl. Und dennoch seid ihr nicht umgekehrt zu mir - / Spruch des Herrn."

[41] Am 4,11 "Ich brachte über euch eine gewaltige Zerstörung / wie die, die Gott einst über Sodom und Gomorra verhängte; ihr wart wie ein Holzscheit, / das man aus dem Feuer herausholt. Und dennoch seid ihr nicht umgekehrt zu mir - / Spruch des Herrn."

[42] Am 7,14 "Amos antwortete Amazja: Ich bin kein Prophet und kein Prophetenschüler, sondern ich bin ein Viehzüchter und ich ziehe Maulbeerfeigen."

[43] Am 8,1 "Dies zeigte mir Gott, der Herr, in einer Vision: Ich sah einen Korb mit reifem Obst."

[44] Am 8,2 "Er fragte: Was siehst du, Amos? Ich antwortete: Einen Korb mit reifem Obst. Da sagte der Herr zu mir: Mein Volk Israel ist reif für das Ende. Ich verschone es nicht noch einmal."

[45] Jona 2,7 "Bis zu den Wurzeln der Berge, / tief in die Erde kam ich hinab; / ihre Riegel schlossen mich ein für immer. Doch du holtest mich lebendig aus dem Grab herauf, / Herr, mein Gott."

[46] Jona 4,5 "Da verließ Jona die Stadt und setzte sich östlich vor der Stadt nieder. Er machte sich dort ein Laubdach und setzte sich in seinen Schatten, um abzuwarten, was mit der Stadt geschah."

[47] Micha 4,4 "Jeder sitzt unter seinem Weinstock / und unter seinem Feigenbaum und niemand schreckt ihn auf. / Ja, der Mund des Herrn der Heere hat gesprochen."

[48] Micha 5,7 "Unter den Nationen, inmitten vieler Völker, / ist dann der Rest Jakobs wie der Löwe unter den Tieren im Wald, / wie der junge Löwe unter den Schafen im Pferch: Wenn er einbricht, / schlägt er zu und zerreißt sie / und niemand ist da, der sie rettet."

[749] Micha 6,15 "Du wirst säen, aber nicht ernten; / du wirst Oliven pressen, / aber dich mit dem Öl nicht salben; du wirst Trauben keltern, / aber den Wein nicht trinken."

[750] Micha 7,1 "Weh mir! Es geht mir wie nach der Obsternte, / wie bei der Nachlese im Weinberg: Keine Traube ist mehr da zum Essen, / keine von den Frühfeigen, die mein Herz begehrt."

[751] Nah 3,12 "All deine Festungen sind Bäume mit frühen Feigen: / Schüttelt man sie, dann fallen sie dem, der sie essen will, in den Mund."

[752] Hab 2,17 "Denn dich erdrückt dein Verbrechen / gegen den Libanonwald und die Vernichtung des Großwilds lastet auf dir, / wegen des Blutes, das du vergossen hast unter den Menschen, wegen der Gewalttaten, die du verübt hast an Ländern und Städten / und an allen ihren Bewohnern."

[753] Hab 2,19 "Weh dem, der zum Holz sagt: Erwache!, / und zum stummen Stein: Wach auf! Gibt der Götze denn Auskunft? / Gewiss, er ist mit Silber und Gold überzogen, / doch er hat keinen Geist, keinen Atem."

[754] Hab 3,17-18 "Zwar blüht der Feigenbaum nicht, / an den Reben ist nichts zu ernten, der Ölbaum bringt keinen Ertrag, / die Kornfelder tragen keine Frucht; im Pferch sind keine Schafe, / im Stall steht kein Rind mehr. Dennoch will ich jubeln über den Herrn / und mich freuen über Gott, meinen Retter."

[755] Zef 2,14 "Dort lagern Herden, Tiere aller Art, / auf den Kapitellen der Säulen nächtigen Eule und Dohle. Laut schreit es im Fenster, / ein Rabe krächzt auf der Schwelle. / [Denn das Zederngetäfel ist weg.]"

[756] Hag 1,8 "Geht ins Gebirge, schafft Holz herbei und baut den Tempel wieder auf! Das würde mir gefallen und mich ehren, spricht der Herr."

[757] Hag 2,18-19 "Gebt Acht, was von heute an geschieht, vom vierundzwanzigsten Tag des neunten Monats an, dem Tag, an dem der Grundstein zum Tempel des Herrn gelegt wurde. Gebt Acht, ob das Saatkorn weiterhin im Speicher bleibt und ob Weinstock und Feigenbaum, Granatbaum und Ölbaum immer noch keine Frucht tragen. Von heute an spende ich Segen."

[758] Sach 1,8 "In dieser Nacht hatte ich eine Vision: Ich sah einen Mann auf einem rotbraunen Pferd. Er stand zwischen den Myrtenbäumen in der Tiefe und hinter ihm waren rotbraune, blutrote und weiße Pferde."

[759] Sach 1,10 "Da ergriff der Mann, der zwischen den Myrtenbäumen stand, das Wort und sagte: Der Herr hat diese Pferde gesandt, damit sie die Erde durchziehen."

[760] Sach 1,11 "Und sie antworteten dem Engel des Herrn, der zwischen den Myrtenbäumen stand: Wir haben die Erde durchzogen - die ganze Erde ruht und liegt still."

[761] Sach 3,2 "Der Engel des Herrn sagte zum Satan: Der Herr weise dich in die Schranken, Satan; ja, der Herr, der Jerusalem auserwählt hat, weise dich in die Schranken. Ist dieser Mann nicht ein Holzscheit, das man aus dem Feuer gerissen hat?"

[762] Sach 3,10 "An jenem Tag - Spruch des Herrn der Heere - werdet ihr einander einladen unter Weinstock und Feigenbaum."

[763] Sach 4,3 "Zwei Ölbäume standen daneben, der eine rechts, der andere links von der Schale."

[764] Sach 4,4 "Und ich sprach weiter und fragte den Engel, der mit mir redete: Herr, was bedeuten diese Ölbäume?"

[765] Sach 4,11 "Ich fragte ihn weiter: Was bedeuten die zwei Ölbäume auf der rechten und auf der linken Seite des Leuchters?"

[766] Sach 4,12 "Und weiter fragte ich ihn: Was bedeuten die zwei Büschel von Olivenzweigen bei den beiden goldenen Röhren, durch die das goldene Öl herabfließt?"

[767] Sach 5,4 "Ich habe den Fluch dahinfliegen lassen - Spruch des Herrn der Heere - und er wird eindringen in das Haus des Diebes und in das Haus dessen, der bei meinem Namen einen Meineid schwört. Und der Fluch wird im Innern seines Hauses bleiben und wird es vernichten samt Holz und Steinen."

[768] Sach 11,1 "Öffne deine Tore, Libanon, damit das Feuer deine Zedern frisst."

[769] Sach 11,2 "Klage, Zypresse! Denn die Zeder ist gefallen; ja, die Mächtigen wurden vernichtet. Klagt, ihr Eichen des Baschan, denn der undurchdringliche Wald ist dahingesunken."

[770] Sach 12,6 "An jenem Tag mache ich Judas Anführer gleich einem Feuerbecken im Holzhaufen und gleich brennenden Fackeln in den Garben. Sie fressen alle Völker ringsum, rechts und links. Jerusalem aber wird weiterhin an seinem Ort bleiben, in Jerusalem."

[771] Sach 14,4 "Seine Füße werden an jenem Tag auf dem Ölberg stehen, der im Osten gegenüber von Jerusalem liegt. Der Ölberg wird sich in der Mitte spalten und es entsteht ein gewaltiges Tal von Osten nach Westen. Die eine Hälfte des Berges weicht nach Norden und die andere Hälfte nach Süden."

[772] Sach 14,16 "Doch wer dann übrig bleibt von allen Völkern, die gegen Jerusalem gezogen sind, wird Jahr für Jahr hinaufziehen, um den König, den Herrn der Heere, anzubeten und das Laubhüttenfest zu feiern."

[773] Sach 14,17-18 "Wer aber nicht nach Jerusalem hinaufzieht von allen Stämmen der Erde, um den König, den Herrn der Heere, anzubeten, bei dem wird kein Regen fallen. Wenn das Volk Ägyptens nicht hinaufzieht und nicht zu ihm kommt, so ereilt es der gleiche Schlag, den der Herr gegen alle Völker führt, die nicht hinaufziehen, um das Laubhüttenfest zu feiern."

[774] Sach 14,19 "Das wird die Strafe Ägyptens sein und die Strafe aller Völker, die nicht hinaufziehen, um das Laubhüttenfest zu feiern."

[775] Mal 3,19 "Denn seht, der Tag kommt, er brennt wie ein Ofen: / Da werden alle Überheblichen und Frevler zu Spreu und der Tag, der kommt, wird sie verbrennen, / spricht der Herr der Heere. / Weder Wurzel noch Zweig wird ihnen bleiben."

[776] Mt 2,11 "Sie gingen in das Haus und sahen das Kind und Maria, seine Mutter; da fielen sie nieder und huldigten ihm. Dann holten sie ihre Schätze hervor und brachten ihm Gold, Weihrauch und Myrrhe als Gaben dar."

[777] Mt 3,10 "Schon ist die Axt an die Wurzel der Bäume gelegt; jeder Baum, der keine gute Frucht hervorbringt, wird umgehauen und ins Feuer geworfen."

[778] Mt 7,16 "An ihren Früchten werdet ihr sie erkennen. Erntet man etwa von Dornen Trauben oder von Disteln Feigen?"

[779] Mt 7,17 "Jeder gute Baum bringt gute Früchte hervor, ein schlechter Baum aber schlechte."

[780] Mt 7,18 "Ein guter Baum kann keine schlechten Früchte hervorbringen und ein schlechter Baum keine guten."

[781] Mt 7,19 "Jeder Baum, der keine guten Früchte hervorbringt, wird umgehauen und ins Feuer geworfen."

[782] Mt 12,33 "Entweder: der Baum ist gut - dann sind auch seine Früchte gut. Oder: der Baum ist schlecht - dann sind auch seine Früchte schlecht. An den Früchten also erkennt man den Baum."

[783] Mt 13,5-6 "Ein anderer Teil fiel auf felsigen Boden, wo es nur wenig Erde gab, und ging sofort auf, weil das Erdreich nicht tief war; als aber die Sonne hochstieg, wurde die Saat versengt und verdorrte, weil sie keine Wurzeln hatte."

[784] Mt 13,55 "Ist das nicht der Sohn des Zimmermanns? Heißt nicht seine Mutter Maria und sind nicht Jakobus, Josef, Simon und Judas seine Brüder?"

[785] Mt 13,20-21 "Auf felsigen Boden ist der Samen bei dem gefallen, der das Wort hört und sofort freudig aufnimmt, aber keine Wurzeln hat, sondern unbeständig ist; sobald er um des Wortes willen bedrängt oder verfolgt wird, kommt er zu Fall."

[786] Mt 13,31-32 "Er erzählte ihnen ein weiteres Gleichnis und sagte: Mit dem Himmelreich ist es wie mit einem Senfkorn, das ein Mann auf seinen Acker säte. Es ist das kleinste von allen Samenkörnern; sobald es aber hochgewachsen ist, ist es größer als die anderen Gewächse und wird zu einem *Baum,* sodass *die Vögel des Himmels* kommen und *in seinen Zweigen nisten.*"

[787] Mt 17,20 "Er antwortete: Weil euer Glaube so klein ist. Amen, das sage ich euch: Wenn euer Glaube auch nur so groß ist wie ein Senfkorn, dann werdet ihr zu diesem Berg sagen: Rück von hier nach dort!, und er wird wegrücken. Nichts wird euch unmöglich sein."

[788] Mt 21,1 "Als sich Jesus mit seinen Begleitern Jerusalem näherte und nach Betfage am Ölberg kam, schickte er zwei Jünger voraus ..."

[789] Mt 21,8 "Viele Menschen breiteten ihre Kleider auf der Straße aus, andere schnitten Zweige von den Bäumen und streuten sie auf den Weg."

[790] Mt 21,19 "Da sah er am Weg einen Feigenbaum und ging auf ihn zu, fand aber nur Blätter daran. Da sagte er zu ihm: In Ewigkeit soll keine Frucht mehr an dir wachsen. Und der Feigenbaum verdorrte auf der Stelle."

[791] Mt 21,20 "Als die Jünger das sahen, fragten sie erstaunt: Wie konnte der Feigenbaum so plötzlich verdorren?"

[792] Mt 21,21 "Jesus antwortete ihnen: Amen, das sage ich euch: Wenn ihr Glauben habt und nicht zweifelt, dann werdet ihr nicht nur das vollbringen, was ich mit dem Feigenbaum getan habe; selbst wenn ihr zu diesem Berg sagt: Heb dich empor und stürz dich ins Meer!, wird es geschehen."

[793] Mt 24,3 "Als er auf dem Ölberg saß, wandten sich die Jünger, die mit ihm allein waren, an ihn und fragten: Sag uns, wann wird das geschehen, und was ist das Zeichen für deine Ankunft und das Ende der Welt? "

[794] Mt 24,32 "Lernt etwas aus dem Vergleich mit dem Feigenbaum! Sobald seine Zweige saftig werden und Blätter treiben, wisst ihr, dass der Sommer nahe ist."

[795] Mt 26,30 "Nach dem Lobgesang gingen sie zum Ölberg hinaus."

[796] Mk 4,5-6 "Ein anderer Teil fiel auf felsigen Boden, wo es nur wenig Erde gab, und ging sofort auf, weil das Erdreich nicht tief war; als aber die Sonne hochstieg, wurde die Saat versengt und verdorrte, weil sie keine Wurzeln hatte."

[797] Mk 4,16-17 "Ähnlich ist es bei den Menschen, bei denen das Wort auf felsigen Boden fällt: Sobald sie es hören, nehmen sie es freudig auf; aber sie haben keine Wurzeln, sondern sind unbeständig, und wenn sie dann um des Wortes willen bedrängt oder verfolgt werden, kommen sie sofort zu Fall."

[798] Mk 4,30-32 "Er sagte: Womit sollen wir das Reich Gottes vergleichen, mit welchem Gleichnis sollen wir es beschreiben? Es gleicht einem Senfkorn. Dieses ist das kleinste von allen Samenkörnern, die man in die Erde sät. Ist es aber gesät, dann geht es auf und wird größer als alle anderen Gewächse und *treibt* große *Zweige*, sodass *in seinem Schatten die Vögel des Himmels nisten können.*"

[799] Mk 6,3 "Ist das nicht der Zimmermann, der Sohn der Maria und der Bruder von Jakobus, Joses, Judas und Simon? Leben nicht seine Schwestern hier unter uns? Und sie nahmen Anstoß an ihm und lehnten ihn ab."

[800] Mk 8,24 "Der Mann blickte auf und sagte: Ich sehe Menschen; denn ich sehe etwas, das wie Bäume aussieht und umhergeht."

[801] Mk 11,1 "Als sie in die Nähe von Jerusalem kamen, nach Betfage und Betanien am Ölberg, schickte er zwei seiner Jünger voraus."

[802] Mk 11,8 "Und viele breiteten ihre Kleider auf der Straße aus; andere rissen auf den Feldern Zweige (von den Büschen) ab und streuten sie auf den Weg."

[803] Mk 11,13-14 "Da sah er von weitem einen Feigenbaum mit Blättern und ging hin, um nach Früchten zu suchen. Aber er fand an dem Baum nichts als Blätter; denn es war nicht die Zeit der Feigenernte. Da sagte er zu ihm: In Ewigkeit soll niemand mehr eine Frucht von dir essen. Und seine Jünger hörten es."

[804] Mk 11,20 "Als sie am nächsten Morgen an dem Feigenbaum vorbeikamen, sahen sie, dass er bis zu den Wurzeln verdorrt war."

[805] Mk 11,21 "Da erinnerte sich Petrus und sagte zu Jesus: Rabbi, sieh doch, der Feigenbaum, den du verflucht hast, ist verdorrt."

[806] Mk 13,3 "Und als er auf dem Ölberg saß, dem Tempel gegenüber, fragten ihn Petrus, Jakobus, Johannes und Andreas, die mit ihm allein waren: ..."

[807] Mk 13,28 "Lernt etwas aus dem Vergleich mit dem Feigenbaum! Sobald seine Zweige saftig werden und Blätter treiben, wisst ihr, dass der Sommer nahe ist."

[808] Mk 14,26 "Nach dem Lobgesang gingen sie zum Ölberg hinaus."

[809] Mk 15,23 "Dort reichten sie ihm Wein, der mit Myrrhe gewürzt war; er aber nahm ihn nicht."

[810] Lk 3,9 "Schon ist die Axt an die Wurzel der Bäume gelegt; jeder Baum, der keine gute Frucht hervorbringt, wird umgehauen und ins Feuer geworfen."

[811] Lk 6,43 "Es gibt keinen guten Baum, der schlechte Früchte hervorbringt, noch einen schlechten Baum, der gute Früchte hervorbringt."

[812] Lk 6,44 "Jeden Baum erkennt man an seinen Früchten: Von den Disteln pflückt man keine Feigen, und vom Dornstrauch erntet man keine Trauben."

[813] Lk 8,13 "Auf den Felsen ist der Samen bei denen gefallen, die das Wort freudig aufnehmen, wenn sie es hören; aber sie haben keine Wurzeln: Eine Zeit lang glauben sie, doch in der Zeit der Prüfung werden sie abtrünnig."

[814] Lk 13,6 "Und er erzählte ihnen dieses Gleichnis: Ein Mann hatte in seinem Weinberg einen Feigenbaum; und als er kam und nachsah, ob er Früchte trug, fand er keine."

[815] Lk 13,7 "Da sagte er zu seinem Weingärtner: Jetzt komme ich schon drei Jahre und sehe nach, ob dieser Feigenbaum Früchte trägt, und finde nichts. Hau ihn um! Was soll er weiter dem Boden seine Kraft nehmen?"

[816] Lk 13,18-19 "Er sagte: Wem ist das Reich Gottes ähnlich, womit soll ich es vergleichen? Es ist wie ein Senfkorn, das ein Mann in seinem Garten in die Erde steckte; es wuchs und wurde zu einem *Baum* und *die Vögel des Himmels nisteten in seinen Zweigen.*"

[817] Lk 17,6 "Der Herr erwiderte: Wenn euer Glaube auch nur so groß wäre wie ein Senfkorn, würdet ihr zu dem Maulbeerbaum hier sagen: Heb dich samt deinen Wurzeln aus dem Boden und verpflanz dich ins Meer!, und er würde euch gehorchen."

[818] Lk 19,4 "Darum lief er voraus und stieg auf einen Maulbeerfeigenbaum, um Jesus zu sehen, der dort vorbeikommen musste."

[819] Lk 19,29 "Als er in die Nähe von Betfage und Betanien kam, an den Berg, der Ölberg heißt, schickte er zwei seiner Jünger voraus"

[820] Lk 19,37 "Als er an die Stelle kam, wo der Weg vom Ölberg hinabführt, begannen alle Jünger freudig und mit lauter Stimme Gott zu loben wegen all der Wundertaten, die sie erlebt hatten."

[821] Lk 21,29-30 "Und er gebrauchte einen Vergleich und sagte: Seht euch den Feigenbaum und die anderen Bäume an: Sobald ihr merkt, dass sie Blätter treiben, wisst ihr, dass der Sommer nahe ist."

[822] Lk 21,37 "Tagsüber lehrte Jesus im Tempel; abends aber ging er zum Ölberg hinaus und verbrachte dort die Nacht."

[823] Lk 22,39 "Dann verließ Jesus die Stadt und ging, wie er es gewohnt war, zum Ölberg; seine Jünger folgten ihm."

[824] Lk 23,31 "Denn wenn das mit dem grünen Holz geschieht, was wird dann erst mit dem dürren werden?"

[825] Joh 1,48 "Natanaël fragte ihn: Woher kennst du mich? Jesus antwortete ihm: Schon bevor dich Philippus rief, habe ich dich unter dem Feigenbaum gesehen."

[826] Joh 1,50 "Jesus antwortete ihm: Du glaubst, weil ich dir sagte, dass ich dich unter dem Feigenbaum sah? Du wirst noch Größeres sehen."

[827] Joh 7,2 "Das Laubhüttenfest der Juden war nahe."

[828] Joh 8,1 "Jesus aber ging zum Ölberg."

[829] Joh 12,13 "Da nahmen sie Palmzweige, zogen hinaus, um ihn zu empfangen, und riefen: *Hosanna! / Gesegnet sei er, der kommt im Namen des Herrn, /* der König Israels!"

[830] Joh 19,39 "Es kam auch Nikodemus, der früher einmal Jesus bei Nacht aufgesucht hatte. Er brachte eine Mischung aus Myrrhe und Aloe, etwa hundert Pfund."

[831] Apg 1,12 "Dann kehrten sie vom Ölberg, der nur einen Sabbatweg von Jerusalem entfernt ist, nach Jerusalem zurück."

[832] Apg 5,30 "Der Gott unserer Väter hat Jesus auferweckt, den ihr ans Holz gehängt und ermordet habt."

[833] Apg 13,29 "Als sie alles vollbracht hatten, was in der Schrift über ihn gesagt ist, nahmen sie ihn vom Kreuzesholz und legten ihn ins Grab."

[834] Röm 11,16 "Ist die Erstlingsgabe vom Teig heilig, so ist es auch der ganze Teig; ist die Wurzel heilig, so sind es auch die Zweige."

[835] Röm 11,17 "Wenn aber einige Zweige herausgebrochen wurden und wenn du als Zweig vom wilden Ölbaum in den edlen Ölbaum eingepfropft wurdest und damit Anteil erhieltest an der Kraft seiner Wurzel, ..."

[836] Röm 11,18 "... so erhebe dich nicht über die anderen Zweige. Wenn du es aber tust, sollst du wissen: Nicht du trägst die Wurzel, sondern die Wurzel trägt dich."

[837] Röm 11,19 "Nun wirst du sagen: Die Zweige wurden doch herausgebrochen, damit ich eingepfropft werde."

[838] Röm 11,21 "Hat Gott die Zweige, die von Natur zum edlen Baum gehören, nicht verschont, so wird er auch dich nicht verschonen."

[839] Röm 11,23 "Ebenso werden auch jene, wenn sie nicht am Unglauben festhalten, wieder eingepfropft werden; denn Gott hat die Macht, sie wieder einzupfropfen."

[840] Röm 11,24 "Wenn du aus dem von Natur wilden Ölbaum herausgehauen und gegen die Natur in den edlen Ölbaum eingepfropft wurdest, dann werden erst recht sie als die von Natur zugehörigen Zweige ihrem eigenen Ölbaum wieder eingepfropft werden."

[841] Röm 15,12 "Und Jesaja sagt: *Kommen wird der Spross aus der Wurzel Isais; / er wird sich erheben, / um über die Heiden zu herrschen. / Auf ihn werden die Heiden hoffen.*"

[842] 1 Kor 3,12-13 "Ob aber jemand auf dem Grund mit Gold, Silber, kostbaren Steinen, mit Holz, Heu oder Stroh weiterbaut: das Werk eines jeden wird offenbar werden; jener Tag wird es sichtbar machen, weil es im Feuer offenbart wird. Das Feuer wird prüfen, was das Werk eines jeden taugt."

[843] 1 Tim 6,10 "Denn die Wurzel aller Übel ist die Habsucht. Nicht wenige, die ihr verfielen, sind vom Glauben abgeirrt und haben sich viele Qualen bereitet."

[844] 2 Tim 2,20 "In einem großen Haus gibt es nicht nur Gefäße aus Gold und Silber, sondern auch aus Holz und Ton - die einen für Reines, die anderen für Unreines."

[845] Heb 12,15-16 "Seht zu, dass niemand die Gnade Gottes verscherzt, *dass keine bittere Wurzel wächst und Schaden stiftet* und durch sie alle vergiftet werden, dass keiner unzüchtig ist oder gottlos wie *Esau*, der für eine einzige Mahlzeit sein *Erstgeburtsrecht verkaufte*."

[846] Jak 3,5 "So ist auch die Zunge nur ein kleines Körperglied und rühmt sich doch großer Dinge. Und wie klein kann ein Feuer sein, das einen großen Wald in Brand steckt."

[847] Jak 3,12 "Kann denn, meine Brüder, ein Feigenbaum Oliven tragen oder ein Weinstock Feigen? So kann auch eine salzige Quelle kein Süßwasser hervorbringen."

[848] 1 Petr 2,24 "Er hat unsere Sünden mit seinem Leib auf das Holz des Kreuzes getragen, damit wir tot seien für die Sünden und für die Gerechtigkeit leben. *Durch seine Wunden seid ihr geheilt.*"

[849] Jud 1,12 "Diese Menschen sind ein Schandfleck bei eurem Liebesmahl, an dem sie ohne Scheu teilnehmen und es sich gut gehen lassen; sie sind Hirten, die eine Weide für sich selber suchen. Wasserlose Wolken sind sie, von den Winden dahingetrieben; Bäume, die im Herbst keine Frucht tragen, zweimal verdorrt und entwurzelt; ..."

[850] Offb 2,7 "Wer Ohren hat, der höre, was der Geist den Gemeinden sagt: Wer siegt, dem werde ich zu essen geben *vom Baum des Lebens, der im Paradies Gottes* steht."

[851] Offb 5,5 "Da sagte einer von den Ältesten zu mir: Weine nicht! Gesiegt hat *der Löwe* aus dem Stamm *Juda, der Spross aus der Wurzel* Davids; er kann das Buch und seine sieben Siegel öffnen."

[852] Offb 6,13 "*Die Sterne des Himmels fielen herab* auf die Erde, *wie wenn ein Feigenbaum* seine Früchte *abwirft,* wenn ein heftiger Sturm ihn schüttelt."

[853] Offb 7,1 "Danach sah ich: Vier Engel standen *an den vier Ecken der Erde*. Sie hielten *die vier Winde* der Erde fest, damit der Wind weder über das Land noch über das Meer wehte, noch gegen irgendeinen Baum."

[854] Offb 7,3 "Fügt dem Land, dem Meer und den Bäumen keinen Schaden zu, bis wir den Knechten unseres Gottes das Siegel auf die Stirn gedrückt haben."

[855] Offb 7,9 "Danach sah ich: eine große Schar aus allen Nationen und Stämmen, *Völkern und Sprachen;* niemand konnte sie zählen. Sie standen in weißen Gewändern vor dem Thron und vor dem Lamm und trugen Palmzweige in den Händen."

[856] Offb 8,3 "Und ein anderer Engel kam und trat mit einer goldenen Räucherpfanne an den Altar; ihm wurde viel *Weihrauch* gegeben, den er auf dem goldenen Altar vor dem Thron verbrennen sollte, um so die Gebete aller Heiligen vor Gott zu bringen."

[857] Offb 8,4 "Aus der Hand des Engels stieg *der Weihrauch* mit den Gebeten der Heiligen zu Gott empor."

[858] Offb 8,7 "Der erste Engel blies seine Posaune. Da fielen Hagel und Feuer, die mit Blut vermischt waren, auf das Land. Es verbrannte ein Drittel des Landes, ein Drittel der Bäume und alles grüne Gras."

[859] Offb 9,4 "Es wurde ihnen gesagt, sie sollten *dem Gras auf der Erde, den grünen Pflanzen und den Bäumen* keinen Schaden zufügen, sondern nur den Menschen, die das Siegel Gottes nicht *auf der Stirn* haben."

[860] Offb 9,20 "Aber die übrigen Menschen, die nicht durch diese Plagen umgekommen waren, wandten sich nicht ab *von den Machwerken ihrer Hände:* Sie hörten nicht auf, sich niederzuwerfen vor ihren *Dämonen,* vor ihren *Götzen aus Gold, Silber, Erz, Stein und Holz,* den Götzen, *die weder sehen, noch hören, noch gehen können.*"

[861] Offb 11,4 "Sie sind *die zwei Ölbäume* und die zwei *Leuchter,* die *vor dem Herrn der Erde stehen.*"

[862] Offb 18,11-13 "Auch die *Kaufleute* der Erde *weinen und klagen* um sie, weil niemand mehr ihre Ware kauft: Gold und Silber, Edelsteine und Perlen, feines Leinen, Purpur, Seide und Scharlach, wohlriechende Hölzer aller Art und alle möglichen Geräte aus Elfenbein, kostbarem Edelholz, Bronze, Eisen und Marmor; auch Zimt und Balsam, Räucherwerk, Salböl und Weihrauch, Wein und Öl, feinstes Mehl und Weizen, Rinder und Schafe, Pferde und Wagen und sogar Menschen mit Leib und Seele."

[863] Offb 22,2 "Zwischen der Straße der Stadt und dem Strom, hüben und drüben, stehen Bäume des Lebens. Zwölfmal tragen sie Früchte, jeden Monat einmal; und die Blätter der Bäume dienen zur Heilung der Völker."

[864] Offb 22,14 "Selig, wer sein Gewand wäscht: Er hat Anteil am *Baum des Lebens,* und er wird durch die Tore in die Stadt eintreten können."

[865] Offb 22,16 "Ich, Jesus, habe meinen Engel gesandt als Zeugen für das, was die Gemeinden betrifft. Ich bin die Wurzel und der Stamm Davids, der strahlende Morgenstern."

[866] Offb 22,19 "*Und* wer *etwas wegnimmt von* den prophetischen Worten dieses Buches, dem wird Gott seinen Anteil *am Baum des Lebens* und an der heiligen Stadt wegnehmen, von denen in diesem Buch geschrieben steht."

FSC
www.fsc.org
MIX
Papier | Fördert
gute Waldnutzung
FSC® C083411

Kolibri 360 GmbH
Ferdinand-Jühlke-Straße 7
99095 Erfurt, Deutschland
produktsicherheit@kolibri360.de